MATLAB® & Simulink® 开发实例系列丛书

预测理论与方法及其 MATLAB 实现

许国根　贾　瑛　黄智勇　沈可可　编著

北京航空航天大学出版社

内容简介

本书是作者撰写的MATLAB应用系列之一，此外还包括《模式识别与智能计算的MATLAB实现（第2版）》《最优化方法及其MATLAB实现》。

本书按照理论基础、算法模型、实例三个内容对预测技术进行阐述，着重介绍算法程序和应用实例，简单介绍定性预测技术，详细介绍回归分析、时间序、神经网络、灰色系统等常用的定量预测技术。

本书可作为高等院校工业工程、管理科学与工程、经济金融专业的本科生或研究生的教材或教学参考书，也可供需进行预测活动的商业、生产经营、金融等从业人员、组织或管理人员、自然学科科研工作者及数学建模爱好者参考。

图书在版编目(CIP)数据

预测理论与方法及其MATLAB实现 / 许国根等编著. -- 北京：北京航空航天大学出版社，2020.9

ISBN 978-7-5124-3334-2

Ⅰ. ①预… Ⅱ. ①许… Ⅲ. ①Matlab软件—应用—预测科学 Ⅳ. ①G303

中国版本图书馆CIP数据核字(2020)第149650号

预测理论与方法及其MATLAB实现

许国根　贾　瑛　黄智勇　沈可可　编著

责任编辑　张冀青

*

北京航空航天大学出版社出版发行

北京市海淀区学院路37号(邮编100191)　http://www.buaapress.com.cn

发行部电话：(010)82317024　传真：(010)82328026

读者信箱：goodtextbook@126.com　邮购电话：(010)82316936

保定市中画美凯印刷有限公司印装　各地书店经销

*

开本：787×1 092　1/16　印张：21.25　字数：571千字

2020年9月第1版　2020年9月第1次印刷　印数：3 000册

ISBN 978-7-5124-3334-2　定价：68.00元

若本书有倒页、脱页、缺页等印装质量问题，请与本社发行部联系调换。联系电话：(010)82317024

前　言

MATLAB是一款功能非常强大的计算机软件，在科学研究和工程实践中得到了广泛的应用。利用它来编制科学研究领域常用的技术、算法、过程，并揭开这些在大多数人眼中极为深奥的数学方法神秘的面纱，使每位科学工作者都能非常容易地使用它们来解决实际问题，是作者学习MATLAB后，结合实际的科学研究经验产生的一个强烈的愿望。本书是作者撰写的MATLAB应用系列之一，此外还包括《模式识别与智能计算的MATLAB实现(第2版)》《最优化方法及其MATLAB实现》。

预测是指对研究对象的未来状态进行估计和推测。它是根据事物发展的历史和现状，综合各方面的信息，运用定性和定量的科学分析方法，揭示客观事物发展过程中的客观规律，并对事物的各种客观现象之间的联系及作用机制做出科学分析，指出各个客观现象未来发展的可能途径和结果。它是随着社会化大生产和科学技术的进步而发展起来的一门科学，其综合了哲学、社会学、经济学、统计学、数学及工程技术等方面的理论与方法。

预测是应用非常广泛的技术，有关这方面的论文数量众多。它既可以用于研究自然现象，又可以用于研究社会现象。将其与不同的实际问题相结合，就产生了不同的预测分支，如社会预测、人口预测、经济预测、市场预测、政治预测、科技预测、军事预测、气象预测等。预测也是一门历史悠久的技术。公元前7世纪至公元前6世纪，古希腊哲学家塞利斯已能通过研究气象气候预测农业收成。在我国公元前4世纪，祖先们就能利用自然界的运行规律，预测自然灾害。在现代，人们更加重视预测技术在各领域的应用。

预测技术既可能是简单的，也可能是非常复杂的。对于一些简单事物的发展过程(如生产实践活动)，预测可以轻松地得以进行并能“想当然”地很快得出结论。但是当今世界，事物的发展往往不是简单、孤立地进行的，各事物之间相互联系，影响因素多且非常复杂，有些甚至没有办法用适当的数学语言来描述，此时，仅仅依靠经验或人工进行预测就显得无能为力，这时就有必要借助各种技术手段了。事实上，预测的本质就是为择优提供依据，反映在数学上就是最优化计算的问题。所以从这个角度分析，当今的任何一种预测都离不开数学模型和计算机模拟。正是基于这一点考虑，本书以易于学习和应用广泛的MATLAB为基础，将计算机模拟技术与定量预测的基本原理紧密结合起来，对人类各种活动的经典预测进行模拟计算、实验，使得预测的理论简明直观、容易理解与应用。本书的目的是帮助读者掌握和应用现代各类预测技术与方法，结合计算机模拟技术，解决各类活动中各种预测问题。虽然这些技术与方法不能完全阻止人们做出不明智甚至愚蠢的预测，但可以让人们认真思考如何去预测，在遇到难以明辨与取舍的问题的时候能有所帮助和启迪。

本书按照理论基础、算法模型、实例三个内容对预测技术进行阐述，着重介绍算法程序和应用实例，具有较强的指导性和实用性。本书对定性预测技术作简单介绍，而对诸如回归分析、时间序列、神经网络、灰色系统等现在较为常用的定量预测技术进行了较为详细的介绍。

尽管书中较为详尽地列举了经典而常用的预测技术，但由于实际预测问题的种类繁多、不胜枚举，而且还不断有新问题出现，所以不可能列举出所有的问题来。本书旨在“授人以渔”，予以预测方法的引导和思维的启发，需要读者加以融会贯通和思考引申，从而达到“触类旁通、举一反三”的目的。

本书的出版得到了北京航天航空大学出版社的大力支持，陈守平编辑在本书内容、编排等多个方面提出了宝贵的意见，书中还参考了许多学者的研究成果，在此一并表示衷心的感谢！

由于作者水平、精力及时间有限，加之书的内容较多，程序较多，书中难免存在疏漏，恳请读者不吝赐教，提出宝贵的意见和建议，以匡所不逮。

读者可以登录北京航空航天大学出版社的官方网站，选择“下载专区”→“随书资料”下载本书配套的程序代码。也可以关注“北航科技图书”微信公众号，回复“3334”可获得本书的免费下载链接。还可以登录 MATLAB 中文论坛，在本书所在版块（https://www.ilovematlab.cn/forum-277-1.html）下载相应代码。下载过程中遇到任何问题，请发送电子邮件至 goodtextbook@126.com 或致电010－82317738 咨询处理。书中给出的程序仅供参考，读者可根据实际问题进行完善或自行改写，以提升自己的编程实践能力。

读者可随时反馈问题和建议，作者联系方式 E-mail：xuggsx@sina.com，微信：13572198239。

作 者

2020 年 5 月

目　录

第1章 预测概述

凡事预则立，不预则废。对每一个从事商业、生产经营、金融等各类社会活动的个人或组织以及科研工作者来说，预测都是至关重要的。

预测是指对研究对象的未来状态及发展趋势进行估计和推测。它是根据事物发展过程的历史和现状，综合各方面的信息，运用定性和定量的科学分析方法，揭示客观事物发展过程中的客观规律，并对事物的各种客观现象之间的联系及作用机制做出科学分析，指出各个客观事物未来发展的可能途径和结果。

预测的历史非常悠久。古希腊时期，塞利斯就通过研究气象/气候预测农业收成，进而通过一系列的商业活动而获利。在我国，先贤们能根据自然界的运行规律，进行自然灾害的预测。但这些早期的预测都只是一种直观的、经验的简单预见。随着社会化大生产的出现，商品交换的规模和范围逐渐扩大，这种简单的预测显然不能适应复杂经济活动的需要，同时随着科学技术的进步，各种预测未来经济发展状态的科学方法应运而生，由此促进了预测理论和方法体系的研究，使预测成为了一门重要的应用科学，被广泛应用于生产、管理、金融、安全管理等不同领域。

当然，预测并非一定都是正确的。正确的预测必须建立在对客观事物的过去、现状进行深入研究和科学分析的基础之上。然而在实际预测中，由于预测者自身知识、经验等的限制，对预测环境状况了解的局限性以及预测对象的复杂性、未来状况的可变性，致使预测者对预测对象未来状况的推断出现偏差，为此有必要借助于模拟实验等手段，对事物发展的客观规律作更深入的了解。只有在掌握事物准确的信息及科学的预测方法的基础上，才能保证预测结果的准确性。

1.1 预测的分类

到目前为止，对预测类型的划分还没有一个统一的标准。现实中可以根据预测的目的、任务、领域、范围和方法等，将预测分成不同的类别。下面是常见的几种分类方法。

1. 按预测的领域分类

根据预测所涉及的领域，将预测分为天气预测(气象/气候)、技术预测、经济预测、社会预测、军事预测等。

2. 按预测的范围或层次分类

根据预测的范围或层次，将预测分为宏观预测或微观预测等。

3. 按预测的时间分类

根据预测的时间长短，将预测分为长期预测、中期预测、短期预测和近期预测。在不同的领域，时间长短的划分并不一样，所以长期、中期、短期预测都是相对的。

4. 按预测方法的性质分类

根据预测方法的性质，将预测分为定性预测和定量预测。前者只是根据预测者的经验、知识和掌握的实际情况，对事物发展趋势做出判断性的预测；后者则是预测者根据历史统计数据，运用统计分析、数学模型等科学手段，对事物未来的发展趋势做出量的推断和判断。

定性预测受主观因素的影响较大，定量预测则没有考虑定性因素的影响，在实际应用时，通过将两种预测方法结合来提高预测精度。

5. 按预测是否考虑时间因素分类

根据预测是否考虑时间因素，可以将预测分为静态预测和动态预测。一般来说，绝大多数的预测都属于动态预测。

6. 按预测的前提条件分类

根据预测的前提条件，将预测分为有条件预测和无条件预测。前者是指预测只有在某种条件下才可能实现。一般多数的预测都为有条件预测。

1.2 预测的步骤

预测必须按一定的步骤或程序加强组织工作、协调各工作环节，才能取得应有的成效。

预测由预测目标、预测信息、预测模型和预测结果 4 个部分组成。预测过程如图 1.1 所示。根据预测对象的不同，预测程度也不一样。

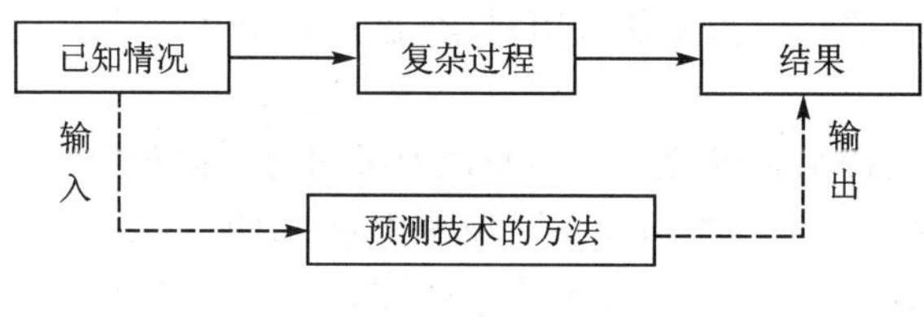

图 1.1 预测过程

1. 明确任务，确定目标，制定计划

任何工作事先有规划，才能达到预期的目的，预测工作也是如此。在开展预测之前，要通过对预测对象及相关因素的分析，确定预测内容、预测期限、预测所需的资料，准备选用的预测方法、预测进程和完成时间、预测经费的预算、预测人员的组织和预测工作的组织实施等计划和任务。

2. 收集、审核和整理资料，收集信息

预测不仅需要预测对象的现状信息，而且还要有大量的历史统计资料(数据和信息)，因此预测人员要尽可能多地收集与预测内容有关的各种历史资料和影响其未来发展的现实资料，并且搜集和拥有的数据资料应尽可能全面、系统和翔实。

资料按其来源可分为内部资料和外部资料。前者是指反映预测对象历年活动的统计资料、记录、凭证、编撰的工作情报、工作总结、市场调查资料和分析研究资料等。后者则是指从预测对象外部搜集到的统计资料和信息，包括政府统计部门公开发表或未公开发表的统计资料，预测对象的竞争对手资料，同行业、同系统与预测对象之间定期交换的活动资料，报纸、杂志上发表的资料，科研人员的调查研究报告及国外有关的信息和资料等。预测时要根据直接的、可靠的、最新的三个标准对资料进行分析研究，判断是否系统、完整，必要时再搜集其他有关资料。

为保证所收集资料的准确性，需要对资料进行必要的审核、整理和筛选。审核主要是指审

核资料来源是否可靠、准确，资料是否齐备；资料是否具有可比性，即资料在时间间隔、内容范围、计算方法、计量单位和计算价格上是否保持前后一致。如有不同，应进行调整。资料的整理和筛选主要是对不准确的资料进行查证核实或删除；对不可比的资料调整为可比；对短缺的资料进行估计；对整体的资料进行必要的分组分类。

对于重大的预测项目，应建立资料档案室和数据库，系统地积累资料，以便连续地研究事物的发展过程和发展动向。

只有根据预测的任务和要求，根据多方面必要的资料，经过审核、整理和分析，了解和掌握事物发展的历史和现状变化的规律性，才能准确地进行预测，使预测结论可靠和可信。

3. 选择预测方法和建立数学模型

预测目的、内容和期限不同，预测方法就不同，应根据预测对象的特点建立预测模型。建模首先要选择预测方法，然后再设计预测模型，进行预测。目前预测方法已有 300 多种，其中多数是在预测实践中某种方法的演变型和改进型，经常使用的基本的预测方法有十几种。但目前还没有一种公认的通用的预测方法，实际预测中，应根据预测目的和要求选择恰当的预测方法。

选择恰当的预测方法，建立数学模型是决定预测结论准确与否的关键步骤。因此，预测方法的选择在整个预测中至关重要。要获得准确的预测结果，预测方法的选择应遵循一定的原则，应根据预测对象、信息资料、预测目标等来确定，主要是应符合统计资料的特征和变动规律。预测方法的确定是一个渐进的过程。当掌握的资料不够完备、准确程度较低时，可采用定性预测方法。例如对新的投资项目、新产品的发展进行预测时，由于缺乏历史统计资料和经济信息，一般就可以采用这种方法，即凭掌握的情况和预测者的经验进行判断预测。当掌握的资料比较齐全、准确程度较高时，可采用定量预测方法，即根据统计数据（样本数据）的变动规律选取预测方法，运用一定的数学模型进行定量分析研究。

进行定量预测，是选择时间序列预测法还是因果预测法，除根据掌握资料的情况而定外，还要根据分析要求而定。当只掌握与预测对象有关的某种经济统计指标的时间序列数据资料，并只要求进行简单的动态分析时，可采用时间序列预测法。当掌握与预测对象有关的多种相互联系的经济统计指标数据资料，并要求进行较为复杂的依存关系分析时，可采用因果预测法。

4. 检验模型，进行预测

基于确定的预测方法建立起多参数的预测模型，通过对信息数据的处理，来选取和识别模型参数，再通过推理判断，揭示预测对象的内在规律性。但因每一种预测方法都是针对一定的预测对象、预测环境而提出的，有一定的适用范围，实际预测中，不可能有完全相同的预测问题，因此难免会有误差，必须进行预测检验，有时甚至还需要对预测模型进行修正和对误差原因进行分析。为避免预测出现较大误差，常常对同一预测问题选用不同的预测方法进行预测，得出预测结果，再进行比较，鉴别出较为精确的预测结果。

模型检验主要包括：考察模型是否能很好地拟合实际；模型参数的估计在理论上是否有意义；统计显著性是否符合要求等。

一般来说，评价模型优劣的基本原则包括以下几条：

① 理论上合理。模型参数估计值的符号、大小应与有关的理论相一致；所建立的模型应能很好地反映预测对象。

② 统计可靠性高。模型及其参数估计值应通过必要的统计检验，以保证其有效性和可

靠性。

③ 预测能力强。预测效果的好坏是鉴别模型优劣的根本标准。为保证模型的预测能力，一般要求参数估计值有较高的稳定性，模型外推检验精度较高。

④ 简单适用。一个模型只要能够正确地描述系统的变化规律，其数学形式越简单，计算过程越简便，模型就越好。

⑤ 模型自身适应能力强。模型应能在预测要求和条件变化的情况下适时调整和修改，并能在不同情况下进行连续预测。

模型通过检验，就可以用于预测，按一定要求进行点估计预测和区间估计预测。

5. 分析预测误差，评价预测结果

分析预测误差是指分析预测值偏离实际值的程度及其产生的原因。如果预测误差未超出允许的范围，即认为预测模型符合要求，能用于预测；否则，就需要查找原因，对预测模型进行修正和调整。分析预测误差只能以样本数据的历史模拟误差或已知数据的事后预测误差进行分析。另外，由于预测对象的未来实际值并不知道，预测误差也不知道，所以对预测结果进行评价还要由相关领域的专家结合预测过程的科学性进行综合考察。

1.3 预测的精度

预测精度是指预测结果与实际情况的符合程度，它是由多方面因素决定的，概括起来，影响预测精度高低的主要因素有以下四个方面。

1. 资料的准确性与完备性

预测是根据所掌握的资料推断未来，预测者所掌握资料的准确程度、全面程度和及时与否，是影响预测结果精度的重要条件之一。如果掌握的资料不完整、不准确、不及时，预测结果就会与客观实际有很大的误差。因此，在进行预测前，要根据预测目的和要求，利用各种方法、各种途径取得全面可靠的资料数据。

2. 预测方法的适用性

预测方法有很多，实际应用时应根据情况选择合适的预测方法。这是提高预测精度的重要条件之一。

3. 预测模型的正确性

预测模型是对预测对象的简化描述，它忽略了某些影响因素，因此在一般情况下，都存在一定的误差；但如果所建模型是符合预测要求的，则以此预测可以取得较高的预测精度。

4. 预测者的素质

预测的准确性在很大程度上取决于预测者对预测理论、方法掌握的程度，对统计资料统计处理的能力，对计算机应用的能力，分析判断能力以及逻辑推理能力等方面。

预测精度可以用预测误差来表示。预测误差常用的指标有以下几个。

(1) 预测误差 e

$$e = x - \hat{x}$$

式中：x 为预测指标的实际值；$\hat{x}$ 为预测指标的预测值。

(2) 相对误差 ε

$$\varepsilon=\frac{e}{x}=\frac{x-\hat{x}}{x}\times 100\%$$

通常称 $1-\varepsilon$ 为预测精度。

(3) 平均误差 $\bar{e}$

n 个预测点的预测误差的平均值，称为平均误差，即

$$\bar{e}=\frac{1}{n}\sum_{i=1}^{n}e_i=\frac{1}{n}\sum_{i=1}^{n}(x_i-\hat{x}_i)$$

因为每个预测点的预测误差可正可负，因此在求它们的代数和时会有一部分相互抵消。也就是说，$\bar{e}$ 无法真正反映预测误差的大小，但能反映预测值的总体偏差情况，可作为预测值修正的依据，即

$$\hat{x}_{n+1,\text{new}}=\hat{x}_{n+1}+\bar{e}$$

(4) 平均绝对误差 $|\bar{e}|$

n 个预测点的预测绝对误差值的平均值，称为平均绝对误差，即

$$|\bar{e}|=\frac{1}{n}\sum_{i=1}^{n}|e_i|=\frac{1}{n}\sum_{i=1}^{n}|x_i-\hat{x}_i|$$

(5) 平均相对误差 $|\bar{\varepsilon}|$

n 个预测点的预测相对误差值的平均值，称为平均相对误差，即

$$|\bar{\varepsilon}|=\frac{1}{n}\sum_{i=1}^{n}\left|\frac{e_i}{x_i}\right|\times 100\%=\frac{1}{n}\sum_{i=1}^{n}\left|\frac{x_i-\hat{x}_i}{x_i}\right|\times 100\%$$

(6) 方差 s^2

n 个预测点的预测误差平方和的平均值，称为方差，即

$$s^2=\frac{1}{n}\sum_{i=1}^{n}e_i^2=\frac{1}{n}\sum_{i=1}^{n}(x_i-\hat{x}_i)^2$$

(7) 标准离差 s

$$s=\sqrt{\frac{1}{n}\sum_{i=1}^{n}e_i^2}=\sqrt{\frac{1}{n}\sum_{i=1}^{n}(x_i-\hat{x}_i)^2}$$

方差和标准离差越大，预测精度就越低。

第 2 章

定性预测方法

如果统计资料数据不完善、不准确，加之预测环境发生变化，那么完全依赖于观察值或历史统计资料数据去推测事物未来发展变化规律的定量预测方法就不现实，此时就需要定性预测。定性预测是指预测者凭借其掌握的实际情况、专业知识和实践经验，对事物发展的未来状况做出判断的方法，也称判断预测。其特点是简单易行，所需数据少，能考虑无法定量的因素，适用于掌握的数据不多、不够准确或因影响因素无法用定量方法分析的情形。

常用的定性预测方法主要有：市场调查预测法、集合意见预测法、专家会议预测法、类推预测法及扩散指数法等。

2.1 市场调查预测法

市场调查预测法是以实地市场调查获得的资料信息为基础，根据预测者的实际经验和理论专业知识，进行综合分析、归纳和判断，推测市场未来销售量（或需求量）预测值的方法。此方法的优点是预测来源于顾客期望，较好地反映了市场需求情况；可了解顾客对产品优缺点的看法，也可了解一些顾客不购买该产品的原因，有利于改进与完善产品、开发新产品和有针对性地开展促销活动。这种方法通常用于长期预测、新产品销售预测等，与定量分析方法结合使用。

市场调查方式、方法、途径有很多，如问卷、面谈、信函或电话等，因此市场调查预测方法也很多。目前常用的有以下几种。

2.1.1 经营管理人员意见调查预测法

经营管理人员意见调查预测法是指预测组织者邀请本企业内部的经理人员和采购、销售、仓储、财务、统计、策划、市场研究等部门的负责人作为预测参与者，向他们提供有关预测的内容、市场环境、企业经营状况和其他预测资料，要求他们根据提供的资料，并结合自己掌握的市场动态提出预测意见和结果，或者用会议的形式组织他们进行讨论，然后由预测组织者将各种意见进行综合，做出最终的预测结论。

这种预测方法上下结合进行预测，有利于调动企业经理和各业务部门管理人员开展市场预测的积极性，发挥集体智慧，从而使预测结果比较准确可靠，而且预测不需要经过复杂的计算，预测费用少，比较迅速和经济，即使市场情况发生很大变化，也可以及时对预测结果进行调整。

由于各部门的经营管理人员都负责主管某个方面的工作，具有比较丰富的市场营销经验，平时掌握了较为详尽的市场信息，因此，他们的预测意见比较接近实际。同时，在集体分析企业内部条件和外界市场环境的基础上，还可以对那些影响未来市场需求与企业发展的因素逐一进行研究，提出本企业应采取的对策。

这种预测方法适用于市场需求、企业销售规模、目标市场选择、经营策略调整、企业投资方向等重要问题的预测性研究。但应注意防止过分依赖经营管理人员的主观判断；防止预测行为受参与者个人，特别是会议气氛的乐观或悲观的影响；要注意分析预测意见和结果是否有充足的事实根据。所以这种方法受主观因素影响较大，只能做出粗略的数量估计。

处理经营管理人员预测结果时，对定性描述的预测结果，应进行综合分析和论证，以消除某些主观因素的影响。对定量描述的预测结果，一般可采用简单或加权算术平均法求出综合预测值。亦可考虑预测者的地位、作用和业务水平不同，分别给予不同的权数，采用加权平均法求出综合预测值。

2.1.2　销售人员意见调查预测法

销售人员意见调查预测法是指企业直接将从事商品销售的经验丰富的人员组织起来，先由预测组织者向他们介绍预测目标、内容和预测期的市场经济形势等情况，要求销售人员利用平时掌握的信息结合提供的情况，对预测期的市场商品销售前景提出自己的预测结果和意见，最后提交给预测组织者进行综合分析，以得出最终的预测结论。

这种预测法的适用范围是：预测商品需求动向，市场景气状况，商品销售前景，商品采购品种、花色、型号、质量和数量等方面的预测问题。这种方法多在一些统计资料缺乏或不全的情况下采用，对短期市场预测效果好。

销售人员是商品的直接推销者，他们了解市场，熟悉商品销售情况，而且预测值是经过多次审核、修正而得出的，因而预测的结果对编制营销计划和经营决策有较大的参考价值。同时，让销售人员参与市场预测，可激发他们的责任感和工作积极性。但由于职业习惯和知识的局限性，销售人员可能对宏观经济的运行态势和市场结构变化不甚了解，容易从局部出发做出预测，其结果带有一定的片面性。预测者的激进或保守，都将影响到预测的准确性。如果将最终预测值作为任务目标，则预测者难免采取稳健态度，因而做出的预测值可能偏低，即预测值容易偏于保守。为此，采用该方法时应注意下列几点：

① 应从各部门选择经验丰富的有预测分析能力的人参与预测。

② 应要求预测参与者经常收集市场信息，积累预测资料。

③ 预测组织者应定期将市场总形势和企业的经营情况提供给预测参与者。

④ 预测组织工作应经常化，并对预测成绩显著者给予表彰，以调动他们的积极性。

⑤ 对销售人员的估测结果，应进行审核、评估和综合，其综合预测值的计算，可采用简单或加权算术平均法。

2.1.3　商品展销、订货会调查预测法

该方法是通过商品展销、订货会直接对与会者进行调查，以发放调查表的形式，征询与会者的购买意向，了解与会者对商品的性能、品种、质量、价格的意见和需求量，了解与会者特征，如职业、年龄、性别、收入等。将与会者的意见汇总整理后，综合判断出商品销售的发展前景，做出预测。展销调查期间要采取多种手段积极地与顾客接触，诸如印制和发放调查表，有计划地采访各类顾客，召集顾客座谈会，详细记录顾客的意见或抱怨等。该方法的优点是能取得直接来自于消费者的意见，但也存在缺点，即样本可能缺乏代表性；难以获得顾客的通力合作；顾客期望购买不先于实际行动，且其期望易发生变化；由于对顾客知之不多，调查时需耗费较多的人力和时间。该方法较适用于生产资料和耐用消费品的需求预测。

2.1.4 试销调查预测法

选择具有代表性的市场进行某种产品的试销，通过该产品在试销市场上的销售状况，综合分析并推测该产品在整个市场上的销售潜力。试销调查预测法将销售与调查预测相结合，十分便于对消费需求、购买能力、购买意向等多方面情况做出分析研究。这种方法主要适用于新产品的销售预测。

使用该方法时应注意选择购买力能控制在一定范围的购买对象；展销商品货源要充足；对购买展销商品消费者的构成、收入和人数等情况需要作较为仔细的了解。

2.2 集合意见预测法

集合意见预测法是指对某一预测问题先由有关的专业人员和行家分别做出预测，然后以不同权重集合各个预测人员的预测意见，从而获得预测对象结果的一种预测方法。许多预测问题如果只凭预测者个人的知识和经验进行预测，往往具有局限性，而集合意见预测法则能集思广益，克服个人预测的局限性，有利于提高预测的质量。该方法特别适合于企业预测，如市场开发、市场容量、产品销售量、市场占有率等的预测。

2.3 专家会议预测法

专家会议预测法是指根据预测的目的和要求，向有关专家提供相关背景统计资料，并请他们结合自己的知识、经验和阅历进行预测的一类定性预测方法。这种方法一般适用于没有历史资料；或历史资料不完备，难以进行定量的分析；或需要对预测问题进行质的分析。这里所说的专家，是指在某个研究领域或某个方面有专门知识和特长的人员，以及具有丰富实践经验的推销员、经济师、会计师、统计师、工程师等。

选择专家是专家会议预测法的一项重要工作。专家的选择应根据预测内容和任务来确定，既要注意选择精通专业技术的专家，也要注意物色有经验的实际工作者。专家会议的规模要适中，会议人数应由主持人根据实际情况而定，一般以 10 人左右为宜。

专家会议预测法适用于新产品开发、技术改造和投资可行性研究。为了使会议开得有成效，预测组织者应事先向专家们提供与预测问题有关的资料，以及需要讨论研究的具体题目和要求。在会议上，预测组织者不宜发表影响会议的倾向性意见，只是广泛听取意见，最后综合专家意见确定预测结果。

专家会议预测法是国内外广泛应用的一种预测方法，其常用的形式有如下几种。

2.3.1 交锋式会议法

交锋式会议法，要求参加会议的专家通过各抒己见、互相争论来预测问题，以求达到一致或比较一致的预测意见。这种方法的局限性是“权威者”可能左右与会者的意见，或者“口才”好的人左右与会者的意见；有些人自己的意见虽然欠妥，但不愿收回。因此，最后的综合预测意见难以完全反映与会者的正确意见。

2.3.2 非交锋式会议法

非交锋式会议法，与会者可以充分发表自己的预测意见，也可以对原来提出的预测意见再

提出修改或补充意见，但不能对别人的意见提出怀疑和批评。这种非交锋式会议法，国外称之为“头脑风暴法”。它可以克服交锋式会议法的缺点，起到互相启发、开拓思路的作用，但最后处理和综合预测意见比较难。

2.3.3 混合式会议法

混合式会议法是交锋式与非交锋式会议法的结合，又称“质疑头脑风暴法”。一般分两个阶段进行，第一阶段采用非交锋式会议法，即头脑风暴法；第二阶段采用质疑头脑风暴法，用交锋式会议法对第一阶段提出的预测意见进行质疑，在质疑过程中又提出新的预测意见或设想，经过不断讨论，最后取得比较一致的预测结论。

2.3.4 头脑风暴法

头脑风暴法又称为专家会议法或智暴法(Brain Storming Method)，其程序如下：邀请有关方面的专家，由训练有素的主持人组织召开专家座谈会，就有关预测问题共同讨论，即兴发言，进行信息交流和互相启发，从而诱导专家们发挥其创造性思维，促进他们产生“思维共鸣”，以达到相互补充的目的，并形成对预测问题的结论性意见。使用这种预测方法，既可以获取要预测事件的未来信息，也可以弄清楚问题，理清影响，特别是一些交叉事件的相互影响，形成方案。

头脑风暴法在实际应用中有两种形式：直接头脑风暴法和质疑头脑风暴法。直接头脑风暴法是组织专家对所要解决的问题，开会讨论，专家们各抒己见、自由地发表意见，集思广义，提出所要解决的具体方案。质疑头脑风暴法是对已制定的某计划、方案或工作文件，召开专家会议，由专家提出质疑，去掉不合理或不科学的部分，补充不具体或不全面的部分，使报告或计划趋于完善。

实施头脑风暴法应遵循的原则：

① 严格规定对所讨论的问题提出设想时所用的术语，限制所讨论问题的范围，以使参加者把注意力集中于所讨论的问题。

② 与会者不能对别人的意见提出怀疑，不能放弃和终止讨论任何一种设想，无论这种设想是否可行或适当。

③ 鼓励与会者对已提出的设想进行改进和综合，为准备修改自己设想的人提供优先发言的机会。

④ 支持和鼓励与会者解除思想顾虑，创造一种自由的气氛，激发与会者发言的积极性。

⑤ 与会者发言要精练，不需要详细论述，因为展开发言不但延长与会时间，而且有碍于创造性思维效果的产生。

⑥ 不允许参与者宣读事先准备好的建议一览表，否则将失去头脑风暴法本身的意义。

头脑风暴法预测的步骤如下：

(1) 开会前的准备

确定会议主题，设计详细的讨论提纲。主题应简明、集中；提纲要注意话题次序，一般简单问题在前，复杂问题在后；一般问题在前，特定问题在后。

确定会议主持人。主持人应有较强的组织能力和应变能力，丰富的调查经验，以及与讨论问题相关的知识。主持人不应发表可能影响会议倾向性的观点，只是广泛听取意见。合格的主持人应具有和蔼、宽容、灵活和鼓励他人参与的素质。

选择与会专家。专家应是在预测问题所涉及专业中有较高理论水平或有丰富实践经验的人。具体选择哪方面的专家与所预测问题的性质有关，如要预测某商品的市场行情，则有经验的老推销员就是专家，该商品的消费者也是专家；但如果要预测某项科学技术的未来发展趋势，则企业内技术工程师就是专家。专家的人数视问题的复杂程度、规模的大小而定。一般而言，人数太少，会降低预测结论的代表性；人数太多，预测工作难以组织，对预测结果的处理也比较复杂。经验表明，预测结论的有效性往往会随着人数的增加而提高，但当人数达到某一数额时，如再增加专家人数，对预测有效性的提高就不明显了。一般而言，专家人数在 10～50 人为宜。但对一些重大问题的预测，专家人数也可扩大到 100 人以上。如果要选择相互认识的专家，则从同一职位的人员中选取，领导不宜参加；如果要选择互不相识的专家，应从不同职位的人员中选取。另外，选择的专家要善于表达自己的意见。

确定会议场所和时间。会议场所对大多数与会专家来说应是舒适和方便的，会议场所的环境应安静，会议场所的布置要营造轻松、非正式的氛围，要能鼓励专家自由、充分地发表意见，会议持续时间以专家意见表达充分、不走题且能产生"共鸣"、形成较一致的意见为标准而定。另外，会议持续时间不宜过长，否则专家难以坚持，以 20～60 min 为宜。

准备好会议所需的演示和记录工具，如录音、录像设备等。

(2) 组织和控制会议

把握会议主题。为避免会议的讨论离题太远，主持人应善于把与会者的注意力引向会议主题，或围绕主题提出新的问题，使会议始终围绕主题进行。

主持人提出题目，要求大家充分发表意见，提出各种各样的看法。主持人不谈自己的设想、看法或方案，以免影响与会专家的思维。主持人对专家提出的意见，不应持不定态度，而应表示欢迎。主持人要强调每个人不批评别人的意见，大家畅所欲言，敞开思路，各抒己见，方案多多益善。

做好会议记录。如实记录专家意见，可通过录音、录像等方式进行记录。

做好会议后的工作。及时整理、分析会议记录，检查记录的正确性、完整性以及是否有遗漏。分析专家所发表的意见、观点是否具有代表性，对预测结果做出评价，及时发现疑问和问题，对会上反映的一些重要数据和关键事实作进一步的查证核实，对没有出席会议的专家或在会上没有发言的专家，应进行补充记录。

头脑风暴法的优点是：有助于集思广益，相互启发，能在短期内形成有创造性的建议和想法；信息量大，考虑的预测因素多，提供的预测意见比较全面和广泛。但此方法也易受权威的影响，专家易随大流，不利于充分发表意见；预测结果易受专家表达能力的影响。有些专家的意见和建议虽然很高明且有创造性，但表达能力欠佳，从而影响预测效果，同时预测效果容易受专家心理因素的影响，有的专家爱垄断会议或听不进不同意见；有的甚至明知自己有错，也不公开修改自己的意见；有的专家容易随大流，不能坚持自己的意见。

2.3.5 德尔菲法

德尔菲法是美国兰德公司于 1964 年进行技术预测时创立的一种专家预测法，它是在专家会议意见测验法的基础上发展起来的一种预测方法，现广泛应用于经济、社会、科技、军事等各个领域的预测。

德尔菲法以匿名的方式通过几轮函询征求专家们的预测意见，预测组织者对每一轮意见都进行汇总整理，作为参考资料再寄给每个专家，供他们分析判断，提出新的预测意见和结果。如此反复几次，专家们的预测意见渐趋一致，预测结论的可靠性越来越大。

1. 传统的德尔菲法

德尔菲法在一定程度上克服了头脑风暴法的缺点，它是将所要预测的问题以信函的方式寄给专家，专家们互不见面，将回函的意见综合、整理，又匿名反馈给专家征求意见，如此反复多次，最后得出预测结果。其实质是以匿名方式通过几轮咨询征集专家们的意见而得出预测结果。

目前，德尔菲法是一种广为适用的直观判断分析预测方法。它既可用于市场预测，也可用于科技、社会以及其他预测；既可用于中期预测，也可用于长期预测。特别是当有关预测对象的历史统计资料不很全面时，其优点更为突出，可以认为是此种情况最可靠的预测方法。

德尔菲法的中心内容是将预测的问题和背景材料编制成一种调查表，用信函的方式寄给专家，利用专家的经验和知识做出判断、预测，经过多次综合、归纳和反馈，逐步形成一致意见，从而预测事物未来的发展变化。它具有以下特点：

① 匿名性。因为专家们互不见面，可消除心理因素的影响，每位专家可参照前一轮综合预测结果修改自己的意见，而无需对自己的意见做公开说明。

② 反馈性。德尔菲法一般经过四轮反馈。预测领导小组将每一轮各位专家的预测结果与不同意见的理由归纳、整理、汇总，作为反馈材料寄发给每一位专家，供下一轮预测或咨询时参考。由于每一轮预测之间的反馈和信息沟通依赖于比较、分析，因而能相互启发，提高预测的有效性。

③ 预测结果的可统计性。德尔菲法采用统计方法对每一轮预测结果进行定量处理，科学地综合专家们的预测意见。一般采用统计指标，如中位数、四分点、平均得分率、主观概率值等，对预测或咨询结果进行统计处理。

德尔菲法是传统定性预测分析的一个飞跃，它突破了单纯的定性或定量分析的界限，为科学、合理的决策开辟了思路。由于它能对事物未来发展可能的前景做出概率描述，因而为决策者提供了多方案选择的可能性。

德尔菲法一般有四个步骤：建立预测领导小组，编制预测计划；选择专家；轮间反馈；编写预测报告等。由于该方法预测结果的准确性在很大程度上依赖于专家的知识广度、深度和经验以及咨询调查表的设计，因此如何选择专家、如何设计咨询调查表是非常重要的。

在使用德尔菲法时应注意以下几个方面的问题。

1）设置预测机构。它的基本任务是对预测工作进行组织和领导，控制预测进程，拟定咨询调查表，汇总各轮专家意见，统计处理预测结果和编写预测报告。

2）选择专家。此方法中的专家与通常意义的专家有明显的区别，它特指与预测问题有密切关系的人员。具体包括对预测问题有丰富实践经验、专门知识和特长的人员，也包括与预测问题有直接关系的人员。如商品推销人员、商品消费人员在商品销售预测中也是专家。因此，在选择专家时，不仅要注意选择所预测专业领域的理论知识型专家和实践型经验专家，同时还应注意选择与之密切相关的人员以及相关领域和边缘学科方面的专家；另外，所选择的专家要能乐于承担任务，坚持始终。

在组织专家集体进行预测时，专家人数应视实际需要而定，其原则与头脑风暴法的原则相似。

3）充分调动专家的积极性。专家参与轮间咨询的积极性，在很大程度上决定了预测的质量。因此，必须充分调动专家的积极性，让他们乐意为咨询工作服务。一般来讲，应注意给予应邀专家适当的物质或者荣誉作为报酬。

4）对德尔菲法作必要的说明。由于该法并非所有人都知道，因此，领导小组应就德尔菲法的实质、特点以及轮间反馈作扼要说明。另外，为使专家能全面了解情况，函询调查表应有前言,用以说明预测的目的和任务,并示范说明如何回答表中的项目。

5）精心设计函询调查表。咨询要服从预测目的和任务的需要,使各个咨询项目构成一个有机的整体。咨询项目应按等级排列,在同类项目中,按先简单后复杂,由浅入深进行排列,以引起专家的兴趣,便于思考和分析。调查表应简练、明确、清晰,提出的问题不要太多,一般认为问题在 25 个以内为宜;用词要确切,避免使用“普及”、“普通”、“广泛”和“正常”之类的词。调查者的回答应采用简练的方式,如填写数字、日期、同意、不同意等。调查表上可适当留空,以便专家阐明有关看法和意见。根据预测内容的不同,调查表一般有三种询问方式:要求对问题的发展做出定量估计和描述;要求对几个事件或指标做出选择和说明;要求进行论述、分析和说明。另外,调查的问题或咨询项目应接近专家熟悉的领域,设计函询调查表时应提供较为详细的背景资料。

6）专家意见的统计处理。专家意见服从或接近正态分布,因此,对专家意见的统计处理方法和表达形式,视答案的类型和预测的要求不同而不同。

① 数量预测答案的处理。当预测结果需要用数或时间表示时,专家们的回答将是一系列可比较大小的数据或有前后排列顺序的时间。这时,可采用四分点法处理,即用数据的中位数和上下四分位数的方法处理专家们的意见,求出预测的期望值和区间。

② 定性预测结果的统计处理。德尔菲法预测中,一般依据某预测项目可能出现的事件的多少(n 个),要求对所评定的第一名给 n 分,第二名给 $n-1$ 分,依次递减,最后一名得 1 分;再根据 m 个专家的评分,确认预测项目各可能事件的等级次序。具体步骤如下:

第 1 步,计算预测项目各可能事件得分总值:

$$S_j=\sum_{i=1}^{m}C_{ij}\quad(j=1,2,3,\cdots,n)$$

式中:S_j 为第 j 个事件的得分总值;C_{ij} 为第 i 个专家对第 j 个事件的等级评分值。

第 2 步,计算所有事件评估部分:

$$S=\sum_{j=1}^{n}S_j=\sum_{j=1}^{n}\sum_{i=1}^{m}C_{ij}$$

第 3 步,计算各事件的重要程度权系数:

$$k_j=\frac{S_j}{S}\quad(j=1,2,3,\cdots,n)$$

此值越大,说明某预测项目在预测其出现第 j 事件的可能性越大。

2. 改进的德尔菲法

有许多形式的改进德尔菲法,下面是具有代表性的改进德尔菲法。

(1) 改变德尔菲法基本特点的改进方法

这种方法主要是在“匿名性”和“反馈性”两个方面作了修改。

① 部分取消“匿名性”。先采用“不记名询问”,然后公布结果,并进行口头辩论,以便相互启发,集思广益,最后再进行匿名咨询。

② 部分取消“反馈性”。轮间反馈时,只向专家反馈前一轮预测值的上下四分位数,不提供中位数。这是为了防止有些专家只是简单地向中位数靠近,有意回避提出新的预测意见的倾向。

(2) 保持原有三个基本特点的改进方法

① 向专家提供背景材料。在很多情况下,预测对象的发展变化在很大程度上取决于经济、政策和技术条件。参加预测的成员一般是某一领域的专家,可能对经济、技术、政策情况了解较少。预测活动中,许多专家可以是掌握科技文化知识不多的商品用户或管理人员,也可能

是某一科技领域的专家，因此，有必要将政治和经济背景资料及发展趋势的预测，作为第一轮的信息提供给专家，使他们有一个共同的起点。对于工业发展、市场需求量等的预测，提供背景资料尤为重要。

② 减少应答次数。传统德尔菲法，一般要经过四轮，有时甚至五轮的函询。但若能采用其他方法提供某些信息，通过两轮函询和反馈后，意见已相当协调，这时应答次数可减少至三次，甚至两次。就现有经验看，一般采用三轮较为适宜。

③ 对预测结果进行自我评价。由于预测项目的复杂性，不可能要求每个应答专家对所有预测项目都相当熟悉和精通。因此，各位专家所作判断的权威程度便有所区别，如果将他们的回答同等看待，往往会造成偏差；如果针对各个专家的权威程度赋予相应的权数，以此对他们的回答进行处理，可能会使预测结果更为准确。有关专家权威程度的确定一般以自我评价而定，也就是在征询专家意见的同时，要求应答专家填写对预测项目的熟悉和了解程度，用"很有研究、有研究、较熟悉、基本了解、初步了解、未作评定"等定性指标进行归位。在处理专家意见时，要根据询问结果确定每位专家意见的权重，从而求得更可信的预测结果。

德尔菲法作为一种预测工具，其价值在于它的预测结论的有效性。就其预测的准确性来讲，虽然它多用于长期预测，一般难以对它进行全面的统计和检验，但此方法给出的许多预测信息是受到重视的，有大量的事例证实了其预测结论的准确性。德尔菲法不受地区和人员的限制，用途广泛，费用一般较低，而且能引导思维，是一种系统的预测方法。在缺乏足够资料的预测中，有时只能使用该方法。当然，德尔菲法也存在一些不足，主要表现在以下几个方面：

① 预测结果受主观认识的制约。德尔菲法的实质就是广泛利用专家的主观判断，将专家意见进行统计处理，产生有用的预测结果。因此，运用德尔菲法所得到的预测结果受主观认识的制约，预测的准确度主要取决于专家的知识、经验、心理状态和对预测对象的感兴趣程度。

② 专家思维的局限性会影响预测的效果。现代科学技术分门别类，知识量十分庞大而复杂，任何专家都不可能对所有问题深入研究。事实上，专家只是从事某个专门领域的工作，对其他领域的成就与进展，往往了解较少，可能仅在有限的框框内思维。

③ 德尔菲法在技术上还有待改进。德尔菲法本身也还存在许多有待于进一步完善的地方。例如，专家的概念没有完善的客观的衡量标准，因而在选择专家时容易出现偏差；咨询调查表的设计原则难以掌握，有时比较粗糙。

2.4　类推预测法

2.4.1　类推预测法的基本原理

类推预测法就是利用某一先导事件的发展演变规律，来预测与其有关联的、相似的、迟发事件的发展演变趋势。先导事件就是发生在前或已发生过的事件，迟发事件就是发生在后或正在发生的事件。

类推预测实际上就是寻找两个相距一定历史时期的相似时间序列，然后通过先导事件的时间序列推测迟发事件的时间序列。

类推预测法最关键的一步就是确定与预测对象有关的先导事件。先导事件的选定又依赖于对迟发事件的深入分析，抓住迟发事件的本质特征，要善于从大量的历史事件中找到与迟发事件相类似且有某种特殊关系的先导事件。一旦先导事件被确定，就可以描述出先导事件的特性参数随时间变化的图形（先导事件的时间序列曲线）或变化规律，并将其与迟发事件的时间序列曲线变化进行比较，以观察这两个事件的时间序列变化规律是否有相类似的趋势，是否有一个固定的时间迟后量。如果这些条件得以满足，便可使用所选定的先导事件进行类推预测，因此，类推预测法的具体步骤如下：

第 1 步，选择先导事件。要求先导事件与迟发事件具有相同或近似的发展变化规律，发展规律已知并领先于迟发事件。

第 2 步，找出先导事件的发展规律、特性参数，并依据时间序列统计数据，绘制其演变趋势曲线图。

第 3 步，根据先导事件的发展规律，类推迟发事件的未来情形，从而进行预测。

采用类推预测，要特别注意以下几个方面的问题：

① 区分两个事件是本质上的相似，还是偶然相似，全面地比较两个事件的重要特性，正确判断它们之间的相似和差别。任何两个事件总是有差别的，如果存在明显的本质差别，就不要勉强将其选作先导事件；在存在差别的情况下，应当特别注意其预测的范围和时间；只有各主要特征上充分相似的两个事件，其类推预测的结论才有一定的可靠性。

② 即使是可以进行类推的两个事件，甚至在一段时期内其预测结论也被证明是正确的，但也不能保证其预测结论仍然对未来完全适用。因为随着时间的推移，预测环境甚至预测对象本身可能发生质的变化，两个相似事件的迟后时间可能会改变（缩短或延长），因此，若仍使用原先的类推模型，就可能得出有较大偏差的预测结果。

③ 由于类推预测较多地涉及人的主观判断，当他们意识到某一类推结果时，可能会变更初衷，故意采取别的行动而企图类推出主观所希望的结论，这有可能严重干扰预测的客观性，致使类推预测失效。

④ 要依靠专家的咨询和指导。类推预测并不像一些定量预测方法一样有固定的模式、现成的数学公式，它在很大程度上要依靠人的实际知识和实践经验，要依靠人的聪明才智去观察和分析事件的本质属性以及相互间的类似。一般的预测工作者很可能不具备关于预测对象的专业知识，对有些相关学科领域可能也不甚了解，这就更有必要聘请专家、学者，向他们说明预测的目的和任务以及类推预测的要领，合作完成预测任务。

2.4.2 类推预测法的应用

类推预测法应用形式很多，如由点推算面，由局部类推整体，由类似产品类推新产品，由相似的国外市场类推国内市场等。类推法一般用于开拓新市场，预测新产品的潜在购买力，需求量预测等，即通过对预测产品与类似产品的对比分析，来判断预测市场销售状况。新产品没有销售统计资料，不可能进行定量的分析，那么就可以运用类似产品的历史资料和现实市场需求的调查资料，通过类比分析，确定新产品的销售预测值。例如，根据黑白电视机的销售资料进行类推，确定彩色电视机的销售预测值，就是类推预测法。

2.5 扩散指数法

扩散指数法是以扩散指数为依据来判断市场（或经济）是否景气的方法，而扩散指数是一批依靠经济指标的升降变化计算出来的参数。扩散是指不局限于运用某些或某几项经济指标，而是一批经济指标，即运用一批经济指标的变化来预测市场（或经济）未来的发展趋势。

市场的变化与经济指标的变化是紧密联系在一起的。市场是国民经济的综合反映，国民经济发展中许多经济指标的变化都会先后影响市场需求趋势的变化。按照经济发展指标同市场变化的先后时间顺序来划分，可以分为以下三类。

① 领先指标。领先指标也称先行指标。在时间上，经济指标的变动先于市场的变化，即经济指标先变动，经过一段时间后，市场才发生变化。如经济建设中基础建设（"基建"）投资的增加，企业挖潜、革新、改造费用的安排，建筑投资的增加，都是经济指标变化在先，市场变化在后。在基建过程中固然会引起对建筑材料和个人消费品等市场需求量的增加，但更重要的是要预见到。经过基建过程，项目一旦投产，企业技术改造和产品换代实现后，将为市场提供新的商品资源，可能引起市场商品供应量的增加。同时，住宅竣工交付使用后，又会引起家具及其他有关商品需求量的迅速上升。再如消费者支出水平的变化、人口变动趋势等，都属于领先指标。通过调查、掌握并分析、判断领先指标的变化及其方向，是对市场景气预测的重要内容。

② 一致指标。一致指标也称为同步指标。在时间上，经济指标的变动与市场的变化几乎同时发生。如就价格指数的变动同市场变化之间的关系来说，尽管当年农副业生产已成为定局，但调高农副业收购价格，会促使农业生产部门改变对农副产品自给部分与商品部分的分配比例，从而使当年市场的农副商品资源量有较大增加。又如，降低关税会使国内同类产品的销售量下降；再如，许多商品批发价格变动，会立即涉及零售价格，以致影响市场需求量的变化。从这些例子可以看出，许多经济指标的变化与市场因素有关，而且几乎是同时发生的。在分析商品市场的变化规律时，这些同时变化的经济指标显然是不可忽视的。

③ 落后指标。落后指标也称迟行指标、滞后指标。在时间上，这类经济指标的变动落后于市场经济活动的变化。例如，分散付款方式销售家用电器等价值较高的耐用消费品，消费者为支付到期贷款而动用银行存款，使银行储蓄额减少；又如，农副产品收购价格的变化，会使当年农副产品收购数量发生变化，也会使下一年农副产品的投资结构和生产规模发生变化。这些变化都属于市场经济活动变化在先，经济指标变化在后的情况，即经济指标的变化落后于市场经济活动的变化，这些迟后变化的经济指标又将反过来影响市场因素的变化。因此，它们也是人们进行市场预测时必须给予高度重视的资料。

分析各项经济指标在时间上同市场变化之间的规律性，并通过市场调查深入了解各项经济指标的发展变化，有助于人们预测市场未来的变化及其发展前景，特别是对把握市场总体发展变化规律有很重要的价值。

扩散指数法就是人们利用领先经济指标来推断、把握未来的市场景气状况，为战略决策提供帮助。采用扩散指数法，必须采用一批领先经济指标，如农田基本建设投资、住宅建设规模、市政建设规模、技改基金、银行信贷、劳动就业人数、工资总额、消费者支出水平等。然后根据其中呈现上升趋势的指标计算扩散指数。假设 A 为呈上升变动的领先指标数，N 为领先指标总数，那么扩散指数 D 的计算公式为

$$D=\frac{A}{N}\times 100\%$$

值得指出的是，利用经济指标进行预测，在不同的国家、不同的经济发展阶段，所采取的指标不尽相同。不同的国家由于经济制度不同，经济指标的内涵也会有所不同。在不同的经济发展阶段，经济指标与市场关系的表现也是不相同的：在某一经济发展阶段，市场变化可能与某一经济指标的变化关系比较直接，因此，利用经济指标进行经济趋势、市场趋势判断预测时，必须经过长期的分析和观察，找出合理的经济指标。

应用定性预测时，应加强调查研究，努力掌握影响事物发展的有利条件、不利因素和各种活动的情况，使分析判断更接近于实际；收集资料时，应注意数据和情况并重，使定性分析数量化，定性预测与定量预测相结合，进一步提高预测质量。

第 3 章

回归分析预测法

在经济活动中，某一经济变量的变化通常是其他因素变化的作用结果。如商品需求量的变化、商品资源量的变化等，是由国民经济各部门的发展比例关系、积累和消费比例关系、人口增长和劳动就业情况的变化、居民收入、人们的物质变化需求和消费心理等的变化共同作用决定的。这种变量之间相互依存的关系称为因果关系，其中影响因素（自变量）的变化称为原因，影响因素变化的作用结果（因变量）称为结果。

变量间的因果关系有时可以用确定的函数关系式表示，如某种商品在某地区的需求量，在该地区人均需求量不变的情况下，与该地区人口总数是呈确定性的函数关系，即商品需求量＝人均需求量×人口总数。但有的时候因果关系则不能用确定性的函数表达式描述，如消费者对某种生活用品的需求量同其收入水平之间的因果关系。其实，可以利用实际观察数据或历史统计数据来找出它们之间的统计规律性，用数学模型近似地描述它们的因果关系，然后以此模型进行预测。预测学中主要研究的就是这种因果关系。确定这种因果关系数学模型的方法有很多，常用的有趋势外推法、回归分析法、数量经济模型法、投入产出模型法、灰色系统模型法等，其中回归分析法是最主要、最常用的一种方法。

回归分析法主要用于了解自变量与因变量的数量关系，用于寻找两个或两个以上变量之间互相变化的关系，并借此了解变量间的相关性，可以通过控制自变量来影响因变量，也可以进一步通过回归分析进行预测。

3.1 回归分析预测法概述

回归分析预测法是研究一个因变量与一个或多个自变量之间的因果关系的数学方法，即从因变量、自变量已存在的因果关系和变量的观察数据或历史数据出发，确定因变量与自变量之间的一元或多元函数关系式，并以此为依据来进行预测的方法。

回归分析预测法研究的主要内容：

① 根据一组原始数据确定变量之间的函数关系式，即统计回归模型的具体形式和模型参数的估计值。

② 对确定的函数关系式的可信程度进行统计检验。

③ 从影响因变量的诸多自变量中，判断哪些变量的影响是显著的，即判别和选择重要的自变量。

④ 依据求出的变量间的函数关系式进行预测和模型控制，并给出预测精度估计。

据此，可得到利用回归分析预测法进行预测时的大致步骤。

1）通过对历史数据资料和现实调查资料的分析，找出变量之间的因果关系，确定预测目标及因变量和自变量。

因变量与自变量之间的因果关系一般需要依据历史数据和现实调查资料散点图的变化规律以及经验确定。

历史数据和现实调查资料的类目不能太少，否则没有代表性，一般不得少于20个；而且数据的规律性能够适用于未来。

在选择自变量时，必须根据自变量与因变量之间的相关程度，选择与因变量关系最为密切或比较密切的影响因素作为自变量；在具体实践中，可以采用诸如逐步回归、遗传算法等数学方法。例如影响人口增长的因素有人口基数、出生率、死亡率、人口男女比例、人口年龄组成、人口迁移、政治策略、医疗水平、经济水平等众多因素，如果把这些因素都考虑进来，则预测就没有办法进行或者预测精度很差，因此需要对这些自变量进行选择，从中挑选一些与因变量关系密切的自变量进行预测。另外，还应注意选择那些非数量化的与因变量关系密切的影响因素（虚拟变量）作为自变量。例如对于某种商品的市场销售量，流通渠道、经营方式、服务质量等，都是影响销售量的重要因素，它们的变化会直接影响因变量的变化。但要注意，在选择非数量化的影响因素作为自变量时，必须把它们数量化。例如对于服务质量，就可以根据服务质量的标准，按服务质量达到的不同水平划分为若干等级，以它们的等级作为数量化的自变量，这样就将服务质量数量化为服务质量等级，以服务等级的变化来预测销售量的变化。

2）根据变量间的因果关系类型，选择适当的数学模型，并经过数学运算，求得模型中的有关参数，建立预测模型。

在选择数学模型时，应根据数据的分布规律结合定性分析进行，而不能因为线性模型简单不顾问题的本质特征，生硬地套用线性回归模型。

3）对预测模型进行检验，计算误差，确定预测值。在现实中，很难找到因变量与自变量的关系严格遵循某种数学模型的情况，而只能近似地用某一数学方程去描述某些变量之间的因果关系。也就是说，预测模型与实际情况总存在误差，甚至所选用的模型种类本身就有问题，不能正确反映所讨论的因果关系。因此想要利用预测模型预测未来，必须首先对模型进行检验，计算误差。

3.1.1 回归模型的基本假定

对于回归模型：

$$y_i=\beta_0+\beta_1 x_i+u_i \quad (i=1,2,3,\cdots,n)$$

式中：x_i、y_i 分别代表自变量和因变量；u_i 为随机变量，也为误差项；β_0、β_1 为回归模型参数；n 为样本数。

要估计出回归模型中的参数项，取决于回归模型中的随机项和自变量的性质。这两者应满足以下统计假定：

① 每个随机变量 $u_i(i=1,2,3,\cdots,n)$ 均为服从正态分布的实随机变量。

② 每个随机变量 $u_i(i=1,2,3,\cdots,n)$ 的期望值均为0，即

$$\mathrm{E}(\varepsilon_i)=0 \quad (i=1,2,3,\cdots,n)$$

式中E表示期望。

③ 每个随机变量 $\varepsilon_i(i=1,2,3,\cdots,n)$ 的方差均为同一常数，即

$$\mathrm{V}(u_i)=\mathrm{E}(u_i^2)=\sigma_u^2=\text{常数}$$

称为同方差假定或等方差性，式中V为方差。

④ 与自变量不同观察值 x_i 相对应的随机项 u_i 彼此不相关，即

$$\mathrm{cov}(u_i,u_j)=0 \quad (i\neq j)$$

称为非自相关假定，其中cov为协方差。

⑤ 随机项 u_i 与自变量的任一观察值 x_j 不相关，即

$$\text{cov}(u_i, x_j) = 0 \quad (i \neq j)$$

⑥ 如果为多元线性回归（MLR）模型，则假定所有自变量彼此线性无关，即

$$r_k(\boldsymbol{X}) = k + 1 \quad 且 \quad k + 1 < n$$

式中：k 为自变量的数目。

之所以提出这些假定，是因为随机项 u 综合了未包含在回归模型中的那些自变量以及其他因素对因变量的影响，因此应该把自变量对因变量的影响与随机项对因变量的影响区分开来。

假定①～③决定了随机项的分布：

$$u_i \sim N(0, \sigma_u^2)$$

同时也决定了回归模型中因变量的分布，即 y_i 也服从正态分布，表达如下：

$$y_i \sim N(\beta_0 + \beta_1 x_i, \sigma_u^2)$$

3.1.2 相关关系与因果关系

在进行回归分析时，首先要确定变量间存在因果关系以及哪个是因变量，哪个是自变量。这个过程可以采用变量相关分析完成，通过相关系数来说明变量间的关联程度。但要注意变量之间存在相关关系并不表示一定存在因果关系。相关分析提出的问题是：一个变量被另一个变量的影响程度有多大？或者反而言之呢？即两个变量之间是否存在关联以及在多大程度上存在关联。相关分析并不能说明其关联的类型，即无法说明这两个变量（如果有的话）中哪一个是原因，哪一个是结果，如果变量间不存在相关，则就不存在因果关系。如果观察到两个变量 A 与 B 具有统计学上的重大关联，则原则上可能有四种因果解释，即 A 影响 B 构成因果关系；B 影响 A 构成因果关系；A 和 B 受第三者或多个变量的影响构成因果关系；A 和 B 相互影响（构成因果关系）。相关系数无法阐明哪个因果解释是正确的，两个变量间的相关是因果关系的必要条件，但不是充分条件。因果模型中的哪一个是最可信的（原则上可以设想很多因果模型），不是由 A 和 B 之间的相关程度，而只能用一种恰当的理论来解释，只有逻辑和可靠的结论是解释相关的坚实基础。例如在市场营销研究中，人们发现"有些顾客在购买婴儿用品时，也同时会购买啤酒"。这个发现只能说明在某些顾客群体中这两个行为存在某种关联关系，但并不能推断出所有顾客的这两个行为必定存在因果关系。不是所有的顾客购买婴儿用品时一定会购买啤酒，而购买啤酒的顾客也不一定会购买婴儿用品。所以一个关联仅仅能够将两个变量代入一个模型，但并不说明这个模型是否正当地反映了（实证）现实的复杂性。

变量间的因果关系可以用 Granger 检验法确定，具体步骤如下：

① 利用最小二乘（OLS）法估计两个回归模型。

模型 1
$$y_t = \sum_{i=1}^{s} \alpha_i y_{t-i} + u_{1t}$$

模型 2
$$y_t = \sum_{i=1}^{s} \alpha_i y_{t-i} + \sum_{j=1}^{k} \beta_j x_{t-j} + u_{1t}$$

并计算各自的残差平方和（ESS1 和 ESS2）。

② 假设 $H_0: \beta_1 = \beta_2 = \cdots = \beta_k = 0$，即假设在模型 1 中添加了 x 的滞后项并不能显著地增

加模型的解释能力，构造统计量：

$$F_1 = \frac{(\mathrm{ESS1} - \mathrm{ESS2})/k}{\mathrm{ESS2}/(n-k-s)}$$

式中：k 为 x 的滞后项的个数；s 为 y 的滞后项的个数；n 为样本数。

③ 利用 F 检验对原假设进行检验。对于给定的显著水平 α，若 $F_1 > F_\alpha$ 则拒绝原假设，即认为 β_j 中至少有一个显著不为零，说明 x 是引起 y 变化的原因；反之则认为 x 不是引起 y 变化的原因。

④ 同理，若检验 y 是引起 x 变化的原因，只需在上述两个模型中将 x 与 y 互换即可。

3.1.3 相关系数

相关系数（又称 Pearson 相关系数）r 是衡量两个连续变量之间的线性关联的量度，其计算公式如下：

$$r = \frac{\sum_{i=1}^{n}[(x_i - \bar{x})(y_i - \bar{y})]}{n \cdot s_x \cdot s_y} = \frac{n\sum x_i y_i - (\sum x_i)(\sum y_i)}{\sqrt{\left[n\sum x_i^2 - \left(\sum x_i\right)^2\right]\left[n\sum y_i^2 - (\sum y_i)^2\right]}}$$

式中：n 为变量的数目；$\bar{x}$、$\bar{y}$ 为变量的平均值；s_x、s_y 是变量的方差。

相关系数表示数据点在直线（假想）周围的发散程度，如发散程度越大，误差的方差就越大，相关系数的绝对值就越小。如果双变量间为线性关系，则 $|r|$ 达到最大值 1；如果双变量间没有线性关系，则 $|r|$ 接近于 0（但应注意相关系数为零时并不能说明变量间不相关）。当相关系数为其他值时，表示的意义如表 3.1 所列。

相关系数的平方（r^2）表示 x 和 y 共性方差的分量，或者两个变量之间线性关联的方差分量（“重叠”），也称为决定系数或拟合优度。$1-r^2$ 表示非共性方差或者两个变量间非线性关联的分量（“不重叠”），也可以解释为一个变量对另一个变量的预测误差。

表 3.1　相关系数 r 的解释说明

r	解　释
<0.2	相关很小
<0.5	相关小
<0.7	相关中等
<0.9	相关大
>0.9	相关很大

相关系数的大小不仅仅受调查条件（测量精度）的影响，而且还受样本特征（随机特性、特征易变性/代表性和大小）的影响。只有利用足够大的样本才能精确地估计一个总体的相关系数。一般来说，随着样本量的增大，相关系数的变异逐渐减少。例如，当样本数 $n=10$ 时，90%的相关系数变化在±0.55 之间；当 $n=100$ 时，90%的相关系数变化在±0.17 之间；当 $n=1\ 000$ 时，90%的相关系数变化在±0.05 之间。所以实际中一般建议样本数最少为 50 或 30，而且计算时应删除离群值并通过继续取样来填补缺失的数据。

在关联计算中，只有通过统计检验，才能根据得出的相关系数推断出具有什么程度的相关性。

在多元线性回归（MLR）分析中，如果我们要研究因变量与某个自变量之间的纯相关性或真实相关性，就必须消除其他变量对它们的影响，这种相关称为偏相关。由此计算的决定系数称为偏决定系数，由此计算的相关系数称为偏相关系数。

偏相关系数是在对其他变量的影响进行控制的条件下，衡量多个变量中某两个变量之间的线性相关程度的指标。所以，用偏相关系数来描述两个经济变量之间的内在线性联系会更合理、更可靠。

偏相关系数不同于简单相关系数。在计算偏相关系数时，需要掌握多个变量的数据，一方面考虑多个变量之间可能产生的影响，另一方面又采用一定的方法控制其他变量，专门考察两个特定变量的净相关关系。在多变量相关的场合，由于变量之间存在错综复杂的关系，因此偏相关系数与简单相关系数在数值上可能相差很大，有时甚至符号都可能相反。

偏相关系数的取值与简单相关系数一样，相关系数绝对值越大(越接近 1)，表明变量之间的线性相关程度越高；相关系数绝对值越小，表明变量之间的线性相关程度越低。

例如有三个变量 y、x_1、x_2，求 y 与 x_1 的偏相关系数的过程如下：

① 分别做 y、x_1 对 x_2 的回归，得到以下回归方程式：

$$y=\hat{\alpha}+\hat{\beta}x_2+\varepsilon_1$$

$$x_1=\hat{\alpha}_1+\hat{\beta}_1x_2+\varepsilon_2$$

其中

$$\hat{\beta}=\frac{\sum\dot{x}_2\dot{y}}{\sum\dot{x}_2^2}=\frac{\sum\dot{x}_2\dot{y}}{\sqrt{\sum\dot{x}_2^2\sum\dot{y}^2}}\cdot\frac{\sqrt{\sum\dot{y}^2}}{\sum\dot{x}_2^2}=r_{y2}\frac{\sqrt{\sum\dot{y}^2}}{\sum\dot{x}_2^2}$$

$$\hat{\beta}_1=\frac{\sum\dot{x}_2\dot{x}_1}{\sum\dot{x}_2^2}=\frac{\sum\dot{x}_2\dot{x}_1}{\sqrt{\sum\dot{x}_2^2\sum\dot{x}_1^2}}\cdot\frac{\sqrt{\sum\dot{x}_1^2}}{\sum\dot{x}_2^2}=r_{12}\frac{\sqrt{\sum\dot{x}_1^2}}{\sum\dot{x}_2^2}$$

式中：r_{12} 表示变量 x_1 与 x_2 间的相关系数；r_{y2} 表示变量 y 与 x_2 间的相关系数；$\dot{x}_i=x_i-\bar{x}$，$\dot{y}_i=y_i-\bar{y}$。ε_1 和 ε_2 分别是变量 y 和 x_1 中未被解释的那部分残差，即消除了 x_2 对 y 和 x_1 影响后的 y 和 x_1 值，这两个残差之间的相关关系代表 y 和 x_1 之间的纯相关关系。

② 求 y 与 x_1 的偏相关系数 $r_{y1\cdot2}$。根据偏相关系数的定义，可得

$$r_{y1\cdot2}=\frac{\sum\dot{\varepsilon}_1\dot{\varepsilon}_2}{\sqrt{\sum\dot{\varepsilon}_1^2\sum\dot{\varepsilon}_2^2}}=\frac{\sum\varepsilon_1\varepsilon_2}{\sqrt{\sum\varepsilon_1^2\sum\varepsilon_2^2}}$$

因为

$$\sum\varepsilon_1^2=\sum\dot{y}^2(1-r_{y2}^2)$$

$$\sum\varepsilon_2^2=\sum\dot{y}^2(1-r_{12}^2)$$

$$\sum\varepsilon_1\varepsilon_2=\sqrt{\sum\dot{x}_1^2\sum\dot{y}^2}(r_{y1}-r_{y2}\cdot r_{12})$$

所以可得

$$r_{y1\cdot2}=\frac{r_{y1}-r_{y2}\cdot r_{12}}{\sqrt{(1-r_{y2}^2)(1-r_{12}^2)}}$$

类似地，可得到 y 与 x_2 的偏相关系数 $r_{y2\cdot1}$，即

$$r_{y2\cdot1}=\frac{r_{y2}-r_{y1}\cdot r_{21}}{\sqrt{(1-r_{y1}^2)(1-r_{21}^2)}}$$

一般地，有如下形式的递推公式：

$$r_{yj\cdot 12\cdots(j-1)(j+1)\cdots k}=\frac{r_{yj\cdot 12\cdots(j-1)(j+1)\cdots(k-1)}-r_{yk\cdot 12\cdots(j-1)(j+1)\cdots k}\cdot r_{jk\cdot 12\cdots(j-1)(j+1)\cdots(k-1)}}{\sqrt{(1-r^2_{yk\cdot 12\cdots(j-1)(j+1)\cdots(k-1)})(1-r^2_{jk\cdot 12\cdots(j-1)(j+1)\cdots(k-1)})}}$$

在相关分析中，切不可只根据相关系数很大，就认为两个变量之间有内在的线性联系或因果关系。因为相关系数只表明两个变量的共变联系，尽管这种共变联系有时也体现了两个变量的内在联系（如物价与需求量），但在很多情况下，这种共变联系是由某个或某些变量的变化引起的。所以，在研究变量之间的相关关系时，如果由样本计算的两个变量的相关系数很大，那么还需要检查一下这种相关是否与实际相符合。如果不符，那么一定是由于其他变量的变化所引起的。这时，就要研究和探索引起这两个变量高度相关的其他变量；去掉这些变量变化的影响因素，计算偏相关系数，最后确定这两个变量之间的内在线性联系。当研究多个变量时，有时计算其中两个变量的相关系数与实际相符，但由于其他变量的影响，这个相关系数可能扩大或缩小了这两个变量之间的真实联系，这时，通过偏相关系数与相关系数的比较，来确定这两个变量之间的内在线性联系会更真实、更可靠。所以，在相关分析中，除了使用相关系数以外，还应该使用偏相关系数，这是非常重要，也是十分必要的。

3.1.4 异常点、高杠杆点、强影响观测值和缺失值

由于各种原因的影响，回归分析建模所用数据集中各数据的性质并不一样。异常点（离群值）、高杠杆点、强影响观测值和缺失值便是其中四种不同性质的数值点。

异常点是指观测到的偏离正常值区域很远的一个点，它可以粗略地用标准残留值来评估。如果一个观测点对应的标准残留值的绝对值大于2或距离平均值超过4.5个标准差的数值，那么就可以认为它是一个异常点。标准残留值的定义如下：

$$\text{residual}_{i,\text{standardized}}=\frac{y_i-\hat{y}_i}{s_{i,\text{resid}}}$$

式中：$s_{i,\text{resid}}=s\sqrt{1-h_i}$，$h_i=\dfrac{1}{n}+\dfrac{(x_i-\bar{x})^2}{\sum_i (x_i-\bar{x})^2}$，$s$ 为标准差，n 为观测值数量。

回归分析对异常点非常敏感，即使很少的异常点也足以对回归分析结果产生深远的影响。所以回归分析前要采用一定的方法检验数据是否存在异常点。

高杠杆点可以认为是一个观测值在预测空间中的极限，也就是不考虑 y 值的 x 变量的极限，其值可以用杠杆值 h_i 来表示。杠杆值最小可以为 $1/n$，最大为1。一个拥有大于 $2(m+1)/n$ 和 $3(m+1)/n$（m 为预测变量的个数）的观测点，可以认为是高杠杆点。

强影响观测值是指它的存在将很大程度上影响整个预测模型曲线的走向，通常强影响观测值既有大的残留值又有较高的杠杆。可以通过计算 Cook 距离是否大于1确定该点是否具有强影响力。Cook 距离的定义如下：

$$D_i=\frac{(y_i-\hat{y}_i)^2}{(m+1)s^2}\times\frac{h_i}{(1-h_i)^2}$$

如果一个观测值落在分布的第一部分（低于25%），那么它对整个整体分布只有一点点影响；如果一个观测值落在分布的中点之后，那么就说该点是具有影响力的。

回归预测分析模型的理想条件是不缺失任何数据。但在实际工作中，由于各种原因会造成某些数据的缺失。如果数据是完全随机缺失的，则具体的缺失程度决定了分析时还留有多少百分比的数据，这可能还会导致出现问题。如果通过合理的考虑，发现缺失值以某种方式与

因变量相关，那么只要从模型中剔除这些缺失值，模型的解释和建模就会产生问题。如果缺失值集中在一个变量上，那么或许也可以从分析中剔除这些缺失值。

3.2 一元线性回归分析预测法

3.2.1 一元线性回归模型

一元线性回归又称直线拟合，是处理两个变量间关系的最简单模型，其回归模型为

$$\begin{cases} y=\beta_0+\beta_1 x_1+u \\ y \sim N(\beta_0+\beta_1 x_1,\sigma^2) \\ u \sim N(0,\sigma^2) \end{cases}$$

上式表明，因变量 y 的变化由两部分组成：一部分是由于自变量 x 的变化而引起的线性变化部分；另一部分是符合正态分布的由于其他随机因素引起的变化部分（随机误差），即不确定量 u。其中 β_0、β_1 称为回归系数。

一元回归分析就是采用合适的方法求得以下回归方程，并进行检验。

$$\hat{y}=\hat{\beta}_0+\hat{\beta}_1 x_1$$

通常采用 OLS(Ordinary Least Squares)法求解回归系数 $\hat{\beta}_0$、$\hat{\beta}_1$，即求解下列最小值问题：

$$\min Q(\beta_0,\beta_1)=\sum_{i=1}^{n}[y_i-(\hat{\beta}_0+\hat{\beta}_1 x_i)]^2$$

还可以采用多种方法解这个最优问题，最常用的方法是微分法，求解后可以得到回归系数的计算公式：

$$\begin{cases} \hat{\beta}_0=\bar{y}-\hat{\beta}_1\bar{x} \\ \hat{\beta}_1=\dfrac{\sum\limits_{i=1}^{n}x_i y_i-\dfrac{1}{n}\sum\limits_{i=1}^{n}x_i\sum\limits_{i=1}^{n}y_i}{\sum\limits_{i=1}^{n}x_i^2-\dfrac{1}{n}(\sum\limits_{i=1}^{n}x_i)^2} \end{cases}$$

式中：$\bar{x}=\dfrac{1}{n}\sum\limits_{i=1}^{n}x_i$，$\bar{y}=\dfrac{1}{n}\sum\limits_{i=1}^{n}y_i$。

随机项方差的估计量为

$$\hat{\sigma}_u^2=\frac{\sum\limits_{i=1}^{n}(y_i-\bar{y})^2-\hat{\beta}_1\sum\limits_{i=1}^{n}(x_i-\bar{x})(y_i-\bar{y})}{n-2}$$

3.2.2 回归方程的检验

通过以上方法得到的回归方程不一定总有意义。因此需要对得到的回归方程进行检验。常用的检验方法有：标准离差(S)的检验、相关系数(r)的检验，显著性(F)检验、DW 检验、回归系数(β_0 与 β_1)的检验。

1. 标准离差的检验

标准离差 S 是用来反映回归模型的精度。标准离差检验就是测定估计值的标准离差，以

便对预测值进行调整。标准离差的计算公式为

$$S=\sqrt{\frac{1}{n-2}\sum_{i=1}^{n}(y_i-\hat{y}_i)^2}$$

标准离差 S 反映了回归模型预测所得的估计值与实际值的平均误差，S 值越小，表明回归模型拟合实际预测值越好。通常以 $\frac{S}{\bar{y}}$ 来判断回归模型的预测精度。一般地，若 $\frac{S}{\bar{y}}<15\%$，则认为回归模型预测有较好的精度，可以接受。

2. 相关系数的检验

相关系数 r 是反映变量 X 与 Y 呈线性关系程度的一个度量指标，其取值范围是 $|r|\leqslant 1$，当 r 接近于 1 时，表明变量 X 与 Y 密切线性相关；当 r 接近于 0 时，表明这两者之间为非线性相关。

通过查表，可得由自由度 $(n-2)$ 及显著性水平 α 决定的相关系数为显著性临界值 r_α。若 $|r|\leqslant r_\alpha$，则接受原假设 H_0，即相关性不显著，所建立的回归模型无实际意义；否则，在 α 水平上显著，模型有实际意义。

3. 显著性检验

显著性检验又称 F 检验。它是利用 F 统计量来检验 y 与 x 之间是否存在显著的线性统计关系的一种检验方法。

记

$$S_T^2=\sum_{i=1}^{n}(y_i-\bar{y})^2,\quad S_R^2=\sum_{i=1}^{n}(\hat{y}_i-\bar{y})^2,\quad S_E^2=\sum_{i=1}^{n}(y_i-\hat{y}_i)^2$$

有关系式：

$$S_T^2=S_R^2+S_E^2$$

式中：S_E^2 称为残差平方和；S_R^2 称为回归平方和。

考虑检验假设：$H_0:b=0$；$H_1:b\neq 0$，在 H_0 为真时，有

$$F=\frac{S_R^2/1}{S_E^2/(n-2)}=\frac{S_R^2}{S_E^2}\sim F(1,n-2)$$

对给定的显著性水平 α，当 $F\geqslant F_\alpha(1,n-2)$ 时，可以认为 $b=0$ 不真，称回归模型方程是显著的；反之，回归模型方程为不显著。

通常，若 $F\geqslant F_{0.01}(1,n-2)$，则为高度显著；若 $F_{0.05}(1,n-2)<F\leqslant F_{0.01}(1,n-2)$，则为显著；若 $F<F_{0.05}(1,n-2)$，则为不显著。

4. DW 检验

DW 检验即为 Durbin-Watson 检验，又称序列相关检验（或自相关检验）。序列相关是指同一变量前后各期取值之间的相关关系。若线性回归模型的假设条件（协方差 $\text{cov}(u_i,u_j)=0(i\neq j;i,j=1,2,3,\cdots,n)$）不成立，则样本观察值存在序列相关；反之，是独立的，样本观察值不存在序列相关。

序列相关是实际存在的一种常见现象。如人口增长与前一年或前几年人口有关；某一商品的销售收入可以与前一年甚至前 2 年、前 3 年或更早些时候的年销售收入有关。若存在序列相关，继续使用 OLS 法估计回归模型参数，将会使回归预测模型参数的估计值不再具有最小方差，不再是有效的估计量，回归模型的显著性检验将会失效，预测的置信区间将会变宽，精度将会降低。

DW 检验是一种最常见的序列相关检验方法，其检验步骤如下：

① 计算如下的统计量：

$$\mathrm{DW}=\frac{\sum_{i=2}^{n}(\varepsilon_i-\varepsilon_{i-1})^2}{\sum_{i=1}^{n}\varepsilon_i^2}\approx 2(1-\hat{\rho})$$

式中：ε 为残差；$\hat{\rho}$ 为自相关系数的估计值。

② 根据给定的显著性水平 α、样本容量 n 和自变量个数 m，查 DW 检验表，得临界值 d_U、d_L。

③ 进行判断。根据表 3.2 进行判别，得出检验结果。

表 3.2　DW 检验判别

DW 值	检验结果
$4-d_L<\mathrm{DW}<4$	否定假设，有负序列相关
$0<\mathrm{DW}<d_L$	否定假设，有正序列相关
$d_U<\mathrm{DW}<4-d_U$	接受假设，无序列相关
$d_L<\mathrm{DW}<d_U$	检验无结论
$4-d_U<\mathrm{DW}<4-d_L$	检验无结论

如果 DW 检验结果有序列相关，则应分析原因，重新建模，直至检验通过。在实际预测中，产生序列相关的原因可能是忽略了某些重要的影响因素，或者错误地选用了回归模型。

DW 检验的最大弊端是存在着无结论区域。该区域的大小与样本容量 n 和自变量个数 m 有关。当 n 一定时，m 越大，无结论区域越大；当 m 一定时，n 越大，无结论区域越小。如果统计量落到了无结论区域，就不能判断回归预测模型是否存在序列相关。在这种情况下，就应该增加样本容量，重新计算 DW 统计量，再进行检验；或者调换样本，利用新的样本计算 DW 统计量值，再进行检验；或者利用其他方法进行序列相关分析。

应用 DW 检验时，应注意以下几点：

① 该方法不适用于自回归模型。

② 只适用于一阶线性自相关，对于高阶自相关或非线性自相关，皆不适用。

③ 一般要求样本容量至少为 15，否则很难对自相关的存在性做出明确的结论。

④ 若出现 DW 值落入不定区域，则不能做出结论。这时可扩大样本容量或改用其他检验方法。

⑤ 如果样本容量 n 不太大，则可以采用如下公式计算自相关系数：

$$\hat{\rho}=\frac{\left(1-\frac{\mathrm{DW}}{2}\right)+\left(\frac{k+1}{n}\right)^2}{1-\left(\frac{k+1}{n}\right)^2}$$

⑥ 模型应包含常数项。

5. 回归系数的检验

检验 β_0 的统计量为

$$t=\frac{\beta_0}{\sqrt{\frac{\sum_{i=1}^{n}(y_i-\hat{y}_i)^2}{n-2}\left[\frac{1}{n}+\frac{\bar{x}^2}{\sum_{i=1}^{n}(x_i-\bar{x})^2}\right]}}\sim t(n-2)$$

β_0 的标准差为 $S_{\beta_0}=\sqrt{\frac{\sum_{i=1}^{n}(y_i-\hat{y}_i)^2}{n-2}\left[\frac{1}{n}+\frac{\bar{x}^2}{\sum_{i=1}^{n}(x_i-\bar{x})^2}\right]}$，$\beta_0$ 的 $(1-\alpha)\times100\%$ 的置信区间为 $[\beta_0-t_\alpha S_{\beta_0},\beta_0+t_\alpha S_{\beta_0}]$。

检验 β_1 的统计量为

$$t=\frac{\beta_1}{\sqrt{\frac{\sum_{i=1}^{n}(y_i-\hat{y}_i)^2}{(n-2)\sum_{i=1}^{n}(x_i-\bar{x})^2}}}\sim t(n-2)$$

β_1 的标准差为 $S_{\beta_1}=\sqrt{\frac{\sum_{i=1}^{n}(y_i-\hat{y}_i)^2}{(n-2)\sum_{i=1}^{n}(x_i-\bar{x})^2}}$，$\beta_1$ 的 $(1-\alpha)\times100\%$ 的置信区间为 $[\beta_1-t_\alpha S_{\beta_1},\beta_1+t_\alpha S_{\beta_1}]$。

3.2.3 回归模型预测

利用已通过检验的回归方程，就可以预测，即确定自变量的某一个 x 值时求出相应的因变量 y 的估计值，其中又可以分为点预测和区间预测。

1. 点预测

将自变量值 x_0 代入回归方程式得到的因变量值 $\hat{y}_0$，作为与 x_0 相对应的 y_0 的预测值，就是点预测。

2. 区间预测

对于与 x_0 相对应的 y_0，$\hat{y}_0$ 与 y_0 之间总存在一定的抽样误差。所以预测时，不仅要对因变量进行点预测，而且还要知道因变量的预测结果的波动范围，这个波动范围就是预测区间或置信区间，这种预测称为区间预测。

区间预测或置信区间是指在一定的显著性水平下，依据数理统计方法计算出来的包含预测对象未来真实值的某一区间范围。预测时，总是希望预测区间越小越好。

可以证明统计量：

$$\frac{y_0-\hat{y}_0}{S\sqrt{1+\frac{1}{n}+\frac{(x_0-\bar{x})^2}{\sum_{i}(x_i-\bar{x})^2}}}\sim t(n-2)$$

设 $C_0=\sqrt{1+\frac{1}{n}+\frac{(x_0-\bar{x})^2}{\sum_i (x_i-\bar{x})^2}}$，因此由概率原理，在给定显著性水平 α 下，有

$$P\left[\left|\frac{y_0-\hat{y}_0}{C_0 S}\right|\leqslant t_{\frac{\alpha}{2}}(n-2)\right]=1-\alpha$$

式中：$t_{\frac{\alpha}{2}}(n-2)$ 是给定显著性水平 α 下，自由度为 $n-2$ 的 t 分布的临界值。因此，在给定显著性水平下，即 $1-\alpha$ 的置信度或把握度下，其预测区间(或置信区间)为

$$[\hat{y}_0-t_{\alpha/2}(n-2)C_0S,\ \hat{y}_0+t_{\alpha/2}(n-2)C_0S]$$

实际预测中，当样本较多(>30)时，$C_0\approx 1$，由此，其预测区间可近似为

$$[\hat{y}_0-t_{\alpha/2}(n-2)S,\ \hat{y}_0+t_{\alpha/2}(n-2)S]$$

预测值的置信区间宽度主要取决于如下三个因素：

① 标准差 S。标准差越大，预测值的置信区间越宽；反之则越窄。

② 自变量 x 与其预测值 $\bar{x}$ 的平均值偏离程度。偏离程度越大，预测值的置信区间越宽；反之则越窄。

③ 样本的多少。样本数越多，预测值的置信区间越窄；反之则越宽。

在实际应用时，一般常采用以下的预测区间：

当 $\alpha=0.05$ 时，y_0 的 95%的预测区间为 $\hat{y}_0\pm 2S_y$。

当 $\alpha=0.01$ 时，y_0 的 95%的预测区间为 $\hat{y}_0\pm 3S_y$。

$$S_y=\sqrt{\frac{\sum_{i=1}^{n}(y_i-\hat{y}_i)^2}{n-2}}$$

3.3 多元线性回归分析预测法

3.3.1 多元线性回归模型

在现实生产生活中，客观事物之间的联系是十分复杂的，某一事物的发展变化常常受多种因素的影响，即一个因变量的变化常常是其他多个变量变化的结果。例如在一定时期内，一个地区的零售商品销售总额不仅与消费者的个人收入有关，而且还与该地区的总人口、物价、政策、季节、消费心理等诸多因素有关。虽然对一个事物的未来发展进行定量推测时，不可能考虑到所有的影响因素，但其中一些重要因素的影响是不可忽视的。这就要求必须考虑一个因变量与多个自变量间的因果关系分析方法。多元线性回归(MLR)分析方法就是一种常用的、简单的分析方法。

多元线性回归模型是指有多个自变量的线性回归模型，用于揭示因变量与其他多个自变量之间的线性关系，其数学模型为

$$y=\beta_0+\beta_1x_1+\beta_2x_2+\cdots+\beta_px_p+u$$

多元线性回归分析就是求得以下的回归方程，并进行相应的检验。

$$\hat{y}=\hat{\beta}_0+\hat{\beta}_1x_1+\hat{\beta}_2x_2+\cdots+\hat{\beta}_px_p$$

与一元线性回归分析一样，可以采用 OLS 方法及其他的优化方法求得多元线性回归方程式中的各个回归系数。

一般地，当$(x_1,x_2,\cdots,x_p,y)$的试验数据为$(x_{i1},x_{i2},\cdots,x_{ip},y_i)$，$i=1,2,3,\cdots,n$ 时，设

$$\boldsymbol{y}=(y_1,y_2,\cdots,y_n),\quad \boldsymbol{X}=\begin{bmatrix}1 & x_{11} & \cdots & x_{1p}\\ 1 & x_{21} & \cdots & x_{2p}\\ \vdots & \vdots & & \vdots\\ 1 & x_{ni} & \cdots & x_{np}\end{bmatrix}$$

则有

$$\hat{\boldsymbol{\beta}}=(\boldsymbol{X}^{\mathrm{T}}\boldsymbol{X})^{-1}\boldsymbol{X}^{\mathrm{T}}\boldsymbol{y},\quad \hat{\boldsymbol{y}}=\boldsymbol{X}\hat{\boldsymbol{\beta}}=\boldsymbol{X}(\boldsymbol{X}^{\mathrm{T}}\boldsymbol{X})^{-1}\boldsymbol{X}^{\mathrm{T}}\boldsymbol{y}$$

3.3.2 回归方程的检验

1. 标准差检验

多元线性回归分析的标准离差计算公式如下：

$$S=\sqrt{\frac{1}{n-m-1}\sum_{i=1}^{n}(y_i-\hat{y}_i)^2}$$

很显然，标准离差 S 的值越小越好。一般地，若 $\frac{S}{\bar{y}}<15\%$，则认为回归预测模型有较好的精度，可以接受。

2. 相关系数检验

多元线性回归分析的相关系数计算公式如下：

$$R=\sqrt{1-\frac{\sum_{i=1}^{n}(y_i-\hat{y}_i)^2}{\sum_{i=1}^{n}(y_i-\bar{y})^2}}$$

相关系数 R 是反映一组变量 X 与 Y 呈线性关系程度的一个度量指标，所以又称为复相关系数。与一元线性回归分析类似，其取值范围是 $|R|\leqslant 1$，当其接近于 1 时，表明一组变量 X 与 Y 密切线性相关；当其接近于 0 时，则这两者之间为非线性相关。

通过查表可得由自由度 $(n-p-1)$ 及显著性水平 α 决定的相关系数显著性临界值 r_α。若 $|R|\leqslant R_\alpha$，接受原假设 H_0，即相关性不显著，所建立的回归模型无实际意义；否则在 α 水平上显著，模型有实际意义。

3. F 检验

仍然利用偏差平方和分解公式：

$$\sum_{i=1}^{n}(y_i-\bar{y})^2=\sum_{i=1}^{n}(y_i-\hat{y}_i)^2+\sum_{i=1}^{n}(\hat{y}_i-\bar{y})^2$$

即 $S_T^2=S_R^2+S_E^2$。

回归方程显著性检验，是关于 y 与所有变量 x_i 的线性关系检验，用假设表示为 $H_0:\beta_1=\beta_2=\cdots=\beta_p=0$。

在 H_0 为真时，表明随机变量 y 与 $x_1,x_2,\cdots,x_p$ 之间的线性回归模型不合适，此时的统计量为

$$F=\frac{S_R^2/p}{S_E^2/(n-p-1)}$$

由给定的数据，计算 F 值，再由给定的显著性水平，查 F 分布表，得临界值 $F_{1-\alpha}(p,n-p$

-1)。当 $F>F_{1-\alpha}(p,n-p-1)$时,拒绝原假设,即回归方程是显著的。

4. t 检验

t 检验即为回归系数显著性检验。对回归系数的线性显著性检验,是关于 y 与某个变量 x_i 的线性关系的检验,用假设表示为 $H_0:\beta_i=0$。当 $i=1,2,3,\cdots,p$ 时,分别关于 y 对 p 个变量进行检验。若接受原假设,则 y 关于 x_i 线性关系不显著;否则显著,此时统计量为

$$T_i=\frac{\hat{\beta}_i}{\sqrt{c_{ii}}\hat{\sigma}}$$

式中:$\hat{\sigma}=\sqrt{\dfrac{1}{n-p-1}\sum\limits_{i=1}^{n}(y_i-\hat{y}_i)^2}$;$c_{ii}$ 是矩阵$(\boldsymbol{X}^{\mathrm{T}}\boldsymbol{X})^{-1}$的对角线元素。

当$|T_i|>t_{1-\frac{\alpha}{2},n-p-1}$ 时,拒绝原假设,即回归系数是显著的。

由于 t 检验是检验每一个自变量对因变量的线性相关密切程度,所以此检验比相关系数检验、F 检验更有意义。它可以判断哪些自变量对因变量线性关系不显著,从而予以剔除,重新建立回归模型。

5. DW 检验

DW 检验与一元线性回归的一样,在此不再赘述。

3.3.3 回归模型预测

当 $y=\beta_0+\beta_1x_1+\beta_2x_2+\cdots+\beta_px_p+u$ 时,由于不确定因素 u 的影响,只能通过 $\hat{y}$ 对 y 进行区间估计。

令

$$T=\frac{\dfrac{y-\hat{y}}{\sigma\sqrt{1+\sum\limits_{j=1}^{p}\sum\limits_{i=1}^{p}c_{ii}x_ix_j}}}{\sqrt{\dfrac{S_E^2}{\sigma^2(n-p-1)}}}=\frac{y-\hat{y}}{\sqrt{1+\sum\limits_{j=1}^{p}\sum\limits_{i=1}^{p}c_{ii}x_ix_j}\sqrt{\dfrac{S_E^2}{n-p-1}}}$$

则 $T\sim t(n-p-1)$,且 y 的 $1-\alpha$ 预测区间的左、右端点分别为

$$\hat{y}-t_{1-\alpha/2}(n-p-1)\sqrt{1+\sum_{j=1}^{p}\sum_{i=1}^{p}c_{ii}x_ix_j}\sqrt{\frac{S_E^2}{\sigma^2(n-p-1)}}$$

$$\hat{y}+t_{1-\alpha/2}(n-p-1)\sqrt{1+\sum_{j=1}^{p}\sum_{i=1}^{p}c_{ii}x_ix_j}\sqrt{\frac{S_E^2}{\sigma^2(n-p-1)}}$$

3.3.4 带约束条件的回归模型

在实际多元线性回归中,还可能会遇到回归系数之间存在一定关系的回归模型。例如在规模报酬不变的条件下,产出的对数 y 与资本投入的对数 x_1、劳动投入的对数 x_2 之间存在如下关系:

$$\begin{cases}y=\beta_0+\beta_1x_1+\beta_2x_2+u\\ \beta_1+\beta_2=1\end{cases}$$

设线性回归模型:

$$\boldsymbol{Y}=\boldsymbol{X\beta}+\boldsymbol{U}$$

式中：$\boldsymbol{Y}$ 为 $n\times1$ 向量；$\boldsymbol{X}$ 为 $n\times k$ 阶矩阵；$\boldsymbol{U}$ 为 $n\times1$ 向量；$\boldsymbol{\beta}$ 为 $k\times1$ 向量。此时如果模型中有常数项，可以把常数项看成是等于 1 的变量的系数。

模型中的参数 $\boldsymbol{\beta}$ 具有线性约束条件：

$$\boldsymbol{H\beta}=\boldsymbol{0}$$

式中：$\boldsymbol{H}$ 是一个秩为 $m<k$ 的已知先验信息 $m\times k$ 阶矩阵，即为向量由各元素的某种线性组合的信息结构。

对于此情况下的参数估计，可由拉格朗日函数

$$\boldsymbol{L}=(\boldsymbol{Y}-\boldsymbol{\beta})^{\mathrm{T}}(\boldsymbol{Y}-\boldsymbol{X\beta})+2\boldsymbol{\lambda}^{\mathrm{T}}\boldsymbol{H\beta}$$

取得极小值，得到

$$\hat{\boldsymbol{\beta}}_H=\hat{\boldsymbol{\beta}}-(\boldsymbol{X}^{\mathrm{T}}\boldsymbol{X})^{-1}\boldsymbol{H}^{\mathrm{T}}\hat{\boldsymbol{\lambda}}_H=\hat{\boldsymbol{\beta}}-(\boldsymbol{X}^{\mathrm{T}}\boldsymbol{X})^{-1}\boldsymbol{H}^{\mathrm{T}}[\boldsymbol{H}(\boldsymbol{X}^{\mathrm{T}}\boldsymbol{X})^{-1}\boldsymbol{H}^{\mathrm{T}}]^{-1}\boldsymbol{H}\hat{\boldsymbol{\beta}}$$

式中：$\boldsymbol{\lambda}$ 是 $m+1$ 的拉格朗日乘数列向量；$\hat{\boldsymbol{\beta}}$ 是无约束的 OLS 估计量。

3.4 违背回归基本假定的回归模型

3.4.1 多重共线性

多重共线性是指在多元线性回归模型中经典假定⑥（即所有自变量彼此线性无关）遭到破坏，自变量间存在严格或近似的线性关系。例如一个二元线性回归模型：

$$y_i=\beta_0+\beta_1x_{1i}+\beta_2x_{2i}+u_i$$

如果存在以下关系，则存在完全多重共线性：

$$\lambda_1x_{1i}+\lambda_2x_{2i}=0$$

如果存在以下关系，则存在不完全多重共线性：

$$\lambda_1x_{1i}+\lambda_2x_{2i}+v_i=0$$

式中：v_i 为新的随机项。

实际中，多重共线性现象是普遍存在的。引起多重共线性的原因是各种各样的，一般常见的有：

① 两个自变量具有相同或相反的变化趋势。

② 数据搜集的范围过窄，造成某些自变量之间似乎有相同或相反变化趋势的假象。

③ 变量间存在密切的关联度，使某些自变量之间存在某种类型的近似线性关系。

④ 一个自变量是另一个自变量的滞后值。

⑤ 模型中自变量选择不当，可能引起变量间的多重共线性。

例如在经济增长时期，诸如投资、消费、物价等基本的经济指标都会有不同程度的增长，这样会使这些时间序列数据呈现一定程度的多重共线性。

在利用 OLS 回归多元线性模型时，如多重共线性程度较高，将会给结果带来严重的后果：

① 回归参数很不稳定，并且对样本非常敏感，当样本值发生改变时，对回归参数估计影响很大。

② 参数估计值的方差增大。

③ 在对参数进行显著性检验时，由于参数估计值的方差变大，增大了接受零假设的可能性，从而会错误地舍去对因变量有显著影响的变量，导致回归模型的定型错误。

④ 参数的置信区间明显增大。

1. 多重共线性的检验

(1) 条件数检验法

条件数是指 $k=\frac{\lambda_{\max}}{\lambda_{\min}}$，其中 $\lambda_{\max}$ 和 $\lambda_{\min}$ 分别为 $\boldsymbol{X}^{\mathrm{T}}\boldsymbol{X}$ 的最大、最小特征根。一般，当 $k<1\ 00$ 时，认为不存在多重共线性；当 $100\leqslant k<1\ 000$ 时，存在较弱的多重共线性；当 $k\geqslant 1\ 000$ 时，存在严重的多重共线性。

(2) 不显著系数法

① 如果拟合的相关系数很大(一般大于 0.8)，但回归模型全部或部分参数化估计值却不显著，便意味着自变量间存在多重共线性。

② 从实践经验得知某个自变量对因变量有重要影响，但其系数的估计值却不显著，一般就应怀疑是否存在多重共线性。

③ 如果对模型增添一个新的自变量之后，发现模型中原有参数估计值的方差明显增大(或原有参数估计值由显著变得不显著)，则表明在自变量之间(包括新添自变量)可以存在多重共线性。

(3) 利用辅助回归方程检验

设原有模型中有 k 个自变量 $x_1,x_2,\cdots,x_k$，则可以利用它构成 k 个回归方程：

$$x_1=f(x_2,x_3,\cdots,x_k)$$
$$x_2=f(x_1,x_3,\cdots,x_k)$$
$$\vdots$$
$$x_j=f(x_1,x_2,\cdots,x_{j-1},x_{j+1},\cdots,x_k)$$
$$\vdots$$
$$x_k=f(x_1,x_2,\cdots,x_{k-1})$$

分别求出相关系数 $R_1^2,R_2^2,\cdots,R_j^2,\cdots,R_k^2$。如果其中最大的一个 R_j^2 接近 1，则它所对应的自变量与其他变量中的一个或几个之间高度相关，足以引起自变量间的多重共线性。

(4) 利用缺某一个自变量的相关系数检验

设有 k 元线性回归，其相关系数为 R，依次建立缺一个自变量的回归方程：

$$y=f_1(x_2,x_3,\cdots,x_k)$$
$$y=f_2(x_1,x_3,\cdots,x_k)$$
$$\vdots$$
$$y=f_j(x_1,x_2,\cdots,x_{j-1},x_{j+1},\cdots,x_k)$$
$$\vdots$$
$$y=f_k(x_1,x_2,\cdots,x_{k-1})$$

分别求出相关系数 $R_1^2,R_2^2,\cdots,R_j^2,\cdots,R_k^2$。如果 $R_j^2=\max\{R_1^2,R_2^2,\cdots,R_k^2\}$，并且与 R^2 很接近，则说明模型中增加变量 x_j 后，$x_1,x_2,\cdots,x_k$ 与 y 的线性相关的显著程度并没有明显增加，x_j 对 y 的影响可以由 $x_1,x_2,\cdots,x_{j-1},x_{j+1},\cdots,x_k$ 对 y 的影响近似替代，即 x_j 可近似地由 $x_1,x_2,\cdots,x_{j-1},x_{j+1},\cdots,x_k$ 线性表示，它是起到严重多重共线性的变量。

(5) 相关系数矩阵法

该方法通过计算变量间的相关系数来判断。变量 x、y 之间的相关系数为

$$r_{xy}=\frac{\sum_{i=1}^{n}(x_i-\bar{x})(y_i-\bar{y})}{\sqrt{\sum_{i=1}^{n}(x_i-\bar{x})^2\sum_{i=1}^{n}(y_i-\bar{y})^2}}$$

式中：$\bar{x}$、$\bar{y}$ 为变量 x、y 的均值。

当 $r_{xy}=1$ 时，变量 x、y 之间完全相关，即会出现完全的多重共线性；当 $r_{xy}=0$ 时，变量 x、y 完全不相关，即不会出现多重共线性。

此法只适用于两个自变量间是否存在线性相关的检验，对于更多变量间是否存在线性相关的检验则不适用。

(6) 方差膨胀因子检验法

设有 $\boldsymbol{Y}$、$\boldsymbol{X}$ 均已标准化的回归方程：

$$\boldsymbol{Y}=\boldsymbol{X}\widetilde{\boldsymbol{\beta}}+\boldsymbol{U}$$

则每个回归参数 OLS 估计值的精度由下式度量：

$$\boldsymbol{V}(\widetilde{\beta}_i)=\sigma_u^2(\boldsymbol{X}^{\mathrm{T}}\boldsymbol{X})_{ii}^{-1}$$

称 $(\boldsymbol{X}^{\mathrm{T}}\boldsymbol{X})_{ii}^{-1}$ 为方差膨胀因子，记作 VIF。

可以证明：

$$\mathrm{VIF}=(\boldsymbol{X}^{\mathrm{T}}\boldsymbol{X})_{ii}^{-1}=(1-R_i^2)^{-1}$$

式中：R_i^2 为标准化后的变量 $\widetilde{x}_i$ 对其余自变量作回归时的相关系数。

当 $\widetilde{x}_i$ 与其他自变量正交(或不相关)时，$\mathrm{VIF}_i=1$。一般认为 VIF_i 超过 10 时，就可以认为多重共线性已很严重了，达到需要处理的程度。

为了综合评价多重共线性程度，可以采用平均膨胀因子：

$$R_L=\frac{\sum_{i=1}^{k}\mathrm{VIF}_i}{k}$$

2. 多重共线性的消除方法

由于多重共线性主要是样本问题，因而不存在处理多重共线性普遍有效的方法，而且每一种处理方法都可能会出现不利的结果。

(1) 增加样本容量

若多重共线性是样本引起的，则通过增加样本容量可以减少多重共线性的影响。应注意的是，如果变量总体中本来就有共线性问题，则这个方法将无济于事。

(2) 不作处理

① 当所有参数估计量皆显著或者 t 检验的统计量的绝对值皆远大于 2 时，对多重共线性可不作处理。

② 当因变量对所有自变量回归的相关系数 R 大于缺任何其中一个自变量对其余自变量回归的相关系数值时，对多重共线性可不作处理。

③ 如果样本回归方程仅用于预测的目的，那么只要存在于给定样本中的共线现象在预测期保持不变，多重共线性就不会影响预测结果，因此多重共线性可不作处理。

④ 如果多重共线性并不严重影响参数估计值，以至于感觉不到需要改进它，那么多重共线性可不作处理。

(3) 利用先验知识

利用参数之间的先验知识可消除多重共线性，即利用参数间关系信息，将线性相关的某些参数用另外的参数表示，如用一个新变量代替具有多重共线性的变量，或者将多个自变量合并成一个新的变量。

(4) 变换模型形式

当原先的回归模型存在多重共线性时，可以根据相关理论或实际经验将原模型作某些变换或改变变量的定义形式，从而避免或减少多重共线性的影响。

例如需求函数：

$$Y=\beta_0+\beta_1 X+\beta_2 P+\beta_3 P_1+u$$

式中：Y、X、P、P_1 分别代表需求量、收入、该商品的价格和替代商品的价格。

由于该商品价格与替代商品价格之间往往是同方向变动的或者是高度相关的，使模型存在多重共线性，若用两种商品的价格比代替它的新模型，即

$$Y=\beta_0+\beta_1 X+\beta_2\left(\frac{P}{P_1}\right)+u$$

就可避免两种价格变量间的多重共线性。

(5) 删除不必要的共线自变量

当几个自变量高度相关且对因变量的影响程度不同时，可以保留重要的自变量，删除不重要的自变量，以消除多重共线性的影响。

可以采用逐步回归法剔除其高度相关的某个自变量，并重新估计回归参数，建立线性回归模型。

(6) 对所有变量作滞后差分变换

设有模型：

$$y_t=\beta_0+\beta_1 x_{1t}+\beta_2 x_{2t}+u_t$$

假设样本为时间序列，并且 x_1 与 x_2 共线性，其一阶滞后差分形式为

$$y_t-y_{t-1}=\beta_1(x_{1t}-x_{1(t-1)})+\beta_2(x_{2t}-x_{2(t-1)})+u_t-u_{t-1}$$

写成：

$$y_t^*=\beta_1 x_{1t}^*+\beta_2 x_{2t}^*+u_t^*$$

x_1^* 与 x_2^* 之间的相关系数为

$$r_{12}^*=\frac{\sum \dot{x}_{1t}^*\dot{x}_{2t}^*}{\sqrt{\sum \dot{x}_{1t}^{*2}\sum \dot{x}_{2t}^{*2}}}$$

式中

$$\begin{aligned}\sum \dot{x}_{1t}^*\dot{x}_{2t}^*&=\sum(\dot{x}_{1t}-\dot{x}_{1(t-1)})(\dot{x}_{2t}-\dot{x}_{2(t-1)})\\&=\sum \dot{x}_{1t}\dot{x}_{2t}-\sum \dot{x}_{1(t-1)}\dot{x}_{2t}-\sum \dot{x}_{1t}\dot{x}_{2(t-1)}+\sum \dot{x}_{1(t-1)}\dot{x}_{2(t-1)}\end{aligned}$$

对于大样本有关系：

$$\sum \dot{x}_{1t}\dot{x}_{2t}\approx\sum \dot{x}_{1(t-1)}\dot{x}_{2t}\approx\sum \dot{x}_{1t}\dot{x}_{2(t-1)}\approx\sum \dot{x}_{1(t-1)}\dot{x}_{2(t-1)}$$

所以 $r_{12}^*=0$，即一阶差分后模型几乎没有多重共线性，因而减少了多重共线性的影响。

应该指出，这种方法的缺点是在减少了多重共线性影响的同时，却带来了随机扰动项的自相关。同时，差分变换后将损失一个观察值，所以这种变换对大样本较适宜。

(7) 引入附加方程

对于存在严重多重共线性的自变量，应设法找出它们之间的因果关系，并将这种关系与原回归分析模型联立组成一个联立方程。如果这个联立方程模型是可以识别的，就可以较有效地消除多重共线性的影响。

(8) Frisch 综合分析法

Frisch 综合分析法也称逐步分析法,具体步骤如下:

第 1 步,将因变量分别对自变量作简单回归:

$$y=f(x_1)$$
$$y=f(x_2)$$
$$\vdots$$
$$y=f(x_k)$$

然后根据相关分析和统计检验的结果,选出最优简单回归方程,也称为基本回归方程。

第 2 步,将其余自变量逐步加入到基本回归方程中,建立一系列回归方程。然后按下列标准来判断加入的变量:

① 如果新加入的变量能提高相关系数,且回归系数在理论上和统计检验中也合理,便认为此变量是有利变量,予以接纳。

② 如果新加入的变量不能提高相关系数(如提高很少),且对其他系数没有多大影响,便认为是多余变量,可不予接纳。

③ 如果新加入的变量严重影响其他变量的系数或符号,便认为是不利变量。不利变量的出现是多重共线性的信号。不利变量未必是多余的,它可能对因变量是不可缺少的,此时应研究改善模型的办法。

3.4.2 逐步回归法和岭回归估计法

1. 逐步回归法

逐步回归法是建立最优回归方程的一种统计方法,其特点有两个:一是对待引入的因子进行检验,显著者引入,不显著者剔除;二是每引入一个新因子,就要对已引入的因子进行检验,显著者保留,不显著者剔除。如此反复,直至进入方程的因子都显著,未进入方程的因子都不显著为止,就得到了最优回归方程。

逐步回归中的基本思路:先确定一个初始子集,然后每次从子集外影响显著的变量中引入一个对 y 影响最大的,再对原来子集中的变量进行检验,从变得不显著的变量中剔除一个影响最小的,直至不能引入和剔除为止。使用逐步回归有两点值得注意,一是要适当地选定引入变量的显著性水平 α_{in} 和剔除变量的显著性水平 α_{out}。显然,α_{in} 越大,引入的变量越多;α_{out} 越大,剔除的变量越少;二是由于各个变量的相关性,一个新的变量引入后,会使原来认为显著的某个变量变得不显著,从而被剔除,所以在最初选择变量时应尽量选择相互独立性强的自变量。

在具体操作中,要通过 F 检验才能得出变量的引入或剔除。

(1) 引入标准

统计量:$F_i^{(l)}=\dfrac{V_i^{(l)}}{Q^{(l)}/(n-l-1)}$,服从 $F(l,n-l-1)$分布。

可以根据给出的置信度,从 F 分布中查出两个临界值 F_1 和 F_2。

若计算的 $F_i^{(l)}>F_1$,则应把 x_i 引入方程;否则不引入。

若计算的 $F_i^{(l)}<F_2$,则应把 x_i 从回归方程中剔除;否则不剔除。

$$Q^{(l-1)}=1-\sum_{i=1}^{l-1}[r_{iy}^{(i-1)}]^2/r_{ii}^{(i-1)},\quad Q^{(l)}=1-\sum_{i=1}^{l}[r_{iy}^{(i-1)}]^2/r_{ii}^{(i-1)}$$

$$V_i = Q^{(l-1)} - Q^{(l)} = \frac{[r_{ly}^{(l-1)}]^2}{r_{ll}^{(l-1)}}$$

式中：l 为迭代步数；n 为自变量数目；r 为相应变量的相关系数。

对于未引入回归方程的变量 x_i，逐一计算：

$$V_i^{(l)} = \frac{[r_{iy}^{(l-1)}]^2}{r_{ii}^{(l-1)}}$$

再找出其中最大的一个，即 $V_{\max}$，计算：

$$F_i^{(l)} = \frac{(n-l-1)V_{i\max}^{(l)}}{1 - \sum_{i=1}^{l}[r_{iy}^{(i-1)}]^2 / r_{ii}^{(i-1)}}$$

如果 $F_i^{(l)} > F_1$，则引入回归方程；否则不引入。

(2) 剔除标准

对已引入回归方程的变量 x_k，逐一计算：

$$V_k^{(l)} = \frac{[r_{ky}^{(l-1)}]^2}{r_{kk}^{(l-1)}}$$

再找出其中最小的一个，即 $V_{\min}$，计算：

$$F_k^{(l)} = \frac{(n-l-1)V_{k\min}^{(l)}}{r_{yy}^{(l)}}$$

如果 $F_k^{(l)} < F_2$，则对应变量应剔除；否则不剔除。

2. 岭回归估计法

当自变量存在高度共线性时，一般的回归分析的方差就会很大，估计值就很不稳定，有时会出现与实际意义不相符的正负号。此时可采用岭回归估计法。

当自变量间存在高度共线性时，$|\boldsymbol{X}^{\mathrm{T}}\boldsymbol{X}| \approx 0$，或者有接近于零的特征根。设想给 $\boldsymbol{X}^{\mathrm{T}}\boldsymbol{X}$ 加上一个正常数矩阵 $k\boldsymbol{I}(k>0)$，那么 $\boldsymbol{X}^{\mathrm{T}}\boldsymbol{X}+k\boldsymbol{I}$ 接近奇异的程度就会比 $\boldsymbol{X}^{\mathrm{T}}\boldsymbol{X}$ 接近奇异的程度小得多。此时称 $\hat{\boldsymbol{\beta}}(k)=(\boldsymbol{X}^{\mathrm{T}}\boldsymbol{X}+k\boldsymbol{I})^{-1}\boldsymbol{X}^{\mathrm{T}}\boldsymbol{y}$ 为 $\boldsymbol{\beta}$ 的岭回归，其中 k 称为岭参数，$\boldsymbol{X}$ 已经标准化，$\boldsymbol{y}$ 可以经过标准化，也可以未经标准化。

显然，岭回归作为 $\boldsymbol{\beta}$ 的估计应比 OLS 估计稳定。当 $k=0$ 时，岭回归估计就是普通的 OLS 估计。由于岭参数 k 不是唯一确定的，所以得到的岭回归估计 $\hat{\boldsymbol{\beta}}(k)$ 实际是回归参数 $\boldsymbol{\beta}$ 的一个估计值。当岭参数 k 在 $(0,\infty)$ 内变化时，$\boldsymbol{\beta}_j(k)$ 是 k 的函数，此函数图像就称为岭迹，如图 3.1 所示。在实际应用中，可以根据岭迹曲线的变化来确定适当的值和进行自变量的选择。

岭迹法选择 k 值的一般原则：

① 各回归系数的岭估计基本稳定；

② 用 OLS 估计时符号不合理的回归系统，其岭估计的符号变得合理；

③ 回归系数没有不合乎经济意义的绝对值；

④ 残差平方和增大不太多。

另外，也可以用方差扩大因子法确定 k 值。矩阵 $\boldsymbol{c}(k)=(\boldsymbol{X}^{\mathrm{T}}\boldsymbol{X}+k\boldsymbol{I})^{-1}\boldsymbol{X}^{\mathrm{T}}\boldsymbol{X}(\boldsymbol{X}^{\mathrm{T}}\boldsymbol{X}+k\boldsymbol{I})^{-1}$ 的对角线元素 $c_{jj}(k)$ 称为岭估计的方差扩大因子，其值随 k 的增大而增大，选择 k 使所有方差扩大因子 $c_{jj}(k) \leqslant 10$，此时岭估计就会变得相对稳定。

岭回归分析还可以用来选择变量，此时选择变量的原则是：

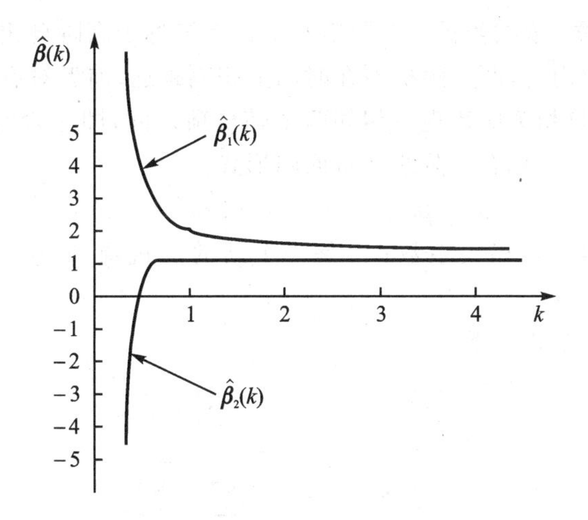

图 3.1　岭迹曲线

① 直接比较岭回归系数的大小，可以剔除回归系数比较稳定且绝对值很小的自变量。

② 当 k 值较小时，标准化岭回归系数的绝对值并不是很小，但是不稳定；随着 k 的增加其值迅速趋于零，像这样岭回归系数不稳定，振动趋于零的自变量也可以剔除。

③ 依据上述变量的原则，如果有若干个回归系数不稳定，究竟去掉几个，则需要根据去掉某个变量后重新进行岭回归分析的效果来确定。

3.4.3　自相关

1. 自相关及其原因

当回归模型中的基本假定④被破坏，即称存在自相关或序列相关。在实际中，随机项自相关现象是经常存在的。

自相关有正自相关和负自相关之分。正自相关是指随机项的时间序列中某一项为正或负时，随后若干项才会都有大于 0 或小于 0 的倾向；负自相关是意味着两个相继的随机项具有正负号相反的倾向。

产生自相关的原因有以下几种：

(1) 变量的惯性作用

有些变量特别是经济变量都是客观经济现象的反映，都有其历史的延续性和发展的继承性，因此，许多经济变量往往存在自相关现象。这是产生自相关的一个主要原因。

(2) 模型中略去了具有自相关的自变量

在回归模型中，把那些非重要变量都并入了随机项中，而这些变量中往往有些变量存在自相关，因而引起随机项的自相关。

(3) 变量变化的冲击

在时间序列中，某一时期发生的一个随机冲击往往要延续若干时间。例如发生天灾等偶然事件，不仅对当期经济生活造成影响，而且影响以后几期，这样必然导致随机项的自相关。

(4) 模型确定的不正确

模型确定的不正确，包括遗漏了重要自变量或者添加了多余的自变量，或者模型选择了不正确的函数形式，这些都有可能导致随机项自相关。

2. 自相关的度量——相关系数

假定随机项 u_t 存在自相关，其取值与前一期 u_{t-1} 有关，则称为一阶自相关；与前两期都有关，则称为二阶自相关，依次类推。二阶自相关以上统称为高阶自相关。

对于一般经济现象而言，两个随机项在时间上相隔越远，前者对后者的影响就越小。如果存在自相关，则最强的自相关应表现在相邻两个随机项之间，即一阶自相关是主要的，而且假定这是一种线性自相关，即具有一阶线性自回归形式：

$$u_t = \rho u_{t-1} + v_t \quad (-1 < \rho < 1)$$

式中：ρ 是一个常数，称为自相关系数；v_t 是一个新的随机项，它满足回归模型的全部基本假定。

自相关系数的计算公式如下：

$$\hat{\rho} = \frac{\sum_{t=2}^{n} u_t u_{t-1}}{\sum_{t=2}^{n} u_{t-1}^2} \approx \frac{\sum_{t=2}^{n} u_t u_{t-1}}{\sqrt{\sum_{t=2}^{n} u_t^2 \sum_{t=2}^{n} u_{t-1}^2}}$$

自相关系数是一阶线性自相关强度的一个度量，其绝对值的大小决定了自相关的强弱。

3. 自相关对参数估计的影响及检验

自相关的存在不影响 OLS 估计量的线性和无偏性，但使估计量失去最佳性，估计值的置信区间过宽，显著性功效减少，且使 t 和 F 检验失效。

在正式进行回归分析之前，必须判明是否存在自相关。

检验自相关的方法可以分为两类：一类是图解法；另一类是解析法，包括 DW 检验法、回归检验法及偏相关系数检验法。

(1) 图解法

由于回归残差 ε_t 可以作为随机项 u_t 的估计值，u_t 的性质应该在 ε_t 中反映出来，因此，可以通过对残差是否存在自相关来判断随机项的自相关性。

1) 按时间顺序绘制残差图

绘制 ε_t 随时间变化的图形，如果图形呈现有规律的变动，则说明 ε_t 存在自相关，进而推断随机项 u_t 存在自相关。

图 3.2(a)为正自相关，图 3.2(b)为负自相关。

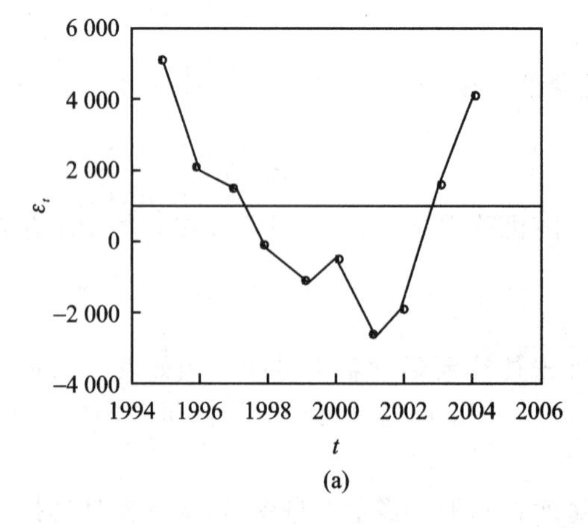

(a)

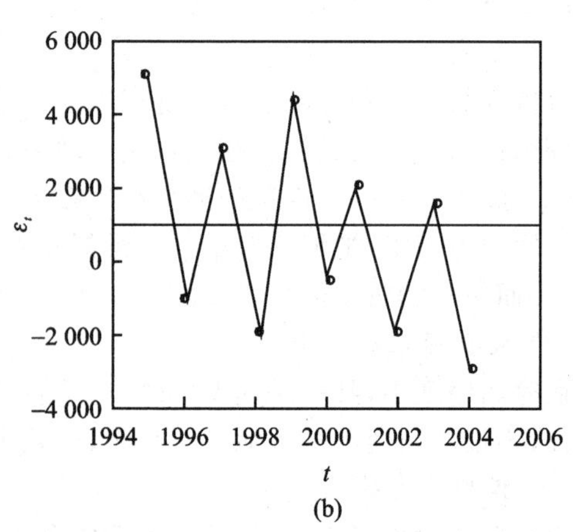

(b)

图 3.2 按时间序列绘制的残差图

2) 绘制 ε_t、ε_{t-1} 的散点图

绘制如图 3.3 所示的 ε_t、ε_{t-1} 散点图。如果大部分点落在Ⅰ、Ⅲ象限，如图 3.3(a)所示，则

表明 ε_t 存在正自相关，从而判定随机项也存在正自相关；如果大部分点落在Ⅱ、Ⅳ象限，如图 3.3(b)所示，则表明 ε_t 存在负自相关，随机项也就存在负自相关。

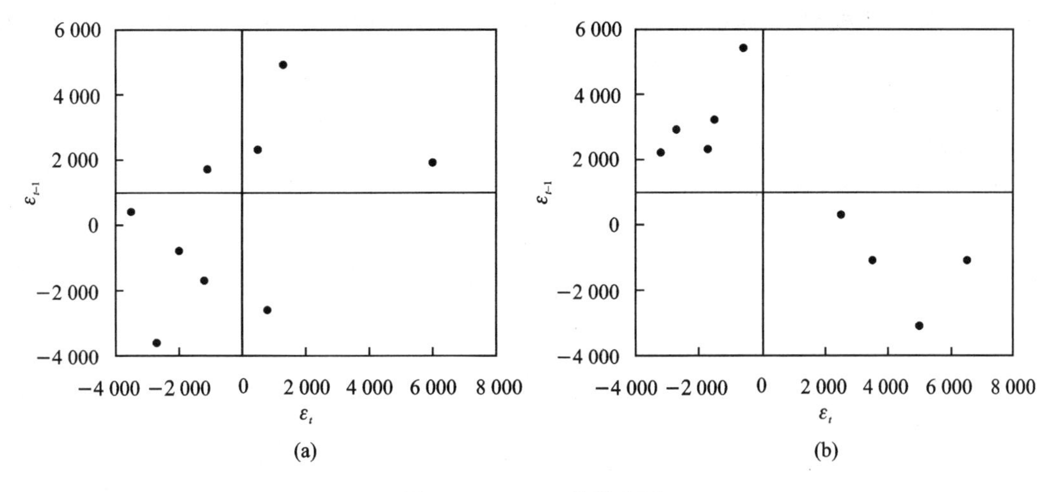

图 3.3 ε_t、ε_{t-1} 的散点图

(2) DW 检验法

在解析法检验中，用得最多的是 DW 检验。其原理与过程见 3.2.2 小节“回归方程的检验”，在此不再赘述。

(3) 回归检验法

此方法的基本思想是若随机项 u 存在自相关，必然在它的估计量 ε 中反映出来，因此可以对样本观察值首先应用 OLS 法，再求出 ε_t，然后对 ε_t 进行不同形式的自回归试验，从中找出满意的结果。它的具体步骤如下：

① 对样本观察值用 OLS 法建立回归模型，然后计算残差 ε_t。

② 对残差进行不同形式的自回归，例如可采用以下各种形式：

$$\varepsilon_t = \rho\varepsilon_{t-1} + v_t$$

$$\varepsilon_t = \rho_1\varepsilon_{t-1} + \rho_2\varepsilon_{t-2} + v_t$$

$$\varepsilon_t = \rho\varepsilon_{t-1}^2 + v_t$$

$$\varepsilon_t = \rho\sqrt{\varepsilon_{t-1}} + v_t$$

$$\vdots$$

③ 根据回归的拟合相关系数的自相关系数的统计显著性，判断是否存在自相关。

这种检验方法的优点是适用于任何形式的自相关形式，同时还可以给出自相关关系式中的系数估计值。

(4) 偏相关系数检验法

偏相关系数是衡量多个变量之间相关程度的重要指标，可以用它来判断自相关的类型。

做出随机项 ε_t 与 $\varepsilon_{t-1}, \varepsilon_{t-2}, \cdots, \varepsilon_{t-p}$($p$ 为事先指定的滞后期的长度)的相关系数和偏相关系数及其图形，可以直观地观察残差序列的相关情况，进而判断自相关性。

4. 自相关影响的消除方法

消除自相关影响的方法要视产生自相关的原因而定。

(1) 拟自相关情况

拟自相关是指造成自相关的原因不是由于随机项本身，而是由于自变量选择不当或模型的定型错误等。

若自相关是由于模型中省略某些自变量所引起的，那么应根据实际找出被省略的自变量，并把它加入到回归模型中；如果自相关是由于模型定型错误造成的，那么就应该修正模型的数学形式。

(2) 真正自相关情况

1) 自相关系数 ρ 已知的情况

可采用广义差分法处理。

设回归模型：

$$y_t = \beta_0 + \beta_1 x_t + u_t \quad (t = 1,2,3,\cdots,n)$$

中的随机项有一阶自相关：

$$u_t = \rho u_{t-1} + v_t$$

式中：v_t 满足经典回归模型的全部基本假定，且 ρ 的数值已知。将回归模型作滞后处理并乘以 ρ，得到

$$\rho y_{t-1} = \rho\beta_0 + \rho\beta_1 x_{t-1} + \rho u_t$$

再与回归模型相减可得

$$y_t - \rho y_{t-1} = (1-\rho)\beta_0 + \beta_1(x_t - \rho x_{t-1}) + (u_t - \rho u_t)$$

令

$$\begin{cases} y_t^* = y_t - \rho y_{t-1} \\ x_t^* = x_t - \rho x_{t-1} \\ \alpha = (1-\rho)\beta_0 \end{cases}$$

则可得广义差分模型：

$$y_t^* = \alpha + \beta_1 x_t^* + v_t$$

由于 v_t 满足回归模型的全部基本假定，并且已没有自相关，因此可用 OLS 法估计 α 和 β_1。

为了避免差分时损失第一个数据，第一个观察值可作如下变换：

$$\begin{cases} y_1^* = \sqrt{1-\rho^2}\, y_1 \\ x_1^* = \sqrt{1-\rho^2}\, x_1 \end{cases}$$

对广义差分模型作 OLS 处理，可得参数估计值：

$$\begin{cases} \hat{\beta}_1 = \dfrac{\sum \dot{x}_t^* \dot{y}_t^*}{\sum \dot{x}_t^{*2}} \\ \hat{\alpha} = \bar{y}^* - \hat{\beta}_1 \bar{x}^* \\ \hat{\beta}_0 = \dfrac{\hat{\alpha}}{1-\rho} \end{cases}$$

式中：$\dot{x}_t^* = x_t^* - \bar{x}^*$，$\dot{y}_t^* = y_t^* - \bar{y}^*$。

对于多元线性回归，广义差分法也同样适用。此时的数据变换公式为

$$\begin{cases} y_t^* = y_t - \rho y_{t-1} \\ \beta_0^* = (1-\rho)\beta_0 \\ x_{1t}^* = x_{1t} - \rho x_{1(t-1)} \\ \vdots \\ x_{kt}^* = x_{kt} - \rho x_{k(t-1)} \end{cases}$$

广义差分模型：

$$y_t^* = \beta_0^* + \beta_1 x_{1t}^* + \beta_2 x_{2t}^* + \cdots + \beta_k x_{kt}^* + v_t$$

此式没有自相关现象，可以应用 OLS 法求解模型参数。

以上过程如果用矩阵表示，则变换系数矩阵为

$$\boldsymbol{P} = \begin{bmatrix} \sqrt{1-\rho^2} & 0 & 0 & \cdots & 0 & 0 \\ -\rho & 1 & 0 & \cdots & 0 & 0 \\ 0 & -\rho & 1 & \cdots & 0 & 0 \\ \vdots & \vdots & \vdots & & \vdots & \vdots \\ 0 & 0 & 0 & \cdots & 1 & 0 \\ 0 & 0 & 0 & \cdots & -\rho & 1 \end{bmatrix}$$

变换公式为

$$\begin{cases} \boldsymbol{Y}^* = \boldsymbol{PY} \\ \boldsymbol{X}^* = \boldsymbol{PX} \\ \boldsymbol{U}^* = \boldsymbol{PU} \end{cases}$$

回归模型为

$$\boldsymbol{Y}^* = \boldsymbol{X}^* \boldsymbol{\beta} + \boldsymbol{U}^*$$

回归系数估计值及相关系数分别为

$$\tilde{\boldsymbol{\beta}} = (\boldsymbol{X}^{*\mathrm{T}} \boldsymbol{X}^*)^{-1} \boldsymbol{X}^{*\mathrm{T}} \boldsymbol{Y}^* = [(\boldsymbol{PX})^{\mathrm{T}} (\boldsymbol{PX})]^{-1} (\boldsymbol{PX})^{\mathrm{T}} (\boldsymbol{PY})$$

$$R^2 = \frac{\tilde{\boldsymbol{\beta}}^{\mathrm{T}} \boldsymbol{X}^{*\mathrm{T}} \boldsymbol{Y}^* - n\bar{y}^{*2}}{\boldsymbol{Y}^{*\mathrm{T}} \boldsymbol{Y}^* - n\bar{y}^{*2}} = \frac{\tilde{\boldsymbol{\beta}}^{\mathrm{T}} \boldsymbol{X}^{\mathrm{T}} \boldsymbol{\Psi}^{-1} \boldsymbol{Y} - n\bar{y}^{*2}}{\boldsymbol{Y}^{\mathrm{T}} \boldsymbol{\Psi}^{-1} \boldsymbol{Y} - n\bar{y}^{*2}}$$

式中

$$\boldsymbol{P}^{\mathrm{T}} \boldsymbol{P} = \boldsymbol{\Psi}^{-1}, \quad \bar{y}^* = \frac{1}{n} \left[\sqrt{1-\rho^2}\, y_1 + \sum_{t=2}^{n} (y_t - \rho y_{t-1}) \right]$$

2）自相关系数 ρ 未知的情况

在实际应用中，自相关系数 ρ 的值往往是未知的，因此在对参数估计之前，必须先对 ρ 值进行估计，然后用 ρ 的估计值代替真实值，再按上述的方法进行处理。

（3）自相关系数常用的估计方法

1）由 DW 统计量估计 ρ

$$\hat{\rho} = 1 - \frac{\mathrm{DW}}{2} \qquad \text{适合大样本情况}$$

$$\hat{\rho} = \frac{\left(1 - \frac{\mathrm{DW}}{2}\right) + \left(\frac{k+1}{n}\right)^2}{1 - \left(\frac{k+1}{n}\right)^2} \qquad \text{适合小样本情况}$$

2）柯克兰-奥卡特(Cochrance - Orcutt)迭代法

设回归模型

$$y_t = \beta_0 + \beta_1 x_t + u_t$$

中的随机项具有一阶线性自相关，即

$$u_t = \rho u_{t-1} + v_t$$

自相关系数估计的步骤如下：

第 1 步，对原始数据应用 OLS 法回归，求出模型中回归参数的估计值，其回归方程为

$$\hat{y}_t = \hat{\beta}_0 + \hat{\beta}_1 x_t$$

计算第一轮残差：

$$\varepsilon_{1t} = y_t - \hat{\beta}_0 - \hat{\beta}_1 x_t$$

求 ρ 的第一轮估计值：

$$\hat{\rho} = \frac{\sum \varepsilon_{1t}\varepsilon_{1(t-1)}}{\sum \varepsilon_{1(t-1)}^2}$$

第 2 步，用自相关系数的第一轮估计值 $\hat{\rho}$ 对原回归模型进行广义差分变换，变换后的模型为

$$y_t - \hat{\rho} y_{t-1} = \beta_0(1-\hat{\rho}) + \beta_1(x_t - \hat{\rho} x_{t-1}) + u_t - \hat{\rho} u_{t-1}$$

可以写成：

$$y_t^* = \beta_0^* + \beta_1 x_t^* + u_{1t}$$

对上式再应用 OLS 法，求得估计值 $\hat{y}_t^* = \hat{\beta}_0^* + \hat{\beta}_1 x_t^*$，再计算 $\varepsilon_t^* = y_0^* - \hat{y}_t^*$，再计算：

$$\mathrm{DW}^* = \frac{\sum_{t=2}^{n}(\varepsilon_t^* - \varepsilon_{t-1}^*)^2}{\sum_{t=1}^{n}\varepsilon_t^{*2}}$$

利用 DW^* 进行 DW 检验。

检验结果如不能否定 H_0，则可以认为随机项已无自相关，终止迭代，此时修正后的方程为

$$\hat{\hat{y}}_t = \hat{\hat{\beta}}_0 + \hat{\hat{\beta}}_1 x_t$$

式中：$\hat{\hat{\beta}}_0 = \dfrac{\hat{\hat{\beta}}_0^*}{1-\hat{\rho}}$。

检验结果若否定 H_0，则表明随机项仍存在自相关，应继续进行迭代。

计算第二轮残差：

$$\varepsilon_{2t} = y_t - \hat{\hat{y}}_t$$

求 ρ 的第二轮估计值：

$$\hat{\hat{\rho}} = \frac{\sum \varepsilon_{2t}\varepsilon_{2(t-1)}}{\sum \varepsilon_{2(t-1)}^2}$$

第 3 步，用自相关系数的第二轮估计值 $\hat{\hat{\rho}}$ 对原回归模型进行广义差分变换，变换后的模型为

$$y_t - \hat{\hat{\rho}} y_{t-1} = \beta_0(1-\hat{\hat{\rho}}) + \beta_1(x_t - \hat{\hat{\rho}} x_{t-1}) + u_{2t}$$

可以写成：

$$y_t^{**} = \beta_0^{**} + \beta_1 x_t^{**} + u_{2t}$$

对上式再应用 OLS 法，如果经过 DW 检验表明随机项已无自相关，则结束迭代；否则按上述步骤继续迭代。

3）区间搜索法

区间搜索法具体步骤如下：

第 1 步，将 $-1<\rho<1$ 划分成间隔为 0.1 的一组数据。例如，在正自相关情况下，取 $\rho=$ 0.1，0.2，0.3，…，1.0，对原始数据分别进行广义差分变换。

第 2 步，对变换后的 10 组数据分别应用 OLS 法，建立回归方程。

第 3 步，利用各个 ρ 值对应的回归方程，计算残差平方和 $\sum(y_t-\hat{y}_t)^2$，取残差平方和最小的那个方程的 ρ 值为第一次试算最优值，记作 ρ^*。

第 4 步，以最优值 ρ^* 为中心，在 $\rho^*\pm0.01$ 的范围内，以 0.01 为步长继续搜索，两次找出使残差平方和最小的第二次最优值 ρ^*。

第 5 步，如此反复进行，直至求出使残差平方和达到最小的 ρ 为最优值。

4）杜宾(Durbin)两步法

设回归模型

$$y_t=\beta_0+\beta_1x_{1t}+\beta_2x_{2t}+\cdots+\beta_kx_{kt}+u_t$$

中的随机项具有一阶线性自相关，即

$$u_t=\rho u_{t-1}+v_t$$

杜宾(Durbin)两步法具体步骤如下：

第 1 步，对模型进行广义差分变换：

$$y_t-\rho y_{t-1}=\beta_0(1-\rho)+\beta_1(x_{1t}-\rho x_{1(t-1)})+\cdots+\beta_k(x_{kt}-\rho x_{k(t-1)})+u_t-\rho u_{t-1}$$

整理得

$$y_t=\beta_0(1-\rho)+\rho y_{t-1}+\beta_1x_{1t}-\beta_1\rho x_{1(t-1)}+\cdots+\beta_kx_{kt}-\beta_k\rho x_{k(t-1)})+v_t$$

对上式应用 OLS 法，求得 ρ 的估计值 $\hat{\rho}$，它就是 y_{t-1} 的系数。

第 2 步，用估计值 $\hat{\rho}$ 对原始数据进行差分变换：

$$\begin{cases}y_t^*=y_t-\hat{\rho}y_{t-1}\\\beta_0^*=(1-\rho)\beta_0\\x_{1t}^*=x_{1t}-\hat{\rho}x_{1(t-1)}\\\quad\vdots\\x_{kt}^*=x_{kt}-\hat{\rho}x_{k(t-1)}\end{cases}$$

于是原回归模型变为

$$y_t^*=\beta_0^*+\beta_1x_{1t}^*+\beta_2x_{2t}^*+\cdots+\beta_kx_{kt}^*+v_t$$

再应用 OLS 法，便可以求得估计值 $\hat{\beta}_0^*,\hat{\beta}_1,\hat{\beta}_2,\cdots,\hat{\beta}_k$，其中 $\hat{\beta}_0^*=(1-\hat{\rho})\hat{\beta}_0$。

此种方法适用于各种容量的样本，不同阶的自回归相关形式，其模型参数估计值具有最优渐近性。它不但求出了自相关系数 ρ 的估计值，而且也得出了模型参数的估计值，因而是一种简单而行之有效的方法。

3.4.4 异方差

对于不同的观察值 x_i，若随机项 u_i 的方差不同，则称随机项具有异方差。如用数学公式表示则为 $\sigma_{u_i}^2=f(x_i)$。

异方差的几何直观表示形式可用观察值的散点图表示。图 3.4 为四种不同的反映异方差变化情况的散点图，在散点图上就是样本残差平方随自变量的变化而变化。图 3.4(a)表示没有异方差的情况，图 3.4(b)为 ε_i^2 随 x 值的增大而增大，图 3.4(c)为 ε_i^2 随 x 值的增大而减小，图 3.4(d)为 ε_i^2 先减小后增大。

在实际中，异方差问题大量存在。例如对于储蓄函数：

$$y=\alpha+\beta x+u$$

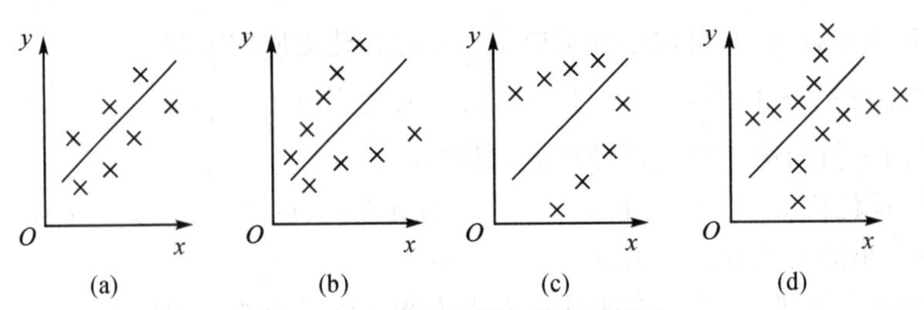

图 3.4　异方差在散点图上的反映

对于低收入家庭，储蓄较有规律，差异较小；对于高收入家庭，储蓄较为随意，而且可随意支配部分也较多，因此随机项就具有异方差。

出现异方差的原因：一是因为随机项包括了测量误差和模型中被省略的一些因素对因变量的影响，二是来自不同抽样单元的因变量观察值之间可能差别很大。因此异方差多出现在横断面样本之中。至于时间序列，由于因变量的观察值来自于不同时期的同一样本单元，判别较少，所以异方差一般不明显。

异方差对 OLS 的影响是参数估计量不失线性和无偏性，但不具备最佳性。

1. 异方差的检验

(1) 图解法

1) 散点图法

利用因变量与自变量散点图(见图 3.4)，可以判断是否存在异方差。

2) 残差图法

利用残差 ε_i^2 与 x 自变量的散点图(在多个因变量时可作残差 ε_i^2 与 y 的散点图或者认为 ε_i^2 与异方差有关的 x 的散点图)，对随机项 u_i 的异方差作近似的直观判断。具体做法：先在等方差的假设下对原模型应用 OLS 法，求出 $\hat{y}_i$ 和 ε_i^2，再绘制残差图 $\hat{y}_i-\varepsilon_i^2$。若残差图中出现 ε_i^2 随 $\hat{y}_i$ 系统变化的情况，那么就表明样本数据中存在异方差性；否则就没有异方差。图 3.5 中的(b)～(f)均存在异方差。

通过残差图还可以进一步获得有关异方差结构的信息，即异方差的数学表达式，例如图 3.5 中(b)、(c)表明 ε_i^2 与 x_i 之间具有线性关系，而(f)表示它们为二次函数的关系。

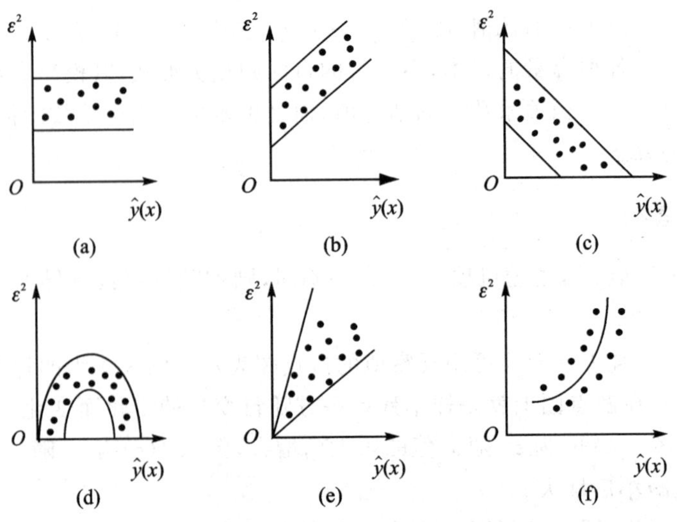

图 3.5　回归模型的残差图

(2) Spearman 等级相关系数检验法

具体步骤如下：

第 1 步，对原模型应用 OLS 法，计算残差 $\varepsilon_i = y_i - \hat{y}_i (i=1,2,3,\cdots,n)$。

第 2 步，计算 $|\varepsilon_i|$ 与 x_i 的等级差 d_i。将 $|\varepsilon_i|$ 和自变量观察值 x_i 按由小到大或由大到小的顺序划分成等级。等级的大小可以人为规定，一般取大小顺序中的序号。如果有两个值相等，则规定这个值的等级取相继等级的算术平均值。然后计算 $|\varepsilon_i|$ 与 x_i 的等级差 d_i，即

$$d_i = x_i \text{ 的等级} - |\varepsilon_i| \text{ 的等级}$$

第 3 步，计算 $|\varepsilon_i|$ 与 x_i 的等级相关系数：

$$r_s = 1 - \frac{6\sum d_i^2}{n(n^2-1)}$$

式中：n 为样本容量。

第 4 步，对总体等级相关系数 ρ_s 进行显著性检验。假设 $H_0:\rho_s=0, H_1:\rho_s \neq 0$。当 H_0 成立时，可以证明统计量 T 服从 $n-2$ 的 t 分布，即

$$T = \frac{r_s\sqrt{n-2}}{\sqrt{1-r_s^2}} \sim t(n-2)$$

对给定的显著水平 α，查分布表得 $t_{\alpha/2}(n-2)$ 的临界值。若 $|T| > t_{\alpha/2}(n-2)$，则表明样本数据异方差显著；否则，认为不存在异方差。

对于多元回归模型，可分别计算 $|\varepsilon_i|$ 与每个自变量的等级相关系数，再分别进行上述检验。

(3) Goldfeld - Quandt 检验法

该检验方法只适用于大样本情况($n>30$)，并且满足条件：①观察值的数目至少是参数个数的两倍；②随机项没有自相关并且服从正态分布。

具体步骤如下：

第 1 步，建立统计假设。零假设 $H_0:u_i(i=1,2,3,\cdots,n)$ 是同方差，备择假设 $H_1:u_i$ 具有异方差。

第 2 步，处理观察值。将某个自变量的观察值 x_i 按由小到大的顺序排列，然后将居中的 c 个(约为样本容量的 1/4)观察数据去掉。再将剩余的 $n-c$ 个数据分为数目相等的两组：数据较小的为一组子样本，数据较大的为另一组子样本。

第 3 步，建立回归方程求残差平方和。对上述两组子样本观察值分别应用 OLS 法，建立回归方程。然后分别计算残差平方和，记 x_i 值较小的一组子样本的残差平方和为 $\sum\varepsilon_{1i}^2$，x_i 值较大的一组子样本的残差平方和为 $\sum\varepsilon_{2i}^2$。

第 4 步，建立统计量。用所得出的两个子样本的残差平方和构成 F 检验统计量：

$$F = \frac{\sum\varepsilon_{2i}^2 \Big/ \left(\frac{n-c}{2}-k-1\right)}{\sum\varepsilon_{1i}^2 \Big/ \left(\frac{n-c}{2}-k-1\right)} = \frac{\sum\varepsilon_{2i}^2}{\sum\varepsilon_{1i}^2} \sim F\left(\frac{n-c}{2}-k-1, \frac{n-c}{2}-k-1\right)$$

若 H_0 为真，则统计量 F 服从第一自由度为 $\frac{n-c}{2}-k-1$，第二自由度为 $\frac{n-c}{2}-k-1$ 的 F 分布。式中 n 为样本容量，c 为被去掉的观察值的数目，k 为模型中自变量的个数。

第 5 步，作结论。对给定显著水平 α 查 F 表，可得临界值：

$$F_\alpha\left(\frac{n-c}{2}-k-1,\frac{n-c}{2}-k-1\right)$$

若 $F \geqslant F_\alpha\left(\frac{n-c}{2}-k-1,\frac{n-c}{2}-k-1\right)$，则拒绝 H_0，认为 u_i 具有异方差；

若 $F < F_\alpha\left(\frac{n-c}{2}-k-1,\frac{n-c}{2}-k-1\right)$，则接受 H_0，认为 u_i 无异方差。

(4) 帕克检验法

具体步骤如下：

第 1 步，建立因变量 y 对所有自变量 x 的回归方程，然后计算残差 $\varepsilon_i^2(i=1,2,3,\cdots,n)$。

第 2 步，取异方差结构的函数形式为

$$\sigma_{u_i}^2=\sigma^2 x_i^\beta \mathrm{e}^{v_i}$$

式中：σ^2、β 是两个未知参数；v_i 是随机变量。

上式可以改写成对数形式：

$$\ln \sigma_{u_i}^2=\ln \sigma^2+\ln x_i^\beta+v_i$$

第 3 步，建立异方差结构回归模型。由于 $\sigma_{u_i}^2$ 未知，可以用残差平方 ε_i^2 来代替，于是上式可写成：

$$\ln \varepsilon_i^2=\ln \sigma^2+\ln x_i^\beta+v_i$$

对上式进行适当变换，便构成一个典型的线性回归模型：

$$w_i=\alpha+\beta z_i+v_i$$

对该模型应用 OLS 法，得出和估计值。

第 4 步，对 β 进行 t 检验。如果不显著，则表明 β 的真值为 0，此时 $\sigma_{u_i}^2$ 实际上与 x_i 无关，即没有异方差；否则，表明有异方差存在。

该方法在确定存在异方差的同时，还能给出异方差的具体函数结构。

(5) 格莱泽检验法

具体步骤如下：

第 1 步，建立因变量 y 对所有自变量 x 的回归方程，然后计算残差 $\varepsilon_i^2(i=1,2,3,\cdots,n)$。

第 2 步，若 x_{ji} 被认为是与方差 $V(u_i)$ 有关的自变量，则选定 $|\varepsilon_i|$ 与 x_{ji} 的一系列可能的函数，例如：

$$|\varepsilon_i|=a+bx_{ji}+v_i$$

$$|\varepsilon_i|=a+b/x_{ji}+v_i$$

$$|\varepsilon_i|=a+b\sqrt{x_{ji}}+v_i$$

$$|\varepsilon_i|=a+b/\sqrt{x_{ji}}+v_i$$

$$\vdots$$

式中：v_i 为随机项。

第 3 步，利用 OLS 法对上述函数进行估计，得回归方程：

$$|\hat{\varepsilon}_i|=\hat{a}+\hat{b}x_{ji}$$

$$|\hat{\varepsilon}_i|=\hat{a}+\hat{b}/x_{ji}$$

$$|\hat{\varepsilon}_i|=\hat{a}+\hat{b}\sqrt{x_{ji}}$$

$$|\hat{\varepsilon}_i|=\hat{a}+\hat{b}/\sqrt{x_{ji}}$$

计算每个回归方程的相关系数,并把其最大的作为最佳的回归形式。

第4步,对最佳回归形式中的参数进行显著性检验。若 b 显著性地不等于零,即接受假设 $H_1:b\neq 0$,则认为有异方差存在;若 b 不显著地异于零,还应考虑另外一些 $|\varepsilon_i|$ 与 x_{ji} 的函数形式,不能轻易断定 u_i 不存在异方差。

此方法一般用于寻找合适的异方差的函数形式。

(6) White 检验法

此方法不需要有关随机项的先验知识,但要求在大样本的情况下进行。

设回归原模型:

$$y_i=\beta_0+\beta_1 x_{1i}+\beta_2 x_{2i}+u_i$$

设检验回归模型(或称辅助回归模型):

$$\sigma_{u_i}^2=\alpha_0+\alpha_1 x_{1i}+\alpha_2 x_{2i}+\alpha_3 x_{1i}^2+\alpha_4 x_{2i}^2+\alpha_5 x_{1i}x_{2i}+v_i$$

White 检验的统计量是

$$w=n\times R^2$$

式中:n 是样本容量;R^2 是检验回归式的拟合优度。

White 检验法的具体步骤如下:

第1步,用 OLS 法估计回归原模型的参数 $\hat{\beta}_0,\hat{\beta}_1,\hat{\beta}_2$。

第2步,计算原模型的残差序列 ε_i,并计算 ε_i^2。

第3步,用 ε_i^2 代替辅助回归模型中的 $\sigma_{u_i}^2$,再用 OLS 估计该模型,计算 R^2。

第4步,计算统计量 nR^2。在假设 $H_0:\alpha_1=\alpha_2=\alpha_3=\alpha_4=\alpha_5=0$ 成立,即不存在异方差(也即辅助回归模型的所有斜率都为零)的条件下,nR^2 服从自由度为 $k=5$ 的 χ^2 分布。

第5步,对给定的显著水平 α,查 χ^2 分布表得临界值 $\chi_\alpha^2(5)$。若 $nR^2>\chi_\alpha^2(5)$,则否定 H_0,表明原模型中的随机项存在异方差。

2. 异方差问题的解决方法

(1) 对原模型进行变换

不失一般性,假设原回归模型:

$$y_i=\alpha+\beta x_i+u_i$$

式中:随机项 u_i 具有异方差(其余假定都满足)。

假定现在已知异方差的函数结构为

$$V(u_i)=\sigma_{u_2}^2=k^2 f(x_i)$$

式中:k 为常数。

解决异方差的基本思想:对原模型作适当的变换,使变换后的模型的随机项不再具有异方差,从而可用 OLS 法求出参数的最佳线性无偏估计量。

对原模型作变换:

$$\frac{y_i}{\sqrt{f(x_i)}}=\frac{\alpha}{\sqrt{f(x_i)}}+\frac{\beta}{\sqrt{f(x_i)}}x_i+\frac{u_i}{\sqrt{f(x_i)}}$$

记

$$y_i^*=\frac{y_i}{\sqrt{f(x_i)}},\quad x_{1i}^*=\frac{1}{\sqrt{f(x_i)}},\quad x_{2i}^*=\frac{x_i}{\sqrt{f(x_i)}},\quad u_i^*=\frac{u_i}{\sqrt{f(x_i)}}$$

则模型变为

$$y_i^* = \alpha x_{1i}^* + \beta x_{2i}^* + u_i^*$$

此时,新模型中的随机项已无异方差,因此对其应用 OLS 法,即可得到参数 α、β 的最佳线性无偏估计量。

(2) 加权最小二乘法(WLS)

与 OLS 不同的是,WLS 使加权残差平方和:

$$\sum \frac{\varepsilon_i^2}{\sigma_{u_i}^2} = \sum \frac{1}{\sigma_{u_i}^2}(y_i - \alpha - \beta x_i)^2$$

达到最小。

应用 WLS 同样可以消除异方差性的影响。

设异方差的函数结构为

$$V(u_i) = \sigma_{u_2}^2 = k^2 f(x_i)$$

则对此应用 WLS,有

$$\sum \frac{\varepsilon_i^2}{\sigma_{u_i}^2} = \sum \frac{1}{k^2 f(x_i)}(y_i - \alpha - \beta x_i)^2$$

再对原回归模型作变换:

$$\frac{y_i}{\sqrt{f(x_i)}} = \frac{\alpha}{\sqrt{f(x_i)}} + \frac{\beta}{\sqrt{f(x_i)}} x_i + \frac{u_i}{\sqrt{f(x_i)}}$$

应用 OLS 法,则要求

$$\sum \left(\frac{\varepsilon_i^2}{\sqrt{f(x_i)}}\right)^2 = \sum \left[\frac{y_i}{\sqrt{f(x_i)}} - \frac{\hat{x}}{\sqrt{f(x_i)}} - \frac{\hat{\beta} x_i}{\sqrt{f(x_i)}}\right]^2 = \sum \frac{1}{f(x_i)}(y_i - \hat{\alpha} - \hat{\beta} x_i)^2$$

达到最小,与变换方法的效果一样,也可以消除异方差性的影响。

(3) 广义最小二乘法(GLS)

GLS 是处理广义线性模型的一种估计方法。

广义线性模型是指线性模型:

$$\boldsymbol{Y} = \boldsymbol{X\beta} + \boldsymbol{U}$$

并且期望值为

$$\begin{cases} \mathrm{E}(\boldsymbol{U}) = 0 \\ \mathrm{E}(\boldsymbol{UU}^{\mathrm{T}}) = \sigma_u^2 \boldsymbol{\Omega} \end{cases}$$

式中:σ_u^2 为未知常数;$\boldsymbol{\Omega}$ 是一个已知原阶正定对称矩阵:

$$\boldsymbol{\Omega}_{n\times n} = \begin{bmatrix} \sigma_{11} & \sigma_{12} & \cdots & \sigma_{1n} \\ \sigma_{21} & \sigma_{22} & \cdots & \sigma_{2n} \\ \vdots & \vdots & & \vdots \\ \sigma_{n1} & \sigma_{n2} & \cdots & \sigma_{nn} \end{bmatrix}$$

其他基本假定不变,称之为广义线性模型。一般线性模型可以看作特殊的广义线性模型,即 $\boldsymbol{\Omega} = \boldsymbol{I}$。

因 $\boldsymbol{\Omega}$ 为正定对称矩阵,所以必有一个 $n \times n$ 阶非奇异矩阵 $\boldsymbol{P}$,使得

$$\boldsymbol{P\Omega P}^{\mathrm{T}} = \boldsymbol{I}_n$$

利用原矩阵进行变换,可以得到

$$\boldsymbol{PY} = \boldsymbol{PX\beta} + \boldsymbol{PU}$$

令 $\boldsymbol{Y}^* = \boldsymbol{PY}$,$\boldsymbol{X}^* = \boldsymbol{PX}$,$\boldsymbol{U}^* = \boldsymbol{PU}$,则有

$$Y^* = X^* \beta + U^*$$

此时 $E(U^* U^{*T}) = E(PUU^T P^T) = PE(UU^T)P^T = \sigma_u^2 I_n$。

由此可见，变换后的回归模型已满足全部基本假定，可以对其应用 OLS 法，求得 β 的广义最小二乘估计量：

$$\tilde{\beta} = (X^{*T} X^*)^{-1} X^{*T} Y^* = (X^T \Omega^{-1} X)^{-1} X^T \Omega^{-1} Y$$

以上求解过程即为 GLS。

利用 GLS 处理异方差问题时，有

$$\Phi^{-1} = \begin{bmatrix} \frac{1}{\sigma_{u_1}^2} & & & \\ & \frac{1}{\sigma_{u_2}^2} & & \\ & & \ddots & \\ & & & \frac{1}{\sigma_{u_n}^2} \end{bmatrix}, \quad P = \begin{bmatrix} \frac{1}{\sigma_{u_1}} & & & \\ & \frac{1}{\sigma_{u_2}} & & \\ & & \ddots & \\ & & & \frac{1}{\sigma_{u_n}} \end{bmatrix}$$

从而可得

$$\tilde{\beta} = (X^T \Phi^{-1} X)^{-1} X^T \Phi^{-1} Y, \quad \bar{\Phi}^{-1} = P^T P$$

3.4.5 随机自变量与模型设定误差

在经典回归模型中，问题假定自变量是非随机的；但是在实际中，这个假定往往是不能得到满足的。一是由于实际中许多自变量是不可控的，所以自变量的观察值是具有随机性的；二是由于随机项包括了模型中略去的自变量，而略去的自变量同模型中的自变量往往是相关的，其结果造成随机项与模型中的自变量有关。

当自变量为随机时，OLS 法将失去无偏性和一致性。解决这个问题的常用方法是工具变量法。

1. 工具变量(Instrument Variable，IV)法

IV 法的基本思想是当随机自变量 x 与随机项 u 高度相关时，设法寻找另一个变量 z，使它与随机自变量 x 高度相关，但与随机项 u 不相关，从而用 z 代替 x。变量 z 称为工具变量。

选择工具变量应满足以下条件：

① 工具变量必须是真正的外生变量；

② 工具变量与所替代的随机自变量高度相关；

③ 工具变量与模型中的其他自变量不相关，或相关性很小，避免出现多重共线性；

④ 在同一个模型中采用多个工具变量，这些工具变量之间也必须不相关，或相关性很小，避免出现多重共线性。

2. 工具变量法

假定一元线性离差回归模型

$$\dot{y}_t = \beta_0 + \beta_1 \dot{x}_t + \dot{u}_t$$

模型中随机自变量 x_t 与随机项 u_t 高度相关，使得 OLS 法失效。

假设有工具变量 z_t，用工具变量的离差形式 $\dot{z}_t$ 处理回归模型，再对样本容量 n 求和，得

$$\sum \dot{z}_t \dot{y}_t = \beta_1 \sum \dot{z}_t \dot{x}_t + \sum \dot{z}_t \dot{u}_t$$

由于 $\dot{z}_t$ 与 $\dot{u}_t$ 不相关,便有 $\mathrm{cov}(z_t, u_t)=0$,所以取 $\sum \dot{z}_t \dot{u}_t=0$,于是上式可以改写成

$$\sum \dot{z}_t \dot{y}_t=\hat{\beta}_1 \sum \dot{z}_t \dot{x}_t$$

称之为拟正则方程,解之可得

$$\begin{cases}\hat{\beta}_1=\dfrac{\sum \dot{z}_t \dot{y}_t}{\sum \dot{z}_t \dot{x}_t} \\ \hat{\beta}_0=\bar{y}-\hat{\beta}_1 \bar{x}\end{cases}$$

问题得到解决。这种求解模型参数的方法称为工具变量法。

工具变量法是解决随机性自变量与随机项相关时,估计模型中参数的一种简单有效的方法,但在实际应用中,如何选择工具变量是一个比较困难的问题。在满足工具变量的条件下,所选择的工具变量不同,模型参数估计值也不同,也就会产生参数估计量不唯一的问题。

在回归分析的实际应用中,应注意,由于测量仪器性能、外界条件等因素的影响,得到的数据集有可能存在异常或粗差值,或者各自变量对因变量测量误差的影响程度并不相同。在这些情况下,回归分析应采用稳健回归,即采用含权重参数的回归模型:

$$(\boldsymbol{X}^{\mathrm{T}} \boldsymbol{X}+w \boldsymbol{I}) \boldsymbol{b}=\boldsymbol{X}^{\mathrm{T}} \boldsymbol{y}$$

式中:$\boldsymbol{X}$ 为测量数据矩阵;$\boldsymbol{y}$ 为响应值矩阵;$\boldsymbol{b}$ 为估计得到的回归系数;w 为权重,它是一个可调的正数;$\boldsymbol{I}$ 为单位矩阵。

3.4.6 样本观察值分组平均数据的回归参数估计

在实际应用中,许多统计资料往往是经过分组综合以后发表的。例如城市职工家庭平均收入、平均消费支出等。另外,在处理在大样本时,为了整理计算方便,也往往将样本观察值分组。

设变量 x 和 y 有 n 个观测值,被分成 g 组。x_{ij} 和 y_{ij} 分别代表第 j 组中 x 和 y 的第 i 个观察值。以 n_j 表示第 j 组的观察值的个数,则

$$\begin{cases}\bar{x}_j=\dfrac{1}{n_j} \sum_{i=1}^{n_j} x_{ij} \\ \bar{y}_j=\dfrac{1}{n_j} \sum_{i=1}^{n_j} y_{ij}\end{cases} \quad (j=1,2,3,\cdots,g)$$

式中:$\bar{x}_j$,$\bar{y}_j$ 分别表示 x 和 y 的观察值第 j 组的平均值。

假设变量间有回归模型

$$y_{ij}=\beta_0+\beta_1 x_{ij}+u_{ij} \quad (i=1,2,3,\cdots,n_j;j=1,2,3,\cdots,g)$$

并且随机项 u_{ij} 满足经典回归模型的基本假定。

因为只知道 $\bar{x}_j$,$\bar{y}_j$,所以不能直接应用 OLS 法。

对回归模型两端求和,再取平均值,便有

$$\bar{y}_j=\beta_0+\beta_1 \bar{x}_j+\bar{u}_j$$

式中:$\bar{u}_j=\dfrac{1}{n_j} \sum_{i=1}^{n_j} u_{ij}$。

为消除变换后的新模型中的异方差,将模型作如下变换:

$$\sqrt{n_j} \bar{y}_j=\beta_0 \sqrt{n_j}+\beta_1 \sqrt{n_j} \bar{x}_j+\sqrt{n_j} \bar{u}_j$$

记

$$\begin{cases} y_j^* = \sqrt{n_j}\bar{y}_j \\ x_{1j}^* = \sqrt{n_j} \\ x_{2j}^* = \sqrt{n_j}\bar{x}_j \\ u_j^* = \sqrt{n_j}\bar{u}_j \end{cases}$$

于是新模式可以改写为

$$y_j^* = \beta_0 x_{1j}^* + \beta_1 x_{2j}^* + u_j^*$$

显然，变换后的模型已消除异方差，从而可应用 OLS 法。

在实际应用时应注意：

① 用分组数据求得的参数估计值的方差，要比用非分组数据得出的参数估计值的方差大。

② 用分组数据模型的拟合优度，一般大于用非分组数据的拟合度。

③ 处理实际分组问题时，要在条件允许的情况下对样本观察值采取等分组法（即每组观察值数目相等），这样可避免出现异方差性，给参数估计带来方便。

3.4.7　模型的制定偏误

在实际应用回归模型时，模型制定的正确与否是非常关键的步骤。但是，由于各种各样的原因，例如当自变量无法测量，或对相关问题本身的认识不全时，可能在回归模型中省略或丢失了一些重要变量；也可能由于相关理论不清楚，使回归模型中包含了一些不应包含的自变量。当出现这些问题时，可能会产生严重的后果。

1. 遗漏了重要的自变量

假定正确的模型为

$$y_i = \beta_0 + \beta_1 x_{1i} + \beta_2 x_{2i} + u_i$$

假设遗漏了重要的自变量 x_2，则模型变为

$$y_i = \beta_0 + \beta_1 x_{1i} + u_i$$

此时参数估计不是无偏估计量，而且是非一致的；方差变小。

2. 误加了不相干的自变量

假定正确的模型为

$$y_i = \beta_0 + \beta_1 x_{1i} + u_i$$

假设误加了与 y 不相干的自变量 x_2，则模型变为

$$y_i = \beta_0 + \beta_1 x_{1i} + \beta_2 x_{2i} + u_i$$

此时不影响参数估计量的无偏性，且使方差变大。

模型制定得是否正确是回归分析的关键。自变量过多会导致参数估计量的方差增大，从而增加显著性检验的不可靠性，而自变量过少又会导致参数估计量发生偏差。

解决以上问题的较好方法是在制定模型时，根据研究事物的相关理论尽可能地把与因变量有密切关系的自变量作为自变量选进模型。如果理论不充分，可借助统计准则来决定取舍，但没有一个选择变量的准则。通常的做法是，把那些理论根据不充分的变量，逐个加进模型，每加一个，计算一次修正拟合度。如果拟合度比原来大，就保留这个变量；否则就抛弃这个变量。

3.4.8 模型变量的观测误差

在应用回归模型时，一般认为样本资料是准确的、可靠的。但事实上，在收集数据和处理数据的过程中可能受到各种因素的影响，使样本数据存在一定的误差(称之为测量误差或观测误差)。由于测量误差的存在，将对模型的参数估计产生影响，所以一般使回归参数被低估，影响分析效果。

变量的观测误差问题是数据问题，目前还没有提出有效的解决方法。一般的做法是忽略测量误差问题，希望误差足够小，不至于破坏估计方法的合理性。

观测误差的检验可以采用 Hausman 检验法。假设一元线性回归模型：

$$y_i = \beta x_i + u_i$$

Hausman 检验法的具体步骤如下：

① 对模型中可能存在在观测误差的变量 x_i，找出它的工具变量 z_i。

② 用变量 x_i 对工具变量 z_i 做回归 $\hat{x}_i = \hat{\alpha} + \hat{\gamma} z_i$，再做残差 $\hat{w}_i = x_i - \hat{\alpha} - \hat{\gamma} z_i$。

③ 在原回归模型中加入 $\hat{w}_i$ 项，应用 OLS 法得到 $\hat{w}_i$ 的系数估计值 $\hat{\eta}$。

④ 对 $\hat{w}_i$ 的系数 $\hat{\eta}$ 进行检验，若接受原假设 H_0，表明不存在测量误差；反之，则存在测量误差。

3.5 非线性回归分析预测法

在实际问题中，变量之间通常不是直线关系，其中的期望函数通常需要根据问题的物理意义或数据点的散布图预先定义，它可以是多项式函数、分式、指数函数以及三角函数等。

非线性回归根据变量的多少可分成一元非线性回归和多元非线性回归。由于非线性回归模型的复杂性，根据实际观察数据估计非线性回归模型(即曲线模型的参数)是难以进行的，到目前为止，还没有一种完美的解决办法。对于这类回归，通常有两种方法：一是通过变量替换把非线性方程加以线性化，然后按线性回归的方法进行拟合；二是通过适当的优化方法对非线性方程直接进行拟合。

对非线性模型来说，首先，不能从回归残差中得出随机项方差的无偏估计量；其次，由于非线性模型中的参数估计量同随机项不成线性关系，所以它们不服从正态分布，其结果使得 t 检验和 F 检验都不适用。

3.5.1 常用的可转化为一元线性回归的模型

常用的非线性转换函数有 y^3、y^2、$y^{1/2}$、$\ln y$、$-1/y$、$-1/y^2$ 等。

(1) 使 x 上升 y 下降的转换

对于图 3.6 的情况，可以对 x 进行 x^2、x^3、…的转换，或对 y 进行 $\ln y$、$-1/y$、…的转换。

(2) 使 x 下降 y 上升的转换

对于图 3.7 的情况，可以对 x 进行 $\ln x$、$-1/x$、…的转换，或对 y 进行 y^2、y^3、…的转换。

(3) 使 x 上升 y 上升的转换

对于图 3.8 的情况，可以对 x 进行 x^2、x^3、…的转换，或对 y 进行 y^2、y^3、…的转换。

(4) 使 x 下降 y 下降的转换

对于图 3.9 的情况，可以对 x 进行 $\ln x$、$-1/x$、…的转换，或对 y 进行 $\ln y$、$-1/y$、…的转换。

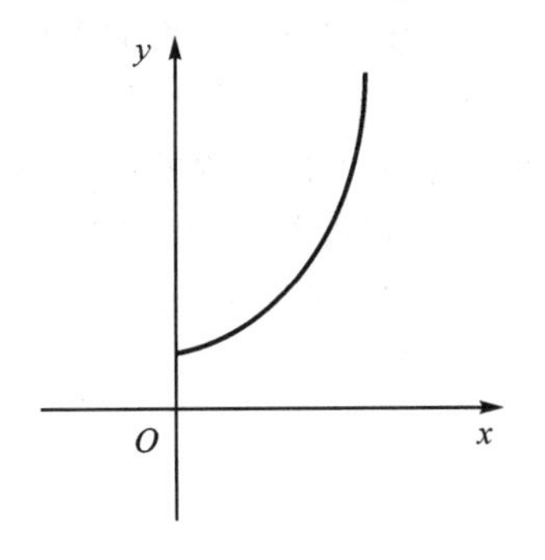

图 3.6　x 上升 y 下降

图 3.7　x 下降 y 上升

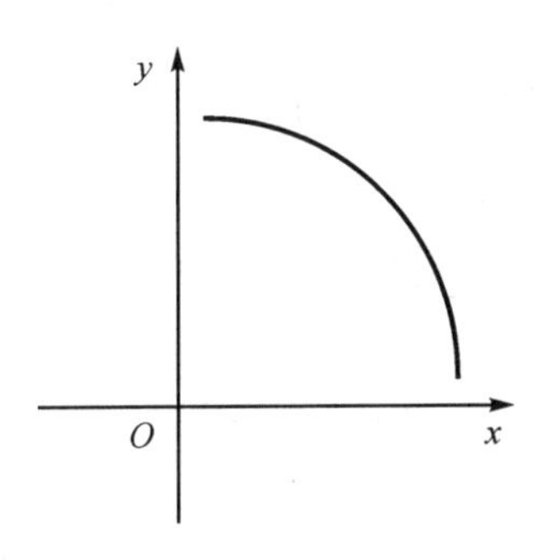

图 3.8　x 上升 y 上升

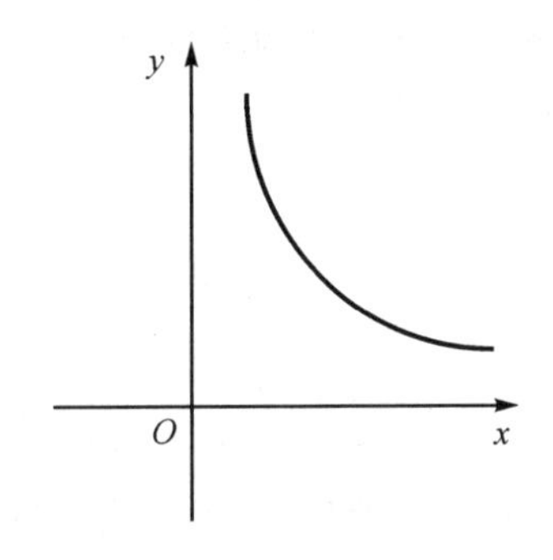

图 3.9　x 下降 y 下降

以上变换可以用“膨胀规则”来描述，即利用“膨胀规则”来寻求变换以达到变量之间存在线性关系。其步骤如下：

将原始数据曲线图与图 3.10 进行比较，得到 x 与 y 表达阶梯进阶方向，然后根据变量在表达阶梯的位置就可以得到变量变换方式。

表达阶梯包括下列对任何变量 t 的变换集合：

$$t^{-3} \quad t^{-2} \quad t^{-1} \quad t^{-1/2} \quad \ln t \quad \sqrt{t} \quad t^{1} \quad t^{2} \quad t^{3}$$

例如将某一原始数据曲线与图 3.10 比较，得到曲线的类型为“x 下 y 下”，即表明应该通过将 x、y 从现在的阶梯位置下降一个或多个点来变换变量 x、y。所有未变换变量原始的位置为 t^1。

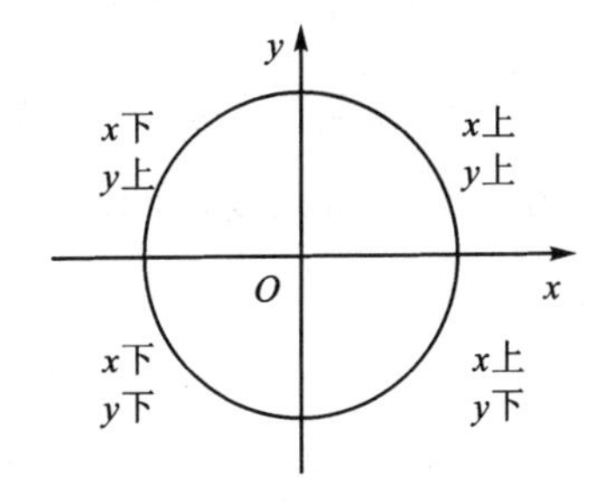

图 3.10　膨胀规则：为实现线性关系，进行启发式的变量变换

综上所述，许多曲线都可以通过变换化成直线，于是可以按直线拟合的方法来处理。对变换后的数据进行回归分析，之后将所得的结果再代入原方程。因而，回归分析是对变换后的数据进行的，所得结果仅对变换后的数据来说是最佳拟合，当再变换原数据坐标时，所得的回归曲线严格地说并不是最佳拟合，但一般情况下，拟合程度还是令人满意的。

3.5.2 一元多项式回归

不是所有的一元非线性函数都能转换成一元线性方程，但任何复杂的一元连续函数都可以用多项式近似表达。因此对于那些较难直线化的一元函数，可用下面的多项式来拟合：

$$\hat{y}=\beta_0+\beta_1 x+\beta_2 x^2+\cdots+\beta_n x^n$$

同样，通过变量转换或直接多项式拟合的方法可以求出上述方程的各回归系数。

虽然多项式的阶数越高，回归方程与实际数据的拟合程度越高，但阶数越高，回归计算过程中的舍入误差的积累也越大；所以当阶数 n 过高时，回归方程的精确度反而会降低，甚至得不到合理的结果，故一般取 $n=3\sim4$。

对于这一类模型的参数估计，一般采用高斯-牛顿迭代估计法。

设有模型：

$$y=f(x_1,x_2,\cdots,x_k;\beta_1,\beta_2,\cdots,\beta_p)+u$$

式中：k 为自变量的个数；p 为参数的个数；f 为非线性函数。

高斯-牛顿迭代估计法的步骤如下：

第 1 步，将非线性函数 f 在参数 $\beta_1,\beta_2,\cdots,\beta_p$ 的给定初始值 $\beta_{10},\beta_{20},\cdots,\beta_{p0}$ 点邻域展开为泰勒级数：

$$y=f(x_1,x_2,\cdots,x_k;\beta_{10},\beta_{20},\cdots,\beta_{p0})+\sum_{i=1}^{p}\left(\frac{\partial f}{\partial\beta_i}\right)_{\beta_{i0}}(\beta_i-\beta_{i0})+$$
$$\frac{1}{2}\sum_{i=1}^{p}\sum_{j=1}^{p}\left(\frac{\partial^2 f}{\partial\beta_i\partial\beta_j}\right)_{\beta_{j0}}(\beta_i-\beta_{i0})(\beta_j-\beta_{j0})+\cdots+u$$

取上式的前两项，略去高阶项，便有线性近似：

$$y-f(x_1,x_2,\cdots,x_k;\beta_{10},\beta_{20},\cdots,\beta_{p0})+\sum_{i=1}^{p}\beta_{i0}\left(\frac{\partial f}{\partial\beta_i}\right)_{\beta_{i0}}=\sum_{i=1}^{p}\beta_i\left(\frac{\partial f}{\partial\beta_i}\right)_{\beta_{i0}}+u$$

上式对参数 $\beta_i(i=1,2,\cdots,p)$ 已具有线性形式。

第 2 步，将上式左端看成一组新的因变量，将其右端 $\left(\frac{\partial f}{\partial\beta_i}\right)_{\beta_{i0}}$ 看成一组新的自变量，这样就成为标准的线性模型，应用 OLS 法，得出第一组的估计值 $\hat{\beta}_{11},\hat{\beta}_{21},\cdots,\hat{\beta}_{p1}$。

第 3 步，重复第 1 步，在新参数估计值点邻域再作一次泰勒展开，得到新的线性回归模型：

$$y-f(x_1,x_2,\cdots,x_k;\hat{\beta}_{11},\hat{\beta}_{21},\cdots,\hat{\beta}_{p1})+\sum_{i=1}^{p}\hat{\beta}_{i1}\left(\frac{\partial f}{\partial\beta_i}\right)_{\hat{\beta}_{i1}}=\sum_{i=1}^{p}\beta_i\left(\frac{\partial f}{\partial\beta_i}\right)_{\hat{\beta}_{i1}}+u$$

第 4 步，重复第 2 步，对上式应用 OLS 法，又得出第二组参数的估计值 $\hat{\beta}_{12},\hat{\beta}_{22},\cdots,\hat{\beta}_{p2}$。

第 5 步，如此反复，得出一组点序列 $\{\hat{\beta}_{1j},\hat{\beta}_{2j},\cdots,\hat{\beta}_{pj}\}(j=1,2,3,\cdots)$，使其收敛为止，或满足下述条件：

$$\left|\frac{\hat{\beta}_{ij+1}-\hat{\beta}_{ij}}{\hat{\beta}_{ij}}\right|<\delta\quad(i=1,2,3,\cdots,p)$$

式中：δ 是根据需要事先给的任意小的正数。

在这个过程中迭代有可能不收敛，此时应重选一组新的初始参数值，重新作逐次线性的近似估计。如果改变初始参数仍不能使迭代过程收敛，那么就必须放弃逐次线性近似法而改用其他方法。需要指出的是，上述迭代过程的收敛性和收敛速度与参数初始值的选取有很大关系。

用高斯-牛顿迭代法得到的回归模型，可以用来预测未来某个时期的因变量值，其计算公式为

$$\hat{y}_f = f(x_{1f}, x_{2f}, \cdots, x_{kf}; \hat{\beta}_1, \hat{\beta}_2, \cdots, \hat{\beta}_p)$$

但由于 $\hat{y}_f$ 已经不再是随机项的线性函数，因此，$\hat{y}_f$ 已经不具备经典线性回归中估计值的最佳、线性、无偏的性质，置信区间也已无法构造了。

3.6　二项 Logistic 回归分析预测法

多元回归分析在诸多行业和领域的数据分析应用中发挥着极为重要的作用，但是在进行多元回归时，要求因变量是呈正态分布的连续型的随机变量。但在许多问题中，因变量为二值定性变量（非此即彼），例如，在某一药物试验中，动物服药后是生（设其值为 1）还是死（设其值为 0）；哪些产品特点会使产品销售情况良好或者不好，等等。显然这时正态线性模型是不合适的。此类问题的解决可借助 Logistic 回归模型来完成，也称非线性概率回归模型。

3.6.1　二项 Logistic 回归模型

Logistic 回归是根据输入字段值对记录进行分类的一种统计技术。当被解释变量为 0/1 二值品质型变量时，称为二项 Logistic 回归。二项 Logistic 回归虽然不能直接采用一般线性多元回归模型拟合，但仍然可以充分利用线性回归模型建立的理论和思路来拟合。

设因变量 y 为二值定性变量，用 0，1 分别表示两个不同的状态，$y=1$ 的概率 p 为研究的对象。自变量 $x_1, x_2, \cdots, x_m$ 可以是定性变量，也可以是定量变量。Logistic 回归拟合的回归方程为

$$\ln \frac{p}{1-p} = \beta_0 + \sum_{i=1}^{m} \beta_i x_i$$

式中：m 是自变量个数；p 是在自变量取值为 $\boldsymbol{X} = [x_1, x_2, \cdots, x_m]^{\mathrm{T}}$ 时，因变量 Y 取值为 1 时的概率；$\beta_0, \beta_1, \beta_2, \cdots, \beta_m$ 是待估参数。

Logistic 回归方程的另一种形式是

$$p = \frac{\mathrm{e}^Z}{1+\mathrm{e}^Z}$$

式中：$Z = \beta_0 + \sum_{i=1}^{m} \beta_i x_i$ 或 $Z = \ln \dfrac{p}{1-p}$ 。

显然 Z 是自变量 x 的线性函数。

3.6.2　混合 Logistic 模型

混合 Logistic 模型是以多项模型为基础发展而来的，但有别于多项 Logistic 模型，具有以下优势：

① 它的参数能够随机变化，从而明确考虑到影响因素的变化，可以在任意精度上趋近于任何一种基于随机效用最大化理论的离散选择模型。

② 不仅考虑到了个体偏好的异质性，还允许不同选择方案之间存在相关性，即克服了传统多项 Logistic 模型的两个主要缺陷：个体选择偏好的同质性和不相关备选方案的独立性。

③ Probit 模型虽然也能够解除模型的这两个限制，但 Probit 模型要求不可预测效用部分服从正态分布，而混合 Logistic 模型不受限于正态分布。

④ 随机参数分布形式的选择范围越来越广阔，而对于不同类型的变量可以选择不同的随机参数分布形式，以符合模型应用的物理意义。

在混合 Logistic 模型中，个体 i 对选择枝 j 的效用由两部分($U_{ij}=V_{ij}+\varepsilon_{ij}$)构成。一部分是由可观测变量确定的效用确定项 $V_{ij}=\beta_1 x_{i1}+\cdots+\beta_k x_{ik}=\boldsymbol{\beta}^{\mathrm{T}}\boldsymbol{x}_i$，其中 $\boldsymbol{x}_i=[x_{i1},x_{x2},\cdots,x_{ik}]^{\mathrm{T}}$ 为第 j 个选择枝的特征向量；$\boldsymbol{\beta}=[\beta_1,\beta_2,\cdots,\beta_k]^{\mathrm{T}}$ 为对应的待估计参数向量。另一部分是由不可观测效用确定的效用随机项(误差项)ε_{ij}，它表示了不可观察的因素对个体的影响。

假设 ε_{ij} 服从独立同分布的二重指数 Gumbel 分布，则可以推出下面的多项 Logistic 模型的选择概率：

$$L_{ij}=\frac{\exp(V_{ij})}{\sum_j \exp(V_{ij})}$$

混合 Logistic 模型认为待估计向量 $\boldsymbol{\beta}$ 并非固定值，而是由于个人的喜好等原因服从一定的分布形式。从形式上看，混合 Logistic 模型为 Logistic 模型的积分形式，可知个体 i 选择 j 的概率为

$$P_{ij}=\int L_{ij} f(\boldsymbol{\beta}\mid\varphi)\mathrm{d}\boldsymbol{\beta}=\int\frac{\exp(V_{ij})}{\sum_j \exp(V_{ij})}f(\boldsymbol{\beta}\mid\varphi)\mathrm{d}\boldsymbol{\beta}$$

式中：$f(\boldsymbol{\beta}|\varphi)$是 $\boldsymbol{\beta}$ 的某种分布密度函数，可以是正态分布、均匀分布、对数正态分布等，合理选择对正确使用混合 Logistic 模型有着重要的作用；φ 为密度函数的未知参数，在正态分布情况下为均值、方差。混合 Logistic 模型的选择概率可以看作选择概率的加权平均值，权重由分布密度 $f(\boldsymbol{\beta}|\varphi)$决定。

3.6.3 逻辑模型的估计方法

1. 因变量观测值可以分组的情况

假设样本容量足够大，以致每个自变量观测值都有 5～6 个以上的因变量观察值与之对应。在这种情况下，所有因变量观测值可以按不同自变量观测值分成许多组。

今有 c 组实验数据，在第 $j(j=1,2,3,\cdots,c)$组中试验了 n_j 次，其中 $y=1$ 有 r_j 次，于是概率 p_j 可用 $\hat{p}_j=\dfrac{r_j}{n_j}$来估计，则

$$\hat{Z}_j=\ln\frac{\hat{p}_j}{1-\hat{p}_j}=\beta_0+\sum_{i=1}^{m}\beta_i x_{ji}\quad(j=1,2,3,\cdots,c)$$

对上式用加权 OLS 法估计回归系数，即求下式的最小值：

$$\min Q=\sum_{j=1}^{n}W_j(y_j-\hat{y}_j)^2=\sum_{j=1}^{n}W_j(y_j-(\beta_0+\beta_1 x_1+\cdots+\beta_m x_m))^2$$

式中：y_i 和 $\hat{y}_j$ 分别是因变量 y 的第 j 次观察值和预测值；W_j 是给定的第 j 次观察值的权重，一般可取观察值误差项方差的倒数，即 $W_j=\dfrac{1}{\sigma_j^2}$。但由于一般误差项的方差 σ_j^2 是未知的，所以当 n_j 适当大时，Z_j 的方差可用下式的近似值代替：

$$\sigma^2(Z_j)=\frac{1}{n_j p_j(1-p_j)}$$

可用下式来估计：

$$S^2(Z_j)=\frac{1}{n_j\hat{p}_j(1-\hat{p}_j)}$$

因此，权值数为 $W_j=n_j\hat{p}_j(1-\hat{p}_j)$。

通过微分法可得到 β 的估计值 $\hat{\beta}_j$，记作 b_i。例如在一元 Logistic 回归中，回归系数为

$$b_1=\frac{\sum W_jX_jZ_j-\frac{\sum W_jX_j\sum W_jZ_j}{\sum W_j}}{\sum W_jX_j^2-\frac{(\sum W_jX_j)^2}{\sum W_j}}$$

$$b_0=\frac{\sum W_jZ_j-b_1\sum W_jX_j}{\sum W_j}$$

根据 $\hat{p}_j=\frac{\exp(\beta_0+\beta_1x)}{1+\exp(\beta_0+\beta_1x)}$ 画出的曲线呈 S 形，并有两条渐近线 $\hat{p}_j=0$ 和 $\hat{p}_j=1$。

多元 Logistic 回归方程的系数为

$$\hat{\boldsymbol{\beta}}=(\boldsymbol{X}^{\mathrm{T}}\boldsymbol{V}^{-1}\boldsymbol{X})^{-1}\boldsymbol{X}^{\mathrm{T}}\boldsymbol{V}^{-1}\boldsymbol{Z}$$

式中

$$\boldsymbol{X}=\begin{bmatrix}1 & X_{11} & \cdots & X_{1m}\\ 1 & X_{21} & \cdots & X_{2m}\\ \vdots & \vdots & & \vdots\\ 1 & X_{c1} & \cdots & X_{cm}\end{bmatrix}$$

$$\boldsymbol{V}=\mathrm{diag}[v_1,v_2,\cdots,v_c],\quad \boldsymbol{Z}=[z_1\quad z_2\quad\cdots\quad z_c]^{\mathrm{T}},\quad Z_j=\ln\frac{\hat{p}_j}{1-\hat{p}_j}$$

$\boldsymbol{V}$ 中的估计值为

$$\hat{v}_j=\frac{1}{n_j\hat{p}_j(1-\hat{p}_j)}$$

如果在 c 组试验结果中遇到 $r_j=0$ 或 $r_j=n_j$，此时 $\hat{p}_j=0$ 或 $\hat{p}_j=1$，或者遇到 $\hat{p}_j$ 非常接近于 0 或 1，就会出现 $\hat{Z}_j$ 趋于无穷或不再是一个有限值，上述方法就行不通。这时就要对变换和权重进行修正，修正的方法有多种，例如

$$Z_j=\ln\frac{r_j+0.5}{n_j-r_j+0.5}$$

$$\hat{v}_j=\ln\frac{(n_j+1)(n_j+2)}{n_j(r_j+1)(n_j-r_j+1)}$$

2. 因变量观测值不能重复观测的情况

假设样本容量不够大，以致每个自变量观测值只对应一个或很少几个因变量观测值，分组就不可能实现了。这时可采用极大似然估计法估计模型。

下面以消费者是否购买汽车为例进行讨论。

(1) 建立似然函数

对第 i 个消费者观测，所得到的结果只有两种情况：已经购买汽车（即 $y_i=1$），或者尚未

购买汽车(即 $y_i=0$)。

设 $y_i=1$ 的概率为 p_i,则 $y_i=0$ 的概率为 $1-p_i$,于是变量 y 服从两点分布,其概率分布列为

$$p_i^{y_i}(1-p_i)^{1-y_i} \quad (i=1,2,\cdots,n)$$

所谓似然函数,就是样本中全部观测值的联合分布(此时参数是未知的),即

$$\Psi=\prod_{i=1}^{n} p_i^{y_i}(1-p_i)^{1-y_i}$$

根据逻辑函数,p_i 可以表示为 $p_i=F(z_i)=\dfrac{1}{1+e^{-z_i}}=\dfrac{1}{1+e^{-(\beta_0+\beta_1 x_i)}}$,所以似然函数可以表示为

$$\begin{aligned}\Psi&=\prod_{i=1}^{n}[F(z_i)]^{y_i}[1-F(z_i)]^{1-y_i}\\&=\prod_{i=1}^{n}[F(\beta_0+\beta_1 x_i)]^{y_i}[1-F(\beta_0+\beta_1 x_i)]^{1-y_i}\end{aligned}$$

(2) 极大似然估计

对似然函数的两边取对数,再分别对参数 β_0、β_1 求导,可得极值条件的表达式:

$$\begin{cases}\dfrac{\partial \ln \psi}{\partial \beta_0}=\sum\limits_{i=1}^{n} y_i \dfrac{f(z_i)}{F(z_i)}-\sum\limits_{i=1}^{n}(1-y_i)\dfrac{f(z_i)}{1-F(z_i)}=0\\ \dfrac{\partial \ln \psi}{\partial \beta_1}=\sum\limits_{i=1}^{n} y_i x_i \dfrac{f(z_i)}{F(z_i)}-\sum\limits_{i=1}^{n}(1-y_i)x_i \dfrac{f(z_i)}{1-F(z_i)}=0\end{cases}$$

式中:

$$\begin{cases}F(z_i)=\dfrac{1}{1+e^{-z_i}}\\ 1-F(z_i)=\dfrac{e^{-z_i}}{1+e^{-z_i}}\\ f(z_i)=\dfrac{dF(z_i)}{dz_i}=\dfrac{e^{-z_i}}{(1+e^{-z_i})^2}=F(z_i)[1-F(z_i)]\end{cases}$$

从而可得关系式:

$$\begin{cases}\dfrac{f(z_i)}{F(z_i)}=1-F(z_i)\\ \dfrac{f(z_i)}{1-F(z_i)}=F(z_i)\end{cases}$$

代入极值条件表达式,可得简化了的正规方程组:

$$\begin{cases}\sum F(z_i)=\sum y_i\\ \sum F(z_i)x_i=\sum x_i y_i\end{cases}$$

该方程组是非线性方程组,用线性迭代法求解。

设 β_0^* 和 β_1^* 分别代表 β_0 和 β_1 的真值,将 $F(z_i)$在点(β_0^*,β_1^*)邻域泰勒展开,并取线性近似,得到

$$F(\beta_0+\beta_1 x_i)\approx F(\beta_0^*+\beta_1^* x_i)+\left.\frac{\partial F}{\partial \beta_0}\right|_{(\beta_0^*,\beta_1^*)}(\beta_0-\beta_0^*)+\left.\frac{\partial F}{\partial \beta_1}\right|_{(\beta_0^*,\beta_1^*)}(\beta_1-\beta_1^*)$$

$$=F(\beta_0^* + \beta_1^* x_i) + f(\beta_0^* + \beta_1^* x_i)(\beta_0 - \beta_0^*) + f(\beta_0^* + \beta_1^* x_i)(\beta_1 - \beta_1^*)x_i$$
$$=F_i^* + f_i^*(\beta_0 - \beta_0^*) + f_i^*(\beta_0 - \beta_0^*)x_i$$

式中：

$$\begin{cases} F_i^* = F(\beta_0^* + \beta_1^* x_i) \\ f_i^* = f(\beta_0^* + \beta_1^* x_i) \end{cases}$$

代入正规方程组，得

$$\begin{cases} (\beta_0 - \beta_0^*)\sum f_i^* + (\beta_1 - \beta_1^*)\sum f_i^* x_i = \sum \tilde{y}_i \\ (\beta_0 - \beta_0^*)\sum f_i^* x_i + (\beta_1 - \beta_1^*)\sum f_i^* x_i^2 = \sum x_i \tilde{y}_i \end{cases}$$

式中：$\tilde{y}_i = y_i - F_i^*$。

解线性方程组，得 β_0 和 β_1 的极大似然估计值：

$$\begin{cases} \beta_0 = \beta_0^* + \dfrac{D_0(\beta_0^*, \beta_1^*)}{D(\beta_0^*, \beta_1^*)} \\ \beta_1 = \beta_1^* + \dfrac{D_1(\beta_0^*, \beta_1^*)}{D(\beta_0^*, \beta_1^*)} \end{cases}$$

式中：

$$D = \begin{vmatrix} \sum f_i^* & \sum f_i^* x_i \\ \sum f_i^* x_i & \sum f_i^* x_i^2 \end{vmatrix}$$

$$D_0 = \begin{vmatrix} \sum \tilde{y}_i & \sum f_i^* x_i \\ \sum x_i \tilde{y}_i & \sum f_i^* x_i^2 \end{vmatrix}$$

$$D_1 = \begin{vmatrix} \sum f_i^* & \sum \tilde{y}_i \\ \sum f_i^* x_i & \sum x_i \tilde{y}_i \end{vmatrix}$$

由于参数真值 β_0^* 和 β_1^* 实际上并不知道，所以只不过是形式上的解，并不是真正的解；然而只要对这种形式上的解进行逐步迭代，便可得到真正的解。

选取 β_0 和 β_1 的零级近似值 $\hat{\beta}_0^{(0)}$ 和 $\hat{\beta}_1^{(0)}$，代替极大似然估计值右端的 β_0^* 和 β_1^*，便可以得到 β_0 和 β_1 的一级近似值：

$$\begin{cases} \beta_0^{(1)} = \hat{\beta}_0^{(0)} + \dfrac{D_0(\hat{\beta}_0^{(0)}, \hat{\beta}_1^{(0)})}{D(\hat{\beta}_0^{(0)}, \hat{\beta}_1^{(0)})} \\ \beta_1^{(1)} = \hat{\beta}_1^{(0)} + \dfrac{D_1(\hat{\beta}_0^{(0)}, \hat{\beta}_1^{(0)})}{D(\hat{\beta}_0^{(0)}, \hat{\beta}_1^{(0)})} \end{cases}$$

再用一级近似值 $\hat{\beta}_0^{(1)}$ 和 $\hat{\beta}_1^{(1)}$ 代替上式中的 $\hat{\beta}_0^{(0)}$ 和 $\hat{\beta}_1^{(0)}$，便可以得到 β_0 和 β_1 的二级近似值。这样通过 n 次逐步迭代，得到

$$\begin{cases} \beta_0^{(n)} = \hat{\beta}_0^{(n-1)} + \dfrac{D_0(\hat{\beta}_0^{(n-1)}, \hat{\beta}_1^{(n-1)})}{D(\hat{\beta}_0^{(n-1)}, \hat{\beta}_1^{(n-1)})} \\ \beta_1^{(n)} = \hat{\beta}_1^{(n-1)} + \dfrac{D_1(\hat{\beta}_0^{(n-1)}, \hat{\beta}_1^{(n-1)})}{D(\hat{\beta}_0^{(n-1)}, \hat{\beta}_1^{(n-1)})} \end{cases}$$

当相邻两个迭代值之间的绝对值小于事先规定的误差时，迭代就可以终止了。若以 $\hat{\beta}_0$ 和 $\hat{\beta}_1$ 代表最终得出的估计量，则概率模型的极大似然估计式为

$$\hat{p}_i = \frac{1}{1+\mathrm{e}^{-(\hat{\beta}_0+\hat{\beta}_1 x_i)}}$$

式中：$\hat{p}_i$ 代表具有特征 $x=x_i$ 的消费者购买汽车的概率的估计值。

以上方法可以推广到多元模型的情况，此时

$$z_i = \beta_0 + \sum_{j=1}^{k} \beta_j x_{ji}$$

在这种情况下，正规方程将由 2 个扩充为 $k+1$ 个，行列式的除数将由 2 扩充为 $k+1$。

3.6.4 显著性检验

Logistic 回归方程的显著性检验包括回归系数显著性检验、线性关系显著性检验和回归方程的拟合优度检验。

1. 回归系数的显著性检验

Logistic 回归方程参数的显著性检验的目的是逐个检验模型中的各个自变量是否与 $\ln\left(\frac{p}{1-p}\right)$ 有显著线性关系，即对解释 $\ln\left(\frac{p}{1-p}\right)$ 是否有重要贡献。检验方法一般采用 Wald 检验。

参数 $\beta_i(i=1,2,3,\cdots,k)$ 的 Wald 统计量定义为 $W=\left(\frac{\hat{\beta}_j}{S_{\hat{\beta}_j}}\right)^2$，其中 $S_{\hat{\beta}_j}$ 为 $\hat{\beta}_j$ 的标准误差，这个单变量 Wald 统计量服从自由度为 1 的 χ^2 分布。

Wald 统计量越大，自变量 $\beta_i(i=1,2,3,\cdots,k)$ 与 $\ln\left(\frac{p}{1-p}\right)$ 之间的关系越显著，应该保留在回归方程中。

2. 线性关系的显著性检验

Logistic 回归方程线性关系的显著性检验的目的是检验全体自变量与 $\ln\left(\frac{p}{1-p}\right)$ 的线性关系是否显著。

Logistic 回归方程显著性的检验一般采用最大似然估计方法。通常将回归模型与截距模型相比较。截距模型没有引入任何自变量，它的似然值最小，是一个“不好”的模型，其定义如下：

$$\ln\left(\frac{p}{1-p}\right) = \beta_0$$

以截距模型作为“基准”，比较当模型中引入自变量后新的模型与数据的拟合水平是否特别显著。差别越大，说明新的模型越有效。其具体步骤如下：

① 定义截距模型，用 L_0 表示截距模型的似然值；

② 构造对数似然化统计量(Likelihood ratio test)：

$$G^2 = 2\ln\left(\frac{L}{L_0}\right) = (-2\ln L_0) - (-2\ln L)$$

式中：L 为最大似然函数值。$(-2\ln L)$值越大意味着回归模型的似然值越小，模型的拟合程度越差；$(-2\ln L)$值越小则说明回归模型的似然值越大。似然值越接近于 1，模型的拟合程度越好；如果似然值等于 1，则表示模型完全拟合了观察值。

G^2 近似服从自由度为 k 的 χ^2 分布。

统计量 G^2 越大说明变量全体与 $\ln\left(\frac{p}{1-p}\right)$之间的线性关系越显著。

3. 回归方程的拟合优度检验

拟合优度表示回归方程能够解释因变量的变差程度。如果方程可以解释因变量的较大部分变差，则说明拟合优度高；反之，则说明拟合优度低。另外，也可以用回归方程的预测准确度来衡量其拟合程度。Logistic 回归方程的拟合优度常用以下两种形式检验。

(1) 基于 Cox & Snell R^2 统计量的优度检验

Cox & Snell R^2 统计量与一般线性回归的 R^2 有相似之处，也是方程对因变量变差解释程度的反映，其定义为

$$\text{Cox \& Snell } R^2 = 1 - \left(\frac{L_0}{L}\right)^{\frac{2}{n}}$$

式中：L_0 是只包含常数项的似然函数值；L 是当前方程的似然函数值；n 为样本量。

Cox & Snell R^2 的取值范围不易确定，解释时有一定困难。

(2) 基于 Nagelkerke R^2 统计量的优度检验

Nagelkerke R^2 修正的是 Cox & Snell R^2，也是反映方程对因变量变差解释的程度，定义为

$$\text{Nagelkerke } R^2 = \frac{\text{Cox \& Snell } R^2}{1-(L_0)^{\frac{2}{n}}}$$

Nagelkerke R^2 的取值为 0～1。取值越接近于 1，说明方程的拟合优度越高；值越接近于 0，说明方程的拟合优度越低。

3.7 离散变量回归模型预测法

在实际中各种回归变量的性质是不同的，其中有些为离散变量。

3.7.1 带虚拟变量的回归模型

在回归分析的实际应用中，还会遇到虚拟及离散变量为自变量的情况。虚拟变量是指不取实际值的自变量，如性别、国籍、种族、颜色、学位、政府更迭等。这些变量所反映的并不是数量，而是某种性质或属性，所以称为质变量，相对应的，反映数量的变量称为量变量。

如要在回归模型中反映质变量的影响，就必须把它们定量化。质变量的实质是反映某种性质或属性是否存在。因此可以构造一种特殊变量，只取 1 和 0 两个数值，并且规定，当变量值取 1 时表示存在某种性质或属性，当变量值取 0 时表示不存在某种性质或属性。这种变量就称为虚拟变量，习惯用 D 表示。

虚拟变量也可以赋予其他值，主要取决于实际问题及计算的方便性。考虑虚拟变量后的回归方程可以写成下式，其建模方法与一般回归方法相同。

$$Y_i = \beta_0 + \beta_1 D_i + \cdots + \beta_i X_i$$

如果虚拟变量有两种以上的取值，则可以使用多个虚拟变量，如学位可以用以下两个虚拟变量：

$$D_{1i}=\begin{cases}1 & \text{学士}\\0 & \text{其他}\end{cases},\quad D_{2i}=\begin{cases}1 & \text{硕士}\\0 & \text{博士}\end{cases}$$

在地质、医学、经济、生物等科学领域内存在着大量的定性变量，对这些定性变量按一定的方法数量化就可以得到离散变量。因此建立离散变量的回归预测方程是一个不可回避的问题。

1. 虚拟变量作自变量的情况

(1) 自变量中只有虚拟变量

例如调查某地区劳动力性别与收入之间的关系，便可以用以下模型表示：

$$y_i=\beta_0+\beta_1 D_i+u_i$$

式中：y_i 代表收入；D_i 为虚拟变量，性别为男时取 1，为女时取 0；检验假设 $\beta_1=0$ 是否存在，就是检验男、女的平均收入之间是否存在差别。若 $H_0:\beta_1=0$ 成立，则说明收入与性别没有明显关系；若 $H_0:\beta_1=0$ 不成立，则说明收入与性别有明显关系。

(2) 自变量中既有量变量又有虚拟变量

例如消费模型为

$$C_t=\beta_0+\beta_1 y_t+u_t$$

但在一些出现严重自然灾害、发生战争等特殊年份，政府会对某些消费品采取限制措施导致消费变化。为了表示这种影响，可以引入一个虚拟变量 D，并将模型改写成：

$$C_t=\beta_0+\alpha D_t+\beta_1 y_t+u_t$$

式中：D 为虚拟变量，在特殊年份取 1，在正常年份取 0。

当上式满足经典回归模型的基本假定时，可应用 OLS 法得到

$$C_t=\begin{cases}(\hat{\beta}_0+\hat{\alpha})+\hat{\beta}_1 y_t & \text{特殊年份}\\ \hat{\beta}_0+\hat{\beta}_1 y_t & \text{正常年份}\end{cases}$$

消费函数还可以改写成：

$$C_t=(\beta_0+\alpha_0 D_t)+(\beta_1+\alpha_1 D_t)y_t+u_t$$

同样，当满足经典回归模型的基本假定时，可应用 OLS 法得到

$$C_t=\begin{cases}(\hat{\beta}_0+\hat{\alpha}_0)+(\hat{\beta}_1+\hat{\alpha}_1)y_t & \text{特殊年份}\\ \hat{\beta}_0+\hat{\beta}_1 y_t & \text{正常年份}\end{cases}$$

(3) 多个虚拟变量的引进及虚拟变量陷阱问题

某些商品的销售量是有季节性的，假设销售函数模型为

$$C_t=\beta_0+\beta_1 x_{1t}+\cdots+\beta_k x_{kt}+u_t$$

式中：C_t 表示销量；$x_{1t},\cdots,x_{kt}$ 表示决定销量的自变量。为了把季节变化对销售的影响反映到模型中，如果引进四个虚拟变量：

$$D_{it}=\begin{cases}1 & \text{第 } i \text{ 季} \quad (i=1,2,3,4)\\0 & \text{其他季}\end{cases}$$

则销售函数的季节回归模型为

$$C_t=\beta_0+\beta_1 x_{1t}+\cdots+\beta_k x_{kt}+\alpha_1 D_{1t}+\alpha_2 D_{2t}+\alpha_3 D_{3t}+\alpha_4 D_{4t}+u_t$$

但因四个虚拟变量间具有关系式：$D_{1t}+D_{2t}+D_{3t}+D_{4t}=1$，所以回归模型出现完全共线性的

问题，使得 OLS 法不能用，这就是虚拟变量的陷阱问题。

为了克服陷阱问题，需要改变虚拟变量的引入方法。虚拟变量改为

$$D_{it}=\begin{cases}1 & 第 i 季 \quad (i=2,3,4)\\0 & 其他季\end{cases}$$

第 1 季度用 $D_{2t}=D_{3t}=D_{4t}=0$ 表示，这时销售函数的季节回归模型可写为

$$C_t=\beta_0+\beta_1x_{1t}+\cdots+\beta_kx_{kt}+\alpha_2D_{2t}+\alpha_3D_{3t}+\alpha_4D_{4t}+u_t$$

这样就避免了陷阱问题。

一般地，在应用虚拟变量时，如果质变量有 n 个，只能设 $n-1$ 个虚拟变量，以防止落入虚拟变量的陷阱。

(4) 折线回归

折线回归反映某种因素发生变异后具有转折点的回归模型，即

$$y_t=\beta_0+\beta_1x_t+\beta_2(x_t-x^*)D_t+u_t$$

$$D_t=\begin{cases}1 & x_t>x^*\\0 & x_t\leqslant x^*\end{cases}$$

式中：x^* 为观测值发生转折点的时期；x_t 为自变量在某一时期的取值；D_t 为虚拟变量。

当模型满足经典回归模型的基本假定时，可应用 OLS 法得到

$$\hat{y}_t=\begin{cases}\hat{\beta}_0+\hat{\beta}_1x_t & x_t\leqslant x^*\\(\hat{\beta}_0-\hat{\beta}_2x^*)+(\hat{\beta}_1+\hat{\beta}_2x_t) & x_t>x^*\end{cases}$$

即为用分段形式表示的回归模型，如图 3.11 所示。

要检验真实的回归线在 x^* 点是否确有转折，只要对估计式中的 β_2 进行显著性检验便可知晓。

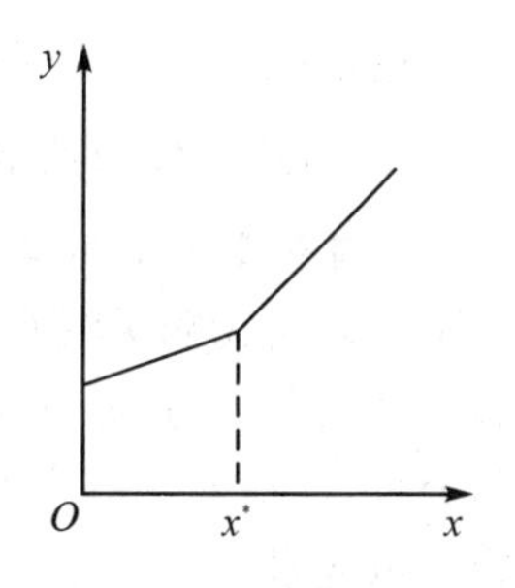

图 3.11 折线回归模型

(5) 虚拟变量在模型结构稳定性建模中的应用

模型稳定性是指两个不同时期(或不同空间)研究同一性质的问题时，所建立的同一形式的回归模型的参数有无显著差异。若存在差异，则认为模型结构不稳定。

在实际中，往往由于某些重要因素的影响使自变量和因变量之间可能会发生结构变化。例如研究我国利用外资出口的影响，可能由于改革前后的政策不同，模型的结构会产生很大差异。利用虚拟变量可以检验模型的稳定性。

假设根据来自同一个总体的两个(不同时期)样本估计统一性，使得计量模型分别为：

样本 1

$$y_t=\beta_0+\beta_1x_t+u_t$$

样本 2

$$y_t=\alpha_0+\beta_1x_t+v_t$$

设置虚拟变量：

$$D_t=\begin{cases}1 & 样本 1\\0 & 样本 2\end{cases}$$

将样本 1 和样本 2 的数据合并，得到估计模型：

$$y_t=\beta_0+\beta_1x_t+(\alpha_0-\beta_0)D_t+(\alpha_1-\beta_1)D_tx_t+e_t$$

然后利用 t 检验判断 D_t 和 D_tx_t 的系数的显著性，可以得到四种结果：

① D_t 和 D_tx_t 的两个系数均等于零，即 $\alpha_0=\beta_0$、$\alpha_1=\beta_1$，表明两个回归模型之间没有显著差异，模型结构是稳定的，称之为"重合回归"，如图 3.12(a)所示。

② D_t 的系数不等于零，D_tx_t 的系数等于零，即 $\alpha_0\neq\beta_0$、$\alpha_1=\beta_1$，表明两个模型之间的差异仅仅表现在截距上，称之为"平行回归"，如图 3.12(b)所示。

③ D_t 的系数等于零，D_tx_t 的系数不等于零，即 $\alpha_0=\beta_0$、$\alpha_1\neq\beta_1$，表明两个模型的截距相同，但是斜率存在显著性，即结构差异仅仅表现在斜率上，称之为"汇合回归"，如图 3.12(c)所示。

④ D_t 和 D_tx_t 的系数均不等于零，即 $\alpha_0\neq\beta_0$、$\alpha_1\neq\beta_1$，表明两个回归模型完全不同，称之为"差异回归"，如图 3.12(d)所示。

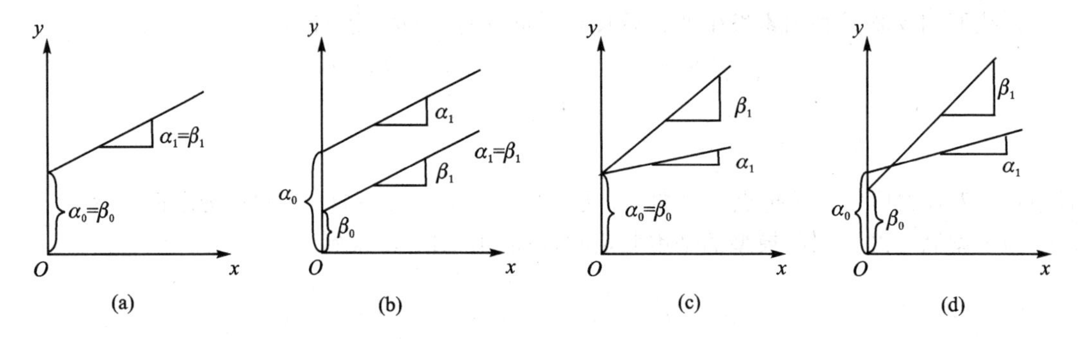

图 3.12　四种不同的检验结果

上述情况中的第一种模型是稳定的，其余模型都表明结构不稳定。

2. 虚拟变量作因变量的情况

(1) 因变量为虚拟变量的回归模型

下面以居民购买汽车为例。对某一家庭来说，或者已经购买了汽车，或者尚未购买汽车，只有两种状况，而这些状况与诸如家庭收入、家庭生活必需品的开支等因素有关。如果要进行回归分析，那么购买汽车的状况便是因变量，而家庭收入等因素便是自变量。显然，这时因变量为虚拟变量。

假设购买汽车的状况只与家庭的收入有关，而且二者呈线性关系，此时回归模型为

$$y_i=\beta_0+\beta_1x_i+u_i$$

式中：y_i 为虚拟变量，取 1 时表示已购买汽车，取 0 时为尚未购买汽车，并且假定 $\mathrm{E}(u_i)=0$。

对给定的 x_i、y_i 条件期望值：

$$\mathrm{E}(y_i/x_i)=\beta_0+\beta_1x_i$$

设 p_i 代表 $y_i=1$ 的概率，则 $1-p_i$ 代表 $y_i=0$ 的概率，于是 y_i 的概率分布如表 3.3 所列。

表 3.3　y_i 的概率分布

y_i	0	1
概　率	$1-p_i$	p_i

因此，y_i 的期望值为

$$\mathrm{E}(y_i/x_i)=0\times(1-p_i)+1\times p_i=p_i$$

由此可见，回归模型中的因变量 y_i 的条件期望值可解释为第 i 个家庭购买汽车的概率，而且要求满足条件：

$$0\leqslant\mathrm{E}(y_i/x_i)\leqslant1$$

由于 y_i 的条件期望值具有概率意义，所以回归模型又称为线性概率模型。

(2) 不满足经典回归模型基本假定的问题

线性概率模型在形式上与普通的回归模型很相似，但是，由于 y_i 是虚拟变量，因而出现了不满足经典回归模型基本假定的问题。

1) 随机项 u_i 不服从正态分布

由回归模型可得

$$u_i = y_i - \beta_0 - \beta_1 x_i$$

从而有

$$u_i = \begin{cases} 1 - \beta_0 - \beta_1 x_i & y_i = 1 \\ -\beta_0 - \beta_1 x_i & y_i = 0 \end{cases}$$

由于因变量是二值变量，所以已经变成一个只能取两个可能值的离散型随机变量，此时它构成的分布是与正态分布完全不同的两点分布。

2) 随机项 u_i 具有异方差

根据随机项的表达式及概率 y_i 分布，可得 u_i 的概率分布，如表 3.4 所列。

u_i 的方差为

$$V(u_i) = p_i(1 - p_i)$$

由于概率 y_i 对不同的自变量观测值 x_i 彼此不同，所以 u_i 具有异方差。

由于随机项具有异方差，将使 OLS 估计量失去有效性，为此必须采取消除异方差的措施。将回归模型各项除以标准差，就可以得到无异方差的模型：

$$\frac{y_i}{\sqrt{V(u_i)}} = \frac{\beta_0}{\sqrt{V(u_i)}} + \beta_1 \frac{x_i}{\sqrt{V(u_i)}} + \frac{u_i}{\sqrt{V(u_i)}}$$

但是方差 $V(u_i) = p_i(1 - p_i) = (\beta_0 + \beta_1 x_i)(1 - \beta_0 - \beta_1 x_i)$ 中含有未知参数，所以必须首先估计出 p_i 或 $E(y_i/x_i)$。作为一种处理问题的方法，可以用 y_i 的 OLS 估计量来估计 $E(y_i/x_i)$，这样就可取 $\hat{V}(u_i) = \hat{y}_i^{OLS}(1 - \hat{y}_i^{OLS})$，问题就解决了。

3) 条件 $0 \leqslant E(y_i/x_i) \leqslant 1$ 不满足

如图 3.13 所示，圆点代表样本观察值，其只能位于横轴和与横轴相距一个单位长度的平行线上。而对于回归线则必定是一条穿过上述两组点的直线，且与平行线交于 x_1 和 x_2 两点。显然，当 $x < x_1$ 时，$E(y_i/x_i) < 0$；当 $x > x_2$ 时，$E(y_i/x_i) > 1$。

表 3.4　u_i 的概率分布

u_i	$1-\beta_0-\beta_1 x_i$	$-\beta_0-\beta_1 x_i$
概　率	p_i	$1-p_i$

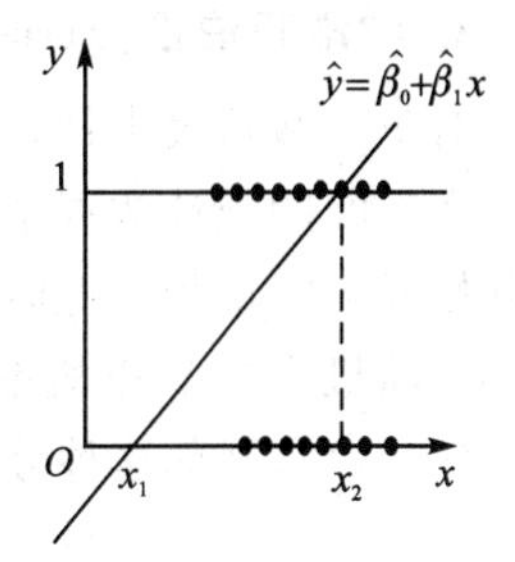

图 3.13　线性概率回归模型中的散布图和样本回归直线

解决这一问题最简单的方法是：当 $\hat{y} < 0$ 时，取 $\hat{y} = 0$；当 $\hat{y} > 1$ 时，取 $\hat{y} = 1$。

因这种处理方法是把大概率事件当作必然事件，小概率事件当作不可能事件，所以处理结果并不十分理想，但因其简单还是经常使用。较好的方法是选用非线性概率回归模型，即 Logistic 回归模型。

4）关于拟合度

从图 3.13 可以看出，线性概率回归模型的拟合度一般较差，因此不宜将回归系数 R^2 用作衡量模型与实际数据拟合好坏的标准。通常仅着眼于总体拟合度是否显著，而不计较 R^2 本身数值的大小。

3.7.2 泊松回归模型

当因变量为计数变量（即要预测的对象是出现的次数）时，可以用泊松回归模型进行建模。大量的统计数据表明，很多实例的数据（如事故发生的次数）服从泊松分布。

1. 泊松分布

如果随机变量 ζ 取 0,1,2,…，且满足

$$P(\zeta=k)=\frac{\lambda^k e^{-\lambda}}{k!}\quad(k=0,1,2,\cdots)$$

则称 ζ 服从参数为 λ 的泊松分布，记作 $\zeta\sim P(\lambda)$。

泊松分布的一个重要特征是均值与方差相同，分别为 $E(\zeta)=\lambda, V(\zeta)=\lambda$。

2. 泊松回归模型

在实际应用中，从事件发生的随机性和独立性等方面考虑，可以应用泊松分布建立事件发生的次数与相关影响因素间的关系。设单位时间内第 i 个研究对象发生 k 次事件的概率为

$$P\{Y_i=k\}=\frac{\lambda_i^k e^{-\lambda_i}}{k!}\quad(k=0,1,2,\cdots)$$

式中：λ_i 为单位时间内第 i 个研究对象的事件发生的平均次数，即 $E(Y_i)=\lambda_i$。

由 $E(Y_i)$ 的非负性，可建立如下关系：

$$E(Y_i)=e^{\beta_0+\beta_1 x_{i1}+\cdots+\beta_p x_{ip}}$$

式中：x_{ip} 为第 i 个研究的 p 个影响因素；β_j 为表征第 j 个影响因素的回归系数。

将上式线性化，得到

$$\ln[E(Y_i)]=\beta_0+\beta_1 x_{i1}+\cdots+\beta_p x_{ip}$$

从而通过极大似然估计求得回归系数的估计量 $\hat{\beta}_0,\hat{\beta}_1,\cdots,\hat{\beta}_p$。这样就可以利用模型预测某一特定对象 i 的事件平均值 $\hat{\lambda}_i$，进而预测出事件的发生概率。

3. 零堆积泊松(Zero-Inflated Poisson, ZIP)回归模型

对于一些重大事件，因发生的频率很低，需要使用 ZIP 回归模型。

在实际的统计数据中，如果含有零的比例超出了预期模型分布中零出现的概率范围，则称这种情况为零堆积。此时用零堆积泊松分布可以提高数据的拟合效果。

若随机变量 Y 以概率 p 服从退化的零点分布，以概率 $1-p$ 服从参数为 λ 的泊松分布，其中 $p\in(0,1)$，则称这种分布为零堆积泊松分布，记为 $Y\sim ZIP(\lambda,p)$，也可记为

$$Y\sim\begin{cases}0 & \text{w.p. } p\\ P(\lambda) & \text{w.p. } (1-p)\end{cases}\qquad (\text{w. p. 表示 with probability})$$

则 Y 的概率分布为

$$\begin{cases}P\{Y=0\}=p+(1-p)e^{-\lambda}\\ P\{Y=k\}=(1-p)e^{-\lambda}\lambda^k/k!\end{cases}$$

Y 的均值与方差分别为

$$E(Y)=(1-p)\lambda,\quad V(Y)=\lambda(1-p)(1+\lambda p)$$

ZIP分布中的参数(λ,p)可以通过极大似然估计求得。

极大似然函数为

$$L(\lambda,p)=\prod_{j=0}^{n}[p+(1-p)e^{-\lambda}]^{I_{[y_j=0]}(y_j)}[(1-p)e^{-\lambda}\lambda^{y_j}/(y_j!)]^{I_{[y_j\neq 0]}(y_j)}$$

式中

$$I_{[A]}(x)=\begin{cases}1 & x\in A\\ 0 & x\notin A\end{cases}$$

参数(λ,p)估计值的计算公式如下：

$$\begin{cases}\hat{\phi}=(n-n_0)/n\\ (n-n_0)\hat{\lambda}+nY(e^{-\hat{\lambda}}-1)=0\end{cases}$$

$$\hat{p}=1-\hat{\phi}/(1-e^{-\hat{\lambda}})$$

式中：$\phi=(1-p)(1-e^{-\lambda})$。

3.7.3 负二项回归模型

由于泊松分布要求样本均值与方差相等，然而在实际中，当样本数据的分布过于离散时，方差可能比均值大。此时可采用负二项回归模型。

1. 负二项分布

负二项分布描绘了伯努利实验中恰好出现m次成功试验所需要次数的概率。以ζ表示所需的试验次数，若ζ取值为m，则表示第m次试验成功且前$m-1$次的试验中也有$r-1$次成功。

如果随机变量ζ取$r,r+1,\cdots$并且

$$P\{\zeta=m\}=C_{m-1}^{r-1}p^r(1-p)^{m-r}\quad(m=r,r+1,\cdots)$$

式中：$r\geqslant 1, 0<p<1$，则称ζ服从参数(r,p)的负二项分布，记作$\zeta\sim NB(r,p)$。负二项分布的均值和方差分别为

$$E(\zeta)=\frac{r}{p},\quad V(\zeta)=\frac{r(1-p)}{p^2}$$

负二项分布常用于描述不幸事件和发病情况的统计规律。泊松模型是负二项模型的一个特殊情况，负二项模型是泊松模型的自然延伸。

2. 负二项回归模型

在事件预测时，如果数据均值与方差不等，可运用负二项分布建立回归模型。

令$r=\frac{r}{\alpha}$，$p=\frac{1/\alpha}{1/\alpha+\lambda_i}$，则负二项分布可化为

$$P\{Y_i=k\}=\frac{\Gamma[(1/\alpha)+k]}{\Gamma(1/\alpha)k!}\left(\frac{1/\alpha}{1/\alpha+\lambda_i}\right)^{\frac{1}{\alpha}}\left(\frac{\lambda_i}{1/\alpha+\lambda_i}\right)^k$$

式中：Γ为Γ函数。

类似于泊松回归，负二项分布也可以对事件发生的平均次数λ_i建立回归模型：

$$\ln\lambda_i=\boldsymbol{\beta X}+\boldsymbol{u}_i=\beta_0+\beta_1 x_{i1}+\cdots+\beta_p x_{ip}+\varepsilon_i$$

式中：λ_i是事件发生次数的期望值；x_{ij}是自变量；β_j是相应的回归系数；ε_i是误差项。同样，

回归模型中的参数可以通过极大似然估计求得。

3. 零堆积负二项(ZINB)回归模型

与 ZIP 回归模型类似，当统计资料中出现大量的零值时，需要用 ZINB 回归模型。

若随机变量 Y 以概率 p 服从退化的零点分布，以概率 $1-p$ 服从参数为 λ 的负二项分布，其中 $p\in(0,1)$，则称这种分布为零堆积负二项分布，记为 $Y\sim \text{ZINB}(\lambda,p)$，也可记为

$$Y\sim\begin{cases}0 & \text{w. p. } p\\ NB & \text{w. p. } (1-p)\end{cases}\quad (\text{w. p. 表示 with probability})$$

则 Y 的概率分布为

$$\begin{cases}P\{Y=0\}=p+(1-p)\left(\dfrac{1/\alpha}{1/\alpha+\lambda}\right)^{1/\alpha}\\ P\{Y=k\}=(1-p)\dfrac{\Gamma[(1/\alpha)+k]}{\Gamma(1/\alpha)k!}\left(\dfrac{1/\alpha}{1/\alpha+\lambda}\right)^{1/\alpha}\left(\dfrac{\lambda}{1/\alpha+\lambda}\right)^{k},\quad k=1,2,\cdots\end{cases}$$

可以通过极大似然估计法求解参数估计量。

3.8 偏最小二乘方法预测法

偏最小二乘方法(Partial Least Squares Method，PLS 方法)是近年来发展起来的一种新的多元统计分析法。在 PLS 方法中常用的是替潜变量，其数学基础是主成分分析。替潜变量的个数一般少于原自变量的个数，所以 PLS 方法特别适用于自变量的个数多于样本个数的情况。在此种情况下，可运用主成分回归(PCR))方法，但不能运用一般的多元回归分析。

3.8.1 主成分回归模型

主成分回归(PCR)可分为两步：①测定主成分数，并由主成分分析将样本矩阵 $\boldsymbol{X}$ 降维；②对降维的样本矩阵 $\boldsymbol{X}$ 再进行线性回归分析。

1. 主成分分析

主成分分析就是一种把原来多个指标变量转换为少数几个相互独立的综合指标的统计方法。它通过全面分析各项指标所携带的信息，从中提出一些潜在的综合性指标(即主成分)。

(1) 主成分分析的数学模型

设 $X_1,X_2,\cdots,X_p$ 是原始变量，需要求变量 $Z_1,Z_2,\cdots,Z_m$，满足 $m<p$；Z_i 与 Z_j 不相关，即它们之间的相关系数为 0，并且 Z_i 能代表 p 个原始变量 x_i 的大部分变异信息，也即降低了原变量的维数。

对 $X_1,X_2,\cdots,X_p$ 观察了 n 次，得到观察数据矩阵为

$$\boldsymbol{X}=\begin{bmatrix}x_{11} & x_{12} & \cdots & x_{1p}\\ x_{21} & x_{22} & \cdots & x_{2p}\\ \vdots & \vdots & & \vdots\\ x_{n1} & x_{n2} & \cdots & x_{np}\end{bmatrix}$$

用数据矩阵 $\boldsymbol{X}$ 的 p 个向量(即 p 个指标向量)$X_1,X_2,\cdots,X_p$ 作线性组合：

$$\begin{cases}Z_1=a_{11}X_1+a_{12}X_2+\cdots+a_{1p}X_p\\ Z_2=a_{21}X_1+a_{22}X_2+\cdots+a_{2p}X_p\\ \qquad\vdots\\ Z_p=a_{p1}X_1+a_{p2}X_2+\cdots+a_{pp}X_p\end{cases}$$

简写成

$$Z_i = a_{1i}X_1 + a_{2i}X_2 + \cdots + a_{pi}X_p \quad (i=1,2,3,\cdots,p)$$

当 $\boldsymbol{X}$ 是 n 维向量时，$\boldsymbol{Z}$ 也是 n 维向量。这里的关键是，要求 $a_{ij}(i,j=1,2,3,\cdots,p$；且 $\sum_{j=1}^{p} a_{ij}=1)$ 使 $\mathrm{Var}(Z_i)$ 值达到最大。

解约束条件下的 $\mathrm{Var}(Z_i)$ 方程，此处这个解是 p 维空间的一个单位向量，它代表一个“方向”，也就是常说的主成分方向。

一个主成分不足以代表原来的 p 个变量，因此需要寻找第二个乃至第三个、第四个、……主成分，并且每个主成分不应该再包含另外其他主成分的信息；统计上的描述就是让这两个主成分的协方差为零，几何上的描述就是让这两个主成分的方向正交。

(2) 主成分计算步骤

设 Z_i 表示第 i 个主成分，$i=1,2,3,\cdots,p$，设

$$\begin{cases} Z_1 = a_{11}X_1 + a_{21}X_2 + \cdots + a_{p1}X_p \\ Z_2 = a_{12}X_1 + a_{22}X_2 + \cdots + a_{p2}X_p \\ \vdots \\ Z_p = a_{1p}X_1 + a_{2p}X_2 + \cdots + a_{pp}X_p \end{cases}$$

式中：对每一个 i，均有 $\sum_{j=1}^{p} a_{ij}=1$，且 $(a_{11},a_{12},\cdots,a_{1p})$ 使得 $\mathrm{Var}(Z_1)$ 值达到最大；$(a_{21},a_{22},\cdots,a_{2p})$ 不仅垂直于 $(a_{11},a_{12},\cdots,a_{1p})$，而且使得 $\mathrm{Var}(Z_2)$ 值达到最大；$(a_{31},a_{32},\cdots,a_{3p})$ 不仅垂直于 $(a_{11},a_{12},\cdots,a_{1p})$ 和 $(a_{21},a_{22},\cdots,a_{2p})$，而且使得 $\mathrm{Var}(Z_3)$ 值达到最大……以此类推，直至可求得全部 p 成分。求解的方法就是求 $\boldsymbol{X}^{\mathrm{T}}\boldsymbol{X}$ 矩阵的特征值。

在求解的过程中，要注意以下几点：

① 主成分分析的结果受量纲的影响，由于各变量的单位可能不一样，如果各自改变量纲，结果会不一样，这是主成分分析的最大问题，回归分析是不存在这种情况的，所以实际中可以先把各变量的数据标准化，然后使用协方差矩阵或相关系数矩阵进行分析。

② 为使方差达到最大的主成分分析，所以不用转轴。

③ 主成分的保留。用相关系数矩阵求主成分时，一般可以将特征值小于 1 的主成分予以放弃。

④ 在实际研究中，由于主成分的目的是为了降维，减少变量的个数，故一般选取少量的主成分（不超过 5 个或 6 个），只要它们能解释变异的 70%～80%（称累积贡献率）就可以了。

(3) 主成分估计

设有 p 个回归（自）变量 $x_1,x_2,\cdots,x_p$，它在第 i 次试验中的取值为 $x_{i1},x_{i2},\cdots,x_{ip}$，将其写成矩阵形式：

$$\boldsymbol{X} = [\boldsymbol{x}_1,\boldsymbol{x}_2,\cdots,\boldsymbol{x}_p] = \begin{bmatrix} x_{11} & x_{12} & \cdots & x_{1p} \\ x_{21} & x_{22} & \cdots & x_{2p} \\ \vdots & \vdots & & \vdots \\ x_{n1} & x_{n2} & \cdots & x_{np} \end{bmatrix}$$

则主成分回归方程式为

$$\boldsymbol{Y} = \beta_0\boldsymbol{1} + \boldsymbol{X\beta} + \boldsymbol{\varepsilon}, \quad \boldsymbol{\varepsilon} \sim N(0,\sigma^2\boldsymbol{I})$$

式中：$\boldsymbol{Y}$ 为 $n\times 1$ 向量；β_0 为未知参数；$\boldsymbol{1}$ 表示所有元素均为 1 的 n 维列向量，$\boldsymbol{\beta}$ 为 $p\times 1$ 未知参数向量；$\boldsymbol{\varepsilon}$ 为 $n\times 1$ 误差向量。

假定 $\boldsymbol{X}$ 已经标准化（即 $\boldsymbol{X}$ 的每个分量 x_j 均已标准化，如果未标准化，需要作变量的标准化变换），此时，

$$\hat{\beta}_0 = \bar{Y} = \frac{1}{n}\sum_{i=1}^{n} Y_i$$

对于自变量的任意一个线性组合：

$$z=c_1x_1+c_2x_2+\cdots+c_px_p,\quad \sum_{i=1}^{p}c_i^2=1$$

将 z 视为一个新的变量，于是在第 i 次试验中的取值为 $z_i=c_1x_{i1}+c_2x_{i2}+\cdots+c_px_{ip}$，由于 $\boldsymbol{X}$ 已经标准化，因此 $\bar{z}=\frac{1}{n}\sum_{i=1}^{n}\sum_{j=1}^{p}c_jx_{ij}=\frac{1}{n}\sum_{j=1}^{p}c_j\sum_{i=1}^{n}x_{ij}=0$。

记 $\boldsymbol{w}=[c_1,c_2,\cdots,c_p]^{\mathrm{T}}$，则

$$M_2^*=\frac{1}{n}\sum_{i=1}^{p}(z_i-\bar{z})^2=\frac{1}{n}\sum_{i=1}^{n}c_i^2=\frac{1}{n}(\boldsymbol{Xw})^{\mathrm{T}}(\boldsymbol{Xw})$$

对于新变量 z 来说，如果在 n 次试验之下它的取值变化不大，即 M_2^* 较小，则这个新变量可以去掉；反之，如果 M_2^* 较大，那么这个新变量就有较大的变化，它的作用会比较明显。因此总是希望所选择的 c_i 使 M_2^* 达到最大，这才说明新变量在新建的回归模型中有较大的影响。

设求得 $\boldsymbol{X}^{\mathrm{T}}\boldsymbol{X}$ 的特征值 $\lambda_1\geqslant\lambda_2\geqslant\cdots\geqslant\lambda_p$，它们所对应的标准化正交特征向量为 $\boldsymbol{\eta}_1,\boldsymbol{\eta}_2,\boldsymbol{\eta}_3,\cdots,\boldsymbol{\eta}_p$，则 M_2^* 的最大值在 $\boldsymbol{w}=\boldsymbol{\eta}_1$ 时达到，且最大值为 $\boldsymbol{\eta}_1/n$。此时新变量 $\boldsymbol{Z}$ 为 $\boldsymbol{X\eta}_1$，常记作 $\boldsymbol{z}_1=\boldsymbol{X\eta}_1$，并称为自变量的第 1 主成分。一般而言，如果确定了 k 个主成分 $\boldsymbol{z}_k=\boldsymbol{X\eta}_k$，则第 $k+1$ 个主成分 $\boldsymbol{z}_{k+1}=\boldsymbol{Xw}$ 可由下面两个条件决定：

① $\boldsymbol{w}^{\mathrm{T}}\boldsymbol{\eta}_i=\boldsymbol{0}(i=1,2,3,\cdots,k)$，$\boldsymbol{w}^{\mathrm{T}}\boldsymbol{w}=\boldsymbol{0}$。

② 在条件①之下，使 M_2^* 达到最大。

由二次型的条件极值可知，第 $k+1$ 个主成分就是 $\boldsymbol{z}_{k+1}=\boldsymbol{X\eta}_{k+1}$，这样，总共可以找到 p 个主成分。

从而将 $\boldsymbol{X}$ 用新变量 $\boldsymbol{Z}$ 表示，可得

$$\boldsymbol{Z}=\begin{bmatrix}Z_{11} & Z_{12} & \cdots & Z_{1p}\\ Z_{21} & Z_{22} & \cdots & Z_{2p}\\ \vdots & \vdots & & \vdots\\ Z_{n1} & Z_{n2} & \cdots & Z_{np}\end{bmatrix},\quad \boldsymbol{Q}=[\boldsymbol{\eta}_1,\boldsymbol{\eta}_2,\cdots,\boldsymbol{\eta}_p]_{p\times p}$$

式中：$\boldsymbol{Q}$ 为标准化正交阵，且 $\boldsymbol{Z}=\boldsymbol{XQ}$，引入新参数 $\boldsymbol{\alpha}=\boldsymbol{Q}^{\mathrm{T}}\boldsymbol{\beta}$，则有

$$\boldsymbol{Y}=\beta_0\boldsymbol{1}+\boldsymbol{ZQ}^{\mathrm{T}}\boldsymbol{\beta}+\boldsymbol{\varepsilon}=\beta_0\boldsymbol{1}+\boldsymbol{Z\alpha}+\boldsymbol{\varepsilon}$$

其中

$$\boldsymbol{Z}^{\mathrm{T}}\boldsymbol{Z}=\boldsymbol{Q}^{\mathrm{T}}\boldsymbol{X}^{\mathrm{T}}\boldsymbol{XQ}=\boldsymbol{Q}^{\mathrm{T}}(\boldsymbol{X}^{\mathrm{T}}\boldsymbol{X})\boldsymbol{Q}=\boldsymbol{\Lambda}=\begin{bmatrix}\lambda_1 & & 0\\ & \ddots & \\ 0 & & \lambda_p\end{bmatrix}$$

从上式可知，$\boldsymbol{X}^{\mathrm{T}}\boldsymbol{X}$ 的特征值 λ_i 度量了第 i 个主成分在 n 次试验中取值变化的大小，如果 $\lambda_i\approx0$，则该主成分在 n 次试验中值的变化很小，它的作用可以并入主成分回归方程式中的常数项。因此，如果 $\lambda_{r+1}=\cdots=\lambda_p\approx0$，可剔除 $Z_{r+1},Z_{r+2},\cdots,Z_p$，只保留 $\boldsymbol{\alpha}$ 的前 r 个分量 $\alpha_1,\alpha_2,\cdots,\alpha_r$，设它的最小二乘估计为 $\hat{\alpha}_1,\hat{\alpha}_2,\cdots,\hat{\alpha}_r$，然后由关系式 $\boldsymbol{\beta}=\boldsymbol{Q\alpha}$ 即可确定 $\boldsymbol{\beta}$ 的估计，这个步骤称为 $\boldsymbol{\beta}$ 的主成分估计。具体步骤如下：

① 将 $\boldsymbol{Q}$、$\boldsymbol{\alpha}$ 分块，即 $\boldsymbol{Q}=[\boldsymbol{Q}_1,\boldsymbol{Q}_2]$，$\boldsymbol{\alpha}=\begin{bmatrix}\boldsymbol{\alpha}_1\\ \boldsymbol{\alpha}_2\end{bmatrix}$，其中 $\boldsymbol{Q}_1$ 为 $p\times r$ 阶矩阵，$\boldsymbol{\alpha}_1$ 为 r 维向量，从而 $\boldsymbol{\alpha}$ 的主成分估计为 $\hat{\boldsymbol{\alpha}}=[\hat{\boldsymbol{\alpha}}_1,0]^{\mathrm{T}}$，$\boldsymbol{\beta}$ 的主成分估计为 $\hat{\boldsymbol{\beta}}=\boldsymbol{Q}_1\hat{\boldsymbol{\alpha}}_1$。

② 为了增强计算的稳定性，可以如下定义：

若存在 $1 \leqslant r \leqslant p$，使 $\lambda_r \geqslant 1 > \lambda_{r+1}$，设

$$\boldsymbol{A} = \mathrm{diag}\left(\frac{\lambda_1 - 1 + \theta}{\lambda_1}, \cdots, \frac{\lambda_r - 1 + \theta}{\lambda_r}, \theta\lambda_{r+1}, \cdots, \theta\lambda_p\right)$$

式中：$\theta \in (\lambda_p, 1)$ 为平稳常数，从而可求得 $\boldsymbol{\beta}$ 的单参数主成分估计

$$\hat{\boldsymbol{\beta}} = \boldsymbol{QAQ}^{\mathrm{T}} \boldsymbol{Q}_1 \hat{\boldsymbol{\alpha}}_1$$

(4) 主成分筛选

在进行主成分分析时，判断某主成分是否能删除，一般的依据是，删除的特征向量占总特征向量之和的 15% 以下。但有时仍需考虑选择的主成分对原始变量的贡献值，此时可用相关系数的平方和来表示。如果选取的主成分为 $Z_1, Z_2, \cdots, Z_r$，则它们对原变量 x_i 的贡献值为

$$\rho_i = \sum_{j=1}^{r} r^2(Z_j, x_i)$$

在选择主成分时，一定要选择与原变量都有关系的主成分，即如果第一主成分不能代表所有变量，则还需要选择第二主成分，以此类推。

2. 主成分回归

当自变量存在高度共线性或一般回归分析所得到的回归系数不符合常理时，可以采用主成分回归法。它通过主成分变换，将高度相关的变量的信息综合成相关性低的主成分，然后以主成分代换原变量参与回归。

主成分回归的步骤如下：

① 对问题的原始数据矩阵主成分分析，得到 m 个主成分 Z_i。

② 用因变量 y、主成分 Z 作为自变量，作多元线性回归分析，得到主成分回归方程。

③ 将得到的 m 个主成分表达式代入主成分回归方程式，就会得到最终的回归方程式，即问题数据矩阵中的因变量与自变量的主成分回归方程。

3.8.2 偏最小二乘回归模型

偏最小二乘回归提供了一种多对多线性回归建模的方法，特别是当两组变量的个数很多且都存在多重相关性，而观测数据的数量(样本量)又较少时，用偏最小二乘回归建立的模型具有传统的经典回归分析等方法所没有的优点。

偏最小二乘回归分析在建模过程中集中了主成分分析、典型相关分析和线性回归分析方法的特点，因此在分析结果中，除了可以提供一个更为合理的回归模型外，还可以同时完成一些类似于主成分分析和典型相关分析的研究内容，提供一些更丰富、深入的信息。

多个因变量与多个自变量的线性回归问题(简称多对多的线性回归)在实际应用中更为一般和广泛，如生物与环境问题、生物系统中的功能团之间的关系等，均属于此类问题。

1. 偏最小二乘原理

考虑 p 个变量 $y_1, y_2, \cdots, y_p$ 与 m 个自变量 $x_1, x_2, \cdots, x_m$ 的回归模型，偏最小二乘回归的基本作法：首先在自变量集中提出第一成分 t_1(t_1 是 $x_1, x_2, \cdots, x_m$ 的线性组合，且尽可能多地提取原自变量集中的变异信息)，同时在因变量集中也提出第一成分 u_1，并要求 t_1 与 u_1 相关程度达到最大，然后建立因变量 $y_1, y_2, \cdots, y_p$ 与 t_1 的回归。如果回归方程已达到满意的精度，则算法终止；否则继续第二成分的提取，直到能达到满意的精度为止。若最终对自变量集提取 r 个成分 $t_1, t_2, \cdots, t_r$，偏最小二乘回归将建立 $y_1, y_2, \cdots, y_p$ 与 $t_1, t_2, \cdots, t_r$ 的回归，然后

再表示为 $y_1,y_2,\cdots,y_p$ 与原自变量的回归方程式，即偏最小二乘回归方程式。

2. 偏最小二乘回归方法

假设 p 个因变量与 m 个自变量均为标准化变量，分别记为

$$F_0=\begin{bmatrix} y_{11} & \cdots & x_{1p} \\ \vdots & & \vdots \\ y_{n1} & \cdots & y_{np} \end{bmatrix},\quad E_0=\begin{bmatrix} x_{11} & \cdots & x_{1m} \\ \vdots & & \vdots \\ x_{n1} & \cdots & x_{nm} \end{bmatrix}$$

① 分别提取两变量组的第一对成分 $\boldsymbol{t}_1$ 和 $\boldsymbol{u}_1$，并使之相关性达到最大：

$$\boldsymbol{t}_1=w_{11}x_1+\cdots+w_{1m}x_m=\boldsymbol{w}_1^{\mathrm{T}}\boldsymbol{X}$$
$$\boldsymbol{u}_1=v_{11}y_1+\cdots+v_{1p}y_p=\boldsymbol{v}_1^{\mathrm{T}}\boldsymbol{X}$$

由两组变量集的标准化数据阵 $\boldsymbol{E}_0$ 和 $\boldsymbol{F}_0$ 可以计算第一对成分的得分向量(记为 $\hat{\boldsymbol{t}}_1,\hat{\boldsymbol{u}}_1$)：

$$\hat{\boldsymbol{t}}_1=\boldsymbol{E}_0\boldsymbol{w}_1=\begin{bmatrix} x_{11} & \cdots & x_{1m} \\ \vdots & & \vdots \\ x_{n1} & \cdots & x_{nm} \end{bmatrix}\begin{bmatrix} w_{11} \\ \vdots \\ w_{1m} \end{bmatrix}=\begin{bmatrix} t_{11} \\ \vdots \\ t_{n1} \end{bmatrix}$$

$$\hat{\boldsymbol{u}}_1=\boldsymbol{F}_0\boldsymbol{v}_1=\begin{bmatrix} y_{11} & \cdots & y_{1p} \\ \vdots & & \vdots \\ y_{n1} & \cdots & y_{np} \end{bmatrix}\begin{bmatrix} v_{11} \\ \vdots \\ v_{1m} \end{bmatrix}=\begin{bmatrix} u_{11} \\ \vdots \\ u_{n1} \end{bmatrix}$$

这样就可以从矩阵 $\boldsymbol{M}=\boldsymbol{E}_0^{\mathrm{T}}\boldsymbol{F}_0\boldsymbol{F}_0^{\mathrm{T}}\boldsymbol{E}_0$ 求得特征值 θ_1^2 和单位特征向量 $\boldsymbol{w}_1$，从而可得

$$\boldsymbol{v}_1=\frac{1}{\theta_1}\boldsymbol{F}_0^{\mathrm{T}}\boldsymbol{E}_0\boldsymbol{w}_1$$

② 建立 $y_1,y_2,\cdots,y_p$ 对 u_1 的回归及 $x_1,x_2,\cdots,x_m$ 对 t_1 的回归模型：

$$\begin{cases}\boldsymbol{E}_0=\hat{\boldsymbol{t}}_1\boldsymbol{\alpha}_1^{\mathrm{T}}+\boldsymbol{E}_1 \\ \boldsymbol{F}_0=\hat{\boldsymbol{u}}_1\boldsymbol{\beta}_1^{\mathrm{T}}+\boldsymbol{F}_1\end{cases}$$

式中：$\boldsymbol{\alpha}_1^{\mathrm{T}}=[\alpha_{11},\alpha_{12},\cdots,\alpha_{1m}]^{\mathrm{T}}$，$\boldsymbol{\beta}_1^{\mathrm{T}}=[\beta_{11},\beta_{12},\cdots,\beta_{1p}]^{\mathrm{T}}$，分别为多对一的回归模型中的参数向量；$\boldsymbol{E}_1$ 和 $\boldsymbol{F}_1$ 是残差矩阵；回归系数向量 $\boldsymbol{\alpha}_1$、$\boldsymbol{\beta}_1$ 的最小二乘估计为

$$\begin{cases}\boldsymbol{\alpha}_1=\boldsymbol{E}_0^{\mathrm{T}}\hat{\boldsymbol{t}}_1/\|\hat{\boldsymbol{t}}_1\|^2 \\ \boldsymbol{\beta}_1=\boldsymbol{F}_0^{\mathrm{T}}\hat{\boldsymbol{u}}_1/\|\hat{\boldsymbol{u}}_1\|^2\end{cases}$$

称 $\boldsymbol{\alpha}_1$、$\boldsymbol{\beta}_1$ 为模型效应负荷量。

③ 记 $\hat{\boldsymbol{E}}_0=\hat{\boldsymbol{t}}_1\boldsymbol{\alpha}_1^{\mathrm{T}}$，$\hat{\boldsymbol{F}}_0=\hat{\boldsymbol{u}}_1\boldsymbol{\beta}_1^{\mathrm{T}}$，则残差矩阵 $\boldsymbol{E}_1=\boldsymbol{E}_0-\hat{\boldsymbol{E}}_0$，$\boldsymbol{F}_1=\boldsymbol{F}_0-\hat{\boldsymbol{F}}_0$。如果残差矩阵 $\boldsymbol{F}_1$ 中的元素绝对值近似为 0，则认为用第一个成分建立的回归模型精度已满足要求，可以终止算法；否则用残差矩阵 $\boldsymbol{E}_1$ 和 $\boldsymbol{F}_1$ 代替 $\boldsymbol{E}_0$ 和 $\boldsymbol{F}_0$ 重复以上步骤，可得：$\boldsymbol{w}_2=[w_{21},\cdots,w_{2m}]^{\mathrm{T}}$，$\boldsymbol{v}_2=[v_{21},\cdots,v_{2p}]^{\mathrm{T}}$，分别为第二对成分的权数，而 $\hat{\boldsymbol{t}}_2=\boldsymbol{E}_1\boldsymbol{w}_2$，$\hat{\boldsymbol{u}}_2=\boldsymbol{F}_1\boldsymbol{v}_2$ 为第二对成分的得分向量；$\boldsymbol{\alpha}_2=\boldsymbol{E}_1^{\mathrm{T}}\hat{\boldsymbol{t}}_2/\|\hat{\boldsymbol{t}}_2\|^2$，$\boldsymbol{\beta}_2=\boldsymbol{F}_1^{\mathrm{T}}\hat{\boldsymbol{u}}_2/\|\hat{\boldsymbol{u}}_2\|^2$ 分别为 $\boldsymbol{X}$、$\boldsymbol{Y}$ 的第二对成分的负荷量，这时回归方程模型为

$$\begin{cases}\boldsymbol{E}_0=\hat{\boldsymbol{t}}_1\boldsymbol{\alpha}_1^{\mathrm{T}}+\hat{\boldsymbol{t}}_2\boldsymbol{\alpha}_2^{\mathrm{T}}+\boldsymbol{E}_2 \\ \boldsymbol{F}_0=\hat{\boldsymbol{u}}_1\boldsymbol{\beta}_1^{\mathrm{T}}+\hat{\boldsymbol{u}}_2\boldsymbol{\beta}_2^{\mathrm{T}}+\boldsymbol{F}_2\end{cases}$$

④ 设 $n\times m$ 阶数据阵 $\boldsymbol{E}_0$ 的秩为 $r\leqslant\min(n-1,m)$，则存在 r 个成分，使得

$$\begin{cases}\boldsymbol{E}_0=\hat{\boldsymbol{t}}_1\boldsymbol{\alpha}_1^{\mathrm{T}}+\cdots+\hat{\boldsymbol{t}}_r\boldsymbol{\alpha}_r^{\mathrm{T}}+\boldsymbol{E}_r \\ \boldsymbol{F}_0=\hat{\boldsymbol{u}}_1\boldsymbol{\beta}_1^{\mathrm{T}}+\cdots+\hat{\boldsymbol{u}}_r\boldsymbol{\beta}_r^{\mathrm{T}}+\boldsymbol{F}_r\end{cases}$$

把 $t_k = w_{k1}x_1 + \cdots + w_{km}x_m (k=1,2,3,\cdots,r)$，$\boldsymbol{Y} = t_1\beta_1 + \cdots + t_r\beta_r$ 代入，即得 p 个因变量的偏最小二乘回归方程式。

3.9 联立方程回归模型预测法

在实际中，由于事物的复杂性，有时它们之间的关系并不是单一方程模型所描述的简单的单向因果关系，而是相互依赖、相互交错的因果关系，即它们之间的关系是一种双向的因果关系。要充分反映这种关系，必须采用若干个方程组成的模型，这样的模型称为联立方程模型。

例如在市场经济条件下，某种商品的价格 P、需求量 Q^{D} 和供给量 Q^{S} 由供求平衡条件决定，因此反映供求的供求模型由需求函数、供给函数和供求平衡三个方程组成，即

$$\begin{cases} Q_t^{\mathrm{D}} = \alpha_0 + \alpha_1 P_t + \alpha_2 Y_t + u_{1t} \\ Q_t^{\mathrm{S}} = \beta_0 + \beta_1 P_t + \beta_2 W_t + u_{2t} \\ Q_t^{\mathrm{D}} = Q_t^{\mathrm{S}} = Q_t \end{cases}$$

式中：W_t 为天气条件；Y_t 为消费者收入；α、β 为常数。

3.9.1 变量和方程分类

联立方程模型的变量可分为：①内生变量。内生变量是指由模型本身决定的变量，即它的取值是模型系统内决定的，如供求模型中的 P、Q^{D} 和 Q^{S}。每一个内生变量都是随机变量，它不仅影响所研究的系统，而且还受系统的影响。②外生变量。外生变量指不是由模型系统内决定的变量，即它的取值是由系统外决定的，如供求模型中的 W_t 和 Y_t。外生变量在模型中作自变量，它对系统产生影响，但不受系统的影响。③前定变量(预定变量)。前定变量是指内生变量的滞后值。外生变量和前定内生变量称为前定变量。在联立模型中，前定变量都是自变量。

联立方程可分为：①行为方程。行为方程是建立在特定理论基础上描述政府、企业、居民经济行为的函数关系式。由于相关理论本身并不是严格的确定性关系，所以行为方程应该是随机方程式，即有随机项。②技术方程。技术方程式是指类似于投入多少原料、资金使之产出多少产品这种技术性关系，亦可称为工艺关系。例如生产函数是劳动力、资金等因素的投入与产品生产之间的技术关系。技术关系既有确定性的，也有随机性的。在实际应用中，技术方程一般表示为行为方程式。③制度方程。它是指由法律、制度、政策等制度性规定的经济变量之间的函数关系，例如税收方程式。④恒等式。恒等式有两种：一种是定义方程式，它是由经济理论和假设所确定的诸多经济变量之间的定义关系所构成的方程式，如单价乘以销售量等于销售收入；另一种是平衡方程，用于表示变量之间的平衡关系。

联立方程模型是一组必须同时求解的方程式，也就是说，模型中每一个内生变量的值都要利用模型中的全部方程才能决定(此时模型称为同时方程模型)。由于同时性的存在，使得模型中任何一个随机项的变化都将导致所有内生变量的变化，即方程中的内生变量将与随机项相关，从而导致经典回归模型基本假定⑤失效。此时 OLS 估计法遇到瓶颈，使得参数的 OLS 估计量不具备无偏性和一致性。

3.9.2 联立方程模型的类型

联立方程模型可分为三种：结构模型、约简模型和递归模型。

1. 结构模型

结构模型是指能直接反映变量之间各种关系的完整结构的模型。它包含两类方程，一类

是包含随机项和参数的随机方程，另一类是不含随机项和参数的恒等式。结构模型的每一个方程都叫结构方程，方程中的参数称为结构参数。由于结构模型描述了变量之间关系的结构，所以方程右边可能出现内生变量。这种结构方程把内生变量表示为其他内生变量、前定变量和随机项的函数形式，称为结构方程的正规形式。如果模型中结构方程的个数等于内生变量的个数，那么在数学上都是完备的，这种模型被称为完备模型；如果模型不完备，那么模型因为不能求解而失去意义。

2. 约简模型

约简模型是将结构模型中的全部内生变量表示成前定变量和随机项的函数。例如将供求模型中的内生变量用前定变量和随机项表示，就可以得到相应的约简模型为

$$\begin{cases} P_t = \Pi_{11} + \Pi_{12} Y_t + w_{1t} \\ Q_t = \Pi_{21} + \Pi_{22} Y_t + w_{2t} \end{cases}$$

其中约简模型参数为

$$\Pi_{11} = \frac{\beta_0 - \alpha_0}{\alpha_1 - \beta_1},\quad \Pi_{12} = -\frac{\alpha_2}{\alpha_1 - \beta_1},\quad w_{1t} = \frac{u_{1t} - u_{2t}}{\alpha_1 - \beta_1}$$

$$\Pi_{21} = \frac{\alpha_1\beta_0 - \alpha_0\beta_1}{\alpha_1 - \beta_1},\quad \Pi_{22} = -\frac{\alpha_2\beta_1}{\alpha_1 - \beta_1},\quad w_{2t} = \frac{\alpha_1 u_{1t} - \beta_1 u_{2t}}{\alpha_1 - \beta_1}$$

约简模型参数也称为影响乘数或长期乘数，它度量了前定变量的值变化一个单位时对内生变量的影响程度。前定变量相应的结构参数只表示前定变量对内生变量的直接影响，而该前定变量相应的约简模型参数却表示它对内生变量的总影响，即直接影响与间接影响的二者之和。例如外生变量 Y_t 的约简模型参数可表示为

$$\Pi_{22} = -\frac{\alpha_2\beta_1}{\alpha_1 - \beta_1} = \alpha_2 - \frac{\alpha_1\alpha_2}{\alpha_1 - \beta_1}$$

式中：α_2 表示外生变量 Y_t 对内生变量 Q_t 的直接影响；$\frac{\alpha_1\alpha_2}{\alpha_1 - \beta_1}$ 表示外生变量 Y_t 对内生变量 Q_t 的间接影响。

由于约简模型方程是将内生变量表示为前定变量和随机项的函数，而前定变量又与随机项是不相关的，因而可以用 OLS 法来估计约简模型方程组的系数。

3. 递归模型

如果一个模型的结构方程用下列方法排列：第一个方程的右边只包含前定变量 $X_i(i=1,2,3,\cdots,k)$，第二个方程右边只包含前定变量 X_i 和第一个方程的内生变量 Y_1（即第一个方程中的被解释变量）；第三个方程的右边也只包含前定变量 X_i 和第一、二两个方程中的内生变量 Y_1 和 Y_2……以此类推，第 g 个方程的右边只包含前定变量和前面 $g-1$ 个方程中的内生变量 $Y_1,Y_2,\cdots,Y_{g-1}$，那么这种模型被称为递归模型。其结构方程为

$$\begin{cases} Y_1 = \gamma_{11}X_1 + \gamma_{12}X_2 + \cdots + \gamma_{1k}X_k + u_1 \\ Y_2 = \gamma_{21}X_1 + \gamma_{22}X_2 + \cdots + \gamma_{2k}X_k + \beta_{21}Y_1 + u_2 \\ Y_3 = \gamma_{31}X_1 + \gamma_{32}X_2 + \cdots + \gamma_{3k}X_k + \beta_{31}Y_1 + \beta_{32}Y_2 + u_3 \\ \vdots \\ Y_g = \gamma_{g1}X_1 + \gamma_{g2}X_2 + \cdots + \gamma_{gk}X_k + + \beta_{g1}Y_1 + \beta_{g2}Y_2 + \cdots + \beta_{g(g-1)}Y_{g-1} + u_g \end{cases}$$

式中：Y 和 X 分别代表内生变量和前定变量，而且随机项满足条件：

$$E(u_i u_j) = 0 \quad (i \neq j)$$

即属于同一时期但不同方程的随机项彼此不相关。

递归模型并没有联立方程的问题,即并不存在内生变量之间的相互依赖关系,所以对模型中的每个方程可逐个应用 OLS 法,所得估计量仍具有最小二乘估计量的统计性质。

3.9.3 同时方程模型的识别

识别问题是指对某个特定模型,要求判断有无可能得出有意义的结构参数值。识别问题有两种角度不同但彼此等价的提法:一种是“参数关系体系”,即如果约简模型的参数已知,由此可以确定相应结构模型中方程的参数,则这个结构方程称为可识别的,否则为不可识别的;另一种是指结构模型中的某个方程能够同所有方程的任何一种线性相区别。对于模型中的结构方程,如果它在模型中具有唯一的统计形式,则这个结构方程称为可识别的,否则为不可识别。如果从约简型参数估计值只能得出唯一的一组结构参数估计值,则称为恰好识别(正确识别);如果可以得出一组以上的结构参数估计值,则称为过度识别。

例如模型:

$$\begin{cases} Q_t^{D}=\alpha_0+\alpha_1 P_t+\alpha_2 Y_t+u_{1t} \\ Q_t^{S}=\beta_0+\beta_1 P_t+u_{2t} \\ Q_t^{D}=Q_t^{S}=Q_t \end{cases}$$

其约简模型为

$$\begin{cases} P_t=\Pi_{10}+\Pi_{11} Y_t+v_{1t} \\ Q_t=\Pi_{20}+\Pi_{21} Y_t+v_{2t} \end{cases}$$

其中约简模型参数为

$$\Pi_{10}=\frac{\beta_0-\alpha_0}{\alpha_1-\beta_1},\quad \Pi_{11}=-\frac{\alpha_2}{\alpha_1-\beta_1},\quad v_{1t}=\frac{u_{2t}-u_{1t}}{\alpha_1-\beta_1}$$

$$\Pi_{20}=\frac{\alpha_1\beta_0-\alpha_0\beta_1}{\alpha_1-\beta_1},\quad \Pi_{22}=-\frac{\alpha_2\beta_1}{\alpha_1-\beta_1},\quad v_{2t}=\frac{\alpha_1 u_{2t}-\beta_1 u_{1t}}{\alpha_1-\beta_1}$$

要确定的参数有 α_0、α_1、α_2、β_0 和 β_1 共 5 个,联系这些参数的方程数有 4 个,且由约简模型参数方程可得出

$$\begin{cases} \beta_1=\dfrac{\Pi_{21}}{\Pi_{11}} \\ \beta_0=\Pi_{20}-\dfrac{\Pi_{10}\Pi_{21}}{\Pi_{11}} \end{cases}$$

所以 β_0 和 β_1 可识别且为正确识别,α_0、α_1、α_2 不可识别。

虽然采用约简模型来判断识别问题在理论上是可行的,但由于从一个具体的结构方程转换为约简模型的参数关系的推导太繁琐,而且当结构模型包含方程个数较多时,其约简模型的参数关系式几乎不能求出,所以识别时一般采用识别规则。

设 G_0 为模型中所包含内生变量的总数;G^* 为包含在模型中,但该方程中不包含的内生变量数;K 为模型中包含前定变量的总数;K^* 为包含在模型中,但该方程中不包含的前定变量数。

可以证明模型中任一方程可识别的必要条件(阶条件)是该方程所不包含的前定变量数不小于它所包含的内生变量数减 1,即

$$K^* \geqslant G-G^*-1$$

式中:等号表示正确识别条件,大于号表示过度识别条件。

某个方程可以识别的必要条件是在 G 个方程和 G 个内生变量的结构模型中，方程不包含而为其他方程所包含的那些变量(包括内生变量和前定变量)的系数矩阵的秩等于 $G-1$，即

$$\text{Rand}(\boldsymbol{\Delta})=G-1$$

式中：$\boldsymbol{\Delta}$ 代表未出现在被考核方程内而出现在其他方程内的所有变量的系数矩阵，称为识别矩阵；Rand 为求秩符号。

例如模型：

$$\begin{cases}-Q_t^{\mathrm{D}}+\alpha_0+\alpha_1 P_t+\alpha_2 Y_t+u_{1t}=0\\-Q_t^{\mathrm{S}}+\beta_0+\beta_1 P_t+u_{2t}=0\\Q_t^{\mathrm{D}}-Q_t^{\mathrm{S}}=0\end{cases}$$

其中系数矩阵为

$$\begin{bmatrix}-1 & 0 & \alpha_1 & \alpha_2 & 0\\0 & -1 & \beta_1 & 0 & \beta_2\\1 & -1 & 0 & 0 & 0\end{bmatrix}$$

假设要识别方程组中的第一个方程，则首先划去识别方程系数所在的行，再划去要识别方程非零系数所在的列，得到识别矩阵：

$$\boldsymbol{\Delta}=\begin{bmatrix}-1 & \beta_2\\-1 & 0\end{bmatrix}$$

可以求得识别矩阵的秩为 2，且 $G-1=3-1=2$，满足秩条件。而对于阶条件，有 $K^*+G^*=1+1=2$，满足 $K^*+G^*=G-1$，所以第一个方程恰好识别。

重复以上步骤，便可以对第二个方程进行识别判断，识别矩阵为

$$\boldsymbol{\Delta}=\begin{bmatrix}-1 & \alpha_2\\-1 & 0\end{bmatrix}$$

此矩阵的秩为 2，满足秩条件，同时也满足阶条件，因此第二个方程也是恰好识别。

第三个方程是定义方程，不需要进行识别。

模型中的所有方程都是恰好识别，所以模型恰好识别。

从以上例子中可以发现，如果一个方程包含模型中的全部变量，则这个方程一定不可识别。这表明，如果对方程施加若干限制，使模型中的某些变量不在方程中出现，乃是方程可识别的必要条件。某些变量不在方程中出现相当于将方程中某些变量的系数规定为 0，所以称为零约束条件。零约束条件是可得到可识别模型的简便方法，但须说明，允许或不允许某些变量在特定方程中出现的理由，不能为使方程可识别而对其中的变量数目作随意的增减。

3.9.4 联立方程模型的估计方法

联立方程模型的特点决定了它不能直接应用 OLS 求其参数的无偏和一致估计量，而需要采用单方程估计法和系统估计法进行估计。前者是指对每一个方程单独进行估计而不考虑其余方程对该方程的约束，后者是指对联立方程中所有方程同时进行估计。

联立方程模型理想的参数估计方法应当是系统估计法，但由于各种原因，系统估计法并未广泛应用，实际中绝大多数是应用单方程估计法。

1. 间接最小二乘法(ILS 法)

间接最小二乘法的基本思想是将恰好识别的结构模型化为约简模型，而约简模型中的每个方程仅包含前定变量，因而可以用最小二乘法估计约简模型中的参数，然后再由约简模型的

参数估计值推算出结构参数估计值。

间接最小二乘法需要满足以下条件：

① 被估计的结构方程必须是恰好方程；

② 每个约简模型的随机扰动项都应满足最小二乘的经典假设；

③ 前定变量之间不存在高度多重共线性。

间接最小二乘估计量是有偏的,但却是一致估计量。

2. 工具变量法(IV法)

工具变量法的基本思想:当某个说明变量与随机项相关时,选择一个与此说明变量强相关而与相应的随机项又不相关的前定变量作为工具,以达到消除该说明变量与随机项之间依赖关系的目的。

IV估计量不具备无偏性,但具有一致性。

该方法的主要步骤如下：

第1步,选择满足以下条件的工具变量：

① 必须与方程中所考虑的内生说明变量强相关；

② 必须是真正的前定变量,因而与结构方程中的随机项不相关；

③ 必须同结构方程中的其他前定变量相关性很小,以避免多重共线性；

④ 如果在同一个结构方程中使用了一个以上的工具变量,这些工具变量之间的相关性也必须很小,避免产生多重共线性。

很明显,模型中的前定变量一般都满足以上条件,所以每一个前定变量都可以作为内生说明变量的备选工具变量;而且工具变量的个数必须与所估计的结构方程中作解释变量的内生变量的个数相等。

第2步,分别用工具变量去乘结构方程的每一项,并对所有的样本数据预测值求和,得到与未知参数一样多的线性方程组成的方程组。解方程就得到结构参数的估计值。

由于种种原因,在实际应用中很少直接用工具变量法对结构参数进行估计。

3. 二阶段最小二乘法(2SLS法)

设有结构模型：

$$\begin{cases} y_{1t}=\beta_2 y_{2t}+\gamma_1 x_{1t}+u_{1t} \\ y_{2t}=\beta_1 y_{1t}+\gamma_2 x_{2t}+u_{2t} \end{cases}$$

式中:y_1、y_2为内生变量;x_1、x_2为外生变量。

第一阶段,写出结构模型对应的约简模型：

$$\begin{cases} y_{1t}=\Pi_{11} x_{1t}+\Pi_{12} x_{2t}+v_{1t} \\ y_{2t}=\Pi_{21} x_{1t}+\Pi_{22} x_{2t}+v_{2t} \end{cases}$$

对约简模型的每个方程应用OLS法,得

$$\begin{cases} \hat{y}_{1t}=\hat{\Pi}_{11} x_{1t}+\hat{\Pi}_{12} x_{2t} \\ \hat{y}_{2t}=\hat{\Pi}_{21} x_{1t}+\hat{\Pi}_{22} x_{2t} \end{cases}$$

于是有

$$\begin{cases} y_{1t}=\hat{y}_{1t}+\varepsilon_{1t} \\ y_{2t}=\hat{y}_{2t}+\varepsilon_{2t} \end{cases}$$

式中:ε_{1t}、ε_{2t}分别为v_{1t}、v_{2t}的OLS估计量。

第二阶段，将上式代入被估计的结构方程的右边的内生变量中：

$$\begin{cases} y_{1t} = \beta_2 \hat{y}_{2t} + \gamma_1 x_{1t} + \varepsilon_{1t}^* \\ y_{2t} = \beta_1 \hat{y}_{1t} + \gamma_2 x_{2t} + \varepsilon_{2t}^* \end{cases}$$

式中：

$$\begin{cases} \varepsilon_{1t}^* = \beta_2 \varepsilon_{2t} + u_{1t} \\ \varepsilon_{2t}^* = \beta_1 \varepsilon_{1t} + u_{2t} \end{cases}$$

对模型中每一个方程分别应用 OLS 法，得出结构参数的估计值，便是二阶段最小二乘估计量。

在实际应用时，第一阶段对约简模型方程应用 OLS 只需求出所需要的 $\hat{y}_{it}$，并不需求相应的 ε_{it} 值；第二阶段只需用 $\hat{y}_{it}$ 代替所估计方程右边的 y_{it} 即可应用 OLS 法，只不过此时的 ε_{it}^* 已不是原来的 u_{it} 了。

综上所述，二阶段最小二乘法第一阶段的任务是产生一个工具变量，第二阶段的任务是通过一种特殊形式的工具变量法得出结构参数的一致估计量。

二阶段最小二乘估计量是有偏的，但却是一致的。

4. 三阶段最小二乘法(3SLS 法)

三阶段最小二乘法是 2SLS 法的推广，其步骤如下：

设模型中包括 G 个内生变量和 K 个前定变量，其第 i 个方程表示为

$$\boldsymbol{Y}_i = \hat{\boldsymbol{Y}}_i \boldsymbol{\beta}_i + \boldsymbol{X}_i \boldsymbol{\gamma}_i + \boldsymbol{u}_i \quad (i = 1,2,3,\cdots,G)$$

式中：$\boldsymbol{Y}_i$ 是第 i 个方程被解释变量的 n 维样本预测值向量；$\hat{\boldsymbol{Y}}_i$ 是第 i 个方程作为解释变量的内生变量 $n \times g_i$ 阶样本矩阵（g_i 表示第 i 个方程内作为解释变量的内生变量数目）；$\boldsymbol{\beta}_i$ 是 g_i 维参数列向量；$\boldsymbol{X}_i$ 是第 i 个方程内的前定变量的 $n \times k_i$ 阶样本观测矩阵（k_i 表示第 i 个方程内前定变量数目）；$\boldsymbol{\gamma}_i$ 是 k_i 维参数列向量；$\boldsymbol{u}_i$ 是第 i 个方程随机扰动项 n 维列向量。

第 i 个方程写成矩阵形式为

$$\boldsymbol{Y}_i = [\hat{\boldsymbol{Y}}_i \quad \boldsymbol{X}_i] \begin{bmatrix} \boldsymbol{\beta}_i \\ \boldsymbol{\gamma}_i \end{bmatrix} + \boldsymbol{u}_i = \boldsymbol{Z}_i \boldsymbol{b}_i + \boldsymbol{u}_i \quad (i = 1,2,3,\cdots,G)$$

第一阶段，把模型化成约简模型：

$$y_{it} = \pi_{i1} x_{1t} + \pi_{i2} x_{2t} + \cdots + \pi_{ik} x_{kt} + v_{it} \quad (i = 1,2,3,\cdots,G)$$

代入样本观测值得

$$\begin{bmatrix} y_{i1} \\ y_{i2} \\ \vdots \\ y_{in} \end{bmatrix} = \begin{bmatrix} x_{11} & x_{21} & \cdots & x_{k1} \\ x_{12} & x_{22} & \cdots & x_{k2} \\ \vdots & \vdots & & \vdots \\ x_{1n} & x_{2n} & \cdots & x_{kn} \end{bmatrix} \begin{bmatrix} \pi_{i1} \\ \pi_{i2} \\ \vdots \\ \pi_{in} \end{bmatrix} + \begin{bmatrix} v_{i1} \\ v_{i2} \\ \vdots \\ v_{in} \end{bmatrix}$$

简记为

$$\boldsymbol{Y}_i = \boldsymbol{X} \boldsymbol{\Pi}_i + \boldsymbol{V}_i \quad (i = 1,2,3,\cdots,G)$$

对上式的每一个方程应用 OLS 法，求得 Y_i 的估计量 $\hat{Y}_1, \hat{Y}_2, \cdots, \hat{Y}_G$。

第二阶段，把 $\hat{Y}_1, \hat{Y}_2, \cdots, \hat{Y}_G$ 代入结构方程式的右边，对变换了的方程应用 OLS 法，求得 β_i、γ_i 的 2SLS 估计值，并用来估计各方程中随机项 u_i，得随机项的估计值 $\hat{u}_1, \hat{u}_2, \cdots, \hat{u}_G$。

第三阶段，设 $\boldsymbol{X}$ 为所有前定变量的观测值矩阵，用 $\boldsymbol{X}^{\mathrm{T}}$ 左乘方程，得到 $K \times G$ 个方程的方

程组：

$$\begin{cases} \boldsymbol{X}^{\mathrm{T}}\boldsymbol{Y}_1 = \boldsymbol{X}^{\mathrm{T}}\boldsymbol{Z}_1\boldsymbol{b}_1 + \boldsymbol{X}^{\mathrm{T}}\boldsymbol{u}_1 \\ \boldsymbol{X}^{\mathrm{T}}\boldsymbol{Y}_2 = \boldsymbol{X}^{\mathrm{T}}\boldsymbol{Z}_2\boldsymbol{b}_2 + \boldsymbol{X}^{\mathrm{T}}\boldsymbol{u}_2 \\ \vdots \\ \boldsymbol{X}^{\mathrm{T}}\boldsymbol{Y}_G = \boldsymbol{X}^{\mathrm{T}}\boldsymbol{Z}_G\boldsymbol{b}_G + \boldsymbol{X}^{\mathrm{T}}\boldsymbol{u}_G \end{cases}$$

写成矩阵形式：

$$\begin{bmatrix} \boldsymbol{X}^{\mathrm{T}}\boldsymbol{Y}_1 \\ \boldsymbol{X}^{\mathrm{T}}\boldsymbol{Y}_2 \\ \vdots \\ \boldsymbol{X}^{\mathrm{T}}\boldsymbol{Y}_G \end{bmatrix} = \begin{bmatrix} \boldsymbol{X}^{\mathrm{T}}\boldsymbol{Z}_1 & & & \\ & \boldsymbol{X}^{\mathrm{T}}\boldsymbol{Z}_2 & & \\ & & \ddots & \\ & & & \boldsymbol{X}^{\mathrm{T}}\boldsymbol{Z}_G \end{bmatrix} \begin{bmatrix} \boldsymbol{b}_1 \\ \boldsymbol{b}_2 \\ \vdots \\ \boldsymbol{b}_G \end{bmatrix} + \begin{bmatrix} \boldsymbol{X}^{\mathrm{T}}\boldsymbol{u}_1 \\ \boldsymbol{X}^{\mathrm{T}}\boldsymbol{u}_2 \\ \vdots \\ \boldsymbol{X}^{\mathrm{T}}\boldsymbol{u}_G \end{bmatrix}$$

简记为

$$\boldsymbol{Y} = \boldsymbol{Z}\boldsymbol{b} + \boldsymbol{U}$$

显然合成随机项 $\boldsymbol{U}$ 是随着矩阵 $\boldsymbol{X}^{\mathrm{T}}$ 一起变化的，因而具有异方差性，因此需要应用广义最小二乘法，此时需要计算 $\boldsymbol{U}$ 的协方差阵：

$$\boldsymbol{\Phi} = \mathrm{cov}(\boldsymbol{U}) = \begin{bmatrix} \sigma_{11}\boldsymbol{X}^{\mathrm{T}}\boldsymbol{X} & \sigma_{12}\boldsymbol{X}^{\mathrm{T}}\boldsymbol{X} & \cdots & \sigma_{1G}\boldsymbol{X}^{\mathrm{T}}\boldsymbol{X} \\ \sigma_{21}\boldsymbol{X}^{\mathrm{T}}\boldsymbol{X} & \sigma_{22}\boldsymbol{X}^{\mathrm{T}}\boldsymbol{X} & \cdots & \sigma_{2G}\boldsymbol{X}^{\mathrm{T}}\boldsymbol{X} \\ \vdots & \vdots & & \vdots \\ \sigma_{G1}\boldsymbol{X}^{\mathrm{T}}\boldsymbol{X} & \sigma_{G2}\boldsymbol{X}^{\mathrm{T}}\boldsymbol{X} & \cdots & \sigma_{GG}\boldsymbol{X}^{\mathrm{T}}\boldsymbol{X} \end{bmatrix}$$

式中 σ_{ij} 可以用其估计值 $\hat{\sigma}_{ij}$ 代替，估计值的计算公式如下：

$$\hat{\sigma}_{ij} = \frac{\hat{u}_i^{\mathrm{T}}\hat{u}_j}{\sqrt{(n-k_i-g_i)(n-k_j-g_j)}}$$

从而可求得参数的估计值：

$$\hat{\boldsymbol{b}} = (\boldsymbol{Z}^{\mathrm{T}}\boldsymbol{\Phi}^{-1}\boldsymbol{Z})^{-1}\boldsymbol{Z}^{\mathrm{T}}\boldsymbol{\Phi}^{-1}\boldsymbol{Y}$$

3SLS 估计量是非无偏，但是一致估计量。应用时应注意以下几点：

① 模型的每一个方程都是正确制定的，而且都是可识别的。

② 原模型中随机项满足经典回归模型的基本假定，并且不同方程不同期之间的随机项不相关。

③ 从联立方程中去掉任何定义方程（或恒等式）。

④ 从联立方程中去掉不能识别的方程。

在以上各种估计方法中，2SLS 法既能给出较小的均方误差，又不受定型偏倚的影响，在估计量的性质方面给出一个适中的结果，而且计算量虽然比 OLS 大，但比 3SLS 等系统估计法小得多，综合考虑，这是一种较好的估计方法。

3.10 分布滞后模型和自回归模型预测法

当一个问题的因变量的变化仅仅依赖于解释变量的当期影响，这类回归模型就称为静态模型。但在现实中，解释变量与被解释变量之间的关系不可能瞬间发生，往往有一个“时间滞后”，即解释变量需要一段时间才能完全作用于被解释变量。例如本年的消费水平不仅取决于本年的收入水平，而且还受到以前各年收入水平的影响。为了研究受时滞因素影响的因变量的变化规律，就需要在回归模型中引入滞后变量进行研究。一个变量如果可以取过去时期的数值，该变量就称为滞后变量，把滞后变量引入回归模型就形成了滞后变量模型。

在时间序列的模型中，如果模型除了包含本期自变量外，还包含以往若干期的自变量，那么这种模型称为分布滞后模型。例如，线性回归模型

$$y_t = \alpha + \beta_0 x_t + \beta_1 x_{t-1} + \cdots + \beta_k x_{t-k} + u_t$$

就是一个分布滞后模型。一般可表达为

$$y_t = f(x_t, x_{t-1}, \cdots, x_{t-k})$$

式中：$x_t, x_{t-1}, \cdots, x_{t-k}$ 称为 x 的一期、二期、……、k 期滞后变量。

如果模型的自变量中包含因变量的滞后变量，则称这种模型为自回归模型。例如 $y_t = \alpha + \beta x_t + \gamma y_{t-1} + u_t$ 就是一个自回归模型。

3.10.1 短期效应和长期效应

如果滞后效应存在有限长时间，则称模型

$$y_t = \alpha + \beta_0 x_t + \beta_1 x_{t-1} + \cdots + \beta_k x_{t-k} + u_t$$

为有限滞后模型。其中 k 称为滞后期数或滞后长度；β_0 称为短期乘数或短期影响乘数；$\beta_1, \beta_2, \cdots, \beta_k$ 可度量前 k 期中 x 每变动一个单位时，对 y 的影响，称为过渡性乘数。

如果滞后效应持续无限长时间，则上述模型称为无限滞后模型。如果存在 $\sum_{i=0}^{\infty} \beta_i = \beta$，则称 β 为长期乘数。通常在讨论无限滞后模型时，总是假设：

$$\begin{cases} \sum_{i=0}^{\infty} \beta_i = \beta < \infty \\ \lim_{i \to \infty} \beta_i = 0 \end{cases}$$

这一假设表明滞后期间隔越长，对当期的影响越小。β 代表 x 变动对 y 值的长期影响，即 x 值的单位变动对 y 值的总影响。它在数值上应等于全部影响系数之和。

当回归模型存在滞后现象时，模型估计存在一定的困难。对于无限滞后模型，如通常那样直接应用 OLS 法已经不可能；而对于有限分布滞后模型，即使随机误差项满足经典回归模型的基本假定，对它应用 OLS 法也存在以下困难：

① 产生多重共线性问题。时间序列的各期变量之间往往是高度相关的，因而分布滞后模型常常产生多重共线性问题。

② 损失自由度问题。由于样本容量有限，当滞后变量数目增加时，必然使得自由度减小。由于现实中数据的搜集常常受到各种条件的限制，估计这类模型时经常会遇到数据不足的困难。

③ 对于有限滞后模型，最大滞后期 k 较难确定。它的确定往往带有主观随意性。

为了避免有限滞后模型直接应用 OLS 法的困难，总是假定影响系数具有某种特殊结构，依照不同的系数结构的假定，建立不同的估计方法。

3.10.2 分布滞后模型的直接估计法

设无限滞后模型：

$$y_t = \alpha + \beta_0 x_t + \beta_1 x_{t-1} + \cdots + \beta_k x_{t-k} + u_t$$

1. 艾特-丁伯根(Alt - Tinbergen)法

为了克服最大滞后期 k 难以确定的问题，F. F. Alt 和 J. Tinbergen 提出了所谓的顺序估计法。假定 $x_t, x_{t-1}, x_{t-2}, \cdots$ 都是非随机性解释变量，因此可利用 OLS 估计法，求出 y_t 对 x_t 的回归方程，再求出 y_t 对 x_t, x_{t-1} 的回归方程，按顺序逐步做下去，直至滞后变量的回归系数在统计上不显著，或其符号不稳定时为止。

此方法的优点是简单易行，缺点是：对滞后期数没有给出先验的准则；在样本容量有限的条件下，当滞后期数顺序延滞时，自由度损失过大，不能保证统计检验的有效性；无法消除多重共线性的问题。

2. 经验加权估计法

经验加权估计法就是从经验出发，为滞后变量赋予一定的权数，利用这些权数构成各滞后变量的线性组合，构成新的变量，再应用 OLS 法对新的变量模型进行估计。常见的滞后结构类型有以下几种：

(1) 递减滞后结构

这类滞后结构假定权数是递减的，认为滞后变量对因变量的影响随着时间的推移越来越小，即遵循近大远小的原则。这类滞后结构在经济现象中较为常见。

例如假定滞后期 $k=3$，指定递减权数为 $\frac{1}{2}, \frac{1}{4}, \frac{1}{6}, \frac{1}{8}$，则新的线性组合变量为

$$w_{1t} = \frac{1}{2}x_t + \frac{1}{4}x_{t-1} + \frac{1}{6}x_{t-2} + \frac{1}{8}x_{t-3}$$

(2) 矩形滞后结构

这类滞后结构假定权数不变，即认为滞后变量的影响不随时间的推移而变化，其作用保持不变，称为矩形滞后结构或不变滞后结构。

例如，假定滞后期 $k=3$，指定递减权数为 $\frac{1}{3}$，则新的线性组合变量为

$$w_{1t} = \frac{1}{3}x_t + \frac{1}{3}x_{t-1} + \frac{1}{3}x_{t-2} + \frac{1}{3}x_{t-3}$$

(3) Λ 形滞后结构

在这种结构形式中，权数开始为递增，然后为递减，形成“Λ”形状，因此称为 Λ 形滞后结构或倒 V 滞后结构。

例如，假定滞后期 $k=4$，指定权数为 $\frac{1}{6}, \frac{1}{4}, \frac{1}{2}, \frac{1}{5}, \frac{1}{7}$，则新的线性组合变量为

$$w_{1t} = \frac{1}{6}x_t + \frac{1}{4}x_{t-1} + \frac{1}{2}x_{t-2} + \frac{1}{5}x_{t-3} + \frac{1}{7}x_{t-4}$$

在实际应用中，应根据研究对象提出合理且最合适的滞后结构类型。

由于随机误差项与解释变量不相关，从而也与解释变量的线性组合不相关，因此可以直接应用 OLS 法进行估计。此方法简单易行，避免了多重共线性的干扰，并且参数估计具有一致性；缺点是设置权数的主观随意性较大，要求研究者对实际问题的特征有比较透彻的了解。

3. 阿尔蒙(Almon)估计法

根据数学分析的 Weierstrass 定理，多项式可以逼近各种形式的函数，因此，滞后模型中的系数 β_j 用阶数适当的多项式去逼近，经过适当变换，得出一个可用常规方法估计的新模型。

设

$$\beta_j = a_0 + a_1 j + a_2 j^2 + \cdots + a_n j^r \quad (r < k)$$

最高阶数 r 应视函数形式而定，但是在实际应用时，一般 r 取 3 或 4 已经足够了。

例如，取 $k=3, r=2$，此时分布滞后模型为

$$y_t = \alpha + \beta_0 x_t + \beta_1 x_{t-1} + \beta_2 x_{t-2} + \beta_3 x_{t-3} + u_t$$

所作的变换为 $\beta_j = a_0 + a_1 j + a_2 j^2 (j=0,1,2,3)$。

将系数 β_j 的表达式代入滞后模型中，可得

$$y_t = \alpha + a_0(x_t + x_{t-1} + x_{t-2} + x_{t-3}) + a_1(x_{t-1} + 2x_{t-2} + 3x_{t-3}) + a_2(x_{t-1} + 4x_{t-2} + 9x_{t-3}) + u_t$$

将上式简记为

$$y_t = \alpha + a_0 W_{0t} + a_1 W_{1t} + a_2 W_{2t} + u_t$$

式中

$$\begin{cases} W_{0t} = x_t + x_{t-1} + x_{t-2} + x_{t-3} \\ W_{1t} = x_{t-1} + 2x_{t-2} + 3x_{t-3} \\ W_{2t} = x_{t-1} + 4x_{t-2} + 9x_{t-3} \end{cases}$$

利用样本数据，对上述的简式作 OLS 法估计 $\hat{\alpha}, \hat{a}_0, \hat{a}_1, \hat{a}_2$，得出参数，再用变换公式可得到原模型的参数估计：

$$\begin{cases} \hat{\beta}_0 = \hat{a}_0 \\ \hat{\beta}_1 = \hat{a}_0 + \hat{a}_1 + \hat{a}_2 \\ \hat{\beta}_2 = \hat{a}_0 + 2\hat{a}_1 + 4\hat{a}_2 \\ \hat{\beta}_3 = \hat{a}_0 + 3\hat{a}_1 + 9\hat{a}_2 \end{cases}$$

上述方法很容易推广到具有更多滞后解释变量的情形。

设分布滞后模型为

$$y_t = \alpha + \beta_0 x_t + \beta_1 x_{t-1} + \cdots + \beta_k x_{t-k} + u_t$$

取 $r=2$，此时变换为 $\beta_j = a_0 + a_1 j + a_2 j^2 (j=0,1,2,3)$。

将系数 β_j 的表达式代入滞后模型中，可得

$$y_t = \alpha + a_0 \sum_{j=0}^{k} x_{t-j} + a_1 \sum_{j=0}^{k} j x_{t-j} + a_2 \sum_{j=0}^{k} j^2 x_{t-j} + u_t$$

记

$$\begin{cases} W_{0t} = \sum_{j=0}^{k} x_{t-j} \\ W_{1t} = \sum_{j=0}^{k} j x_{t-j} \\ W_{2t} = \sum_{j=0}^{k} j^2 x_{t-j} \end{cases}$$

则滞后模型简记为

$$y_t = \alpha + a_0 W_{0t} + a_1 W_{1t} + a_2 W_{2t} + u_t$$

利用样本数据，对上述的简式作 OLS 法估计 $\hat{\alpha}, \hat{a}_0, \hat{a}_1, \hat{a}_2$，得出参数，再用变换公式可得

到原模型的参数估计：

$$\begin{cases}\hat{\beta}_0=\hat{a}_0\\ \hat{\beta}_1=\hat{a}_0+\hat{a}_1+\hat{a}_2\\ \hat{\beta}_2=\hat{a}_0+2\hat{a}_1+4\hat{a}_2\\ \qquad\vdots\\ \hat{\beta}_k=\hat{a}_0+k\hat{a}_1+k^2\hat{a}_2\end{cases}$$

阿尔蒙法的优点：克服了自由度不足的问题；变换具有充分的柔顺性，可以适当改变多项式的阶数，提高逼近的精度。但也存在缺点：滞后期数值 k 究竟取多大最好，没有明确的准则；多项式的阶数 r 必须事先确定，而 r 的实际确定往往带有主观性；具有多重共线性。

3.10.3 自回归模型

1. 柯克(Koyck)模型

对无穷滞后模型

$$y_t=\alpha+\beta_0x_t+\beta_1x_{t-1}+\cdots+\beta_kx_{t-k}+u_t$$

所面临的困难，Koyck 假定模型中的系数按几何级数的方式递减，也就是解释变量 x_{t-j} 对被解释变量 y_t 的影响随滞后期 j 的增大而按几何速度减小，直至消失。因此系数结构具有以下的形式：

$$\begin{cases}\beta_j=\lambda^j\beta_0\\ 0<\lambda<1\end{cases}\quad(j=0,1,2,\cdots)$$

式中：λ 称为递减率，其值越接近于零，递减速度越快。

将上述系数结构代入无穷滞后模型，可得 Koyck 分布滞后模型：

$$y_t=\alpha+\beta_0x_t+\lambda\beta_0x_{t-1}+\lambda^2\beta_0x_{t-2}+\cdots+\lambda^k\beta_0x_{t-k}+u_t$$

对上式的估计，可以采用 Koyck 提出的 Koyck 变换。

将上式滞后一期并乘以 λ，再经处理后可得

$$y_t-\lambda y_{t-1}=\alpha(1-\lambda)+\beta_0x_t+u_t-\lambda u_{t-1}$$

或

$$\begin{cases}y_t=\alpha(1-\lambda)+\beta_0x_t+\lambda y_{t-1}+v_t\\ v_t=u_t-\lambda u_{t-1}\end{cases}$$

上述模型称为 Koyck 模型。

在 Koyck 模型中只需估计三个参数 α、β_0 及 λ，因此解决了自由度减少的问题；同时模型中只含有自变量 x_t 和滞后因变量 y_{t-1} 两个变量作解释变量，解决了多重共线性的问题。但是模型中出现了滞后因变量 y_{t-1} 作为 y_t 的解释变量，而 y_{t-1} 是随机变量，违背了解释变量是非随机变量的常规规定，因此 Koyck 变换引出两个新问题。

(1) Koyck 模型中的随机项 v_t 存在序列相关性(不满足回归模型基本假定④)

事实上，即使原模型中的随机项 u_t 满足全部经典回归模型基本假定：

$$\begin{aligned}E(v_tv_{t-1})&=E[(u_t-\lambda u_{t-1})(u_{t-1}-\lambda u_{t-2})]\\ &=E[u_tu_{t-1}+\lambda^2u_{t-1}u_{t-2}-\lambda u_{t-1}^2-\lambda u_tu_{t-2}]\\ &=-\lambda E(u_{t-1}^2)\end{aligned}$$

$$= -\lambda\sigma_u^2$$

表明 v_t 与 v_{t-1} 相关。

(2) 自变量 y_{t-1} 与随机项 v_t 相关(不满足回归模型基本假定⑤)

事实上,一方面 y_t 与 v_t 有关,y_{t-1} 与 v_{t-1} 有关;另一方面表明 v_t 与 v_{t-1} 相关,所以 y_{t-1} 不仅与 v_{t-1} 有关,而且与 v_t 有关。

由于 Koyck 变换引出的两个问题,因而使得 Koyck 模型的参数估计量是有偏并且是非一致的估计量。

在 Koyck 模型中,滞后因变量 y_{t-1} 起着自变量的作用,因而它是一个自回归模型。也就是说,Koyck 变换使分布滞后模型转变成为自回归模型,表明分布滞后模型与自回归模型之间存在着密切的联系。

2. 适应性期望模型

下面以消费函数为例加以说明。消费模型可以表示为

$$C_t = \alpha + \beta y_t^* + u_t$$

式中:C_t 为第 t 期的消费水平;y_t 为同期的实际收入水平;y_t^* 为同期的期望收入水平。

由于期望值 y_t^* 是无法观测的,因而需要对 y_t^* 做出适应性期望确定:

$$y_t^* = y_{t-1}^* + (1-\lambda)(y_t - y_{t-1}^*) \quad (0 \leqslant \lambda \leqslant 1)$$

式中:y_{t-1}^* 为解释变量第 $t-1$ 期的期望值;y_t 为解释变量第 t 期的实际值。此式的含义为解释变量现期的期望值 y_t^* 是在前期期望值的基础上,根据现期实际观测值与前期期望值的差进行调整,使之更适应实际情况。如果 $\lambda=1$,则 $y_t^* = y_{t-1}^*$,即以前期的期望值作为现期的期望值,也就是没有进行调整;如果 $\lambda=0$,则 $y_t^* = y_t$,即现期的期望值在本期完全实现,没有产生差异。

假定上式的目的是通过期望值使之更好地适应实际情况,所以称为适应性假定,也称误差学习假定。其含义是该假定具有根据自变量的实际值与期望值之间的误差来寻找更符合实际情况的新期望值的特点。

由消费模型解出

$$y_t^* = -\frac{\alpha}{\beta} + \frac{1}{\beta}C_t - \frac{1}{\beta}u_t$$

推迟一期可得

$$y_{t-1}^* = -\frac{\alpha}{\beta} + \frac{1}{\beta}C_{t-1} - \frac{1}{\beta}u_{t-1}$$

将上述两个表示式代入消费模型,可得

$$C_t = \alpha(1-\lambda) + \beta(1-\lambda)y_t + \lambda C_{t-1} + u_t - \lambda u_{t-1}$$

可简化为

$$C_t = \alpha^* + \beta^* y_t + \lambda C_{t-1} + v_t$$

上式称为适应性模型,其中

$$\begin{cases} \alpha^* = \alpha(1-\lambda) \\ \beta^* = \beta(1-\lambda) \\ v_t = u_t - \lambda u_{t-1} \end{cases}$$

适应性期望模型的经济含义:消费者当前的收入值 y_t 和以往的消费习惯值 C_{t-1} 影响着当前消费值 C_t。显然这是一个自回归模型。

3. 部分调整模型

当存在滞后效应时,自变量在某一时期内的变动所引起的因变量值的变化,要经过相当长一段时间才能充分表现出来。为了适应解释变量的变化,因变量有一个预期的最佳值(或希望值、理想值)与之对应。因此部分调整模型具有如下形式:

$$C_t^* = \alpha + \beta y_t + u_t$$

式中:y_t 代表第 t 期的收入水平;C_t^* 代表第 t 期期望达到的消费水平。

由于因变量的期望值是不可观测的,因此需要对它进行部分调整。由于各种原因,因变量的期望值难以实现,变量的实际变动($C_t - C_{t-1}$)一般仅是达到期望水平($C_t^* - C_{t-1}$)的一部分。假设所达到的比例为 δ,则部分调整假设可写为

$$C_t - C_{t-1} = \delta(C_t^* - C_{t-1}) \quad (0 \leqslant \delta \leqslant 1)$$

常数 δ 称为调整系数。当 $\delta=1$ 时,表示实际消费水平的变化等于所期望的消费水平的变化;当 $\delta=0$ 时,表示实际消费水平不变,即 t 期的实际消费水平与前期相等。

由部分调整假设表达式可得

$$C_t^* = \frac{1}{\delta} C_t - \frac{1-\delta}{\delta} C_{t-1}$$

将上式代入原始的部分调整模型并整理,可得

$$C_t = \alpha\delta + \delta\beta y_t + (1-\delta) C_{t-1} + \delta u_t$$

或

$$\begin{cases} C_t = \alpha^* + \beta_1^* y_t + \beta_2^* C_{t-1} + v_t \\ \alpha^* = \alpha\delta \\ \beta_1^* = \delta\beta \\ \beta_2^* = 1-\delta \\ v_t = \delta u_t \end{cases}$$

上式就称为部分调整模型。

利用调整系数可以计算调整到某一给定比例(p)时所需的周期数目(n)。

设调整系数为 δ,经过一个周期后,剩下为未调整的部分($1-\delta$);经过第二个周期后,未调整的部分为$(1-\delta)-\delta(1-\delta)=(1-\delta)^2$,以此类推,经过 n 个周期后,未调整部分为$(1-\delta)^n$,完成调整部分为 $1-(1-\delta)^n$,从而有

$$p = 1 - (1-\delta)^n$$

继而有

$$n = \frac{\lg(1-p)}{\lg(1-\delta)}$$

可以看出,调整系数 δ 表明了调整速度,δ 越大,调整速度越快。

3.10.4 自回归模型的估计

为了使讨论更具普遍性,前述的三种自回归模型概括成如下形式:

$$y_t = \beta_0 + \beta_1 x_t + \beta_2 y_{t-1} + v_t$$

式中

$$v_t = \begin{cases} u_t - \lambda u_{t-1} & \text{(Koyck 模型、适应性期望模型)} \\ \delta u_t & \text{(部分调整模型)} \end{cases}$$

不失一般性，可以对上述模型作进一步简化：

① 由于自回归模型的特点取决于滞后因变量 y_{t-1} 的存在，与 x_t 无关，因此在讨论模型的性质时可以将 x_t 从模型中舍去；同样，常数项也可以舍去。

② 模型中 v_t 有自相关，可以假定是一阶线性自相关。

此时，Koyck 模型、适应性模型可以简化为

$$\begin{cases} y_t = \beta y_{t-1} + v_t \\ v_t = \rho v_{t-1} + \mu_t \end{cases} \quad (\mu_t \text{ 满足回归模型基本假定 ①～④ 且与 } v_{t-1} \text{ 无关})$$

部分调整模型可以简化为

$$y_t = \beta y_{t-1} + v_t \quad (v_t \text{ 满足回归模型基本假定 ①～④})$$

1. 参数估计量的统计性质

对上述三个模型应用 OLS 法，可得

$$\hat{\beta} = \frac{\sum_{t=1}^{n} y_{t-1} y_t}{\sum_{t=2}^{n} y_{t-1}^2} = \beta + \frac{\sum_{t=2}^{n} y_{t-1} v_t}{\sum_{t=2}^{n} y_{t-1}^2}$$

可以证明三种模型的 $\hat{\beta}$ 皆不是 β 的无偏估计量。

对于部分调整模型，由于 y_{t-1} 与 v_t 不相关，所以

$$P\lim_{n\to\infty} \hat{\beta} = \beta + P\lim_{n\to\infty} \frac{\sum_{t=2}^{n} y_{t-1} v_t}{\sum_{t=2}^{n} y_{t-1}^2} = \beta$$

对于另外两个模型，由于 y_{t-1} 与 v_t 相关，所以

$$P\lim_{n\to\infty} \hat{\beta} = \beta + P\lim_{n\to\infty} \frac{\sum_{t=2}^{n} y_{t-1} v_t}{\sum_{t=2}^{n} y_{t-1}^2} \neq \beta$$

由此说明，部分调整模型参数 β 的最小二乘估计量虽然不是无偏估计量，却是一致估计量，而 Koyck 模型和适应性模型参数 β 的最小二乘估计量，不仅是有偏而且还是非一致的。也就是说，参数估计值与真值之间不仅存在差异，而且这种差异是不能通过扩大样本来缩小的。因此最小二乘法对 Koyck 模型和适应性模型不适用。

2. 自相关的 *h* 检验法

自回归模型中含有滞后因变量 y_{t-1} 作为解释变量。这时要检验模型中随机项是否存在自相关，DW 检验已经不适用，应该利用 Durbin 提出的 h 检验法。此时的统计量为

$$h = \hat{\rho} \sqrt{\frac{n}{1 - n\hat{V}(\hat{\beta}_2)}}$$

式中：$\hat{\beta}_2$ 是 y_{t-1} 系数的估计值；$\hat{V}(\hat{\beta}_2)$ 是 $\hat{\beta}_2$ 的样本方差估计值；n 为样本容量；$\hat{\rho}$ 为一阶自相关系数的估计量，在应用时，可取 $\hat{\rho} = 1 - \dfrac{d}{2}$，其中 d 为通常意义下的 DW 统计量。

在大样本情况下，证明：若 $\rho = 0$，则统计量 h 近似服从标准正态分布，由此得出检验方法。

假设 $H_0: \rho = 0$，$H_1: \rho \neq 0$，对给定的显著水平 α，有正态分布临界值 Z_α，若 $h > Z_\alpha$，则否定

H_0，断定随机误差项存在自相关；反之，不否定 H_0，即接受无自相关假设。

3. 自回归模型的估计

（1）随机项无自相关情况

部分调整模型就属于这种情况，此时可采用 OLS 法进行估计，但应注意 OLS 法所得的是有偏估计量，在大样本的情况下，其估计是一致的。

（2）随机项有一阶线性自相关

1）工具变量法

第 1 步，先对模型

$$y_t = \alpha_0 + \alpha_1 x_t + \alpha_2 x_{t-1} + u_t$$

应用 OLS 法估计。当自变量 x 的各期滞后值高度相关时，一般取滞后长度为 2 或 3。假设估计的结果为

$$\hat{y}_t = \hat{\alpha}_0 + \hat{\alpha}_1 x_t + \hat{\alpha}_2 x_{t-1}$$

滞后一期

$$\hat{y}_{t-1} = \hat{\alpha}_0 + \hat{\alpha}_1 x_{t-1} + \hat{\alpha}_2 x_{t-2}$$

第 2 步，以 $\hat{y}_{t-1}$ 作为工具变量代替自相关模型中的随机性解释变量 y_{t-1}，得模型：

$$y_t = \beta_0 + \beta_1 x_t + \beta_2 \hat{y}_{t-1} + v_t$$

再对上式应用 OLS 法，可得到参数的一致估计值。

2）广义最小二乘法

模型Ⅰ：

$$\begin{cases} y_t = \beta_0 + \beta_1 x_t + \beta_2 y_{t-1} + v_t \\ v_t = \rho v_{t-1} + \mu_t \end{cases}$$

式中 μ_t 满足回归模型基本假定①～④且与 y_{t-1} 不相关。将模型Ⅰ推迟一期乘以自相关系数 ρ，得

$$\rho y_{t-1} = \rho\beta_0 + \rho\beta_1 x_{t-1} + \rho\beta_2 y_{t-2} + \rho v_{t-1}$$

整理后得

$$y_t = \beta_0(1-\rho) + \beta_1 x_t - \rho\beta_1 x_{t-1} + (\beta_2 + \rho) y_{t-1} - \beta_2 \rho y_{t-2} + \mu_t \quad \text{（公式 Ⅰ）}$$

式中 μ_t 满足回归模型基本假定①～④且与 y_{t-1} 不相关，因此可以用 OLS 法。由于随机变量 y_{t-1} 作自变量，但 μ_t 与 y_{t-1}、y_{t-2} 不相关，估计量虽然有偏，却可得到一致（相合）估计量 $\hat{\beta}_1$ 和 $\rho\hat{\beta}_1$，由此得到 ρ 的相合估计量：

$$\hat{\rho} = \frac{\rho\hat{\beta}_1}{\hat{\beta}_1}$$

把 $\hat{\rho}$ 代入上述公式Ⅰ中并写成差分形式，便得到

$$(y_t - \hat{\rho} y_{t-1}) = \beta_0(1-\hat{\rho}) + \beta_1(x_t - \hat{\rho} x_{t-1}) + \beta_2(y_{t-1} - \hat{\rho} y_{t-2}) + \mu_t \quad \text{（广义差分模型 Ⅰ）}$$

在广义差分模型Ⅰ中，将 $(y_t - \hat{\rho} y_{t-1})$ 看成新因变量，$(x_t - \hat{\rho} x_{t-1})$ 和 $(y_{t-1} - \hat{\rho} y_{t-2})$ 看成新自变量，应用 OLS 法便可以得到 β_0、β_1 和 β_2 的一致估计量。

3）Wallis 法

此方法是把工具变量法和广义最小二乘法结合起来处理自回归模型的一种方法。

把模型Ⅰ写成向量形式：

$$\boldsymbol{Y} = \boldsymbol{X\beta} + \boldsymbol{V}$$

式中

$$\boldsymbol{\beta}=\begin{bmatrix}\beta_0\\\beta_1\\\beta_2\end{bmatrix},\quad \boldsymbol{X}=\begin{bmatrix}1 & x_1 & y_0\\1 & x_2 & y_1\\\vdots & \vdots & \vdots\\1 & x_n & y_{n-1}\end{bmatrix},\quad \boldsymbol{Y}=\begin{bmatrix}y_1\\y_2\\\vdots\\y_n\end{bmatrix},\quad \boldsymbol{V}=\begin{bmatrix}v_1\\v_2\\\vdots\\v_n\end{bmatrix}$$

第 1 步，估计参数 β。利用 x_{t-1} 作为 y_{t-1} 的工具变量，对模型 I 的向量式应用工具变量法，便有 β 的一致估计量：

$$\hat{\boldsymbol{\beta}}=(\boldsymbol{Z}^{\mathrm{T}}\boldsymbol{X})^{-1}\boldsymbol{Z}^{\mathrm{T}}\boldsymbol{Y}$$

式中

$$\boldsymbol{Z}=\begin{bmatrix}1 & x_1 & x_0\\1 & x_2 & x_1\\\vdots & \vdots & \vdots\\1 & x_n & x_{n-1}\end{bmatrix}$$

第 2 步，计算一阶线性自相关系数：

$$\hat{\boldsymbol{V}}=\boldsymbol{Y}-\boldsymbol{X}\hat{\boldsymbol{\beta}}$$

计算一阶线性自相关系数，并对偏误差进行校正：

$$\hat{\rho}=\frac{\sum_{t=2}^{n}\hat{v}_t\hat{v}_{t-1}/(n-1)}{\sum_{t=2}^{n}\hat{v}_t^2/n}+\frac{3}{n}$$

第 3 步，利用 ρ 的估计值 $\hat{\rho}$ 写出对称正定矩阵：

$$\hat{\boldsymbol{\Psi}}=\begin{bmatrix}1 & \hat{\rho} & \hat{\rho}^2 & \cdots & \hat{\rho}^{n-1}\\\hat{\rho} & 1 & \hat{\rho} & \cdots & \hat{\rho}^{n-2}\\\vdots & \vdots & \vdots & & \vdots\\\hat{\rho}^{n-1} & \hat{\rho}^{n-2} & \hat{\rho}^{n-3} & \cdots & 1\end{bmatrix}$$

根据上式的对称正定矩阵计算广义最小二乘估计式：

$$\hat{\boldsymbol{\beta}}=(\boldsymbol{X}^{\mathrm{T}}\hat{\boldsymbol{\Psi}}\boldsymbol{X})^{-1}\boldsymbol{X}^{\mathrm{T}}\hat{\boldsymbol{\Psi}}^{-1}\boldsymbol{Y}$$

得到参数的一致估计量。

(3) 随机项有一阶移动平均类型的自相关

模型 Ⅱ：

$$\begin{cases}y_t=\beta_0+\beta_1x_t+\beta_2y_{t-1}+v_t\\v_t=u_t-\lambda u_{t-1}\end{cases}$$

且有

$$\begin{cases}\mathrm{E}(u_t)=0\\\mathrm{E}(u_t^2)=0\\\mathrm{E}(u_tu_{t-s})=0\ (s\neq 0)\end{cases}$$

模型 Ⅱ 代表了 Koyck 模型和适应性期望模型。它的矩阵形式可以写成

$$\boldsymbol{Y}=\boldsymbol{X\beta}+\boldsymbol{V}$$

式中：向量 $\boldsymbol{Y},\boldsymbol{X},\boldsymbol{\beta}$ 与前表示相同。

1）广义最小二乘法

在 λ 已知时，利用模型的条件式可以计算出协方差阵：

$$E(\boldsymbol{V}\boldsymbol{V}^{\mathrm{T}})=\sigma_u^2\boldsymbol{\Phi}=\sigma_u^2\begin{bmatrix}1+\lambda^2 & -\lambda & 0 & \cdots & 0 & 0\\ -\lambda & 1+\lambda^2 & -\lambda & \cdots & 0 & 0\\ \vdots & \vdots & \vdots & & \vdots & \\ 0 & 0 & 0 & \cdots & 1+\lambda^2 & -\lambda\\ 0 & 0 & 0 & \cdots & -\lambda & 1+\lambda^2\end{bmatrix}$$

于是，可以对模型Ⅱ应用广义最小二乘法，得到估计式：

$$\hat{\boldsymbol{\beta}}=(\boldsymbol{X}^{\mathrm{T}}\boldsymbol{\Phi}^{-1}\boldsymbol{X})^{-1}\boldsymbol{X}^{\mathrm{T}}\boldsymbol{\Phi}^{-1}\boldsymbol{Y}$$

2）搜索法

在 λ 未知时，可以应用以下搜索方法。

模型Ⅲ：

$$y_t=\beta_0+\beta_1x_t+\lambda y_{t-1}+u_t-\lambda u_{t-1}$$

Koyck 模型和适应性模型都具有这种形式。

记 $W_t=y_t-u_t$，再将 W_t 滞后一期作差可得

$$W_t-\lambda W_{t-1}=y_t-\lambda y_{t-1}-(u_t-\lambda u_{t-1})$$

整理后可得

$$W_t-\lambda W_{t-1}=\beta_0+\beta_1x_t$$

或

$$W_t=\lambda W_{t-1}+\beta_0+\beta_1x_t$$

连续迭代上式右边的 W，可得

$$W_t=\lambda^tW_0+\beta_0(1+\lambda+\lambda^2+\cdots+\lambda^{t-1})+\beta_1(x_t+\lambda x_{t-1}+\lambda^2x_{t-2}+\cdots+\lambda^{t-1}x_1)$$

式中：$W_0=y_0-u_0$ 可取某一个常数初值。

W_t 表达式可以重新写作模型Ⅳ：

$$y_t=\lambda^tW_0+\beta_0(1+\lambda+\lambda^2+\cdots+\lambda^{t-1})+\beta_1(x_t+\lambda x_{t-1}+\lambda^2x_{t-2}+\cdots+\lambda^{t-1}x_1)+u_t$$

如果 λ 是已知的，那么 y 就是未知参数 W_0、β_0、β_1 及随机项 u 的线性函数，因此可应用 OLS 法，此时数据矩阵应是

$$\boldsymbol{X}=\begin{bmatrix}\lambda & 1 & x_1\\ \lambda^2 & 1+\lambda & x_2+\lambda x_1\\ \lambda^3 & 1+\lambda+\lambda^2 & x_3+\lambda x_2+\lambda^2x_1\\ \vdots & \vdots & \vdots\\ \lambda^n & 1+\lambda+\lambda^2+\cdots+\lambda^{n-1} & x_n+\lambda x_{n-1}+\lambda^2x_{n-2}+\cdots+\lambda^{n-1}x_1\end{bmatrix}$$

如果 λ 是未知的，那么矩阵 $\boldsymbol{X}$ 也就是未知的。所谓的搜索法是，在 $0<\lambda<1$ 内选择 λ 值，对每个 λ 值计算矩阵 $\boldsymbol{X}$，然后用 OLS 法拟合模型Ⅳ，选出使残差平方和最小的 λ 值及对应的 β_0 和 β_1。

然后在上述的第一轮所选出的 λ 值周围的一个小范围里，再细分网格，进行第二轮搜索，可以达到更高的精度。这样继续下去，直至满意为止。

3.11 回归分析预测法的 MATLAB 实战

例 3.1 合金的强度 y 与其中的碳含量 x 有比较密切的关系，今从生产中搜集了一批数据，如表 3.5 所列。

表 3.5 合金的强度与碳含量数据

x	0.10	0.11	0.12	0.13	0.14	0.15	0.16	0.17	0.18
y	42.0	41.5	45.0	45.5	45.0	47.5	49.0	55.0	50.0

试对表中的数据进行拟合，再用回归分析预测法对它进行检验。

解： 为了确定拟合函数的形式，先画出如图 3.14 所示的数据分布散点图。从图中可知，y 与 x 大致上为线性关系。

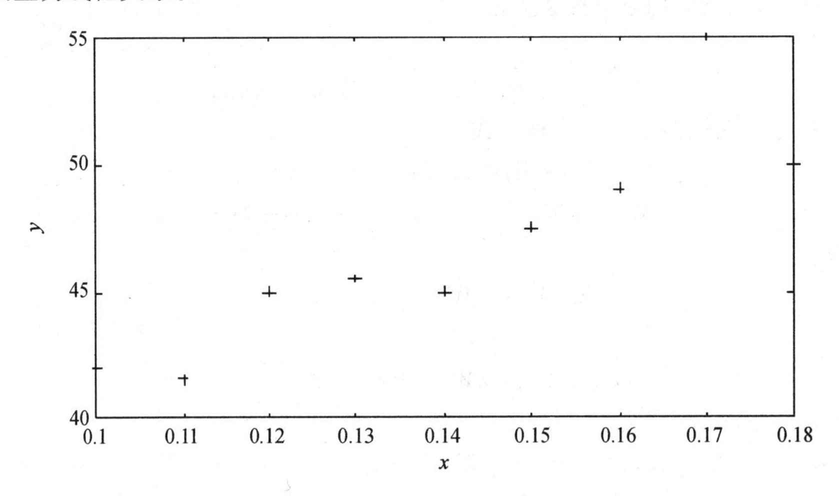

图 3.14 数据分布散点图

设回归模型为

$$y = \beta_0 + \beta_1 x$$

利用 MATLAB 中的回归函数 regress 可得回归系数和模型检验等参数：

```
[b,bint,r,rint,stats] = regress(y,x);     % x 和 y 分别为自变量和因变量的观测值
b = 27.4722   137.5000
bint = 18.6851   36.2594
       75.7755   199.2245
stats = 0.7985   27.7469   0.0012   4.0883
```

即回归系数 $\hat{\beta}_0 = 27.4722$，$\hat{\beta}_1 = 137.5000$。$\hat{\beta}_0$ 的置信区间是[18.6851，36.2594]，$\hat{\beta}_1$ 的置信区间是[75.7755，199.2245]；$R^2 = 0.7985$，$F = 27.7469$，$p = 0.0012$，$s^2 = 4.0883$。可知回归函数式基本符合数据分布，但线性关系并不是很好，说明数据质量不高。

从图 3.14 可以看出，其中有一个点（第 8 个数据点）与直线相距较远，应为异常点。

从图 3.15 可以得到证实，此点的残差置信区间不包含零点。

剔除此点（第 8 个点）后，再进行回归分析，可得如下结果：

```
b = 30.7820 109.3985
```

```
bint  = 26.2805 35.2834
        76.9014 141.8955
stats  = 0.9188 67.8534 0.0002 0.8797
```

此结果较为满意，更符合实际情况。

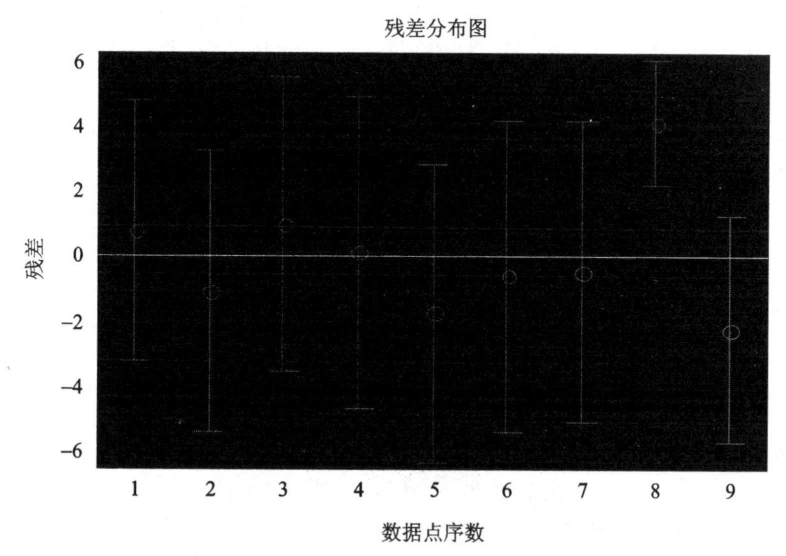

图 3.15 回归数据的残差分布图

例 3.2 某厂生产的一种电器的销售量 y 与竞争对手的价格 x_1 和本厂的价格 x_2 有关。表3.6是该电器在10个城市的销售记录。试根据这些数据建立 y 与 x_1 和 x_2 的关系式，并对得到的模型和系数进行检验。

表 3.6 某厂电器的销售量数据

x_1	120	140	190	130	155	175	125	145	180	150
x_2	100	110	90	150	210	150	250	270	300	250
y	102	100	120	77	46	93	26	69	65	85

解： 分别画出 y 关于 x_1 和 y 关于 x_2 的散点图，如图3.16所示，可以看出 y 与 x_2 有较明显的线性关系，而 y 与 x_1 之间的关系则难以确定。可以作几种回归关系尝试，然后用统计分析决定优劣。

设回归模型为

$$y = \beta_0 + \beta_1 x_1 + \beta_2 x_2$$

根据数据可得如下结果：

```
b = 66.517 6     0.413 9      - 0.269 8                  % 回归系数
bint  =  - 32.506 0     165.541 1                        % 回归系数的置信区间
         - 0.201 8      1.029 6
         - 0.461 1       - 0.078 5
stats  = 0.652 7     6.578 6     0.024 7     351.044 5   % 统计量
```

可以看出结果不是太好：$p = 0.0247$，取 $\alpha = 0.05$ 时，因 $p<\alpha$，拒绝原假设，回归模型可用；但取 $\alpha = 0.01$ 时模型就不成立；$R^2 = 0.6527$ 较小；$\hat{\beta}_0$ 和 $\hat{\beta}_1$ 的置信区间包含了零点，说明没有异常点。

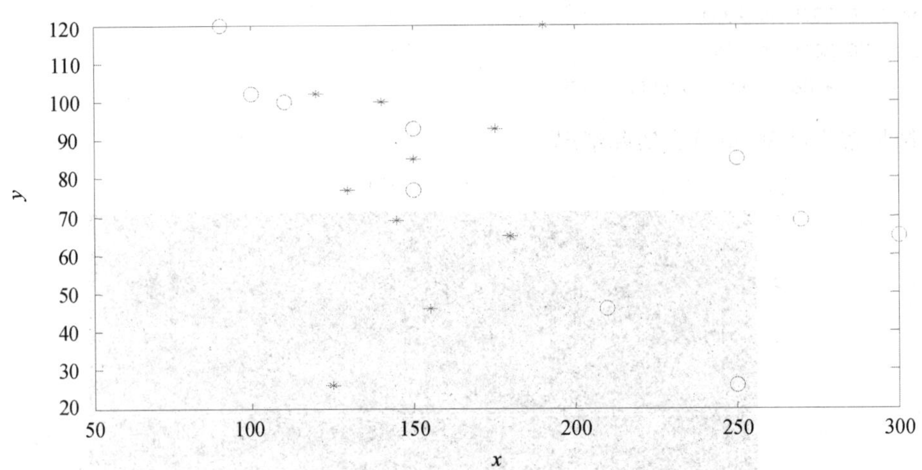

图 3.16 数据分布散点图

为了得到更好的回归方程式，选用多项式回归方法。

设回归模型为

$$y=\beta_0+\beta_1x_1+\beta_2x_2+\beta_{11}x_1^2+\beta_{22}x_2^2$$

在 MATLAB 工作空间输入：

```
>> x = [x1 x2];rstool(x,y,'purequadratic')
```

可得到如图 3.17 所示的交互图。

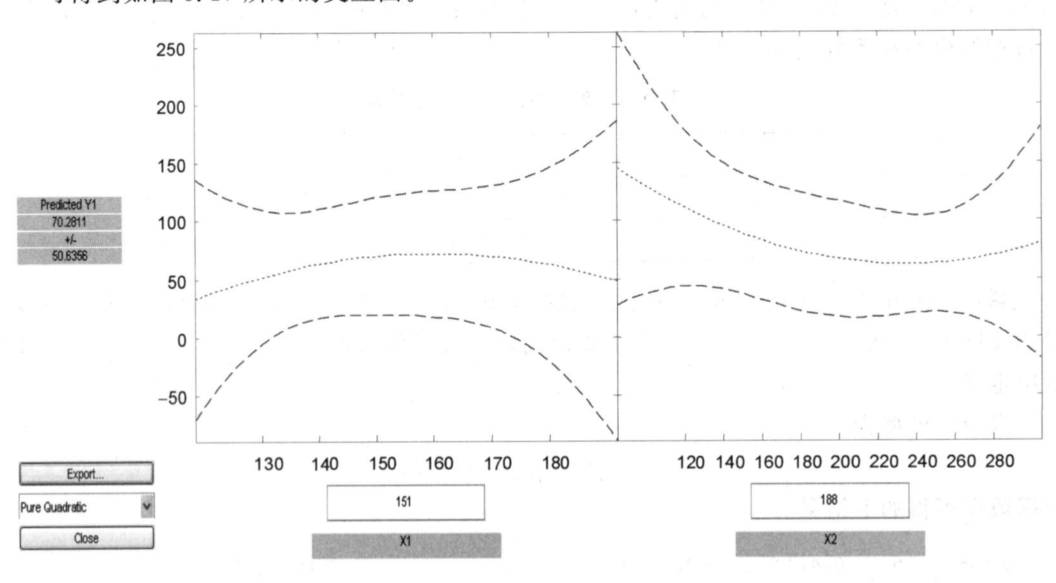

图 3.17 多项式回归交互图

图 3.17 的左边是 x_1(=151)固定时的曲线 $y(x_1)$ 及其置信区间，右边是 x_2(=188)固定时的曲线 $y(x_2)$ 及其置信区间。在图下方框口内输入，可改变 x_1 和 x_2 的值。图最左边给出了 $\hat{y}$ 的预测值及其置信区间。用这种画面可以回答诸如“若某市本厂产品售价 160 元，竞争对手售价 170 元，预测该市的销售量”等问题。

图的左下方有两个功能设置。

一个是 Export，用以向 MATLAB 工作区传送数据，包括 beta(回归系数)、rmse(剩余标准差）、residuals（残差）。可得到本题的回归系数和剩余标准差：

beta = −312.587 1　　7.270 1　　−1.733 7　　−0.022 8　　0.003 7

rmse = 16.643 6

另一个是模型，可以在四个不同的多项式模型中选择最合适的模型。通过比较各个回归模型的剩余标准差来确定最合适的回归方程式。

Linear（线性）：$y = \beta_0 + \beta_1 x_1 + \cdots + \beta_m x_m$

Pure Quadratic（纯二次）：$y = \beta_0 + \beta_1 x_1 + \cdots + \beta_m x_m + \sum_{j=1}^{m} \beta_{jj} x_j^2$

Interaction（交叉）：$y = \beta_0 + \beta_1 x_1 + \cdots + \beta_m x_m + \sum_{1 \leqslant j \neq k \leqslant m} \beta_{jk} x_j x_k$

Quadratic（完全二次）：$y = \beta_0 + \beta_1 x_1 + \cdots + \beta_m x_m + \sum_{1 \leqslant j,k \leqslant m} \beta_{jk} x_j x_k$

在本例中，最后选择的回归方程式为纯二次多项式，即

$$y = \beta_0 + \beta_1 x_1 + \beta_2 x_2 + \beta_{11} x_1^2 + \beta_{22} x_2^2$$

其中的回归模型参数为各 β 值。

例 3.3　在研究化学动力学反应过程中，建立了一个反应速度和反应物含量的数学模型，形式为

$$y = \frac{\beta_4 x_2 - \dfrac{x_3}{\beta_5}}{1 + \beta_1 x_1 + \beta_2 x_2 + \beta_3 x_3}$$

式中：$\beta_1, \cdots, \beta_5$ 是未知的参数；x_1, x_2, x_3 分别是氢、n -戊烷、异构戊烷三种反应物的含量；y 是反应速度。今测得一组数据如表 3.7 所列，试由此确定参数 $\beta_1, \cdots, \beta_5$，并给出其置信区间。$\beta_1, \cdots, \beta_5$ 的参考值为(0.1,0.05,0.02,1,2)。

表 3.7　实验数据

序　号	y	x_1	x_2	x_3	序　号	y	x_1	x_2	x_3
1	8.55	470	300	10	8	4.35	470	190	65
2	3.79	285	80	10	9	13.00	100	300	54
3	4.82	470	300	120	10	8.50	100	300	120
4	0.02	470	80	120	11	0.05	100	80	120
5	2.75	470	80	10	12	11.32	285	300	10
6	14.39	100	190	10	13	3.13	285	190	120
7	2.54	100	80	65					

解：首先，以回归系数和自变量为输入变量，将要拟合的模型写成函数文件 myfun1：

```
function y = predicfun1 (beta,x)
y = (beta(4) * x(:,2) - x(:,3)/beta(5))./(1 + beta(1) * x(:,1) + beta(2) * x(:,2) + beta(3) * x(:,3));
```

然后，用 nlinfit 计算回归系数，用 nlparci 计算回归系数的置信区间，用 nlpredci 计算预测值及其置信区间。

也可以用 nlintool 得到一个交互式界面来解此题，如：

```
>>nlintool(x,y,'predicfun1',beta);
```

即可得到交互式界面。界面中左下方的 Export 可向工作区传送数据，如回归系数、剩余标准差等。

最终本题的计算结果为

```
Beta = 0.0628   0.0400   0.1124   1.2526   1.1914    % 回归系数值
```

例 3.4 根据拼字游戏，每个字母出现频率与特征值数据集（见表 3.8），试求字母出现频率与字母间回归关系曲线。

表 3.8 拼字游戏字母出现频率和特征值

字 母	字母出现频率	特征值	字 母	字母出现频率	特征值	字 母	字母出现频率	特征值
A	9	1	J	1	8	S	4	1
B	2	3	K	1	5	T	6	1
C	2	3	L	4	1	U	4	1
D	4	2	M	2	3	V	2	4
E	12	1	N	6	1	W	2	4
F	2	4	O	8	1	X	1	8
G	3	2	P	2	3	Y	2	4
H	2	4	Q	1	10	Z	1	10
I	9	1	R	6	1			

解： 在作回归分析前，一般都先画出变量间的散点图，然后再判断变量间存在何种关系。对于本例，作图 3.18，可以看出，字母出现频率与特征值间的关系并不是直线关系，而更近似于二次关系。

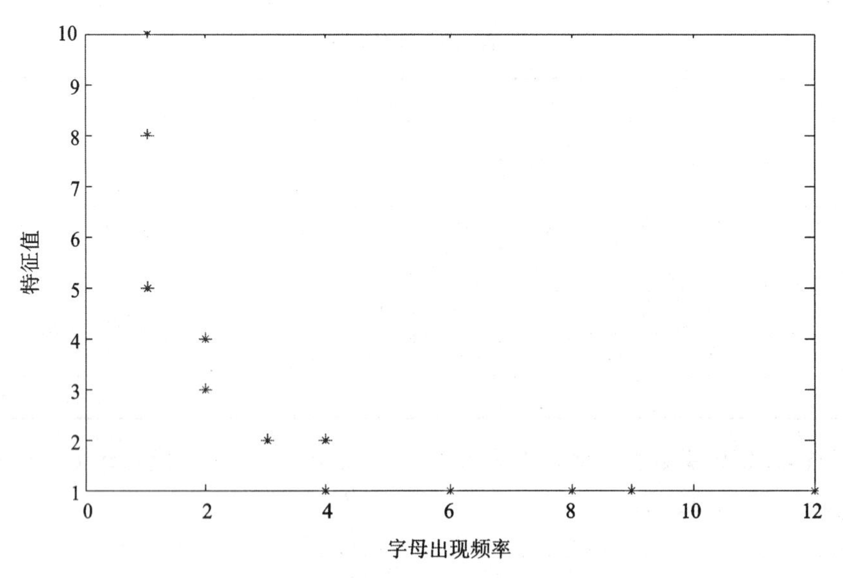

图 3.18 拼字游戏中点相对于频率的散点图

根据散点图确定变量间为非线性关系后，就可以通过一定的关系转换成线性回归，也可以直接进行多项式回归或非线性回归。在此采用第 1 种方法。

根据“膨胀规则”可以发现，图 3.18 与图 3.10 中的“x 下、y 下”的曲线最为相似，因此通过“重新表达阶梯”将现在的阶梯位置上(t^1)下降一个或多个点来变换变量 x 及 y，即使用平方根或自然对数变换就可实现线性拟合。图 3.19 为应用平方根变换后所得到的曲线。可以看出，平方根变换后线性关系仍不明显。所以继续下移，用自然对数变换，得图 3.20，可以看出，此时线性关系较为明显。

最后确定对原始数据进行自然变换后，再进行线性拟合，可以得到较好的结果：

```
a = 1.9403    - 1.0054          % 回归系数
```

即最终的回归模型为

$$\ln(\text{特征值}) = 1.940\,3 - 1.005\,4\ \ln(\text{频率})$$

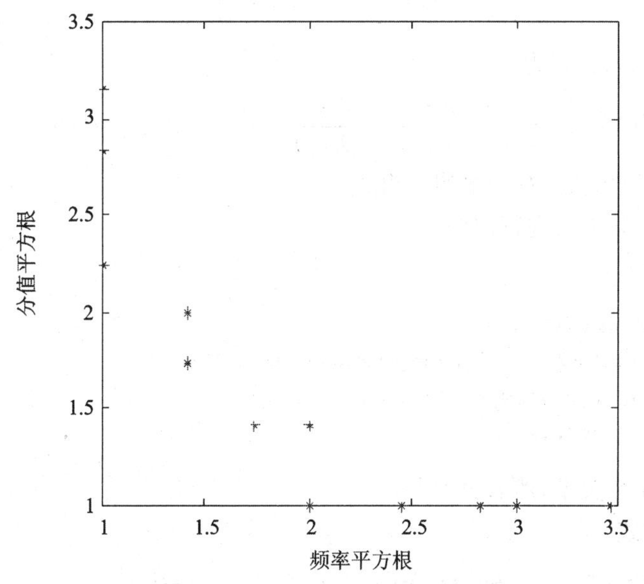

图 3.19　平方根变换后的关系图

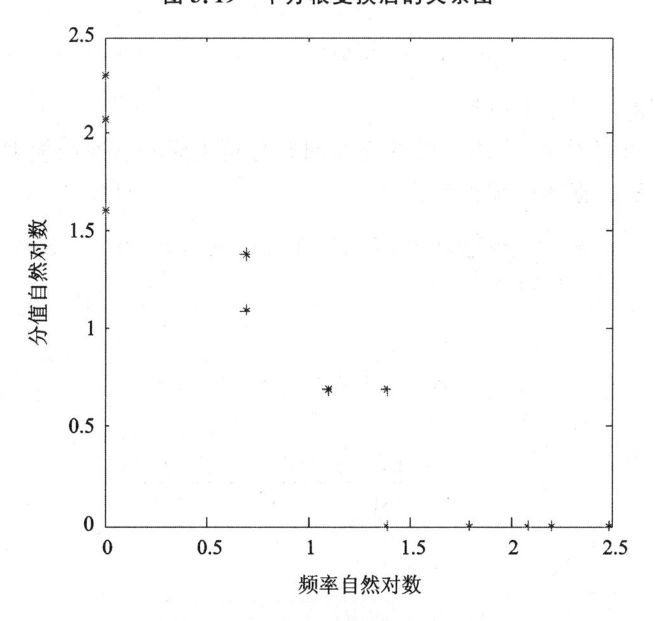

图 3.20　自然对数变换后的关系图

例 3.5 在某次住房展销会上，与房地产商签订初步购房意向书的共有 325 名客户，将 325 名客户分为 9 组，根据调查，发现在随后的 3 个月的时间内，只有一部分客户确定购买了房屋。购买了房屋的记为 1，没有购买房屋的记为 0。以客户的家庭年收入(万元)为自变量，试对表 3.9 中的数据建立 Logistic 回归模型并进行相应的分析。表中 x 为家庭年收入，n_i 为签订意向书人数，m_i 为实际购房人数。

表 3.9 统计数据

x	3.5	4.5	5.5	6.5	7.5	8.5	9.5	1.5	2.5
n_i	58	52	43	39	28	21	15	25	32
m_i	26	22	20	22	16	13	10	8	13

解： Logistic 回归方程为

$$p_i = \frac{\exp(\beta_0 + \beta_i x_i)}{1 + \exp(\beta_0 + \beta_i x_i)} \quad (i = 1, 2, 3, \cdots, c)$$

式中：c 为分组数据的级数，对于本例 c 为 9。

① 用非线性回归方法进行回归。

编写回归方程式：

```
function y = predicfun2(beta,x)
y = exp(beta(1) + beta(2) * x)./(1 + exp(beta(1) + beta(2) * x));
≫beta = lsqcurvefit('predicfun2',beta,x,p)
beta = - 0.9143     0.1648
```

② 先转换成线性关系，然后再回归。

编写回归方程式：

```
≫ x = [ones(9,1),x'];p = log(p./(1 - p))';[b,bint,r,rint,stats] = regress(p,x,0.01);
≫ b = - 0.9187     0.1657
stats  = 0.9489   129.8636     0.0000      0.0127
```

两种方法得到的结果基本一致。

从以上的结果可以看出，采用一般的方法回归分析 Logistic 回归模型，效果并不好，需要采用加权偏小二乘法。据此可编程计算得出：

```
≫ data = [x' n' m']; [b0,b1] = logistic(data)     % x,n,m 分别为表中三行数据
b0  = - 0.8863      b1  = 0.1594
```

即回归方程式为

$$Z = -0.886 + 0.16x$$

或

$$\hat{p} = \frac{\exp(-0.886 + 0.16x)}{1 + \exp(-0.886 + 0.16x)}$$

或写成

$$\hat{p} = \frac{1}{1 + \exp(0.886 - 0.16x)}$$

由回归方程可知，家庭年收入 x 越高，$\hat{p}$ 越大，即签订意向后真正购买的概率就越大。

例如对于年收入为9万元的客户，其购买概率为

$$\hat{p}=\frac{1}{1+\exp(0.886-0.16\times 9)}=0.6309$$

即年收入为9万元的客户签订意向后有63.09%的人会真正买房。

家庭年收入为9万元的客户，签订意向后最终买房与不买房的可能性大小之比为

$$\text{odd}(\text{年收入 9 万元})=\frac{\hat{p}}{1-\hat{p}}=\exp(0.886-0.16\times 9)=1.709$$

说明家庭年收入为9万元的客户签订意向后最终买房的可能性是不买房的1.709倍。另外，可得如下关系式：

$$\text{OR}(\text{年收入 9 万元，年收入 8 万元})=\frac{\exp(-0.886+0.16\times 9)}{\exp(-0.886+0.16\times 8)}=1.1686$$

所以一个家庭年收入9万元的客户签订意向后最终买房的可能性是年收入8万元客户的约1.17倍。

例3.6 表3.10给出了一组银行数据的样本，表中，y 表示专家对每个银行金融情况的判断，“1”表示金融状况弱，“0”表示金融状况强；x_1 为总贷款和租赁/总资产；x_2 为总费用/总资产值。

表3.10 银行数据样本

y	1	1	1	1	1	1	1	1	1	0
x_1	0.64	1.04	0.66	0.80	0.69	0.74	0.63	0.75	0.56	0.65
x_2	0.13	0.10	0.11	0.09	0.11	0.14	0.12	0.12	0.16	0.12
y	0	0	0	0	0	0	0	0	0	0
x_1	0.55	0.46	0.72	0.43	0.52	0.54	0.30	0.67	0.51	0.79
x_2	0.10	0.08	0.08	0.08	0.07	0.08	0.09	0.07	0.09	0.03

解： ① 考虑构建一个自变量的简单Logistic回归模型。

首先以总贷款和租赁与总资产之比（即 x_1）作为自变量的Logistic回归模型。因变量：

$$Y=\begin{cases}1 & \text{如果金融状况窘迫}\\ 0 & \text{其他情况}\end{cases}$$

自（或解释）变量：x_1 表示“总贷款和租赁与总资产之比”。

因变量和自变量间的关系式为

$$P(Y=1\mid x_1)=\frac{\exp(\beta_0+\beta_1 x_1)}{1+\exp(\beta_0+\beta_1 x_1)}$$

利用glmfit函数对表3.10中的数据作模型的最大似然估计，可得

$$\hat{\beta}=-6.926,\quad \hat{\beta}=10.99$$

即模型为

$$P(Y=1\mid x_1)=\frac{\exp(-6.926+10.99x_1)}{1+\exp(-6.926+10.99x_1)}\quad(\text{模型 1})$$

很明显：

$$P(Y=0\mid x_1)=1-P(Y=1\mid x_1)=\frac{1}{1+\exp(-6.926+10.99x_1)}$$

$$\frac{P(Y=1\mid x_1)}{P(Y=0\mid x_1)}=\exp(-6.926+10.99x_1)$$

银行的贷款和租赁与资产之比是 0 的概率导致财政状况紧张的程度：

$$\exp(-6.926)=0.001$$

这是基本事件的概率。

银行在比率为 0.6 时在基本事件中财政紧张的概率将按倍数 $\exp(10.99\times0.6)=730$ 增加，因此该银行将陷入财政紧张的概率为 0.730。

同样，可求得自变量为 x_2 时的 Logistic 模型：

$$P(Y=1\mid x_2)=\frac{\exp(-9.587+94.35x_2)}{1+\exp(-9.587+94.35x_2)} \quad (模型 2)$$

② 考虑两个变量的 Logistic 回归模型，其具体表达式为

$$P(Y=1\mid x_1,x_2)=\frac{\exp(-14.19+9.173x_1+79.96x_2)}{1+\exp(-14.19+9.173x_1+79.96x_2)} \quad (模型 3)$$

通过对这三个模型的检验，可看出模型 3 的性能明显要好于另外两个模型，其情况可以利用函数[b,dev,stats]=glmfit(…)中的 stats 参数得到。

对以上回归结果作图，可得图 3.21。

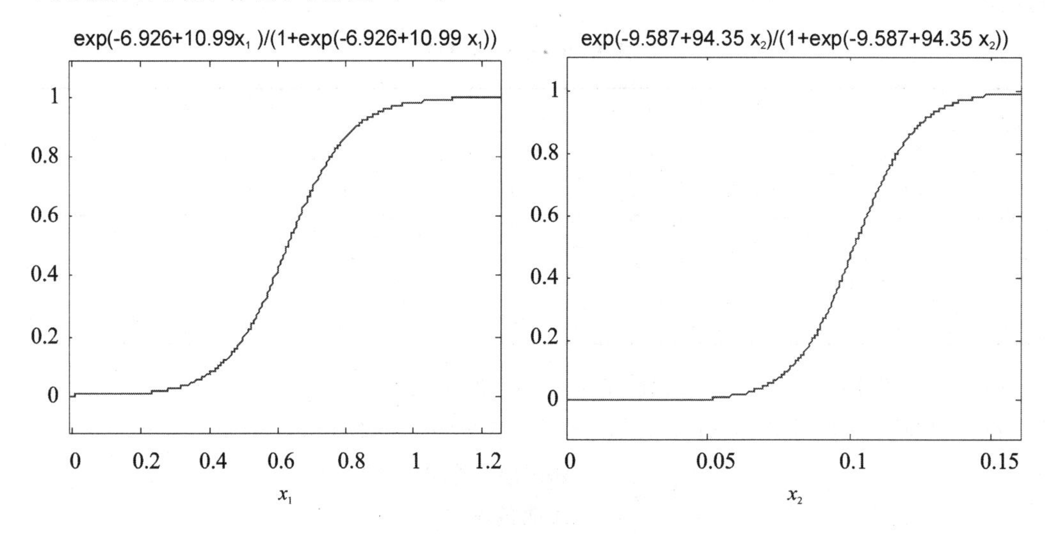

图 3.21 单变量 Logistic 模型图

例 3.7 一般认为，体质指数越大(BMI≥25)，表示某人越肥胖，而越肥胖，患心血管病的概率越大。根据表 3.11 肥胖组患心血管病的体检数据，试建立体质指数与患心血管病概率的 Logistic 模型。表中 y 表示是否患心血管病，$y=1$ 表示患上，$y=0$ 表示未患上。

表 3.11 肥胖组患心血管病的体检数据

体质指数 x	观察值个数	$y=1$ 的观察值个数	$y=0$ 的观察值个数
25	110	68	42
26	93	55	38
27	86	66	20
28	42	32	10
29	28	21	7
30	29	25	4

解：根据表中的数据，可以进行逻辑回归分析：

```
>> x = [25 26 27 28 29 30]';f = [68 55 66 32 21 25]';t = [110 93 86 42 28 29]';
>> [b,dev] = glmfit(x,[f t],'binomial','logit');
>> b = -6.0324   0.2570        % 回归系数
```

于是得到 Logistic 回归模型为

$$\ln\frac{\hat{p}}{1-\hat{p}}=-6.0323+0.257x$$

从而可知患病概率的拟合值为

$$\hat{p}=\frac{e^{-6.0323+0.257x}}{1+e^{-6.0323+0.257x}}$$

根据 BMI 和患心血管病之间的逻辑关系模型，可以判断出两者之间的关系。当体质指数为 x_1 时，患心血管病的概率为 p_1；当 BMI 变化一个单位（即变为 x_1+1）时，患心血管病的概率记为 p_2，则有

$$\ln\frac{\hat{p}_1}{1-\hat{p}_1}=-6.0323+0.257x_1$$

$$\ln\frac{\hat{p}_2}{1-\hat{p}_2}=-6.0323+0.257(x_1+1)$$

$$\ln\frac{\hat{p}_2}{1-\hat{p}_2}-\ln\frac{\hat{p}_1}{1-\hat{p}_1}=\ln\left[\frac{\hat{p}_2/(1-\hat{p}_2)}{\hat{p}_1/(1-\hat{p}_1)}\right]=0.257$$

从而

$$\frac{\hat{p}_2/(1-\hat{p}_2)}{\hat{p}_1/(1-\hat{p}_1)}=e^{0.257}=1.293$$

这说明 $\frac{p_2}{1-p_2}\approx1.293\frac{p_1}{1-p_1}$，可以看出，BMI 对患心血管病的影响是随着它的增加而增加的。

例 3.8　表 3.12 为某公司语音邮箱套餐会员流失的情况，请对此进行逻辑回归分析。

表 3.12　语音套餐会员流失情况统计表

流失情况	语音邮箱_否 $x=0$	语音邮箱_是 $x=1$	合　计
流失_假($y=0$)	2 008	842	2 850
流失_真($y=1$)	403	80	483
合　计	2 411	922	3 333

解：根据表中的数据可以得到，使用语音邮箱套餐的客户流失的发生比（事件发生的概率与事件不发生的概率之比）：

$$P(y=1\mid x=1)=\frac{p_1}{1-p_1}=\frac{80}{842}=0.0950$$

未使用语音套餐的客户流失的发生比：

$$P(y=1\mid x=0)=\frac{p_0}{1-p_0}=\frac{403}{2008}=0.2007$$

从而可以得到让步比(是指 $x=1$ 时因变量发生的发生比除以 $x=0$ 时因变量发生的发生比)：

$$\mathrm{OR}=\frac{\dfrac{p_1}{1-p_1}}{\dfrac{p_0}{1-p_0}}=\frac{0.095}{0.2007}=0.47$$

通过以上两个数据可分别计算出逻辑回归的系数：

$$b_1=\ln 0.47=-0.7550,\quad b_0=\ln(0.095/0.47)=-1.5989$$

则拥有语音邮箱套餐的客户或者没有语音邮箱套餐的客户流失的估计量为

$$\hat{p}=\frac{\mathrm{e}^{-1.5989-0.7550x}}{1+\mathrm{e}^{-1.5989-0.7550x}}$$

对于一个拥有此套餐的客户，估计其流失的概率为

$$\hat{p}=\frac{\mathrm{e}^{-1.5989-0.7550\times1}}{1+\mathrm{e}^{-1.5989-0.7550\times1}}=0.0868$$

此概率要小于客户流失的总比例(483/333 3=14.5%)，说明开通语音套餐有利于减少客户的流失。

对于没有开通语音邮箱套餐的客户，估计其流失的概率为

$$\hat{p}=\frac{\mathrm{e}^{-1.5989}}{1+\mathrm{e}^{-1.5989}}=0.1681$$

此概率比客户流失的总比例稍高一点，说明没有开通语音邮箱套餐对客户流失的影响并不大。

例 3.9 判断客户是否会流失，客服电话数也是一个较好的变量(CSC)。例如对不同会员按其拨打客服电话数进行统计，可以得到表 3.13 所列的数据集。在此，CSC_低是指拨打 0 或 1 个客服电话；CSC_中是指拨打 2 或 3 个客服电话；CSC_高是指拨打 4 个或以上的客服电话。试对其进行逻辑回归分析。

表 3.13 客服电话数与客户流失情况统计表

流失情况	CSC_低	CSC_中	CSC_高	合 计
流失_假($y=0$)	1 664	1 057	129	2 850
流失_真($y=1$)	214	131	138	483
合 计	1 878	1 188	267	3 333

解：根据题意可知，CSC 是一个三分预测变量。对于这类问题，首先需要用指示变量(虚拟变量)和参照单元编码法给数据集编码。假定选择 CSC_低作为参照单元，则可把指标变量值分配给另外两个变量：CSC_中和 CSC_高，如表 3.14 所列。

表 3.14 使用 CSC_低为参考单元编码的数据集

客服电话数	CSC_中	CSC_高
低(0 或 1 个电话)	0	0
中(2 或 3 个电话)	1	0
高(≥4 个电话)	0	1

把 CSC_低作为参考单元，可计算出让步比。

对于 CSC_中，有

$$\mathrm{OR}=\frac{131\times 1\ 664}{214\times 1057}=0.963\ 687\approx 0.96$$

$$b_1=\ln 0.96=-0.036\ 989\ 1$$

对于 CSC_高，有

$$\mathrm{OR}=\frac{138\times 1\ 664}{214\times 129}=8.318\ 19\approx 8.32$$

$$b_2=\ln 8.32=2.118\ 44$$

那些很少拨打电话的客户的流失率为

$$p(y=1\mid \text{CSC\_低})=\frac{214}{1\ 878}=0.114$$

从这个值可以求出 b_0：

$$\hat{p}=\frac{e^{b_0+b_1(\text{CSC\_中})+b_2(\text{CSC\_高})}}{1+e^{b_0+b_1(\text{CSC\_中})+b_2(\text{CSC\_高})}}=\frac{e^{b_0+b_1(0)+b_2(0)}}{1+e^{b_0+b_1(0)+b_2(0)}}=0.114$$

$$b_2=\ln\frac{0.114}{1-0.114}=-2.050\ 5$$

所以，客户流失概率的估计量为

$$\hat{p}(y=1)=\frac{e^{b_0+b_1(\text{CSC\_中})+b_2(\text{CSC\_高})}}{1+e^{b_0+b_1(\text{CSC\_中})+b_2(\text{CSC\_高})}}=\frac{e^{-2.051-0.036\ 989\ 1(\text{CSC\_中})+2.118\ 44(\text{CSC\_高})}}{1+e^{-2.051-0.036\ 989\ 1(\text{CSC\_中})+2.118\ 44(\text{CSC\_高})}}$$

从而可以计算出以下各种情况下的流失概率。

拨打电话处于中等水平的客户的流失概率为

$$\hat{p}(y=1)=\frac{e^{-2.051-0.036\ 989\ 1(1)+2.118\ 44(0)}}{1+e^{-2.051-0.036\ 989\ 1(1)+2.118\ 44(0)}}=0.11$$

与很少拨打电话的客户流失概率基本相等，所以可以不考虑 CSC_低和 CSC_中的客户流失率之间的差异。

经常拨打电话的客户的流失概率为

$$\hat{p}(y=1)=\frac{e^{-2.051-0.036\ 989\ 1(0)+2.118\ 44(1)}}{1+e^{-2.051-0.036\ 989\ 1(0)+2.118\ 44(1)}}=0.516\ 9$$

该值显示有一个较高的流失率，比全部样本的客户流失率要高 3 倍。显然，公司要注意这些拨打电话不少于 4 个的客户。

例 3.10　水泥凝固时放出的热量 y 与水泥中 4 种化学成分 x_1,x_2,x_3,x_4 有关，今测得一组数据如表 3.15 所列。试用逐步回归来确定一个回归模型。

表 3.15　实验数据

序　号	x_1	x_2	x_3	x_4	y
1	7	26	6	60	78.5
2	1	29	15	52	74.3
3	11	56	8	20	104.3
4	11	31	8	47	87.6
5	7	52	6	33	95.9

续表 3.15

序　号	x_1	x_2	x_3	x_4	y
6	11	55	9	22	109.2
7	3	71	17	6	102.7
8	1	31	22	44	72.5
9	2	54	18	22	93.1
10	21	47	4	26	115.9
11	1	40	23	34	83.8
12	11	66	9	12	113.3
13	10	68	8	12	109.4

解：利用 MATLAB 中的逐步回归函数 stepwise 对数据逐步回归分析。

```
≫load x0;x = x0(:,1:4);y = x0(:,5);stepwise(x,y)     % 逐步回归函数
```

得到图 3.22 所示的图形界面。根据界面中的提示(Next Step 或 All Steps),逐步对变量进行移出或移入等操作,最后得到结果(分步回归图形界面中显示为蓝色的变量):

```
beta1 = 0  1.4400    0    0    - 0.614    0
```

即选择最终的变量为 x_1 和 x_4,常数项可根据下式编码求出:

```
mean(y) - mean([x(:,1) x(:,4)]) * [beta(1) beta(4)]' = 103.1
```

最终回归方程为

$$y = 103.1 + 1.44x_1 - 0.614x_4$$

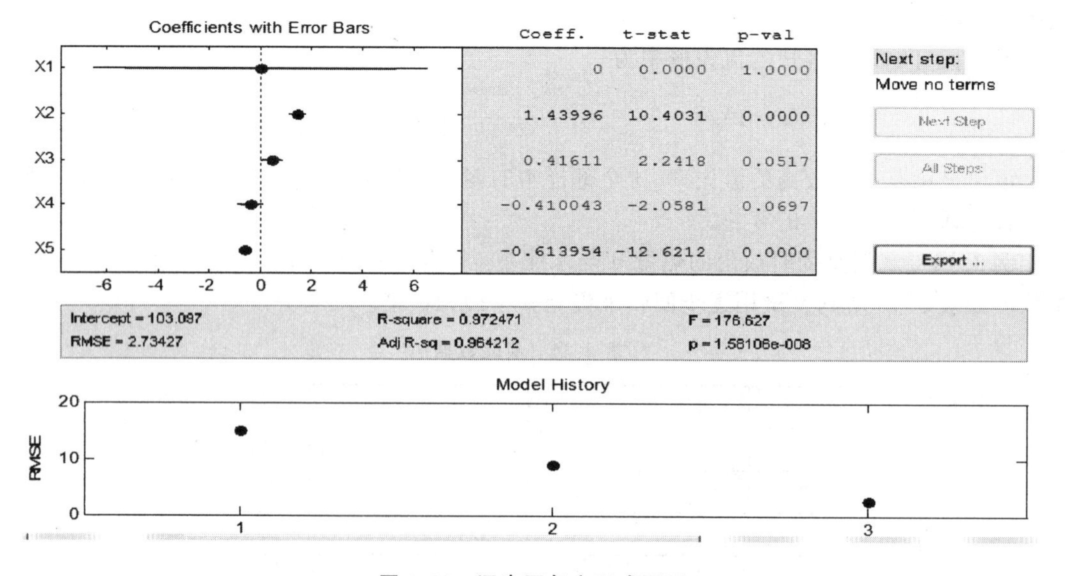

图 3.22　逐步回归交互式画面

例 3.11　表 3.16 是我国在某段时间内财政收入数据表,请对其进行回归分析。

表 3.16 财政收入数据

国民收入/亿元	工业总产值/亿元	农业总产值/亿元	总人口/百万人	就业人口/百万人	固定资产投资/亿元	财政收入/亿元
598	349	461	57 482	20 729	44	184
586	455	475	58 796	21 364	89	216
707	520	491	60 266	21 832	97	248
737	558	529	61 465	22 328	98	254
825	715	556	62 828	23 018	150	268
837	798	575	64 653	23 711	139	286
1 028	1 235	598	65 994	26 600	256	357
1 114	1 681	509	67 207	26 173	338	444
1 079	1 870	444	66 207	25 880	380	506
757	1 156	434	65 859	25 590	138	271
677	964	461	67 295	25 110	66	230
779	1 046	514	69 172	26 640	85	266
943	1 250	584	70 499	27 736	129	323
1 152	1 581	632	72 538	28 670	175	393
1 322	1 911	687	74 542	29 805	212	466
1 249	1 647	697	76 368	30 814	156	352
1 187	1 565	680	78 534	31 915	127	303
1 372	2 101	688	80 671	33 225	207	447
1 638	2 747	767	82 992	34 432	312	564
1 780	3 156	790	85 229	35 620	355	638
1 833	3 365	789	87 177	35 854	354	658

解：如果对此问题进行一般的多元线性回归分析，得到的某些回归系数为负值，明显不符合财政收入与各个指标间的实际关系。这说明各指标之间具有较强的相关性，此时的回归分析需要采用岭回归。

1）多重共线性检验

```
>>load data; out = multicollinetest(x,y,'r')            % 相关系数法
out = 0.9729   0.9020   0.9363   0.9434   0.7862   0.8020   0.9267   0.9346   0.8221   0.8971
0.8893   0.4952   0.9944   0.5851   0.6205
>> out = multicollinetest(x,y,'d')                      % 缺省变量法
out  = 0.9890   0.9885   0.9815   0.9888   0.9889   0.9872   0.9865
>> out = multicollinetest(x,y,'V')                      % 膨胀因子法
out  = 213.1813   104.4213   42.8553   179.1929   121.6368   18.2235
```

从以上各方法的计算结果可以看出，变量间存在较强的相关性。

2）回归方法

① Frisch 综合分析法

根据 Frisch 综合分析法的原理，编写下列函数进行求解。

```
≫ table = frisch(x,y);
```

得到 table 的结果：第 1 列为选中的变量，第 2 列为相应的回归系数，第 3 列为相关系数，第 4 列为回归系数的 t 检验值，第 5 列为显著性。

从结果中可以看出，选择变量 x_1、x_2、x_6 较为合适，此时回归系数为

```
beta = 82.6033   0.0809   0.0690   0.5187
```

② 岭回归方法

MATLAB 中有专门的岭回归函数 ridge。为了应用方便，对此函数进行了改进，主要通过判断回归系数的稳定性，即连续 n 次回归系数的差不超过某个值(er)，可确定为较好的 k 值。用户也可以通过图 3.23(a)所示的"岭迹图"确定较佳 k 值，然后输入带 k 值的 mybridge 函数进行回归。当利用得到的回归系数进行回归时，不需要对数据进行规范化处理。

n、er 以及最大的 k 值可以采用默认值，也可以自行输入。

```
≫load mydata;[a,b] = mybridge(x,y)
a = 80.0364   0.0985   0.0602   0.0443   0.0002   - 0.0015   0.5049   % 回归系数
b = 1.23   % 较好的 k 值
```

从图 3.23 中可以看出，变量 x_3、x_4、x_5 的回归系数较小，可以忽略这三个变量的影响，因此对原始样品删除这三个变量后再进行回归分析。

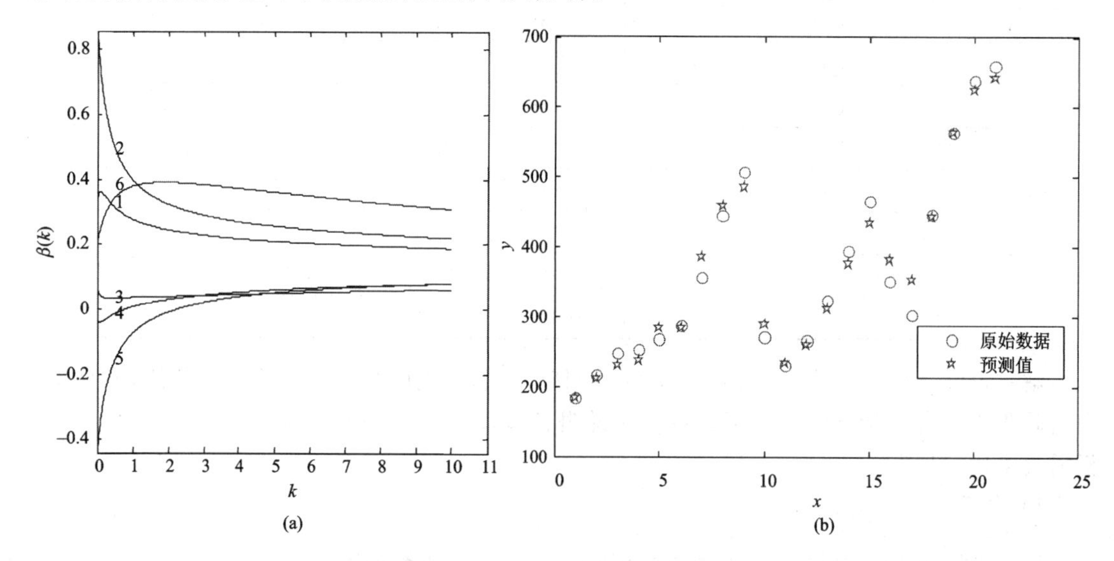

图 3.23　岭迹图及回归结果图

例 3.12　在回归分析的实际应用中，应注意由于测量仪器性能、外界条件等因素的影响，得到的数据集有可能存在异常值或粗差值，或者各自变量对因变量测量误差的影响程度并不相同。在这些情况下，回归分析应采用稳健回归，即采用含权重参数的回归模型：

$$(\boldsymbol{X}^{\mathrm{T}}\boldsymbol{X} + w\boldsymbol{I})\boldsymbol{b} = \boldsymbol{X}^{\mathrm{T}}\boldsymbol{y}$$

式中：$\boldsymbol{X}$ 为测量数据矩阵；$\boldsymbol{y}$ 为响应值矩阵；$\boldsymbol{b}$ 为估计得到的回归系数；w 为权重，它是一个可调的正数；$\boldsymbol{I}$ 为单位矩阵。

表 3.17 是变量 x_1，x_2，x_3 的数据集，请对此进行回归分析。

表 3.17　数据集

x_1	x_2	x_3	x_1	x_2	x_3	x_1	x_2	x_3
112	141.6	37.6	128	134.0	30.3	134	154.5	52.3
116	147.8	42.8	129	148.5	45.5	135	152.0	50.5
117	142.8	40.5	129	146.3	41.6	137	151.5	49.4
120	140.7	39.5	130	147.5	42.2	139	150.6	48.5
123	134.7	34.3	131	158.8	59.3	140	149.9	47.5
125	145.4	38.0	132	132.0	49.0	141	160.3	59.3
126	135.0	32.5	133	148.7	43.5			

解： 根据表中数据，可作各种回归分析。

```
>>load data;num = length(x1); x = [x1;x2]';
>> b = regress(x3',[ones(num,1),x]);          % 一般线性回归分析
>> bb = b(2:3)';y = b(1) + bb * x';plot3(x1,x2,y1,'*'); hold on;plot3(x1,x2,x3,'o');   % 图 3.24
>> b = robustfit(x,x3');                      % 稳健回归分析
>> b = -112.2658     0.0482     1.0216    % 回归系数
>>bb = b(2:3)';y2 = b(1) + bb * x';plot3(x1,x2,x3,'o');hold on;plot3(x1,x2,y2,'*')    % 图 3.25
```

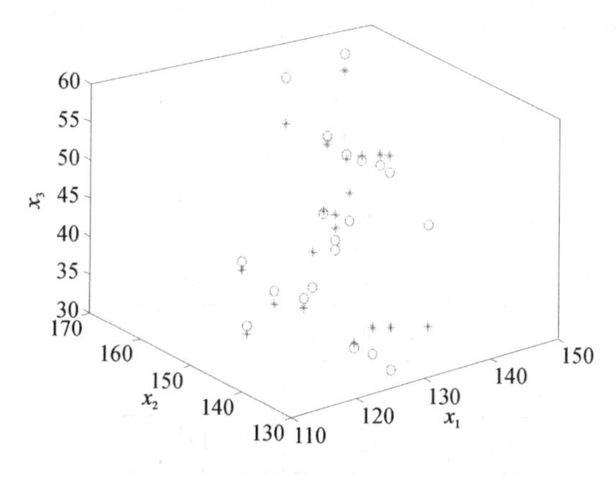

图 3.24　一般多元线性回归结果

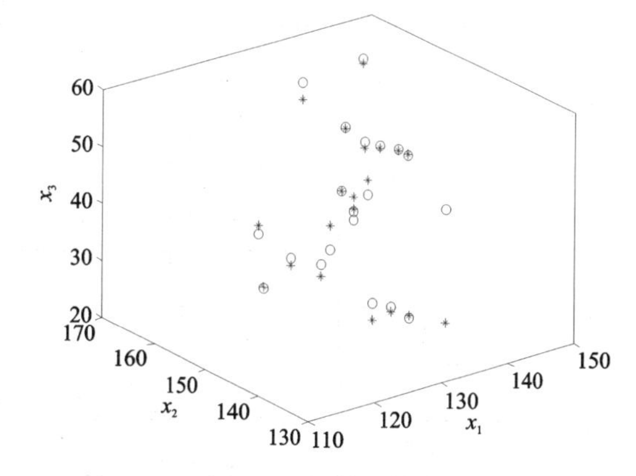

图 3.25　稳健回归结果

从图 3.24、图 3.25 中可以看出，稳健回归的结果要明显好于一般多元线性回归结果，这主要是由于数据集中有异常点(第 12 号样本，即图中右居中的“。”)存在。

例 3.13　在实际问题中，经常需要研究两组多重相关变量间的相互依赖关系，并用一组变量(常称为自变量或预测变量)去预测另一组变量(常称为因变量或响应变量)的问题，解决此问题的方法除了最小二乘准则下的经典多元线性回归(MLR)分析，提取自变量组主成分的主成分回归(PCR)分析等方法外，还有近年发展起来的偏最小二乘(PLS)回归方法。偏最小二乘回归提供了一种多对多线性回归建模的方法，特别是当两组变量的个数很多，且都存在多重相关性，而观测数据的数量(样本量)又较少时，用偏最小二乘回归建立的模型具有传统的经典回归分析等方法所没有的优点。

偏最小二乘回归分析在建模过程中集中了主成分分析、典型相关分析和线性回归分析方法的特点；因此，在分析结果中，除了可以提供一个更为合理的回归模型外，还可以同时完成一些类似于主成分分析和典型相关分析的研究内容，提供更丰富、更深入的一些信息。

表 3.18 是某健身俱乐部的 20 位中年男子的一些体能训练数据。一组是身体特征指标 X，包括体重 x_1、腰围 x_2、脉搏 x_3；另一组是训练结果指标 Y，包括单杠 y_1、弯曲 y_2、跳高 y_3。

表 3.18　体能训练数据

x_1	x_2	x_3	y_1	y_2	y_3
191	36	50	5	162	60
189	37	52	2	110	60
193	38	58	12	101	101
162	35	62	12	105	37
189	35	46	13	155	58
182	36	56	4	101	42
211	38	56	8	101	38
167	34	60	6	125	40
176	31	74	15	200	40
154	33	56	17	251	250
169	34	50	17	120	38
166	33	52	13	210	115
154	34	64	14	215	105
247	46	50	1	50	50
193	36	46	6	70	31
202	37	62	12	210	120
176	37	54	4	60	25
157	32	52	11	230	80
156	33	54	15	225	73
138	33	68	2	110	43

解： 对于偏最小二乘回归，既可以自己编程进行计算，也可以用 MATLAB 自带的偏最小二乘函数 plsregress 进行计算。在此利用自编的 pls 进行求解。

```
>>load mydata;
>> [sol,r,rr] = pls(x,y);                    % 得图 3.26、图 3.27
>> sol = 47.0197    612.5671    183.9849     % 回归系数
        - 0.0167   - 0.3509    - 0.1253
        - 0.8237   - 10.2477   - 2.4969
        - 0.0969   - 0.7412    - 0.0518
  r = 2   % 主成分数
```

从图 3.27 中可以看出，这个问题的线性关系不明显，预测结果的误差较大。另外，样本点 14 属于异常点。

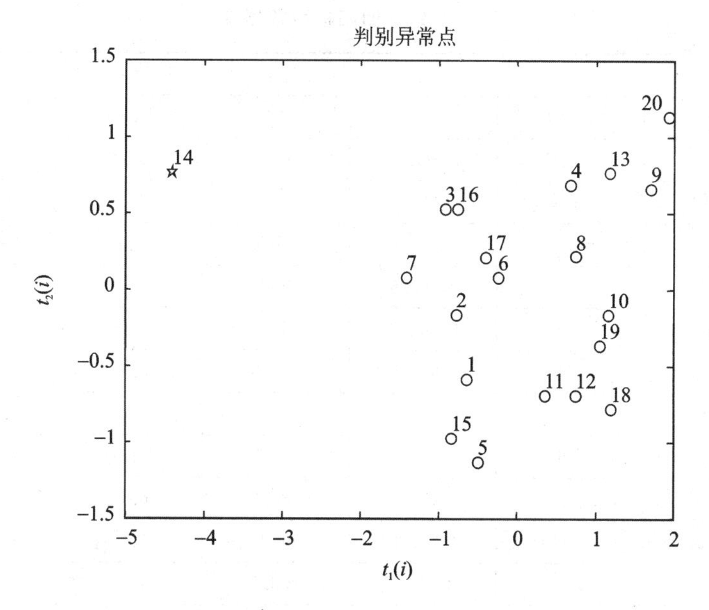

图 3.26　异常点判断

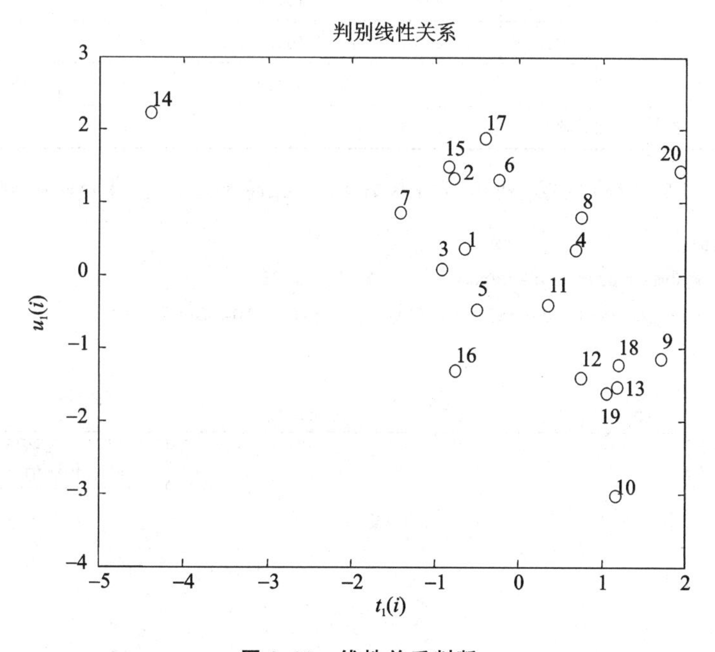

图 3.27　线性关系判断

例 3.14　在回归分析的实际中，经常会遇到多指标的问题。多指标不仅造成计算复杂，而且它们之间可能存在的相关性使其提供的整体信息发生重叠，不易得出简单的规律。解决变量间的这个多重共线性问题，除了应用偏最小二乘法外，还可以使用主成分分析法。主成分分析法中将多指标问题转化成较少的综合指标问题，综合指标是原来多个指标的线性组合，虽然这些线性综合指标是不能观测到的，但这些综合指标间互不相关，又能反映原来多指标的信息。

表 3.19 是一个回归模型的数据集，试用主成分回归方法对其进行回归分析。

表 3.19 回归模型数据集

x_1	x_2	x_3	x_4	x_5	y
15.57	2 463	472.92	18	4.45	566.52
44.02	2 048	1 339.75	9.5	6.92	696.82
20.42	3 940	620.25	12.8	4.28	1 033.15
18.74	6 505	568.33	36.7	3.9	1 603.62
49.2	5 723	1 497.6	35.7	5.5	1 611.37
44.92	11 520	1 365.83	24.0	4.6	1 613.27
55.48	5 779	1 687.0	43.3	5.62	1 854.17
59.28	5 969	1 639.92	46.7	5.15	2 160.55
94.39	8 461	2 872.33	78.7	6.18	2 305.58
128.02	20 106	3 055.08	180.5	6.15	3 503.93
96.0	13 313	2 912.0	60.9	5.88	3 571.89
131.42	10 771	3 921.0	103.7	4.88	3 741.4
127.21	15 543	3 865.67	126.8	5.5	4 026.52
252.9	36 194	7 684.1	157.7	7.0	10 343.81
409.2	34 703	12 446.33	169.4	10.78	11 732.17
463.7	39 204	14 098.4	331.4	7.05	15 414.94
510.2	86 533	15 524	371.6	6.35	18 854.45

解：根据表 3.19 中的数据，利用自编函数 prinregress 进行主成分回归分析。

```
>>load mydata;
>> [sol,pc1,pcNum] = prinregress(x,y);      % 得图 3.28
sol = -727.9139   8.0614   0.0698   0.2629   13.7414   104.2156
pcNum = 2;
```

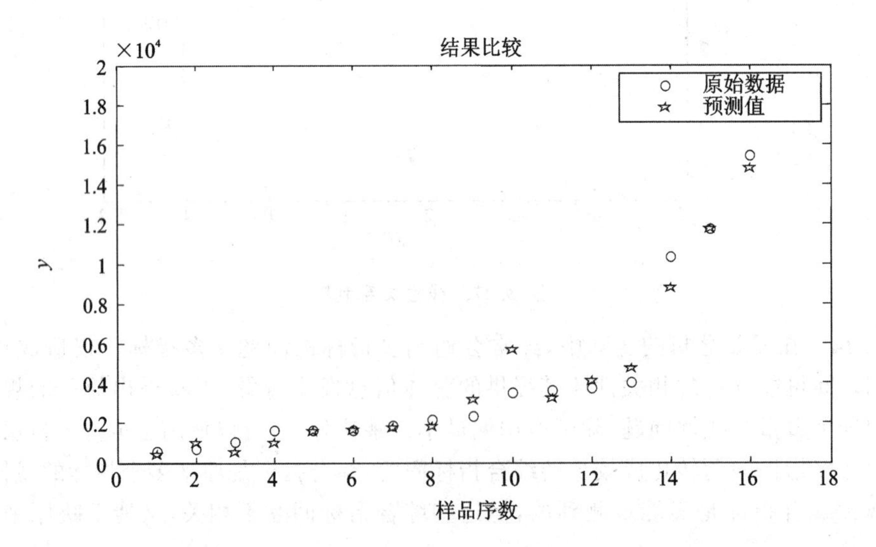

图 3.28 回归结果

例 3.15 某地区的经济发展情况见表 3.20。请用主成分回归、岭回归、偏最小二乘方法对其进行分析。

表 3.20 某地区经济发展情况数据

x_1	149.3	161.2	171.5	175.5	180.8	190.7	202.1	212.4	226.1	231.9	239.0
x_2	4.2	4.1	3.1	3.1	1.1	2.2	2.1	5.6	5.0	5.1	0.7
x_3	108.1	114.8	123.2	126.9	132.1	137.7	146.0	154.1	162.3	164.3	167.6
y	15.9	16.4	19.0	19.1	18.8	20.4	22.7	26.5	28.1	27.6	26.3

解: 对表中数据分别进行主成分回归分析、岭回归分析、偏最小二乘分析。

```
>>load data;
>> [sol1,r,rr,yy] = pls(x,y);[sol2,pc1,pcNum] = prinregress(x,y);[k_b,beta] = mybridge(x,y);
```

从图 3.29 所示的计算结果中可以看出,三者之中偏最小二乘的计算结果最好。

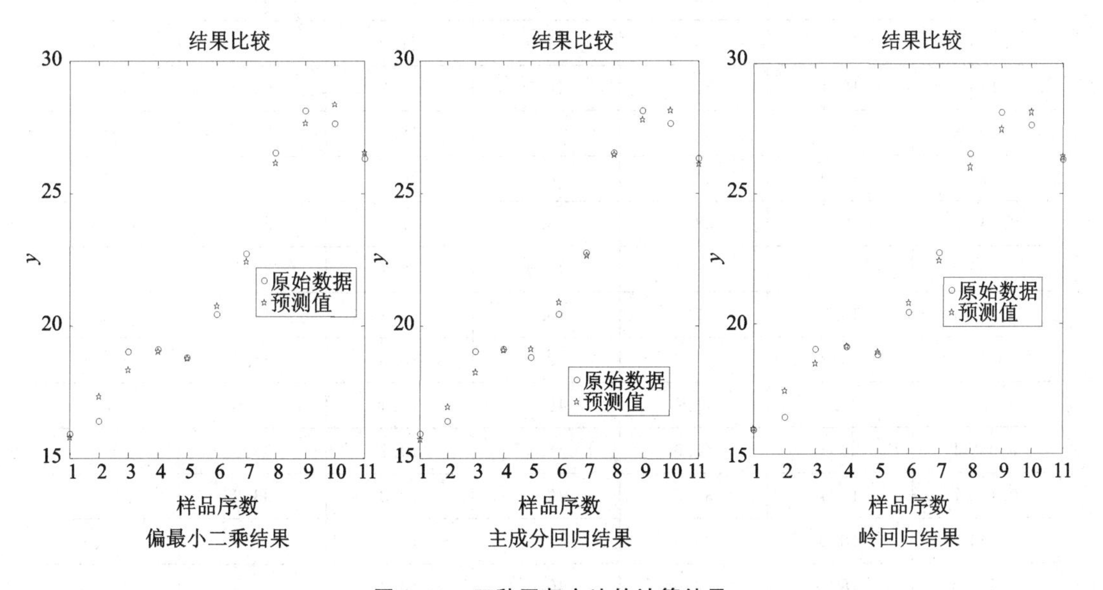

图 3.29 三种回归方法的计算结果

例 3.16 在回归分析中,除了应用偏最小二乘、逐步回归、主成分回归等方法外,还可以对变量进行增删,以得到合适的回归表达式。

某钢铁公司炼钢转炉的炉龄按 30 炉/天炼钢规模,大约一个月就需要对炉检修一次。为了减少消耗,厂家通过实际测定,得到表 3.21 的数据,其中 x_1 为喷补料量,x_2 为吹炉时间,x_3 为炼钢时间,x_4 为钢水中含锰量,x_5 为渣中含铁量,x_6 为作业率,目标变量 y 为炉龄(炼钢炉次/炉)。试根据此表数据建立炉龄的预测模型,以便适当调节参数,以延长炉龄。

表 3.21 转炉炉龄数据

x_1	x_2	x_3	x_4	x_5	x_6	y
0.292 2	18.5	41.4	58.0	18.0	83.3	1 030
0.267 2	18.4	41.0	51.0	18.0	91.7	1 006
0.268 5	17.7	38.6	52.0	17.3	78.9	1 000

续表 3.21

x_1	x_2	x_3	x_4	x_5	x_6	y
0.183 5	18.9	41.8	18.0	12.8	47.2	702
0.234 8	18.0	39.4	51.0	17.4	57.4	1 087
0.138 6	18.9	40.5	39.0	12.8	22.5	900
0.208 3	18.3	39.8	64.0	17.1	52.6	708
0.418 0	18.8	41.0	64.0	16.4	26.7	1 223
0.103 0	18.4	39.2	20.0	12.3	35.0	803
0.489 3	19.3	41.4	49.0	19.1	31.3	715
0.205 8	19.0	40.0	40.0	18.8	41.2	784
0.092 5	17.9	38.7	50.0	14.3	66.7	535
0.185 4	19.0	40.8	44.0	21.0	28.6	949
0.196 3	18.1	37.2	46.0	15.3	63.0	1 012
0.100 8	18.2	37.0	46.0	16.8	33.9	716
0.270 2	18.9	39.5	48.0	20.2	31.3	858
0.146 5	19.1	38.6	45.0	17.8	28.1	826
0.135 3	19.0	38.6	42.0	16.7	39.7	1 015
0.224 4	18.8	37.7	40.0	17.4	49.0	861
0.215 5	20.2	40.2	52.0	16.8	41.7	1 098
0.031 6	20.9	41.2	48.0	17.4	52.6	580
0.049 1	20.3	40.6	56.0	19.7	35.0	573
0.148 7	19.4	39.5	42.0	18.3	33.3	832
0.244 5	18.2	36.6	41.0	15.2	37.9	1 076
0.222 2	18.4	37.0	40.0	13.7	42.9	1 376
0.129 8	18.4	37.2	45.0	17.2	44.3	914
0.230 0	18.4	37.1	47.0	22.9	21.6	861
0.243 6	17.7	37.2	45.0	16.2	37.9	1 105
0.280 4	18.3	37.5	46.0	17.3	20.3	1 013
0.197 0	17.3	35.9	46.0	13.8	57.4	1 249
0.184 0	16.2	35.3	43.0	16.6	44.8	1 039
0.167 9	17.1	34.6	43.0	20.3	37.3	1 502
0.152 4	17.6	36.0	51.0	14.2	36.7	1 128

解: 变量的增减可以用遗传算法来完成。变量扩维-筛选方法可分为两个步骤:

① 变量扩维。将含有变量 $x_1,x_2,\cdots,x_n$ 的数据矩阵 $\boldsymbol{X}$ 扩维,引入变量的非线性项,如 $x_1^2,x_2^2,\cdots,x_1x_2,\cdots,x_1/x_2$ 和其他函数形式的项,这样将 $\boldsymbol{X}$ 扩维到 $\boldsymbol{X}^{\mathrm{T}}$。在这个过程中,宁可多增加一些变量,也不要遗漏变量。

② 从矩阵 $\boldsymbol{X}^{\mathrm{T}}$ 的变量中筛选出一些重要的变量,或用最佳变量组合形成的矩阵 $\boldsymbol{X}^{\mathrm{T}}$ 来建

立模型,使得所建立的模型有较强或最好的预测能力。

变量扩维较为简单,关键是变量筛选。变量筛选问题,特别是当变量的数目比较大时,是十分复杂的问题。解决这个问题可以采用多种方法,遗传算法是其中的一种。

在处理变量筛选问题时,遗传算法的编码一般采用二进制编码。对变量数为 n 的问题,可用一个含有 n 个 0 或 1 的字符串表示一个变量组合,1 和 0 分别表示此变量选中和未选中,1 在字符串的位置表示变量的序号。例如“00110110”,表示有 8 个变量,其中第 3、4、6 和 7 变量被选中。

编码结束后,再利用一般的遗传算法的基本步骤,就可以求出最佳个体,即变量数及其选择情况,此时所采用的适应度函数为 PRESS 值。此值的含义如下:将 m 样本中 $m-1$ 个样本用作训练样本,剩下的一个样本用作检验样本。利用 $m-1$ 个样本建模,将检验样本代入模型,可求得一个估计值 y_1;然后换另外一个样本作为检验样本,用其余样本建模,检验样本检验,得到第二个估计值 y_2。如此循环 m 次,每次都留下一个样本做估计,最后可求得 m 个估计值,并可求出 m 个预测残差 y_i-y_{i-1},再将这 m 个残差平方求和,即为 PRESS。此值越小,表示模型的预测能力越强。

$$\text{PRESS}=\sum_{i=1}^{m}(y_i-y_{i-1})^2$$

为了减小计算量,在实际中可以通过普通残差来求 PRESS,即

$$\text{PRESS}=\sum_{i=1}^{m}\left(\frac{e_i}{1-h_{ii}}\right)^2$$

式中:e_i 为普通残差;h_{ii} 为第 i 个样本点到样本点中心的广义化距离,$h_{ii}=\boldsymbol{x}_i^{\mathrm{T}}(\boldsymbol{X}^{\mathrm{T}}\boldsymbol{X})^{-1}\boldsymbol{x}_i$,$\boldsymbol{X}$ 为数据矩阵,$\boldsymbol{x}_i$ 为 $\boldsymbol{X}$ 中的某一行向量。

具体对本例来说,除表 3.21 中的变量外,还可以加上表 3.22 中的变量(当然还可以有其他形式的变量组合)。

表 3.22　扩充的变量名及意义

变量名	变量意义	变量名	变量意义	变量名	变量意义
x_7	x_1^2	x_{14}	x_2x_3	x_{21}	x_3x_6
x_8	x_1x_2	x_{15}	x_2x_4	x_{22}	x_4^2
x_9	x_1x_3	x_{16}	x_2x_5	x_{23}	x_4x_5
x_{10}	x_1x_4	x_{17}	x_2x_6	x_{24}	x_4x_6
x_{11}	x_1x_5	x_{18}	x_3^2	x_{25}	x_5^2
x_{12}	x_1x_6	x_{19}	x_3x_4	x_{26}	x_5x_6
x_{13}	x_2^2	x_{20}	x_3x_5	x_{27}	x_6^2

据此,可编程计算,得到以下结果:

```
≫load data;
≫ y1 = selectvar(data,y);
   y1 = 0    0    1    2    2    3    5    1    2    4
        3    4    4    3    4    5    6    1    2    4
```

此值即为组合变量中两个变量的名称,也表示 x_3,x_4,x_1x_4,x_2x_3,x_2x_4,x_3x_5,x_5x_6,x_1^2,x_2^2,x_4^2 这些变量被选中。

若您对此书内容有任何疑问,可以登录MATLAB中文论坛与作者和同行交流。

对求出的变量的原始数据(即不进行归一化,这样在实际中应用更方便)进行多元线性回归,便可得到最终的回归方程式:

$$y=53\,007-2\,490x_3-177.54x_4+120.99x_1x_4+132.71x_2x_3+10.37x_2x_4-0.77x_3x_5+0.14x_5x_6-10\,357x_1^2-148.39x_2^2-0.40x_4^2$$

因遗传算法具有一定的随机性,所以以上回归方程式并不是唯一的。

在实际工作中,可以通过逐步或其他方法验证上述结果。

例 3.17 表 3.23 是不同家庭年收入 x_i 和年生活支出 y_i 的样本数据,假设两者之间存在线性关系,请确定其回归模型。

表 3.23 家庭年收入与生活支出数据

x_i	6	6.2	7	9	10	10.5	11.2	12	14	20	22	21	23	30	34	36.4	36.8	42
y_i	7.2	8.4	9.6	10.8	12	13.2	14.4	15.6	18	21.6	24	26.4	30	32.4	36	40	46	56

解: 先在同方差假定下,应用 OLS 法对模型进行估计,可得

$$\hat{y}_i=0.165\,298+0.825\,723x_i,\quad R^2=0.968\,19$$

应用异方差的检验方法,可知数据存在异方差:

```
>>y = [6 6.2 7 9 10 10.5 11.2 12 14 20 22 21 23 30 34 36.4 36.8 42];
  x = [7.2 8.4 9.6 10.8 12 13.2 14.4 15.6 18 21.6 24 26.4 30 32.4 36 40 46 56];
>> testR = testdifvar(x,y,'s');        % Spearman 检验法
>> testR = testdifvar(x,y,'gq')        % Goldfeld - Quandt 检验法
>> testR = testdifvar(x,y,'g')         % Glejser 检验法
>> testR = testdifvar(x,y,'p')         % Park 检验法
>> testR = testdifvar(x,y,'w')         % White 检验法
```

从 Glejser 检验法可知方差的函数形式为第一种线性关系,从 Park 检验法可得到异方差的函数结构为"0.00010575x^3.0546"。从残差图 3.30 也可以看出异方差的存在。

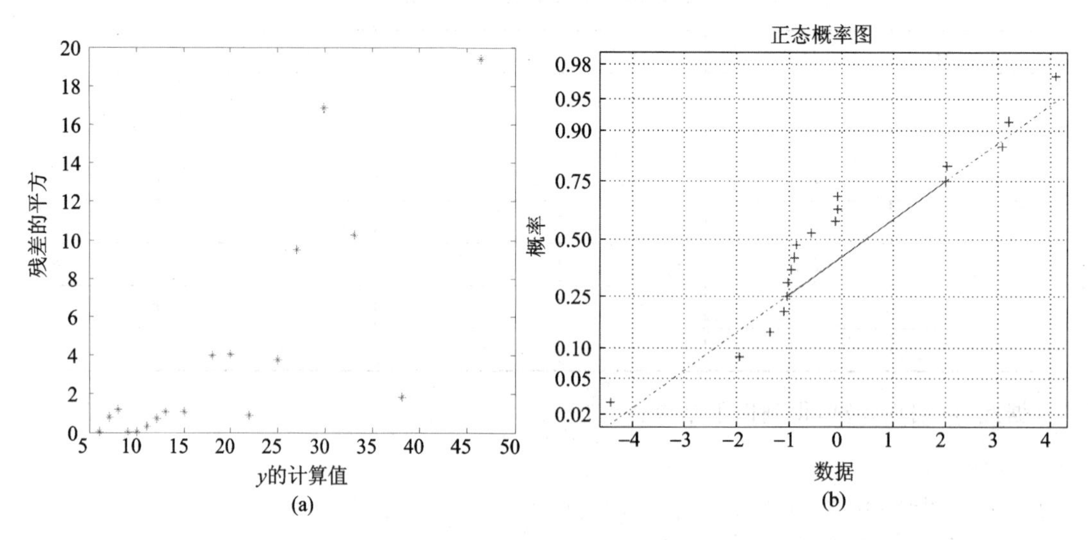

图 3.30 残差图

此时,要采用加权最小二乘法或广义最小二乘法对数据进行回归:

```
>>beta = mygls(x,y,'g');               % 广义最小二乘
```

```
  beta = - 0.6147   0.8583              % 回归系数
≫beta = mygls(x,y,'w');                 % 加权最小二乘
  beta = 0.0988     1.2301
```

广义最小二乘的结果较为合理。

在本例中，虽然样本数并不符合 Goldfeld-Quandt、White 检验法的要求，但仍按此方法步骤进行检验。另外，在进行 White 检验时，辅助回归模型采用以下形式以减少自变量的数目：

$$\sigma_{u_i}^2=\alpha_0+\alpha_1\hat{y}_i+\alpha_2\hat{y}_i^2$$

例 3.18　表 3.24 为 1991—2011 年国内生产总值 x 与出口总额 y 的统计数据，试根据表中的数据，用 OLS 法建立回归模型。

表 3.24　1991—2011 年国内生产总值与出口总额

亿元

x	21 781.5	26 923.5	35 333.9	48 197.9	60 793.7	71 176.6	78 973.0
y	3 827.1	4 676.3	5 284.8	10 421.8	12 451.8	12 576.4	15 160.7
x	84 402.3	89 677.1	99 214.6	109 655.2	120 332.7	135 822.8	159 878.3
y	15 223.6	16 159.8	20 634.4	22 024.4	26 947.9	36 287.9	49 103.3
x	184 937.4	216 314.4	265 810.3	314 045.4	340 902.8	401 512.8	472 881.6
y	62 648.1	77 597.2	93 563.6	100 394.9	82 029.7	107 022.8	123 240.6

解： 首先对表中数据进行自相关检验：

```
≫load x y;testR = autocorrtest(x,y,'dw');
≫ testR = 一阶线性正自相关              % 存在自相关
```

图 3.31(a)为按时间顺序的残差图，图 3.31(b)为残差的散点图，都说明存在自相关。

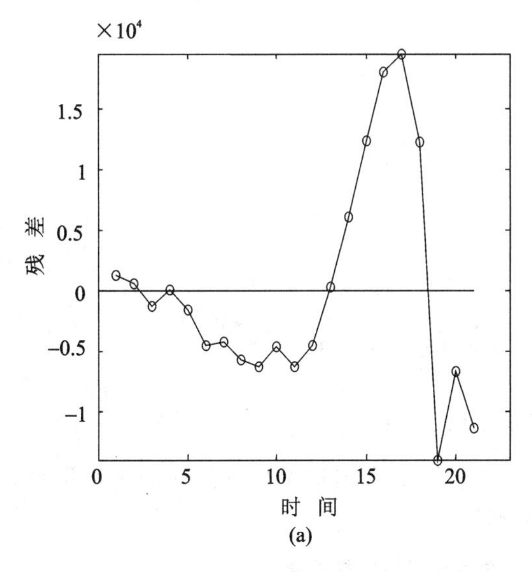

(a)

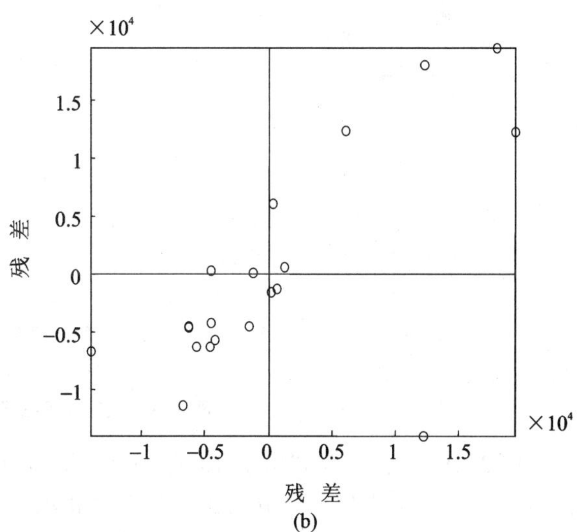

(b)

图 3.31　残差图

以下是消除自相关的影响：

第 1 步，求自相关系数。

```
≫rho = mycorrcoef(x,y,'a_D')           % 杜宾法
  rho = 0.6888
```

```
>>rho = mycorrcoef(x,y,'a_c')          % 柯克兰 - 奥卡特法
  rho =  0.7148
>>rho = mycorrcoef(x,y,'a_d')          % 近似式法
  rho =  0.7136
```

第 2 步，求消除自相关影响后的回归系数。

```
>>[b,R,d_w,du,dl,H] = autocorrregress(x,y,0.7136,'gls');        % 广义最小二乘法
  b = 1.0e + 03 * ( - 2.2454      0.0003)
>>[b,R,d_w,du,dl,H] = autocorrregress(x,y,0.6888,'dw');         % 杜宾法
  b = 1.0e + 03 * ( - 2.3556      0.0003)
>>[b,R,d_w,du,dl,H] = autocorrregress(x,y,0.7136,'diff');       % 差分法
  b  = 1.0e + 03 * ( - 2.2454      0.0003)
>>[b,R,d_w,du,dl,H] = autocorrregress(x,y,0.7148,'C_O');        % 柯克兰 - 奥卡特法
  b  = 1.0e + 03 * ( - 2.2400      0.0003)
```

另外，从 d_w 值可以判断出最终的回归模型都已消除自相关。图 3.32 为回归模型的预测曲线，y_{ot} 为原始数据的回归曲线；y_{at} 为自相关校正方程曲线；y_{dt} 为广义差分方程曲线；y 为原始数据的连接曲线。其中，广义差分方程曲线是在自相关校正方程曲线的基础上增加了斜率的可变性，可以根据预测误差修正斜率以减小预测值与真值之间的偏差。

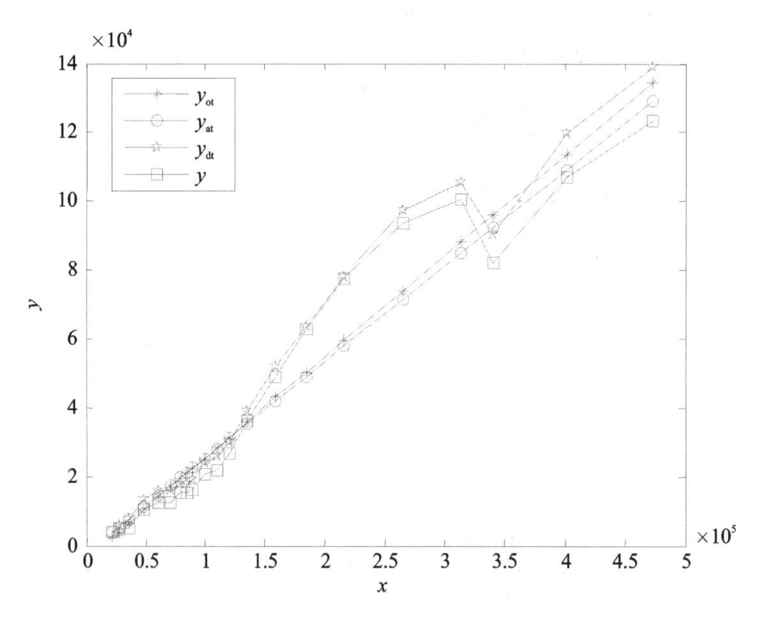

图 3.32　三种回归预测曲线的比较

例 3.19　表 3.25 列出了 1986—2005 年国内生产总值 x 和出口贸易总额 y 的统计资料，其中 z 为一虚拟变量。试分析出口模型结构的稳定性。

表 3.25　1986—2005 年国内生产总值与出口贸易总额

亿元

x	10 274.4	12 050.6	15 036.8	17 000.9	18 718.3	21 826.2
y	1 082.1	1 470.0	1 766.7	1 956.0	2 985.8	3 827.1
z	0	0	0	0	0	0

续表 3.25

x	26 937.3	35 260.0	48 108.5	59 810.5	701 422.5	78 060.9
y	4 676.3	5 284.8	0 421.8	12 451.8	12 576.4	15 160.7
z	0	0	0	0	1	1
x	83 024.3	88 479.2	98 000.5	108 068.2	119 095.7	135 174.0
y	15 231.6	16 159.8	20 635.2	22 024.4	26 287.9	36 287.9
z	1	1	1	1	1	1
x	159 586.8	183 618.5				
y	49 103.3	62 648.1				
z	1	1				

解：根据虚拟变量回归模型的原理，可编写下列函数求解。

```
≫load data;
≫ beta = virregress(x,y,D);
```

或直接采用回归函数：

```
≫beta = regress(y,[ones(20,1) x D x. * D]);
  beta  = 1.0e + 04  * ( - 0.1620   0.0000    - 2.0448   0.0000)
```

对这些系数进行 t 检验：

```
≫ [t,T,h] = regresstest([x D x. * D],y);
```

说明 D 和 $x\cdot D$ 数都非常显著，则可得到回归方程：

$$\hat{y}=-1\ 619.6+0.234\ 4x-20\ 448D+0.207\ 9x\cdot D$$

例 3.20　表 3.26 列出了 1995—2010 年我国出口总额 y、国内生产总值 x 及年底储蓄的数据 z，试建立出口总额与国内生产总值的回归模型。

表 3.26　1995—2010 年我国出口总额、国内生产总值及年底储蓄的数据

亿元

x	60 793.7	71 176.6	78 973.0	84 402.3	89 677.1	99 214.6	109 655.2	120 332.7
y	12 451.8	12 576.4	15 160.7	15 231.6	16 159.8	20 635.2	22 024.4	26 947.9
z	29 662.3	38 520.8	46 279.8	53 407.5	59 621.8	64 332.4	73 762.4	86 910.7
x	60 793.7	71 176.6	78 973.0	84 402.3	89 677.1	99 214.6	109 655.2	120 332.7
y	12 451.8	12 576.4	15 160.7	15 231.6	16 159.8	20 635.2	22 024.4	26 947.9
z	29 662.3	38 520.8	46 279.8	53 407.5	59 621.8	64 332.4	73 762.4	86 910.7

解：对于本例，怀疑 x 可能有测量误差，会影响到分析结果，于是采用 Hausman 检验，用居民储蓄 z 作为国内生产总值 x 的工具变量。

```
≫load data;
≫ [beta,h] = hausman(x,y,z);
≫ beta = 1.0e + 03  * ( - 6.1242   0.0003   0.0003)     % 回归系数
  h = 1   0
```

其中：回归系数的第 1 项为常数项，第 2 项为 x 的系数，第 3 项为 $x-z$ 回归方程的残差；h 表示变量的显著性；0 表示不否定原假定，即不存在测量误差。

例 3.21 表 3.27 是某地区国内消费总额 x、国内生产总值 y 和进口额 z 的观测值，请分析国内消费总额关于国内生产总值的线性回归模型。

表 3.27 某地区国内消费总额、国内生产总值与进口额的数据

亿元

x	108.1	114.8	123.2	126.9	132.1	137.7	146.0	154.1	162.3	164.3	167.6
y	149.3	161.2	171.5	175.5	180.8	190.7	202.1	212.1	226.1	231.9	239.0
z	15.9	16.4	19.0	19.1	18.8	20.4	22.7	26.5	28.1	27.6	26.3

解： 对表 3.27 中数据作 $y-x$ 回归，可得回归方程：

$$\hat{y}=6.2131+0.6863x$$

因模型中 x 也是随机变量，假设它与随机项高度相关，不符合回归分析的假设，所以不能应用 OLS 法进行回归。经计算，模型的随机项与 z 的相关系数为 0.129 7，可以认为相关性很小，但 x 与 z 高度相关。因此选择 z 作工具变量，从而可计算相应的回归系数：

$$\hat{\beta}_1=\frac{\sum_{t=1}^{n}\dot{z}_t\dot{y}_t}{\sum_{t=1}^{n}\dot{x}_t\dot{z}_t}=0.6932,\quad \hat{\beta}_0=\bar{y}-\hat{\beta}_1\bar{x}=4.8552$$

最终回归方程为

$$\hat{y}=4.8552+0.6932x$$

以上过程可由下列函数完成：

```
≫ load data;[beta,b1,R,r] = insvar(x,y,z)
```

输出结果中，beta、b1 分别为工具变量法和 OLS 法的回归系数；R 为模型随机项与 z 以及 x 与 z 的相关系数；r 为工具变量法和 OLS 法求得的回归方程的残差。从残差中可以看出工具变量法的效果更好。

例 3.22 用 2SLS 法估计一个农产品供需模型中的结构参数：

$$\begin{cases}Q_t^{D}=\alpha_0+\alpha_1P_t+\alpha_2Y_t+u_{1t}\\Q_t^{S}=\beta_0+\beta_1P_t+\beta_2W_t+u_{2t}\\Q_t^{D}=Q_t^{S}=Q_t\end{cases}$$

式中：内生变量 Q_t^D、Q_t^S、P_t 分别代表需求量、供给量和价格；外生变量 Y_t、W_t 分别代表收入和气候条件。样本数据列于表 3.28 中。

表 3.28 样本预测值表

Q_t	11	16	11	14	13	17	14	15	12	18
P_t	20	18	12	21	27	26	25	27	30	28
Y_t	8.1	8.4	8.5	8.5	8.8	9.0	8.9	9.4	9.5	9.9
W_t	42	58	35	46	41	56	48	50	39	52

解： 根据 2SLS 法的原理，编写下列函数进行求解。

```
≫ data = [11 20 8.1 42 ;16 18 8.4 58 ;11 12 8.5 35 ;14 21 8.5 46 ;13 27 8.8 41 ;17 26 9.0 56
        14 25 8.9 48 ;15 27 9.4 50 ;12 30 9.5 39 ;18 28 9.9 52 ];
        Q = data(:,1);P = data(:,2);Y = data(:,3);W = data(:,4);
≫beta = twosls(Q,P,Y,W);          % 2SLS 函数
```

```
beta = 182.7683          -2.7268
        4.3779            0.2150
      -30.4620            0.2526
```

输出结果中,beta的第1列、第2列分别为第一、二阶段的回归系数。

例3.23 多个因变量与多个自变量的线性回归问题(简称多对多的线性回归)在实际应用中更为一般和广泛,如生物与环境问题,生物系统中的功能团之间的关系。表3.29为某植物试种的实验数据,其中x_1为冬季分蘖,x_2为株高,y_1为每穗粒数,y_2为1 000粒的克数,试进行y_1、y_2对x_1、x_2的回归分析。

表3.29 某植物试种的实验

性状 植物品种	x_1/万节	x_2/cm	y_1/粒	y_2/g
1	11.5	95.3	26.4	39.2
2	9.0	97.7	30.8	46.8
3	7.9	110.7	39.7	39.1
4	9.1	89.0	35.4	35.3
5	11.6	88.0	29.3	37.0
6	13.0	87.7	24.6	44.8
7	11.6	79.7	25.6	43.7
8	10.7	119.3	29.9	38.8
9	11.1	87.7	32.2	35.6

解: 多对多线性回归如果单从回归系数来说,那就是多次一对多回归,即自变量与每个因变量回归得到的系数就是多对多线性回归得到的结果,但统计检验方法完全不同。

```
>> x = [11.5 95.3; 9.0 97.7;7.9 110.7; 9.1 89.0;11.6 88.0;13.0 87.7…
    11.6 79.7;10.7 119.3;11.1 87.7];
>>y = [26.4 39.2;30.8 46.8;39.7 39.1;35.4 35.3;29.3 37.0;24.6 44.8…
    25.6 43.7;29.9 38.8;32.2 35.6];
>> [beta,stats] = mulregress(x,y); % 其中 stats 的第1列为统计量计算值,第2列为查表值
>> beta = 58.0806     -2.6490     0.0049     % 第1个方程式回归系数
          36.9666      0.3472    -0.0065     % 第2个方程式回归系数
>>stats{1} = [3.8491]    [3.8379]    '回归显著'    % 回归式的统计检验
  stats{2} = [14.4020]   [3.8379]    'x1 对 Y 作用显著'
  stats{3} = [0.0014]    [3.8379]    'x2 对 Y 作用不显著'
  stats{4} = [-4.1089]   [1.9432]    'x1 对 y1 起作用'
  stats{5} = [0.2953]    [1.9432]    'x1 对 y2 不起作用'
  stats{6} = [0.0588]    [1.9432]    'x2 对 y1 不起作用'
  stats{7} = [-0.0431]   [1.9432]    'x2 对 y2 不起作用'
```

从结果可以看出,穗粒数与冬季分蘖有显著的回归关系。

例3.24 为了提高管理效率,某工厂决定对某工段的用时进行分析。现通过大量的实验得到该工段劳动工时的数据(见表3.30)。试建立该工时的预测模型。

解: 表3.30是描述某工段劳动工时的数据。

表 3.30 某工段劳动工时的数据

加工宽度	加工直径	加工深度	用工耗时
2	20	1	0.7
2	20	2	0.8
⋮	⋮	⋮	⋮
2	30	1	0.8

可以看出，三个自变量都为离散型的，回归变量是连续型的，并且实验是按一定的正交表进行的。

自变量为离散型的回归模型有以下几种情况：

① 自变量全部为离散型，响应变量是连续型，并且实验是按合适的正交表设计的，可以按以下公式计算各参数：

$$\hat{\beta}=\frac{T}{n},\quad \hat{\beta}_{jk_j}=\frac{r_j T_{(k_j)}^{(j)}}{n}-\frac{T}{n}$$

式中：T 为所有实验结果的和；n 为实验次数；$T_{(k_j)}^{(j)}$ 为第 j 个自变量取水平 k_j 的实验结果和。

否则按下式计算：

$$\hat{\boldsymbol{\beta}}=(\boldsymbol{X}^{\mathrm{T}}\boldsymbol{X}+\boldsymbol{L}^{\mathrm{T}}\boldsymbol{L})^{-1}\boldsymbol{y}$$

式中：$\boldsymbol{X}$ 为设计矩阵，即

$$\boldsymbol{X}=\begin{bmatrix} 1 & \delta_1(1,1) & \delta_1(1,2) & \cdots & \delta_1(m,1) & \cdots & \delta_1(m,r_m) \\ 1 & \delta_2(1,1) & \delta_2(1,2) & \cdots & \delta_2(m,1) & \cdots & \delta_2(m,r_m) \\ \vdots & \vdots & \vdots & & \vdots & & \vdots \\ 1 & \delta_n(1,1) & \delta_n(1,2) & \cdots & \delta_1(m,1) & \cdots & \delta_1(m,r_m) \end{bmatrix}$$

$$\boldsymbol{L}=\begin{bmatrix} 0 & \boldsymbol{I}_{r1}^{\mathrm{T}} & 0 & 0 \\ 0 & 0 & \boldsymbol{I}_{r_2}^{\mathrm{T}} & 0 \\ \vdots & \vdots & \vdots & \vdots \\ 0 & 0 & 0 & \boldsymbol{I}_{r_m}^{\mathrm{T}} \end{bmatrix},\quad \boldsymbol{I}\ \text{为单位矩阵}$$

回归方程为以下形式：

$$\hat{y}_{k_1,k_2,\cdots,k_m}^{(i)}=\beta_0+\sum_{j=1}^{m}\sum_{k_j=1}^{r_j}\delta_i(j,k_j)\beta_{jk_j}\quad (i=1,2,3,\cdots,n)$$

式中：

$$\delta_i(j,k_j)=\begin{cases}1 & \text{当第 } i \text{ 次实验中第 } j \text{ 个自变量取水平 } k_j \text{ 时} \\ 0 & \text{否则}\end{cases}$$

$\hat{y}_{k_1,k_2,\cdots,k_m}^{(i)}$ 表示第 i 次实验中第 j 个自变量取水平 k_j 时的实验结果；m 为各个变量水平数之和；β_0 和 β_{jk_j} 为回归系数。

② 响应变量是连续型的，回归变量是连续型与离散型混合的。这时要将连续型变量离散化统一变换成离散变量，然后按情况①进行处理。

③ 响应变量 y 是离散型的，即 y 只能属于如下 r 个类：$A_1,A_2,\cdots,A_r$。这时将 $y^{(i)}$ 进行数量化，其方法是：当 $y^{(i)}$ 属于 A_t 类时，记为$(y^{(i)}(A_t))$顺序评给一个分数，$y^{(i)}(A_t)=t$，$t=1,2,3,\cdots,r$，此时回归预测方程便成为一个判别函数，这样便可以根据 n 次实验 y 所出现的

类型得分来确定判别限。

设在 n 次实验中，y 有 n_t 次属于 $A_t(t=1,2,3,\cdots,r)$，且 $\sum_{t=1}^{r} n_t = n$，用

$$y_t^* = \frac{t^* n_t + (t+1)n_{t+1}}{n_t + n_{t+1}} \quad (t=1,2,3,\cdots,r-1)$$

作为判别限。若 $\hat{y}^{(i)} < y_1^*$，则认为 $y^{(i)}$ 属于 A_1 类；若 $y_{t-1}^* \leqslant \hat{y}^{(i)} < y_t^*(t=2,3,\cdots,r-1)$，则认为 $y^{(i)}$ 属于 A_t 类；若 $\hat{y}^{(i)} \geqslant y_{r-2}^*$，则认为 $y^{(i)}$ 属于 A_r 类。

据此，可编程计算如下：

```
>>load x;          % 读入数据。输入量 x 阵的最后一列为 y 值
>> [beta1,resid,R1] = discrete_regress(x,1);
>> [beta2,resid2,R2] = discrete_regress(x,2);
```

比较两种方法计算的结果，可以看出第 2 种方法得到的回归系数为 0.974 8，大于第 1 种方法所得到的 0.742 3，比第 1 种方法所得到的残差也小得多。这说明实验有可能不是完全按照正交表所设计的。

例 3.25 表 3.31 为体重约 70 kg 的某人（占人体重量 67.5%为体液，体液的密度为 1.1 g/mL）在短时间内喝下 2 瓶啤酒后（啤酒体积 630 mL/瓶，其中酒精含量 0.8 g/mL，重量比 4.8%），隔一定时间 x 后测量他的血液中酒精含量 y 的数据。

表 3.31 不同时间内某人血液中的酒精含量

x/h	0.25	0.5	0.75	1	1.5	2	2.5	3	3.5	4	4.5	5
y/(mg·100 mL^{-1})	30	68	75	82	82	77	68	68	58	51	50	41
x/h	6	7	8	9	10	11	12	13	14	15	16	
y/(mg·100 mL^{-1})	38	35	28	25	18	15	12	10	7	7	4	

国家质量监督检验检疫局 2004 年 5 月 31 日发布了新的《车辆驾驶人员血液、呼气酒精含量阈值与检验》标准。新标准规定，车辆驾驶人员血液中的酒精大于或等于 20 mg/10^2 mL，小于 80 mg/10^{2}mL 为饮酒驾车，血液中的酒精含量大于或等于 80mg/10^{2}mL 为醉酒驾车。

请问大李在中午 12 点喝了一瓶啤酒，下午 6 点检查时是否符合驾车标准？

解： 回归分析的关键是建立合适的回归模型。在实际应用中，需要进行相关的理论分析，才能建立正确的回归模型，本例就是如此。

根据医学原理，酒精在人体中的排泄过程可以用图 3.33 描述。

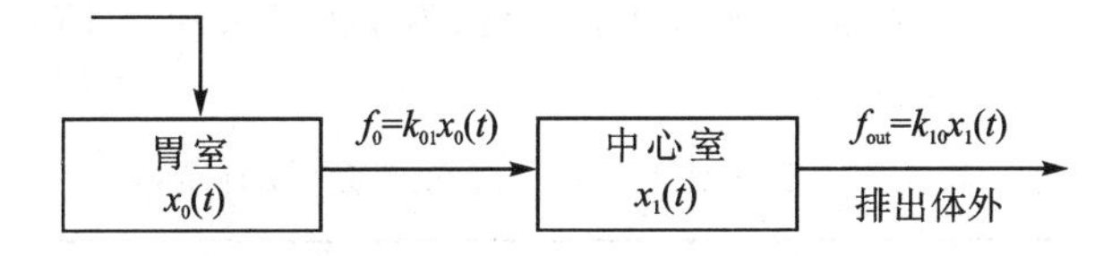

图 3.33 酒精在人体内的吸收、排泄过程

根据模型，如体内酒精初始浓度为 c_0，在短时间内喝下酒精量为 D_0，则 t 时间后体内酒精浓度为

$$c_1(t)=\frac{D_0k_{01}}{V}\left(\frac{1}{k_{10}-k_{01}}e^{-k_{01}t}+ce^{-k_{10}t}\right)$$

$$c=\frac{c_0V}{D_0k_{01}}-\frac{1}{k_{10}-k_{01}}$$

式中：k、k_{01}、k_{10} 为常数，可以通过表中数据回归求得。

```
>>load data; beta0 = [2 1];
>>nlintool(x,y,'predicfun3',beta0);   % 非线性回归函数(或 lsqcurvefit 函数)
```

输入计算结果到命令窗口，可得到以下结果：

```
>>beta1  = 1.7401   0.2076
```

即 $k_{01}=1.7401$，$k_{10}=0.2076$，图 3.34 为拟合曲线图。

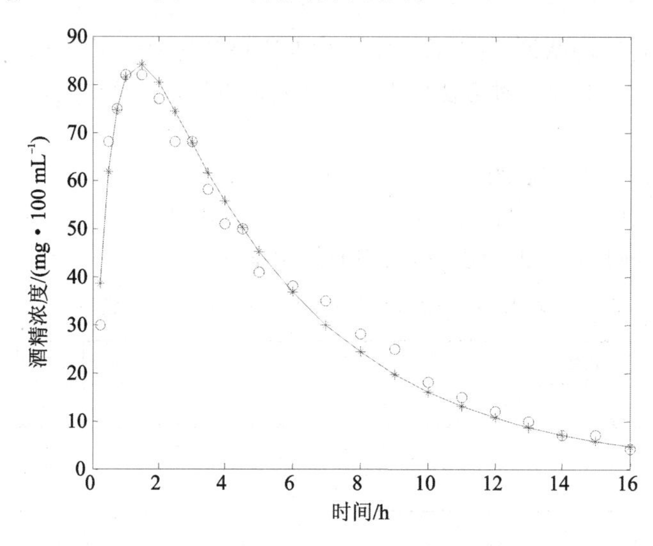

图 3.34　人体中酒精浓度拟合曲线图

大李在中午喝了一瓶啤酒，下午 6 点检查时，其体内的酒精初始浓度为 0，6 小时后浓度为

```
>>k = 24192 * beta(1)/(430 * (beta(2) - beta(1)));
  y2 =  k * (exp( - beta(1) * 6) - exp( - beta(2) * 6)) = 18.3847
```

此值小于酒驾标准，所以符合驾车标准。

例 3.26　已知某企业产品 1991—2010 年间的产量 y 和销售量 x 的统计资料如表 3.32 所列，请用 Alt-Tinbergen 法、经验加权估计法(权值为 1、0.474 8、0.150 8、0.027 8)及 Almon 法建立自回归方程。

表 3.32　某企业产品销售量和产量的统计资料

x	3 620	3 890	4 560	4 880	5 010	4 900	5 100	5 200	5 210	5 300
y	4 230	4 560	4 950	5 100	5 210	5 328	5 300	5 390	5 460	5 680
x	5 890	5 900	6 450	6 510	7 200	7 234	7 790	7 890	8 900	8 890
y	6 010	6 420	6 890	7 226	7 568	7 892	8 260	9 570	10 020	10 200

解：本题是自回归模型。设滞后期为 3，则分布滞后模型为

$$y_t=\alpha+\beta_0x_t+\beta_1x_{t-1}+\beta_2x_{t-2}+\beta_3x_{t-3}+u_t$$

根据 Alt-Tinbergen 法、经验加权估计法及 Almon 法这三种方法的原理，编程进行自回归分析。

```
>> x = [3620 3890 4560 4880 5010 4900 5100 5200 5210 5300 5890 5900 6450 6510 7200 7234 7790 7890
    8900 8890];
>>y0 = [4230 4560 4950 5100 5210 5328 5300 5390 5460 5680 6010 6420 6890 7226 7568 7892 8260 9570
    10020 10200];
>>w = [1 0.4748 0.1508 0.0278];                    % 权值系数
>> out1 = delayregress('alt',x,y0);                % Alt-Tinbergen 法
>> out2 = delayregress('j',x,y0,w);                % 经验加权法
>> out3 = delayregress('a',x,y0,3,2);              % Almon 法,k = 3,r = 2
```

根据结果可以求出回归系数及回归误差，其中输出结果的第一项为回归系数，第二项为回归预测的绝对误差和相对误差。

可以看出，Alt-Tinbergen 法与其余两种方法的结果不一样。这主要是因为 Alt-Tinbergen 法中的项数是通过计算所得，而且每项的权重是一样的，而其余两种方法中的项数是指定的，且每项的权重不一样。

例 3.27 表 3.33 给出 1995—2011 年我国年消费 CO 与收入 y 的数据。假定本期消费不仅与本期收入有关，而且与以前所有各期有关，此时消费模型具有如下形式：

$$CO_t = \alpha + \beta_0 y_t + \beta_1 y_{t-1} + \beta_2 y_{t-2} + \cdots + u_t$$

式中：CO_t 和 y_t 分别代表第 t 期的消费和收入。假定随机项满足全部经典回归模型的基本假定，试用柯克法估计此消费模型。

表 3.33 消费和收入的统计资料

CO 万元	3 537.5	3 919.5	4 186.0	4 331.6	4 615.9	4 998.0	5 309.0	6 030.0	6 511.0
y 万元	4 288.1	4 838.9	5 160.3	5 425.1	5 854.0	6 295.9	6 859.6	7 702.8	8 472.2
CO 万元	7 182.0	7 943.0	8 679.0	9 997.0	11 243.0	12 265.0	13 471.0	15 161.0	
y 万元	9 422.0	10 493.0	11 759.0	13 786.0	15 780.8	17 175.0	20 133.4	23 979.2	

解：利用柯克变换将本题给出的无穷滞后模型转化成自回归模型：

$$\begin{cases} CO_t = \alpha^* + \beta_0 y_t + \lambda CO_{t-1} + v_t \\ \alpha^* = \alpha(1-\lambda) \end{cases}$$

然后应用 OLS 法可得到如下回归模型：

$$\hat{CO}_t = 93.322\,04 + 0.138\,803 y_t + 0.878\,29 CO_{t-1}$$

再根据柯克方法将系数进行转换，最终得到如下回归模型：

$$\hat{\alpha} = \frac{\hat{\alpha}^*}{1-\hat{\lambda}} = \frac{93.322\,04}{1-0.878\,29} = 766.757\,4$$

$$\hat{\beta}_0 = 0.138\,80$$

$$\hat{\beta}_1 = \hat{\lambda}\hat{\beta}_0 = 0.138\,80 \times 0.878\,290 = 0.121\,909$$

$$\hat{\beta}_2 = \hat{\lambda}^2\hat{\beta}_0 = 0.107\,072$$

$$\hat{\beta}_3 = \hat{\lambda}^3\hat{\beta}_0 = 0.094\,04$$

$$\vdots$$

$\hat{CO}_t = 766.7574 + 0.138803y_t + 0.121909y_{t-1} + 0.107071y_{t-2} + 0.09404y_{t-3} + \cdots$

根据以上原理,编程进行计算。

```
>> x = [3537.5 3919.5 4186.0 4331.6 4615.9 4998.0 5309.0 6030.0 6511.0 7182.0 7943.0...
      8679.0 9997.0 11243.0 12265.0 13471.0 15161.0];
>> y = [4288.1 4838.9 5160.3 5425.1 5854.0 6295.9 6859.6 7702.8 8472.2 9422.0 10493.0...
      11759.0 13786.0 15780.8 17175.0 20133.4 23979.2];
>> out = koyck(x,y,4);          % 输入的最后一项为回归模型中的项数
```

很明显,本例题中 y_t 与 CO_{t-1} 之间有较强的共线性,程序中没有消除,实际应用时可根据前述的方法消除。

例 3.28 表 3.34 给出某地区 1981—2010 年消费 y 与收入 x 的调查数据。试用

$$y_t = \beta_0 + \beta_1 x_t + \beta_2 y_{t-1} + v_t$$

分析消费与收入的关系。

表 3.34 某地区收入和消费的统计资料

x	135.729	147.63	164.770	189.134	198.651	187.659	170.735	179.496	190.26	212.357
y	116.518	134.46	144.547	169.268	180.552	174.033	176.648	173.460	182.137	193.835
x	229.019	228.098	222.419	233.203	238.957	248.779	253.631	268.723	314.215	325.579
y	200.947	209.012	206.340	216.654	223.110	230.96 0	244.876	253.635	256.070	270.440
x	312.116	326.654	375.442	435.141	492.567	534.915	484.939	660.709	817.953	924.637
y	285.363	302.248	326.277	372.470	433.119	489.223	519.662	566.046	644.568	754.397

解: 本题有几种不同的解法。

解法 1:首先判断滞后长度。可以应用 BIC 准则来判断模型的阶数,其定义如下:

$$\mathrm{BIC} = \ln Q_k + \frac{1}{N}\ln Nk$$

式中:Q_k 为残差平方和,$Q_k = \sum_{t=1}^{N}(y_t - b_1x_{1t} - b_2x_{2t} - \cdots - b_kx_{kt})^2$;$N$ 为时间序列数据的长度;k 为任一自变量组合的自变量的个数。

当 BIC 达到最小时的 k 值即为模型的阶数。

```
>> x = [135.729 147.63 164.77 189.134 198.651 187.659 170.735 179.496 190.26 212.357 229.019
      228.098 222.419 233.203 238.957 248.779 253.631 268.723 314.215 325.579 312.116
      326.654 375.442 435.141 492.567 534.915 484.939 660.709 817.953 924.637];
   y = [116.518 134.46 144.547 169.268 180.552 174.033 176.648 173.46 182.137 193.835 200.947
      209.012 206.34 216.654 223.11 230.96 244.876 253.635 256.07 270.44 285.363 302.248
      326.277 372.47 433.119 489.223 519.662 566.046 644.568 754.397];
>> data = [x' y'];
>> [k,aic] = varselect(data);
>> k = 5          % 自回归模型
```

通过计算可知,消费 y 与当年和前四年的收入 x 相关,因此模型可设为

$$y_t = \alpha + \alpha_0 x_t + \alpha_1 x_{t-1} + \alpha_2 x_{t-2} + \alpha_3 x_{t-3} + \alpha_4 x_{t-4} + v_t$$

对上式应用 OLS 法估计各系数,假设滞后长度为 4。为此构造一个工具变量 $z_{t-1} = \hat{y}_{t-1}$,并得到其回归模式:

```
>> out = createsample(data,5,1);              % 生成数据矩阵,从 t = 6 开始
>> b = regress(out(:,end),[ones(size(out,1),1) out(:,1:end - 1)])
   b = - 15.9226   0.3106    0.2872   0.3047   0.2673    - 0.1413
```

即回归方程为

$$y_t = -15.922\ 57 + 0.310\ 621x_{t-1} + 0.287\ 191x_{t-2} + 0.304\ 692x_{t-3} + 0.267\ 257x_{t-4} - 0.141\ 343x_{t-5}$$

利用工具变量 $z_{t-1} = \hat{y}_{t-1} = \hat{\alpha} + \hat{\alpha}_0 x_{t-1} + \hat{\alpha}_1 x_{t-2} + \hat{\alpha}_3 x_{t-3} + \hat{\alpha}_3 x_{t-4} + \hat{\alpha}_4 x_{t-5}$ 代替原先模型中的 y_{t-1},再用 OLS 法估计自回归模型结果,可得到如下结果:

```
>>out = createsample(data,5,2);
>> x1 = b(1) + out(:,1:end - 1) * b(2:end,1);
>>b2 = regress(out(:,end),[ones(size(out,1),1) x(6:end)' x1]);
>>b2 = - 16.0562   0.2635   0.8151
```

检验随机式,可以发现存在二级自相关,因此改用广义最小二乘法估计模型,可以得到以下回归式:

$$\hat{y}_t = -23.909\ 14 + 0.216\ 149x_t + 0.901\ 067z_{t-1}$$

对此结果进行检验,得知已不存在自相关。

以上的自回归模型可以转化为分布滞后模型:

$$\hat{y}_t = -38.248\ 792 + 0.216\ 149x_t + 0.279\ 890x_{t-1} + 0.258\ 778x_{t-2} + 0.274\ 548x_{t-3} + 0.240\ 833x_{t-4} - 0.127\ 395x_{t-5}$$

解法2:利用表3.34中的数据直接估计出自回归模型

$$y_t = \beta_0 + \beta_1 x_t + \beta_2 y_{t-1} + v_t$$

得到如下结果:

```
>> out1 = createsample(data,[1 1],3);
>> [b,bint,r] = regress(out1(:,end),[ones(size(out1,1),1) out1(:,1:end - 1)]);
   b = - 10.2909   0.2518   0.8135
```

即回归方程为

$$y_t = -10.290\ 9 + 0.251\ 8x_t + 0.813\ 5y_{t-1}$$

回归结果显示,t 检验、F 检验 R^2 都显著,但是 h 检验说明自回归模型存在一阶自相关。

```
>> [v,s,R,F] = regresvar(out1(:,1:end - 1),out1(:,end));          % 回归变量的方差等参数
>> [p,d_w] = dwtest(r,out1(:,1:end - 1));
>> rho1 = 1 - d_w/2;
>> h = rho1 * sqrt(n/(1 - n * v(end)));
   h = 2.2775                          % 此值大于显著水平 0.05 时正态分布的临界值 1.96
```

对此模型再采用广义最小二乘法,可得到以下结果:

```
>> [beta1,h] = autoregress(x,y);            % 广义最小二乘法
beta1 =  - 14.0897     0.2306      0.8509
h = 1.1214                                  % 此值小于正态分布的临界值 1.96
```

即最终的自回归方程式为

$$\hat{y}_t = -14.089\ 7 + 0.230\ 6x_t + 0.850\ 9y_{t-1}$$

解法 3：可以从另外一个角度考虑，消费者的消费是一个复杂的过程，一方面，预期收入的大小会影响消费，即消费者会按照收入预期决定自己的消费计划；另一方面，实际消费往往与预期消费之间存在偏差，消费者会按照预测的消费计划和消费习惯进行调整。因此可以考虑将适应性期望模型与部分调整模型结合起来使用，将模型转化为

$$y_t = \beta_0 + \beta_1 x_t + \beta_2 x_{t-1} + \beta_3 y_{t-1} + \beta_4 y_{t-2} + v_t$$

对上式进行 OLS 估计，可得到以下结果：

```
>> out = createsample(data,[2 2],3);          % 生成样本集
>> b = regress(out(:,end),[ones(size(out,1),1) out(:,1:end - 1)]);
>> b =  - 4.6050   0.2193   0.0491   1.2084   - 0.4637
```

即方程为

$$y_t = -4.605 + 0.219\,3x_t + 0.049\,1x_{t-1} + 1.208\,4y_{t-1} - 0.463\,7y_{t-2}$$

其中 x_{t-1} 的系数不显著，可以删除。再作模型，可得

```
>>[b,bint,r] = regress(out(:,end),[ones(size(out,1),1) out(:,1) out(:,3:4)]);
>> b = - 3.6604   0.2356   1.2878   - 0.5152
```

即方程为

$$y_t = -3.660\,4 + 0.235\,6x_t + 1.287\,8x_{t-1} - 0.515\,2y_{t-2}$$

回归估计结果显示，t 检验、F 检验 R^2 都显著，其 h 检验接受原假设 $\rho=0$，表明模型中已无自相关。

```
>> [v,s,R,F] = regresvar([out(:,1) out(:,3:4)],out(:,end));
>> [p,d_w] = dwtest(r,[out(:,1) out(:,3:4)]);
>> rho1 = 1 - d_w/2;
>> h = rho1 * sqrt(n/(1 - n * v(end)));
>> h =  - 0.8221
```

第 4 章

时间序列预测法

时间序列(time series)是指随着时间变化带有随机性且前后数据又有关联的一些数据流。时间序列预测法可以认为是从数据中发现规律,排除随机偶然因素的干扰,准确地预测时间序列数据未来的情况。其中规律的识别可能涉及:

- 趋势　可以看作属性值随时间进行的、系统的、无重复的改变(线性或非线性)。
- 周期　指时间序列中的行为具有周期性。
- 季节性　检测的模式可以是基于年、月、日这样的时间点。
- 异常点　为方便模式识别,需要技术来剔除或减少异常点的影响。

时间序列预测法是一种有效的短期预测方法。这种方法并不需要多少专业知识,只要具备兴趣变量的历史数据就可以;因而模型的建立和数据的搜集都比较简单,不过必须假定模型中所有数据都由某个随机过程所产生。这种由一个变量的随机时间序列所构成的模型称为时间序列模型,也称随机过程模型。

4.1　时间序列概述

时间序列是指以时间顺序取得的一系列观测值,这里的"时间"具有广义坐标轴的含义,既可以按时间的先后顺序排列数据,也可以按空间的前后顺序排列随机数据。从经济到工程技术,从天文到地理和气象,几乎在各种领域都会遇到时间序列问题。例如股票市场的每日波动,某地区的降雨量月度序列,某化工生成过程按小时观测的产量等。

4.1.1　时间序列的基本概念

1. 随机过程

按时间顺序记录的数据,因为存在众多因素影响着其观测值,所以对每一个固定的时间 t,变量 y_t 是一个随机变量。依赖于参数时间 t 的随机变量集合$\{y_t\}$就称为随机过程。

2. 平稳随机过程

一个平稳的随机过程,在直观上可以看作一条围绕其均值上下波动的曲线,在理论上把具有下列性质的随机过程称为宽平稳随机过程。

① $\mathrm{E}(y_t)=\mu=$常数 (对所有 t);

② $V(y_t)=\sigma_y^2=$常数 (对所有 t);

③ $\mathrm{cov}(y_t, y_{t+k})=\mathrm{E}[(y_t-\mu)(y_{t+k}-\mu)]=r_k$。

其中 r_k 仅与 y_t 和 y_{t+k} 相隔的时期数有关,而与时间点 t 无关(对所有 t 和 k)。

随机过程是否具备平稳性,对于时间序列预测来说十分重要。这一性质保证了随机过程的结构不会随时间变化,是进行准确预测的必要条件。

如果随机过程$\{u_t\}$服从的分布不随时间改变，而且

$$E(u_t)=0 \quad (\text{对所有 } t)$$

$$V(u_t)=E(u_t^2)=\sigma_u^2=\text{常数} \quad (\text{对所有 } t)$$

$$\mathrm{cov}(u_t,u_s)=E(u_tu_s)=0 \quad (t\neq s)$$

那么，这一随机过程称为白噪声。

很明显，白噪声是平稳随机过程，它是平稳随机过程的特例。

对随机过程$\{y_t\}$，元素y_t与y_{t+k}之间的自相关函数定义如下：

$$\rho_k=\frac{\mathrm{cov}(y_t,y_{t+k})}{\sqrt{V(y_t)V(y_{t+k})}}$$

它是一个无纲量。

当y_t为平稳随机过程时

$$\rho_k=\frac{r_k}{\sigma_y^2}=\frac{r_k}{r_0}$$

式中：$r_0=V(y_t)=\sigma_y^2$，$r_k=\mathrm{cov}(y_t,y_{t+k})$。

在实际计算时，只能计算样本自相关函数，其样本自相关函数定义为

$$\hat{\rho}_k=\frac{\sum_{t=1}^{n-k}(y_t-\bar{y})(y_{t+k}-\bar{y})}{\sum_{t=1}^{n}(y_t-\bar{y})^2}$$

随机时间序列模型着重研究的是相关关系，因此自相关函数在时间序列模型中有重要地位。

3. 滞后算符 L

滞后算符L的定义：

$$Ly_t=Ly_{t-1}$$

式中：y_t和y_{t-1}是同一随机过程的元素。如果将L对y_t连续应用二次，就有

$$L^2y_t=L(Ly_t)=Ly_{t-1}=y_{t-2}$$

一般地，对任意正整数n，有$L^ny_t=Ly_{t-n}$；当$n=0$时，定义为$L^0y_t=y_t$。

算符多项式定义为

$$P_n(L)=1+\varphi_1L+\varphi_2L^2+\cdots+\varphi_nL^n$$

设有$P_n(L)$和$Q_m(L)$两个算符，如它们满足关系：

$$P_n(L)Q_m(L)=1$$

式中：m和n可以为有限和无限。称$Q_m(L)$为$P_n(L)$的逆算符，即$Q_m(L)=P_n^{-1}(L)$。

4. 时间序列的数字特征

(1) 均值函数

设$\{y_t,t=1,2,3,\cdots\}$是一个时间序列，称$\mu(t)=E(y_t)$ $(t=1,2,3,\cdots)$为时间序列的均值函数，它是时间t的函数。

(2) 自协方差函数

设$\{y_t,t=1,2,3,\cdots\}$是一个时间序列，称$r(t,s)=\mathrm{cov}(y_t,y_s)=E[(y_t-E(y_t))(y_s-E(y_s))]$ $(t,s=1,2,3,\cdots)$为时间序列的自协方差函数。若$r=s$，则称$r(t,t)=E[(y_t-E(y_t))]^2=V(y_t)$ $(t=1,2,3,\cdots)$为时间序列的方差函数，记为σ_t^2。方差函数表示时间序列

在时刻 t 对均值 $\mu(t)$ 的偏离程度。

(3) 自相关函数和偏自相关函数

设 $\{y_t, t=1,2,3,\cdots\}$ 是一个时间序列,称 $\rho(t,s)=\dfrac{\mathrm{cov}(y_t,y_s)}{\sqrt{V(y_t)V(y_s)}}(t\neq s)$ 为时间序列的自相关函数,它是衡量序列中任意两个元素之间相关程度的量度。

偏自相关函数 $\alpha_{k,k}$ 是时间序列在排除 $y_{t-1},y_{t-1},\cdots,y_{t-1}$ 各期影响下来度量 y_t 与 y_{t-k} 之间的相关程度的系数,其计算公式如下:

$$\alpha_{k,k}=\frac{\mathrm{E}[(y_t-\hat{y}_t)(y_{t-k}-\hat{y}_{t-k})\mid y_{t-1},y_{t-2},\cdots,y_{t-k+1}]}{\sqrt{V(y_t\mid y_{t-1},y_{t-2},\cdots,y_{t-k+1})V(y_{t-k}\mid y_{t-1},y_{t-2},\cdots,y_{t-k+1})}}$$

式中

$$\hat{y}_t=\mathrm{E}(y_t\mid y_{t-1},y_{t-2},\cdots,y_{t-k+1}),\quad \hat{y}_{t-k}=\mathrm{E}(y_{t-k}\mid y_{t-1},y_{t-2},\cdots,y_{t-k+1})$$

$\mathrm{E}(\cdot\mid y_{t-1},y_{t-2},\cdots,y_{t-k+1})$ 是关于条件密度函数 $f(y_t,y_{t-k}\mid y_{t-1},y_{t-2},\cdots,y_{t-k+1})$ 的条件期望。

(4) 截尾和拖尾

对于平稳时间序列的自相关函数或者偏自相关系数的序列 $\{\rho_k\}$,满足条件:$\rho_q\neq 0$ 且 $\forall k>q,\rho_k=0$,称这个序列在 k 处截尾,则此序列具有截尾性;反之,若这个序列不能在某步之后截尾,而是随着其增大而衰减,但是受某一个负指数函数的控制,则称这个序列有拖尾性。

4.1.2 时间序列的特点

时间序列具有以下特点:

① 时间序列中数据的取值随着时间的变化而变化,但不一定是时间的严格函数。

② 时间序列在某一时刻上的取值或数据点的位置都是随机性的,不能严格利用历史值完全准确地做出预测。

③ 时间序列的本质特征主要表现为:观察值之间可以是不相邻的两个时刻,是相互依赖或相关的。

④ 从整体上来看,时间序列通常会呈现出某种趋势,或者表现出周期性变化的现象。

一般认为时间序列由四个部分构成,即长期趋势或趋势变化、季节变动或季节性变化、循环变动或循环变化、不规则变动或随机变化。

长期趋势(Trend)反映了时间序列在一个较长时间内的发展,它可以在一个相当长的时间内表现为一种近似直线的持续向上、持续向下或平稳的趋势,用 T 表示。

季节变动(Season)是指时间序列受季节变更的影响所形成的一种长度和幅度固定(有规则)的周期变动,用 S 表示。

周期变化(Cycle)是指时间序列在较长的时间里受各种因素影响,围绕趋势而形成的上下起伏不定的波动,也称为循环波动,用 C 表示。

随机变动(Irregural)是指时间序列受各种偶然因素或不可控因素影响所形成的不规则波动,故也称为不规则波动,用 I 表示。

任何一个时间序列,都可以按上述四个因素进行分解,即 $Y_t=f(T_t,S_t,C_t,I_t)$。其中 f 反映了时间序列的分解方法,较常用的模型有加法模型、乘法模型和混合模型。

加法模型:

$$Y_t=T_t+S_t+C_t+I_t$$

乘法模型：

$$Y_t = T_t \times S_t \times C_t \times I_t$$

混合模型：

$$Y_t = T_t \times S_t + I_t,\quad Y_t = T_t \times C_t \times I_t + S_t$$

在实际中，经常遇到的时间序列有如下几种类型：

① 水平趋势型，表现为水平方向的变动，没有明显的上升或下降，也无明显的季节性影响。

② 线性趋势型，表现为时间的线性变动，没有明显的上升或下降，也无明显的季节性影响。

③ 二次曲线趋势型，表现为时间的二次曲线变动，没有明显的季节性影响。

④ 线性趋势季节型，表现为明显的季节性变动，且长期趋势与时间呈线性关系。

⑤ 曲线趋势季节型，表现为较明显的季节性变动，且长期趋势与时间呈曲线关系。

在预测技术中，一般将不规则变动视为干扰，必须设法将其排除或过滤，而将趋势性变动特征反映出来，以预测时间序列的主要变化趋势。必要时，也应将季节性或周期性特征反映出来。

时间序列的不同特征，要用不同的方法才能反映出来。要做好预测，首先需要认识清楚时间序列的变动特征，以便根据不同的特征选择不同的预测方法。

4.1.3 时间序列特征的识别

1. 作图法

由于时间序列是随着时间变化而变化的一些数据，所以以变量值为纵坐标，以时间为横坐标，画出时间序列。只要坐标划分得当，就能大致观察到时间序列的长期趋势性变动、周期性变动、季节性变动及不规则变动。

例如，通过观察散点在散点图中是否围绕其均值上下波动就可以判断该时间序列是否是一个平稳时间序列。

2. 数理统计

设时间序列$\{x_t, x_1, x_2, \cdots, x_k, \cdots, x_n\}$，将其分成 $N-k$ 对数据$(x_t, x_{t+k})$$(t=1,2,3,\cdots,N-k)$，其中 $k=1,2,3,\cdots,N/4$。

判断时间序列特征的步骤如下：

第 1 步，计算每组数据的自相关系数：

$$r_k = \frac{\sum_{t=1}^{N-k}(x_t - \bar{x})(x_{t+k} - \bar{x})}{\sum_{t=1}^{N}(x_t - \bar{x})^2} \quad \left(k = 1,2,3,\cdots,\frac{N}{4}; x = \frac{1}{N}\sum_{i=1}^{N} x_i\right)$$

第 2 步，判断时间序列的特征。通常用以下两种方法来检验假设：原假设 $H_0: r_1 = r_2 = \cdots = r_{n/2} = 0$，备择假设 $H_1: r_1, r_2, \cdots, r_{n/2}$ 不全为零。

① 计算自相关系数 $r_k(k \geqslant 20)$，当$|r_k| \leqslant \frac{1.96}{\sqrt{N}}$成立时，可认为在 $\alpha=0.05$ 显著性水平下时间序列具有随机特征。

② 实行 χ^2 检验。首先，计算 m 个自相关系数 $r_i(i=1,2,3,\cdots,m)(m\geqslant 6,N>m)$；然后计算统计量 $Q=N\sum_{k=1}^{m}r_k^2$，将 Q 与查表值 $\chi_\alpha^2(m-1)$ 进行比较。当 $Q\leqslant\chi_\alpha^2(m-1)$ 时，可认为这 m 个值的自相关系数与"0"是没有显著差异的，可接受原假设 H_0，即原时间序列具有随机性；反之，则接受备择假设 H_1，即原时间序列具有非随机性。

3. 逆序检验法

① 将整个序列分成 M 段，求出每段数据的均值和方差，设所得序列为 $\{y_1,y_2,\cdots,y_M\}$。

② 计算均值序列(或方差序列)的逆序总数 I_M。

③ 建立假设：

$$H_0\text{:序列无趋势变化；}\quad H_1\text{:序列是非平稳的}$$

④ 计算统计量：

$$Z=\frac{12}{\sqrt{2}}\frac{I_M-(M-1)M/4}{\sqrt{(M(M-1)(2M+5)}}$$

渐近服从于 $N(0,1)$。

采用双边检验，在给定一显著性水平 α 下，查正态分布临界值 $z_{\alpha/2}$，当 $|Z|<z_{\alpha/2}$ 时，接受原假设，认为序列无明显的趋势；否则，认为序列是非平稳的。

这种方法在检验序列是否存在单调趋势方面是有效的，但是在有些情况下具有局限性，例如对一些先增后减，或先减后增的情形可能会有局限。

4. 游程检验法

设样本序列 $\{x_t\}$，序列的均值为 $\bar{x}$，令 $x_i^*=x_i-\bar{x}$，若 $x_i^*\geqslant 0$，用"+"表示；若 $x_i^*\leqslant 0$，用"−"表示。这样相应于原序列就可得到一个记号序列。在这个序列中一段连续的、相同的记号就作为一个游程。记号序列中"+"和"−"出现的次数分别为 N_1 和 N_2。

建立假设：

$$H_0\text{:样本序列没有明显的变化趋势，}\quad H_1\text{:序列是非平稳的}$$

当 N_1 或 N_2 都小于 15 时，游程总数服从 r 分布。选取一个显著性水平 α，查 r 分布表的下限 r_L 和上限 r_U，若实际样本计算出的游程值 r 在 $[r_L,r_U]$ 内，则接受原假设；否则拒绝原假设。

当 N_1 或 N_2 都大于 15 时，计算统计量：

$$Z=\frac{r-\mathrm{E}(r)}{V(r)}$$

式中

$$\mathrm{E}(r)=\frac{2N_1N_2}{N}+1,\quad V(r)=\frac{2N_1N_2(2N_1N_2-N)}{N^2(N-1)}$$

渐近服从 $N(0,1)$ 分布。

在给定的显著性水平 α 下，若 $|z|<z_{\alpha/2}$ 接受原假设，则认为序列无明显的趋势；否则认为序列是非平稳的。

5. 单位根检验

(1) DF 检验法

DF 检验主要考察 AR(1)模型：

$$y_t = \varphi y_{t-1} + u_t$$

由平稳性条件可知，当且仅当$|\varphi|<1$时，序列y_t是平稳的；当$\varphi=1$时，序列是非平稳的。

统计检验假设：

$H_0:\varphi=1$，序列y_t非平稳；　$H_1:|\varphi|<1$，序列y_t平稳

DF 检验统计量：

$$\tau = \frac{\hat{\varphi}-1}{S(\hat{\varphi})}$$

式中：$\hat{\varphi}$为模型参数φ的最小二乘估计；$S(\hat{\varphi})$为$\hat{\varphi}$的标准差；

$$\hat{\varphi} = \frac{\sum_{t=1}^{n} Y_{t-1}Y_t}{\sum_{t=1}^{n} Y_{t-1}^2},\quad S(\hat{\varphi}) = \sqrt{\frac{\hat{\sigma}^2}{\sum_{t=1}^{n} Y_{t-1}^2}},\quad \hat{\sigma}^2 = \frac{\sum_{t=1}^{n}(Y_t - \hat{\varphi}Y_{t-1})^2}{n-1}$$

给定显著性水平α，查 DF 分布表的临界点τ_α，则当$\tau \leqslant \tau_\alpha$时，拒绝原假设，认为序列是显著平稳；否则，接受原假设，认为序列是非平稳的。

(2) ADF 检验

DF 检验只局限于一阶自回归过程，而实际上大多数时间序列都不是简单的一阶自回归的情形，因而对 DF 检验法进行修正，便得到 ADF 检验。

考虑 AR(p)模型：

$$y_t = \varphi_1 y_{t-1} + \varphi_2 y_{t-2} + \cdots + \varphi_p y_{t-p} + u_t$$

记

$$\rho = \varphi_1 + \varphi_2 + \cdots + \varphi_p$$

统计检验假设：

$H_0:\rho=1$，序列y_t非平稳；　$H_1:\rho<1$，序列y_t平稳

ADF 检验统计量：

$$\tau = \frac{\hat{\rho}-1}{S(\hat{\rho})}$$

式中：$\hat{\rho}$为模型参数ρ的最小二乘估计；$S(\hat{\rho})$为$\hat{\rho}$的标准差，具体的检验标准与 DF 检验相同。

4.1.4 非平稳数据的处理

非平稳数据一般是通过差分运算来消除数据的不平稳性。一般情况下，非平稳序列经过一阶差分或二阶差分后都可以实现平稳化。

1. 差分算子

在序列$\{X_t\}$中，X_t的一阶差分$\nabla X_t = X_t - X_{t-1}$，表示为相距 1 期的两个序列值的差。

对一阶差分后的序列$\{\nabla X_t\}$，再进行一阶差分，便可以得到二阶差分，记为$\nabla^2 X_t$。以此类推，可定义k阶差分为

$$\nabla^k X_t = \nabla^{k-1} X_t - \nabla^{k-1} X_{t-1}$$

对于具有一次线性趋势的观测数据，经过一阶差分后，可以得到平稳的数据；对于二次抛物线趋势，则二阶差分后可变换为平稳序列；若序列具有d次多项式趋势，则通过d阶差分得到平稳序列。

2. 季节差分

设$\{X_t\}$为含有周期为S的周期性波动序列，则$X_t, X_{t+s}, X_{t+2s}, \cdots$为各相应周期点的

值，一般它们会表现出很强的相似性。如果把每一观测值减去前一个周期相应的观测值，则称为季节差分，用$\nabla_s = X_t - X_{t-s}$ 表示。季节差分可以消除周期性的影响。

3. 对数差分

对于含有指数趋势的序列，则可以通过取对数运算把原序列转化为线性趋势的序列，这样再进行差分运算，消除线性趋势，就可以得到平稳的序列。一般可记为

$$\nabla \ln X_t = \ln X_t - \ln X_{t-1}$$

4.2　指数平滑预测模型

指数平滑最先由 Robert G. Brown 于 20 世纪 50 年代提出。这种方法很早被当作一种对不同类型的单变量时间序列的外推技术而得到广泛的应用。

4.2.1　移动平均预测法

平滑之意就是通过某种平均方式，消除历史统计序列中的随机波动，找出其中的主要发展趋势。而指数平滑法是建立在加权平均法基础之上的，也是移动平均法的改进。

设$\{y_t\}$为时间序列，取平滑平均的项数为 n，设 y_t 是第 t 期的实际值，则第 $t+1$ 期预测值的计算公式为

$$\hat{y}_{t+1} = M_t^{(1)} = \frac{y_t + y_{t-1} + \cdots + y_{t-n+1}}{n} = \frac{1}{n}\sum_{j=1}^{n} y_{t-n+j}$$

当 n 较大时，可采用以下公式来减少计算量：

$$\hat{y}_{t+1} = M_t^{(1)} = M_{t-1}^{(1)} + \frac{y_t - y_{t-n}}{n}$$

式中：$M_t^{(1)}$ 表示第 t 期一次平滑平均数；$\hat{y}_{t+1}$ 是第 $t+1$ 期预测值（$t \geqslant n$），预测的标准误差为

$$S = \sqrt{\frac{\sum (y_{t+1} - \hat{y}_{t+1})^2}{N-n}}$$

式中：N 为时间序列$\{y_t\}$中原始数据的个数。

项数 n 的取值对结果有较大的影响。在实际预测中，可以取不同的 n 值并计算据此得到的预测标准误差，比较不同的标准误差，最小者对应的 n 值是合适的。

由于在实际中，参与平均的各期数据在预测中的作用往往是不同的，因此，需要采用加权平滑平均法进行预测。加权一次移动平均预测法是其中比较简单的一种方法，其计算公式为

$$\hat{y}_{t+1} = \frac{W_1 y_t + W_2 y_{t-1} + \cdots + W_n y_{t-n+1}}{W_1 + W_2 + \cdots + W_n} = \frac{\sum_{i=1}^{n} W_i y_{t-i+1}}{\sum_{i=1}^{n} W_i}$$

式中：y_t 表示第 t 期实际值；$\hat{y}_{t+1}$ 表示第 $t+1$ 期预测值；W_i 表示权重；n 是平滑平均的项目数。

加权平滑平均法也称自适应过滤法。其具体步骤如下：

① 设等权重，并得到预测值及预测误差 e。

② 根据预测误差调整权重。计算公式如下：

$$W_i' = W_i + 2k \times e \times y_{t-i+1}$$

式中：W'_i 为调整后的第 i 个权重；k 为调整常数；y_{t-i+1} 为第 $t-i+1$ 期的预测值。

③ 利用调整后的权重计算下一期的预测值。

④ 重复以上步骤，直到预测误差达到预测精度，且权重无明显变化。

显然，k 越大，权重调整越快；k 越小，权重调整越慢。但 k 过大，可以导致权重振动，而不能收敛于一组"最佳"的权重。一般取 $1/N$，也可以用不同的值进行试算，以确定一个能使均方根误差最小的 k 值。

4.2.2 指数平滑预测法

移动平均有两个不足之处。首先，每计算一次移动平均值，必须储存最近 n 个观测值，当预测项目很多时，就要占据相当大的存储空间；其次，移动平均实际上是对最近的 n 个观测值等权看待，也就是假定近期 n 个数据同等重要，而对 $t-n$ 期以前的数据则完全不考虑。所以更切合实际的方法是对各期预测值依时间顺序加权。指数平滑预测法就是这样一种方法，是按数据的重要程度（一般是按时间的远近顺序）呈非线性单调变化，而且又不需要存储很多数据。这种方法一般用于实际数据序列以随机变动为主的场合，可以消除时间序列的偶然性变动，进而寻找预测对象的变化特征和趋势。

1. 水平趋势与一次指数平滑

一次指数平滑预测法是以 $\alpha(1-\alpha)^i$ 为权重（$0<\alpha<1, i=0,1,2,\cdots$），对时间序列 $\{y_t\}$ 进行加权平均的一种预测方法，y_t 的权重为 α，y_{t-1} 的权重为 $\alpha(1-\alpha)$，y_{t-1} 的权重为 $\alpha(1-\alpha)^2$，…，以此类推，计算公式为

$$\hat{y}_{t+1}=S_t^{(1)}=a y_t+(1-\alpha)S_{t-1}^{(1)}$$

式中：y_t 表示第 t 期实际值；$\hat{y}_{t+1}$ 是第 $t+1$ 期预测值；$S_{t-1}^{(1)}$ 和 $S_t^{(1)}$ 分别表示第 $t-1$ 期和第 t 期的一次指数平滑值；α 表示平滑指数，$0<\alpha<1$。

预测的标准误差为

$$S=\sqrt{\frac{\sum_{t=1}^{n-1}(y_{t+1}-\hat{y}_{t+1})^2}{n-1}}$$

式中：n 为时间序列中含有原始数据的个数。

2. 线性趋势与二次指数平滑

当实际数据序列具有较明显的线性增长趋势时，不宜使用一次指数平滑预测法，因为存在明显的滞后偏差，将使预测值偏低。此时通常使用二次指数平滑预测法，利用滞后偏差规律来建立线性预测模型。

二次指数平滑预测法是对一次指数平滑值再作一次指数平滑来进行预测的一种方法。预测模型为

$$\hat{y}_{t+T}^{(2)}=a_t+b_t T$$

式中：$a_t=2S_t^{(1)}-S_t^{(2)}$，$S_t^{(1)}$ 和 $S_t^{(2)}$ 分别表示第 t 期一次、二次指数平滑值；$b_t=\frac{\alpha}{1-\alpha}(S_t^{(1)}-S_t^{(2)})$，$\alpha$ 是平滑系数；$\hat{y}_{t+T}$ 表示第 $t+T$ 期预测值。

预测的标准误差为

$$S=\sqrt{\frac{\sum_{t=1}^{n}(y_t-\hat{y}_t)^2}{n-2}}$$

3. 二次曲线趋势与三次指数平滑

如果实际数据序列具有非线性增长倾向，则一次、二次指数平滑预测法都不适用，此时应采用三次指数平滑预测法建立非线性预测模型。

三次指数平滑公式为

$$S_t^{(1)} = \alpha y_t + (1-\alpha) S_{t-1}^{(1)}$$
$$S_t^{(2)} = \alpha S_t^{(1)} + (1-\alpha) S_{t-1}^{(2)}$$
$$S_t^{(3)} = \alpha S_t^{(2)} + (1-\alpha) S_{t-1}^{(3)}$$

式中：$S_t^{(1)}$，$S_t^{(2)}$，$S_t^{(3)}$ 分别表示第 t 期一次、二次、三次指数平滑值。

二次曲线趋势预测模型为

$$\hat{y}_{t+T} = a_t + b_t T + c_t T^2 \quad (T = 1,2,3,\cdots)$$

式中

$$a_t = 3S_t^{(1)} - 3S_t^{(2)} + S_t^{(3)}$$

$$b_t = \frac{\alpha}{2(1-\alpha)^2}[(6-5\alpha)S_t^{(1)} - 2(5-4\alpha)S_t^{(2)} + (4-3\alpha)S_t^{(3)}]$$

$$c_t = \frac{\alpha^2}{2(1-\alpha)^2}[S_t^{(1)} - 2S_t^{(2)} + S_t^{(3)}]$$

4. 初始值的确定

在计算指数平滑法的平滑值时，需要给出一个初始值 $S_0^{(1)}$。常用的确定初始值的方法是，将已知数据分成两部分，用第一部分估计初始值，用第二部分进行平滑，求各平滑参数。一般来说，对于变动趋势较稳定的观测值，可以直接用第一个数据作为初始值；如果观测值的变动趋势有起伏波动，则以 m 个数据的平均值作为初始值，以减少初始值对平滑的影响。最简单的是取前 3～5 个数的平均值作为初始值。也可以用最小二乘法或其他方法对前几个数据进行拟合，估计 a_0，b_0，c_0 值，再根据 a_0，b_0，c_0 的关系式计算出初始值。

5. 平滑系数 α 的确定

在使用指数平滑预测法时，选择合适的平滑系数 α 非常重要。此值的选择是否得当，直接影响预测的结果。平滑系数代表对时序变化的反应速度，又决定预测中修正随机误差的能力。一般来说，平滑系数越小，平滑作用越强，但对实际数据的变动反应越迟缓，即滞后偏差的程度随着 α 的增长而减少。若选 $\alpha=0$，$S_t = S_{t-1}$，这是充分相信初始值，预测过程中不需要引进任何信息，意味着平滑后的序列对原时间序列的变化反应较为迟钝；若选 $\alpha=1$，平滑值就是实际观测值，这是完全不相信过去信息，意味着平滑后的序列能够较快地反映出原时间序列的实际变化。一般来说，对于变化较小或者接近平稳的时间序列，应选择较小的（接近 0）的平滑系数；对于变化较大或者趋势性较强的时间序列，应选择较大的（接近 1）平滑系数，即 α 值的范围为 0～1。

（1）α 的主观准则法

通过对一次平滑预测权重系数的分布分析，可以得到选择 α 的一些基本准则：

① 如果预测误差是由某些随机因素造成的，则时间序列的基本发展趋势比较稳定，α 应取小一点（0.1～0.4），以减小修正幅度，使预测模型能包含较长时间序列的信息，即较早的预测值也能充分反映在现时的指数平滑中。

② 如果时间序列虽然有不规则变动，但长期变化接近某一稳定常数，则 α 值一般取为

0.05～0.2，以使各观测值在现时的指数平滑中有大小接近的权数。

③ 如果预测目标的基本趋势已经发生了系统的变化，也就是说预测误差属于系统误差，则 α 的取值应该大一些。这样，就可以根据当前的预测误差对原预测模型进行大幅度的修正，使模型迅速跟上预测目标的变化，但此时 α 取值不能过大。

④ 如果原始数据不充分，初始值选取比较随便，或者预测模型仅在某一段时间内能较好地表达这个时间序列，这段时间内时间序列具有迅速和明显的趋势变动，则 α 的取值也应大一些（一般为 0.3～0.5），以使模型加重对以后逐步得到的近期数据的依赖，减轻对早期数据的依赖。

（2）α 的 MSE 准则法

$\hat{y}_{t-1}$ 表示用指数平滑法，在第 $t-1$ 时刻，对 t 时刻的预测值，则一步预测的误差为 $e_t^{(1)}=y_t-\hat{y}_{t-1}(t=1,2,3,\cdots,m)$，其误差平方和为

$$Q=\sum_{t=2}^{m}(e_t^{(1)})^2=\sum_{t=2}^{m}(y_t-\hat{y}_{t-1}^{(1)})^2$$

因为 $\hat{y}_{t-1}$ 的值是由 α 确定的，则 Q 是关于 α 的函数，目标是选出合适的 α，使得误差平方和 Q 达到最小。对于求解 α，一般可采用一维搜索法。常用的方法是将 α 在(0,1)间进行离散化处理，再用穷举法逐一搜寻，直至找到最优的 α。

在实际预测时，还必须考虑时序数据本身的特征，当选 α 值接近于 1 为最优值时，常常预示着时序数据有明显的趋势变动或季节性变动。在这种情况下，采用一次指数平滑法或非季节性平滑法，都难以得到有效的预测结果。

6. 项数 n 的取值

项数 n 的取值应该根据时间序列而定。如果 n 过大，则会降低平滑平均数的敏感性，影响预测的准确性；如果 n 过小，则平滑平均数易受随机变动的影响，难以反映实际趋势。一般取 n 的大小能包含季节性变动和周期性变动的时期比较好，这样可以消除它们的影响。对于没有季节性变动和周期性变动的时间序列，n 的取值要视历史数据的趋势而定，一般来说，如果历史数据的类型呈水平型发展趋势，则项数 n 可取较大值；如果历史数据的类型呈上升（或下降）型发展趋势，则项数 n 可取较小值，这样能取得较好的预测值。

4.2.3 Holt 指数平滑预测法

Holt 指数平滑预测法是一种双参数的指数平滑法，它增加了一个反映模型趋势变化的参数，在适应数据上有了更大的灵活性。

Holt 指数平滑预测法的模型为

$$\hat{y}_{t+h}=L_t+T_t h$$

水平平滑

$$L_t=\alpha y_t+(1-\alpha)(L_{t-1}+T_{t-1})\quad(0<\alpha<1)$$

趋势平滑

$$T_t=\beta(L_t-L_{t-1})+(1-\beta)T_{t-1}\quad(0<\beta<1)$$

式中：L_t 为序列$\{y_t\}$经趋势调整后的水平指数平滑值；T_t 为第 t 期增长量的指数平滑值，h 为提前预期的期数；α 与 β 为两个彼此独立的平滑参数；α 的作用在于消除序列$\{y_t\}$的随机扰动，适应数据的变动；β 的作用是消除趋势变化中的随机干扰，适应增长量 L_t-L_{t-1} 的变动。实际上，当 α 与 β 相等时，模型等价于 Brown 的二次平滑公式。

1. 初始值的选取

假定有一定数量的历史数据，趋势变化量 T_t 的初始值 T_0 可用原序列中前 m 期数据的平均增长量代替，即

$$T_0=\frac{y_m-y_1}{m-1}$$

则 Holt 指数平滑法预测模型的初始条件可设置为

$$\begin{cases}L_0=y_1-T_0\\T_0=\dfrac{y_m-y_1}{m-1}\end{cases}$$

从而可得到等价的初始条件：

$$\begin{cases}L_1=\alpha y_1+(1-\alpha)(L_0+T_0)=y_1\\T_1=\beta(L_1-L_0)+(1-\beta)T_0=T_0\end{cases}$$

2. 平滑参数 α、β 的选取

应用 Holt 双参数指数平滑法的关键在于选择一对合适的平滑常数 α 和 β。一般它们的范围为[0.05,0.30]，且 $\alpha>\beta$。在实际应用时，应根据时间序列的特点和预测经验，先预选几对 α 和 β，然后根据 MSE 准则，选择出预测误差最小的 α 和 β 的组合。

4.2.4 Holt-Winters 指数平滑预测法

Holt-Winters 指数平滑预测法是三参数方法，适用于既有线性趋势，又有季节性变动的线性季节模型。它的基本思想是，将具有线性趋势、季节变动和随机变动的时序进行分解研究，并与指数平滑法相结合，分别对时间序列的长期趋势、趋势增量以及季节性变动作出估计，然后建立预测模型进行预测。

Holt-Winters 指数平滑法的三个平滑公式如下：

水平平滑：

$$L_t=\alpha\frac{y_t}{I_{t-p}}+(1-\alpha)(L_{t-1}+T_{t-1})$$

趋势平滑：

$$T_t=\beta(L_t-L_{t-1})+(1-\beta)T_{t-1}$$

季节平滑：

$$I_t=\gamma\frac{y_t}{L_t}+(1-\gamma)I_{t-p}$$

从而可得 Holt-Winters 指数平滑法的预测方程为

$$y_{t+h}=(L_t+T_th)I_{t+h-p}\quad(h=1,2,3,\cdots,p)$$

式中：α，β，γ 需预先设定，是三个彼此独立的平滑参数；L_t 和 T_t 的初始值及 p 个 I_t 的初始值需要预先指定，其中表示季节的周期。

1. 初始条件

I_t，L_t，T_t 的初始值最简单的取法如下：

I_t 的初始值：

$$I_i=\frac{x_i}{\hat{x}^{(1)}},\quad\hat{x}^{(1)}=\frac{1}{p}\sum_{i=1}^{p}x_i$$

L_t 的初始值：

$$L_p = \frac{x_p}{I_p} = \hat{x}^{(1)}$$

T_t 的初始值：

$$T_p = \frac{1}{3p}[(x_{p+1} - x_1) + (x_{p+2} - x_2) + (x_{p-3} - x_3)]$$

若考虑趋势因素的影响，还可以通过以下方法来确定初始值，计算公式如下：

$$T_p = \frac{1}{3p}(\bar{x}^{(2)} - \bar{x}^{(1)})$$

$$L_p = \bar{x}^{(1)} + \frac{p-1}{2}T_p$$

$$I_i = \frac{x_i}{L_p - (p-i)T_p} = \frac{x_i}{\bar{x}^{(1)} + [i - (p+1)/2]T_p} \quad (i = 1,2,3,\cdots,p)$$

式中

$$\bar{x}^{(1)} = \frac{1}{p}\sum_{i=1}^{p} x_i, \quad \bar{x}^{(2)} = \frac{1}{p}\sum_{i=1}^{2p} x_i$$

需要注意的是，全年所有季节系数之和必须等于 p。若平均值为 1，则表示没有季节效应，若所计算的季节指数不能满足此条件，则必须对它们做必要的调整，也就是规范化处理，使之可以满足上述条件。

2. 最优参数值的选择

预测系统含三个平滑指数(α,β,γ)，它们的取值可以相同也可以不同，一般经验选定在 0.1～0.2 之间。理论上可以根据 MSE 准则确定。

4.2.5 具有季节性特点的时间序列的预测

在实际中，表示季节性的时间序列是非常多的，这里的季节是广义上的“季节”，可以是自然季节，也可以是销售季节等广义季节。

对于季节性时间序列的预测，要从数学上完全拟合其变化曲线是非常困难的，但是如果只是分析时间序列的变化趋势，那么可以有多种方法。季节系数法就是其中的一种，其步骤如下：

第 1 步，通过调查收集 m 年的各季度或各月份(每年 n 个季度)的时间序列样本数据 x_{ij}，其中 $i(i=1,2,3,\cdots,m)$表示年份的序号，$j(j=1,2,3,\cdots,n)$表示季度或月份的序号。

第 2 步，计算每年所有季度或所有月份的算术平均值，即

$$\bar{x} = \frac{1}{m \times n}\sum_{i=1}^{m}\sum_{j=1}^{n} x_{ij}$$

第 3 步，计算同季度或同月份数据的算术平均值，即

$$\bar{x}_{\cdot j} = \frac{1}{m}\sum_{i=1}^{m} x_{ij} \quad (j = 1,2,3,\cdots,n)$$

第 4 步，计算季节系数或月份系数，即

$$\beta_j = \frac{\bar{x}_{\cdot j}}{\bar{x}} \quad (j = 1,2,3,\cdots,n)$$

第 5 步，预测计算：

① 计算出预测年份(即下一年)的年加权平均:

$$F_{m+1}=\frac{\sum_{i=1}^{m}w_iF_i}{\sum_{i=1}^{m}w_i}$$

式中:$F_i=\sum_{j=1}^{n}x_{ij}(i=1,2,3,\cdots,m)$为第 i 年的合计;$w_i(i=1,2,3,\cdots,m)$为第 i 年的权重,按自然数列(年份序列)取值。

② 计算预测年份的季度(月度)平均值:

$$\bar{F}_{m+1}=\frac{F_{m+1}}{n}$$

式中:如果为季度,则 $n=4$;如果为月份,则 $n=12$。

③ 计算预测年份第 j 季度或月份的预测值:

$$F_{m+1,j}=\beta_j\times\bar{F}_{m+1}$$

时间序列的平滑预测是较为简单的一种方法。简单移动平均法和加权移动平均法,在时间序列没有明显的趋势变动时,能够准确反映实际情况。但当时间序列出现直线增加或减少的变动趋势时,用简单移动平均法和加权移动平均法来预测就会出现滞后偏差。因此,需要进行修正,修正的方法是作二次移动平均,利用移动平均滞后偏差的规律来建立直线趋势的预测模型,这就是趋势移动平均法。

一般来说,历史数据对未来值的影响是随时间间隔的增长而递减的。所以,更切合实际的方法应是对各期观测值依时间顺序进行加权平均作为预测值。指数平滑法可满足这一要求,而且具有简单的递推形式。

但当时间序列的变动具有直线趋势时,用一次指数平滑法会出现滞后偏差,此时可以从数据变换的角度来考虑改进措施,即在运用指数平滑法之前先对数据做一些技术上的处理,使之能适合于一次指数平滑模型,然后再对输出结果做技术上的返回处理,使之恢复为原变量的形态。差分方法即为改变数据变动趋势的简易方法。

4.3　自回归过程模型 AR(p)

如果对某一时间序列存在如下的依赖性:

$$y_t=\varphi_1y_{t-1}+\varphi_2y_{t-2}+\cdots+\varphi_py_{t-p}+u_t\quad(u_t\text{ 为白噪声})$$

则称此为 p 阶自回归过程,记作 AR(p)。

4.3.1　自回归的平稳条件

一个平稳的随机过程,直观上可视为一条围绕其均值上下波动的曲线,在理论上满足 4.1.1 小节“平稳随机过程”中的 3 个性质。

只有产生时间序列的随机过程是平稳的,用自回归模型进行预测才有意义。

1. 一阶自回归过程

对于一阶自回归过程 $y_t=\varphi y_{t-1}+u_t$,可以写成白噪声序列的线性组合:

$$y_t=u_t+\varphi u_{t-1}+\varphi^2u_{t-2}+\varphi^3u_{t-3}+\cdots$$

则 $E(y_t)=0$,满足平稳条件①。

对上式取方差,可得

$$V(y_t)=\sigma_u^2(1+\varphi^2+\varphi^4+\varphi^6+\cdots)$$

很明显,当$|\varphi|<1$时,平稳条件②才成立。

时间序列的协方差为

$$\text{cov}(y_t,y_{t+k})=\sigma_u^2\varphi^k(1+\varphi^2+\varphi^4+\varphi^6+\cdots)=\varphi^k\ \frac{\sigma_u^2}{1-\varphi^2}=\varphi^k V(y_t)$$

当$|\varphi|<1$时满足平稳条件③。

综上所述,对于一阶自回归过程,只要$|\varphi|<1$,便是平稳过程。

2. p 阶自回归过程

p 阶自回归过程可以写成

$$(1-\varphi_1 L-\varphi_2 L^2-\cdots-\varphi_p L^p)y_t=u_t$$

引进算符多项式,则以上方程可写成

$$\varphi_p(L)y_t=u_t \text{ 或 } y_t=\varphi_p^{-1}u_t$$

可以证明,收敛的充要条件是算符多项式的特征方程

$$\varphi_p(z)=1-\varphi_1 z-\varphi_2 z^2-\cdots-\varphi_p z^p=0$$

的根全部在复平面上单位圆之外或者所有根的模$|z|>1$,即 p 阶自回归过程的平稳条件为$|z|=\sqrt{z_1^2+z_2^2}>1$,z_1 和 z_2分别为实部和虚部。

为了研究方便,一般总是假定:①所有自回归过程都是平稳过程,如时间序列是非平稳的,只要对原始数据进行适当阶数的差分处理,便可以消除非平稳性;②自回归过程中每个元素的期望值都为0,如果实际的样本时间序列的均值不为0,则可对它进行中心化$(y_t-\bar{y})$处理,中心化后的时间序列必然有零均值。

4.3.2 自回归过程的自相关系数

一阶自回归过程 AR(1)的自回归系数可直接写出

$$\rho_k=\frac{r_k}{r_0}=\frac{\varphi^k\sigma_y^2}{\sigma_y^2}=\varphi^k$$

p 阶自回归过程 AR(p) 的自回归系数为

$$\rho_k=\varphi_1\rho_{k-1}+\varphi_2\rho_{k-2}+\cdots+\varphi_p\rho_{k-p}$$

如果令 $k=1,2,3,\cdots,p$,则可得一组方程式,称之为 Yule-Walker 方程

$$\begin{cases}\rho_1=\varphi_1+\varphi_2\rho_1+\varphi_3\rho_2+\cdots+\varphi_p\rho_{p-1}\\ \rho_2=\varphi_1\rho_1+\varphi_2+\varphi_3\rho_1+\cdots+\varphi_p\rho_{p-2}\\ \qquad\vdots\\ \rho_p=\varphi_1\rho_{p-1}+\varphi_2\rho_{p-2}+\varphi_3\rho_{p-3}+\cdots+\varphi_p\end{cases}$$

写成矩阵即为

$$\begin{bmatrix} 1 & \rho_1 & \rho_2 & \cdots & \rho_{p-1} \\ \rho_1 & 1 & \rho_1 & \cdots & \rho_{p-2} \\ \rho_2 & \rho_1 & 1 & \cdots & \rho_{p-3} \\ \vdots & \vdots & \vdots & & \vdots \\ \rho_{p-1} & \rho_{p-2} & \rho_{p-3} & \cdots & 1 \end{bmatrix} \begin{bmatrix} \varphi_1 \\ \varphi_2 \\ \varphi_3 \\ \vdots \\ \varphi_p \end{bmatrix} = \begin{bmatrix} \rho_1 \\ \rho_2 \\ \rho_3 \\ \vdots \\ \rho_p \end{bmatrix}$$

简记为 $\boldsymbol{P}_p\boldsymbol{\Phi}_p=\boldsymbol{\rho}_p$，从而可得 $\boldsymbol{\Phi}_p=\boldsymbol{P}_p^{-1}\boldsymbol{\rho}_p$。

$\boldsymbol{\Phi}_p$ 中最后一个参数 φ_p 称为偏自相关系数，序列$\{\varphi_p\}(p=1,2,3,\cdots)$称为偏自相关函数。当自回归模型的阶数为 p 时，偏自相关函数 φ_{p+1} 及其后的 φ 值皆为零。

4.3.3　自回归过程的识别、估计与检验

1. 自回归阶数 p 已知的情况

对于自回归模型：

$$y_t=\varphi_1 y_{t-1}+\varphi_2 y_{t-2}+\cdots+\varphi_p y_{t-p}+u_t$$

写成矩阵形式为

$$\boldsymbol{Y}_p=\boldsymbol{A}_p\boldsymbol{\Phi}_p+\boldsymbol{U}$$

式中

$$\boldsymbol{Y}_p=\begin{bmatrix} y_{p+1} \\ y_{p+2} \\ \vdots \\ y_n \end{bmatrix},\quad \boldsymbol{\Phi}_p=\begin{bmatrix} \varphi_1 \\ \varphi_2 \\ \vdots \\ \varphi_p \end{bmatrix},\quad \boldsymbol{U}=\begin{bmatrix} u_{p+1} \\ u_{p+2} \\ \vdots \\ u_n \end{bmatrix},\quad \boldsymbol{A}_p=\begin{bmatrix} y_p & y_{p-1} & \cdots & y_1 \\ y_{p+1} & y_p & \cdots & y_2 \\ \vdots & \vdots & & \vdots \\ y_{n-1} & y_{n-2} & \cdots & y_{n-p} \end{bmatrix}$$

可以将它看作因变量为 y_t，自变量为 $y_{t-1},y_{t-2},\cdots,y_{t-p}$ 的线性回归模型，并可用 OLS 法得出参数估计值：

$$\hat{\boldsymbol{\Phi}}_p=(\boldsymbol{A}^{\mathrm{T}}_p\boldsymbol{A}_p)^{-1}\boldsymbol{A}^{\mathrm{T}}_p\boldsymbol{A}_p$$

OLS 法得到的估计量 $\hat{\boldsymbol{\Phi}}_p$ 不是无偏的，而是一致估计量，还是可以接受的。

2. 自回归阶数 p 未知的情况

当自回归阶数未知时，问题的关键是如何确定模型阶数 p。一旦确定下来，该问题就转化为第 1 种情况。

下面介绍偏自相关系数定阶法。

这种方法是在自回归阶数 k 逐步增加的过程中，通过对偏自相关系数 φ_k 的显著性检验来确定适当阶数的方法。

可以证明，对于大样本 n 个数据，如果自回归过程 AR 的阶数为 p，那么在 $k>p$ 时，偏自相关系数估计量 $\hat{\varphi}_{kk}$ 近似服从期望值为 0、方差为 $1/n$ 的正态分布。

要判断在 0.05 显著性水平下，φ_{kk} 是否为 0，只需考察 $\hat{\varphi}_{kk}$ 的数值是否落在下面的区间 $\left[-\frac{1.96}{\sqrt{n}},\frac{1.96}{\sqrt{n}}\right]\approx\left[-\frac{2}{\sqrt{n}},\frac{2}{\sqrt{n}}\right]$ 内。如果 $\hat{\varphi}_{kk}$ 落在这个区间内，则 φ_{kk} 不显著，即确认 $\varphi_{kk}=0$；如果 $\hat{\varphi}_{kk}$ 落在此区间之外，则 φ_{kk} 显著，即确认 $\varphi_{kk}\neq 0$。若对 $k\leqslant p$，φ_{kk} 皆显著，对 $k>p$，φ_{kk} 皆不显著，则此过程的阶数为 p。

具体实施时，考虑 AR(1)，AR(2)，AR(3)，…，分别计算 $\hat{\varphi}_{11}$，$\hat{\varphi}_{22}$，$\hat{\varphi}_{33}$，… ，这样一步一步做下去，如果只有 $\hat{\varphi}_{11}$ 落在置信区间之外，其余皆落在区间内，则表明只有 $\varphi_{11}\neq 0$，所以 $p=1$，

产生样本随机过程 AR(1)；如果 $\hat{\varphi}_{11}$ 和 $\hat{\varphi}_{22}$ 落在置信区间之外，其余皆落在区间之内，则表明 $\varphi_{11}\neq 0$ 和 $\varphi_{22}\neq 0$，所以 $p=2$，产生样本随机过程 AR(2)。其余以此类推。

3. 模型的检验

模型在实际应用前，需要对模型的残差序列的独立性进行检验。若不满足独立性，则说明残差序列中还残留有相关信息未被提取，通常重新拟合。

原假设：残差序列 u_t 是相互独立的；备择假设：残差序列 u_t 不是相互独立的。

计算统计量 Q 或 Q_{LB}：

$$Q=n\sum_{k=1}^{m}\hat{\rho}_k^2$$

$$Q_{LB}=n(n+2)\sum_{k=1}^{m}\frac{\hat{\rho}_k^2}{n-k}$$

式中：m 一般取$[n/10]$或$[\sqrt{n}]$；Q 服从自由度为$(m-p-q)$的 χ^2 分布，Q_{LB} 服从自由度为 m 的 χ^2 分布。

在给定的显著性水平 α 下，若 $Q\leqslant\chi^2_{1-\alpha}(m-p-q)$，则肯定原假设；否则拒绝原假设。

4.4 移动平均过程模型 MA(q)

设有无穷自回归过程

$$y_t=-\theta y_{t-1}-\theta^2 y_{t-2}-\theta^3 y_{t-3}-\cdots+u_t$$

式中：u_t 为白噪声，$|\theta|<1$。

上式的滞后算符形式为

$$(1+\theta L+\theta^2L^2+\theta^3L^3+\cdots)y_t=u_t$$

所以无穷自回归过程可写成：

$$y_t=u_t-\theta u_{t-1}$$

从上式可以看出，y_t 可以表示成两个白噪声的加权和。这种由白噪声序列各元素的加权和表示的随机过程称为移动平均过程，过程中各参数的数目称为移动平均过程的阶。q 阶移动平均过程简记为 MA(q)，它的形式是

$$y_t=u_t-\theta u_{t-1}-\theta_2 u_{t-2}-\cdots-\theta_q u_{t-q}$$

或写成更一般的形式：

$$y_t=u_t+\theta u_{t-1}+\theta_2 u_{t-2}+\cdots+\theta_q u_{t-q}$$

4.4.1 移动平均过程的可转换条件

当自回归过程满足平稳条件时，有限阶自回归过程可以转化为无穷阶移动平均过程，即表示成白噪声序列中各元素的线性组合。反过来，当 $\theta_q(L)$的特征方程 $\theta_q(z)=1-\theta_1 z-\theta_2 z^2-\theta_3 z^3-\cdots-\theta_q z^q=0$ 的所有根的模大于 1，即$|z|>1$，也就是这些根都在复平面单位圆的外面时，移动平均过程也可以转换成自回归过程。

根据这个结论，在实际应用中可以将阶数很高的自回归过程近似地用阶数较低的移动平均过程来代替，而将阶数很高的移动平均过程近似地用阶数较低的自回归过程来代替，从而实现用尽可能少的参数来构造随机过程模型的目的。

4.4.2　移动平均过程的自相关系数

对于一阶移动平均过程,可直接写出自相关系数:

$$\rho_k=\frac{r_k}{r_0}=\begin{cases}\dfrac{-\theta_1}{1+\theta_1^2} & k=1\\ 0 & k=2,3,\cdots,q\end{cases}$$

对于 MA(q)模型,自相关系数计算公式为

$$\rho_k=\begin{cases}1 & k=1\\ \dfrac{-\theta_k+\theta_1\theta_{k+1}+\theta_2\theta_{k+2}+\cdots+\theta_{q-k}\theta_q}{1+\theta_1^2+\cdots+\theta_q^2} & k=1,2,3,\cdots,q\\ 0 & k>q\end{cases}$$

4.4.3　移动平均过程的识别、估计与检验

1. 阶数 p 的确定

假设时间序列样本已经给定,并且 y_t 已经中心化,则可以利用下式计算各阶自相关系数:

$$\hat{\rho}_k=\frac{\sum_{t=1}^{n-k}y_ty_{t+k}}{\sum_{t=1}^{n}y_t^2}$$

再对每一个 ρ_k 进行显著性检验。

可以证明,对于大样本 n 个数据,自相关系数估计量 $\hat{\varphi}_k$ 近似服从期望值为 0、方差为 $1/n$ 的正态分布。于是可以有与自回归过程类似的检验方法:

构造 95%的置信区间:

$$\left[-\frac{1.96}{\sqrt{n}},\frac{1.96}{\sqrt{n}}\right]\approx\left[-\frac{2}{\sqrt{n}},\frac{2}{\sqrt{n}}\right]$$

计算样本的各阶自相关系数 $\hat{\varphi}_k(k=1,2,3,\cdots,q)$。考察 φ_k 是否落在这个区间内。如果 $\hat{\varphi}_k$ 的数值落在此区间之外,则表明 φ_k 显著(即 $\varphi_k\neq0$);否则不显著(即 $\varphi_k=0$)。若对 $k>p$,φ_k 皆不显著,则在显著水平 0.05 下,产生样本的移动平均过程的阶数为 q。

2. 移动平均过程的参数估计

设有移动平均过程 MA(q):

$$y_t=u_t-\theta u_{t-1}-\theta_2u_{t-2}-\cdots-\theta_qu_{t-q}$$

可以得到有关参数 θ 的方程:

$$\rho_k=\frac{-\theta_k+\theta_1\theta_{k+1}+\cdots+\theta_{q-k}\theta_q}{1+\theta_1^2+\theta_2^2+\cdots+\theta_q^q}\quad(k=1,2,3,\cdots,q)$$

将此式中的 ρ_k 用相应的估计值 $\hat{\rho}_k$ 代替,便得到关于 θ 的 q 个非线性方程,用迭代法解这个方程组便可以得到 q 个 θ 的估计值。

为了进一步提高预测精度,可以把通过以上方法求得的 $\hat{\theta}_k$ 作为估计值,再进行迭代求解,并以下式作为目标函数,就可以得到参数 θ 的一致估计量。

$$S(\theta)=\sum_{t=1}^{n}u_t^2$$

残差序列的检验方法与 AR(p)模型中的检验方法类似。

4.5 自回归移动平均模型 ARMA(p,q)

4.5.1 自回归移动平均模型的概念

若平稳随机过程既具有自回归过程的特性又具有移动平均过程的特性，则不宜单独使用 AR(p)或 MA(q)模型，而需要两种模型混合使用，称为自回归移动平均模型，记作 ARMA(p,q)。其一般表达式为

$$y_t = \varphi_1 y_{t-1} + \varphi_2 y_{t-2} + \varphi_p y_{t-p} + u_t - \theta_1 u_{t-1} - \theta_2 u_{t-2} - \cdots - \theta_q u_{t-q}$$

最简单的自回归移动平均模型是 ARMA(1,1)。

显然，ARMA(0,q)=MA(q)，ARMA(p,0)=AR(p)，因此 MA(q)和 AR(p)可以看作 ARMA(p,q)当 $p=0$ 和 $q=0$ 时的特例。

ARMA(p,q)模型的优点是，能以较少的参数描写单用 MA(q)或 AR(p)过程不能简洁描写的数据生成过程。在实际应用中，用 ARMA(p,q)拟合实际数据时所需阶数较低，p 和 q 的数值很少超过 2。因此，在预测中具有很大的实用价值。

4.5.2 ARMA 模型的识别、定阶与检验

所谓模型识别，就是对平稳时间序列选择适当的模型。可以利用自相关函数的偏自相关函数的性质，分析时间序列的随机性、平稳性；利用截尾和拖尾的性质，选定一个特定的模型以拟合时间序列数据。

自相关函数可提供时间序列及其模式构成的重要信息。对于纯随机序列，即一个完全由随机数字构成的时间序列，其各阶的自相关函数接近于零或等于零。而具有明显的上升或下降趋势的时间序列或具有强烈的周期性波动的序列，将会有高度的自相关性。这些信息可以在现有的时间序列数据的特征无任何了解的情况下，能够通过求得其样本的自相关系数来揭示数据的特性，并选定一个合适的模型。

1. 自相关函数与偏自相关函数定阶法

根据 ARMA 模型自相关函数与偏自相关函数的性质，若其样本自相关系数 $\hat{\rho}_k$ 刚好在 $k>q$ 后截尾，则很自然地判该定模型是 MA(q)的；若偏自相关函数 $\hat{\alpha}_{k,k}$ 刚好在 $k>p$ 后截尾，则可以判定该模型是 AR(p)的；若 $\hat{\rho}_k$、$\hat{\alpha}_{k,k}$ 都不截尾，又被负指数型函数控制(即为拖尾的)，则可判定其为 ARMA 序列。

根据上述方法，确定阶数的步骤如下：

① 对观测的样本数据作零均值化处理；

② 计算样本的自相关函数 $\hat{\rho}_k$ 和偏自相关函数 $\hat{\alpha}_{k,k}$；

③ 将(k, $\hat{\rho}_k$)和(k, $\hat{\alpha}_{k,k}$)分别绘制在平面坐标中，若从某个 $k=q$ 后 $\hat{\rho}_k$ 接近于 0，则可确定为 MA(q)；若从某个 $k=p$ 后 $\hat{\alpha}_{k,k}$ 明显接近于 0，则可以确定为 AR(p)。若 $\hat{\rho}_k$ 和 $\hat{\alpha}_{k,k}$ 都没有明显接近 0 的趋势，则确定为混合的 ARMA 模型。

因自相关函数和偏自相关函数都是采用估计量，所以 $\hat{\rho}_k$ 不会全为零，而只是在零值上下波动。通常可以用区间检验的方法加以判别。

对每个$q>0$，都可以检验$\hat{\rho}_{q+1},\hat{\rho}_{q+2},\cdots,\hat{\rho}_{q+M}$（$M$在经验上取$\sqrt{n}$或$n/10$左右）中满足$|\hat{\rho}_k|\leqslant\frac{1}{\sqrt{n}}\left(1+2\sum_{t=1}^{q}\rho_t^2\right)^{\frac{1}{2}}$或$|\hat{\rho}_k|\leqslant\frac{2}{\sqrt{n}}\left(1+2\sum_{t=1}^{q}\rho_t^2\right)^{\frac{1}{2}}$的比例是否达到68.3%或95.5%，若在$q=1,2,3,\cdots,q^*-1$都没有达到，而$q=q^*$达到了，$q^*$就称为$q$的初步识别值。对于$\hat{\alpha}_{k,k}$也有上述类似的方法，但是这个判别方法只是初步的识别方法，有可能出现误判的情况。

2. 最佳准则定阶法

最佳准则定阶法是确定一个准则函数，该函数既要考虑确定模型的拟合精度，又要考虑模型中所含待定参数的个数。建模时按照准则函数的取值判断模型的优劣，以决定取舍，确定出最佳的模型。

(1) AIC准则

AIC准则的函数定义：

$$\mathrm{AIC}(k,j)=\ln[\hat{\sigma}(k,j)]^2+2\frac{k+j}{n}\quad(k=0,1,2,\cdots,p_{\max};\ j=0,1,2,\cdots,q_{\max})$$

式中：第1项实际上就是$\ln Q_k$（Q_k为残差平方和），第2项即为阶数取得过大时所施加的“惩罚”。一般$p_{\max}$、$q_{\max}$的取值由经验而定，使上式最小的k和j即为所示阶数p和q。

(2) BIC准则

BIC准则是AIC准则的改进，它避免了大样本情况下通过AIC得到的阶数估计不相容的问题。BIC的定义如下：

$$\mathrm{BIC}(k,j)=\ln[\hat{\sigma}(k,j)]^2+\frac{(k+j)\ln n}{n}\quad(k=0,1,2,\cdots,p_{\max};\ j=0,1,2,\cdots,q_{\max})$$

可见，BIC与AIC的区别仅仅在于对模型的阶数所施的“惩罚”程度不同。

3. 模型的参数估计

对于零均值化的ARMA(p,q)模型：

$$y_t=\varphi_1y_{t-1}+\varphi_2y_{t-2}+\varphi_py_{t-p}+u_t-\theta_1u_{t-1}-\theta_2u_{t-2}-\cdots-\theta_qu_{t-q}$$

① 计算样本的自协方差函数，即

$$\begin{bmatrix}\hat{\gamma}_{q+1}\\ \hat{\gamma}_{q+2}\\ \vdots\\ \hat{\gamma}_{q+p}\end{bmatrix}=\begin{bmatrix}\hat{\gamma}_q & \hat{\gamma}_{q-1} & \cdots & \hat{\gamma}_{q-p+1}\\ \hat{\gamma}_{q+1} & \hat{\gamma}_q & \cdots & \hat{\gamma}_{q-p+2}\\ \vdots & \vdots & & \vdots\\ \hat{\gamma}_{q+p-1} & \hat{\gamma}_{q+p-2} & \cdots & \hat{\gamma}_q\end{bmatrix}\begin{bmatrix}\hat{\varphi}_1\\ \hat{\varphi}_2\\ \vdots\\ \hat{\varphi}_p\end{bmatrix}$$

可求得$\hat{\boldsymbol{\varphi}}=[\hat{\varphi}_1,\hat{\varphi}_2,\cdots,\hat{\varphi}_p]^{\mathrm{T}}$作为回归系数的估计值。

② 将求得的回归系数估计值代入模型中，有

$$y_t-(\hat{\varphi}_1y_{t-1}+\hat{\varphi}_2y_{t-2}+\hat{\varphi}_py_{t-p})=u_t+\theta_1u_{t-1}+\theta_2u_{t-2}+\cdots+\theta_qu_{t-q}$$

或写成

$$X_t=u_t+\theta_1u_{t-1}+\theta_2u_{t-2}+\cdots+\theta_qu_{t-q}\quad(t=p+1,p+2,\cdots,n)$$

上式满足MA(q)模型。

求X_t的样本协方差函数，再根据MA(p)模型参数估计方法便可以求得θ的估计值$\hat{\theta}_j(j=1,2,3,\cdots,q)$。

残差序列的检验方法与AR(p)模型中的检验方法类似。

4.6 ARIMA 模型

对于某些不平稳的序列经过差分后，再运用 ARMA 模型，习惯上称之为 ARIMA 模型。

设$\{X_t\}$为非平稳序列，对 X_t 作 d 阶差分（d 为正整数）得到$\nabla^d X_t = Y_t$。

若$\{Y_t\}$满足 ARMA(p,q)模型：

$$Y_t = c + \varphi_1 Y_{t-1} + \varphi_2 Y_{t-2} + \varphi_p Y_{t-p} + u_t + \theta_1 u_{t-1} + \theta_2 u_{t-2} + \cdots + \theta_q u_{t-q}$$

则称这种模型为求和自回归滑动平均模型，记作 ARIMA(p,d,q)，其中 d 为求和阶数。

可以看出，ARIMA 模型实际上是将平稳的时间序列分析向非平稳的情形进行拓展，其理论与方法仍基于 ARMA 分析。

ARIMA 建模的具体步骤如下：

① 平稳性检验。根据时间序列的时序图、自相关函数图和偏自相关函数图等初步判别数据的平稳性。

② 平稳化处理。对非平稳的时间序列数据进行平稳化处理，直到处理后的数据可以通过平稳性检验。

③ 模型识别和定阶。根据所识别出来的特征建立相应的时间序列模型。平稳化处理后，若偏自相关函数是截尾的，而自相关函数是拖尾的，则建立 AR 模型；若偏自相关函数是拖尾的，而自相关函数是截尾的，则建立 MA 模型；若偏自相关函数和自相关函数均是拖尾的，则序列适合 ARMA 模型。

④ 模型参数估计。

⑤ 模型检验。假设模型，判断残差序列是否为白噪声序列。

⑥ 模型预测。利用已通过检验的模型进行预测。

在建模过程中，应注意求和阶数 d 的识别：若样本自相关函数和偏自相关函数不但不截尾，而且（至少有一个）下降趋势很慢，则可认为它们不是拖尾的，即不能被衰减的指数序列控制，很可能是 ARIMA 过程。这时可重新计算并分析∇X_k（$k=2,3,\cdots,N$）的样本自相关函数和偏自相关函数，如果结果符合 ARMA 模型的特征，则说明时间序列对应某一 ARIMA(p,1,q)过程。若这两个函数都不截尾，而且（至少有一个）下降趋势很慢，则可考虑$\nabla^2 X_k$（$k=3,4,\cdots,N$），再进行分析，直至某一次$\nabla^d X_k$（$k=d+1,d+2,\cdots,N$）的样本自相关函数和偏自相关函数为截尾，或都为拖尾。这时 d 即可初步判断为 X_t 的求和阶数。

4.7 条件异方差模型(ARCH)

某些时间序列常常会出现某一特征值相对集中出现的情况，这种情况被视为具有集群性。在一般的回归分析和时间序列分析中，要求随机项是同方差，而对于随机项波动的集群性不能满足随机项是同方差的要求，则需要引入自回归条件异方差 ARCH 模型。

对于一般的回归模型：

$$\boldsymbol{y}_t = \boldsymbol{X}_t^{\mathrm{T}} \boldsymbol{\beta} + \boldsymbol{u}_t$$

式中：$\boldsymbol{X}_t^{\mathrm{T}} = [x_{1t}, x_{2t}, \cdots, x_{kt}]$。

如果随机扰动项的平方 u_t^2 服从 AR(q)过程，即

$$u_t^2 = \alpha_0 + \alpha_1 u_{t-1}^2 + \cdots + \alpha_q u_{t-q}^2 + \eta_t \quad (t=1,2,3,\cdots,n)$$

其中 η_t 独立同分布，并且满足 $\mathrm{E}(\eta_t)=0, V(\eta_t)=\lambda^2=$常数，则称上式模型为自回归条件异方差模型，简称 ARCH 模型，称序列 u_t 服从 q 阶的 ARCH 过程，记作 $u_t \sim \mathrm{ARCH}(q)$。

ARCH 模型又可简化表示为

$$u_t=\sqrt{h_t}\nu_t$$

$$h_t=\alpha_0+\alpha_1 u_{t-1}^2+\cdots+\alpha_q u_{t-q}^2=\alpha_0+\sum_{i=1}^{q}\alpha_i u_{t-i}^2$$

其中 ν_t 独立同分布，且 $\mathrm{E}(\nu_t)=0, V(\nu_t)=1, \alpha_0>1, \alpha_i \geqslant 0 (i=1,2,3,\cdots,q)$ 并且 $\sum_{i=1}^{q}\alpha_i<1$，以保证 ARCH 的平稳性。

序列条件方差是否存在 ARCH 效应，最常用的检验方法是拉格朗日乘子法，即 LM-ARCH 检验。具体步骤如下：

第 1 步，用 OLS 法对模型进行估计，得到

$$\hat{y}_t=X_t'\hat{\beta}$$

第 2 步，用回归式计算 $\hat{u}_t$，然后建立并估计模型：

$$\hat{u}_t^2=\alpha_0+\alpha_1\hat{u}_{t-1}^2+\cdots+\alpha_q\hat{u}_{t-q}^2$$

检验序列是否存在 ARCH 效应，即检验上式中所有回归系数是否同时为 0。

原假设 $H_0: \alpha_1=\alpha_2=\cdots=\alpha_q=0$。

备择假设 H_1：至少有一个 $\alpha_i \neq 0 (1 \leqslant i \leqslant q)$。

在原假设下，检验统计量：

$$\mathrm{LM}=nR^2 \sim \chi^2(q)$$

式中：n 是计算辅助回归式时样本数据的个数；R^2 是辅助回归式的拟合优度。

对给定的显著水平 α 和自由度 q，若 $\mathrm{LM}>\chi_\alpha^2(q)$，则拒绝 H_0，即序列存在 ARCH 效应；若 $\mathrm{LM} \leqslant \chi_\alpha^2(q)$，则不能拒绝 H_0，即序列不存在 ARCH 效应。

ARCH 模型参数的估计可以采用极大似然估计法。

4.8　均值生成函数法

4.8.1　均生函数

设时间序列：

$$x(t)=\{x(1), x(2), \cdots, x(N)\}$$

其中 N 为样本大小。

定义下式为均值生成函数（简称均生函数）：

$$\bar{x}_l(i)=\frac{1}{n_l}\sum_{j=0}^{n_l-1}x(i+jl) \quad (i=1,2,3,\cdots,l;\ 1 \leqslant l \leqslant M)$$

式中：n_l 为满足 $n_l \leqslant \left[\frac{N}{l}\right]$ 的最大整数；$M=\left[\frac{N}{2}\right]$ 为不超过 $N/2$ 的最大整数，当 N 为偶数时，$\left[\frac{N}{2}\right]=\frac{N}{2}$，当 N 为奇数时，$\left[\frac{N}{2}\right]=\frac{N-1}{2}$。

用矩阵表示则为

$$H=\begin{bmatrix} \bar{x}_1(1) & \bar{x}_2(1) & \cdots & \bar{x}_M(1) \\ & \bar{x}_2(2) & \cdots & \bar{x}_M(2) \\ & & \ddots & \vdots \\ & & & \bar{x}_M(M) \end{bmatrix}$$

对均生函数作周期性延拓，即令：$f_l(t)=\bar{x}_l(i)$，$t\equiv i(\mathrm{mod}(l))$，$t=1,2,3,\cdots,N$，这里 mod 表示取余。由此构造出均生函数延拓矩阵：

$$F=(f_{ij})_{N\times M}=\begin{bmatrix} \bar{x} & \bar{x}_2(1) & \bar{x}_3(1) & \cdots & \bar{x}_M(1) \\ \bar{x} & \bar{x}_2(2) & \bar{x}_3(2) & \cdots & \bar{x}_M(2) \\ \bar{x} & \bar{x}_2(1) & \bar{x}_3(3) & \cdots & \vdots \\ \bar{x} & \bar{x}_2(2) & \bar{x}_3(1) & \cdots & \vdots \\ \vdots & \vdots & \vdots & & \bar{x}_M(M) \\ \vdots & \vdots & \vdots & & \bar{x}_M(1) \\ \vdots & \vdots & \vdots & & \vdots \\ \bar{x} & \bar{x}_2(i_2) & \bar{x}_3(i_3) & \cdots & \bar{x}_M(i_M) \end{bmatrix}$$

$\boldsymbol{F}$ 的第 1 列 f_1 是 $x(t)$序列的均值，由 N 个数据的均值构成，随机性较小，称为单值波。第 2 列 f_2 是由$[N/2]$个数据相加平均而成，当 N 充分大时，随机性亦小，称为双值波。类似地，有 $f_3,f_4,\cdots$及其相应的名称。而 f_M 是由两个数据相加平均构成的，故随机性较大，称为 M 值波。

4.8.2 周期外延预测模型

时间序列分析的主要目的：一是提取时间序列的优势周期；二是构造拟合序列的最佳数学模型，并用此模型对未来进行预测。

1. 优势周期的提取

若一时间序列 $x(t)=\{x(1),x(2),\cdots,x(N)\}$存在长度为 l 的周期，现利用 F 检验进行判断。具体步骤如下：

第 1 步，构造时间序列 $x(t)$的均生函数 $\bar{x}_l(i)$，$1\leqslant l\leqslant M$，$M=\left[\dfrac{N}{2}\right]$。

第 2 步，计算统计量：

$$F^{(l)}=\frac{s^{(l)}/(l-1)}{s/(N-l)}\sim F_\alpha(l-1,N-l)$$

式中

$$s^{(l)}=\sum_{i=1}^{l}n_i[\bar{x}_l(i)-\bar{x}]^2,\quad s=\sum_{i=1}^{l}\sum_{j=1}^{n_l}\{x[i+(j-1)l]-\bar{x}_l(i)\}^2$$

式中：$s^{(l)}$和 s 分别为组间方差和组内方差；n_i 为满足 $n_i\leqslant[N/i]$的最大整数；$\bar{x}$ 为序列均值，即 $l=1$ 时的均生函数；$\bar{x}_l(i)$为 $l=2,3,\cdots,M$ 的均生函数。

第 3 步，对于给定的显著水平，若 $F^{(l)}>F_\alpha$，则认为 $x(t)$隐含长度为 l 的周期。

第 4 步，由原序列减去周期 l 所对应的延拓均生函数构成一新序列，即

$$x'(t)=x(t)-f_l(t)$$

第 5 步，对新生成的序列，重复上述步骤，便可以进一步提取其他周期。

2. 周期叠加外推法

设时间序列是由若干个周期叠加而成，即

$$x(t)=\sum_{i=1}^{M}f_i(t)+e(t)\quad(t=1,2,3,\cdots,N)$$

式中：$f_i(t)$为$x(t)$派生出来的均生函数，$i=1,2,3,\cdots,M$，为均生函数的个数；$e(t)$为随机噪声。

具体步骤如下：

第 1 步，按“1. 优势周期的提取”介绍的步骤，找到原序列的优势周期 l 及新序列。

第 2 步，对得到的新序列用

$$\bar{x}_l'(t)=\frac{1}{n_l}\sum_{j=0}^{n_l-l}x'(x+jl)\quad(i=1,2,3,\cdots,l;\ 1\leqslant l\leqslant M)$$

重新构造均生函数，然后再利用 F 检验法得到另一周期(原序列找到的第一周期除外)。反复进行上述步骤，可寻找到第三、第四周期等。

第 3 步，假设寻找到 k 个周期，则令不同周期的同一时刻取值的叠加，即

$$\bar{x}(t)=\sum_{i=1}^{k}f_i(t)$$

作为 $x(t)$的一个近似。

第 4 步，若将寻找到的各周期所对应的均生函数作 q 步外延，则

$$\bar{x}(N+q)=\sum_{i=1}^{k}f_i(N+q)\quad(q=1,2,3,\cdots)$$

可得到若干步预测值。

3. 逐步回归筛选变量法

逐步回归是回归分析中常用的选取自变量的方法。利用此方法筛选时间序列生成的均生函数，既可以选取时间序列的优势周期，也可以利用均生函数外延作较长时间的预测。这样不但避免了周期叠加外推法不合理的数学推理，又解决了其他统计方法不能作多步预测的问题。

设时间序列：

$$x(t)=a_0+\sum_{i=1}^{M}a_if_i+e(t)$$

式中：a_0、a_i 为待定系数；f_i 为延拓均生函数；e 为白噪声。

把 $M-1$ 个均生函数视为备选因子，即 $x_1\equiv f_2,x_2\equiv f_3,\cdots,x_{M-1}\equiv f_M$，把原始序列作为预测值，即 $x(t)=x_M\equiv y$。

通过逐步回归技术筛选备选因子。这时选入回归方程的变量就是时间序列隐含的主要周期；检验回归系数的显著性，并利用得到的回归方程预测。

由于长周期易被选取，所以在利用方差选择时，可以在方差贡献上添加关于周期长度的“处罚”系数。设长度为 l 的均生函数的方差贡献为 U_l，则令

$$V_l=\alpha_lU_l,\quad \alpha_l=N/l\quad(l=2,3,\cdots,[N/2])$$

式中：N 为样本量。用 V_l 代替 U_l 作 F 检验，就可以避免总是长周期入选。

当时间序列受多个变量的影响时，可以用类似的方法处理。

设有 L 个变量构成的多维序列：

$$\boldsymbol{X}(t)^{\mathrm{T}}=(\boldsymbol{X}_L(t))_{L\times N}^{\mathrm{T}}=\begin{bmatrix}x_1(1) & x_1(2) & \cdots & x_1(N)\\ x_2(1) & x_2(2) & \cdots & x_2(N)\\ \vdots & \vdots & & \vdots\\ x_L(1) & x_L(2) & \cdots & x_L(N)\end{bmatrix}$$

用变量 $x_1(t),x_2(t),\cdots,x_L(t)$ 来建立以 $x_1(t)$ 为预测对象的预测模型。

模型的形式为

$$x_1(t)=a_0+\sum_{i=1}^{L}\sum_{j=1}^{M}a_j^i f_j^i(t)+e(t)$$

式中：$f_1^1,f_2^1,\cdots,f_M^1,f_1^2,f_2^2,\cdots,f_M^2,\cdots,f_1^L,f_2^L,\cdots,f_M^L$ 为 $x_1(t),x_2(t),\cdots,x_L(t)$ 所派生出来的均生函数；a_j^i 为相应的选定系数。

对每一变量 $x_i(t)$ 均按一维序列计算均生函数，可得到 $L(M-1)$ 个均生函数 $f_j^i,i=1,2,3,\cdots,L;j=2,3,\cdots,M;M=[N/2]$，其中 N 为 $x_i(t)$ 的样本容量。

将求得的 $L(M-1)$ 个均生函数 f_j^i 作为因子，原序列 $x_1(t)$ 作为预测值，仍采用逐步回归技术筛选进入方程的均生函数，进而确定系数建立预测方程。

与一维序列做法相同，把筛选出来的均生函数作数步外延即可求得预测值。

4. 正交筛选变量方法

在应用逐步回归筛选方法中，所得到的周期往往是长周期且多为长度相近的周期，这样有可能使选取的优势周期得不到解释，并且长周期往往带有较大的偶然性，造成预测的不稳定。

正交筛选方法利用 Gram-Schmidt 正交化处理使均生函数正交化，以此排除均生函数间的相互影响。此方法不仅有利于序列中优势周期的提取，且可以避免线性模型的计算量随均生函数个数的增加而迅速增加，尤其对于多维时间序列建模更能显示它的优点。

(1) Gram-Schmidt 正交化

给定线性无关向量系 $x_1,x_2,\cdots,x_M$，用它们的线性组合成一正交系 $y_1,y_2,\cdots,y_M$。具体步骤如下：

第 1 步，令 $y_1=x_1$，称 x_1 为初始向量。用 y_1 与 x_i 的线性组合替代 x_i，即

$$y_i^{(1)}=x_i-c_iy_1$$

式中：$c_i=\dfrac{(x_i,y_1)}{\|y_1\|^2},i=2,3,\cdots,M,(x_i,y_1)$ 为内积。这样，原向量系 $x_1,x_2,\cdots,x_M$ 被变为 $y_1,y_2^{(1)},y_3^{(1)},\cdots,y_M^{(1)}$。

第 2 步，令 $y_2=y_2^{(1)}$，使

$$y_i^{(2)}=y_i^{(1)}-c_iy_2\quad(i=3,4,\cdots,M)$$

式中：$c_i=\dfrac{(y_i^{(1)},y_2)}{\|y_2\|^2}$。这时向量系变为 $y_1,y_2,y_3^{(2)},\cdots,y_M^{(2)}$。

……

第 $k+1$ 步，设上述步骤进行了 k 步，得到 $y_1,y_2,\cdots,y_k,y_{k+1}^{(k)},\cdots,y_M^{(k)}$，令 $y_{k+1}=y_{k+1}^{(k)}$ 使 $y_i^{(k+1)}=y_i^{(k)}-c_iy_{k+1}$，其中 $c_i=\dfrac{(y_i^{(k)},y_{k+1})}{\|y_{k+1}\|^2}$。

重复以上过程到 $k=M-1$，再令 $y_M=y_M^{(k-1)}$，便可以得到正交系 $y_1,y_2,\cdots,y_M$。

若令 $z_i=\dfrac{y_i}{\|y_i\|},i=1,2,3,\cdots,M$，就得到归一化正交系 $z_1,z_2,\cdots,z_M$。

(2) 一维序列正交化建模

设时间序列

$$x(t)=\{x(1),x(2),\cdots,x(N)\}$$

第 1 步,对原序列进行规格化处理:

$$x'(i)=\frac{x(t)-\bar{x}}{\sigma}$$

式中:$\bar{x}$ 和 σ 分别为 $x(t)$ 均值和标准差。

第 2 步,计算 $x'(t)$ 的均生函数 $f_i(i=1,2,3,\cdots,M;M=[N/2])$,并构造周期外延矩阵 $\boldsymbol{F}$。

第 3 步,令 f_2 作为 Gram-Schmidt 正交化的初始化向量,对 $f_3,f_4,\cdots,f_M$ 进行正交化求得 $M-1$ 个正交化序列,记为 $\tilde{f}_2,\tilde{f}_3,\cdots,\tilde{f}_M$。

第 4 步,以 $\tilde{f}_2,\tilde{f}_3,\cdots,\tilde{f}_M$ 作为自变量与 $x(t)$ 建立线性模型:

$$x(t)=\sum_{i=1}^{M}\tilde{\varphi}_i\tilde{f}_i+e(t)$$

向量-矩阵表达式为

$$\boldsymbol{X}_{N\times1}=\tilde{\boldsymbol{F}}_{N\times(M-1)}\boldsymbol{\Phi}_{(M-1)\times1}$$

第 5 步,求最小二乘解:

$$\tilde{\boldsymbol{\Phi}}=(\tilde{\boldsymbol{F}}^{\mathrm{T}}\tilde{\boldsymbol{F}})^{-1}\tilde{\boldsymbol{F}}^{\mathrm{T}}\boldsymbol{X}$$

第 6 步,筛选均生函数。线性模型的系数即为

$$\tilde{\varphi}_i=\tilde{g}_{ii}\sum_{i=1}^{M}\tilde{f}_ix(t)\quad(i=2,3,\cdots,M)$$

式中:$\tilde{g}_{ii}=\dfrac{1}{\tilde{f}_{ii}},\tilde{f}_{ii}=\|\tilde{f}_i\|^2$。

用系数绝对值的大小表示均生函数的重要程度。将 $\tilde{\varphi}_i$ 按绝对值的大小进行排序,均生函数 $\tilde{f}_i$ 依 $\tilde{\varphi}_i$ 绝对值由大到小进入,进入方程的均生函数的个数用下式评分准则确定:

$$\mathrm{CSC2}_k=\frac{Q_k}{Q_x}+\frac{\lambda N}{N_k}$$

式中:Q 为统计模型的残差平方和;k 为模型的独立参数个数;N 为样本数;λ 为 1.0~1.5 之间的常数。

显然,当 CSC 出现极小值,N_k 出现极大值时,模型为最优,这样就确定了进入方程的均生函数的个数。

第 7 步,预测。设筛选出均生函数的个数为 k,则 $x(t)$ 与 $f_i(t)$ 之间的关系可由线性回归模型表示:

$$\hat{x}(t)=\varphi_0+\sum_{i=1}^{k}\varphi_if_i(t)$$

式中:φ_i 称为原系数。

将均生函数 f_i 作 q 步周期性外延,即由下式就可得 q 步预测:

$$\hat{x}(N+q)=\varphi_0+\sum_{i=1}^{k}\varphi_if_i(N+q)\quad(q=1,2,3,\cdots)$$

最后对模型的计算值及预测值进行反规格化,即可得实际预测值。

5. 主成分建模方法

具体计算步骤如下：

第 1 步，对原序列进行标准差或极差规格化处理。

第 2 步，计算均生函数外延矩阵 $\boldsymbol{F}$。

第 3 步，计算均生函数间的协方差矩阵：

$$\boldsymbol{R}=\begin{bmatrix} r_{11} & r_{12} & \cdots & r_{1Q} \\ r_{21} & r_{22} & \cdots & r_{2Q} \\ \vdots & \vdots & & \vdots \\ r_{Q1} & r_{Q2} & \cdots & r_{QQ} \end{bmatrix}$$

式中：Q 等于均生函数的个数 M。

第 4 步，求出协方差矩阵 $\boldsymbol{R}$ 的特征值 λ_i，其中 $\lambda_1>\lambda_2>\lambda_3>\cdots>\lambda_Q\geqslant 0$。对应于特征值的特征向量为

$$\boldsymbol{C}_1=[c_{11} \quad c_{21} \quad \cdots \quad c_{Q1}]^{\mathrm{T}}$$
$$\boldsymbol{C}_2=[c_{12} \quad c_{22} \quad \cdots \quad c_{Q2}]^{\mathrm{T}}$$
$$\vdots$$
$$\boldsymbol{C}_Q=[c_{1Q} \quad c_{2Q} \quad \cdots \quad c_{QQ}]^{\mathrm{T}}$$

第 5 步，用下式计算主分量矩阵：

$$\boldsymbol{V}=\boldsymbol{F}\boldsymbol{C}^{\mathrm{T}}$$

第 6 步，计算精度（即前 k 个特征向量的方差占总方差的比例）：

$$H=\frac{\sum_{i=1}^{k}\lambda_i}{\sum_{i=1}^{Q}\lambda_i}$$

如果 H 接近于 1，则认为前 k 个特征向量基本可以逼近原均生函数。至此，筛选出 k 个均生函数作为回归的因子。

第 7 步，用下式求出系数，建立线性方程：

$$\boldsymbol{\Phi}'=(\boldsymbol{V}^{\mathrm{T}}\boldsymbol{V})^{-1}\boldsymbol{V}\boldsymbol{X}$$

再用 $\boldsymbol{\Phi}=\boldsymbol{C}\boldsymbol{\Phi}'$ 求出原系数，这时便可以建立最终预测方程 $\boldsymbol{X}=\boldsymbol{F}\boldsymbol{\Phi}$。

4.8.3 动态数据的双向差分建模

事物用状态的变量 x 表示时，如果 x 随时间变化，就称为表征事物发展的动态模型。当 $x(t)$ 是连续变量时，如着眼于瞬间变化率来建立数学模型，就得到用微分方程表示的模型：

$$\frac{\mathrm{d}x}{\mathrm{d}t}=f(x,u,t)$$

式中：u 为参数。但实际数据往往是离散的，因此可得到与上式相对应的差分方程模型：

$$\frac{\Delta x_k}{\Delta t}=f_k(x_k,u)$$

当数据是等间隔采样时，$\Delta t=(t+1)-t=1$，故差分模型可进一步表示为

$$\Delta x_k=f_k(x_k,u)$$

显然，最简单的表示系统动态特性的常微分方程为

$$\frac{\mathrm{d}x}{\mathrm{d}t}=b_0+b_1x \quad (b_0\neq 0,b_1\neq 0)$$

式中:b_0 为对系统的常定输入;x 为系统的状态变量或称系统对输入的响应;b_1 表征系统对输入 b_0 的响应特性。

对于上述的微分方程,可以用多种方法求解,如解析法、差分法等。如果用解析法,可得到下式解:

$$x_t=\left(x_0+\frac{b_0}{b_1}\right)\mathrm{e}^{b_1(t-t_0)}-\frac{b_0}{b_1}$$

如果用差分法,可得到下式解:

$$x_{k+1}=\left(x_1+\frac{b_0}{b_1}\right)\mathrm{e}^{b_1k}-\frac{b_0}{b_1}$$

如果已知系统中的常定输入 b_0 和常定响应特性 b_1,且已知初值,则系统任何时刻的输出都可由上面两式求得。b_0 和 b_1 需要通过实验测定。

但由于只有少数微分方程能求出解析解,所以解析法的适用范围是有限的,最常用的方法是差分法。

1. 单调型序列的建模

事物的发展大体上可分为单调型和起伏型两大类。单调型是指事物随着时间递增或递减。例如人口的自然增长,如果没有大灾大难,则大体上呈指数曲线。而有些事物随着时间的变化呈起伏型,如一个地方的年降水量,年与年之间有很大的差异,有大旱年、大涝年,变化曲线起伏多变。

设 $\boldsymbol{X}^{(0)}=\{x_1,x_2,\cdots,x_n\}$ 为非负递增型时间序列,对 $\boldsymbol{X}^{(0)}$ 进行一次、二次乃至 n 次累积计算,得到生成序列:

$$\boldsymbol{X}^{(1)}=\{x_k^{(1)}\}=\left\{\sum_{j=1}^{k}x_j^{(0)}\right\} \quad (k=1,2,3,\cdots,N)$$

$$\boldsymbol{X}^{(2)}=\{x_k^{(2)}\}=\left\{\sum_{j=1}^{k}x_j^{(1)}\right\}$$

$$\vdots$$

$$\boldsymbol{X}^{(n)}=\{x_k^{(n-1)}\}=\left\{\sum_{j=1}^{k}x_j^{(n-1)}\right\}$$

显然,$x_1^{(0)}=x_1^{(1)}=\cdots=x_1^{(n)}$。若 $\boldsymbol{X}^{(l)}(1\leqslant l\leqslant n)$ 呈近似指数曲线,则可以认为 $\boldsymbol{X}^{(l)}$ 满足微分方程:

$$\frac{\mathrm{d}x^{(l)}}{\mathrm{d}t}=b_0x_0^{(l)}+b_1x^{(l)}$$

式中:b_0 和 b_1 为常值参数。上式微分方程的解为

$$x_{k+1}^{(l)}=\left(x_1^{(l)}+\frac{b_0}{b_1}\right)\mathrm{e}^{b_1k}-\frac{b_0}{b_1}$$

解中 b_0 和 b_1 可用 $\boldsymbol{X}^{(1)}$ 和 $\boldsymbol{X}^{(l-1)}$ 的数据作最小二乘估计而得。

为了充分利用含在时间序列中的信息,最小二乘法中的目标函数为使前向差分预测误差和后向差分预测误差两项之和最小,需双向差分建模。

微分方程的差分形式为

$$\Delta x^{(l)}=b_0x_0^{(l)}+b_1x^{(l)}$$

上式可分别写成前向差分和后向差分的形式，并根据最小二乘原理得到下列方程组：

$$\begin{cases} b_0 v_0 + b_1 s_1 = z_0 \\ b_1 s_1 + b_1 v_1 = z_1 \end{cases}$$

若写成矩阵形式，则有

$$\boldsymbol{Z} = \boldsymbol{V}\boldsymbol{\beta}$$

式中

$$\boldsymbol{\beta} = \begin{bmatrix} b_0 \\ b_1 \end{bmatrix}, \quad \boldsymbol{Z} = \begin{bmatrix} z_0 \\ z_1 \end{bmatrix}, \quad \boldsymbol{V} = \begin{bmatrix} v_0 & s_1 \\ s_1 & v_1 \end{bmatrix}$$

$\boldsymbol{\beta}$ 的最小二乘估计为

$$\hat{\boldsymbol{\beta}} = (\boldsymbol{V}^{\mathrm{T}}\boldsymbol{V})^{-1}\boldsymbol{V}^{\mathrm{T}}\boldsymbol{Z}$$

将 $x_{0k}^{(l)} \equiv 1$ 代入上式，公式可简化为

$$z_0 = \frac{1}{2(N-2)}\left[\sum_{k=2}^{N-1} x_k^{(0)} + \sum_{k=2}^{N-1} x_{k+1}^{(0)}\right], \quad z_1 = \frac{1}{2(N-2)}\left[\sum_{k=2}^{N-1} x_k^{(0)} x_k^{(1)} + \sum_{k=2}^{N-1} x_{k+1}^{(0)} x_k^{(1)}\right]$$

$$s_1 = \frac{1}{N-2}\sum_{k=2}^{N-1} x_k^{(1)}, \quad v_0 = \frac{1}{N-2}\sum_{k=2}^{N-1} 1^2 = 1, \quad v_1 = \frac{1}{N-2}\sum_{k=2}^{N-1}[x_k^{(1)}]^2$$

从而可求出微分方程解中的 b_0 和 b_1，从而得到时间响应方程：

$$x_{k+1}^{(l)} = \left(x_1^{(l)} + \frac{b_0}{b_1}\right)\mathrm{e}^{b_1 k} - \frac{b_0}{b_1}$$

如果序列是递增的，但其值是负的或开头的某些值是负的，则只要将数据转换为

$$x_t' = x_t + |\min_t(x_t)|$$

就可以得到一个非负的递增序列，从而根据前述公式求解。

如果序列是递减的，则只要将数据转换为

$$x_t' = k + \max_t(x_t) - x_t$$

就可以得到一个递增序列。式中 k 为常数，按数据的量级可取为 0,1,10,…。

2. 起伏型序列的建模

设 $x_t = \{x_1, x_2, \cdots, x_n\}$ 为起伏型时间序列。若序列中含有 q 个周期，则对其进行 q 次差分，可得

$$\nabla_l^n x_t = \nabla^{n-1} x_t - \nabla^{n-1} x_{t-l}$$

当 $l=1$ 时，即为相邻数据差分。

若序列 x_t 经过 v 次差分处理后遵从微分方程：

$$\begin{aligned} \frac{\mathrm{d}x}{\mathrm{d}t} &= \sum_{k=0}^{K}(a_k \cos \omega_k t + b_k \sin \omega_k t) \\ &= a_0 + \sum_{k=1}^{K}(a_k \cos \omega_k t + b_k \sin \omega_k t) \end{aligned}$$

则可用它的解来对序列进行拟合和预测。经差分处理过的序列仍记为 x_t，它的初值为 x_0，即 $t=0$ 时 $x=x_0$，上式积分可得

$$x_t = x_0 + a_0 t + \sum_{k=1}^{K}\frac{a_k}{\omega_k}\sin \omega_k t + \sum_{k=1}^{K}\frac{b_k}{\omega_k}(1-\cos \omega_k t)$$

式中：$\omega_k = \frac{2\pi k}{N'}$；$t=0,1,2,3,\cdots,N$（$N'=N+1$，$N'$ 为序列长度。当其为偶数时，$K=N'/2+$

1；当其为奇数时，$K=N/2$）。K 的取法与通常作傅里叶级数时取序列长度的一半相同，不过为偶数时，为了避免求最小二乘估计时协方差矩阵出现不满秩的情况，可取 $K=\dfrac{N+3}{2}$。

同理，通过双向差分建模可求得估计值。已有的研究表明，差分处理相当于一个高通滤波器，而高频波动是能用一个傅里叶级数良好拟合的。

需要说明的是，单调型序列建模是通过一次或多次累加来达到使序列符合一阶单变量模型（即指数曲线型），而对起伏型序列建模是通过一次或多次差分来使序列变为符合傅里叶级数型变化的，数据预处理的方式两者正好相反。由于单调型序列通常通过差分处理都可以变为起伏型，因此从原则上讲，起伏型序列建模具有更大的普遍性。

对微分方程分别用向后差分和向前差分，可写为

$$\Delta b_x t = a_0 + \sum_{k=1}^{K}(a_k \cos \omega_k t + b_k \sin \omega_k t) \quad \text{向后差分}$$

$$\Delta f_x t = a_0 + \sum_{k=1}^{K}(a_k \cos \omega_k t + b_k \sin \omega_k t) \quad \text{向前差分}$$

对向前差分方程和向后差分方程进行最小二乘法处理，便可得到预测方程中的常数项。写成矩阵形式为

$$\boldsymbol{S\beta}=\boldsymbol{Z}$$

式中

$$\boldsymbol{S}=\begin{bmatrix} c_{00} & c_{01} & \cdots & c_{0K} & s_{01} & \cdots & s_{0K} \\ c_{10} & cc_{11} & \cdots & cc_{1K} & cs_{11} & \cdots & cs_{1K} \\ c_{K0} & cc_{K1} & \cdots & cc_{KK} & cs_{K1} & \cdots & cs_{KK} \\ s_{10} & sc_{101} & \cdots & sc_{KK} & ss_{11} & \cdots & ss_{1K} \\ \vdots & \vdots & & \vdots & \vdots & & \vdots \\ s_{K0} & sc_{K1} & \cdots & sc_{KK} & ss_{K1} & \cdots & ss_{KK} \end{bmatrix}, \quad \boldsymbol{Z}=\begin{bmatrix} z_{00} \\ z_{c1} \\ \vdots \\ z_{cK} \\ z_{s1} \\ \vdots \\ z_{sk} \end{bmatrix}, \quad \boldsymbol{\beta}=\begin{bmatrix} a_0 \\ a_1 \\ \vdots \\ a_K \\ b_1 \\ \vdots \\ b_K \end{bmatrix}$$

显然

$$\begin{cases} c_{0K}=c_{j0} & \text{当 } K=j \text{ 时} \\ s_{0K}=s_{j0} & \text{当 } K=j \text{ 时} \end{cases}$$

另外有

$$cc_{jk}=cc_{kj}, \quad ss_{jk}=ss_{kj}, \quad cs_{jk}=sc_{kj}$$

式中

$$z_{00}=\frac{1}{2\tilde{N}}\left(\sum_{t=1}^{N-1}\Delta_b x_t + \sum_{t=1}^{N-1}\Delta_f x_t\right)$$

$$z_{cj}=\frac{1}{2\tilde{N}}\left(\sum_{t=1}^{N-1}\Delta_b x_t \cos \omega_j t + \sum_{t=1}^{N-1}\Delta_f x_t \cos \omega_j t\right) \quad (j=1,2,3,\cdots,K)$$

$$z_{sj}=\frac{1}{2\tilde{N}}\left(\sum_{t=1}^{N-1}\Delta_b x_t \sin \omega_j t + \sum_{t=1}^{N-1}\Delta_f x_t \sin \omega_j t\right) \quad (j=1,2,3,\cdots,K)$$

$$c_{00}=1, \quad c_{0K}=\frac{1}{\tilde{N}}\sum_{t=1}^{N-1}\cos \omega_k t, \quad s_{0K}=\frac{1}{\tilde{N}}\sum_{t=1}^{N-1}\sin \omega_k t \quad (k=1,2,3,\cdots,K)$$

$$c_{j0}=\frac{1}{\tilde{N}}\sum_{t=1}^{N-1}\cos \omega_j t \quad (j=1,2,3,\cdots,K)$$

$$s_{j0}=\frac{1}{\tilde{N}}\sum_{t=1}^{N-1}\sin\omega_j t\quad(j=1,2,3,\cdots,K)$$

$$cc_{jK}=\frac{1}{\tilde{N}}\sum_{t=1}^{N-1}\cos\omega_j t\cos\omega_k t\quad(j,k=1,2,3,\cdots,K)$$

$$cs_{jK}=\frac{1}{\tilde{N}}\sum_{t=1}^{N-1}\cos\omega_j t\sin\omega_k t\quad(j,k=1,2,3,\cdots,K)$$

$$sc_{jK}=\frac{1}{\tilde{N}}\sum_{t=1}^{N-1}\sin\omega_j t\cos\omega_k t\quad(j,k=1,2,3,\cdots,K)$$

$$ss_{jK}=\frac{1}{\tilde{N}}\sum_{t=1}^{N-1}\sin\omega_j t\sin\omega_k t\quad(j,k=1,2,3,\cdots,K)$$

从而可得系数向量 $\boldsymbol{\beta}$ 的最小二乘估计量为 $\hat{\boldsymbol{\beta}}=(\boldsymbol{S}^{\mathrm{T}}\boldsymbol{S})^{-1}\boldsymbol{S}^{\mathrm{T}}\boldsymbol{Z}$。

预测序列 x_t 的正弦和余弦的因子数约为 N，显然因子数太多，需要进行筛选。一种方法是采用评分准则进行筛选，即不但拟合的均方根误差要小，而且分组预测（即趋势预测）要尽可能准；另一种方法是剔除那些对 x_t 贡献很小的（即 $\hat{a}_k$ 和 $\hat{b}_k$ 中值相对小的）项。其作法如下：

设 $\hat{\beta}_{i_0}=\min\limits_{1\leqslant i\leqslant 2k}(\beta_i)$，则计算不含 i_0 项时的 $\hat{x}_t$，并计算均方根误差：

$$\varepsilon^{(1)}=\sqrt{\frac{1}{N+1}\sum_{t=1}^{N+1}(x_t-\hat{x}_t)^2}$$

含有 i_0 项的方程对序列的拟合误差为 $\varepsilon^{(0)}$，若绝对差值 $\dfrac{|\varepsilon^{(1)}-\varepsilon^{(0)}|}{\varepsilon^{(0)}}<\mathrm{eps}$，则剔除 i_0 项。重新估计 $\boldsymbol{\beta}$ 值，再找 $\hat{\boldsymbol{\beta}}$ 中的最小元素，重复上述步骤，直到回归模型中不再有小于 eps 的项。eps 视具体问题需要的精度而定，一般可定为 0.01～0.05。

对于递增型序列，原则上也可以通过相邻数据的差分使其变为起伏型序列，然后用双向差分建模方法建模。适用双向差分建模方法的另一种序列是残差序列。

4.8.4 0-1 时间序列的分析与建模

在实际事物中经常会遇到呈现两种状态的变量，如股票市场价格的上涨与下跌，气候变化的冷与暖，等等。对于这类事物，常用“0”和“1”来表征。这种 0-1 时间序列具有简单、便于使用等优点。

1. 原始数量数据序列的 0-1 化处理

原始数量数据序列本身就是两分类形式的，如股票的上涨与下跌，如果上涨用“1”表示，那么下跌就用“0”表示。而对于由观测手段得到的数量数据序列，则必须经 0-1 化处理。进行 0-1 化处理的方法有很多，最常用的有下面两种。

① 均值标准。以序列的均值为标准，当超过均值时，为 1；反之为 0。经过这样的处理，原序列变成 0-1 序列。

② 人为标准。在处理实际问题中，常常根据问题的具体要求选择某一特定值作为 0-1 划分的标准。以人为设定值为标准，当原始数量数据序列超过该值时，为 1；反之为 0。处理后原始序列转化成 0-1 序列。

应注意的是，将数量数据序列转化为 0-1 序列时会损失一部分信息。但对于那种只要求

给出定性分析和预测的变量来说，分析 0－1 序列无疑会简单得多，并能得到较清晰的结果。另外，0－1 序列在某些情况下还可以起到滤波的作用。事实上，0－1 所表征的两种状态各具有不同的周期与标准性。因此，在分析其中某一状态单项周期时，0－1 划分就将非这一状态的周期滤掉了。

2. 0－1 序列的双向差分模型

递增型序列的双向差分建模，视时间序列为随时间变化的动态过程，利用“前向差分和后向差分的预测误差之和达到最小”的原则，建立起相应于微分方程的预测模型。这一建模方法同样也可用于 0－1 序列，其具体步骤如下：

第 1 步，对原序列 $x(t)$ 按均值或人为取定的标准得到 0－1 序列 $z(t)$。

第 2 步，将 0－1 序列分别排出序号序列 $s_0(t)$ 和 $s_1(t)$。

第 3 步，按问题的具体要求建立 $s_0(t)$ 或 $s_1(t)$ 序列的双向差分预测模型。

第 4 步，若建立的模型在拟合原序列时误差较大，则用残差序列进行修正。对计算得到的残差序列用起伏型序列建模方法建模，得到残差模型预测值，将此加到原来的预测值上，便可以提高预测精度。

3. 周期的确定与检验

在 0－1 序列中，把周期划分成两种，即周期与循环周期。定义周期是 1(或 0)严格地周期性重现，其间没有 1(或 0)出现；而定义循环周期是 1(或 0)的周期重复，无论它中间是否以 1 或 0 出现。循环周期可用于外推预测，而周期则对序列分析更有意义。周期总是循环周期，但循环周期不一定是周期。

周期的确定与检验仍采用 F 检验法。若 0－1 序列中存在一长度为 $l=K+1$ 的循环周期，则统计量为

$$\chi^2=\frac{(N-K)(\hat{p}_1+\hat{p}_{2,K}-2\hat{p}_{11,K})}{2p(1-p)}$$

式中：$\hat{p}_1$ 为概率 $p_1=p\{z(t)=1\}$ 的估计，$\hat{p}_{2,K}$ 为概率 $p_{2,K}=p\{z(t+K)=1\}$ 的估计，若 $K=1$，则 $\hat{p}_{2,K}=\hat{p}_2$。$\hat{p}_{11,K}$ 是概率 $p_{11,K}=p\{z(t)=1|z(t+K)=1\}$ 的估计。

给定显著性水平 α，若 $\chi^2\leqslant\chi^2_\alpha$，则接受原假设，认为确定的周期是显著的；反之，则拒绝原假设，认为这一周期是不存在的。

当自由度 $N-K\leqslant30$ 时，可由 χ^2 表查得 χ^2_α 值；当自由度 $N-K$ 足够大时，统计量为

$$\chi^2=\frac{1}{2}\left[\sqrt{2(N-K)-1}+u_{2\alpha}\right]^2\quad 当\ \alpha\leqslant\frac{1}{2}\ 时$$

式中 $u_{2\alpha}$ 可由正态分布表查得。

4.9 时间序列预测的 MATLAB 实战

例 4.1　表 4.1 为我国 1965—1984 年的发电量数据，试用平滑方法预测下一年的发电总量。

表 4.1　发电量数据

年　份	1965	1966	1967	1968	1969	1970	1971	1972	1973	1974
发电量	676	825	774	716	940	1 159	1 384	1 524	1 668	1 688
年　份	1975	1976	1977	1978	1979	1980	1981	1982	1983	1984
发电量	1958	2 031	2 234	2 566	2 820	3 006	3 093	3 277	3 514	3 770

解：用于时间序列预测的平滑方法可以有多种选择，在此选择二次指数平滑法。

```
>> x=[676  825  774  716  940  1159  1384  1524  1668  1688  1958  2031  2234  2566
     2820  3006  3093  3277  3514  3770];
>> [y,a,b]=smoothpre(x,'qE',1);
>> y=3.9166e+003                  %预测值(实际值 4107)
```

smoothpre 函数所采用的预测方法有移动平均法（简单移动平均法、加权移动平均法、趋势移动平滑法）、指数平滑法（一次指数、二次指数及三次指数）和差分指数平滑法（一阶差分和二阶差分）。

例 4.2 一般来说，随着技术的进步和生产的增长，新产品的增长在其未达饱和之前遵循指数曲线增长规律，但随着产品销售量的增加，产品总量会接近于社会饱和量，此时预测模型应用修正指数曲线。表 4.2 是 1969—1983 年某厂收音机销售量统计数据，请预测下一年的销售量。

表 4.2 某厂收音机销售量统计数据

年 份	1969	1970	1971	1972	1973	1974	1975	1976
销售量/万部	42.1	47.5	52.7	57.7	62.5	67.1	71.5	75.7
年 份	1977	1978	1979	1980	1981	1982	1983	
销售量/万部	79.8	83.7	87.5	91.1	94.6	97.9	101.1	

解：计算前应对数据进行检验，看给定数据的逐期增长量的比率$\frac{y_{t+1}-y_t}{y_t-y_{t-1}}$是否接近某一常数，如果是，则可以采用修正指数曲线（即模型为 $y=k+ab^x$）。对于本例而言，此比例落在[0.942 9,0.976 2]区间，可认为是一个常数，因此本例的预测可以采用修正指数曲线模型。

```
>> x=[42.1000  47.5000  52.7000  57.7000  62.5000  67.1000  71.5000  75.7000  79.8000
     83.7000  87.5000  91.1000  94.6000  97.9000  101.1000];
>> y=expcurve(x,1)
   y= range:[0.9429  0.9762]            %比率值
val:104.2037                            %预测值
a:-143.2063  b:0.9608  k:179.7162       %模型回归系数
```

例 4.3 Gomperta 曲线是一种常用的时间序列模型。它的特点是开始增长很慢，随后逐渐加快，同时达到一定阶段变慢直到增长速度慢慢趋于 0。其走向很像一个顺时针倾斜的字母 S。该模型的数学表达式为 $y=ka^{b^t}$。请用此模型对表 4.2 中的数据进行预测。

解：根据 Gomperta 模型自编 gomperta 函数进行分析。

```
>> x=[42.1000  47.5000  52.7000  57.7000  62.5000  67.1000  71.5000  75.7000  79.8000
     83.7000  87.5000  91.1000  94.6000  97.9000  101.1000];
>> y=gomperta(x,1)
   y= range:[0.9429  0.9762]
   val:103.4399                          %预测值
   a:0.2840  b:0.9048  k:133.3341        %模型回归系数
```

例 4.4 Logistic 曲线是数学家 Veihulot 在研究人口增长规律时首先提出的。它的特点与 Gomperta 曲线相似。在很多情况下，这两种模型是可以互换使用的。Logistic 曲线的数学

式为

$$y=\frac{k}{1+me^{-at}} \text{ 或 } y=\frac{1}{k+ab^{t}}$$

在使用此模型时，k 值既可以指定，也可通过计算而得。

请用此模型，对下列时间序列数据进行分析。

$$y=[41\quad 51\quad 71\quad 166\quad 248\quad 329\quad 360\quad 381\quad 399]$$

解： 根据 Logistic 模型自编 logistic_curve 函数进行预测分析。

```
>> x = [41   51   71   166   248   329   360   381   399];
>> y = logistic_curve(x,1,410)          % 指定 k
   y = range: [0.2471   1.4593]
   val: 404.1176                        % 预测值
   m: 29.0654    a: 0.7599              % 模型回归系数
>> y = logistic_curve(x,1)              % 不指定 k
   y=  range: [0.2471   1.4593]
   val: 407.1473
   a: 0.7201   m: 25.1414   k: 414.7849
```

例 4.5　在时间序列的预测中，由于自适应滤波法的预测模型简单，又可以在计算机上对数据进行处理，所以这种预测方法应用较为广泛。

自适应滤波技术有两个明显的优点：一是技术比较简单，可根据预测意图来选择权重个数和学习常数，以控制预测；也可以由计算机自动选定。二是它使用了全部历史数据来寻求最佳权重系数，并随数据轨迹的变化而不断更新权重个数，从而不断改进预测。

下面利用此技术预测 $x=0.1:0.1:1$ 时间序列。

解： 自适应滤波法的基本预测公式为

$$\hat{y}_{t+1}=w_1y_t+w_2y_{t-1}+\cdots+w_Ny_{t-N+1}=\sum_{i=1}^{N}w_iy_{t-i+1}$$

式中：w_i 为权重；N 为权重个数；$\hat{y}_{t+1}$ 为第 $t+1$ 期的预测值。权重的修正公式为

$$w_i=w_i+2ke_{i+1}y_{t-i+1}$$

式中：k 为学习常数；e_{i+1} 为第 $t+1$ 期的预测值的误差，$t=N,N+1,\cdots,n$，n 为序列长度。可以看出，权重的调整项包括预测误差、原观测值和学习常数三个因素。学习常数 k 的大小决定了权重个数调整的速度。

根据自适应滤波法的原理，可编程计算，得到结果如下：

```
>> x = 0.1:0.1:1;
>> y = adapt_curve(x,2,[3 4 7 9],0.9)
   y = w: [1.9999  - 0.9999]                   % 最后的权重
  val: [1.3000 1.4000 1.7001 1.9003] % 预测值
```

例 4.6　某企业 2006—2010 年的利润如表 4.3 所列，试利用季节系数预测法预测 2011 年全年的销售利润。

表 4.3 某企业 2006—2010 年的销售额

万元

年份 \ 月份	1	2	3	4	5	6	7	8	9	10	11	12
2006	46	66	138	182	384	690	508	244	120	68	38	54
2007	60	74	118	240	622	670	540	246	138	66	47	32
2008	36	40	184	278	648	691	542	384	130	65	38	25
2009	47	65	208	312	752	641	578	323	165	32	76	92
2010	52	70	210	320	740	672	580	340	168	43	74	96

解:根据季节预测法的原理,编写函数 season 进行计算。

```
>> load x
>> plot(x(:),'o-');              %图 4.1,图像存在季节性
>> y = season(x,'m');
   y = [50.4247   65.9079  179.5205   278.6961   658.2417   703.8541      %全年的预测值
       574.9676  321.5885  150.8558   57.3294    57.1201    62.5602]
```

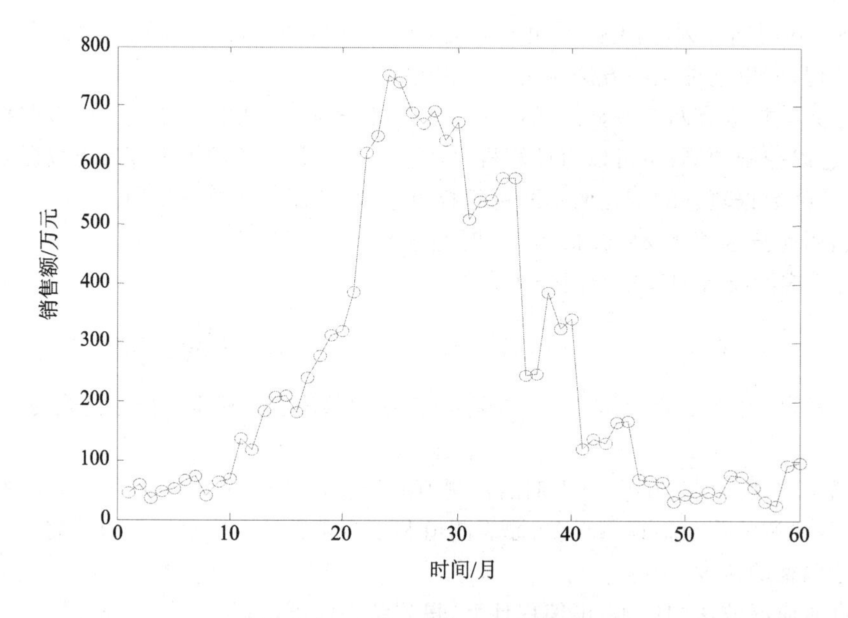

图 4.1 2006—2010 年的销售额

例 4.7 在实际中,有些时间序列受到影响的因素较多,具有整体趋势变动性和季节波动性的二重趋势变化特点,此时采用 Holt-Winters 模型进行预测较为适宜。

Holt-Winters 模型中的参数影响预测结果,因此需要优化。优化的方法可以采用遗传算法等优化算法,也可以根据预测结果的 MSE 原则进行。

试用 Holt-Winters 模型预测表 4.4 中的时间序列。

解:

```
>> load x;plot(x,'o-')           %图 4.2,曲线具有季节性和上升趋势
>> out = holt(x,'HW',4,1);         %输出的第一项为预测值
```

表 4.4　某企业 2004—2009 年的销售

年　份	季　度	销量/台	年　份	季　度	销量/台
2004	1	10 652.45	2007	1	19 398.66
	2	8 610.70		2	15 649.40
	3	8 894.04		3	17 090.11
	4	8 980.64		4	16 746.06
2005	1	11 171.19	2008	1	21 815.31
	2	10 486.15		2	17 571.88
	3	11 056.87		3	19 189.95
	4	11 422.92		4	16 892.44
2006	1	16 561.72	2009	1	24 888.06
	2	13 657.83		2	20 053.86
	3	13 972.24		3	21 265.01
	4	14 371.42		4	19 080.09

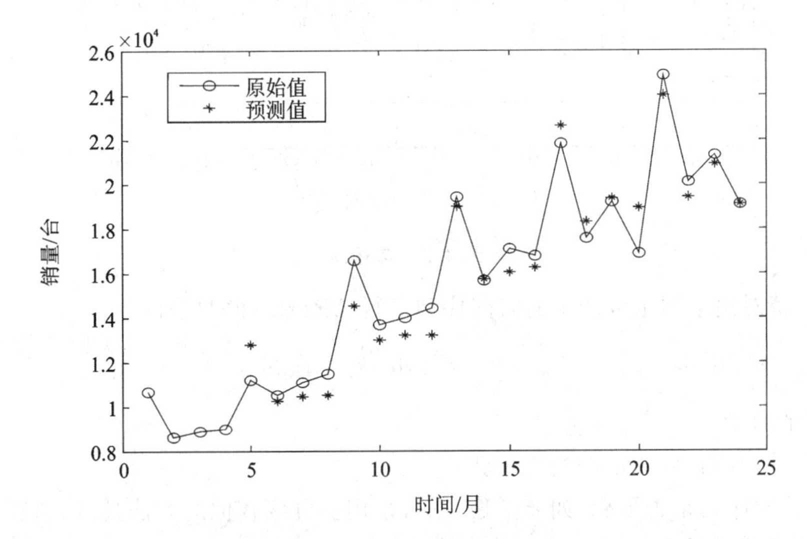

图 4.2　2004—2009 年的销量原始值及预测值

具有这种特点的时间序列的预测采用 Holt-Winters 模型较为合适。根据此模型的原理，编写函数 holt 进行预测。此函数用 type 控制两种模式，一种为“H”预测没有季节性的时间序列，另一种为“HW”预测既有趋势又有季节性的数据。本例采用后一种模式。

例 4.8　时间序列的异常检测是时间序列预测的一个重要内容，在网络入侵、故障检测等领域中有着广泛的应用。

异常点检测有很多种方法，最简单的便是根据统计学原理，其值与均值的差异超过 2 倍的标准差的点有可能是异常点。根据这一原理，对某一时间序列(图 4.3)找出可能的异常点。

解：根据异常点的统计学判断原理，作如下分析。

```
>>load data;
>>n = length(x);plot(x);holdon;
  a1 = prctile(x,75);a2 = prctile(x,25);R1 = a1 - a2;a1 = a1 - 1.5 * R1;a2 = a2 + 1.5 * R1;
  line([0 n],[a1 a1],'color','r');text(0.04,a1 + 0.04, '上四位数 - 1.5 * 下四位数')
  line([0 n],[a2 a2],'color','r');text(0.02,a2 + 0.04,'上四位数 + 1.5 * 下四位数')
```

```
c0 = mean(x);cs = std(x);c1 = c0 + 2 * cs;c2 = c0 - 2 * cs;
line([0 n],[c1 c1],'color','r','linestyle','--');text(0.4,c1 + 0.04,' +2σ');
line([0 n],[c2 c2],'color','r','linestyle','--');text(0.4,c2 + 0.04,' -2σ');
U = x - c0;y = find(U>2 * cs);y = [y find(U<-2 * cs)];
```

得到以下的点为异常点的可能性较大：

```
y = 31   63   182   191   192   4   90   106
```

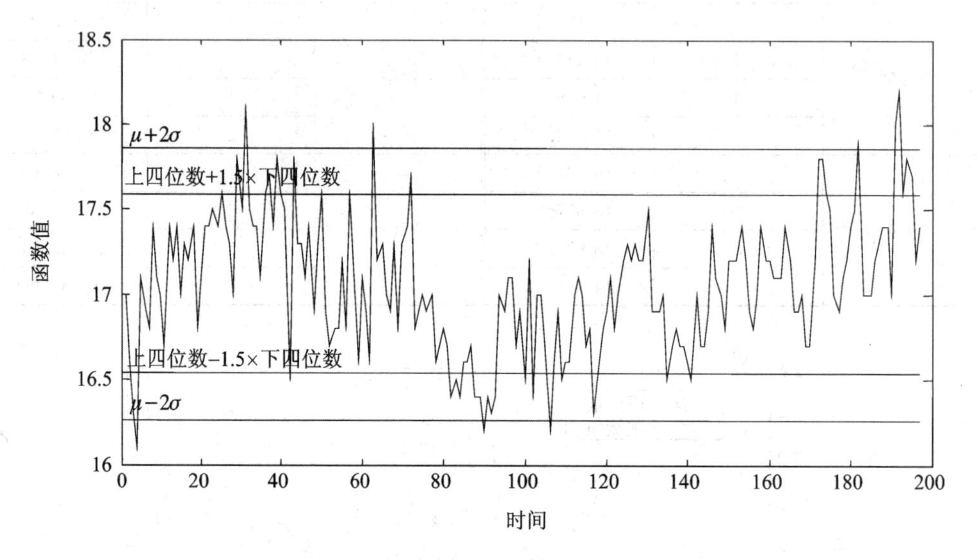

图 4.3 信号图

例 4.9 请对由下列函数产生的时间序列进行 ARIMA 模型分析。

$$y = 2t + 10\sin\frac{t}{2} + \text{rand}$$

式中：rand 为随机数。

解：时间序列的自回归模型构建步骤：

① 确定检验序列是否平稳，如非平稳，则可采用差分或其他的方法处理，直至处理后的数据可以通过平稳性的检验。

② 序列平稳后，根据自相关系数及偏自相关系数图像确定模型。当偏自相关函数是截尾的，而自相关函数是拖尾的，则建立 AR 模型；若偏自相关函数是拖尾的，而自相关函数是截尾的，则建立 MA 模型；若偏自相关函数和自相关函数均是拖尾的，则序列适合 ARMA 模型。

③ 模型的阶数确定。根据自相关函数和偏自相关函数的图像，或根据模型的 AIC 或 BIC 指标，确定最佳的阶数。

④ 模型参数估计、模型检验及预测。

```
>>t = 1:100;t = t';y = 2 * t + 10 * sin(t/2) + randn( size(t));
>>figure;plot(t, y)      % 图 4.4
```

从图 4.4 中可以看出，此时间序列非平稳，有周期性。

```
>>figure;subplot(211),autocorr(y);subplot(212),parcorr(y); % 自相关及偏自相关函数，见
                                                             % 图 4.5(a)
>>dy = diff(y);                  % 差分处理，并作差分后数据的自相关及偏自相关函数，见图 4.5(b)
```

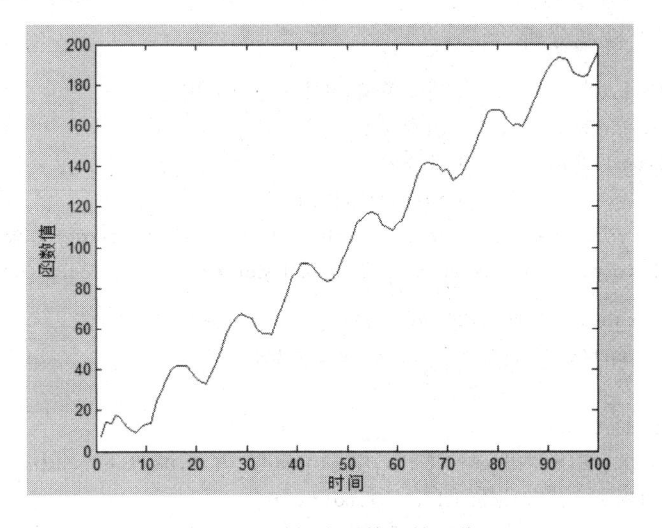

图 4.4　时间序列的原始图像

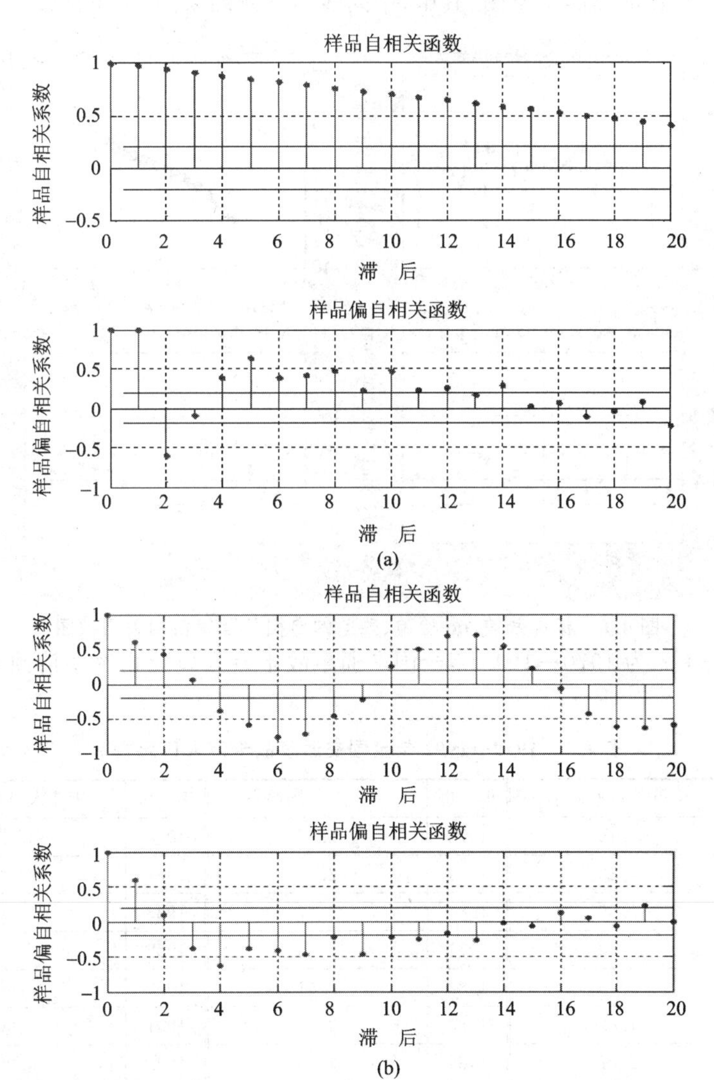

图 4.5　原始数据及差分后的自相关及偏自相关函数图

下面作 ARIMA 模型分析。

```
≫Mdl = arima(5,1,0);              % 建立模型,其中 P,Q,D 分别为 5,0,1
≫EstMdl = estimate(Mdl,dy);       % 预测模型
≫res = infer(EstMdl,dy);          % 求残差
≫figure                           % 模型验证,作图 4.6
≫subplot(2,2,1) ;plot(res./sqrt(EstMdl.Variance)) ;title('Standardized Residuals')
≫subplot(2,2,2),qqplot(res) ;subplot(2,2,3),autocorr(res) ;subplot(2,2,4),parcorr(res)
≫ [yF,yMSE] = forecast(EstMdl,20,'Y0',dy);          % 模型预测 20 步
≫UB = yF + 1.96 * sqrt(yMSE);LB = yF - 1.96 * sqrt(yMSE);
≫figure
≫h4 = plot(y,'b');hold on;
≫h5 = plot(101:120,yF,'r','LineWidth',2);h6 = plot(101:120,UB,'k--','LineWidth',1.5);
≫plot(101:120,LB,'k--','LineWidth',1.5);hold off
```

图 4.7 即为 20 步的预测结果图,其中,中间线为预测结果图,上下两线为上下界。

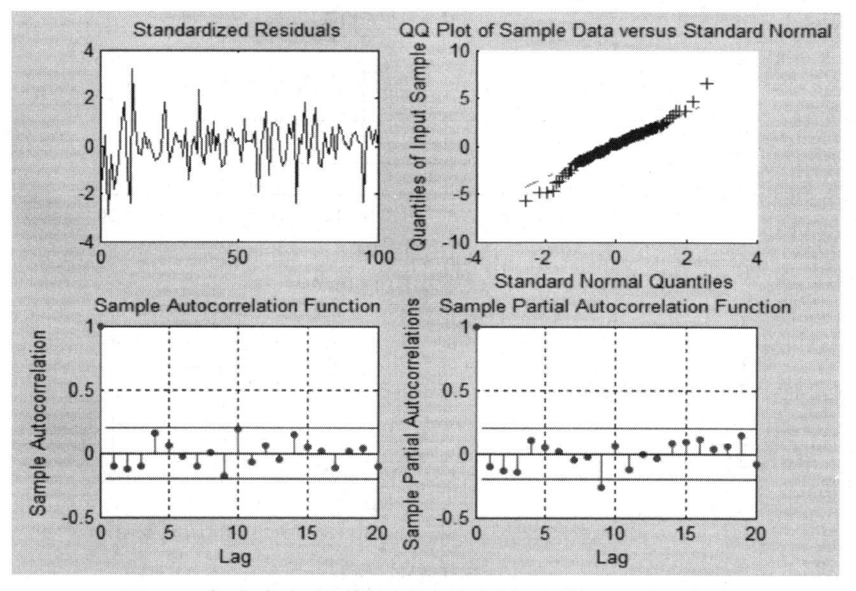

图 4.6 标准残差、qq 检验、残差的自相关及偏自相关函数图

例 4.10 表 4.5 为 1970—1992 年全国交通事故十万人口死亡率。请预测之后 5 年的交通事故死亡率。

表 4.5 1970—1992 年全国交通事故十万人口死亡率

年 份	十万人口死亡率	年 份	十万人口死亡率	年 份	十万人口死亡率
1970	1.16	1978	1.98	1986	4.70
1971	1.33	1979	2.24	1987	4.94
1972	1.36	1980	2.21	1988	5.00
1973	1.48	1981	2.25	1989	4.54
1974	1.72	1982	2.81	1990	4.31
1975	1.82	1983	2.33	1991	4.60
1976	2.07	1984	2.43	1992	5.00
1977	2.15	1985	3.89		

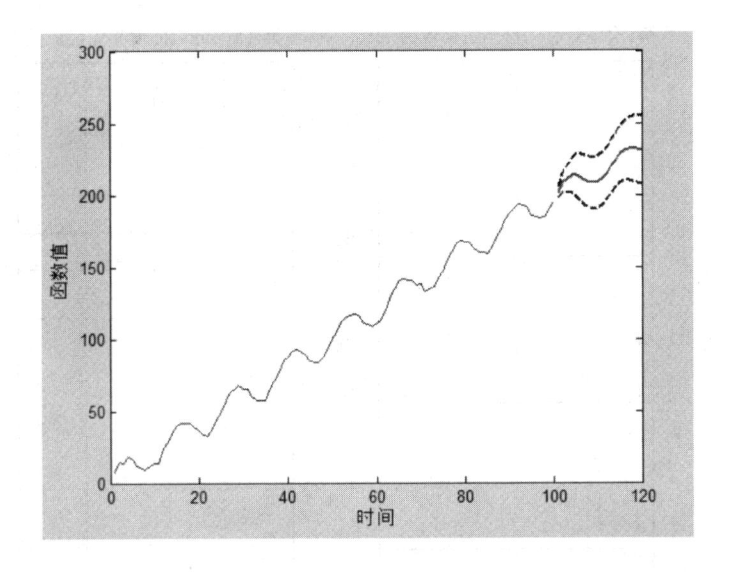

图 4.7　模型预测 20 步

解： 在处理时间序列时，还可以利用 MATLAB 中 econometrics toolbox 中的 garch 模型。其基本程序与 ARIMA 模型相同。

根据 garch 模型的原理，编写函数 myar。此函数可以对模型的参数进行优化，得到最优的模型。运行此函数时，如果时间序列中没有周期性，则当提示输入周期长度时单击"确定"，输入默认值即可。（此函数在 MATLAB 2016 版中通过，2019 版中出错）

```
>> x = [1.16  1.33  1.36  1.48  1.72  1.82  2.07  2.15  1.98  2.24  2.21  2.25 ...
       2.81  2.33  2.43  3.89  4.70  4.94  5.00  4.54  4.31  4.60  5.00];
>> out = myar(x,[10 10],5);      % 第 2 个数据为最大的 P、Q 值，第 3 个数据为预测步数
>> out{1} =
GARCH(0,3) Conditional Variance Model:            % GARCH 模型
--------------------------------------
Distribution: Name = 'Gaussian'                   % 最优的模型为 ARIMA(0,1,3)
               P: 0
               Q: 3
     Constant: 0.0300724
        GARCH: {}
         ARCH: {0.125202 0.874797} at Lags [1 3]
>> out{2} = 5.0964   5.2121   5.3966   5.5341   5.6826
```

运行此函数后，可得到图 4.8。对原时间序列及预测的数据进行作图，可得到图 4.9。

例 4.11　均生函数是一种较为常用的时间序列预测技术。表 4.6 为 1950—1985 年我国收入指数，求其延拓均生函数，并分析优势周期。

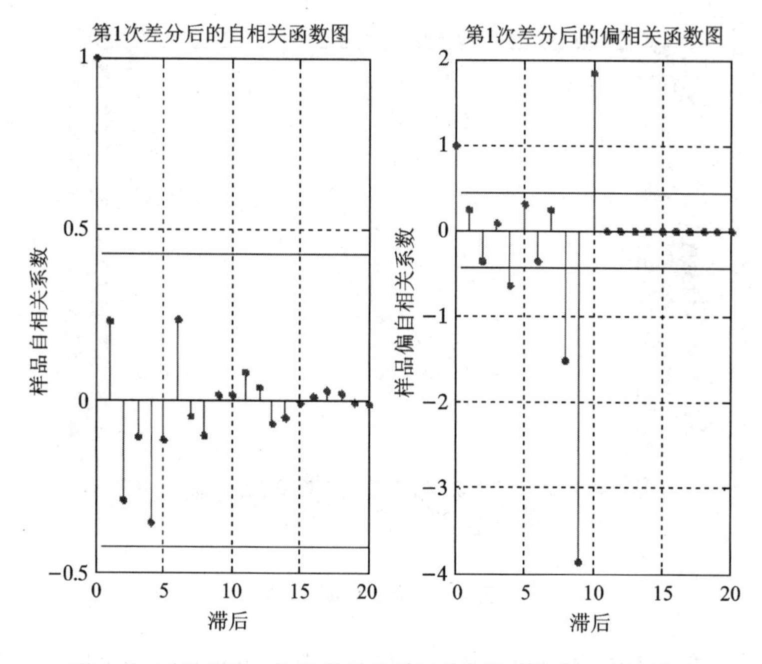

图 4.8　时间序列一阶差分后的自相关函数及偏自相关函数图

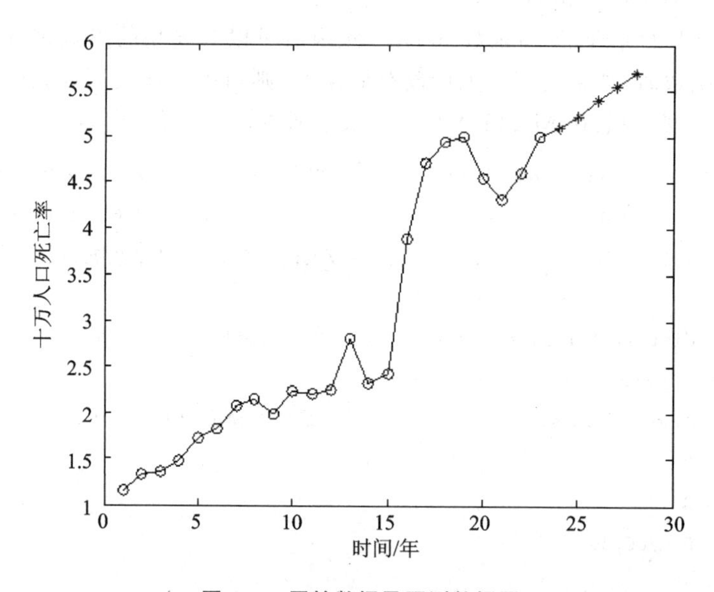

图 4.9　原始数据及预测数据图

表 4.6　1950—1985 年我国收入指数

年　份	1950	1951	1952	1953	1954	1955
收入指数	119.0	116.7	122.2	114.0	105.8	106.4
年　份	1956	1957	1958	1959	1960	1961
收入指数	114.1	104.5	122.0	108.2	98.6	70.3
年　份	1962	1963	1964	1965	1966	1967
收入指数	93.5	110.7	116.5	117.0	117.0	92.8

续表 4.6

年　份	1968	1969	1970	1971	1972	1973
收入指数	93.6	119.3	123.3	107.0	102.9	108.3
年　份	1974	1975	1976	1977	1978	1979
收入指数	101.1	108.3	97.3	107.8	112.3	107.0
年　份	1980	1981	1982	1983	1984	1985
收入指数	106.4	104.9	108.3	109.8	113.5	112.7

解：对有时间序列 $x(t)=\{x(1),x(2),\cdots,x(N)\}$，定义均值生成函数：

$$\bar{x}_l(i)=\frac{1}{n_l}\sum_{j=0}^{n_l-1}x(i+jl)\quad(i=1,2,3,\cdots,l;\ 1\leqslant l\leqslant M)$$

式中：n_l 为满足 $n_l\leqslant\left[\frac{N}{l}\right]$ 的最大整数；$M=\left[\frac{N}{2}\right]$ 为不超过 $N/2$ 的最大整数，当 N 为偶数时，$\left[\frac{N}{2}\right]=\frac{N}{2}$；当 N 为奇数时，$\left[\frac{N}{2}\right]=\frac{N-1}{2}$。

由此可见，均值生成函数是由时间序列按一定的时间间隔计算均值而派生出来的。

对均生函数作周期性延拓，即构造如下的矩阵：

$$\boldsymbol{F}=\begin{vmatrix}\bar{x} & \bar{x}_2(1) & \cdots & \bar{x}_M(1)\\ \bar{x} & \bar{x}_2(2) & \cdots & \bar{x}_M(2)\\ \vdots & \vdots & & \vdots\\ \bar{x} & \bar{x}_2(i_2) & \cdots & \bar{x}_M(i_M)\end{vmatrix}$$

式中：$\bar{x}_2(i_2)$表示取 $\bar{x}_2(1)$，$\bar{x}_2(2)$之一，其余类推。

根据均生函数的定义，可编程计算，得到如下结果：

```
>> x = [119.0   116.7   122.2   114.0   105.8   106.4   114.1   104.5   122.0   108.2...
        98.6    70.3    93.5    110.7   116.5   117.0   117.0   92.8    93.6    119.3...
        123.3   107.0   102.9   108.3   101.1   108.3   97.3    107.8   112.3   107.0...
        106.4   104.9   108.3   109.8   113.5   112.7];
>>y = meangcyc(x)
y = 13   8   5   7   17      % 优势周期
```

例 4.12　某气象站 1958—1977 年 7 月降水量(mm)序列为

$x(t)=\{130,50,220,140,100,380,110,140,110,220,160,170,410,70,60,200,170,70,220,190\}$

请用均生函数法预测 1978 年的降水量。

解：在此利用均生函数的周期外推法进行预测。根据周期外推法的原理，编写函数 meangcyc1 进行预测，通过计算得到预测值为 101.9 mm，实际值为 100 mm，预测结果较理想。此函数中是利用双评价准则中的 CSC1 表达式进行预测结果的评判。

```
>> x = [130 50 220 140 100 380 110 140 110 220 160 170 410 70 60 200 170 70 220 190];
>> out = meangcyc1(x,1,1)
   out  =  101.9048
```

例 4.13 赤道东太平洋地区是一个反映全球大气和海洋变化的敏感区域，对全球气候有着重大影响的厄尔尼诺现象就发生在这里。表 4.7 给出了这一地区 1951—1984 年秋季(9—11 月)海温的观察值，试用逐步回归方程及主成分分析建立预测模型。

表 4.7 海温观察值

年　份	1951	1952	1953	1954	1955	1956	1957
海温/℃	26.6	25.7	25.2	24.7	25.4	26.6	26.0
年　份	1958	1959	1960	1961	1962	1963	1964
海温/℃	25.7	25.9	25.5	25.4	26.4	24.9	26.8
年　份	1965	1966	1967	1968	1969	1970	1971
海温/℃	25.4	25.1	26.0	26.5	25.2	25.1	27.2
年　份	1972	1973	1974	1975	1976	1977	1978
海温/℃	24.9	25.3	24.8	26.6	25.9	25.4	25.9
年　份	1979	1980	1981	1982	1983	1984	
海温/℃	25.7	25.5	26.7	26.1	25.3	25.4	

解：①基于均生函数的逐步回归法。

```
>>load mydata;
>> y = meang(x1);
>> y1 = [ones(34,1) y(:,2:17)]; stepwise(y1,x1')        % 逐步回归工具
>> beta;                    % 回归系数,其中的 f_i 为第 i 个延拓均生函数
```

从逐步回归过程中可得到最终的回归方程为

$$\hat{x}(t) = -0.9732f_2 - 0.9817f_3 + 0.8023f_6 + 0.2382f_7 + 0.4007f_{10} + 0.4388f_{11} + 0.3757f_{15} \; 0.4228f_{16} + 0.2633f_{17}$$

根据回归方程可得到图 4.10。

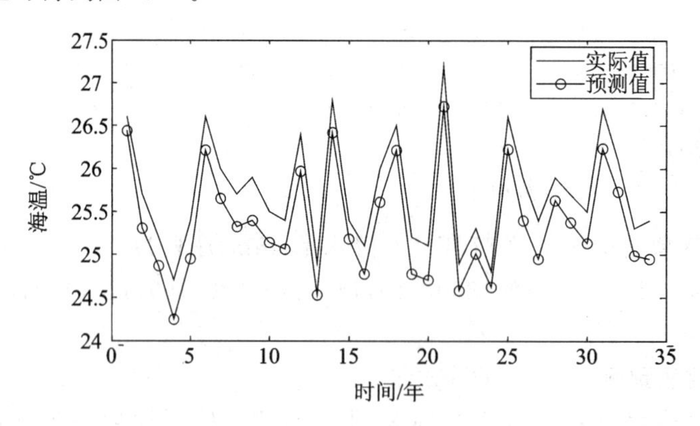

图 4.10 预测值与实际值

如果要对以后的时间点进行预测，则可以对回归方程中的各延拓均生函数进行延拓，然后再根据回归方程式计算即可。如果要预测下一个时间点的海温值，则其值为

$$y_n = -0.9732 \times 25.7765 - 0.9817 \times 25.7364 + 0.8023 \times 25.56 + 0.2382 \times 26.475 + 0.4007 \times 25.8 + \cdots + 0.4388 \times 25.1333 +$$

$$0.3757 \times 25.25 + 0.4228 \times 25.2 + 0.2633 \times 26.55$$
$$= 24.9602\ (\text{实际值为 } 25.4)$$

② 基于均生函数的主成分分析法。

```
>> y = meangprin(x);
>> plot(1:34,x,'o-'); hold on; plot(1:34,y,'o-');      % 图 4.11
```

从图 4.11 中可以看出,此结果要好于第①种方法。

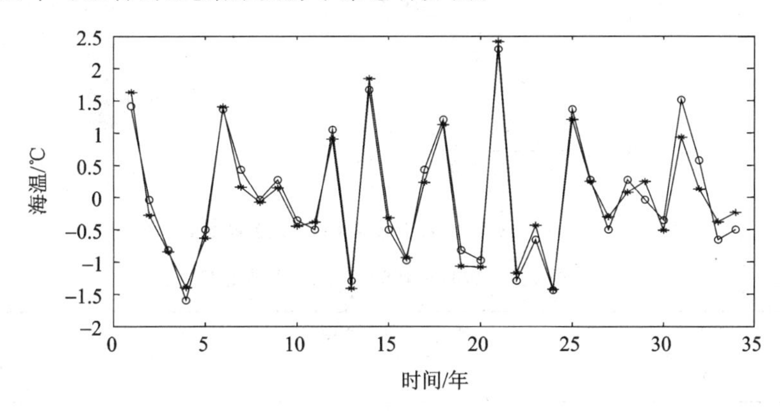

图 4.11　预测值与实际值

例 4.14　自工业革命以来,大气中的 CO_2 急剧增加,CO_2 产生的温室效应使全球气温增高,相继导致世界各地气候变化、两极冰雪融化和海平面升高,产生了一系列的全球性问题,对环境、生态和农业等也产生了重大影响。表 4.8 为檀香山 Mauna Loa 观测台 1968—1982 年间 CO_2 的浓度(10^{-6}V/V),请对此进行预测。

表 4.8　1968—1982 年间大气中 CO_2 的浓度

年　份	1968	1969	1970	1971	1972	1973	1974	1975
10^6 · 浓度/(V · V^{-1})	322.72	324.21	325.51	326.48	327.60	329.82	330.41	331.01
年　份	1976	1977	1978	1979	1980	1981	1982	
10^6 · 浓度/(V · V^{-1})	332.06	333.62	335.19	336.54	338.40	339.46	340.76	

解:本例明显是一个单调型序列的建模。为了充分利用含在时间序列中的信息,可以采用"前向差分预测和后向差分预测误差之和达最小"的原则来进行差分建模。根据此方法的原理,编写函数 dudiff 进行预测。

```
>>x = [322.72  324.21  325.51  326.48  327.60  329.82  330.41  331.01...
      332.06  333.62  335.19  336.54  338.40  339.46  340.76];
>>out = dudiff(x,[1  2  3  4  5]);          % 预测 1968—1982 年的值
```

预测结果如图 4.12 所示。从图中可以看出,此模型有较强的预测能力。

如果序列是递增的,但其值是负的或开头的某些值是负的,则只要将数据作如下转换就可以得到一个非负的递增序列。

如果序列是递减的,则只要作如下转换就可以得到递增序列。

例 4.15　1981—1987 年某地高粱亩产值见表 4.9,请用双向差分建模方法对其进行预测。

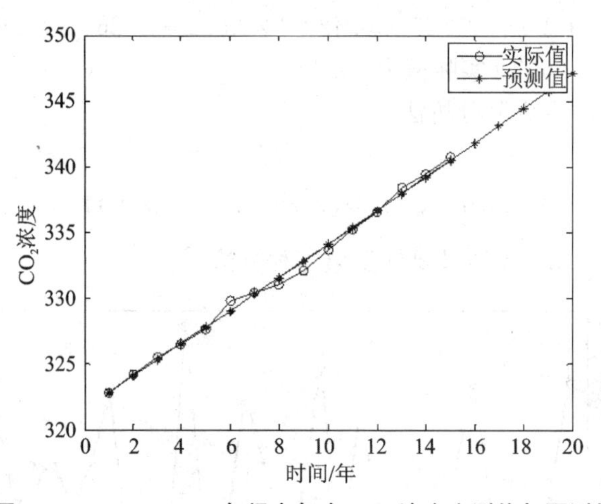

图 4.12　1968—1982 年间大气中 CO_2 浓度实测值与预测值

表 4.9　1981—1987 年某地高粱亩产

年　份	1981	1982	1983	1984	1985	1986	1987
亩产/斤	189	146	344	225	268	184	238

解： 这是一个起伏型数据的建模问题，可以根据双向动态差分模型编写函数 updown 进行预测。

```
>> x = [189   146   344   225   268   184   238];
>> [out,y] = updown(x);      % 第 1 个输出为预测值,第 2 个输出为趋势
>> out = 189.0000   95.6908   221.5233   186.0649   196.0369   142.4431   263.6991
>> y = — ↓ ↑ ↓ ↑ ↓ ↑
```

从结果可看出，预测结果不理想，但趋势全部正确。

例 4.16　据 24 个医院统计结果，北京地区 1978 年 3 月 1—24 日心肌梗塞发病人数如表 4.10 所列。请据此进行预测。

表 4.10　北京地区 1978 年 3 月 1—24 日心肌梗塞发病人数

日　期	1	2	3	4	5	6	7	8	9	10	11	12
人　数	1	4	4	2	4	6	8	3	5	4	6	2
日　期	13	14	15	16	17	18	19	20	21	22	23	24
人　数	4	5	5	6	3	3	0	4	4	1	5	5

解： 按数列的平均值 4 使原始序列变成 0－1 序列，可得到表 4.11。由于人们主要关心发病人数增多时的日期，因此可以只根据“1”出现的时刻建模。

表 4.11　心肌梗塞发病人数增减情况

日　期	1	2	3	4	5	6	7	8	9	10	11	12
0－1 序列	0	0	0	0	0	1	1	0	1	0	1	0
日　期	13	14	15	16	17	18	19	20	21	22	23	24
0－1 序列	0	1	1	1	3	0	0	0	0	0	1	1

将表 4.11 中数字为“1”的序号列为一新序列，并对此进行预测(作两步预测)。

```
>> x = [6  7  9  11  14  15  16  23  24];
>> out = dudiff(x,[1 2]);
>> out{2} = 6.0000  7.8492  9.2945  11.0058  13.0323  15.4319  18.2733
         21.6379 25.6220 30.3397 35.9261   % 预测值
```

预测值的均方根误差 RMSE＝1.134，即平均相差一天，平均相对误差为 0.058。这样的预测结果已相当精确，可以不作修正。

如果要修正，则应充分利用近期信息的原则，对离起报时刻较近的数据进行修正，以期改进预测效果。用后 5 个数据的残差构成一个残差序列 $s=\{0.97, -0.43, -2.27, 1.36, -1.62\}$。残差序列为起伏型数据，对此进行预测并作两步外推，得

```
>> x = [0.97  -0.43  -2.27  1.36  -1.62];
>> out = updown(x,[1 2]);
>> out  = 0.9700  0.9418  -0.0528  1.2329  -0.0016  0.4449  0.4167
```

将此预测值加上第 1 步对应的预测值，可得序列

```
[14.0023  16.3737  18.2205  22.8708  25.6204  30.7846  36.3428]
```

再看预测结果 $s_1=30.7846\approx31$，$s_2=36.3428\approx36$，即 31 日和 4 月 5 日(第 36 天)会再度出现发病高峰，实况为 31 日发病人数为 9 人(是 3 月最多的一天)，4 月 5 日发病数为 8 人(也是较多的一天)，两次预测均正确。

第5章

马尔可夫链预测法

马尔可夫链预测法是应用随机过程中马尔可夫过程的基本原理和方法研究分析事物随时间序列的变化规律,并预测其未来变化趋势的一种方法。马尔可夫链在自然科学、工程技术、社会科学、经济研究等领域有着广泛的应用。

5.1 基础知识

在事物的发展过程中,若每次状态的转移都仅与当前时刻的状态有关,而与过去的状态无关,或者说状态的“过去”和“未来”是独立的,那么这样的状态转移过程就称为马尔可夫过程。例如某产品明年是畅销还是滞销,只与当年的销售情况有关,而与往年的销售情况没有直接的关系。参数集和状态空间都离散的马尔可夫过程称为马尔可夫链,简称马氏链。

马尔可夫过程的重要特征就是无后效性,即当事物在某一时刻所处的状态为已知时,它在该时刻所处状态的条件分布与其在该时刻之前的状态无关。这个特性称为马尔可夫性,简称马氏性。

马氏链是一种特殊的随机过程,它作为一种区间预测的方法,预测的结果是某一个状态,而不是具体数值。它实质上是一种概率预测法,它是根据预测对象各状态之间的转移概率来预测事物未来的发展。转移概率反映了各种随机因素的影响程度和状态之间的内在规律,因此该模型可以用于预测随机波动性较大的问题。但是预测的关键在于转移概率矩阵的可靠性,因此该模型要求有大量的统计数据,才能保证预测的精度,而这样就需要投入大量的人力、物力进行数据的搜集工作。在实际的应用中,证明马氏链满足齐次性存在一定的困难,预测的准确性就很难保证。这些问题都在一定程度上影响了马氏链预测法的使用。

5.1.1 基本概念

1. 马氏链

随机变量序列$\{X_t, t\in T\}$,其中$T=\{0,1,2,\cdots,N\}$,状态空间为$E=\{1,2,3,\cdots,K\}$,若对于任意的$t\geqslant 0$及状态$j,i_0,i_1,\cdots,i_{t-1},i_t(i_t\in E)$,都有

$$P\{X_{t+s}=j \mid X_0=i_0,X_1=i_1,\cdots,X_t=i_t\}=P\{X_{t+s}=j\}$$

则称$\{X_t, t\in T\}$为马尔可夫链,简称马氏链。上式表示系统在$t+s$时刻的状态只与t时刻的状态有关,而与t时刻以前的状态无关,这个性质就是马氏性。

2. 初始分布

若$p_0(i)=P\{X_0=i\}, i\in E=\{1,2,3,\cdots,K\}$为马氏链$\{X_t, t\in T\}$的初始分布,则它满足条件:①$0\leqslant p_0(i)\leqslant 1, i\in E$;②$\sum\limits_{i\in E}p_0(i)=1$。

初始分布表示系统的初始值处于各个状态的可能性的大小,可简单地记为行向量的形式:

$$\boldsymbol{p}_0=[p_0(1)\quad p_0(2)\quad \cdots\quad p_0(k)]$$

3. 状态转移概率

马氏链$\{X_t, t\in T\}$的状态空间为$E=\{1,2,3,\cdots,K\}$，则系统在t时刻从状态i出发，经过n步转移后处于状态j的概率，记为

$$p_{ij}^{(n)}(t)=P\{X_{t+n}=j \mid X_t=i\} \quad (i,j\in E)$$

式中：$p_{ij}^{(n)}(t)$称为n步转移概率。当$n=1$时，即为马氏链的一步转移概率，简称为转移概率，记为$p_{ij}(t)$。

若马氏链的任意k步的转移概率都与t无关，则称马氏链为齐次的；否则为非齐次的。对于齐次的马氏链，转移概率$p_{ij}(t)$可记为p_{ij}，n步转移概率$p_{ij}^{(n)}(t)$可记为$p_{ij}^{(n)}$。

因为状态空间$E=\{1,2,3,\cdots,K\}$，所以转移概率也可以表达成矩阵的形式：

$$\boldsymbol{P}^{(n)}=\begin{bmatrix} p_{11}^{(n)} & p_{12}^{(n)} & \cdots & p_{1K}^{(n)} \\ p_{21}^{(n)} & p_{22}^{(n)} & \cdots & p_{2K}^{(n)} \\ \vdots & \vdots & & \vdots \\ p_{K1}^{(n)} & p_{K2}^{(n)} & \cdots & p_{KK}^{(n)} \end{bmatrix}$$

式中：$\boldsymbol{P}^{(n)}$称为n步转移概率矩阵。$n=1$的转移概率矩阵记为$\boldsymbol{P}$，可简称为一步转移概率矩阵。

4. Chapman-Kolmaogorov(C-K)方程

设$\{X_t, t\in T\}$为齐次马氏链，且其n步转移概率为$p_{ij}^{(n)}$，对于$m\geqslant 0, n\geqslant 0$，则有

$$p_{ij}^{(n+m)}=\sum_{k\in E} p_{ik}^{(n)} p_{kj}^{(m)}$$

若状态空间$E=\{1,2,3,\cdots,K\}$，由矩阵乘法，C-K方程可表达为矩阵的形式：

$$\boldsymbol{P}^{(m+n)}=\boldsymbol{P}^{(m)}\boldsymbol{P}^{(n)}$$

式中：$\boldsymbol{P}^{(n)}$为n步转移概率矩阵，还可以得到$\boldsymbol{P}^{(n)}=\boldsymbol{P}^{(n-1)}\boldsymbol{P}$，$\boldsymbol{P}$为转移概率矩阵。

5. 绝对分布

设马氏链$\{X_t, t\in T\}$的状态空间$E=\{1,2,3,\cdots,K\}$，则X_t的概率分布$p_t(i)=P\{X_t=i\}$，$i\in E, n\geqslant 0$，称为绝对分布。若状态空间是有限的，则绝对分布可以写成行向量的形式。

齐次马氏链n时刻的绝对分布可由其最初分布和转移概率完全决定，即

$$p_n(j)=\sum_{i\in E} p_0(i) p_{ij}^{(n)}$$

上式也可以表示成矩阵的形式：

$$\boldsymbol{p}_n=\boldsymbol{p}_0\boldsymbol{P}^n$$

式中

$$\boldsymbol{p}_0=[p_0(1) \quad p_0(2) \quad \cdots \quad p_0(K)], \quad \boldsymbol{p}_n=[p_n(1) \quad p_n(2) \quad \cdots \quad p_n(K)]$$

5.1.2 平稳分布和遍历性

1. 平稳分布

如果有一个概率分布$\{\pi(i), i\in E=\{1,2,3,\cdots,K\}\}$，即有$\pi(i)\geqslant 0$，$\sum_{i\in E}\pi(i)=1$满足$\pi(i)=\sum_{j\in E}\pi(i)p_{ji}, i\in E$，则称$\{\pi(i), i\in E=\{1,2,3,\cdots,K\}\}$为马氏链$\{X_n, n\geqslant 0\}$的平稳分布。

平稳分布就是，系统所处状态的概率分布是稳定的，系统的状态不再发生变化。当马氏链的初始分布是平稳分布时，系统在各个时刻的状态分布也都是平稳分布的，所以系统能否达到平稳分布，与初始分布有关。

2. 遍历性

设马氏链$\{X_n, n \geqslant 0\}$的状态空间为$E=\{1,2,3,\cdots,K\}$，对于任意的$i,j \in E$，存在不依赖于i的常数$\pi(j)$，使得n步转移概率的极限为$\lim\limits_{n \to \infty} p_{ij}^{(n)}=\pi(j)$，则称此马氏链具有遍历性，此时称$\{\pi(i), j \in E\}$为$\{X_n, n \geqslant 0\}$的极限分布。

显然，极限分布是一种特殊的平稳分布，是与初始分布无关的平稳分布。一般先通过求解平稳分布而得到极限分布。

若马氏链具有遍历性，则表示系统无论从哪个状态出发，当转移步数足够大时，都会按概率$p(j)$转移到状态j。也就是说，系统经历一段时间后，一定能达到平稳的状态。

遍历性的判别定理如下：

① 设马氏链$\{X_n, n \geqslant 0\}$状态空间为$E=\{1,2,3,\cdots,K\}$，如果存在正整数n_0，使对一切$i,j \in E$都有$p_{ij}^{(n)}>0$，则此马氏链是遍历的，且极限分布$\pi(j)$为满足平稳分布条件的唯一解。

② 设马氏链$\{X_n, n \geqslant 0\}$为非周期的不可约正常返马氏链，则此马氏链是遍历的，且极限分布为满足平稳分布条件的唯一解。

5.2 状态空间的划分

在运用马尔可夫预测模型时，状态划分是预测准确与否的关键，因为存在状态空间爆炸的问题，即状态规模随着系统因素数量的增加呈指数增长，会带来马尔可夫链模型的计算量增加。

状态划分一般应遵循以下原则：①分析精度的要求。一般来说，在数据满足一定数量的情况下，状态划分越细精度越高。②原始数据的长短和波动幅度。当数据较多、波动幅度较大时，状态数应相对多一些；反之，则应减少一些。③在允许的条件下，尽量减少划分的跨度。

实际上，对观测到的数据进行状态空间的划分就是聚类分析的过程。因此一般的聚类分析方法都可以用来进行状态空间的划分。下面介绍两种较为简便的方法。

5.2.1 经验分组法

按照经验分组的方法是最常用也是最简便的方法。因为在很多领域中，经过多年的研究，都可以根据研究经验设定标准来对观测数据进行分组。例如在火灾的研究中，可以根据火灾发生率的大小或所反映的严重程度来划分类别。除此之外，对于很多研究领域，还有成文的量化的标准，例如环境质量等级就是根据环境污染物浓度而制定的；火灾统计管理规定就对火灾事故的严重程度有明确的划分标准。依据这些标准就可以进行状态空间的划分。

经验分组法无论是专家的意见还是成文的标准大多还是依据过去的统计经验而做出的判断，而对于需要分类的观测数据却没有作更深入的分析，所以要得到满意的分类结果往往需要对原有的标准进行一定的调整。但是这样又会掺入主观判断的因素，使得预测的结果掺杂了更多的不确定性。

5.2.2 样本均值、均方差分级法

对于观测数据的分组，如果没有现成的经验去划分，可以简单地应用样本均值与样本的均

方差来表示数据的变化区间。设样本序列为$\{x_1,x_2,\cdots,x_n\}$，样本均值为 $\bar{x}$，样本均方差为 $s=\sqrt{\frac{1}{n-1}\sum_{i=1}^{n}(x_i-\bar{x})^2}$ 。如果这个序列是独立同分布的，则由中心极限定理可得

$$P\{\bar{x}-1.5s\leqslant x\leqslant\bar{x}+1.5s\}\approx 2\Phi(1.5)-1=0.866\,4$$

$$P\{\bar{x}-s\leqslant x\leqslant\bar{x}+s\}\approx 2\Phi(1.0)-1=0.682\,7$$

$$P\{\bar{x}-0.5s\leqslant x\leqslant\bar{x}+0.5s\}\approx 2\Phi(0.5)-1=0.382\,9$$

按上述计算的概率可以估算出各状态空间中数据所占的比例。

于是按预测数据的均值范围是否落在区间$(-\infty,\bar{x}-1.0s)$，$(\bar{x}-1.0s,\bar{x}-0.5s)$，$(\bar{x}-0.5s,\bar{x}+0.5s)$，$(\bar{x}+0.5s,\bar{x}+1.0s)$，$(\bar{x}+1.0s,+\infty)$中，可以把数据序列分成 5 组。同理，也可以按照区间$(-\infty,\bar{x}-1.5s)$，$(\bar{x}-1.5s,\bar{x}-1.0s)$，$(\bar{x}-1.0s,\bar{x}-0.5s)$，$(\bar{x}-0.5s,\bar{x}+0.5s)$，$(\bar{x}+0.5s,\bar{x}+1.0s)$，$(\bar{x}+1.0s,\bar{x}+1.5s)$，$(\bar{x}+1.5s,+\infty)$把数据序列分成 7 组。

用这两种方法估算划分的数据的个数并不是均等的，对于实际的数据更是如此，所以一般还需要灵活地设置各个区间。例如，可以将数据集合分为 5 个区间：$(-\infty,\bar{x}-\alpha_1 s)$，$(\bar{x}-\alpha_1 s,\bar{x}-\alpha_2 s)$，$(\bar{x}-\alpha_2 s,\bar{x}+\alpha_3 s)$，$(\bar{x}+\alpha_3 s,\bar{x}+\alpha_4 s)$，$(\bar{x}+\alpha_4 s,+\infty)$，其中 α_1 和 α_4 在$[0.1,1.5]$中取值，α_2 和 α_3 在$[0.3,0.6]$中取值。确定这些区间的 4 个参数没有固定的方法，一般的原则是使得各个状态含有数据的个数尽量均匀，以确保进行后面的统计检验的合理性。

5.2.3　有序样本聚类法

有序样本聚类法是对有序样品进行分类的一种方法，可以更加充分地考虑数据序列的结构，使划分的区间更加合理。

设$\{x_1,x_2,\cdots,x_n\}$为有序样品，希望在不改变下标的条件下将它们分成类，即

$$G_1=\{x_1,x_2,\cdots,x_{i_1}\},\ G_2=\{x_{i_1+1},x_{i_1+2},\cdots,x_{i_2}\},\ \cdots,\ G_k=\{x_{i_{k-1}+1},x_{i_{k-1}+2},\cdots,x_n\}$$

式中：$0<i_1<i_2<i_{k-1}<n$，并称 $G_1,G_2,\cdots,G_k$ 为一个 k 分割。对于这样的分割，共有 C_{n-1}^{k-1} 个。

对于给定的 $0<i_1<i_2<\cdots<i_{k-1}<n$，则 $i_1,i_2,\cdots,i_{k-1}$ 代表一种 k 分割，即令

$$S_n(k;i_1,\cdots,i_{k-1})=D_{0,i_1}+D_{i_1,i_2}+\cdots+D_{i_{k-1},n}$$

为对应 k 分割的总变差，式中 $D_{i,j}$ 为类 $G_{i,j}=\{x_{i+1},\cdots,x_j\}(i<j)$的距离。

显然，S_n 越小，各类间的距离也越小，分类也越合理。因此，只要能使

$$S_n(k;i_1,\cdots,i_{k-1})=\min_{0<j_1<\cdots<j_{k-1}<n}S_n(k;j_1,\cdots,j_{k-1})$$

便可以得到最优的分割。

最优分割可以采用穷举法，即将 C_{n-1}^{k-1} 种分割方法穷举出来，然后找到最小总变差的分割；也可以采用动态规划的方法进行求解，即 Fisher 最优求解法，下面是求解过程。

①对于给定的有序样本集，可计算如下的距离表：

$$\begin{matrix} D_{0,1} & D_{0,2} & D_{0,3} & \cdots & D_{0,n} \\ & D_{1,2} & D_{1,3} & \cdots & D_{1,n} \\ & & D_{2,3} & \cdots & D_{2,n} \\ & & & & \vdots \\ & & & & D_{n-1,n} \end{matrix}$$

② 求最优二分割的方法。首先将有序样本作 $n-1$ 种的二分割法，即

$\{\{\{x_1,\cdots,x_{n-1}\},\{x_n\}\},\{\{x_1,\cdots,x_{n-2}\},\{x_{n-1},x_n\}\},\cdots,\{\{x_1,x_2\},\{x_3,\cdots,x_n\}\},\{\{x_1\},\{x_2,\cdots,x_n\}\}\}$

每种分法各对应一个总变差，即

$$S(2,2)=D_{0,1}+D_{1,2}$$
$$S(3,2)=\min\{D_{0,1}+D_{1,3},D_{0,2}+D_{2,3}\}$$
$$\vdots$$
$$S(n,2)=\min_{2\leqslant j\leqslant n}\{D_{0,j}+D_{j,n}\}$$

同时，记录最优划分的位置 $p(i,2)$，$2\leqslant i\leqslant n$。

③ 求最优三分割的方法。用类似的方法求出最优三分割、四分割、一直到 k 分割。

④ 分类个数(k)的确定。如果能从实际问题中事先确定 k 当然最好。如果不能，可以从 $S(n,k)$ 随 k 的变化趋势图中找到拐点处，作为确定 k 的依据。当曲线拐点很平缓时，可选择的 k 较多，这时需要用其他的方法来确定，如均方差法和特征根法。

用此方法得到的划分虽然在一定意义上是最优的划分，但是划分的状态不是均匀的，会导致状态转移变化不稳定，在实际应用时预测效果就可能不理想。然而，这样的划分是有着明显的统计意义的，而且是一个固定的划分流程，很大程度上避免了人为设置的随意性。

5.3 转移概率的计算和检验

通过对观测的数据序列进行状态划分，已经可以得到马氏链预测的状态空间 E。对于一个已知初始状态的马氏链模型，只要再知道它的状态转移矩阵，就可以对未来的状态进行预测。

5.3.1 马氏链转移概率的计算

设$\{x_1,x_2,\cdots,x_n\}$是马氏链的一个观测序列，它的状态空间为 $E=\{1,2,3,\cdots,K\}$，转移的步长可以是 k 步。用 n_{ij} 表示数据样本中从状态 i 经过 k 步转移到状态 j 的频数，则 n_{ij} 组成的矩阵为转移频数矩阵，即

$$\boldsymbol{N}=\begin{bmatrix} n_{11} & n_{12} & \cdots & n_{1K} \\ n_{21} & n_{22} & \cdots & n_{2K} \\ \vdots & \vdots & & \vdots \\ n_{K1} & n_{K2} & \cdots & n_{KK} \end{bmatrix}$$

将转移频数矩阵的第 i 行、第 j 列元素除以各行的总和，所得的值称为转移频率，记为 f_{ij}，即有 $f_{ij}=\dfrac{n_{ij}}{\sum\limits_{j=1}^{K}n_{ij}}$，$\forall i,j\in\{1,2,3,\cdots,K\}$。

由频率的稳定性可知，当 n 充分大时，转移频率近似等于转移概率，这样就可以用转移频率矩阵

$$\boldsymbol{F}=\begin{bmatrix} f_{11} & f_{12} & \cdots & f_{1K} \\ f_{21} & f_{22} & \cdots & f_{2K} \\ \vdots & \vdots & & \vdots \\ f_{K1} & f_{K2} & \cdots & f_{KK} \end{bmatrix}$$

来估算转移概率矩阵。

5.3.2 马氏性的检验

检验随机变量序列是否具有马氏性，是应用马氏链模型的前提。若状态空间内状态的转移不具有马氏性，用马氏链进行预测是没有任何意义的。马氏性可以通过检验连续的事件是否相互独立来判断。通常，离散序列的马尔可夫链可用统计量来检验。

设状态空间共有 K 个状态，用 n_{ij} 表示观测数据中经过一步从状态 i 转移到状态 j 的频数，$i,j\in E$，将转移频数矩阵的第 j 列之和除以各行各列的总和，所得的值称为“边际概率”，记为 $p_{\cdot j}$，即

$$p_{\cdot j}=\frac{\sum_{i=1}^{K}n_{ij}}{\sum_{i=1}^{K}\sum_{j=1}^{K}n_{ij}}$$

则当观测的数据足够多时，统计量 $\chi^2=2\sum_{i=1}^{K}\sum_{j=1}^{K}f_{ij}\left|\ln\frac{p_{ij}}{p_{\cdot j}}\right|$ 服从自由度为 $(K-1)^2$ 的 χ^2 分布，其中 f_{ij} 为转移概率。

给定显著性水平 α，查表可得分位点的值 $\chi_{\alpha}^2((K-1)^2)$，计算统计量 χ^2 的值。若 $\chi^2>\chi_{\alpha}^2((K-1)^2)$，则随机序列的零假设被拒绝，即可以认为该序列满足马氏性。

5.3.3 齐次性的检验

齐次性假设同样是应用马氏链进行预测的前提，它直接影响到预测结果的可信度和精确性，所以进行齐次性检验是有必要的。其检验的思想是将全部采样时段分成 T 个等间距互不相交的子时段，通过比较各子时段的转移概率矩阵在统计学的意义上是否一致来判断转移矩阵的齐次性。

具体检验步骤如下：

H_0：$\boldsymbol{P}_{ij|t}=\boldsymbol{P}_{ij}\ (t=1,2,3,\cdots,T)$；

H_1：存在 t^*，$\boldsymbol{P}_{ij|t^*}\neq\boldsymbol{P}_{ij}$。

$\boldsymbol{P}_{ij|t}$ 为 t 子时段的转移概率矩阵。该检验的皮尔逊 χ^2 统计量为

$$\chi^2=2\sum_{t=1}^{T}\sum_{i=1}^{K}\sum_{j=1}^{K}n_{ij|t}\ln\frac{p_{ij|t}}{p_{ij}}$$

式中：$n_{ij|t}$ 为 t 子时段中由状态 i 转移到 j 的频数。可以证明，当 H_0 成立时，χ^2 服从自由度为 $K(K-1)(T-1)$ 的 χ^2 分布。当 $\boldsymbol{P}_{ij|t}$ 接近于 P_{ij}，χ^2 较小时，倾向于 H_0；否则拒绝 H_0。

5.4 马氏链预测法模型

传统的马氏链预测法就是马氏链的基于绝对分布的预测方法。为了获得理想的预测结果，应用时必须要求马氏链满足齐次性，但是在实际问题中，尤其是对随机性较强的时间序列预测时，这一性质并不容易满足。所以为了使预测结果更精确，需要对马氏链加以改进，这就产生了叠加马氏链和加权马氏链的预测方法。

5.4.1 基于绝对分布的马氏链预测法

基于绝对分布的马氏链预测法，就是对于一组观测数据，使用马氏链模型，由初始分布推

算未来时段的绝对分布的预测方法。具体步骤如下：

① 对观测数据进行分类，确定马氏链的状态空间 E，并按已建立的分类标准，确定序列中各数据所属的状态。

② 计算出马氏链的转移概率矩阵 $\boldsymbol{P}=(p_{ij})_{i,j\in E}$，它决定了观测状态的一步转移过程。

③ 对马氏链进行马氏性和齐次性检验。若检验不能通过，则需要适当地调整分类方法，进行重新分类；否则，预测结果的精确性将无法保证。

④ 选择一个时间点（l 时刻）作为基期，以该时段的状态作为初始状态，则可以把初始分布表示为 $\boldsymbol{p}_0=[0,\cdots,0,1,0,\cdots,0]$。这里 $\boldsymbol{p}_0$ 是一个 $1\times K$ 的单位行向量，若它的第 i 个分量为 1，其余分量全为 0，则表示系统的初始状态处于第 i 个状态。那么下一个时段系统的绝对分布为

$$\boldsymbol{p}_1=\boldsymbol{p}_0\boldsymbol{P}=[0\quad\cdots\quad 0\quad 1\quad 0\quad\cdots\quad 0],\quad \boldsymbol{P}=[p_1(1)\quad p_1(1)\quad\cdots\quad p_1(K)]$$

可以选择预测状态 j 满足：

$$p_1(j)=\max\{p_1(i),i\in E\}$$

还可以预测第 $l+k$ 时段的状态：

$$\boldsymbol{p}_k=\boldsymbol{p}_0\boldsymbol{P}^k=[p_k(1)\quad p_k(2)\quad\cdots\quad p_k(k)]$$

得到所预测的状态 j 满足：

$$j=\underset{i\in E}{\operatorname{argmax}}\{p_k(i)\}$$

即

$$p_k(j)=\max\{p_k(i),i\in E\}$$

⑤ 还可以进一步对该马氏链的平稳性、遍历性等进行更深入的分析。

5.4.2 叠加马氏链预测法

上述的预测方法只用到了初始状态 $\boldsymbol{p}_0$ 和 k 步转移矩阵 $\boldsymbol{p}^{(k)}$。为了更充分地利用样本中所包含的信息，可以使用不同步长的马氏链求得不同的绝对分布，然后再叠加起来进行预测。这种分析预测的方法就是叠加马氏链预测法。

已知样本序列 $x_1,x_2,\cdots,x_n$，通过 k 个基于绝对分布的预测结果相叠加来预测 $n+1$ 时刻的系统状态。先以 $n,n-1,\cdots,n-k+1$ 时刻的状态作为初始态，分别记为 $\boldsymbol{p}_{k-1},\boldsymbol{p}_{k-2},\cdots,\boldsymbol{p}_0$，再取 $1,2,3,\cdots,k$ 作为步长的状态转移概率矩阵 $\boldsymbol{p}^{(1)},\boldsymbol{p}^{(2)},\cdots,\boldsymbol{p}^{(k)}$，分别计算出 $n+1$ 时刻预测值的分布，把它们叠加，最后选取最大值所对应的状态作为最终的预测结果。

使用这种方法首先要统计出不同步长的转移概率矩阵 $\boldsymbol{p}^{(1)},\boldsymbol{p}^{(2)},\cdots,\boldsymbol{p}^{(k)}$，从而根据 C-K 方程式得到 s 步长预测的各个状态的绝对分布为

$$\boldsymbol{p}_k^{(s)}=\boldsymbol{p}_{k-s}\boldsymbol{P}^{(s)}=[p_k^{(s)}(1)\quad p_k^{(s)}(2)\quad\cdots\quad p_k^{(s)}(k)]\quad(s=1,2,3,\cdots,k)$$

叠加后的各状态总的概率分布为

$$\boldsymbol{p}_k=[p_k(1)\quad p_k(2)\quad\cdots\quad p_k(k)]=\left[\sum_{s=1}^{k}p_k^{(s)}(1)\quad\sum_{s=1}^{k}p_k^{(s)}(2)\quad\cdots\quad\sum_{s=1}^{k}p_k^{(s)}(K)\right]$$

其中 i 状态发生的概率值就是 i 状态的各步预测概率之和。最后选择预测的状态满足 $j=\arg\max\limits_{i\in E}\{p_k(i)\}$，即 $p_k(j)=\max\{p_k(i),i\in E\}$。

按上述步骤，若 $n+1$ 时刻的预测状态确定后，可将其加入到原序列之中，再重复以上步骤，可进行 $n+2$ 时刻状态的预测，以此类推可以预测出 $n+h$ 时刻的状态。

5.4.3 加权马氏链预测法

加权马氏链预测法是对叠加马氏链预测法的改进。在叠加马氏链预测法的基础上，对不同步长的预测值赋予一个权重，再进行加权求和。一般确定权重的方法是对观测数据进行自相关分析。对于预测序列，序列的 n 阶自相关系数越大，则说明 n 步的转移概率矩阵所描述的系统的状态变化就越稳定可靠，相应地，可以赋予较大的权重。

已知样本序列 $x_1, x_2, \cdots, x_n$，预测 $n+1$ 时刻的状态，可分别利用 $n, n-1, \cdots, n-k+1$ 时刻的状态作为初始态，计算出 $1,2,3,\cdots,k$ 步长的马氏链预测值，再把所得的预测值加权求和，找出最大值所对应的状态，即为所求的 $n+1$ 时刻的状态。

各步长马氏链预测值的权重可以通过计算自相关系数求得。各步长样本的自相关系数 ρ_s 可由以下公式求得

$$\rho_s = \frac{\sum_{l=1}^{n-s}(x_l - \bar{x})(x_{l+s} - \bar{x})}{\sum_{l=1}^{n}(x_l - \bar{x})^2}$$

式中：ρ_s 表示 s 阶的自相关系数，$s=1,2,3,\cdots,k$；x_l 表示 l 时刻的观测值；$\bar{x}$ 表示样本序列的均值，赋权前还需要对各阶自相关系数做规范化处理，即

$$w_s = \frac{|\rho_s|}{\sum_{s=1}^{k}|\rho_s|}$$

这样就可以用 w_s 作为 s 步转移矩阵预测结果的权重系数，再将同一状态的各预测概率加权和作为最终的预测概率，即

$$\boldsymbol{p}_k = [p_k(1) \quad p_k(2) \quad \cdots \quad p_k(k)] = \left[\sum_{s=1}^{k} w_s p_k^{(s)}(1) \quad \sum_{s=1}^{k} w_s p_k^{(s)}(2) \quad \cdots \quad \sum_{s=1}^{k} w_s p_k^{(s)}(K)\right]$$

$p_k(j) = \max\{p_k(i), i \in E\}$所对应的 j 即为该时刻指标值的预测状态。

5.4.4 吸收态马氏链预测法

1. 吸收态马氏链的概念

对于马氏链的状态 i，若 $p_{ii}=1$，即到达 i 后，永久停留在 i，则可称状态 i 为吸收态（封闭态）；否则为非吸收态（暂态）。若一个马氏链至少有一个吸收态，且任何一个非吸收态到达吸收态是可能的，则称此马氏链为吸收态马氏链。

一个有 $n-m(n>m)$ 个吸收态和 m 个非吸收态的吸收态马氏链，经过适当排列，其一步转移概率矩阵 $\boldsymbol{P}$ 总可以表示为如下分块矩阵的形式：

$$\boldsymbol{P} = \left[\begin{array}{ccc|ccc} p_{11} & \cdots & p_{1m} & p_{1(m+1)} & \cdots & p_{1n} \\ \vdots & & \vdots & \vdots & & \vdots \\ p_{m1} & \cdots & p_{mm} & p_{m(m+1)} & \cdots & p_{mm} \\ \hline 0 & \cdots & 0 & 1 & \cdots & 0 \\ \vdots & & \vdots & \vdots & & \vdots \\ 0 & \cdots & 0 & 0 & \cdots & 1 \end{array}\right] = \begin{bmatrix} \boldsymbol{Q} & \boldsymbol{R} \\ \boldsymbol{O} & \boldsymbol{I} \end{bmatrix}$$

式中：$\boldsymbol{Q}_{m\times n}$ 是暂态到暂态的 $m\times n$ 状态转移概率矩阵；$\boldsymbol{R}_{m\times(n-m)}$ 是暂态到封闭态的 $m\times(n-m)$状态转移概率矩阵；$\boldsymbol{I}_{(n-m)\times(n-m)}$是封闭阵到封闭阵的$(n-m)\times(n-m)$状态转移

概率矩阵。由于封闭态常处于吸收态，因此为单位阵。

2. 吸收态马氏链的求解

(1) 由暂态 i 最终进入吸收态 j 的概率

因为 $\boldsymbol{P}=\begin{bmatrix}\boldsymbol{Q} & \boldsymbol{R}\\ \boldsymbol{O} & \boldsymbol{I}\end{bmatrix}$，且 $\boldsymbol{P}^{(k)}=\boldsymbol{P}^k$，所以

$$\boldsymbol{P}^{(n)}=\boldsymbol{P}^n=\begin{bmatrix}\boldsymbol{Q} & \boldsymbol{R}\\ \boldsymbol{O} & \boldsymbol{I}\end{bmatrix}^n=\begin{bmatrix}\boldsymbol{Q}^n & \boldsymbol{R}^n\\ \boldsymbol{O} & \boldsymbol{I}\end{bmatrix}$$

式中

$$\boldsymbol{R}^n=\boldsymbol{Q}^{n-1}\boldsymbol{R}+\boldsymbol{Q}^{n-2}\boldsymbol{R}+\cdots+\boldsymbol{QR}+\boldsymbol{R}=(\boldsymbol{I}-\boldsymbol{Q})^{-1}(\boldsymbol{I}^n-\boldsymbol{Q}^n)\boldsymbol{R}$$

由于暂态最终都是要进入吸收态的，所以有 $\lim\limits_{n\to\infty}\boldsymbol{Q}^n=\boldsymbol{O}$，因此

$$\lim_{n\to\infty}\boldsymbol{P}^n=\begin{bmatrix}\boldsymbol{O} & (\boldsymbol{I}-\boldsymbol{Q})^{-1}\boldsymbol{R}\\ \boldsymbol{O} & \boldsymbol{I}\end{bmatrix}$$

令 $\boldsymbol{B}=(\boldsymbol{I}-\boldsymbol{Q})^{-1}\boldsymbol{R}$，其元素 b_{ij} 表示从暂态 i 出发到吸收态 j(实际上对应的是 $m+j$ 状态)的概率。

(2) 最终进入某一吸收态之前，处于某一暂态的时间

设 $q_{ij}^{(k)}$ 表示在被吸收态吸收之前，从暂态 i 经过 k 步到暂态 j 的概率；$\boldsymbol{Q}^{(k)}$ 表示暂态间经过 k 步的状态转移概率矩阵，则

$$\boldsymbol{Q}^{(k)}=(q_{ij}^{(k)})=\boldsymbol{Q}^k\quad(k=0,1,2,\cdots)$$

设 m_{ij} 表示暂态 i 在被吸收之前转移到暂态 j 的平均转移次数，$\boldsymbol{M}$ 为暂态间的平均转移次数矩阵，则

$$\boldsymbol{M}=(m_{ij})=\left\{\sum_{k=0}^{\infty}[(1-q_{ij}^{(k)})\times 0+q_{ij}^{(k)}\times 1]\right\}=\left(\sum_{k=0}^{\infty}q_{ij}^{(k)}\right)=\sum_{k=0}^{\infty}\boldsymbol{Q}^{(k)}=(I-\boldsymbol{Q})^{-1}$$

$\boldsymbol{M}=(\boldsymbol{I}-\boldsymbol{Q})^{-1}$ 称为吸收马氏链的基本矩阵。

(3) 由暂态到吸收态一共需要转移多少步(即经过时间的平均值)

根据矩阵 $\boldsymbol{M}$ 的含义，其元素 m_{ij} 表示由暂态出发至被吸收，停留在暂态的平均时间，从而由暂态 i 到吸收态所需平均转移步数应等于所经任一暂态停留的步数之和，即 $\boldsymbol{M}$ 中第 i 行元素之和，表达式为

$$\boldsymbol{T}=\left(\sum_{j=1}^{m}m_{ij}\right)_{m\times 1}=(\boldsymbol{T}(i))_{m\times 1}$$

式中：$\boldsymbol{T}(i)$表示暂态 i 最终转移到吸收态所需要的平均时间。

5.5 马氏链预测法的 MATLAB 实战

例 5.1 如果在原点右边距离原点一个单位及距原点 $s(s>1)$个单位处各放置一个弹性壁。一个质点在数轴右半部从距原点两个单位处开始随机徘徊。每次分别以概率 $p(0<p<1)$和 $q(q=1-p)$向右和向左移动一个单位；若在+1 处，则以概率 p 反射到 2，以概率 q 停在原处；若在 s 处，则以概率 q 反射到 $s-1$，以概率 p 停在原处。设 ξ_n 表示徘徊 n 步后的质点位置。$\{\xi_n, n=1,2,3,\cdots\}$是一个马氏链，其状态空间 $E=\{1,2,3,\cdots\}$，写出转移概率矩阵 $\boldsymbol{P}$。

解：

$$P\{\xi_0=i\}=\begin{cases}1 & i=2\\ 0 & i\neq 2\end{cases}$$

$$P_{1j}=\begin{cases}p & j=1\\ q & j=2\\ 0 & \text{其他}\end{cases}$$

$$P_{sj}=\begin{cases}p & j=s\\ q & j=s-1\\ 0 & \text{其他}\end{cases}$$

$$P_{ij}=\begin{cases}p & j-i=1\\ q & j-i=-1\\ 0 & \text{其他}\end{cases}\quad (i=2,3,\cdots,s-1)$$

因此 $\boldsymbol{P}$ 为一个 s 阶方阵：

$$\boldsymbol{P}=\begin{bmatrix}q & p & 0 & \cdots & 0 & 0\\ q & 0 & p & \cdots & 0 & 0\\ 0 & q & 0 & \cdots & 0 & 0\\ \vdots & \vdots & \vdots & & \vdots & \vdots\\ 0 & 0 & 0 & q & 0 & p\\ 0 & 0 & 0 & 0 & q & p\end{bmatrix}$$

例 5.2　设昨日、今日都下雨，明日有雨的概率为 0.7；昨日无雨，今日有雨，明日有雨的概率为 0.5；昨日有雨，今日无雨，明日有雨的概率为 0.4；昨日、今日均无雨，明日有雨的概率为 0.2。若星期一、星期二均下雨，求星期四下雨的概率。

解：设 RR 表示连续两天有雨，记为状态 1；NR 表示第 1 天无雨第 2 天有雨，记为状态 2；RN 表示第 1 天有雨第 2 天无雨，记为状态 3；NN 表示连续两天均无雨，记为状态 3。

根据题意有

$$p_{00}=P\{R_{今}R_{明}\mid R_{昨}R_{今}\}=P\{R_{明}\mid R_{昨}R_{今}\}=0.7$$
$$p_{01}=P\{N_{今}R_{明}\mid R_{昨}R_{今}\}=0$$
$$p_{02}=P\{R_{今}R_{明}\mid R_{昨}R_{今}\}=P\{N_{明}\mid R_{昨}R_{今}\}=0.3$$
$$p_{03}=P\{N_{今}N_{明}\mid R_{昨}R_{今}\}=0$$

类似地，可以得到其他转移概率，于是转移概率矩阵为

$$\boldsymbol{p}=\begin{bmatrix}p_{00} & p_{01} & p_{02} & p_{03}\\ p_{10} & p_{11} & p_{12} & p_{13}\\ p_{20} & p_{21} & p_{22} & p_{23}\\ p_{30} & p_{31} & p_{32} & p_{33}\end{bmatrix}=\begin{bmatrix}0.7 & 0 & 0.3 & 0\\ 0.5 & 0 & 0.5 & 0\\ 0 & 0.4 & 0 & 0.6\\ 0 & 0.2 & 0 & 0.6\end{bmatrix}$$

二步转移矩阵为

$$\boldsymbol{p}^{(2)}=\boldsymbol{p}^2=\begin{bmatrix}0.49 & 0.12 & 0.21 & 0.18\\ 0.35 & 0.20 & 0.15 & 0\\ 0.20 & 0.12 & 0.20 & 0.36\\ 0.10 & 0.16 & 0.10 & 0.64\end{bmatrix}$$

星期四下雨的情形如下所示：

一	二	三	四
R	R	R	R
0		0	
R	R	N	R
0		1	

星期四下雨的概率为

$$p = p_{00}^{(2)} + p_{01}^{(2)} = 0.49 + 0.12 = 0.61$$

例 5.3 为了进一步扩大市场，销售某类产品的 3 家公司（甲、乙、丙）联合做了一个市场调查，随机访问了 4 000 人，得知购买这 3 家公司产品的人数分别为 1 600、1 200 和 1 200。同时，通过调查还得知欲转移购买的频率矩阵为

$$\boldsymbol{N} = \begin{bmatrix} 640 & 480 & 480 \\ 720 & 360 & 120 \\ 720 & 120 & 360 \end{bmatrix}$$

矩阵中的行分别代表产品种类（如第一行为甲产品），其中的数字分别为购买不同产品的人数，如第一行表示原先购买甲产品的现在仍然坚持的有 640，转而购买乙产品的有 480，转而购买丙产品的有 480 人，以此类推。

（1）试对这 3 家公司今年市场占有率进行预测；

（2）试求市场处于稳定状态时，各家公司的市场占有率。

解：（1）各产品现有市场占有率就是顾客购买各产品的概率，由题意非常容易求得

$$\boldsymbol{S}_M = \begin{bmatrix} \frac{1\,600}{4\,000} & \frac{1\,200}{4\,000} & \frac{1\,200}{4\,000} \end{bmatrix} = \begin{bmatrix} 0.40 & 0.30 & 0.30 \end{bmatrix}$$

同时还可以求得一步转移概率矩阵：

$$\boldsymbol{P} = \begin{bmatrix} \frac{640}{1\,600} & \frac{480}{1\,600} & \frac{480}{1\,600} \\ \frac{720}{1\,200} & \frac{360}{1\,200} & \frac{120}{1\,200} \\ \frac{720}{1\,200} & \frac{120}{1\,200} & \frac{360}{1\,200} \end{bmatrix} = \begin{bmatrix} 0.40 & 0.30 & 0.30 \\ 0.60 & 0.30 & 0.10 \\ 0.60 & 0.10 & 0.30 \end{bmatrix}$$

（2）市场处于稳定状态时的市场占有率就是一步转移矩阵的极限概率。它是通过判断某时点的市场占有率与一步转移概率矩阵的乘积是否达到稳定而得到的。当结果稳定时即为极限概率，也就是市场稳定时的市场占有率。

```
>> y = limit_p(p)          % 极限概率，或者各产品的市场占有率
   y = 0.5000   0.2500   0.2500
```

例 5.4 某商品每月的市场状态有畅销和滞销两种，三年里的历史记录如表 5.1 所列，其中“畅”表示畅销，“滞”表示滞销。

（1）试求市场转移的一步转移概率矩阵及二步转移概率矩阵。

（2）若从原先畅销继续保持畅销的利润为 50 万元，从畅销到滞销的利润为 30 万元，从滞销到畅销的利润为 15 万元，原先滞销继续处于滞销亏损 10 万元，那么预测未来三个月的期望利润。

表 5.1 产品畅销、滞销情况

月 份	1	2	3	4	5	6	7	8	9	10	11	12
市场状态	畅	畅	畅	滞	滞	畅	畅	畅	畅	畅	滞	滞
月 份	13	14	15	16	17	18	19	20	21	22	23	24
市场状态	畅	滞	畅	畅	畅	畅	滞	滞	滞	畅	滞	畅
月 份	25	26	27	28	29	30	31	32	33	34	35	36
市场状态	滞	畅	畅	畅	滞	滞	畅	畅	滞	畅	滞	畅

解：(1)销售状态的转移概率可通过统计由"畅销→畅销、畅销→滞销、滞销→畅销、滞销→滞销"这几种状态的次数而求得，据此编写函数 shift_p 进行计算：

```
>> x=[1 1 1 0 0 1 1 1 1 1 0 0 1 0 1 1 1 1 0 0 0 1 0 1 0 1 1 1 0 0 1 1 0 1 0 1];   %畅销 1,滞销 0
>> p=shift_p(x);
```

可得到一步转移概率矩阵为

$$P=\begin{matrix} \\ 滞销 \\ 畅销 \end{matrix}\begin{bmatrix} 滞销 & 畅销 \\ 0.357\,1 & 0.642\,9 \\ 0.428\,6 & 0.571\,4 \end{bmatrix}$$

根据题意可得收益矩阵：

$$R=\begin{matrix} \\ 滞销 \\ 畅销 \end{matrix}\begin{bmatrix} 滞销 & 畅销 \\ -10 & 15 \\ 30 & 50 \end{bmatrix}$$

二步转移概率矩阵为

$$P^{(2)}=\begin{matrix} \\ 滞销 \\ 畅销 \end{matrix}\begin{bmatrix} 滞销 & 畅销 \\ 0.403\,1 & 0.596\,9 \\ 0.398\,0 & 0.602\,0 \end{bmatrix}$$

(2) 未来三个月的期望利润。

第 37 个月的期望利润：

```
>>y= profit(p,r)
y =  6.0714    41.4286   %处于滞销时期望收益为 6.071 4 万元,畅销时为 41.428 6 万元
第 38 个月的期望利润:
>> p1=p^2;                    %二步转移概率矩阵
>> r=[-10 15;30 50];          %收益矩阵
>> I=[6.0714 39.5455];        %第 37 个月的期望利润
>> y1=yield(r,I);             %二步收益矩阵
>> profit(p1,y1)              %第 38 个月的期望利润
ans =32.1010    69.3987
```

同上步骤，可得到第 39 个月的期望利润分别为 52.493 2 万元和 96.471 2 万元。

例 5.5 某地在甲、乙、丙三个地区各有一个自行车免费租赁点，用户用完自行车后可以在上述任何一个租赁点归还。现在已知初期在这三处租赁点归还自行车的概率向量为 $\boldsymbol{T}=[0.5\ \ 0.3\ \ 0.2]$，经过统计调查分析得知一步转移概率矩阵为

$$P = \begin{bmatrix} 0.2 & 0.8 & 0 \\ 0.4 & 0.2 & 0.4 \\ 0.1 & 0.5 & 0.4 \end{bmatrix}$$

自行车用过一段时间后需要维修,请问在哪个租赁点设立维修部最好?

解:本题实际上是求一步转移概率的极限概率。首先需要判断一步转移概率矩阵是否是正规概率矩阵。

```
>> p=[0.2 0.8 0;0.4 0.2 0.4;0.1 0.5 0.4];
>> p^2
ans =0.3600     0.3200     0.3200         % P^2 中的各元素均大于零,所以 P 是正规概率矩阵
      0.2000     0.5600     0.2400
      0.2600     0.3800     0.3600
>> limit_p(p)
  ans =0.2593   0.4444   0.2963
```

从结果可以看出,因为归还到乙租赁点的概率最高,所以在此设立维修部较好。

例 5.6 表 5.2 是某地区 1951—1994 年降雨量的数据资料,请根据此资料对 1995 年某地区的旱涝状态进行预测。

表 5.2 某地区 1951—1994 年降雨量的数据

年 份	降水量/mm	状 态	年 份	降水量/mm	状 态	年 份	降水量/mm	状 态
1951	494.5	2	1966	442.5	1	1981	473.4	2
1952	440.3	1	1967	768.3	4	1982	629.4	3
1953	565.2	3	1968	403.0	1	1983	990.6	5
1954	866.5	5	1969	675.7	3	1984	864.4	5
1955	659.3	3	1970	602.1	3	1985	727.0	4
1956	775.6	4	1971	617.8	3	1986	392.7	1
1957	757.7	4	1972	640.6	3	1987	586.6	3
1958	865.0	5	1973	819.6	5	1988	400.6	1
1959	452.6	1	1974	808.2	4	1989	533.5	2
1960	416.6	1	1975	565.9	3	1990	800.6	4
1961	628.7	3	1976	607.7	3	1991	466.3	2
1962	658.0	3	1977	609.1	3	1992	679.1	3
1963	762.8	4	1978	579.1	3	1993	577.8	3
1964	1 041.3	5	1979	617.7	3	1994	718.7	4
1965	419.1	1	1980	645.4	3			

解:利用加权马氏链预测法进行预测,具体的预测步骤如下:

① 确定马氏链的状态空间。利用样本均值-方差分级法将降雨量划分为五个状态,作为年旱涝状态的标准,即涝、偏涝、正常、偏旱和旱五个状态,从而确定年降雨量的分级标准(相当于马氏链的空间状态)。通过计算可以得到如图 5.1 所示的状态划分图。

② 根据所得到的状态划分图,就可以计算出马氏链的转移矩阵:

$$
\boldsymbol{P}=\begin{bmatrix}
0.250\,0 & 0.125\,0 & 0.500\,0 & 0.125\,0 & 0 \\
0.250\,0 & 0 & 0.500\,0 & 0.250\,0 & 0 \\
0.055\,6 & 0.055\,6 & 0.555\,6 & 0.166\,7 & 0.166\,7 \\
0.285\,7 & 0.142\,9 & 0.142\,9 & 0.142\,9 & 0.285\,7 \\
0.333\,3 & 0 & 0.166\,7 & 0.333\,3 & 0.166\,7
\end{bmatrix}
$$

③ 马氏性检验。可以求得其统计量 $\chi^2=32.256\,4$，大于显著性水平 0.05 下 χ^2 分布的分位点 26.296，所以满足马氏性。

④ 计算权重。计算得各阶自相关系数分别为 0.100 0、−0.140 0、−0.150 3、−0.309 3、−0.157 9，则各步长马氏链的权重为 0.116 6、0.163 2、0.175 3、0.360 7、0.184 2。

⑤ 进行预测。依据 1994 年、1993 年、1992 年、1991 年、1990 年的年降雨量及其相应的状态转移概率矩阵，对 1995 年的年降雨量状态进行预测。

⑥ 遍历性、平稳性分析。根据以上过程，编写函数 time_p 进行计算。

```
>> [y1,idex,p3] = time_p(x)
y1 = 557.1857   717.6598
idex = 3
p3 = [0.1893   0.0727   0.4084   0.1846   0.1450]
```

由上可知，1995 年该地区降雨量的状态是 3，降雨量在 557.2～717.7 mm 之间，其极限概率为 p3，即稳定时每个状态出现的概率。

该马氏链是一个有限状态非周期不可约马氏链。

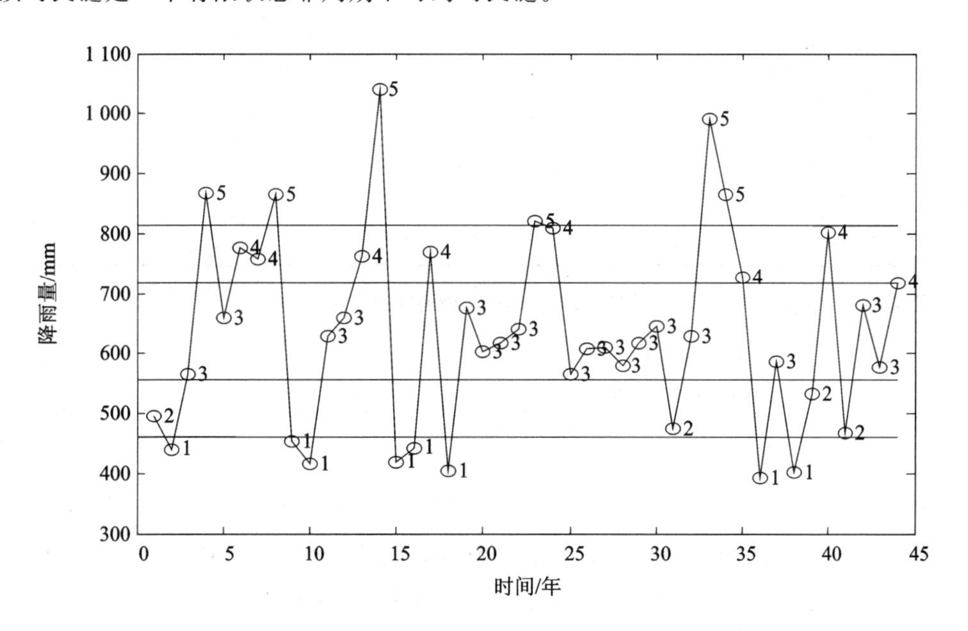

图 5.1　状态划分图

例 5.7　表 5.3 为 2002—2006 年某省各城市人均 GDP 值，请用马氏链方法预测该省 2007 年的发展情况。

解：首先将表 5.3 中的数据离散化。按一般国际惯列，可以按以下 GDP 值(美元)将发展情况分为:发达(A4)>3 000 美元、富裕(A3)1 500～3 000 美元、小康(A2)800～1 500 美元、温饱(A1)300～800 美元。

据此,可以将表 5.3 分类(汇率按 8.1 计算),可得到表 5.4 所列的情况,表中数字为处于该状态的城市数。

表 5.3　2002—2006 年某省各城市人均 GDP 值

元

年　份	2002	2003	2004	2005	2006
城市 1	21 962	25 252	29 058	39 792	44 389
城市 2	23 570	28 024	33 544	37 457	33 734
城市 3	11 882	13 868	15 456	17 700	20 268
城市 4	8 175	8 987	9 784	11 522	13 871
城市 5	23 412	28 825	29 536	51 811	58 051
城市 6	10 230	11 703	15 007	17 577	16 074
城市 7	19 022	22 432	29 834	39 085	49 993
城市 8	13 031	15 488	19 917	20 645	22 478
城市 9	10 424	11 685	13 819	16 954	19 577
城市 10	12 492	15 713	17 353	17 464	19 477
城市 11	3 711	4 052	4 229	5 820	6 813
城市 12	4 730	4 125	4 900	6 858	7 784
城市 13	7 450	8 238	8 949	10 081	9 852
城市 14	2 350	2 544	3 039	3 878	4 490
城市 15	4 973	5 322	6 314	5 756	7 282
城市 16	5 415	6 106	7 290	8 678	10 357
城市 17	7 153	7 977	8 989	9 360	10 644

根据表 5.4 中的结果,可以计算出一步转移概率矩阵。

```
≫load x1; [p,p2] = shift_p(x1)
p =[ 0.7647      0.2353      0           0
     0           0.8000      0.2000      0
     0           0           0.8000      0.2000
     0           0           0           1.0000]
```

根据表 5.4 中数据,可知 2006 年人均 GDP 的状态数为 (1,6,6,4),则 2007 年的状态为

$$[1\quad 6\quad 6\quad 4]*\boldsymbol{p}=[0.7647\quad 5.0353\quad 6.0000\quad 5.200]$$

即 1 个城市处于 A1 状态,5 个城市处于 A2 状态,6 个城市处于 A3 状态,5 个城市处于 A4 状态,可以认为与实际状态(1,5,6,5)相符。

如果求极限概率,可知最终的状态为(0,0,0,1),即各城市都可以达到富裕状态。

表 5.4 分类后

类型＼年份	2002	2003	2004	2005	2006
A1	5	5	4	3	1
A2	6	5	4	5	6
A3	6	4	5	5	6
A4	0	3	4	4	4

例 5.8 为研究高速公路收费标准调整对交通流量的影响，选取某一时间段内某一地区高速公路、国道、其他道路的交通情况，得到数据如表 5.5 所列。

表 5.5 交通流量相关情况

辆

月份	高速			国道			其他		
	流量	交通量转移情况		流量	交通量转移情况		流量	交通量转移情况	
		向国道	向其他		向高速	向其他		向高速	向国道
5月	10 713	1 757	1 221	14 314	1 446	672	5 493	445	670
6月	12 866	2 097	1 505	17 277	1 762	864	6 617	503	807

解：根据表 5.5 中数据可以求出状态概率和转移概率。

设高速、国道、其他分别为状态 1、2、3，则 5 月时状态概率为

$$\boldsymbol{P}^{(5月)}=\left[\frac{10\,713}{10\,713+14\,314+5\,493}\quad\frac{14\,314}{10\,713+14\,314+5\,493}\quad\frac{5\,493}{10\,713+14\,314+5\,493}\right]$$
$$=[0.351\ 0.467\ 0.180]$$

转移概率为

$$\boldsymbol{P}^{5月}=\begin{bmatrix}\frac{10\,713-1\,757-1\,221}{10\,713} & \frac{1\,757}{10\,713} & \frac{1\,221}{10\,713}\\ \frac{1\,446}{14\,314} & \frac{14\,314-1\,446-672}{14\,314} & \frac{672}{14\,314}\\ \frac{445}{5\,493} & \frac{670}{5\,493} & \frac{5\,493-445-670}{5\,493}\end{bmatrix}$$
$$=\begin{bmatrix}0.722 & 0.164 & 0.114\\ 0.101 & 0.852 & 0.047\\ 0.081 & 0.122 & 0.797\end{bmatrix}$$

用类似的方法可以求得 6 月的状态概率矩阵：

$$\boldsymbol{P}^{(6月)}=[0.350\quad 0.470\quad 0.180]$$

转移概率矩阵：

$$\boldsymbol{P}^{6月}=\begin{bmatrix}0.720 & 0.163 & 0.117\\ 0.102 & 0.848 & 0.050\\ 0.076 & 0.122 & 0.802\end{bmatrix}$$

5月与6月的转移概率近似相等，因而系统可以近似视为一个齐次马氏链，取初始状态为 $\boldsymbol{p}(0)=[0.35\quad 0.47\quad 0.18]$，则转移概率矩阵为

$$\boldsymbol{P}=\begin{bmatrix}0.72 & 0.16 & 0.12\\0.10 & 0.85 & 0.05\\0.08 & 0.12 & 0.80\end{bmatrix}$$

可以算出以后几个月的状态概率：

```
>> [0.35  0.47  0.18]*[0.72  0.16  0.12;0.10  0.85  0.05;0.08  0.12  0.80]
                                                              %1个月后的状态
ans =0.3134    0.4771    0.2095
>> [0.35  0.47  0.18]*[0.72  0.16  0.12;0.10  0.85  0.05;0.08  0.12  0.80]^2
                                                              %2个月后的状态
ans = 0.2901    0.4808    0.2291
>> [0.35  0.47  0.18]*[0.72  0.16  0.12;0.10  0.85  0.05;0.08  0.12  0.80]^3
                                                              %3个月后的状态
ans =0.2753    0.4826    0.2421
```

以此类推，可以求出任何几个月后的状态。可以看出，在交通量分配中高速公路的比例是逐步降低，而国道的比例略有上升，交通量大多转移到了其他路线或运输方式上。当时间范围充分大时，转移概率将趋于稳定，可以求出其极限概率为[0.249　0.481　0.270]。

所以从结果可以看出，高速公路收费率越高，司机选择高速公路的机会就会越低。

例 5.9　小李和小王是好朋友，分别住在不同的城市，每天都通过电话了解对方当天做了什么。小李只对三种活动感兴趣：散步、购物和打扫卫生。他选择做什么事只凭当天天气。小王对于小李居住的城市的天气情况并不了解，但是知道总的趋势。在小李告诉小王每天所做的事的基础上，小王想要猜测小李所在地的天气情况。

设小李所在地的天气为晴和阴两种状态，其转换概率矩阵为[0.7　0.3;0.4　0.6]，初始状态概率为"晴:阴=0.6:0.4"，小李活动的概率矩阵为[0.5　0.4　0.1;0.1　0.3　0.6]。小李和小王连续通了三天电话，得知小李这三天的活动为：购物、散步和打扫，请问这三天小李所在地的天气情况。

解：这是一个隐马氏链(Hidden Markov Model，HMM)，即小王不能直接知道小李所在地的天气情况，而只能通过小李的当天活动猜得。很明显，观察序列为小李的活动状态，状态序列则为小李所在地相对应的天气情况。

在 MATLAB 的统计工具箱中有专门的有关 HMM 的函数，利用这些函数可以解决一般的 HMM 模型。

① 产生序列：

```
[seq, states] = hmmgenerate(n, trans, emis);     %n为序列长度
```

产生观察序列 seq 及状态序列 states。

② 计算状态序列：

```
likelystates = hmmviterbi(seq, trans, emis);
```

产生与 seq 相对应的状态序列。可以与实际得到的序列相比较，计算正确率。

③ 对转移矩阵及混淆矩阵作进一步改进(评估问题)：

```
[trans_est, emis_est] = hmmestimate(seq, states);
```

对产生 seq、states 的转移矩阵和发射矩阵作进一步改进。

从转移矩阵和混淆矩阵可以得到两个骰子各点出现的概率。

④ 对初始转移矩阵和发射矩阵进行学习改进(学习问题)：

```
[trans_est1, emis_est1] = hmmtrain(seq, trans_guess, emis_guess);
```

⑤ 已知 HMM 模型及一个观察序列,求状态序列(解码问题)：

```
pstates = hmmdecode(seq, trans, emis)
>> trans = [0.7  0.30;0.4  0.60];emis = [0.1  0.4  0.5;0.1  0.3  0.6];  % 转移矩阵和发射矩阵
>> [seq, states] = hmmgenerate(1000,trans,emis);                   % 观察序列和状态序列
```

应注意,这不是实际的观察序列和状态序列。

```
>> likelystates = hmmviterbi(seq, trans, emis);        % 计算状态序列和相应的正确率
>> sum(states = = likelystates)/1000
>> pstates = hmmdecode(seq, trans, emis);              % 状态序列的概率
```

如果你不知道初始的转移矩阵和发射矩阵,可以随机设定一个矩阵,然后再进行学习改进：

```
>> trans_guess = [0.5  0.5;0.5  0.5];emis_guess = [0.3  0.4  0.3;0.6  0.2  0.2];
>>[trans_est1, emis_est1] = hmmtrain(seq, trans_guess, emis_guess,'tolerance',1e - 02);
```

对本例而言,有

```
>> likelystates = hmmviterbi([2  1  3], trans, emis)
likelystates  = 1  1  1                          % 均为晴天
>> pstates = hmmdecode([2  1  3], trans, emis) % 天气状态的概率
pstates  = 0.7537     0.6141     0.5433
           0.2463     0.3859     0.4567
```

可以看出,第三天是晴天的概率和阴天的概率相差并不大。实际的情况是第三天为阴天,说明转移矩阵和发射矩阵需要改进。

第 6 章 灰色预测

灰色系统理论是我国学者邓聚龙于 1982 年首先提出的一种处理不完全信息的理论方法。

由于人们所处的环境不同，拥有的知识水平不同，对客观世界中许多自然现象的了解程度是不一样的。按照人们对研究具体系统的了解程度，系统一般分为“白箱系统”、“黑箱系统”和“灰箱系统”。“白箱系统”是指该系统的内部结构已被充分了解，很多情况下已经建立了该系统的数学模型；“黑箱系统”则是指那些系统内部结构一点都不被了解，只能获取该系统的激励与响应信息，有的甚至这些信息都很难获取；“灰箱系统”则是介于“白箱系统”与“黑箱系统”之间，既知道系统的一些简单信息，但是又并不完全了解该系统，只能根据统计推断或某种逻辑思维来研究该系统，研究的方法即为灰色系统方法。

由于灰色系统模型对数据及其分布没有什么特殊的要求和限制，即使只有较少的历史数据、任意的随机分布，也能得到较好的预测精度，因而灰色系统理论受到国内外学者的广泛关注，不论在理论研究，还是在应用研究上，都取得了很大的进展。

灰色预测通过鉴别系统因素之间发展趋势的相异程度，进行关联分析，并对观测到的反映预测对象特征的一系列数值进行灰色生成处理，然后建立相应的微分方程模型，来预测事物未来发展的趋势。

6.1 灰色系统的基础知识

由于自然现象的复杂性，人们不可能对所有的自然系统都有充分的了解，必定存在许多灰色系统甚至黑色系统。很明显，对于灰色系统的描述，是有别于白色系统的。

6.1.1 灰 数

灰色系统理论中的一个重要概念是灰数。灰数是灰色系统理论的基本单元。人们把只知道大概范围而不知道其确切值的数称为灰数。在应用中，灰数实际上是指在某个区间或某个一般的数集内取值的不确定数。灰数是区间数的一种推广，通常用“$\otimes$”表示。

灰数有以下几类：

① 仅有下界的灰数。有下界而无上界的灰数，记为$\otimes \in [\underline{a},\infty)$。其中 $\underline{a}$ 为灰数的下确界，是一个确定的数；$[a,\infty)$称为$\otimes$的取数域，简称$\otimes$的灰域。

② 仅有上界的灰数。有上界而无下界的灰数，记为$\otimes \in (\infty,\bar{a}]$，其中 $\bar{a}$ 为灰数的上确界，是一个确定的数；$(\infty,\bar{a}]$是$\otimes$的灰域。

③ 区间灰数。既有上界又有下界的灰数称为区间灰数，记为$\otimes \in [\underline{a},\ \bar{a}]$。

④ 连续灰数与离散灰数。在某一个区间内取有限个值或可数个值的灰数称为离散灰数；取值连续地充满某一区间的灰数称为连续灰数。

⑤ 黑数与白数。当$\otimes \in (-\infty,\ \infty)$或$\otimes \in (\otimes_1,\otimes_2)$，即当$\otimes$的上、下界皆为无穷，或上、下界都是灰数时，称$\otimes$为黑数，可见，黑数是上、下界都不确定的数。当$\otimes \in [a,\ \bar{a}]$且 $a=\bar{a}$

时，称$\otimes$为白数，即取值为确定的数。可以把白数和黑数视为特殊的灰数。

⑥ 本征灰数与非本征灰数。本征灰数是指不能或暂时还不能找到一个白数作为其“代表”的灰数，比如一般的事前预测值。非本征灰数是指凭先验信息或某种手段，可以找到一个白数作为其代表的灰数。此白数称为相应灰数的白化值。记为$\tilde{\otimes}$，并用$\otimes(a)$表示以 a 为白化值的灰数。

从本质上看，灰数又可以分为信息型、概念型和层次型三类。信息型灰数是指由于信息缺乏而不能肯定其取值的数；概念型灰数是指由人们的某种意愿、观念形成的灰数；层次型灰数是指由层次改变而形成的灰数。

6.1.2 灰数白化与灰度

当灰数是在某个基本值附近变动时，这类灰数白化比较容易，可以将其基本值 a 作为主要白化值，记为$\otimes(a)=a\pm\delta_a$ 或$\otimes(a)\in(-,a,+)$。其中 δ_a 为扰动灰元，此灰数的白化值为$\tilde{\otimes}(a)=a$。

对于一般的区间灰数$\otimes\in[a,b]$，将白化值$\tilde{\otimes}$取为

$$\tilde{\otimes}=\alpha a+(1-\alpha)b,\quad \alpha\in[0,1]$$

也可称为等权白化。在等权白化中，取 $\alpha=1/2$ 而得到的白化值称为等权均值白化值。当区间灰数取值的分布信息缺乏时，常采用等权均值白化。

一般而言，灰数的白化取决于信息的多少，如信息量较大则白化较为容易。一般用白化权函数(α 即为权)来描述一个灰数对其取值范围内不同数值的“偏爱”程度。一个灰数的白化权函数是研究者根据已知信息设计的，没有固定的格式。

灰度即为灰数的测度。灰数的灰度在一定程度上反映了人们对灰色系统的行为特征的未知程度。一个灰数的灰度大小应与该灰数产生的背景或论域有着不可分割的作用。在实际应用中，会遇到大量的白化权函数未知的灰数。灰数的灰度主要与相应定义信息域的长度及其基本值有关。

6.1.3 灰色序列生成算子

灰色系统理论的主要任务之一是根据社会、经济、生态等系统的行为特征数据，寻找不同系统变量之间或某些系统变量自身的数学关系和变化规律。灰色系统理论认为，任何随机过程都是在一定幅度范围内和一定时区内变化的灰色量，并把随机过程看成灰色过程。

由于受到噪声的干扰，需要采用统计的方法研究给定的某一数据序列。但是统计的方法要求数据量非常大，并且计算量大，也无法对动态数据的发展趋势进行预测，尤其是对小样本数据，统计方法更显得力不从心。灰色系统可以克服上述缺憾，它利用一定的数据处理方法去寻找数据间的发展演变规律。

灰色系统理论通过对原始数据的挖掘(预处理)，生成新的数据序列，以便挖掘出原始数据中的规律，发现隐匿在数据中的趋势，这样一种以数据寻找数据现实规律的途径被称为灰色序列生成。灰色系统认为，尽管客观系统表象复杂、数据离乱，但它总是有整体功能的，因而必然蕴含某种内在规律，关键在于如何选择适当的方式去挖掘它和利用它。一切灰色序列都能通过某种生成弱化其随机性，显现其规律性。

设 $\boldsymbol{X}=[x(1),x(2),\cdots,x(n)]$为原始序列，D 为作用于 $\boldsymbol{X}$ 的算子，$\boldsymbol{X}$ 经过算子 D 的作用

后得到：$\boldsymbol{X}$D=[$x(1)$d,$x(2)$d,…,$x(n)$d]。称 D 为序列算子，称 $\boldsymbol{X}$D 为一阶算子作用序列。

序列算子可以作用多次，相应得到的序列称为二阶序列、三阶序列，……，相应的算子称为一阶算子、二阶序列算子……

1. 均值生成算子

在搜集数据时，常常由于一些不易克服的困难导致数据序列出现空缺（即空穴）；而有些数据序列虽然完整，但由于系统行为在某个时点上发生突变而形成异常数据，剔除异常数据后就会留下空穴。如何填补序列空穴自然成为数据处理过程中首先遇到的问题，均值生成是常用的构造新数据、填补原序列空穴、生成新序列的方法。

设序列在 k 处出现空穴，记为$\varnothing(k)$，即

$$X=[x(1),x(2),\cdots,x(t-1),\varnothing(k),\ x(t+1),\cdots,x(n)]$$

称 $x(t-1)$和 $x(t+1)$为$\varnothing(t)$的界值，前者为前界，后者为后界。

当$\varnothing(k)$是由 $x(t-1)$和 $x(t+1)$生成时，称生成值 $x(t)$为$[x(t-1),\ x(t+1)]$的内点，而$\varnothing(k)=x^*(t)=0.5x(t-1)+0.5x(t)$称为紧邻均值生成数。由紧邻均值生成数构成的序列 $\boldsymbol{Z}$ 就称为紧邻均值生成序列，记为 $\boldsymbol{Z}$=MEAN(X)。

$$\boldsymbol{Z}=[z(1)\quad z(2)\quad \cdots\quad z(n)]$$

式中：$z(t)=0.5\,x(t-1)+0.5\,x(t)$。

2. 累加生成算子

累加生成可以看出灰量积累过程的发展趋势，使杂乱的原始数据中蕴含的积分特性或规律充分表现出来。

设 $\boldsymbol{X}^0=[x^0(1),x^0(2),\cdots,x^0(n)]$，D 为序列算子，即

$$\boldsymbol{X}^0\mathrm{D}=[x^0(1)\mathrm{d}\quad x^0(2)\mathrm{d}\quad \cdots\quad x^0(n)\mathrm{d}]$$

式中

$$x^0(t)=\sum_{i=1}^{t}x^0(i)\quad (t=1,2,3,\cdots,n)$$

则称 D 为 $\boldsymbol{X}^0$ 的一次累加算子，记为 1-AGO。同样，可以有二阶、三阶、r 阶的累加生成算子，可以记为

$$x^r(t)\mathrm{d}=\sum_{i=1}^{t}x^{r-1}(i)\quad (t=1,2,3,\cdots,n)$$

由累加生成算子生成的序列称为累加生成数。如果原始序列为非负准光滑序列，则其一次累加生成序列具有准指数性质。原始序列越光滑，生成后指数规律也越明显。

3. 累减生成算子

设 $\boldsymbol{X}^0=[x^0(1),x^0(2),\cdots,x^0(n)]$，D 为序列算子，即

$$\boldsymbol{X}^0\mathrm{D}=[x^0(1)\mathrm{d}\quad x^0(2)\mathrm{d}\quad \cdots\quad x^0(n)\mathrm{d}]$$

式中

$$x^0(t)=x^0(t)-x^0(t-1)\quad (t=1,2,3,\cdots,n)\quad x^{(1)}(0)=0$$

则称 D 为 $\boldsymbol{X}^0$ 的一次累减算子，记为 1-IAGO。同样，可以有二阶、三阶、r 阶的累减生成算子。

由累减生成算子生成的序列称为累减生成数。

4. 效果测度

效果测度就是对于局势所产生的实际效果，在不同目标之间进行比较的量度。在实际应

用中，所采用的效果往往依据目标的效果而定。

(1) 序列极性的有关符号

$\rho_{OL(max)}$ 表示极大值极性，即样本值越大越接近目标。

$\rho_{OL(min)}$ 表示极小值极性，即样本值越小越接近目标。

$\rho_{OL(men)}$ 表示适中值极性，即只有样本适中才接近目标。

(2) 效果测度的符号

UEM：上限效果测度，表示极大值极性的效果测度。

LEM：下限效果测度，表示极小值极性的效果测度。

MEM：适中效果测度，表示适中值极性的效果测度。

(3) 效果测度的计算公式

UEM：

$$r^{(0)}(k)=\frac{x^{(0)}(k)}{\max\limits_{k}\{x^{(0)}(k)\}}$$

LEM：

$$r^{(0)}(k)=\frac{\min\limits_{k}\{x^{(0)}(k)\}}{x^{(0)}(k)}$$

MEM：

$$r^{(0)}(k)=\frac{\min\{x^{(0)}(k),x(0)\}}{\max\{x^{(0)}(k),x(0)\}}$$

式中：$x(0)$表示适中值。

6.2 灰色分析

6.2.1 灰色关联分析

在实际系统中，其性能指标常常取决于多个因素。人们常常希望知道众多的因素中，哪些是主要因素，哪些是次要因素，哪些因素对系统发展影响大，哪些因素对系统发展影响小，哪些因素对系统发展起推动作用需要加强，哪些因素对系统发展起阻碍作用需要抑制，等等。关联分析的主要目的就是从众多的系统影响因素中找出对性能指标影响比较大的因素，从而为进一步的决策服务。

灰色关联分析的基本思想是根据序列曲线几何形状的相似程度来判断其联系是否紧密。曲线越接近，相应序列之间的关联度就越大；反之就越小。在客观世界中，有许多因素之间的关系是灰色的，分不清哪些因素关系密切，哪些因素关系不密切，这样就难以找到主要矛盾和主要特性。灰因素关联分析，目的是定量地表述诸多因素之间的关联程度，从而揭示灰色系统的主要特性。关联分析是灰色系统分析和预测的基础。

选取参考数列 $x_0=\{x_0(t)|t=1,2,3,\cdots,n\}$，假设有 m 个比较数列 $x_i=\{x_i(t)|t=1,2,3,\cdots,n\}$，$i=1,2,3,\cdots,m$，则称

$$\zeta_i(t)=\frac{\mathrm{mm}+\rho\cdot\mathrm{MM}}{|x_0(t)-x_i(t)|+\rho\cdot\mathrm{MM}}$$

为比较数列 x_i 对参考数列 x_0 在 t 时刻的关联系数，其中 $\mathrm{mm}=\min\limits_{i}\min\limits_{t}|x_0(t)-x_i(t)|$ 称为

两级最小差。$MM=\max_i \max_t |x_0(t)-x_i(t)|$ 称为两级最大差，$\rho\in[0,+\infty)$ 为分辨系数。一般而言，$\rho\in[0,1]$，ρ 越大，分辨率越高；反之亦然。

上式定义的关联系统由于是不同时刻的关联系数，为了比较两个数列之间的关联关系，需要综合考虑各个时刻的关联系数，为此定义 $r_i=\frac{1}{n}\sum_{i=1}^{n}\zeta_i$ 为数列 x_i 和数列 x_0 之间的关联度（绝对关联度）。

从定义中可以看出，两个数列之间的关联度是不同时刻关联关系的综合，将分散的信息集中处理。利用关联度的概念可以进行各种问题的因素分析，找出影响性能指标的关键因素，也可能对各个因素的重要程度进行排序。

6.2.2 无量纲化关键算子

在做关联度分析时，由于不同的数列采用不同的量纲，数量级上可能差别很大，因此首先要将不同的数列无量纲化，同时还需要区分两个数列之间的相关是正相关还是负相关。但是根据关联度的定义，无法看出这种情况，下面几个关键算子正是为了解决上述问题而提出的。

设 $\boldsymbol{X}_i=[x_i(1),x_i(2),\cdots,x_i(n)]$，$D_1$ 为序列算子，即

$$\boldsymbol{X}_i D_1=[x_i(1)d_1 \quad x_i(2)d_1 \quad \cdots \quad x_i(n)d_1]$$

式中

$$x_i(t)d_1=\frac{x_i(t)}{x_i(1)},\quad x_i(1)\neq 0 \quad (t=1,2,3,\cdots,n)$$

则称 D_1 为初值化算子，$\boldsymbol{X}_i D_1$ 为 $\boldsymbol{X}_i$ 在初值化算子 D_1 的象，简称初值象。

设 $\boldsymbol{X}_i=[x_i(1),x_i(2),\cdots,x_i(n)]$，$D_2$ 为序列算子，即

$$\boldsymbol{X}_i D_2=[x_i(1)d_2 \quad x_i(2)d_2 \quad \cdots \quad x_i(n)d_2]$$

式中

$$x_i(t)d_2=\frac{x_i(t)}{\frac{1}{n}\sum_{t=1}^{n}x_i(t)} \quad (t=1,2,3,\cdots,n)$$

则称 D_2 为均值化算子，$\boldsymbol{X}_i D_2$ 为 $\boldsymbol{X}_i$ 在均值化算子 D_1 的象，简称均值象。

设 $\boldsymbol{X}_i=[x_i(1),x_i(2),\cdots,x_i(n)]$，$D_3$ 为序列算子，即

$$\boldsymbol{X}_i D_3=[x_i(1)d_3 \quad x_i(2)d_3 \quad \cdots \quad x_i(n)d_3]$$

式中

$$x_i(t)d_3=\frac{x_i(t)-\min_t x_i(t)}{\max_t x_i(t)-\min_t x_i(t)} \quad (t=1,2,3,\cdots,n)$$

则称 D_3 为区间化算子，$\boldsymbol{X}_i D_3$ 为 $\boldsymbol{X}_i$ 在区间化算子 D_3 的象，简称区间值象。

设 $\boldsymbol{X}_i=[x_i(1),x_i(2),\cdots,x_i(n)]$，$D_4$ 为序列算子，即

$$\boldsymbol{X}_i D_4=[x_i(1)d_4 \quad x_i(2)d_4 \quad \cdots \quad x_i(n)d_4]$$

式中

$$x_i(t)d_4=1-x_i(t) \quad (t=1,2,3,\cdots,n)$$

则称 D_4 为逆化算子，$\boldsymbol{X}_i D_4$ 为 $\boldsymbol{X}_i$ 在逆化算子 D_4 的象，简称逆化象。

设 $\boldsymbol{X}_i=[x_i(1),x_i(2),\cdots,x_i(n)]$，$D_5$ 为序列算子，即

$$\boldsymbol{X}_i \mathrm{D}_5 = [x_i(1)\mathrm{d}_5 \quad x_i(2)\mathrm{d}_5 \quad \cdots \quad x_i(n)\mathrm{d}_5]$$

式中

$$x_i(t)\mathrm{d}_5 = \frac{1}{x_i(t)}, \quad x_i(t) \neq 0 \quad (t = 1,2,3,\cdots,n)$$

则称 D_5 为倒数化算子,$\boldsymbol{X}_i \mathrm{D}_5$ 为 $\boldsymbol{X}_i$ 在倒数化算子 D_5 的象,简称倒数化象。

6.2.3 数据预处理

为了满足数据的标准化和线性化要求,可以将数据序列按下列三种情况分类处理,即预处理。这一步骤又可称为灰色关联生成。

① 期望值越大越好

$$x^*(k) = \frac{x^{(0)}(k) - \min\limits_k x^{(0)}(k)}{\max\limits_k x^{(0)}(k) - \min\limits_k x^{(0)}(k)}$$

② 期望值越小越好

$$x^*(k) = \frac{\max\limits_k x^{(0)}(k) - x^{(0)}(k)}{\max\limits_k x^{(0)}(k) - \min\limits_k x^{(0)}(k)}$$

③ 期望值越接近目标越好

$$x^*(k) = 1 - \frac{|x^{(0)}(k) - \mathrm{OB}|}{\max\{\max\limits_k x^{(0)}(k) - \mathrm{OB}, \mathrm{OB} - \min\limits_k x^{(0)}(k)\}}$$

式中:OB 为 $x^{(0)}(k)$的目标值。

6.2.4 关联分析的主要步骤

① 根据评价目的确定评价指标值,搜集评价数据。

② 确定参考序列 $\boldsymbol{X}_0$ 并进行预处理。参考序列应该是一个理想的比较标准,可以由各指标的最优值(或最劣值)构成,也可以根据评价的目的选择其他参照值。

③ 对指标数列用关联算子进行无量纲化(也可以不进行无量纲化),常用的无量纲化方法有均值化象法、初值化象法等。

④ 逐个计算每个被评价对象指标序列与参考序列对应元素的绝对差值,即 $\Delta_i(t) = |x'_0(t) - x'_i(t)|(t=1,2,3,\cdots,n; i=1,2,3,\cdots,m)$。

⑤ 确定 $\mathrm{mm} = \min\limits_i^m \min\limits_t^n |x'_0(t) - x'_i(t)|$ 和 $\mathrm{MM} = \max\limits_i^m \max\limits_t^n |x'_0(t) - x'_i(t)|$。

⑥ 计算关联系数,即分别计算每个比较序列与参考序列对应元素的关联系数:

$$r(x'_0(t), x'_i(t)) = \frac{\mathrm{mm} + \rho \cdot \mathrm{MM}}{\Delta_i t + \rho \cdot \mathrm{MM}} \quad (t = 1,2,3,\cdots,n)$$

式中:ρ 为分辨系数,在(0,1)内取值,其值越小,关联系数间的差异越大,区分能力就越强,通常取 0.5。

⑦ 计算关联度:

$$r(X_0, X_i) = \frac{1}{n}\sum_{t=1}^{n} r_{0i}(t)$$

⑧ 依据各观察对象的关联度,得出综合评价结果。

6.3 灰色系统建模

灰色系统建模是通过数据序列建立微分方程来拟合给定的时间序列，从而对数据的发展趋势进行预测。

灰色建模常用的模型是 GM(1,N)，其中 G 代表灰色，1 代表微分方程的阶数，N 代表变量的个数。

6.3.1 GM(1,1)模型

给定序列：

$$\boldsymbol{X}^0=[x^0(1)\quad x^0(2)\quad \cdots\quad x^0(n)]$$
$$\boldsymbol{X}^1=[x^1(1)\quad x^1(2)\quad \cdots\quad x^1(n)]$$
$$\boldsymbol{Z}^1=[z^1(1)\quad z^1(2)\quad \cdots\quad z^1(n)]$$

式中：$\boldsymbol{X}^0$ 为原始序列；$\boldsymbol{X}^1$ 为 $\boldsymbol{X}^0$ 的 1－AGO 序列；$\boldsymbol{Z}^1$ 为 $\boldsymbol{X}^1$ 的近邻生成序列。则方程

$$x^0(k)+a\,z^1(k)=b$$

为一元一阶灰色微分方程，也称为 GM(1,1)模型。其中 a 为发展灰数，反映了序列的发展趋势；b 为内生控制灰数，它反映了数据变化的关系，其确切内涵是灰色的。

设 $\hat{a}=(a,b)$为参数列，令

$$\boldsymbol{Y}=\begin{bmatrix}x^0(2)\\x^0(3)\\\vdots\\x^0(n)\end{bmatrix},\quad \boldsymbol{B}=\begin{bmatrix}-z^1(2) & 1\\-z^1(3) & 1\\\vdots & \vdots\\-z^1(n) & 1\end{bmatrix}$$

则灰色微分方程 $x^0(k)+a\,z^1(k)=b$ 的最小二乘估计参数列满足：

$$\hat{\boldsymbol{a}}=(\boldsymbol{B}^{\mathrm{T}}\boldsymbol{B})^{-1}\boldsymbol{B}^{\mathrm{T}}\boldsymbol{Y}$$

称$\dfrac{\mathrm{d}x^{(1)}}{\mathrm{d}t}+ax^{(1)}=b$ 为灰色微分方程的白化方程，也称影子方程，其解

$$x^{(1)}(t+1)=\left(x^{(1)}(0)-\frac{b}{a}\right)\mathrm{e}^{-at}+\frac{b}{a}\quad (t=0,1,2,3,\cdots,n)$$

称为时间响应函数。

取 $x^{(1)}(0)=x^{(1)}(1)$，则

$$\hat{x}^{(1)}(t+1)=\left(x^{(1)}(1)-\frac{b}{a}\right)\mathrm{e}^{-at}+\frac{b}{a}\quad (t=0,1,2,\cdots,n)$$

可以得到原始序列的预测序列：

$$\hat{x}^{(0)}(t)=\hat{x}^{(1)}(t)-\hat{x}^{(1)}(t-1)=\left(x^{(0)}(1)-\frac{b}{a}\right)(1-\mathrm{e}^{a})\mathrm{e}^{-a(t-1)}\quad (t>1)$$

GM(1,1)模型由于自身的优点使其被广泛应用于数据不全面、信息不确定的领域进行预测研究，可以得到较高的预测精度，但也有很多情况是 GM(1,1)模型不能预测的。一般，当 $|a|<2$ 时，GM(1,1)有意义；但随着 a 的取值不同，预测效果也不同。通过大量的实际问题验证，可以得出 GM(1,1)的使用条件：

① 当$-a\leqslant 0.3$ 时，可用于中长期预测；

② 当 $0.3<-a\leqslant 0.5$ 时,可用于短期预测,中长期预测慎用;

③ 当 $0.5<-a\leqslant 0.8$ 时,作短期预测应十分谨慎;

④ 当 $0.8<-a\leqslant 1$ 时,应采用残差修正 GM(1,1)模型;

⑤ 当 $-a>1$ 时,不宜采用 GM(1,1)模型。

一般来说,当 a 的取值满足 $a\in\left(\frac{-2}{n+1},\frac{2}{n+1}\right)$,且级比 $\sigma^{(0)}(t)=\frac{x^{(0)}(t-1)}{x^{(0)}(t)}(t\geqslant 2)$ 取值满足 $\sigma^{(0)}(t)\in\left(\mathrm{e}^{\frac{-2}{n+1}},\mathrm{e}^{\frac{2}{n+1}}\right)$ 时,所建模型 GM(1,1)才可行有效,可以获得较高的精度。

6.3.2 GM(1,1)模型检验

模型建立以后,应先对模型精度进行检验,模型精度检验合格后方可用于预测。

GM(1,1)模型的检验有残差检验、关联度检验和后验差检验。

1. 残差检验

残差检验是对模型值与实际值的残差进行逐点检验。

绝对残差序列

$$\Delta^{(0)}=\{\Delta^{(0)}(i),i=1,2,3,\cdots,n\},\quad \Delta^{(0)}(i)=\left|\Delta^{(0)}(i)-\hat{x}^{(0)}(i)\right|\times 100\%$$

及相对残差序列

$$\boldsymbol{\phi}=\{\phi_i,i=1,2,3,\cdots,n\},\quad \phi_i=\left|\frac{\Delta^{(0)}(i)}{x^{(0)}(i)}\right|\times 100\%$$

并计算平均相对误差

$$\bar{\phi}=\frac{1}{n}\sum_{i=1}^{n}\phi_i$$

用平均相对误差判定模型的适用性(见表 6.1),若 $\bar{\phi}<20\%$ 成立,则称模型为残差检验合格模型。如果残差太大使得 $\bar{\phi}>20\%$,则必须先修正模型使之满足精度的要求后,才可以进行预测。

表 6.1 精度检验等级表

精度等级	适用级别	相对误差/%	关联度	小误差概率	后验差比值
1 级	长期	1	0.90	0.95	0.35
2 级	中长期	5	0.80	0.80	0.50
3 级	短期	10	0.70	0.70	0.65
4 级	短期	20	0.60	0.60	0.80

2. 关联度检验

关联度检验是通过考察模型值曲线和建模序列曲线的相似程度来进行检验。按前面所述的关联度计算方法,计算出 $\hat{x}^{(0)}(i)$ 与原始数列 $x^{(0)}(i)$ 的关联系数,然后计算出关联度,对照表 6.1 判断关联度是否大于 0.6 的检验标准。根据经验,若满足此检验标准,称为关联度合格模型。关联度越大,说明模型拟合得越好。

3. 后验差检验

后验差检验是对残差分布的统计特性进行检验。

① 计算原始数列的平均值

$$\bar{x}^{(0)}=\frac{1}{n}\sum_{i=1}^{n}x^{(0)}(i)$$

② 计算原始数列的均方差

$$S_1=\left[\frac{\sum_{i=1}^{n}(x^{(0)}(i)-\bar{x}^{(0)})^2}{n-1}\right]^{\frac{1}{2}}$$

③ 计算残差的均值

$$\bar{\Delta}=\frac{1}{n}\sum_{i=1}^{n}\Delta^{(0)}(i)$$

④ 计算残差的方差

$$S_2=\left[\frac{\sum_{i=0}^{n}(\Delta^{(0)}(i)-\bar{\Delta})^2}{n-1}\right]^{\frac{1}{2}}$$

⑤ 计算方差比

$$C=S_1/S_2$$

⑥ 计算小残差概率

$$P=P\{|\Delta^{(0)}(i)-\bar{\Delta}|<0.674\,5S_1\}$$

令 $S_0=0.674\,5S_1$，$e_i=|\Delta^{(0)}(i)-\bar{\Delta}|$，即 $P=P\{e_i<S_0\}$。

对于给定的 $C_0>0$，当 $C<C_0$ 时，称模型为均方差比合格模型。对于给定的 $P_0>0$，当 $P>P_0$ 时，称模型为小残差概率合格模型。

若相对残差检验、关联度检验、后验差检验在允许的范围内，则可以用所建立的模型进行预测；否则应进行残差修正。

6.3.3 GM(1,1)残差修正模型

当 GM(1,1)模型的精度不符合要求时，可以用残差序列建立 GM(1,1)模型对原来的模型进行修正，以提高精度。

设 $\boldsymbol{X}^0=[x^0(1),x^0(2),\cdots,x^0(n)]$为模型的原始序列，$\boldsymbol{X}^1$ 为 $\boldsymbol{X}^0$ 的 1 - AGO 序列，$\boldsymbol{Z}^1$ 为 $\boldsymbol{X}^1$ 的紧邻生成序列，灰色微分方程 $x^0(t)+a\,z^1(t)=b$ 的时间响应序列为

$$\hat{x}^{(1)}(t+1)=\left(x^{(1)}(0)-\frac{b}{a}\right)\mathrm{e}^{-at}+\frac{b}{a}\quad(t=0,1,2,\cdots,n)$$

其残差序列为

$$\varepsilon^{(0)}=\{\varepsilon^{(0)}(1),\varepsilon^{(0)}(2),\cdots,\varepsilon^{(0)}(n)\}$$

式中：$\varepsilon^{(0)}(t)=x^{(1)}(t)-\hat{x}^{(1)}(t)$，若存在 t_0，满足：

① 对任意的 $t\geqslant t_0$，$\varepsilon^{(0)}(t)$的符号一致；

② $n-t_0\geqslant 4$，则称

$$(|\varepsilon^{(0)}(t_0)|,|\varepsilon^{(0)}(t_0+1)|,\cdots,|\varepsilon^{(0)}(n)|)$$

为可建模残差尾段，仍记为

$$\varepsilon^{(0)}=\{\varepsilon^{(0)}(t_0),\varepsilon^{(0)}(t_0+1),\cdots,\varepsilon^{(0)}(n)\}$$

对于可建模残差尾段，其 1 - AGO 序列

$$\varepsilon^{(1)}=\{\varepsilon^{(1)}(k_0),\varepsilon^{(1)}(k_0+1),\cdots,\varepsilon^{(1)}(n)\}$$

的 GM(1,1)时间响应序列为

$$\hat{\varepsilon}^{(1)}(t)=\left(\varepsilon^{(0)}(t_0)-\frac{b_\varepsilon}{a_\varepsilon}\right)\mathrm{e}^{-a(t-t_0)}+\frac{b_\varepsilon}{a_\varepsilon}\quad(t\geqslant t_0)$$

最后还原得残差尾段的估计序列为

$$\hat{\varepsilon}^{(0)}=\{\hat{\varepsilon}^{(0)}(t_0),\hat{\varepsilon}^{(0)}(t_0+1),\cdots,\hat{\varepsilon}^{(0)}(n)\}$$

式中

$$\hat{\varepsilon}^{(0)}(t)=-a_\varepsilon\left(\varepsilon^{(0)}(t_0)-\frac{b_\varepsilon}{a_\varepsilon}\right)\mathrm{e}^{-a(t-t_0)}\quad(t\geqslant t_0)$$

因为残差尾段从残差数列的第 t_0 个数据开始取，所以，当 $t<t_0$ 时，$\hat{x}^{(0)}(t)$所对应的残差修正值为零。考虑到公式的通用性和完整性，可在 $\hat{\varepsilon}^{(0)}(t)$前配一个系数，所以有

$$\hat{x}_\varepsilon^{(0)}(t)=\hat{x}^{(0)}(t)\pm\eta(t)\hat{\varepsilon}^{(0)}(t)$$

$$\eta(t)=\begin{cases}0 & t<t_0\\ 1 & t\geqslant t_0\end{cases}$$

若用 $\hat{\varepsilon}^{(0)}(k)$修正 $\hat{\boldsymbol{X}}^{(1)}$，则称修正后的时间响应式

$$\hat{x}^{(1)}(t+1)=\begin{cases}\left(x^{(0)}(1)-\dfrac{b}{a}\right)\mathrm{e}^{-at}+\dfrac{b}{a} & t<t_0\\ \left[\left(x^{(0)}(1)-\dfrac{b}{a}\right)\mathrm{e}^{-at}+\dfrac{b}{a}\right]\pm a_\varepsilon\left(\varepsilon^{(0)}(t_0)-\dfrac{b_\varepsilon}{a_\varepsilon}\right)\mathrm{e}^{-a_\varepsilon(t-t_0)} & t\geqslant t_0\end{cases}$$

为残差修正 GM(1,1)模型。

6.3.4　GM(*M*,*N*)模型

GM(1,1)模型适用于具有系数规律变化的序列，只能描述单调的变化过程。对于非单调的摆动发展序列，要反映描述对象的长期、连续、动态特性，就要建立 GM(*M*,*N*)模型。模型中的 M 表示方程的阶数，N 表示变量的个数。

考虑有 N 个变量 $X_1,X_2,\cdots,X_n$，每个变量有 n 组观测值，则

$$\boldsymbol{X}_i^{(0)}=[x_i^{(0)}(1)\quad x_i^{(0)}(2)\quad\cdots\quad x_i^{(0)}(n)]\quad(i=1,2,3,\cdots,N)$$

对 $\boldsymbol{X}_i^{(0)}$ 作一次累加生成，即

$$\boldsymbol{X}_i^{(1)}=[x_i^{(1)}(1)\quad x_i^{(1)}(2)\quad\cdots\quad x_i^{(1)}(n)]$$

GM(*M*,*N*)模型的白化微分方程为

$$\frac{\mathrm{d}^M x_1{}^{(1)}}{\mathrm{d}t^M}+a_1\frac{\mathrm{d}^{M-1}x_1{}^{(1)}}{\mathrm{d}t^{M-1}}+\cdots+a_Mx_1^{(1)}=b_1x_2^{(1)}+b_2x_3^{(1)}+\cdots+b_{N-1}x_N^{(1)}$$

式中：$\boldsymbol{X}_1$ 为系统行为序列向量，$\boldsymbol{X}_i(i=2,3,\cdots,N)$为系统因子序列向量。求解方程的关键是确定系数向量 $\hat{\boldsymbol{a}}=[a_1,\cdots,a_M,b_1,\cdots,b_{N-1}]^{\mathrm{T}}$，然后在此基础上求解微分方程。

用 OLS 法求系数向量，有

$$\hat{\boldsymbol{a}}=[(\boldsymbol{A}\vdots\boldsymbol{B})^{\mathrm{T}}(\boldsymbol{A}\vdots\boldsymbol{B})]^{-1}(\boldsymbol{A}\vdots\boldsymbol{B})^{\mathrm{T}}\boldsymbol{Y}$$

式中

$$\boldsymbol{A}=\begin{bmatrix}-\alpha^{(M-1)}x_1^{(1)}(2) & -\alpha^{(M-2)}x_1^{(1)}(2) & \cdots & -\alpha^{(1)}x_1^{(1)}(2)\\ -\alpha^{(M-1)}x_1^{(1)}(3) & -\alpha^{(M-2)}x_1^{(1)}(3) & \cdots & -\alpha^{(1)}x_1^{(1)}(3)\\ \vdots & \vdots & & \vdots\\ -\alpha^{(M-1)}x_1^{(1)}(n) & -\alpha^{(M-2)}x_1^{(1)}(n) & \cdots & -\alpha^{(1)}x_1^{(1)}(n)\end{bmatrix}$$

$$B=\begin{bmatrix} -\frac{1}{2}[x_1^{(1)}(1)+x_1^{(1)}(2)] & x_2^{(1)}(2) & \cdots & x_N^{(1)}(2) \\ -\frac{1}{2}[x_1^{(1)}(2)+x_1^{(1)}(3)] & x_2^{(1)}(3) & \cdots & x_N^{(1)}(3) \\ \vdots & \vdots & & \vdots \\ -\frac{1}{2}[x_1^{(1)}(n-1)+x_1^{(1)}(n)] & x_2^{(1)}(n) & \cdots & x_N^{(1)}(n) \end{bmatrix}$$

$$Y=[\alpha^{(M)}x_1^{(1)}(2) \quad \alpha^{(M)}x_1^{(1)}(3) \quad \cdots \quad \alpha^{(M)}x_1^{(1)}(n)]^{\mathrm{T}}$$

式中:$(\boldsymbol{A} \vdots \boldsymbol{B})$为 $\boldsymbol{A}$ 和 $\boldsymbol{B}$ 组成的分块矩阵;$x_i^{(1)}(t)$和 $\alpha^{(j)}x_i^{(0)}(t)$分别表示 $x_i^{(0)}(t)$的一次累加和 j 次累减。

$$\alpha^{(j)}x_i^{(1)}(t)=\alpha^{(j-1)}x_i^{(1)}(t)-\alpha^{(j-1)}x_i^{(1)}(t-1)$$

$$i=1,2,3,\cdots,N;j=1,2,3,\cdots,M;t=1,2,3,\cdots,n$$

上述方程还可以写为

$$\boldsymbol{Y}=\boldsymbol{A}\begin{bmatrix} a_1 \\ a_2 \\ \vdots \\ a_{M-1} \end{bmatrix}+\boldsymbol{B}\begin{bmatrix} a_M \\ b_1 \\ \vdots \\ b_{N-1} \end{bmatrix}=(\boldsymbol{A} \vdots \boldsymbol{B})\hat{\boldsymbol{a}}$$

6.3.5 GM(1,N)模型

当 $M=1$ 时,GM(M,N)模型就变成 GM$(1,N)$模型。

GM$(1,N)$灰色微分方程模型为

$$x_1^{(0)}(t)+az_1^{(1)}(t)=b_1x_2^{(1)}(t)+b_2x_3^{(1)}(t)+\cdots+b_{N-1}x_N^{(1)}(t)$$

白化形式的微分方程

$$\frac{\mathrm{d}x_1^{(1)}}{\mathrm{d}t}+ax_1^{(1)}=b_1x_2^{(1)}+b_2x_3^{(1)}+\cdots+b_{N-1}x_N^{(1)}$$

为一阶 N 个变量的微分方程模型,称为 GM$(1,N)$模型。

利用最小二乘法对该方程求解,可得到系数矩阵:

$$\hat{\boldsymbol{a}}=(\boldsymbol{B}^{\mathrm{T}}\boldsymbol{B})^{-1}\boldsymbol{B}^{\mathrm{T}}\boldsymbol{Y}$$

式中

$$\hat{\boldsymbol{a}}=[a \quad b_1 \quad \cdots \quad b_{N-1}]^{\mathrm{T}}, \quad \boldsymbol{Y}=[x_1^{(0)}(2) \quad x_1^{(0)}(3) \quad \cdots \quad x_1^{(0)}(n)]^{\mathrm{T}}$$

$$B=\begin{bmatrix} -\frac{1}{2}[x_1^{(1)}(1)+x_1^{(1)}(2)] & x_2^{(1)}(2) & \cdots & x_N^{(1)}(2) \\ -\frac{1}{2}[x_1^{(1)}(2)+x_1^{(1)}(3)] & x_2^{(1)}(3) & \cdots & x_N^{(1)}(3) \\ \vdots & \vdots & & \vdots \\ -\frac{1}{2}[x_1^{(1)}(n-1)+x_1^{(1)}(n)] & x_2^{(1)}(n) & \cdots & x_N^{(1)}(n) \end{bmatrix}$$

当 $x_i^{(1)}(i=2,3,\cdots,N)$变化幅度较小时,可视 $\sum_{k=2}^{N}b_{k-1}x_k^{(1)}(t)$ 为常数,则

$$\hat{x}_1^{(1)}(t+1)=\left[x_1^{(1)}(0)-\frac{1}{a}\sum_{i=2}^{N}b_{i-1}x_i^{(1)}(t+1)\right]\mathrm{e}^{-at}+\frac{1}{a}\sum_{i=2}^{N}b_{i-1}x_i^{(1)}(t+1)$$

式中：$x_1^{(1)}(0)$取为 $x_1^{(0)}(1)$，还原得预测模型

$$\hat{x}_1^{(0)}(t+1)=\hat{x}_1^{(1)}(t+1)-\hat{x}_1^{(1)}(t)$$

GM(1,N)模型用来预测，还可以描述为

$$\hat{x}_1^{(0)}(t)=\sum_{i=2}^{N}\beta_{i-1}x_i^{(1)}(t)-\alpha x_1^{(1)}(t-1)$$

式中：$\alpha=\dfrac{a}{1+0.5a}$，$\beta_i=\dfrac{b_i}{1+0.5a}$。

模型建立后，便可进行预测，并与实测原始值比较，看是否满足精度要求。若不满足精度要求，那么对残差建立 GM 模型继续进行修正。

6.3.6　GM(0,N)模型

GM(0,N)可看作 $M=0$ 时的 GM(M,N)模型，它不含导数项，亦称为静态模型。模型的灰色方程为

$$x_1^{(1)}(t)=a_1+b_2x_2^{(1)}(t)+b_3x_3^{(1)}(t)+\cdots+b_Nx_N^{(1)}(t)$$

$$\boldsymbol{B}=\begin{bmatrix}1 & x_2^{(1)}(2) & \cdots & x_N^{(1)}(2)\\ 1 & x_2^{(1)}(3) & \cdots & x_N^{(1)}(3)\\ \vdots & \vdots & & \vdots\\ 1 & x_2^{(1)}(n) & \cdots & x_N^{(1)}(n)\end{bmatrix}$$

$$\boldsymbol{Y}=[x_1^{(1)}(2)\quad x_1^{(1)}(3)\quad \cdots\quad x_1^{(1)}(n)]^{\mathrm{T}}$$

参数列向量 $\hat{\boldsymbol{b}}=[a,b_2,\cdots,b_N]^{\mathrm{T}}$ 的最小二乘估计值为 $\hat{\boldsymbol{b}}=(\boldsymbol{B}^{\mathrm{T}}\boldsymbol{B})^{-1}\boldsymbol{B}^{\mathrm{T}}\boldsymbol{Y}$。

GM(0,N)模型的白化微分方程为

$$x_1^{(1)}(t)=a_1+b_2x_2^{(1)}(t)+b_3x_3^{(1)}(t)+\cdots+b_Nx_N^{(1)}(t)$$

这个式子形如多元线性回归模型，但它们有着本质的区别。一般回归模型是基于原始数列，而模型是基于一次累加生成序列的，通过累加生成有效地消除了序列的波动性。

6.3.7　灰色 Verhulst 模型

灰色 Verhulst 模型也称为有限增长灰模型（或 S 模型）。它主要针对的是当系统受到外界环境的制约时，有一个高速增长之后转为平缓增长的近似型增长趋势。

Verhulst 模型为

$$x^{(0)}+az^{(1)}=b(z^{(1)})^2$$

其白化方程为

$$\frac{\mathrm{d}x_1^{(1)}}{\mathrm{d}t}+ax^{(1)}=b(x^{(1)})^2$$

式中：$b(x^{(1)})^2$ 称为竞争项，解为

$$x^{(1)}(t)=\frac{ax^{(1)}(0)}{bx^{(1)}(0)+[a-bx^{(1)}(0)]\mathrm{e}^{at}}$$

$x_1^{(1)}(0)$取为 $x_1^{(0)}(1)$，可得灰色 Verhulst 模型的时间响应式：

$$\hat{x}^{(1)}(t+1)=\frac{ax^{(0)}(1)}{bx^{(0)}(1)+[a-bx^{(0)}(1)]\mathrm{e}^{at}}$$

有待辨识的参数向量 $\hat{\boldsymbol{a}}=[a,b]^{\mathrm{T}}$，解得

$$\hat{\boldsymbol{a}}=(\boldsymbol{B}^{\mathrm{T}}\boldsymbol{B})^{-1}\boldsymbol{B}^{\mathrm{T}}\boldsymbol{Y}$$

式中

$$\boldsymbol{B}=\begin{bmatrix} -\frac{1}{2}[x^{(1)}(1)+x^{(1)}(2)] & \frac{1}{4}[x^{(1)}(1)+x^{(1)}(2)]^2 \\ -\frac{1}{2}[x^{(1)}(2)+x^{(1)}(3)] & \frac{1}{4}[x^{(1)}(2)+x^{(1)}(3)]^2 \\ \vdots & \vdots \\ -\frac{1}{2}[x^{(1)}(n-1)+x^{(1)}(n)] & \frac{1}{4}[x^{(1)}(n-1)+x^{(1)}(n)]^2 \end{bmatrix}$$

$$\boldsymbol{Y}=[x^{(0)}(2) \quad x^{(0)}(3) \quad \cdots \quad x^{(0)}(n)]^{\mathrm{T}}$$

灰色 GM(1,1)模型适用于具有较强指数规律的序列,而灰色 Verhulst 模型则适用于非单调的摆动发展序列,或者具有饱和状态的 S 形序列,而且当 $a<0, t\to\infty, \mathrm{e}^{at}\to 0, x^{(1)}(t)\to a/b$ 时,表明此时的 $x^{(0)}(t)\approx 0$,系统已经趋于稳定。

6.3.8 GM(1,1)幂模型

灰色 Verhulst 模型进一步推广,将 $b(x^{(1)})^2$ 变为 $b(x^{(1)})^\alpha$,即有 α 次幂的背景值时,

$$x^{(0)}+az^{(1)}=b(z^{(1)})^\alpha$$

称为 GM(1,1)幂模型,其白化方程为

$$\frac{\mathrm{d}x_1^{(1)}}{\mathrm{d}t}+ax^{(1)}=b(x^{(1)})^\alpha$$

$x_1^{(1)}(0)$取为 $x_1^{(1)}(1)$,可解得

$$x^{(1)}(t)=\left[\left(x^{(1)}(0)^{(1-\alpha)}-\frac{b}{a}\right)\mathrm{e}^{(\alpha-1)at}+\frac{b}{a}\right]^{\frac{1}{1-\alpha}} \quad (\alpha\neq 1)$$

GM(1,1)幂模型中参数 $\hat{\boldsymbol{a}}=[a,b]^{\mathrm{T}}$ 的最小二乘估计为

$$\hat{\boldsymbol{a}}=(\boldsymbol{B}^{\mathrm{T}}\boldsymbol{B})^{-1}\boldsymbol{B}^{\mathrm{T}}\boldsymbol{Y}$$

式中

$$\boldsymbol{B}=\begin{bmatrix} -z^{(1)}(2) & (z^{(1)}(2))^\alpha \\ -z^{(1)}(3) & (z^{(1)}(3))^\alpha \\ \vdots & \vdots \\ -z^{(1)}(n) & (z^{(1)}(n))^\alpha \end{bmatrix},\quad \boldsymbol{Y}=\begin{bmatrix} x^{(0)}(2) \\ x^{(0)}(3) \\ \vdots \\ x^{(0)}(n) \end{bmatrix}$$

6.3.9 灰色灾变预测模型

灰色灾变预测模型的任务是给出下一个或几个异常值出现的时刻,以便人们提前准备,采取对策,减少损失。

设原始序列为 $\boldsymbol{X}=[x(1),x(2),\cdots,x(n)]$,给定上限异常值(灾变值)$\zeta$,称 $\boldsymbol{X}$ 的子序列

$$\boldsymbol{X}=[x(q(1)),x(q(2)),\cdots,x(q(m))]=\{x(q(i)) \mid x(q(i))\geqslant\zeta,\ i=1,2,3,\cdots,m\}$$

为上灾变序列。

如果给定下限异常值(灾变值)ζ,则称 $\boldsymbol{X}$ 的子序列

$$\boldsymbol{X}=[x(q(1)),x(q(2)),\cdots,x(q(l))]=\{x(q(i)) \mid x(q(i))\leqslant\zeta,\ i=1,2,3,\cdots,l\}$$

为下灾变序列。

通常异常值的选取是根据人们的主观经验确定的,将上灾变序列和下灾变序列统称为灾

变序列。

如原始序列 $\boldsymbol{X}$，$\boldsymbol{X}_{\zeta}=[x(q(1)),x(q(2)),\cdots,x(q(m))]\subset\boldsymbol{X}$ 为灾变序列，相应地，$\boldsymbol{Q}^{(0)}=[q(1),q(2),\cdots,q(m)]$为灾变日期序列。

对于灾变日期序列，其 1-AGO 序列为 $\boldsymbol{Q}^{(1)}=[q(1),q(2),\cdots,q(m)]$，$\boldsymbol{Q}^{(1)}$ 的紧邻均值生成序列为 $\boldsymbol{Z}^{(1)}$，则 $q(t)+a\boldsymbol{Z}^{1}(t)=b$ 为灾变 GM(1,1)模型。

设 $\hat{\boldsymbol{a}}=[a,b]^{\mathrm{T}}$ 为灾变 GM(1,1)模型参数序列的最小二乘估计，则灾变日期序列的 GM(1,1)序号响应式为

$$\hat{q}^{(1)}(t+1)=\left(q(1)-\frac{b}{a}\right)\mathrm{e}^{-at}+\frac{b}{a}$$

由 $\hat{q}(t+1)=\hat{q}^{(1)}(t+1)-\hat{q}^{(1)}(t)$ 还原得

$$\begin{cases}\hat{q}^{(0)}=q^{(0)}(1)\\ \hat{q}(t+1)=\left(q(1)-\dfrac{b}{a}\right)\mathrm{e}^{-at}-\left(q(1)-\dfrac{b}{a}\right)\mathrm{e}^{-a(t-1)}=(1-\mathrm{e}^{a})\left(q(1)-\dfrac{b}{a}\right)\mathrm{e}^{-at}\quad(t\geqslant1)\end{cases}$$

设 $\boldsymbol{X}=[x(1),x(2),\cdots,x(n)]$ 为原始序列，n 为现在，给定异常值 ζ，相应的灾变日期序列 $\boldsymbol{Q}^{(0)}=[q(1),q(2),\cdots,q(m)]$，其中 $q(m)\leqslant n$ 为最近一次灾变日期，则称 $\hat{q}(m+1)$ 为下一次灾变的预测日期。对任意 $t>0$，称 $\hat{q}(m+t)$ 为未来第 t 次灾变的预测日期。

6.4 模型的改进

灰色系统建模预测的方法虽然给现实世界中大量不确定问题的建模和预测提供了一种简便易行的方法，并在许多领域得到广泛应用，但是在应用过程中，灰色系统建模预测方法也出现了不可接受的误差。这主要体现在两个方面：一是数据离散程度大，即数据灰色度越大，则预测精度越差；二是不太适合长期预测，即在预测较远期的数据时误差较大，只能反映一个大概的趋势。

目前，提高灰色预测模型预测精度的方法比较多，主要有以下几种形式：

① 对残差进行修正。

② 改变初始条件和对数据的信息进行更新，如将新得到的数据加入到原始序列中，等等。

③ 对原始序列进行变换，增加离散数据光滑度，再进行预测。

④ 改进模型的内部建模机制，如修正模型系数、背景等。

6.4.1 基于残差修正的改进模型

当 GM(1,1)模型的预测精度较差时，需要对预测残差进行修正。但并不是所有的残差序列都可以用来建模，需要满足两个条件。为了解决这一问题，可以通过以下的方法加以处理。

① 将残差序列的绝对值 $|e^{(0)}|=\{|e^{(0)}(1)|,|e^{(0)}(2)|,\cdots,|e^{(0)}(n)|\}$ 作为原始序列，建立残差 GM(1,1)模型，再应用马尔可夫过程判断 $t>n$ 时残差预测值的符号。

② 通过数据平移将异号的残差序列转化为同号序列。假设残差序列为

$$e^{(0)}=\{e^{(0)}(1),e^{(0)}(2),\cdots,e^{(0)}(n)\}$$

取 $h=\min e^{(0)}$，令 $\delta^{(0)}(t)=e^{(0)}(t)+|h|+1$，得到新的序列：

$$\delta^{(0)}=\{\delta^{(0)}(1),\delta^{(0)}(2),\cdots,\delta^{(0)}(n)\}$$

则新序列必为同号序列，可以建立残差 GM(1,1)模型。再对所得结果进行还原处理即可得到所要求的结果。

③ 为了提高 GM(1,1)模型在原点的预测精度,可以把原始数据分成几个包含原点在内的子序列,对这些子序列建立模型群,经检验,从中选出一个误差最小的模型进行预测。这种模型群称为 GM(1,1)拓扑模型或 GM(1,1)拓扑空间。

6.4.2 基于初始条件和信息更新的改进模型

1. 新初值 GM 模型

GM 建模,一般是以序列 $\boldsymbol{X}^{(1)}$ 的第一个分量作为灰色微分模型的初始条件,但是这可能又会造成对新信息利用得不够充分。根据灰色系统理论的新信息优先原理,在建模过程中赋予新信息较大的权重可以提高灰色建模功效。如果把 $\boldsymbol{X}^{(1)}$ 的第 n 个分量 $x^{(1)}(n)$ 作为灰色微分模型的初始条件,那么可以使模型精度有所提高,这种模型称为新初值 GM 模型或 GMn 模型。

使用 GMn 模型进行预测时,白化方程的时间响应函数变为

$$\hat{x}^{(1)}(t)=\left(x^{(1)}(n)-\frac{b}{a}\right)\mathrm{e}^{-a(t-n)}+\frac{b}{a}\quad(t=1,2,3,\cdots)$$

还原值为

$$\hat{x}^{(0)}(t+1)=x^{(1)}(t+1)-x^{(1)}(t)=(1-\mathrm{e}^{a})\left(x^{(1)}(n)-\frac{b}{a}\right)\mathrm{e}^{-a(t+1-n)}\quad(t=1,2,3,\cdots)$$

当 $t\leqslant n$ 时,$x^{(0)}(t)$为模型拟合值;当 $t>n$ 时,$x^{(0)}(t)$为模型预测值。

2. 部分信息模型、灰色新信息模型和新陈代谢模型

GM 模型精度与对原始数据的取舍有关,因此可以考虑全信息建模和部分信息建模。

(1) 部分信息 GM 模型

系统的发展是渐变和突变的统一。系统的突变性决定了系统发展具有阶段性,系统某一渐变时期(阶段)可能会近似按某种规律变化,如果将系统发展的若干渐变阶段综合在一起研究,即将所有历史数据不加区分地用来建模,那么会掩盖现阶段的发展规律,难以真实地反映系统近期的内在规律。这种特性反映在系统建模上,就是不一定要将序列数据全部用来建模,而是在原始数据序列中取出一部分数据,进行部分建模。一般来说,取不同的数据,建立的模型也不一样,参数 a、b 的值也不一样,这种变化,正是不同情况、不同条件对系统特征的影响在模型中的反映。

设原始序列 $\boldsymbol{X}^{(0)}=[x^{(0)}(1),\ x^{(0)}(2),\cdots,\ x^{(0)}(n)]$,由此建立的 GM(1,1)模型称为全信息 GM(1,1)模型,用$\{x^{(0)}(t),\ x^{(0)}(t+1),\cdots,\ x^{(0)}(n)\}(t>1)$建立的 GM(1,1)模型称为部分信息 GM(1,1)模型。

(2) 灰色新信息模型和新陈代谢模型

为了保持数据的实时性和可靠性,应该把不断进入系统的扰动因素也考虑进去。在 GM(1,1)模型中,将每一个新得到的数据再放入原始序列中,重新建立 GM(1,1)预测模型,这便是新信息模型。而随着时间的推移,旧数据信息的重要性逐步降低。因此,每补充一个新息的同时可以去掉一个最旧的数据,以维持数据序列中元素的个数不变。这样建立的序列称为等维新信息序列,相应的模型称为等维新信息模型,它具有新陈代谢的功能。这种新数据补充、旧数据剔除的模型还称为新陈代谢模型。

用新信息灰色模型进行预测时,假设原始序列为 $\boldsymbol{X}^{(0)}=[x^{(0)}(1),\ x^{(0)}(2),\cdots,\ x^{(0)}(n)]$,通过建立 GM(1,1)模型求得预测值 $x^{(0)}(n+1)$。将 $x^{(0)}(n+1)$加入原始序列生成新的序列 $\boldsymbol{X}^{(0)}=[x^{(0)}(1),\ x^{(0)}(2),\cdots,\ x^{(0)}(n),\ x^{(0)}(n+1)]$,这样一个新的 GM(1,1)模型被建立起

来，使用新的序列来进行预测。

当用灰色新陈代谢模型进行预测时，将 $x^{(0)}(n+1)$ 加入原始序列，同时将 $x^{(0)}(1)$ 从原始序列剔除以生成新的序列 $\boldsymbol{X}^{(0)}=[x^{(0)}(2), x^{(0)}(3), \cdots, x^{(0)}(n+1)]$，保持序列等维，这样新陈代谢，逐个预测，依次递补，直至完成预测目标为止。

6.4.3　基于数据变换的改进模型

1. 加入序列算子的 GM 模型

一般情况下，事物在开始发展阶段速度较快，但随后不再按原始序列的速度进行变化。因此，如按原始序列建模，会出现预测结果偏大的趋势。引入序列算子的作用可使序列的变化速度逐渐减慢。

设原始序列 $\boldsymbol{X}^{(0)}=[x^{(0)}(1), x^{(0)}(2), \cdots, x^{(0)}(n)]$，D 为序列弱化算子，则有

$$\boldsymbol{X}\mathrm{D}=[x(1)\mathrm{d}\quad x(2)\mathrm{d}\quad \cdots\quad x(n)\mathrm{d}]$$

式中

$$x(t)\mathrm{d}=\frac{1}{n-t+1}[x(t)+x(t+1)+\cdots+x(n)]\quad (t=1,2,3,\cdots,n)$$

按 $\boldsymbol{X}$D 建立的模型，可减缓序列的发展速度，此种模型称为有序列算子作用的 GM(1,1)模型。

如果一次弱化处理还没有充分使序列的变化趋势满足要求，可对原始序列进行二阶、三阶弱化。二阶弱化的公式如下：

$$\boldsymbol{X}^{(0)}\mathrm{D}^2=[x^{(0)}(1)\mathrm{d}^2\quad x^{(0)}(2)\mathrm{d}^2\quad \cdots\quad x^{(0)}(n)\mathrm{d}^2]$$

式中

$$x(t)\mathrm{d}^2=\frac{1}{n-t+1}[x^{(0)}(t)\mathrm{d}+x^{(0)}(t+1)\mathrm{d}+\cdots+x^{(0)}(n)\mathrm{d}]\quad (t=1,2,3,\cdots,n)$$

弱化后再按照 GM(1,1)的建模过程进行建模与预测。

若算子作用序列 $\boldsymbol{X}$D 比原始序列的增长速度(或衰减速度)加快或振幅增大，则称 D 为强化算子，公式如下：

$$\boldsymbol{X}\mathrm{D}=[x(1)\mathrm{d}\quad x(2)\mathrm{d}\quad \cdots\quad x(n)\mathrm{d}]$$

式中

$$x(t)\mathrm{d}=\frac{1}{2t-1}[x(1)+x(2)+\cdots+x(t-1)+t\cdot x(t)]\quad (t=1,2,3,\cdots,n-1)$$

$$x(n)\mathrm{d}=x(n)$$

2. 加入权重系数的模型

如果预先知道原始序列各数据的权重，则可以考虑对原始序列数据做如下处理：

原始序列为 $\boldsymbol{X}^{(0)}=[x^{(0)}(1), x^{(0)}(2), \cdots, x^{(0)}(n)]$，其各数据的权重系数为 $\boldsymbol{W}=[w(1), w(2), \cdots, w(n)]$，令

$$\boldsymbol{X}^{\mathrm{T}}=[w(1)x^{(0)}(1)\quad w(2)x^{(0)}(2)\quad \cdots\quad w(n)x^{(0)}(n)]$$

则用 $\boldsymbol{X}^{\mathrm{T}}$ 建立的 GM(1,1)模型为权函数法 GM(1,1)模型。

这种模型中的权重系数可用多种方法求出，如通过专家打分法、层次分析法等定量方法来决定相应的权重系数。在实际应用中，需要根据具体的情况来赋予权重系数不同的意义。例如在某项事物的观测数据中，各时期的观测值普遍较高，就可以用均值确定的权重系数来体现。这样就避免了某种异常情况的干扰，从而得出更符合实际的结果。

这种改进方法是定性方法和定量方法的结合，既反映了数字间的数量关系，又考虑到实际的经验和情况，较原来的模型增加了灵活性和实际应用的价值。

对背景值也可以进行加权计算，这时模型称为 pGM(1,1)模型。

与 GM(1,1)模型不同的是：在 GM(1,1)模型中，灰色微分方程中的$\frac{dx}{dt}$所取的背景值为 $z(t)=\frac{1}{2}[x(t+1)+x(t)]$，而 pGM(1,1)模型则采用了加权的背景值 $z(t)=px(t+1)+(1-p)x(t)$，其中 p 为权重。

3. 离散 GM(1,1)模型

满足 $x^{(1)}(t+1)=\beta_1 x^{(1)}(t)+\beta_2$ 的模型称为离散 GM(1,1)模型，即 DGM(1,1)模型，或称为 GM(1,1)模型的离散形式。

对 $x^{(1)}(t+1)=\beta_1 x^{(1)}(t)+\beta_2$ 进行递归

$$\begin{aligned} x^{(1)}(t+1) &= \beta_1 x^{(1)}(t)+\beta_2 \\ &= \beta_1[\beta_1 x^{(1)}(t-1)+\beta_2]+\beta_2 \\ &\vdots \\ &= \beta_1^t x^{(1)}(1)+(\beta_1^{t-1}+\beta_1^{t-2}+\cdots+\beta_1)\cdot\beta_2 \end{aligned}$$

令 $x^{(1)}(1)=x^{(0)}(1)$，于是模型可以表示为

$$\hat{x}^{(1)}(t+1)=\beta_1 x^{(0)}(1)+\frac{1-\beta_1^t}{1-\beta_1}\beta_2$$

还原值为

$$\hat{x}^{(0)}(t+1)=\hat{x}^{(1)}(t+1)-\hat{x}^{(1)}(t)\quad(t=1,2,3,\cdots,n-1)$$

DGM(1,1)有两个参数 β_1、β_2，其估计值为

$$\hat{\boldsymbol{\beta}}=(\boldsymbol{B}^{\mathrm{T}}\boldsymbol{B})^{-1}\boldsymbol{B}^{\mathrm{T}}\boldsymbol{Y}$$

式中

$$\boldsymbol{B}=\begin{bmatrix} x^{(1)}(1) & 1 \\ x^{(1)}(2) & 1 \\ \vdots & \vdots \\ x^{(1)}(n-1) & 1 \end{bmatrix},\quad \boldsymbol{Y}=\begin{bmatrix} x^{(1)}(2) \\ x^{(1)}(3) \\ \vdots \\ x^{(1)}(n) \end{bmatrix}$$

展开得

$$\begin{cases} \beta_1=\dfrac{\sum\limits_{t=1}^{n-1}x^{(1)}(t+1)x^{(1)}(t)-\dfrac{1}{n-1}\sum\limits_{t=1}^{n-1}x^{(1)}(t+1)\sum\limits_{t=1}^{n-1}x^{(1)}(t)}{\sum\limits_{t=1}^{n-1}(x^{(1)}(t))^2-\dfrac{1}{n-1}\left[\sum\limits_{t=1}^{n-1}x^{(1)}(t)\right]^2} \\ \beta_2=\dfrac{1}{n-1}\left[\sum\limits_{t=1}^{n-1}x^{(1)}(t+1)-\beta_1\sum\limits_{t=1}^{n-1}x^{(1)}(t)\right] \end{cases}$$

DGM 离散模型与 GM 模型的时间响应序列相比，可以认为这两者是同一模型的不同表达方式，当 a 取值较小时，$\beta_1\approx e^{-a}$，可以相互替代。

DGM(1,1)模型符合灰色预测模型的建模机理，用它做指数增长序列的预测，结果完全符合增长规律，精度较高；因此，可以将 DGM(1,1)称为 GM(1,1)模型的精确形式，而原 GM(1,1)模型称为近似形式。

4. 灰色非等时距序列模型

灰色系统模型所涉及的序列大多是等间距序列，但在实际应用中，得到的原始序列可能是非等间距的。

非等间距序列建模可以用以下两种方法。

设 $\boldsymbol{X}^{(0)}=[x^{(0)}(t_1),\ x^{(0)}(t_2),\cdots,\ x^{(0)}(t_n)]$，若其中 $\Delta t_i=t_i-t_{i-1}\neq \text{const}\ (i=2,3,4,\cdots,n)$，则称此序列为非等间距序列。

(1) 数据的等间距处理

① 求平均序列间隔：

$$\Delta t=\frac{1}{n-1}(t_n-t_1)$$

② 进行数据转换。把数据转化为等时距数据 $x^{(0)}(t),t=1,2,3,\cdots,n$。转换的方法可以有多种，如利用分段线性插值法，将

$$x^{(0)}(t)=\begin{cases}x^{(0)}(t_1) & i=1\\ x^{(0)}(t_{i-1})+\dfrac{x^{(0)}(t_i)-x^{(0)}(t_{i-1})}{t_i-t_{i-1}}[t_i+(i-1)\Delta t-t_{i-1}] & i=2,3,\cdots,n-1\\ x^{(0)}(t_n) & i=n\end{cases}$$

作为等间距模型的原始序列，然后按传统的方法求解出离散解模型。为了能与原始数据比较，将 t_i 代入，可得到非等间距模型：

$$\hat{x}_1^{(1)}(t_i)=\left(x_1^{(0)}(1)-\frac{b}{a}\right)\mathrm{e}^{-\frac{t_i-t_1}{\Delta t}a}+\frac{b}{a}$$

通过 $\hat{x}_1^{(0)}(t_i)=\begin{cases}\hat{x}^{(1)}(t_1) & i=1\\ \hat{x}^{(1)}(t_i)-\hat{x}^{(1)}(t_i-\Delta t) & i=2,3,\cdots,n\end{cases}$ 进行还原处理。

(2) 直接建模

设原始非等间距序列 $\boldsymbol{X}^{(0)}=[x^{(0)}(t_1),\ x^{(0)}(t_2),\cdots,\ x^{(0)}(t_n)]$，$\boldsymbol{X}^{(0)}$ 的一次累加(1 - AGO)生成序列为

$$\boldsymbol{X}^{(1)}=[x^{(1)}(t_1)\quad x^{(1)}(t_2)\quad \cdots\quad x^{(1)}(t_n)]$$

式中

$$x_1^{(1)}(t_i)=\sum_{j=1}^{i}x^{(0)}(t_j)\Delta t_j\quad (i=2,3,\cdots,n)$$

对 $\boldsymbol{X}^{(1)}$ 建立的白化微分方程

$$\frac{\mathrm{d}[x^{(1)}(t)]}{\mathrm{d}t}+ax^{(1)}(t)=b,\quad t\in[0,\infty)$$

在区间 $[t_i,t_{i+1}]$ 上积分，即

$$\int_{t_i}^{t_{i+1}}\mathrm{d}[x^{(1)}(t)]+a\int_{t_i}^{t_{i+1}}x^{(1)}(t)\mathrm{d}t=b\int_{t_i}^{t_{i+1}}\mathrm{d}t$$

式中

$$\begin{aligned}\int_{t_i}^{t_{i+1}}\mathrm{d}[x^{(1)}(t)]&=x^{(1)}(t_{i+1})-x^{(1)}(t_i)=\sum_{j=1}^{i+1}x^{(0)}(t_j)\Delta t_j-\sum_{j=1}^{i}x^{(0)}(t_j)\Delta t_j\\&=x^{(0)}(t_{i+1})\Delta t_{i+1}\end{aligned}$$

设 $x^{(1)}(t)$ 在区间 $[t_i,t_{i+1}]$ 上的背景值为 $z^{(1)}(t_{i+1})=\int_{t_i}^{t_{i+1}}x^{(1)}(t)\mathrm{d}t$，则得到离散化模型

$$x^{(0)}(t_{i+1})\Delta t_{i+1} + az^{(1)}(t_{i+1}) = b\Delta t_{i+1}$$

其中背景值 $z^{(1)}(t_{i+1})$ 可由下式构造：

$$z^{(1)}(t_{i+1}) = \frac{x^{(0)}(t_{i+1})(\Delta t_{i+1})^2}{\ln\left[x^{(1)}(t_{i+1})\right] - \ln\left[x^{(1)}(t_i)\right]}$$

求解白化微分方程，规定 $t=t_1$ 时，$x^{(1)}(t_1)=x^{(0)}(t_1)$，则非等间距序列响应序列为

$$\hat{x}^{(1)}(t_{i+1}) = \left(x^{(0)}(t_1) - \frac{b}{a}\right)\mathrm{e}^{-a(t_i - t_1)} + \frac{b}{a}$$

还原后模型表达式为

$$\hat{x}^{(0)}(t_{i+1}) = \frac{\hat{x}^{(1)}(t_{i+1}) - \hat{x}^{(1)}(t_i)}{\Delta t_{i+1}} = \frac{1}{\Delta t_{i+1}}(1 - \mathrm{e}^{a\Delta t_{i+1}})\left(x^{(0)}(t_1) - \frac{b}{a}\right)\mathrm{e}^{-a(t_{i+1} - t_1)}$$

模型参数 a、b 用 OLS 法求得

$$\hat{\boldsymbol{a}} = [a, b]^{\mathrm{T}} = (\boldsymbol{B}^{\mathrm{T}}\boldsymbol{B})^{-1}\boldsymbol{B}^{\mathrm{T}}\boldsymbol{Y}$$

式中

$$\boldsymbol{B} = \begin{bmatrix} -z^{(1)}(t_2) & \Delta t_2 \\ -z^{(1)}(t_3) & \Delta t_3 \\ \vdots & \vdots \\ -z^{(1)}(t_n) & \Delta t_n \end{bmatrix}, \quad \boldsymbol{Y} = \begin{bmatrix} x^{(0)}(t_2)\Delta t_2 \\ x^{(0)}(t_3)\Delta t_3 \\ \vdots \\ x^{(0)}(t_n)\Delta t_n \end{bmatrix}$$

6.4.4 针对内部建模机制的改进模型

GM(1,1)模型只考虑了模型函数的数学关系，忽略了实际数据的波动性带来的误差；而且，模型还存在着指数型发散误差源，响应函数的指数系数越大，则误差越大。针对这两种情况，可以由下述方法改进。

1. 灰色模型的级差格式

设原始序列为 $\boldsymbol{X}^{(0)}=[x^{(0)}(t_1), x^{(0)}(t_2), \cdots, x^{(0)}(t_n)]$，一次累加序列为

$$\boldsymbol{X}^{(1)} = [x^{(1)}(t_1) \quad x^{(1)}(t_2) \quad \cdots \quad x^{(1)}(t_n)]$$

式中：$x^{(1)}(t) = \sum_{m=1}^{t} x^{(0)}(m)$。

对 $\boldsymbol{X}^{(1)}$ 进行趋势关联分析，若辨明 $\boldsymbol{X}^{(1)}$ 隐含指数时序，则称

$$x^{(1)}(t+1) - x^{(1)}(t) \approx f(\boldsymbol{X}^{(1)}, a, c)$$

为级差格式，而称 $x^{(1)}(t+1)-x^{(1)}(t)=f(\boldsymbol{X}^{(1)}, a, c)$ 为精确级差格式，其中 a、c 为模型常数。

如果 $\boldsymbol{X}^{(0)}$ 隐含非齐次指数型时序 $x^{(0)}(t)=b\mathrm{e}^{-a(t-1)}+c$，那么通过数据处理可以得到精确级差格式（前级差）：

$$x^{(1)}(t+1) - x^{(1)}(t) = -(1-\mathrm{e}^{-a})x^{(1)}(t) + (1-\mathrm{e}^{-a})c \cdot t + b + c$$

即

$$x^{(0)}(t+1) = a_1 x^{(1)}(t) + a_2 t + a_3$$

式中

$$a = -\ln(1+a_1), \quad a_2 = a_1 c, \quad a_3 = b + c$$

后级差格式定义为

$$x^{(1)}(t+1) - x^{(1)}(t) = (1-\mathrm{e}^{-a})x^{(1)}(t) - (1-\mathrm{e}^{-a})c \cdot t - b - c$$

即

$$x^{(0)}(t+1)=a'_1 x^{(1)}(t+1)+a'_2 t+a'_3$$

式中

$$a=\ln(1+a'_1),\quad a'_2=a'_1 c,\quad a'_3=-b-c$$

从而对于任意的 $a\in\mathbf{R}$,则背景函数 $x^{(0)}(t)=b\mathrm{e}^{-a(t-1)}+c$ 的精确级差格式为

$$\begin{aligned}x^{(0)}(t)&=-(1-\alpha)(\mathrm{e}^{2a}-\mathrm{e}^{a})x^{(1)}(t+1)+\alpha(1-\mathrm{e}^{a})x^{(1)}(t)+\\&\quad c(\mathrm{e}^{a}-1)(\mathrm{e}^{a}-\mathrm{e}^{a}\alpha+\alpha)t+c+b[\alpha-\mathrm{e}^{2a}(1-\alpha)]\\&=p_1x^{(1)}(t)+p_2x^{(1)}(t+1)+p_3t+p_4\end{aligned}$$

式中

$$p_1=\alpha(1-\alpha)$$

$$p_2=-(1-\alpha)(\mathrm{e}^{2\alpha}-\mathrm{e}^{a})$$

$$p_3=-c(\mathrm{e}^{a}-1)\mathrm{e}^{a}-\mathrm{e}^{a}\alpha+\alpha)$$

$$p_4=c+b[\alpha-\mathrm{e}^{2a}(1-a)]$$

2. 灰色 Gompertz 模型

① 令原始序列 $\mathbf{y}^{(0)}$,$y^{(0)}(i)>0$,$i=1,2,3,\cdots,n$,采用对数变换对原始序列进行处理,得 $x^{(0)}(i)=\ln[y^{(0)}(i)]$。

② 对序列 $\mathbf{X}^{(0)}=[x^{(0)}(1),\ x^{(0)}(2),\cdots,\ x^{(0)}(n)]$一次累加序列 $\mathbf{X}^{(1)}$ 进行处理,得到如下方程并求其最小二乘解:

$$\begin{bmatrix}x^{(1)}(2)+x^{(1)}(3) & \cdots & 2 & 1\\ x^{(1)}(3)+x^{(1)}(4) & \cdots & 3 & 1\\ \vdots & & \vdots & \vdots\\ x^{(1)}(n-1)+x^{(1)}(n) & \cdots & n-1 & 1\end{bmatrix}\begin{bmatrix}p_1\\p_2\\p_3\end{bmatrix}=\begin{bmatrix}x^{(0)}(2)\\x^{(0)}(3)\\\vdots\\x^{(0)}(n-1)\end{bmatrix}-2\begin{bmatrix}x^{(1)}(2)\\x^{(1)}(3)\\\vdots\\x^{(1)}(n-1)\end{bmatrix}$$

得到 p_2、p_3、p_4,由 $p_2=-\mathrm{e}^{a}$ 解得参数 a。

③ 利用 $x^{(0)}(t)=b\mathrm{e}^{-a(t-1)}+c$,通过线性拟合得到参数 b 和 c,从而得到还原模型

$$\hat{y}^{(0)}(t)=\mathrm{e}^{c+b\mathrm{e}^{-at}}$$

3. 灰色 Logistic 模型

① 令原始序列 $\mathbf{y}^{(0)}$,$y^{(0)}(i)>0$,$i=1,2,3,\cdots,n$,采用倒数变换对原始序列进行处理,得 $x^{(0)}(i)=\dfrac{1}{y^{(0)}(i)}$。

② 对序列 $\mathbf{X}^{(0)}=[x^{(0)}(1),\ x^{(0)}(2),\cdots,\ x^{(0)}(n)]$一次累加序列 $\mathbf{X}^{(1)}$ 进行处理,得到如下方程并求其最小二乘解:

$$\begin{bmatrix}x^{(1)}(2)+x^{(1)}(3) & \cdots & 2 & 1\\ x^{(1)}(3)+x^{(1)}(4) & \cdots & 3 & 1\\ \vdots & & \vdots & \vdots\\ x^{(1)}(n-1)+x^{(1)}(n) & \cdots & n-1 & 1\end{bmatrix}\begin{bmatrix}p_1\\p_2\\p_3\end{bmatrix}=\begin{bmatrix}x^{(0)}(2)\\x^{(0)}(3)\\\vdots\\x^{(0)}(n-1)\end{bmatrix}-2\begin{bmatrix}x^{(1)}(2)\\x^{(1)}(3)\\\vdots\\x^{(1)}(n-1)\end{bmatrix}$$

得到 p_2、p_3、p_4,由 $p_2=-\mathrm{e}^{a}$ 解得参数 a,称为 I 型。

对于具有相对误差的原始序列 $x^{(0)}(i)$,一般利用下列方程的最小二乘解:

$$\begin{bmatrix}x^{(1)}(3) & 2 & f(2) & 1\\ x^{(1)}(4) & 3 & f(3) & 1\\ \vdots & \vdots & \vdots & \vdots\\ x^{(1)}(n) & n-1 & f(n-1) & 1\end{bmatrix}\begin{bmatrix}p_2\\p_3\\p_4\\p_5\end{bmatrix}=\begin{bmatrix}x^{(0)}(2)\\x^{(0)}(3)\\\vdots\\x^{(0)}(n-1)\end{bmatrix}-\begin{bmatrix}x^{(1)}(2)\\x^{(1)}(3)\\\vdots\\x^{(1)}(n-1)\end{bmatrix}$$

式中：$f(t)=\dfrac{1+(-1)^{t-1}}{2}$，得到 p_2、p_3、p_4、p_5，由 $p_2=-e^{2a}$ 解得参数 a，称为Ⅱ型。

③ 利用 $x^{(0)}(t)=be^{-at}+c$，通过线性拟合得到参数 b 和 c，从而得到还原模型

$$\hat{y}^{(0)}(t)=\frac{1}{c+be^{-at}}$$

6.5 灰色预测法的 MATLAB 实战

例 6.1 已知某城市 1995—2000 年火灾发生次数的统计如表 6.2 所列，以其为原始数据，应用 GM(1,1)模型进行预测。

表 6.2 某城市 1995—2000 年发生火灾次数的统计

年 份	1995	1996	1997	1998	1999	2000
火灾次数	1 031	1 329	1 679	1 702	1 868	2 065

解： 根据灰色理论编写 GM(1,1)函数 gm。此函数的输入参数分别为原始数据序列及预测点(按时间序列的顺序)，输出第 1 个参数为模型参数，第 2 个参数为模拟值及残差(其中第 1 行为预测值，第 2 行为绝对误差，第 3 行为相对误差)，第 3 个参数为模型检验的各种参数(第 1 个为关联度值，第 2 个为原始序列标准差，第 3 个为残差标准差，第 4 个为后验差比值)，当输入中有需要预测的点时，第 4 个参数为预测点相对应的预测值。

对于本例，有

```
>> x = [1031 1329 1679 1702 1868 2065];a1 = gm(x,[7 10]);
a1{1} = 1.0e + 03 * ( - 0.0001   1.2519)
a1{2} = 1.0e + 03 *
    1.0310    1.4160    1.5570    1.7121    1.8826    2.0702     % 预测值
         0   - 0.0870   0.1220   - 0.0101  - 0.0146  - 0.0052    % 绝对误差
         0    0.0065    0.0073    0.0006    0.0008    0.0002     % 相对误差
a1{3} = 0.7220   374.4285   67.5037    0.1803          % 模型检验用参数
a1{4} = 1.0e + 03 * (2.2764    3.0266)       % 2001 年、2004 年的预测值
```

例 6.2 某地区 1997—2006 年火灾统计数据如表 6.3 所列，取灾变值 $\xi=15\ 000$ 次，高于此值为火灾多发年，试作火灾预测。

表 6.3 某地区 1997—2006 年火灾统计数据

年 份	1997	1998	1999	2000	2001	2002	2003	2004	2005	2006
火灾起数	15 264	13 340	16 804	18 783	19 434	25 580	17 525	16 058	16 932	9 996

解： 根据灰色灾变预测模型原理，编写函数 graynorm 对表中数据进行预测计算。

```
>> x = [15264  13340  16804  18783  19434  25580  17525  16058  16932  9996];
>> out2 = graynorm(x,15000,'u');
out2{1} = - 0.1633   3.0612       % 灾变序列的拟合系数
out2{2} = 1.0000    3.5026    4.1238    4.8552    5.7163    6.7300    7.9236    9.3288
          1.0000  - 0.5026  - 0.1238    0.1448    0.2837    0.2700    0.0764  - 0.3288
               0   16.7548    3.0958    2.8962    4.7291    3.8568    0.9551    3.6537
out2{3} = 11    13
```

即时间序列的 11、13(即 2007 年、2009 年)可能发生灾变。

例 6.3　灰色系统理论可以与其他方法组合,以克服单一模型难以全面揭示研究对象发展变化规律的不足。灰色人工神经网络模型即是其中的一种,它主要是利用人工神经网络对 GM(1,1)模型进行残差修正。

已知其一序列 $X_0=[110.2,146.34,185.36,221.14,255.16,288.18,320.54,352.79]$,试用灰色神经网络模型进行拟合。

解: 根据灰色神经网络模型原理,对序列进行预测计算。

```
>> x=[110.2,146.34,185.36,221.14,255.16,288.18,320.54,352.79];
>> a=gm(x);
a{2}=110.2000    164.3941    187.6639    214.2274    244.5511    279.1670    318.6827    363.7918
            0    -18.0541     -2.3039      6.9126     10.6089      9.0130      1.8573    -11.0018
            0     12.3371      1.2429      3.1259      4.1578      3.1276      0.5794      3.1185
>> e=a{2}(2,2:end);m=3;   % 数列延迟为 3,即用前 3 个数列预测第 4 个数列值
>>n=length(e);            % 下列中的 x1 即为人工神经网络的输入,y 为输出值
>>for i=m+1:n;for j=1:m;x1(i,j)=e(i-(m-j+1));end;end;x1=x1(m+1:end,:); y=e(m+1:
end);
>> net=newff(x1',y,6);net.trainParam.epochs = 1000;net.trainParam.lr = 0.05;
>> net.trainParam.goal = 1e-5; net=train(net,x1',y);
>> y1=sim(net,x1');
y1= [10.6089  6.0798  1.0235  -11.0018]
>> y5=1000*[0.2446  0.2792  0.3187  0.3638];  % GM(1,1)模型模拟值
>>y5+y1                         % 修正后的值已大有改进,基本可以接受
ans =[ 255.2089  285.2798  319.7235  352.7982]
>> y5+y1-x(5:end)                        % 与原始值的差异
ans = 0.0489  -2.9002  -0.8165  0.0082
```

例 6.4　在利用灰色模型预测时,常常会遇到两种情况。一是系统的历史数据序列增长过快或者下降过快。例如,一般经济发展过程起步时期发展速度较快,但随着时间的推移,相对于原始基数较小的较快发展,速度会逐渐变慢;再如,人口趋势经过一段时期后会逐步走向平稳,人口出生率稳中有降,即人口序列增加趋势逐渐弱化。二是会受到外界因素(如政策等)的干预,例如国家的粮食产量很明显受政策影响较大。对于这两种情况,如果按原始序列建立模型,则会出现预测结果偏大的趋向,需要进行改进。

用改进灰色模型预测我国 2000 年的粮食产量,其历史数据(单位为万吨)为

$$X=[46\,065\quad 45\,262\quad 45\,710\quad 43\,065]$$

解: 因粮食生产受政策影响较大,所以在利用灰色模型预测时需要进行必要的修改。

直接采用灰色 GM(1,1)模型预测:

```
>> x=[46065  45262  45710  43065]; n=length(x);
>> out=gm(x,n+1);
out{4}=4.2549e+04          % 实际值为 46950
```

误差较大,需要对模型进行改进。

对于本例而言,这两种情况都存在。

对于第 1 种情况,一般考虑使用序列算子。序列算子的作用可以使变化速度过快(慢)的

原始序列减慢(加快)。

对于第 2 种情况,因为序列数据的发展趋势总是具有一定的惯性,因此可假设序列相邻两个时刻的级比有一定程度的相似。考虑用所要预测时刻根据国家政策数据发展的估计百分比与原始数列的平均序列级比来处理序列最后一个数据,即

$$x(k)=x(k)\quad (k=1,2,3,\cdots,n-1)$$

$$x(n)=[2+a-b(n)]\times x(n)$$

式中:$b(n)=\dfrac{1}{n-1}\left[\dfrac{x(2)}{x(1)}+\dfrac{x(3)}{x(2)}+\cdots+\dfrac{x(n)}{x(n-1)}\right]$为 $\boldsymbol{X}$ 在 n 时刻的平均序列级比。

a 为预测时刻根据国家政策预计要将序列数据提高或降低的百分数。如果国家政策是将数据提高,则取正值;否则取负值。利用处理的数据再建立 GM(1,1)模型,即可认为消除了政策影响。

因为从 2000 年开始,粮食产量是下降的,国家进行了干预,因此该序列是受政策影响的,需要对最后一个数据进行处理。在 2004 年初,我国将当年的粮食总产量目标预定为 45 500 万吨,而 2003 年的粮食总产量为 43 065 万吨,可见国家政策是将粮食总产量提高了(45 500－43 065)/43 065×100%=5.654%,即 $a=0.056\ 4$,而 $b(4)$的值可由以下程序可得。

```
≫b = 0; for i = 1:n - 1;b = b + x(i + 1)/x(i);end
≫b = b/(n - 1);
b = 0.9782
```

从而将 2004 年的数据改为 46 439,即历史数据为[46 065　45 262　45 710　46 439]。

下面采用加入序列算子的 GM(1,1)模型进行预测:

```
≫ n = length(x); for i = 1:n;x1(i) = sum(x(i:n))/(n - i + 1);end
≫ out = gm(x1,5);
≫ out{4} = 4.6745e + 04
```

此值即为序列后一年的预测值,很明显预测精度很高。

例 6.5　表 6.4 为钛合金疲劳强度随温度变化的数据,试用灰色模型进行预测。

表 6.4　钛合金疲劳强度随温度变化的数据

T/℃	100	130	170	210	240	270	310	340	380
σ_{-1}	560.00	557.54	536.10	516.10	505.60	486.10	467.40	453.80	436.40

解:本例是一个非等时间距序列问题。根据处理非等时间距序列灰色模型的原理,可编程 gm1 进行预测。在此程序中采用两种方法:一是转换法,即将非等时间距序列转换成等时间距序列,然后再根据一般的灰色模型进行处理;二是直接建模法。在使用该函数时,应注意 k 的输入格式。

```
≫ x = [560　557.54　536.10　516.10　505.60　486.10　467.40　453.80　436.40];
≫ k = [0　30　70　110　140　170　210　240　280];　　　　% 与原点的时间间距
≫ y = gm1(x,k,'e');　　　　　　% 转换法
≫ 100 * (y - x)./x　　　　　　% 预测的相对误差
ans = 0　0.3641　0.3113　0.1389　- 0.7831　0.1665　0.1154　0.0877　0.0234
≫ y = gm1(x,k,'z');　　　% 直接建模法,也可以设 k = [100 130 170 210 240 270 310 340 380]
≫ 100 * (y - x)./x
ans = 0　- 0.5452　0.0083　- 0.0401　- 1.3473　- 0.3106　0.2457　- 0.1734　0.3704
```

从结果上看，这两种方法预测精度都满足要求。

例 6.6 表 6.5 是 1970—1981 年我国缝纫机产量数据。试用灰色 Gompertz 模型进行预测。

表 6.5 1970—1981 年我国缝纫机产量数据

年 份	1970	1971	1972	1973	1974	1975	1976	1977	1978	1979	1980	1981
产量/万台	235.2	249.9	263.2	293.6	318.9	356.7	363.8	424.2	486.5	586.8	768.0	1 019.8

解： 根据灰色 Gompertz 模型建模原理，可以编写函数 gm2 进行预测。此程序采用两种方法进行建模。此程序中如需要预测新点，则加入需要预测的时间点作为第 3 个输入参数。

```
>> x=[235.2  249.9  263.2  293.6  318.9  356.7  363.8  424.2  486.5  586.8  768.0  1019.8];
>> [y1,y2]=gm2(x,'G1');          % I 型,y1 为预测值,y2 为模型参数 a、b、c 的值
>> y=gm2(x,'G2');                % II 型
```

可以得到图 6.1 的结果，其精度令人满意。

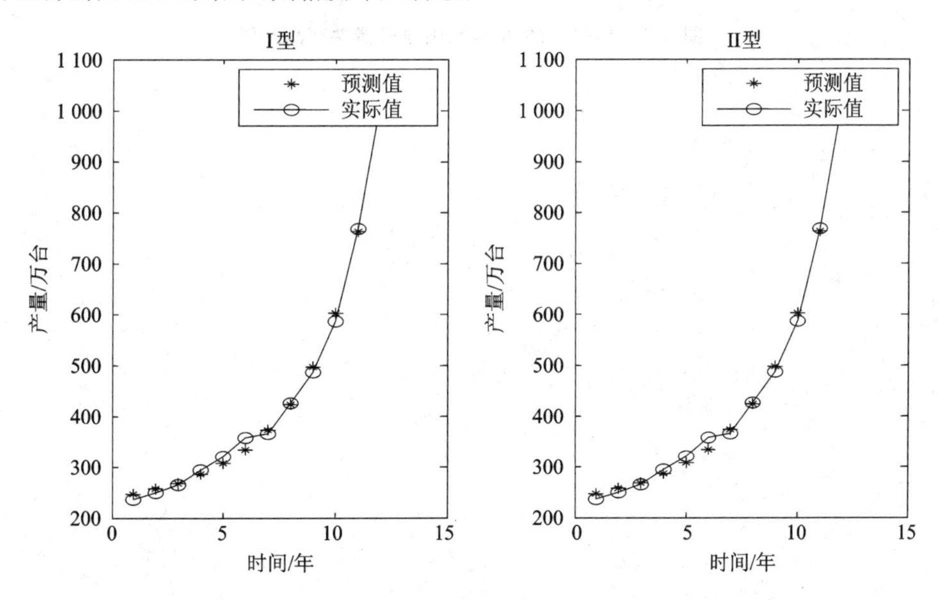

图 6.1 1970—1981 年我国缝纫机产量

例 6.7 表 6.6 为 1991—1998 年我国电子器件产品产值。试用灰色 Logistic 模型进行预测。

表 6.6 1991—1998 年我国电子器件产品产值

年 份	1991	1992	1993	1994	1995	1996	1997	1998
产值/亿元	886	1 087	1 396	1 862	2 471	3 042	4 001	5 482

解： 根据灰色 Logistic 模型原理，编写函数 gm2 进行预测。

```
>> x=[886  1087  1396  1862  2471  3042  4001  5482];
>> [y1,y2]=gm2(x(1:end-1),'L',8);          % 灰色 Logistic 模型,用以前 7 个数据预测第 8 个数据
```

可以得到图 6.2 所示的结果，可以看出后两个点的误差较大。

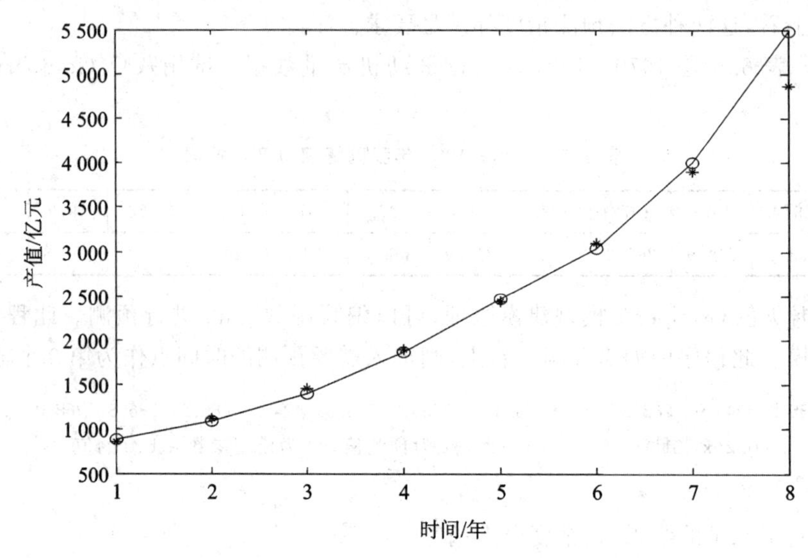

图 6.2 1991—1998 年我国电子器件产品产值

第 7 章 人工神经网络预测法

人工神经网络(Artificial Neural Network,ANN)也称为神经网络,是由大量简单的神经元相连接而成的网络,可以模拟人脑的思维过程,实现了人工智能中的学习、判断、推理等功能。从 20 世纪 40 年代提出基本概念以来,神经网络得到了迅速的发展,以其具有大规模并行处理能力、分布式储存能力、自适应能力,以及适于求解非线性、容错性和冗余性等问题而引起众多领域科学工作者的关注。

人工神经网络的预测功能主要是基于它很好的函数逼近的性质,即可以表示任意非线性关系的能力。它对含有非线性关系的数据具有很好的捕捉能力,是对线性回归预测模型和线性时间序列预测模型很好的补充。

7.1 人工神经网络的基础知识

ANN 是在人类对其大脑神经网络认识理解的基础上,人工构造能够实现某种功能的网络系统。它对人脑进行了简化、抽象和模拟,是大脑生物结构的数学模型。ANN 由大量功能简单且具有自适应能力的信息处理单元(即人工神经元)按照大规模并行的方式,通过拓扑的结构连接而成。

7.1.1 人工神经元

人工神经元是对生物神经元的模拟。在生物神经元(见图 7.1(a))上,来自轴突的输入信号神经元终结于突触上。信息是沿着树突传输并发送到另一个神经元的。对于人工神经元(见图 7.1(b)),这种信号传输由输入信号 x、突触权重 w、内部阈值 θ_j 和输出信号 y 来模拟。

对比生物神经元,人工神经元模型应具有两个功能:一个是对输入信号的累加功能,另一个是激活函数的处理功能。它的实质就是网络输入与输出的函数关系。

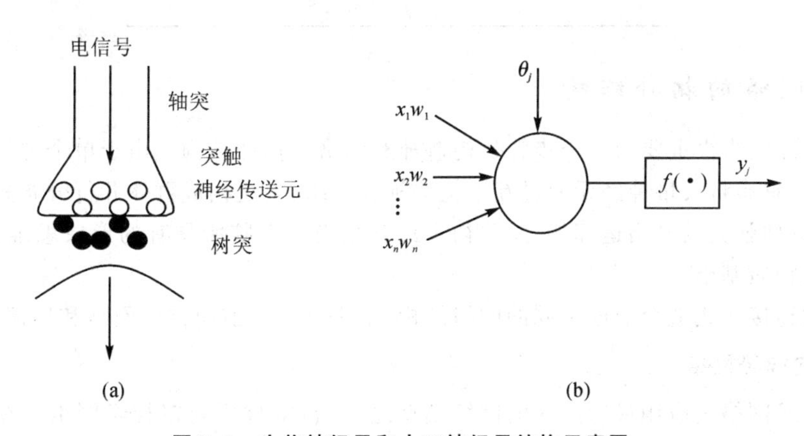

图 7.1 生物神经元和人工神经元结构示意图

7.1.2 传递函数

在人工神经元系统中，其输出是通过传递函数（也称激活函数）$f(\cdot)$来完成的。传递函数的作用是控制输入对输出的激活作用，把可能的无限域变换到给定范围的输出，对输入、输出进行函数转换，以模拟生物神经元线性或非线性转移特性。

由图 7.1 可见，简单神经元主要由权值、阈值和 $f(\cdot)$的形式定义，其数学表达式如下：

$$y = f\left(\sum_{i=1}^{n} w_i \cdot x_i - \theta_i\right)$$

通过选择不同的激活函数，就可以表现出不同的输入、输出关系。

传递函数是人工神经元的核心，甚至神经网络解决问题的能力很大程度上也是由传递函数的性质决定的。

传递函数可以有多种形式，可以选择传递函数为所希望的函数形式，例如平方根、乘积、对数、指数等形式。表 7.1 为神经网络常用的一些传递函数。除线性传递函数外，其他变换给出的均是累积信号的非线性变换。因此，人工神经网络特别适合解决非线性问题。

表 7.1　神经网络常用的传递函数

类　型	函　数
阈值逻辑（二值）	$f(x)=\begin{cases}1 & x \geqslant s \\ 0 & x < s\end{cases}$
阈值逻辑（两极）	$f(x)=\begin{cases}1 & x \geqslant s \\ -1 & x < s\end{cases}$
线性传递函数	$f(x)=cx$
线性阈值函数	$f(x)=\begin{cases}1 & x \geqslant s \\ 0 & x < s \\ c & \text{其他}\end{cases}$
Sigmoid 函数	$f(x)=\dfrac{1}{1+e^{-cx}}$
双曲-正切函数	$f(x)=\dfrac{e^{cx}-e^{-cx}}{e^{cx}+e^{-cx}}$

7.1.3 网络的拓扑结构

构造神经网络很重要的一个步骤是构造神经网络的拓扑结构。由于单个神经元的功能是极其有限的，只有将大量神经元通过互连构造神经网络，使之构成群体并行分布式处理的计算结构，方能发挥强大的网络运算能力，并初步具有相当于人脑所具有的形象思维、抽象思维和灵感思维的物质基础。

不同的连接方式就会形成不同的网络结构，最常见的是前向神经网络和反馈神经网络。

1. 前向神经网络

前向神经网络是应用最为广泛的网络模型之一，也常称为前馈神经网络。在前向神经网络中，神经元分层排列，各层的神经元只能接受前一层各个神经元输出的信号，而各层内的神经元之间没有连接，而且整个网络结构中不含反馈。按照层数，可以把前馈网络分为单层前向

神经网络和多层前向神经网络两种。

(1) 单层前向神经网络

单层前向神经网络的结构如图7.2所示。此网络中的输入层不含神经元处理单元，输入层每个输入值都是通过权值矩阵与每个输出节点相连，用数学式表示为

$$u_k=\sum_{i=1}^{n}w_{ij}x_i+\theta_k$$

$$y_k=f(u_k)$$

式中：w_{ij} 是输入节点 x_j 和输出节点 y_i 所连接的权值；θ_k 为第 k 个输出单元的偏移值；f 为传递函数。

单层前向神经网络结构应用较多的是单层感知器和单层自适应线性元件。

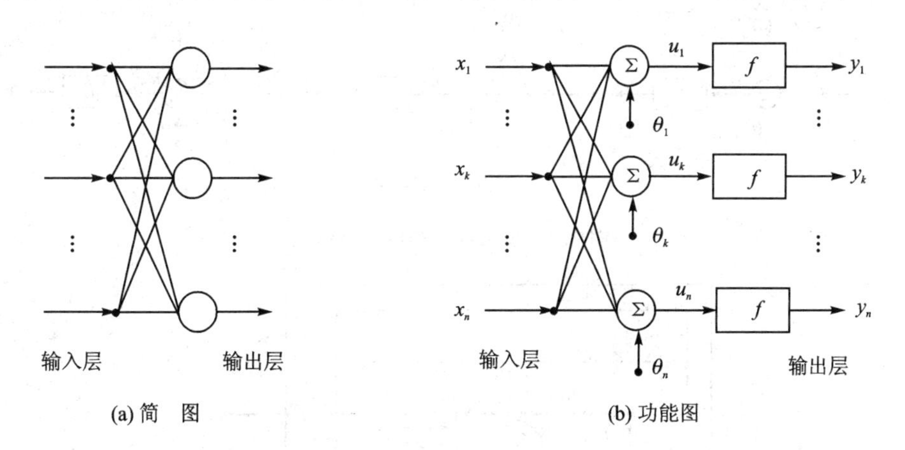

图7.2　单层前向神经网络结构

(2) 多层前向神经网络

多层前向神经网络的结构如图7.3所示。它是由两个或两个以上的单层神经网络级连而成，上一层的输出作为下一层的输入，前后两层之间的神经元全连接，而层内的各个神经元之间无连接。

多层前向神经网络的输出可以表示为

$$v_i^{(k)}=f_k(u_i^{(k)})\quad(i=1,2,3,\cdots,n_k)$$

$$u_i^{(k)}=\sum_{j=1}^{n_k-1}w_{ij}^{(k)}v_j^{(k-1)}+\theta_i^{(k)}\quad(i=1,2,3,\cdots,n_k)$$

其中网络具有 N 层，n 个输入向量，m 个输出向量，$v_i^{(0)}=x_i$，$v_i^{(N)}=y_i$。

2. 反馈神经网络

反馈神经网络的结构如图7.4、图7.5所示。它们的特点是至少含有一个反馈回路，即信号除了从输入端流向输出端外，输出信号通过与输入的连接返回到输入端，形成一个回路，或者是不同神经元之间也有信息反馈。

(1) 有隐含层的反馈网络

有隐含层的反馈网络结构如图7.4所示。

(2) 无隐含层的反馈网络

无隐含层的反馈网络结构如图7.5所示。此网络中，所有节点的地位是平等的，它们既接

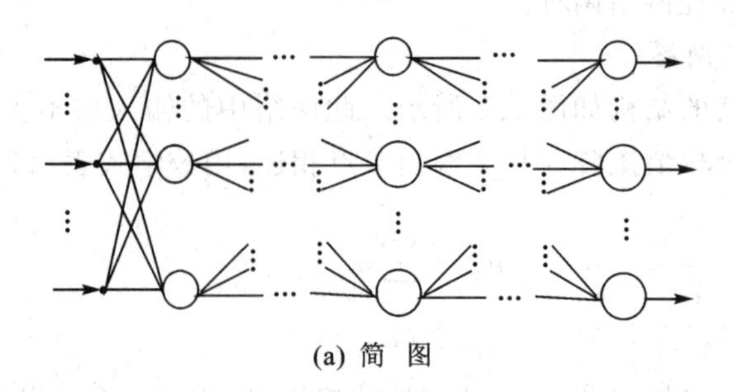

(a) 简 图

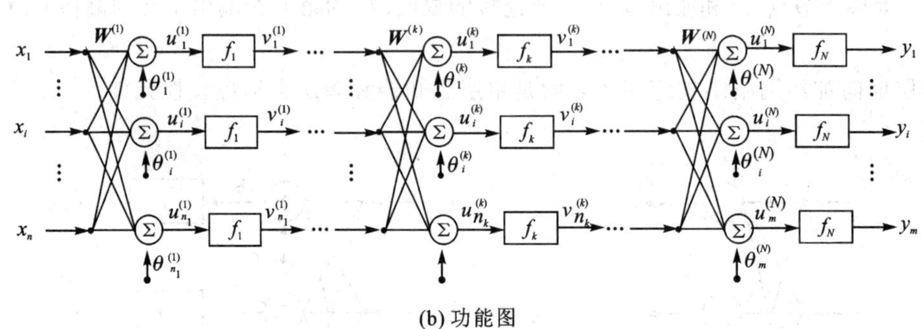

(b) 功能图

图 7.3 多层前向神经网络结构

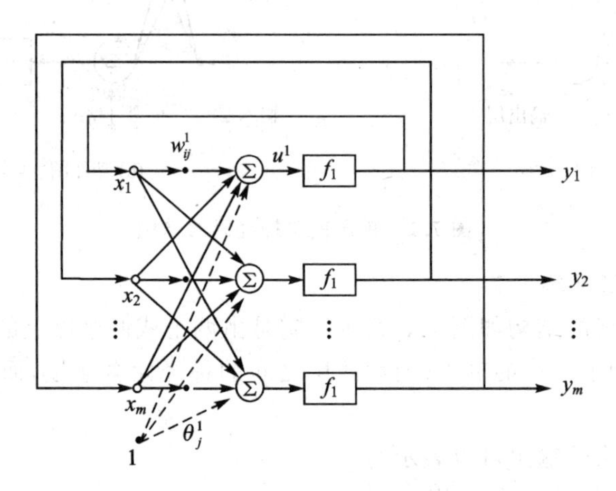

图 7.4 有隐含层的反馈网络结构

收其他节点的输入,又输出给其他节点。在反馈神经网络中,神经元的输出也可以反馈到输入,即自反馈,如图 7.5 中的虚线所示。

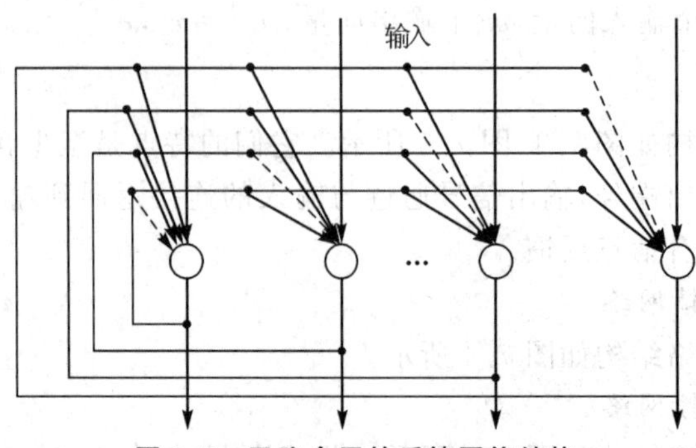

图 7.5 无隐含层的反馈网络结构

7.1.4 网络的结构设计

1. 输入、输出层节点的确定

节点数取决于数据源的维数，即输入向量的维数。对于一个预测问题，确定输入向量是十分重要的，因为在识别对象时它是唯一的依据。选择特征向量时并不是越多越好。维数越多，计算花费的时间就越多。因此选取特征向量时，应从实际出发，适当地选取最能表现事物本质的那些特征。

2. 隐含层数的确定

隐含层数较多的网络往往需要花费更长的训练时间，所以一般选择单隐含层或双隐含层的网络。虽然双隐含层的网络结构具有比单隐含层更高的预测精度，但是因为单隐含层网络可以逼近任何一个在闭区间内连续的函数，所以预测时首选单隐含层的网络。除非对于某些特定的问题，如使用单隐含层网络必须设置很多的节点（容易出现过拟合的现象），就需要考虑应用双隐含层的网络。实际上，对于绝大多数的预测问题，都不需要多于两层的隐含层进行预测，使用单隐含层网络就可以得到比较理想的结果。

3. 隐含层节点数的确定

隐含层节点数的设置是确定神经网络模型结构中非常重要而且复杂的问题。节点设置过多可能会使网络训练时间延长，而且更容易陷入局部极小值点，另外也容易出现过拟合的现象，使得网络的预测误差更大；节点设置过少，网络结构过于单薄往往不能完全提取预测数据的有用信息，也会使预测的效果不够理想。最基本的原则是：在满足精度要求的前提下，取尽可能小的隐含层的节点数。但到目前为止，仍没有一种理论上通用的方法来确定隐含层节点的个数。最常用的是通过试算或经验的方法，逐步找出理想的节点个数。

若网络的输入层有 m 个神经元，输出层有 n 个神经元，隐含层有 s 个节点，p 个训练样本，则一般可以根据下列公式来确定隐含层节点的个数：

$$s=\sqrt{m+n}+a$$

$$s<m-1$$

$$s=\log m$$

式中：a 为 1～10 的常数。也有一些研究表明，对于一些预测问题，可以简单地取 $s=m$，也有学者指出，可以逼近连续函数的隐含层节点的上限值，即 $s\leqslant 2m+1$。

为了使网络不至于对训练样本过度拟合，有研究者进一步得出，一般隐含层节点数需要满足 $s\leqslant\dfrac{p}{m+1}$。

各种文献中提出的隐含层节点数的经验计算公式有时会相差很多，在综合考虑网络结构复杂程度和误差大小的情况下，还可以用节点删除法和扩张法来修正。

7.1.5 神经网络的学习规则

对于神经网络的学习问题，若神经网络结构确定，那么学习算法的任务就是计算网络神经元之间的连接权值。按照连接权值的计算规则，可将目前常见的神经网络学习算法分类简述如下。

1. Hebb 学习规则

Hebb 学习规则是基于生物神经元突触权值的变化规则：若一个神经元 A 是兴奋的，且引起与其相连接的另一个神经元 B 也是兴奋的，则 A 和 B 之间的连接强度增加。

2. 因素元件学习

某些神经网络的学习算法可以产生一组有关输入模式的因素元件作为网络的连接权值。一组数据的因素元件是由模式集合的协方差矩阵求得最小正交向量集合而得到的。求得基本集合后，可以利用线性变换得到所有的向量。

3. 竞争学习

竞争学习通常是一个两步过程：第一步，神经元根据输入模式和现有状态进行竞争，竞争结果只有一个神经元获胜；第二步，取胜神经元修正连接权值，权值向量修正的方向是输入模式向量的方向。

4. 最小-最大学习

最小-最大学习分类是模糊神经网络分类器，系统利用由两个向量组成的二元组表示一类模式。每一类模式均由一个神经元输出表示，一个神经元由两个连接权值向量 $\boldsymbol{v}_j$ 和 $\boldsymbol{w}_j$ 表达，$\boldsymbol{v}_j$ 称为最小向量，$\boldsymbol{w}_j$ 称为最大向量。每个神经元的最小权值向量和最大权值向量分别通过最小和最大过程计算得到。

5. 误差修正学习

误差修正学习用于多层前馈神经网络的学习过程。若多层前馈网络的神经元采用连续的神经元作用函数，则这种网络就可以采用修正法计算其连接权值。最典型也最著名的误差修正学习算法是 BP 网络的学习算法。

6. 随机学习

随机学习网络模型的神经元输出值是根据概率分布函数随机地在一定范围内取值的。随机学习利用随机处理、概率和能量关系调整网络的连接权值。利用随机方法模拟系统的能量下降过程，由此搜集每个神经元的评价值，并根据该评价值随机调整连接权值，这就是随机学习的基本步骤。这种方法又称为模拟退火算法。

7.1.6 神经网络的分类和特点

人工神经网络模型有多种形式，它取决于网络的拓扑结构、神经元传递函数、学习算法和系统特点。

根据不同的分类标准，神经网络可以分成多种形式：按照网络的性能，可分为离散型和连续型神经网络，又可以分为确定型和随机型神经网络；按照网络结构，可分为前馈和反馈神经网络；按照学习方式，可分为监督学习和无监督学习神经网络；按照连接突触性质，可分为一阶关联网络和高阶非线性关联网络。按照对生物神经网络的不同组合层次模拟，神经网络模型又可分为神经元层次模型、组合型模型、网络层次模型、神经系统层次模型、智能模型等。

人工神经网络具有一系列不同于其他计算方法的性质和特点：

① 神经网络将信息分布贮存在大量的神经元中，且具有内在的知识索引功能，也就是将大量信息存贮起来并具有以一种更为简便的方式对其访问的能力。

② 人工神经网络具有对周围环境自学习、自适应的功能，也可用于处理带噪声的、不完整的数据集。

③ 人工神经网络能模拟人类的学习过程，并且有很强的容错能力，可以从不完善的数据和图形中进行学习和作出决定。一旦训练完成，就能从给定的输入模式中快速计算出结果。

正是因为有了这些特点,人工神经网络在人工智能、自动控制、计算机科学、信息处理、模式识别等领域得到了广泛的应用。

7.2　BP 人工神经网络

1985 年,Rumelhart 提出的 Error Back Propagation 算法(简称 BP 算法),系统地解决了多层网络中隐单元层连接权的学习问题。目前,BP 模型已成为人工神经网络的重要模型之一,并得到了广泛的应用。

7.2.1　BP 算法

BP 人工神经网络由输入层、隐含层和输出层三层组成。其核心是通过一边向后传递误差,一边用修正误差的方法来不断调节网络参数(权值、阈值),以实现或逼近所希望的输入、输出映射关系。BP 人工神经网络结构如图 7.6 所示。

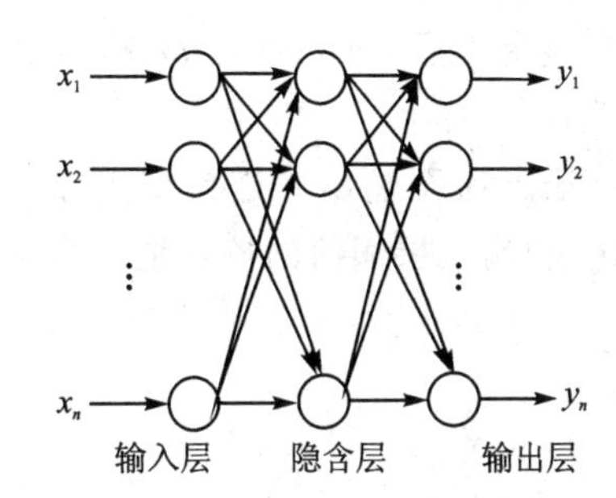

图 7.6　BP 人工神经网络结构

下面介绍 BP 人工神经网络的学习算法。

(1) 初始化

为了加快网络的学习效率,一般需要对原始数据的输入、输出样本进行规范化处理,并对权值及阈值赋予[−1,1]区间的随机值。

$$\boldsymbol{X}=[x_1,x_2,\cdots,x_n]^{\mathrm{T}},\quad \boldsymbol{Y}=[y_1,y_2,\cdots,y_q]^{\mathrm{T}}$$

$$\boldsymbol{O}=[o_1,o_2,\cdots,o_q]^{\mathrm{T}},\quad \boldsymbol{B}=[b_1,b_2,\cdots,b_p]^{\mathrm{T}}$$

$$\boldsymbol{W}_j=[w_{j1},w_{j2},\cdots,w_{jn}]^{\mathrm{T}}\quad (j=1,2,3,\cdots,p)$$

$$\boldsymbol{V}_k=[v_{k1},v_{k2},\cdots,v_{kn}]^{\mathrm{T}}\quad (k=1,2,3,\cdots,q)$$

式中:$\boldsymbol{X}$ 为输入向量;$\boldsymbol{Y}$ 为输出向量;$\boldsymbol{O}$ 为希望输出向量;$\boldsymbol{B}$ 为隐含层输出向量;$\boldsymbol{W}$ 为输入层到隐含层的连接权值;$\boldsymbol{V}$ 为隐含层到输出层的连接权值;n 为输入层单元数;q 为输出层单元数;p 为隐含层单元数。

(2) 进入循环,计算网络的输入值和输出值

隐含层各节点的输入值 s_j 和输出值 b_j 分别为

$$s_j=\sum_{i=1}^{n}w_{ij}x_i-\theta_j\quad (j=1,2,3,\cdots,p)$$

$$b_j=\frac{1}{1+\exp\left(-\sum_{i=1}^{n}w_{ij}x_i-\theta_j\right)}$$

式中:传递函数选 S 型函数 $f(x)=\dfrac{1}{1+\exp(-x)}$。

(3) 同理可求得输出端的激活值 s_k 和输出值 y_k

$$s_k=\sum_{j=1}^{p}v_{kj}b_j-\theta_k\quad (j=1,2,3,\cdots,p)$$

$$y_k=f(s_k)\quad (k=1,2,3,\cdots,q)$$

(4) 输出误差的逆传播

当网络的实际输出值 y_k 与希望输出值 o_k 不一样时，或者说，当误差大于所限定的数值时，就要对网络进行校正。校正是从后向前进行的，所以称为逆传播，计算时从输出层到隐含层，再从隐含层到输入层。

输出层的校正误差为

$$d_k=(o_k-y_k)y_k(1-y_k)\quad(k=1,2,3,\cdots,q)$$

隐含层各节点的误差为

$$e_j=\left(\sum_{k=1}^{q}v_{kj}d_k\right)b_j(1-b_j)$$

在这里每一个中间单元的校正误差都是由 q 个输出层单元校正误差传递而产生的。当校正误差求得后，便可利用 d_k 和 e_j 的沿逆方向逐层调整输出层到隐含层、隐含层到输入层的权值。

隐含层至输出层连接权重 Δv_{kj} 和输出层阈值的校正量 $\Delta\theta_k$，输入层至隐含层连接权重 Δw_{ji} 和输入层阈值的校正量 $\Delta\theta_j$ 可由下式计算，并得到相应的误差：

$$\Delta v_{kj}=\alpha d_k b_j$$
$$\Delta\theta_k=\alpha d_k$$
$$\Delta w_{ji}=\beta e_j x_i$$
$$\Delta\theta_j=\beta e_j$$

式中：α、β($\alpha>0,0<\beta<1$)均为学习系数。

从公式中可以看出，校正量与学习系数成正比，通常学习系数在 0.1～0.8 之间。为使整个学习过程加快，又不引起振荡，可采用变学习率的方法，即在学习初期取较大的学习系数，随着学习过程的进行逐渐减小其值。

重复循环以上这一过程，使网络的输出误差趋于极小值。当每次循环结束时，都要进行学习结果的判别。判别的目的主要是检查输出误差是否已经小到可以允许的程度。如果达到允许的程度，就可以结束整个学习过程；否则还要进行循环训练。

对于 BP 网络，其收敛过程存在两个很大的缺陷：一是收敛速度慢，二是存在“局部极小点”问题。

7.2.2 BP 算法的改进

对 BP 算法的改进，可以从最优化理论的角度出发，针对 BP 算法存在的问题进行改进。主要是如下两个问题。

1. 处理局部极小值的问题

在神经网络中，当训练样本较大时，用 BP 算法训练目标函数(均方误差函数)极易陷入局部极小值。对于这个问题，在最优化的理论中也常常出现，当存在很多的局部极小值时，要找到全局最优值还是比较困难的，较常采用的是一些启发式的算法。例如附加动量法

$$\Delta w_{ij}^{(k+1)}=\gamma\Delta w_{ij}^{(k)}+(1-\gamma)\left(-\frac{\partial E}{\partial w_{ij}^{(k+1)}}\right)$$

式中：γ 为动量因子，一般取值约 0.95。

对比在 BP 算法中的修正式，可知上述的方法其实是对原来的修正值进行平滑处理，很大程度地减小了振荡；而且，当中途搜索到局部极小点附近时，由于 $\Delta w_{ij}^{(k+1)}\approx\gamma\Delta w_{ij}^{(k)}$ 的作用，往

往可以使网络逃离局部极小点。

2. 学习速率问题

BP 算法相当于最优化理论中的最速下降法，其收敛速度较慢。即使 BP 算法让目标函数朝着全局极小值的方向训练，但由于收敛速度过慢，训练时间会很长，甚至可能在没有控制好步长的情况下出现发散。

学习速率的选择影响收敛的速度。对于一个特定的问题，选取适当的学习速率是比较困难的，在 BP 算法的计算推导中，一般都是假定学习速率 η 不变。而实际上，对不同的权值 $\Delta w_{ij}^{(k)}$，学习速率 η 也是不一样的，可记为 $\eta(k)$。采用自适应学习速率法，在训练过程中通过学习速率的自适应调整，有利于缩短训练时间。

假定当前的学习速率为 $\eta(k)$，如果迭代后误差 E 增大，则学习速率将减小；反之学习速率将增大，即

$$\eta(k+1)=\begin{cases}\lambda\eta(k) & \lambda>1,\Delta E<1\\ \sigma\eta(k) & \sigma<1,\Delta E>1\\ \eta(k) & \Delta E=0\end{cases}$$

一般设定 $\lambda=1.05$，$\sigma=0.7$。

BP 网络的收敛速度是基于无穷小的权值修改量的，若学习速率太小，收敛速度就非常慢；若学习速率太大，可能会导致网络不稳定。而自适应学习速率，使得权值修改量随着网络的训练而不断变化，可以保证经网络可接受的最大学习速率进行训练，如果网络在一个较大的学习速率下仍能够进行稳定地学习，并使得误差继续下降，则可以增加学习速率；当学习速率过大使得误差不能继续减小时，需要减小学习速率，直至学习过程稳定为止。

3. 其他改进算法

此外，还可以采用牛顿法、共轭梯度法、LM 算法等方法来改进 BP 算法。这些算法能够加快收敛速度，往往可以得到更好的结果。

7.3 径向基函数神经网络(RBF)

RBF 网络是 20 世纪 80 年代提出的一种人工神经网络结构，是性能良好且具有单隐含层的三层前向网络，具有最佳逼近及克服局部极小值问题的性能。另外，不同于随机产生 BP 神经网络的初始权值，RBF 神经网络的有关参数是根据训练集中的样本模式按照一定的规则来确定或初始化，这样就可以使 RBF 神经网络在训练过程中不易陷入局部极小值的解域中。

RBF 神经网络的函数逼近能力、分类能力和学习速度等方面都要优于 BP 神经网络，它不仅可以用来函数逼近，还可以进行预测。

7.3.1 RBF 的结构与学习算法

RBF 网络由两层组成，第一层为隐含的径向基层，第二层为输出线性层，其网络结构如图 7.7 所示。RBF 网络中的传递函数是径向基函数，它是沿径向对称的标量函数，通常可以定义为空间中的任一点 $\boldsymbol{x}$ 到某一中心 $\boldsymbol{c}_i$ 之间的欧氏距离的单调函数。径向函数可以有多种形式，最常用的是以下的高斯函数：

$$R_i(x)=\exp\left(-\frac{\|\boldsymbol{x}-\boldsymbol{c}_i\|^2}{2\sigma_i^2}\right)\quad(i=1,2,3,\cdots,p)$$

式中：$\boldsymbol{x}$ 是 m 维输入向量；$\boldsymbol{c}_i$ 是第 i 个基函数的中心；σ_i 是第 i 个感知的变量；p 是感知单元的个数；$\|\boldsymbol{x}-\boldsymbol{c}_i\|^2$ 是向量 $\boldsymbol{x}-\boldsymbol{c}_i$ 的范数。

从图 7.7 中可以看出，RBF 网络的输入层实现 $\boldsymbol{x}\to R_i(x)$ 的非线性映射，输出层实现 $R_i(x)\to y_k$ 的线性映射，即

$$y_k=\sum_{i=1}^{p}w_{ij}R_i(x)\quad(k=1,2,3,\cdots,q)$$

式中：q 是输出节点数。

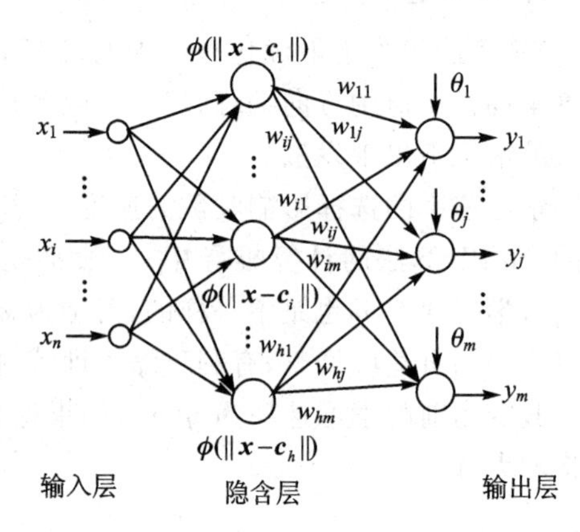

图 7.7　RBF 网络结构图

RBF 人工神经网络的学习算法包含以下几步：

① 初始化。确定输入向量 $\boldsymbol{X}$、输出向量 $\boldsymbol{Y}$、希望输出向量 $\boldsymbol{O}$、隐含层至输出层的连接权值 $\boldsymbol{W}_k$、隐含层各神经元的中心参数 $\boldsymbol{C}_j$、宽度向量 $\boldsymbol{D}_j$ 等神经网络参数：

$$\boldsymbol{X}=[x_1\quad x_2\quad\cdots\quad x_n]^{\mathrm{T}},\quad \boldsymbol{Y}=[y_1\quad y_2\quad\cdots\quad y_q]^{\mathrm{T}},\quad \boldsymbol{O}=[o_1\quad o_2\quad\cdots\quad o_q]^{\mathrm{T}}$$

$$\boldsymbol{W}_k=[w_{k1}\quad w_{k2}\quad\cdots\quad w_{kp}]^{\mathrm{T}}\quad(k=1,2,3,\cdots,q)$$

$$\boldsymbol{C}_j=[c_{j1}\quad c_{j2}\quad\cdots\quad c_{jn}]^{\mathrm{T}},\quad \boldsymbol{D}_j=[d_{j1}\quad d_{j2}\quad\cdots\quad d_{jn}]^{\mathrm{T}}$$

式中：n 为输入层单元数；q 为输出层单元数。神经网络中心参数及宽度向量的初始值可以由下式给出：

$$c_{ji}=\min i+\frac{\max i-\min i}{2p}+(j-1)\frac{\max i-\min i}{p}\quad(j=1,2,3,\cdots,p)$$

$$d_{ji}=d_f\sqrt{\frac{1}{n}\sum_{k=1}^{n}(x_i^k-c_{ji})}$$

式中：p 为隐含层神经元总个数；d_f 为宽度调节系数，其取值应小于 1，作用是使每个隐含层神经元更容易实现对局部信息的感受能力，有利于提高 RBF 神经网络的局部响应能力。

② 计算隐含层第 j 个神经元的输出 z_j。

$$z_j=\exp\left(-\left\|\frac{\boldsymbol{X}-\boldsymbol{C}_j}{\boldsymbol{D}_j}\right\|^2\right)$$

③ 计算输出层神经元的输出。

$$y_k=\sum_{j=1}^{p}w_{kj}z_j\quad(k=1,2,3,\cdots,q)$$

式中：w_{kj} 为输出层第 k 个神经元与隐含层第 j 个神经元间的调节权重。

④ 权重参数的迭代计算。采用梯度下降法，自适应迭代调节计算中心、宽度和调节权重参数至最佳值：

$$w_{kj}(t)=w_{kj}(t-1)-\eta\frac{\partial E}{\partial w_{kj}(t-1)}+\alpha[w_{kj}(t-1)-w_{kj}(t-2)]$$

$$c_{ji}(t)=c_{ji}(t-1)-\eta\frac{\partial E}{\partial c_{ji}(t-1)}+\alpha[c_{ji}(t-1)-c_{ji}(t-2)]$$

$$\sigma_{ji}(t)=\sigma_{ji}(t-1)-\eta\frac{\partial E}{\partial \sigma_{ji}(t-1)}+\alpha[\sigma_{ji}(t-1)-\sigma_{ji}(t-2)]$$

式中：$w_{kj}(t)$ 为第 k 个输出神经元与第 j 个隐含层神经元之间在第 t 次的迭代计算时的调节

权重；$c_{ji}(t)$为第 j 个隐含层对应于第 i 个输入神经元在第 t 次迭代计算时的中心分量；$d_{ji}(t)$为与中心 $c_{ji}(t)$对应的宽度；η 为学习因子；E 为 RBF 神经网络误差函数，由下式给出：

$$E=\frac{1}{2}\sum_{l=1}^{n}\sum_{k=1}^{q}(y_{lk}-O_{lk})^2$$

式中：O_{lk} 为第 k 个输出神经元在第 l 个输入样本时的期望输出值；y_{lk} 为第 k 个输出神经元在第 l 个输入样本时的网络输出值。

⑤ 当误差达到最小时，迭代结束，计算输出；否则转到第②步。

7.3.2　RBF 神经网络与 BP 神经网络的比较

RBF 神经网络与 BP 神经网络都是非线性多层前向神经网络，它们都是通用逼近器。这两个神经网络的不同点如下：

① RBF 神经网络只有一个隐含层，而 BP 神经网络的隐含层可以是一层也可以是多层。

② BP 神经网络的隐含层和输出层的神经元模型是一样的，而 RBF 神经网络的隐含层神经元和输出层神经元不仅模型不同，而且在网络中起的作用也不一样。

③ RBF 神经网络的隐含层是非线性的，输出层是线性的；而 BP 神经网络的输出层根据不同问题既可以设为非线性的也可以设为线性的。

④ RBF 神经网络基函数计算的是输入向量和中心的欧氏距离，而 BP 神经网络传递函数计算的是输入单元的加权和。

⑤ RBF 神经网络使用局部指数衰减的非线性函数（如高斯函数）对非线性输入/输出映射进行局部逼近。一般要达到相同的精度，RBF 神经网络所需的参数要比 BP 神经网络少得多，而且训练的时间也少得多。

7.4　人工神经网络应用要点

人工神经网络在故障诊断、特征的提取和预测、非线性系统的自适应控制、不能用规则或公式描述的大量原始数据的处理、预测等方面具有较为优越的性能，且有极大的灵活性和自适应性。

在实际应用中，面对一个实际问题，如果要用人工神经网络求解，首先应根据问题的特点确定网络模型，再通过网络仿真分析，分析确定网络是否适合实际问题的特点。

1. 信息表达方式

各种应用领域的信息有不同的物理意义和表示方法，为此要将这些不同物理意义和表示方法的信息转化为网络所能表达并能处理的形式。不同应用领域的各种数据形式一般为以下几种：

① 已知数据样本；

② 已知一些相互关系不明的数据样本；

③ 输入/输出模式为连续量、离散量；

④ 具有平移、旋转、伸缩等变化的模式。

2. 数据的标准化处理

为了使神经网络能获得更好的训练效果，常需要把输入和输出数据先进行标准化处理。标准化处理的方法有多种，可以根据实际情况来选择。设观测到的数据为 $Y(k)$，$Y_{\min}$ 和 $Y_{\max}$

分别为观测数据中的最小值和最大值。

① 简单变换：

$$Y^*(k)=Y(k)/Y_{\max} \quad (k=1,2,3,\cdots,N)$$

② 线性变换：

$$Y^*(k)=(b-a)\frac{Y(k)-Y_{\min}}{Y_{\max}-Y_{\min}}+a \quad (k=1,2,3,\cdots,N)$$

这样就把观测到的 $Y(k)$ 变换到了 $[a,b]$ 区间上。

③ 统计变换：

$$Y^*(k)=\frac{Y(k)-\overline{Y}}{s} \quad (k=1,2,3,\cdots,N)$$

式中，

$$\overline{Y}=\frac{1}{N}\sum_{k=1}^{N}Y(k), \quad s=\sqrt{\frac{1}{N-1}\sum_{k=1}^{N}(y(k)-\overline{Y})^2}$$

这种变换虽然无法保证把原始数据变换到区间(0,1)或(−1,1)中，但还是能应用于对输入范围不作严格限制的情况下。

当观测数据为时间序列时，如果数据所表现的趋势或季节性变化不是很明显，而且时间跨度不是很大的话，可以仅做标准化处理。但是对于有一定趋势性和季节性的数据，只做标准化处理只是减少了数据变化的范围，并未有效消除数据的差异。在这种情况下，一般要采用差分的方法对数据做预处理。具有线性趋势的数据通过一阶差分后，即可得到平稳的序列；而分布范围较大的数据，还可以通过做自然对数的变换，使得数据更加密集，同时还把原数据中的乘法关系转换为加法的关系，以提高网络的训练速度。对于含有季节性影响的数据，则可以用季节差分方法来处理。

3. 训练问题

神经网络的训练可以看作是一个"非线性曲线拟合"的问题。用于 BP 神经网络的传递函数是可微分的、有界的 S 型函数。在实际中，要尽量避免神经元工作在 S 型函数的饱和区，否则因函数在该处的导数值很小，致使对权值的修改量甚小，学习速度会很慢；另外，BP 神经网络模型在输入变量和输出变量间，依赖样本数据的能力很强，因此样本数据的选取至关重要，否则训练出来的神经网络外延性不强。实际应用时，可以考虑辅以其他方法，以提高预测的效率和准确性。

在进行网络的训练时，应选取适当的训练算法和训练参数，包括权值、学习效率等参数初值。

(1) 泛化性

在网络训练完成后，希望得到的神经网络是可以泛化的，也即对于非训练数据也要有一定的逼近能力。对于从未在生成或训练网络映射时使用过的测试数据，若网络输入/输出的结果对它们来说是正确的，则认为网络具有良好的泛化性。

(2) 过拟合

过拟合是统计学上的概念。一般而言，当统计模型具有过多的参数时，因其模型选择的自由度可能比用来参数估计的数据量要多，所以常会导致模型对于那些用于参数估计的数据拟合效果要好，而对于其他的数据则会产生更大的偏差。产生过拟合的原因除了模型含参数过多外，还与用于参数估计的数据有关。当数据中含有过多的误差而且不能有效地反映统计模型的整体特性时,就容易出现过拟合的现象。

在神经网络模型中,参数估计的过程就是网络的训练过程,参数的过度拟合在神经网络中表现为网络的过度训练,尤其当网络结构复杂、未知参数很多时,常会由于训练数据不足,出现模型对于训练样本过度训练的现象。为了避免训练过度现象,就需要找到一个最佳的训练次数,使网络具有更好的泛化性能。一般在训练中,训练次数在某一最佳点之前,训练误差和测试误差均随着训练次数的增加而减小。但是,一旦训练次数超过该点之后,尽管训练误差会继续减小,但测试误差反而会增大,这种现象就是过度训练。当网络被过度训练后,就失去了在相近输入/输出模式之间进行泛化的能力。因此,训练次数直接影响网络的泛化能力。

(3) 交叉确认

一般可以用统计学中的交叉确认方法来训练网络。此方法是将数据集随机地划分成一个训练集和一个测试集,而训练集又被进一步分为两个不相交子集,即估计子集和确认子集。确认子集的作用是使用一个与参数估计不同的数据集来评估不同候选模型的性能,进而选择出最佳模型。

交叉确认的具体步骤如下:

① 把数据样本集分为训练样本集和测试样本集。

② 把训练样本集分为两个样本子集:估计样本子集和确认样本子集。确认样本子集的数据量一般不能多于估计样本子集数据量的一半。

③ 用估计样本子集训练不同的网络结构,并用确认样本子集来评价模型的性能。

④ 当确定网络的结构后,再用训练样本集完成网络的训练。

⑤ 用测试样本集来检验模型的泛化性。

4. 网络参数的选择

通过多次试算或应用经验公式确定输入/输出神经元的节点数、多层神经网络的层数和隐含层神经元的个数等参数。

7.5 人工神经网络方法的缺陷

① 神经网络模型是非线性的模型,所以对于一个纯线性的预测问题,预测的效果可能没有线性模型直接预测效果好。

② 神经网络方法无法得到显式的表达式来反映预测的变量和解释变量间的关系,所以无法像回归分析那样可以明确解释变量对预测变量的贡献值,同样也无法用统计学来检验模型的显著性。

③ 神经网络还没有完备的确定网络结构的方法,一般需要进行大量的试算才能选择出一个合适的模型。另外,还可能出现过拟合的情况,比如模型对训练样本数据进行了过度拟合,而对训练样本以外的数据进行预测时就会出现更大的误差。

④ 神经网络需要大量的训练数据和计算时间,对于某个具体的计算问题,还容易陷入局部极小值。要得到全局极小值,往往需要对算法进行改进和尝试不同的初值。

7.6 人工神经网络预测法的 MATLAB 实战

例 7.1 道路交通事故是人、车、路和社会环境等因素综合作用的结果。表 7.2 是人口数量、驾驶员人数、汽车保有量、公路里程、国内生产总值与交通事故死亡人数的样本数据。请建立神经网络的回归预测模型。

表 7.2　样本数据

年　份	死亡人数	人口数量/万人	驾驶员人数/万人	汽车保有量/万辆	公路里程/万公里	国内生产总值/亿元
1986	50 063	107 507	517.03	361 95	96.28	10 202.2
1987	53 439	109 300	556.82	408.07	98.22	11 962.5
1988	54 814	111 026	654.49	464.39	99.96	14 928.3
1989	50 441	112 704	722.32	511.32	101.43	16 909.2
1990	49 243	114 333	790.96	551.36	102.83	18 547.9
1991	53 204	115 823	859.44	606.11	104.11	21 617.8
1992	58 723	117 171	969.55	691.74	105.67	26 638.1
1993	63 551	118 517	1 112.97	817.58	108.35	34 634.4
1994	66 362	119 850	1 269.20	941.95	111.78	46 759.4
1995	71 494	121 121	1 673.39	1 040.00	115.70	58 478.1
1996	73 655	122 389	2 100.74	1 100.08	118.58	67 884.6
1997	73 861	123 626	2 619.25	1 219.09	122.64	74 462.6
1998	78 067	124 761	2 974.06	1 319.30	127.85	78 345.2
1999	83 529	125 786	3 361.12	1 452.94	135.17	82 067.5
2000	93 853	126 743	3 746.51	1 608.91	140.27	89 442.2
2001	105 930	127 627	4 462.68	1 802.04	169.80	95 933.3
2002	109 381	128 453	4 827.08	2 053.17	176.52	102 397.9
2003	104 372	129 227	5 368.07	2 421.16	180.98	116 694.0
2004	99 217	129 988	7 101.64	2 800.00	187.07	136 515.0

解：①数据的处理。将自变量变换到(−1,1)区间上，变换公式为

$$x^*(k)=2\times\frac{x(k)-x_{\min}}{x_{\max}-x_{\min}}-1$$

变换的目的，一方面是为了使数据能更好地适应激活函数，加快收敛速度；另一方面是为了统一各个因素的作用(即消除各自变量不同量纲的影响)。

② 网络结构的确定。采用 3 层神经网络，输入层的节点数设为 5，分别代表人口数量、驾驶员人数、汽车保有量、公路里程、国内生产总值。输出层有 1 个神经元为死亡人数。

③ 利用交叉确认方法确定网络结构，最终确定网络中隐含层的节点数为 4，隐含层和输出层的激活函数都为 S 型函数。其中隐含层为 Logistic S 函数，输出层为双曲正切 S 函数，训练算法采用 Levenberg-Marquardt 法。

当训练样本的数据不多，而网络中参数很多时，就很容易出现过拟合现象。这就需要同时考虑估计样本和确认样本的误差，在模型出现过度拟合前，停止网络训练。

④ 预测结果和误差分析。

根据以上步骤，作神经网络预测计算。

第 1 种方法(较低版本的神经网络工具箱)：

```
≫load p t;        % p 为输入变量,t 为输出变量
≫ [p1,ps] = mapminmax(p);[t1,ts] = mapminmax(t);                 % 输入数据归一化
≫[trainsample,valsample,testsample] = mydivider(p1,t1);          % 分配训练、测试及验证样本
≫net = newff(trainsample.p,trainsample.t,4);                      % BP 网络
≫net.trainparam.epochs = 10000;net.trainparam.goal = 1e-10;net.trainparam.lr = 0.01;
≫net.trainparam.mc = 0.9;net.trainparam.show = 25;
≫ [net,tr] = train(net,trainsample.p,trainsample.t);
≫pnew = mapminmax('apply',p,ps); tnew = sim(net,pnew);      % 预测数据归一化及预测
≫tnew = mapminmax('reverse',tnew,ts);errors = t - tnew;y1 = errors./t;perf = perform(net,t,y1);
≫figure,plotregression(t,tnew);
≫ figure,plot(1:length(y1),t,'o',1:length(y1),tnew,'*-');xlabel('年份');ylabel('死亡人数/
万')
≫figure,hist(errors);[muhat,sigmahat,sigmaci] = normfit(errors);
≫ [h1,sig,ci] = ttest(errors,muhat);figure,ploterrcorr(errors);figure,parcorr(errors);
```

预测结果如图 7.8 所示,结果可以满足预测精度要求。

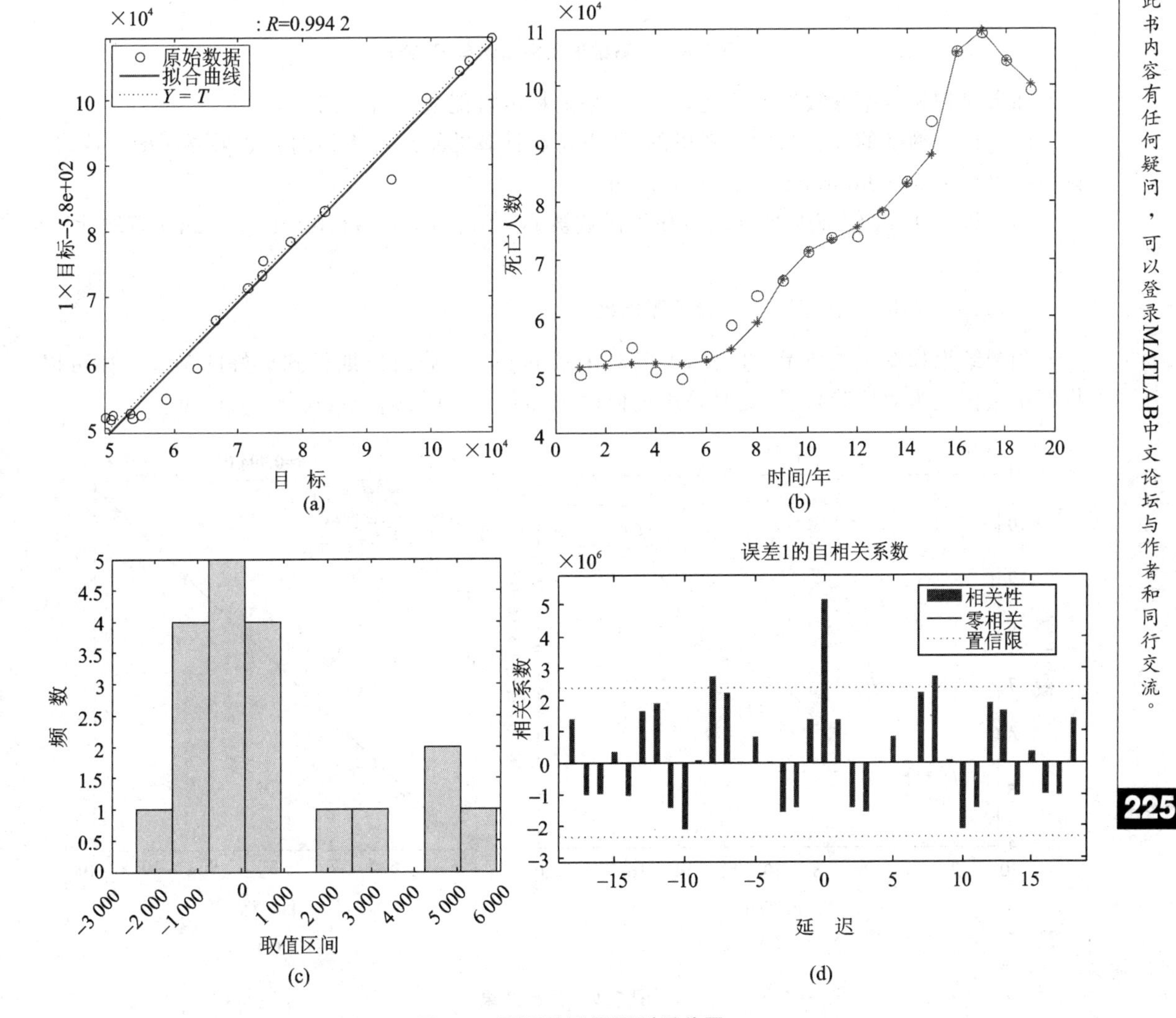

图 7.8　预测结果及预测误差图

若您对此书内容有任何疑问,可以登录MATLAB中文论坛与作者和同行交流。

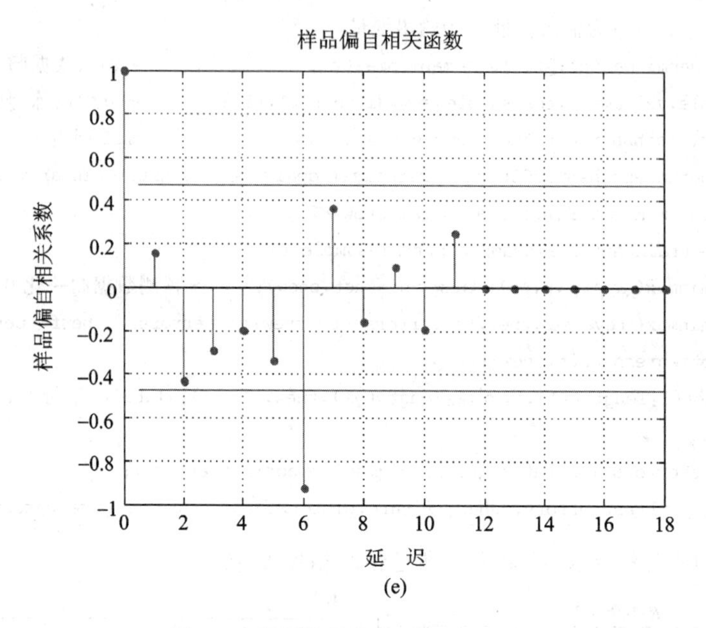

(e)

图 7.8　预测结果及预测误差图(续)

如果对神经网络参数进行优化,那么结果的精度可能会有所提高。

因为神经网络的计算初始是随机的,所以每次计算的结果都不相同。如果要保持一致,计算前可以加上 setdemorandstream(pi)语句。

第 2 种方法(在较高版本中,newff 等函数被 newfit、patternnet、feedforwardnet 等取代):

```
>>load p t;
>> out = netcross(p,t);            % 自编函数
```

预测结果如图 7.9 所示。同样,可以对函数 netcross 修改以期得到更好的结果。如可以将网络结构设为双层隐含层,此时采用类似语句 net=feedforwardnet([4 2])即可。

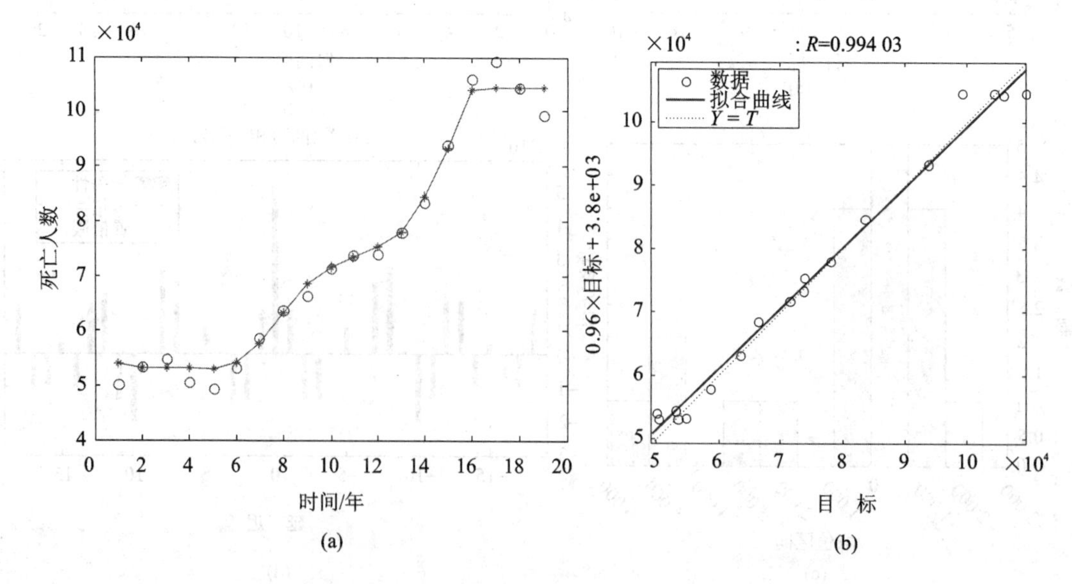

(a)　(b)

图 7.9　预测结果

例 7.2　设计一个自适应线性网络,并对输入信号进行预测。输入为线性调频信号,信号

的采样时间为 2 s,采样频率为 1 000 Hz,起始信号的瞬时频率为 0 Hz,1 s 时的瞬时频率为 150 Hz。

解:利用神经网络的自适应特性,对有延迟的信号进行预测。

```
≫t = 0:0.001:2;time = 0:0.001:2;t = chirp(time,0,1,150);            % 产生线性调频信号
≫plot(time,t);axis([0 0.5 -1 1]); hold on;xlabel('时间/s');ylabel('幅值')
≫T = con2seq([t]);                                                   % 将矩阵转换为向量
≫P = T; title('signal to be Predicted');                             % 用延迟的信号作为样本的输入
≫lr = 0.1; delays = [1 2 3 4 5];                                     % 神经网络的学习速率及延迟数
≫net = newlin(minmax(cat(2,P{:})),1,delays,lr);                      % 设计神经网络
≫ [net,y,e] = adapt(net,P,T);                                        % 网络的自适应
≫plot(time,cat(2,y{:}),'r:',time,cat(2,T{:}),'g')                    % 显示预测结果,如图 7.10 所示
≫ hold on ;plot(time,cat(2,e{:}),'b');plot([0 0.5],[0 0])
```

从图 7.10 中的误差曲线可见,在预测的初始阶段,误差较大,但经过一段时间(5 个信号)后,误差几乎趋于零。这是因为在初始阶段,网络的输入需要 5 个延迟信号,但输入不完整,因此不可避免地出现了初始误差。

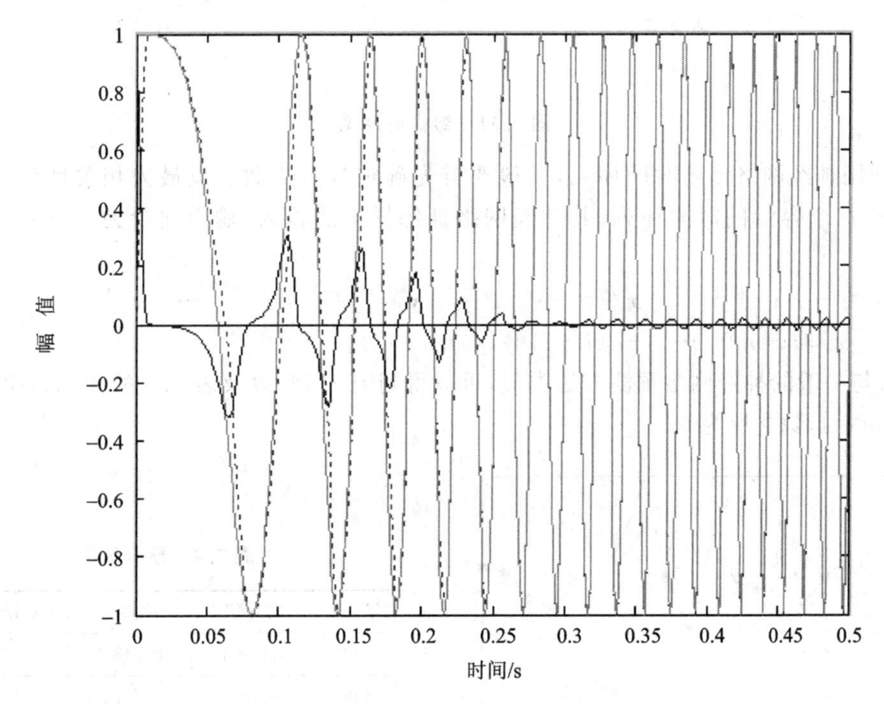

图 7.10　信号与网络预测及误差图

例 7.3　利用表 7.3 的交通事故十万人口事故死亡率数据预测之后 5 年的事故死亡率。

表 7.3　交通事故十万人口死亡率数据

年　份	1970	1971	1972	1973	1974	1975	1976	1977	1978	1979	1980	1981
死亡率	1.16	1.33	1.36	1.48	1.72	1.82	2.07	2.15	1.98	2.24	2.21	2.25
年　份	1982	1983	1984	1985	1986	1987	1988	1989	1990	1991	1992	
死亡率	2.81	2.33	2.43	3.89	4.70	4.94	5.00	4.54	4.31	4.60	5.00	

解：①对数据进行预处理，即判断该时间序列是否平稳。对数据作图 7.11(a)，可以看出曲线呈上升趋势，并且增长幅度不同，需要进行平稳化处理，即进行一阶对数差分转换，得到图 7.11(b)，此时已基本平稳。

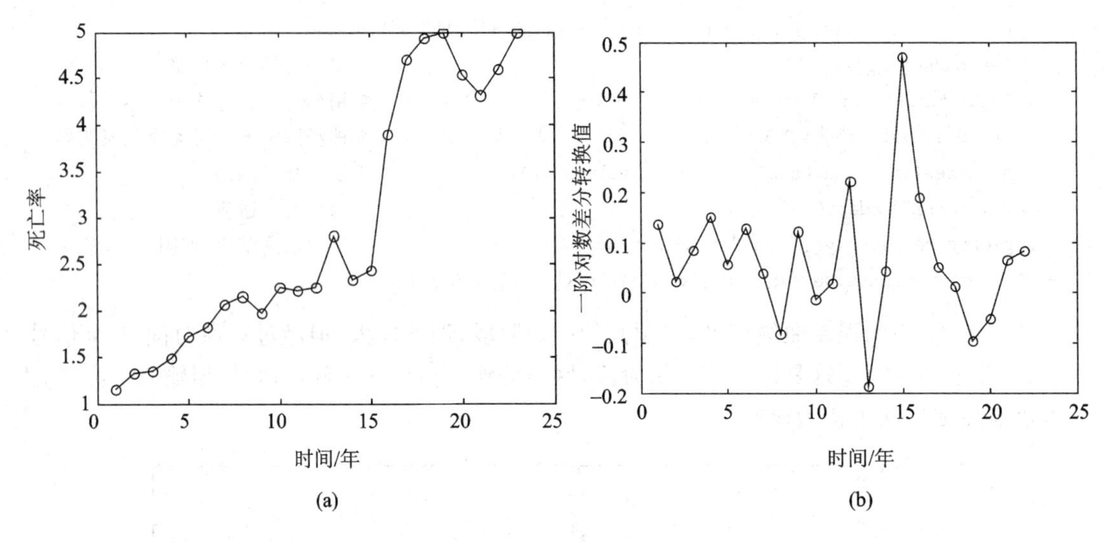

图 7.11 数据时序图

② 利用神经网络预测时间序列，一般要首先确定延迟步数。设最大相关性延迟步数为 m，则对于 n 个容量的时间序列，其神经网络训练样本的输入、输出向量为 $n-m$ 组。公式如下：

$$\bar{\boldsymbol{x}}=[x^{m+1}\quad x^{m+2}\quad \cdots\quad x^{n}],\quad \bar{\boldsymbol{y}}=[y^{m+1}\quad y^{m+2}\quad \cdots\quad y^{n}]$$

式中：$\boldsymbol{x}^{i}=[x^{*}(i-m)\quad \cdots\quad x^{*}(i-1)]^{\mathrm{T}}$，$y^{i}=x^{*}(i)$。

然后与一般的神经网络预测方法类似，可以得到图 7.12，以及表 7.4 的预测结果，令人满意，其中 $m=4$，隐含层为 6。

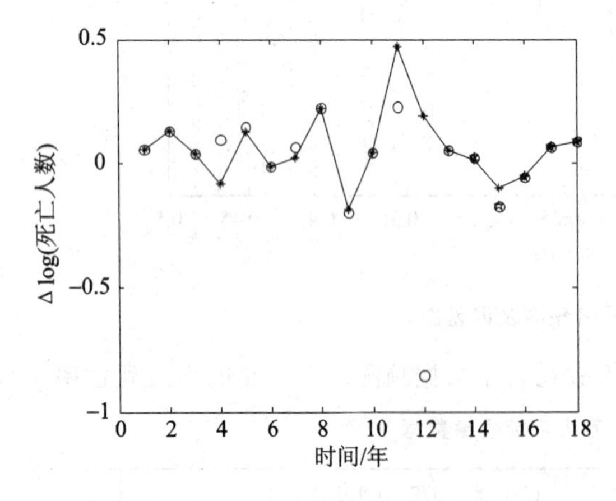

图 7.12 一阶对数差分的预测时序图

表 7.4 预测结果

年份	实际值	预测值	相对误差/%
1993	0.012 1	0.018 4	0.526 5
1994	−0.096 5	−0.172 4	0.786 0
1995	−0.052 0	−0.053 5	0.028 1
1996	0.065 1	0.064 6	−0.007 9
1997	0.083 4	0.085 1	0.020 8

在 MATLAB 的较高版本中已经有专门求解时间序列的神经网络函数。

```
>>x = [1.16 1.33 1.36 1.48 1.72 1.82 2.07 2.15 1.98 2.24 2.21 2.25 2.81 2.33 2.43 3.89 4.70…
      4.94 5.00 4.54 4.31 4.60 5.00];
>>for i = 2:length(x);y(i) = log(x(i)) - log(x(i - 1));end;y = y(2:end);
```

```
>>T = con2seq(y);
>> net = narnet(1:4,4);          % NAR 模型,输入只有一个时间序列
>>[Xs,Xi,Ai,Ts] = preparets(net,{},{},T);
>>net = train(net,Xs,Ts,Xi,Ai);
>>Y = net(Xs,Xi);
>> perf = perform(net,Ts,Y);
>>figure,
>>plot(1:length(Y),cell2mat(Ts),' * - ',1:length(Y),cell2mat(Y),'o');
>>xlabel('时间/年'); ylabel('一阶对数差分转换值');      % 图 7.13
```

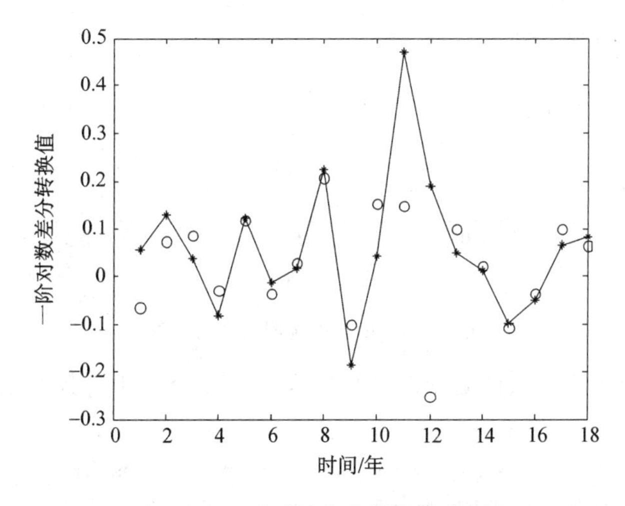

图 7.13　一阶对数差分的预测时序图

例 7.4　小波神经网络(Wavelet Neural Network,WNN)是 20 世纪 90 年代兴起的一种数学建模分析方法,是结合小波变换与人工神经网络的思想形成的,即用非线性小波基取代了通常的非线性 Sigmoid 函数,已有效地应用于信号处理、数据压缩、故障诊断等众多领域。小波神经网络具有比小波更多的自由度,使其具有更灵活、有效的函数逼近能力,并且由于其建模算法不同于普通神经网络模型的 BP 算法,所以可以有效地弥补普通人工神经网络模型所固有的缺陷,用其所建预测模型可以取得更好的预测效果。

试用小波神经网络预测由“x=0:0.01:0.3”产生的“d=sin(8 * pi * x)+sin(16 * pi * x)”序列。

解: 由于该序列信息较少,所以设计单输入/单输出的连续小波神经网络图,即把小波基函数作为隐含层节点的传递函数,信号前向传播而误差反向传播的神经网络。其隐含层输出计算公式为

$$h(j)=h_j\left(\frac{\sum_{i=1}^{k} w_{ij}xi-b_j}{a_j}\right)\quad (j=1,2,3,\cdots,l)$$

式中:$h(j)$为隐含层第 j 个节点输出值;ω_{ij} 为输入层和隐含层的连接权值;b_j 为小波基函数 h_j 的平稳因子;a_j 为小波基函数 h_j 的伸缩因子;h_j 为小波基函数。

据此编写小波神经网络函数 waveletnet,并进行计算:

```
>> x = 0:0.01:0.3;d = sin(8 * pi * x) + sin(16 * pi * x);
>> y = waveletnet(x,d,10);                % 隐含层单元数 10
```

得到如图 7.14 所示的计算结果,精度令人满意。需要指出的是,神经网络的计算结果具有随机性,所以程序中对此进行了处理,尽量使计算结果达到要求,因此计算时间有点长。

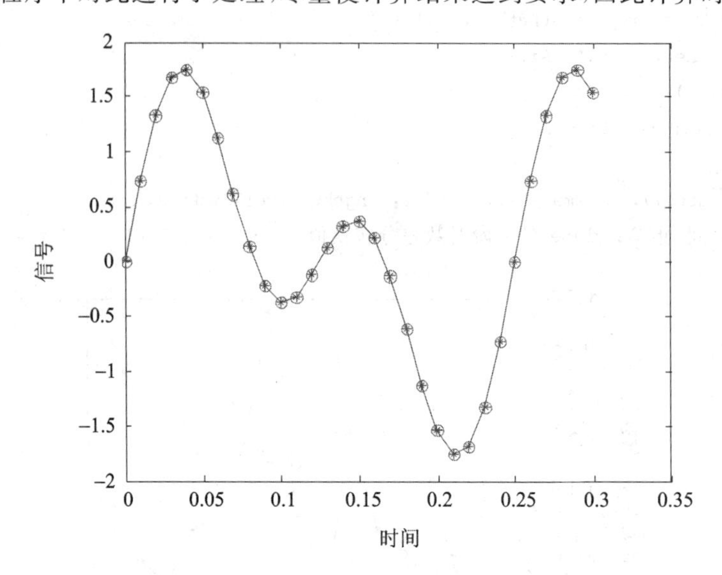

图 7.14 小波神经网络拟合结果

例 7.5 假设由下列函数产生一系列的数据点,试对其产生的数据点进行 RBF 神经网络回归预测。

$$y = 20 + x_1^2 - 10\cos(2\pi x_1) + x_2^2 - 10\cos(2\pi x_2)$$

解: 利用 MATLAB 中的 RBF 神经网络相关函数进行仿真预测。

```
>>x1 = -1.5:0.01:1.5; x2 = -1.5:0.01:1.5;                         %产生数据点
>>F = 20 + x1.^2 - 10 * cos(2 * pi * x1) + x2.^2 - 10 * cos(2 * pi * x2);   %函数值
>>net = newrbe([x1;x2],F);                  %严格 RBF 径向基神经网络
>>ty = sim(net,[x1;x2]);                    %神经网络仿真结果
>> figure;plot3(x1,x2,F,'rd');hold on;plot3(x1,x2,ty,'b-');          %图 7.15
>> xlabel('x_1'); ylabel('x_2'); zlabel('x_3');grid on;
>>x = rand(400,2);x = guiyi_range(x,[-1.5 1.5]);x = x';      %随机产生数据点并归一化
>> x1 = x(1,:);x2 = x(2,:);F = 20 + x1.^2 - 10 * cos(2 * pi * x1) + x2.^2 - 10 * cos(2 * pi * x2);
>> net = newrb(x,F);          %近似径向基神经网络
>> [i,j] = meshgrid(-1.5:0.1:1.5);
>> row = size(i);tx1 = i(:); tx1 = tx1';tx2 = j(:);tx2 = tx2';tx = [tx1;tx2];    %测试样本
>> ty = sim(net,tx);
>> [x1,x2] = meshgrid(-1.5:0.1:1.5);F = 20 + x1.^2 - 10 * cos(2 * pi * x1) + x2.^2 - 10 * cos(2 * pi
* x2);
>> subplot(1,3,1);mesh(x1,x2,F);zlim([0,60]); title('真实的函数图像');      %图 7.16
>> v = reshape(ty,row);subplot(1,3,2);mesh(i,j,v); title('RBF 神经网络模拟结果');
>> subplot(1,3,3);mesh(i,j,F - v);zlim([0,60]);title('误差图像');
```

从结果中可以看出,神经网络的预测结果能较好地逼近该非线性函数 F,由误差图也可以看出,神经网络的预测效果在数据边缘处的误差较大,在其他数值处的拟合效果很好。

例 7.6 模糊逻辑模仿人脑的逻辑思维,用于处理模型未知或不精确的控制问题;神经网络模仿人脑神经元的功能,可作为一般的函数估计器,映射输入/输出关系。二者的结合实际

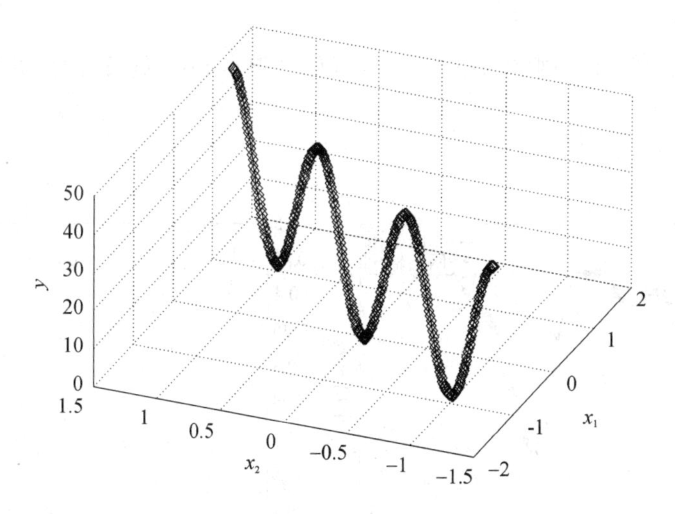

图 7.15 严格 RBF 径向基神经网络预测结果

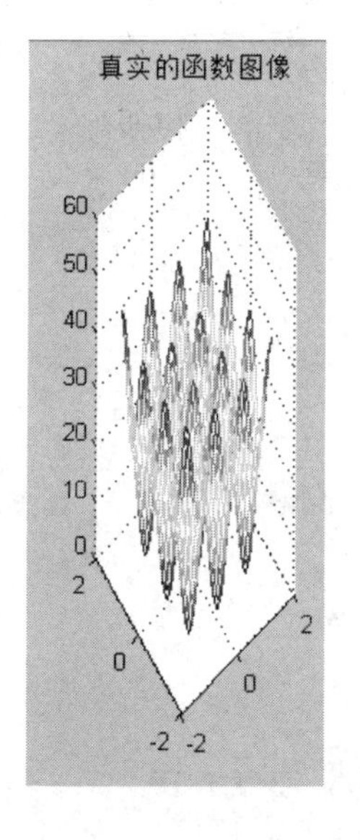

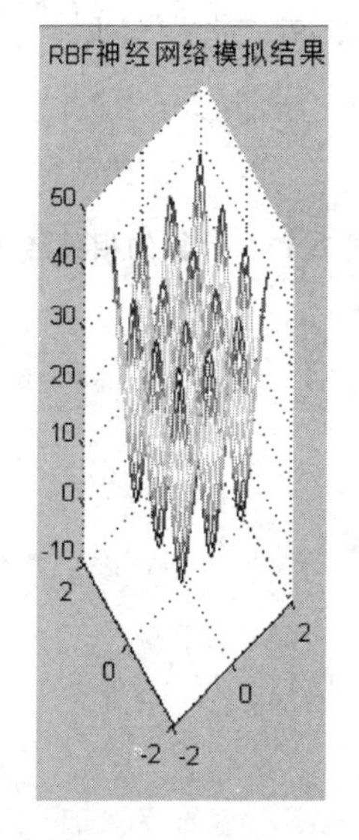

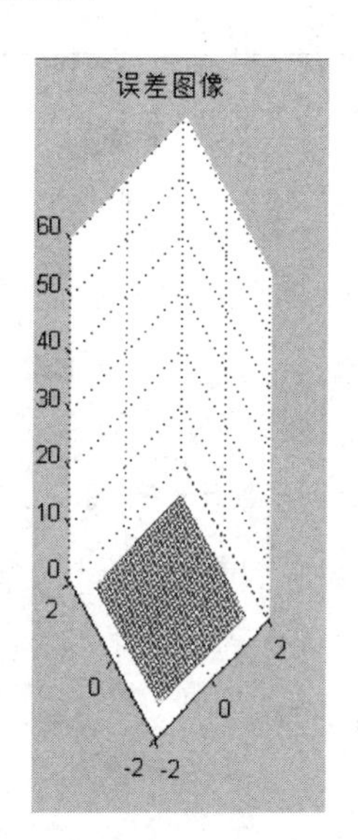

图 7.16 神经网络预测结果

是人类大脑结构和功能的模拟。它们的融合方式是构造各类模糊神经元及模糊神经网络，作为模糊信息处理单元以实现模糊信息的自动化处理。主要体现在四个方面：模糊系统和神经网络的简单结合、用模糊理论增强的神经网络、用神经网络增强的模糊系统和借鉴模糊系统设计的神经网络结构。

补偿模糊神经网络是一个结合了补偿模糊逻辑和神经网络的混合系统，由面向控制和面向决策的模糊神经元所构成。这些模糊神经元被定义为执行模糊化运算、模糊推理、补偿模糊运算和反模糊化运算。这二者的结合，可以使网络容错性更高，系统更稳定，性能更优越。

请用补偿模糊神经网络逼近一个非线性系统，其中输入和输出分别为 $\dot{x}_2(t)$、$\dot{x}_2(t)$和 $\dot{y}(t)$，即

$$\dot{x}_1(t) = -x_1(t)x_2^2(t) + 0.999 + 0.42\cos(1.75t)$$

$$\dot{x}_2(t) = x_1(t)x_2^2(t) - x_2(t)$$

$$y(t) = \sin[x_1(t) + x_2(t)]$$

解：根据补偿模糊神经网络的原理，可编写程序脚本 myy 进行计算，并得到图 7.17 所示的结果。

```
>> myy          % 程序脚本
```

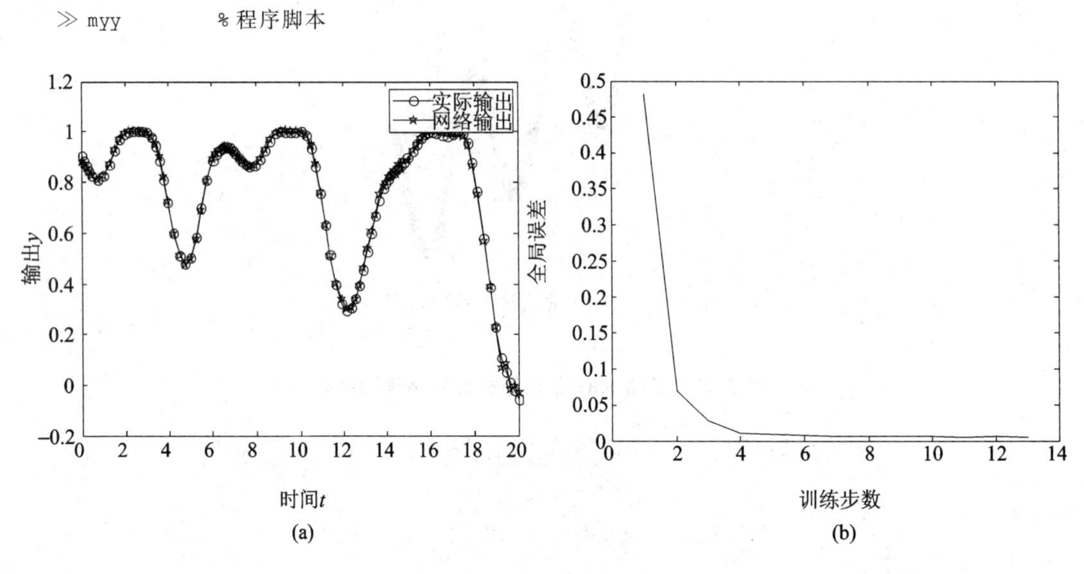

图 7.17 计算的相关结果

第 8 章

基于分形理论的预测法

分形几何是近十几年发展起来的研究非线性现象的理论和方法，由美籍法国数学家曼德尔布罗特创立，其研究对象为自然界和社会生活中广泛存在的无序、无规则而具有自相似性的系统。所谓自相似性是指局部与整体在形态、功能、信息、时间和空间等方面具有统计意义的相似性。随着自然科学的发展，分形理论越来越多地被应用于生物学、地球物理学、物理学、化学、天文学、材料科学、计算机图形学、生物、医学、流体力学、混凝等方面的研究。

8.1 分形理论的基础知识

8.1.1 分形理论的提出

一百多年前，分形的一些图例和理论就已出现。1860 年，瑞士数学家塞莱里埃提出"连续函数必定可微"是错误的，并给出了反例。1883 年，德国数学家康托构造了康托三分集。1890 年，意大利数学家皮亚诺构造了平面曲线，这是一种充满空间的曲线，称为皮亚诺曲线。1904 年，瑞典数学家柯赫构造出了柯赫雪花曲线。1910 年，德国数学家豪斯道夫对奇异集合性质与量进行研究，给出了维数的新定义，这为维数的非整数化提供了理论基础。但是，由于受传统理论的约束，分形理论并没有得到应有的发展，而且一些科学家视其为"异类"，并不接受。图 8.1 所示为一些分形图形。

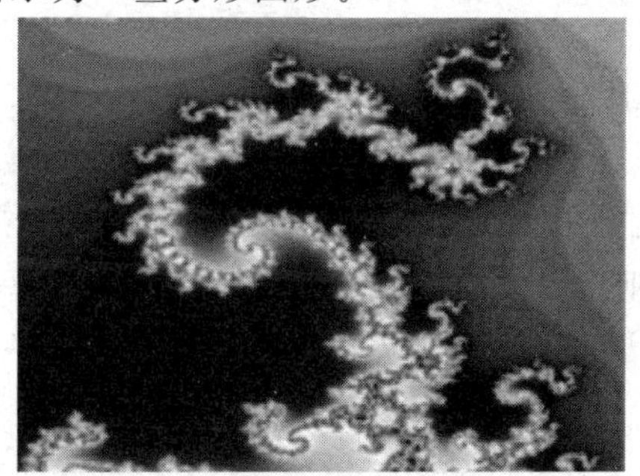

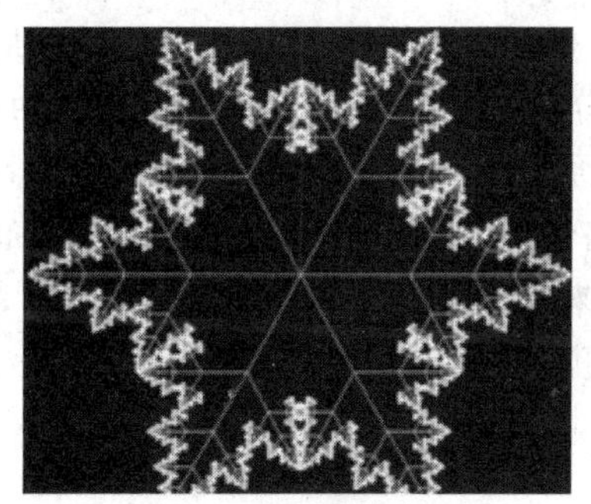

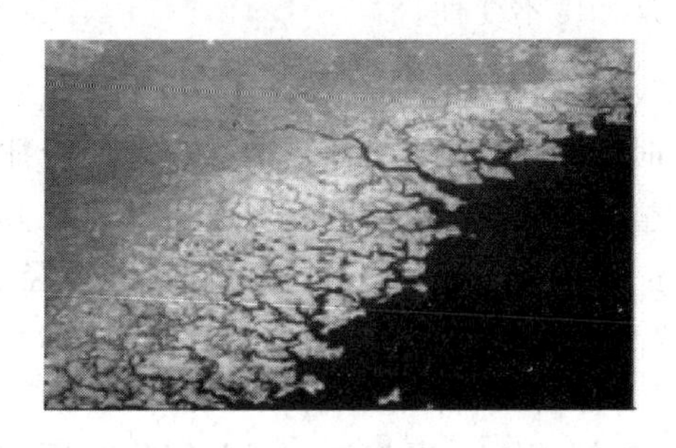

图 8.1　分形图形

尽管前人的理论没有得到应有的重视，但是它却为以后分形理论的发展奠定了基础。曼德尔布罗特于 1967 年在《科学》杂志上发表了一篇具有启发性的文章《英国的海岸线有多长?》，引起了世人的关注。1975 年，曼德尔布罗特用法文出版了首部分形著作《分形对象：形、机遇和维数》。之后，曼德尔布罗特又对该著作加以修改，加入了他对分形几何的新的思想和观点。1982 年，曼德尔布罗特又出版了《自然界的分形几何》，在该著作中他为分形重新加以定义，并认为分形是可用于研究自然界和人类社会各种现象的有力工具，被称为大自然的几何学。

8.1.2 分形的定义

分形最初是由曼德尔布罗特提出，他认为豪斯道夫维数、贝塞考维奇维数严格大于拓扑维数的集合称为分形。但这个定义不是很严格，也无可操作性，而后他又提出“其组成部分以某种形式与整体相似的形体叫分形”。到目前为止，对于分形还是没有一个确切的定义，但是有许多关于分形维数的定义，在实际应用中可以针对不同的研究对象采用不同的定义方式，如豪斯道夫维数、盒维数、容量维数、李亚普诺夫维数、谱维数、拓扑维数和广延维数等。

2003 年，英国数学家法尔科内在《分形几何——数学基础及其应用》(第 2 版)中这样认为：分形的定义可采用与生物学中对“生命”的定义相同的处理方法。生物学中对“生命”没有严格和明确的定义，但列出了一系列生物的特征，如用繁殖能力、运动能力及对周围环境的独立存在能力等大部分生物所具有的特征来表征。据此，如果一个集合具有以下五个方面的特征，便可认为它是一个分形。

① 分形具有精细结构，也就是有任意小尺度的细节。

② 分形具有高度的不规则性，无论它的局部还是整体都无法用传统的微积分或集合语言来描述。

③ 分形具有某种统计意义或近似意义的自相似性。

④ 一般地，以某种方式定义的分形维数大于它的拓扑维数。

⑤ 分形的生成方式很简单，如可能由迭代的方式产生。

⑥ 通常有“自然的外貌”或图形。

粗略地说，分形集就是比经典集合考虑的集合更不规则的集合。这个集合无论被放大多少倍，越来越小的细节仍能看到。事实上，不规则集合的抽象化比在经典几何中光滑平面的规整几何更准确地与自然界相吻合。

8.1.3 分形的特性

分形具有两个特性：一是自相似性；另一个是标度不变性。

1. 自相似性

系统的自相似性是指从不同的空间尺度或时间尺度来看，某种结构(过程)的特征都是相似的，或者说，系统(结构)的局域性质(结构)与整体类似。一个系统(结构)如果有极其规则且严格对称的性质，就非常容易用欧氏理论来描述。例如对于圆，只要给出圆点和半径，就能很快得出它的具体的图形。然而，对于不规则的物体形态，如凹凸不平的地表、怪石林立的山峰诸如此类的实物形态，就无法用欧氏理论来描述。尽管大自然的物体形态是千变万化的，但是如果从一个分形上任意选取一个局部区域，对其进行放大，再将放大后的图形与原图加以比较，就会发现，它们之间的形状特征呈现出令人惊讶的自相似性。也就是说，物质的各个部分都或多或少具有自相似结构。例如一支花，它有主干和支干，如果比较支干和主干，那么就会发现它们之间极为相似；同样，对于花芯，也会发现花瓣和花瓣之间是对称的，而且也是相似的。

自相似性用数学语言可表示为 $f(\lambda\tau)=\lambda f(\tau)$，其中 λ 为标度因子，τ 为自相似参数，$f(\tau)$ 可以表示所研究物体的面积、体积、质量等性质的测度。然而，在实际所研究的过程中由于研究对象涉及的范围很广（包括整个自然界、宇宙星系等），很多现象所表现出来的形态极其复杂，达不到数学分形所要求的理想化状态。因此，自相似性通常以统计方式来研究其性质，即在研究变化的局部尺度时，在该变化尺度下所包含的局部统计学特征与整体研究对象是相似的。

物体的自相似性为研究事物提供了新的思路。既然物体的形态是有规律可循的，那么就有办法对其进行描述。基于这一思想，就可以利用物体的自相似性，定义一个简单的图形规则，再在这个规则的基础上不断地进行规则迭代，最终会生成让人意想不到的图形，即分形图形。

当然，自然界的事物是自相似的，但不是严格的完全的相似，它们之间还是有一定差别，即只是存在一定的相似度。相似度用来表示一个分形的局部与局部以及局部与整体之间的相似程度。另外，相似并不代表相同或者简单的重复。例如，将局部图形用放大镜放大 n 倍后，不一定会和原图完全吻合，这一点应该值得注意。

图 8.2 是一组 Koch 分形曲线。它从一条直线段开始，将线段中间的三分之一部分用一个等边三角形的两边代替，形成山丘状图形。在新的图形中，又将图中每一直线段中间的三分之一部分都用一个等边三角形的两条边代替，再次形成新的图形，如此迭代，就形成了分形曲线。

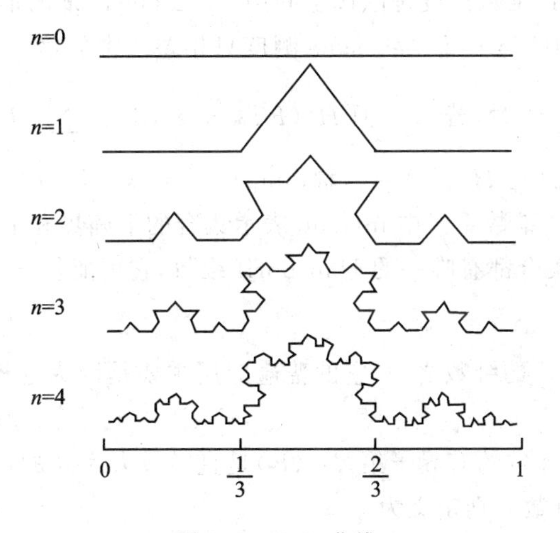

图 8.2　Koch 曲线

自相似性广泛存在于自然界中。自然界中树木、草以及河流的脉络均具有自相似的特点。人的循环系统、神经系统、消化系统等在结构上也具有明显的自相似特性。宇宙中大到星系，小到尘埃也具有自相似的特点。

分形一般分为规则分形与不规则分形。数学上按一定法则生成的分形图形具有严格的自相似性和无限嵌套的细节，这类分形通常称为有规分形。而自然界中的分形，因其自相似性质不是严格的，只是在一定区间内统计意义下的，这类分形常常称为无规分形。

2. 标度不变性

标度不变性是指分形图形上的任意一个区域，对其放大后还是呈现原图像的形状特征。分形在任一尺度上都会有精细的结构，但无论多精细、多复杂，分形的特性不会随着尺度的变化而变化。在分形中用以定量描述这种不变的特性的量称为分形维数。

用数学语言可表示为 $f(\lambda r)=\lambda^m f(r)$，即将 r 扩大到 λr 后，得到的新函数是原函数的 λ^m 倍，其中 λ 和 m 都是常数，λ^m 为标度因子。对实际的研究客体来说，标度不变性并不是通用的，只在某一范围、某一条件下适用。

8.1.4 分形维数的定义

描述分形的数量指标主要是各种分形维数。通常有不同形式的分形维数，各有各的特点和使用范围。理论研究中使用最多的是 Hausdorff 维数和计盒维数，其优点是对任意的集合都有定义。但是，Hausdorff 维数在很多情况下难以计算，而计盒维数较 Hausdorff 维数在很多情况下更易于计算或估计。对于时间序列以及交通流时间序列，经常使用的是 Hurst 指数和关联维数。

1. Hausdorff 维数

设 F 为 n 维欧氏空间 $\mathbf{R}^n$ 的任意子集，s 为非负实数，对任意 $\delta>0$，令

$$H_\delta^s(\boldsymbol{F})=\inf\left\{\sum_{i=1}^{+\infty}|U_i|^s \left| \begin{array}{l}\{U_i \text{ 是 } F \text{ 的 } \delta\text{-覆盖，即 } U_i \text{ 的直径}\} \\ \sup\{\|x-y\| x,y\in U_i \text{ 且 } F\subseteq YU_i\}\end{array}\right.\right\}$$

显然，$H_\delta^s(F)$随 δ 的减小而单调非增。$H^s(F)=\lim\limits_{\delta\to 0}H_\delta^s(F)$，称 $H^s(F)$为 F 的 Hausdorff 测度。实际上 Hausdorff 维数测度是欧氏空间中 Lebesgue 测度的推广。对 $\mathbf{R}^n$ 中的任意子集 F，其 n 维 Hausdorff 测度与 n 维 Lebesgue 测度只相差一常数倍。显然，当 $\delta<1$ 时，$H^s(F)$ 是 s 的非增函数。当 $\delta<1$ 时，若 $t>s$ 且 $H^s(F)<+\infty$，由于 $\sum\limits_{i=1}^{+\infty}|U_i|^t\leqslant\delta^{t-s}\sum\limits_{i=1}^{+\infty}|U_i|^s$，则 $H_\delta^t(F)\leqslant\delta^{t-s}H_\delta^s(F)$，因此 $H^t(F)=0$，称 $\dim_H F=\inf\{s\mid H^s(F)=0\}=\sup\{s\mid H^s(F)=+\infty\}$为 F 的 Hausdorff 维数。式中 inf、sup 表示集合的下确界和上确界，即最大上界和最大下界。由此可知，每个集合都有唯一的 Hausdorff 维数，它可能是$+\infty$、0 或有限正数。

2. 计盒维数

计盒维数是应用最广的维数之一，它的普遍应用主要是因为这种维数的数字计算及经验估计相对容易一些。

设 F 为 $\mathbf{R}^n$ 的任意非空的有界子集，$N_\delta(F)$是直径最大为 δ 的可以覆盖 F 集的最小球个数，则 F 的上、下计盒维数分别定义为

$$\underline{\dim}_B F=\underline{\lim}_{\delta\to 0}\frac{\ln N_\delta(F)}{-\log\delta}$$

$$\overline{\dim}_B F=\overline{\lim}_{\delta\to 0}\frac{\ln N_\delta(F)}{-\ln\delta}$$

当上、下计盒维数相等时，称这个共同的值为 F 的计盒维数或盒维数，记为

$$\dim_B F=\lim_{\delta\to 0}\frac{\ln N_\delta(F)}{-\ln\delta}=D_0$$

计盒维数的计算方法：用边长为 δ 的小盒子将分形覆盖起来。但因为分形内部存在缝隙，

所以有一部分小盒子并没有覆盖到分形，有些则只覆盖了一部分。覆盖完之后，用 $N(\delta)$ 来计非空小盒子的数目，当小盒子的边长 δ 很大时，$N(\delta)$ 会很小，所以将边长 δ 缩小，这样盒子的数目会增多。当 δ 趋近于 0 时，便得到了盒维数 $N(\delta)$，也就是容量维数。

3. 信息维数

计盒维数定义的缺点主要是只考虑了所需 δ 球的个数，但对于每个球所覆盖的点数多少却没有加以区别，从而造成计盒维数的定义没有反映研究对象的不均匀性。含有一个和多个点的盒子在容量维数的定义中有着相同的权重。因此需要对计盒维数的定义及计算方法进行修正。

如果对小盒子进行编号，假如第 i 个盒子落入了 $N_i(\delta)$ 个点，就可以得出分形中的点落入第 i 个盒子的概率是

$$p_i(\delta)=\frac{N_i(\delta)}{N(\delta)}$$

式中：$N(\delta)$ 为总的点数。再利用信息量的公式可以得到信息维数的定义：

$$D_1=-\lim_{\delta\to 0}\frac{1}{\ln\delta}\sum_{i=1}^{N(\delta)}p_i(\delta)\ln\frac{1}{p_i(\delta)}$$

可以容易地发现，当每个盒子具有一样的权重，即 $p_i(\delta)=\dfrac{1}{N(\delta)}$ 时，$D_1=D_0$。

4. 关联维数

数盒子方法的概念相对清楚，但是实用有限。只有当分形维数小于二维或在二维附近的时候，计算才具有可行性。当空间的维数增加时，计算量也要加大。

如果由 N 个点组成空间中某一集合，每个点的空间坐标为 $x_i(i=1,2,3,\cdots,N)$。凡是空间距离小于 δ 的点对，称为有关联点对。计算关联点对的对数，它在一切可能的 N^2 个配对中所占的比例被称为关联函数，表达式如下：

$$C(\delta)=\frac{1}{N^2}\sum_{i,j=1}^{N}\theta(\delta-|x_i-x_j|)$$

式中：$\theta(r)$ 为 Heaviside 函数，表达式如下：

$$\theta(r)=\begin{cases}1 & r>0\\ 0 & r\leqslant 0\end{cases}$$

相应的，关联维数的定义为

$$D_2=-\lim_{\delta\to 0}\frac{\ln C(\delta)}{\ln\delta}$$

5. 自相似维数

设一直线段的长度为 X，将其分成 $N=b$ 个等长的小线段，其中每一小线段就是区间 $\dfrac{(k-1)X}{b}\leqslant x\leqslant\dfrac{kX}{b}$，$k=1,2,3,\cdots,b$。很明显，每一小线段是整个直线段的比例进行缩小，这个比例称为相似比 r，其表达式为 $r=\dfrac{1}{b}=\dfrac{1}{N}$。

进而考虑二维具有长、宽分别为 X 和 Y 的平面。同样，可以分成 $N=b^2$ 个小方块，这些小方块与整个平面相似，可将其表示为

$$\frac{(k-1)X}{b}\leqslant x\leqslant\frac{kX}{b}\quad(k=1,2,3,\cdots,b)$$

$$\frac{(k-1)Y}{b} \leqslant x \leqslant \frac{kY}{b} \quad (k=1,2,3,\cdots,b)$$

其相似比为

$$r=\frac{1}{b}=\left(\frac{1}{N(r)}\right)^{1/2}$$

对三维的六面体作类似处理可获得相似比 $r=\frac{1}{b}=\left(\frac{1}{N(r)}\right)^{1/3}$。

类推之，对于 D_s 维柱体，其相似比为 $r=\frac{1}{b}=\left(\frac{1}{N(r)}\right)^{1/D_s}$。

这样就有

$$N(r)r^{(1/D_s)}=1$$

$$\ln r=\ln\left(\frac{1}{N(r)}\right)^{1/D_s}=-\frac{\ln N(r)}{D_s}$$

$$D_s=-\frac{\ln N(r)}{\ln r}=\frac{\ln N(r)}{\ln(1/r)}$$

式中：D_s 称为自相似维数。

大量的研究表明，只要分形物体具有自相似性，则其相似比的关系就成立，就可以得到自相似分形的分形维数。

8.2 常维和变维分形预测

分形分布一般可以用如下幂级数分布定义：

$$N=\frac{C}{r^D}$$

式中：r 为尺规则基准，可以是时间、长度、面积等；N 为所量测的对象的量值，如汇率、产量、河流的流量、化工过程中的压力等；C 为常数；D 为分形维数

$$D=\frac{\ln N-\ln C}{\ln(1/r)}$$

它表征了分形的粗糙程度，一般来说，值越大，分形现象越复杂。

在研究复杂现象时，通常将其组织结构的分形维数 D 设定为常数的分形方法称为常维分形。

常维分形预测的基本思路如下：

① 建立反映所量测对象的历史序列$\{N_i\}$，$i=1,2,3,\cdots,m$，然后构造历史序列的一阶累加和序列$\{S_j\}$，此时，$\{S_j\}$就相当于 $N(r)$，j 相当于量度尺度 r。

② 在双对数坐标系中，以 $\ln(1/r)$为横轴，$\ln S_j$ 为纵轴，将历史数据点标出，并用最小二乘法对曲线进行线性回归，得到线性回归方程。回归直线方程的斜率就是分形维数 D。

③ 预测时，根据得到的 D 和 $\ln C$ 值，对 $j=m+1$ 求出 S_{m+1}，则反推出序号为 $m+1$ 的预测值为 $N_{m+1}=S_{m+1}S_m$。

④ 类似地可以求出 N_{m+2}，N_{m+3}，$\cdots$，从而得到未来时间的预测值序列。

当序列的时间跨度较大时，此方法的预测误差较大，原因在于常维分形利用同一组参数 D 和 C 对整个序列进行预测，并不能反映序列最近的变化趋势，而且，自然界和社会中并不存

在严格满足常维分形关系的现象。在这种情况下，可以采用变维分形预测方法。

变维分形预测方法是指对预测中所用的参数作动态调整。对一个系统而言，随着时间的推移，未来的一些扰动因素将不断进入系统而对系统产生影响。就预测而言，真正具有实际意义的，精度较高的预测值，往往是最近的数据，较远的数据仅反映一种趋势。因此预测时应该每预测一步，就对参数作一次动态调整，并随之修正模型，使预测值在动态过程中产生，以此来降低预测中的误差。

变维分形中通常认为分形维数 D 是特征尺度 r 的函数。应用变维分形需要用曲线拟合的方法来建立分形分布，此时，可以用首尾接的分段折线将全部数据点依次相连，称为分段变维分形。

利用变维分形模型进行预测的基本思路如下：

① 对于给定的预测序列 $\{N_i\}, i=1,2,3,\cdots,m$，选取前 L 个数据组成部分序列 $\{N'_i\}, i=1,2,3,\cdots,L$。

② 对序列 $\{N'_i\}$，按常维分形预测方法预测出一个值。

③ 根据前 L 个预测值的误差对该预测值进行修正，然后把修正的预测值补充到序列 $\{N'_i\}$ 中，同时去掉序列 $\{N'_i\}$ 中时间最久的一个数据，保持序列等长度。

④ 利用更新过的序列 $\{N'_i\}$ 预测下一个数值，并补充到数据列中，同时去掉序列中时间最久的一个数据……。这样，利用预测值的新陈代谢逐个预测，依次递补，直到完成预测目标为止。

变维分形预测法模型具有逐步预测和动态修正参数的特点，能有效降低数据波动带来的影响，与常维分形预测模型相比精度更高，同时，模型需要的数据简单，具有较好的实用性。

8.3　时间序列的 Hurst 指数与 R/S 分析法

英国水文学家 H. E. Hurst 在 1952 年发表的《水库的长期存储能力》一文中提出区分随机系统和非随机系统，循环的持续、趋势的连续等新的方法，被称为重标极差方法（Rescaled Range Analysis），简称 R/S 分析。

8.3.1　Hurst 指数及其分形预测

设有一个已知时间序列 $x_1, x_2, x_3, \cdots, x_n$，其平均值 $\bar{x}_n = \frac{1}{n}\sum_{i=1}^{n} x_i$，标准差 $S_n = \sqrt{\frac{1}{n}\sum_{i=1}^{n}(x_i - \bar{x}_n)^2}$，对于 $1 \leqslant t \leqslant n$，累计离差为 $x_{t,n} = \sum_{i=1}^{t}(x_i - \bar{x}_n)^2$，极差 $R = \max\limits_{1\leqslant t\leqslant n}\{x_t\} - \min\limits_{1\leqslant t\leqslant n}\{x_t\}$。Hurst 指数是指满足以下方程的系数 H，即

$$\frac{R_n}{S_n} = Cn^H$$

式中：C 为常数。

Hurst 指数有多种计算方法。计算单个时间序列 Hurst 指数的方法一般有两种：第一种方法是指定某个 C 值（如取 0.5），则可得 Hurst 指数 $H = \frac{\ln(R_n/S_n)}{\ln(0.5n)}$；第二种方法是将整个时间序列平均分成 k 份，在每一份上计算 R_n/S_n，再运用回归分析估计 Hurst 指数。在运用回归分析法计算 Hurst 指数时也有两种方法：一种是将时间序列定在 $t=1$ 处，它随 n 的增加

可计算多个 R_n 和 S_n，使用 LMS 法估算方程 $\ln(R_n/S_n)=\ln C+H\ln n$ 中的 H，得

$$H=\frac{(k-k_0)\sum_{n=k_0}^{k}\ln(R_n/S_n)\ln n-\sum_{n=k_0}^{k}\ln(R_n/S_n)\sum_{n=k_0}^{k}\ln n}{(k-k_0)\sum_{n=k_0}^{k}\ln^2 n-\left(\sum_{n=k_0}^{k}\ln n\right)^2}$$

另一种方法是保持每次计算重标极差的数据个数不变，再用移动平均（即移动时间窗口）的方式计算多个 R_n/S_n，最后用 LMS 法计算出动态的 Hurst 指数 H。

对于一个时间序列，其 Hurst 指数 H 与分形维数 D 的关系满足 $D=2-H$。

Hurst 指数的大小可以分为三种情况：

① $0\leqslant H<0.5$，是负相关，表示该时间序列的反持久性或均值回复，即如果该系统以前向上，则它在下一个时间更可能会向下；反之亦然。反持久性会随 H 越接近于 0 越强。这种时间序列比纯随机的序列有更强的突变性和易变性。其分形维数满足 $1.5<D\leqslant 2$。

② $0.5<H\leqslant 1$，是正相关，表明时间序列具有持久性的行为或长记忆性，即如果该系统前一个时期向上，则它在下一时期更可能会向上；反之亦然。其分形维数满足 $1\leqslant D<1.5$。

③ $H=0.5$，表明该时间序列是纯随机性的，即现在的状态不会影响未来的状态。它的分形维数 $D=1.5$，纯随机。

通常把持久性时间序列（即 $0.5<H\leqslant 1$）定义为分形时间序列，因为它们可以用分数布朗运动来描述。在分数布朗运动中，在跨时间尺度的事件之间有着相关性，Hurst 指数可以度量时间序列参差不齐的程度。

当对某一时间序列运用分形理论进行预测时，首先需确定该时间序列是否具有分形特征。分形维数是确定时间序列是否具有分形特征的一种有效的参数，它的大小能够比较客观地反映系统的状态。由于 Hurst 指数是描述时间序列参差程度的一个量，从分形维数与 Hurst 指数的关系可知，维数越大 Hurst 指数就越接近于 0，表示该时间序列是一个反持久或趋势渐变的序列，具有“均值回复”的特性。这种反持久性的强度依赖于 Hurst 指数与 0 的距离，距离 0 越近，时间序列就具有越强的突变性和易变性。反之，当分形维数相对比较小时，Hurst 指数就比较接近于 0.5，说明时间序列是一个持久性或趋势增强性序列，这时时间序列分形维数越小，其性质越稳定，即具有持久性，则此时系统较稳定。

在连续的时间变化中，系统状态也是一个连续的变化过程，系统在某一时间序列期间内的状态，是上一个时间序列所代表的系统状态的延续，同时受到更早过程中时间序列所代表的系统状态的影响，这是一个长期记忆过程。这也就是说，各个时间段中系统状态信息，可以通过相应时间段时间序列中所隐含的信息来判断，这种隐含的信息就是分形维数。不同阶段时间序列所表现出来的分形维数是不尽相同的，当系统比较稳定时，时间序列的变动频率以及变化幅度就比较小，此时时间序列的分形维数就比较小；当系统比较动荡且较容易发生突变时，时间序列的变动频率以及变动幅度就比较大，此时时间序列的分形维数就比较大。由此可知，分形维数可以直观、形象地说明一个时间序列的分形特征以及其所包含的系统信息，因此可以用时间序列的分形维数来判别系统的状态。

8.3.2 Takens 相空间重构方法

根据分形维数的概念，仅由时间序列本身直接确定维数有很大局限性。一方面，由于它是许多点的集合，其维数大于零；另一方面，这些点又是散落在一个数轴上，并非布满全数轴，自

然其维数小于 1。所以,从这样的时间序列出发研究相应的但维数大得多的动力系统的演化行为及动力特性,就必须对原时间序列进行拓展处理。目前常用的方法是 1981 年 Takens 提出的“时间延迟方法”,此方法对时间序列进行高维嵌入而建立了一个相空间,并使此相空间包含系统的吸引子。通过重构,找出隐藏在吸引子中的演化规律,使现有的数据纳入某种可描述的框架之下,从而为时间序列的研究提供了一种崭新的方法和思路。

相空间重构的过程就是再现分形特征的过程。其基本思想是系统中的任一分量的演化都是由与之相互作用着的其他分量所决定的。因此这些相关分量的信息就隐含在任一分量的发展过程中,为了重建一个“等价”的状态空间,只需考虑一个分量,并将它在某些固定点的时间延迟点上的测量作为新维处理,即延迟值被视为新坐标。它们确定了某个多维状态空间中的一点,它可以将吸引子的许多性质保存下来,即用系统的一个观测量可以重构出原动力系统模型。

对于 n 维欧氏空间上的动力系统:

$$\boldsymbol{X}=f(\boldsymbol{X})$$

式中:$\boldsymbol{X}=[x_1,x_2,\cdots,x_n]$ 是系统的状态向量,也可以看作系统相空间上的一个点。在实际问题中,状态向量 $\boldsymbol{X}$ 的状态分量经常是不可预测的。这样就无法获得系统的运动轨迹,也就无法获得 $f(\boldsymbol{X})$ 的全部信息。在这种情况下,一般的做法是根据系统的某个测度来推断 $f(\boldsymbol{X})$ 的特性。由于系统的吸引子存在于一个流形中,因此系统的测度是由流形 M 到欧氏空间 $\mathbf{R}^m$ 时每个流形 N 的映射,即 $F:M\to N$。这样当 F 满足这些条件时,就可以保证 M 上的原系统与系统关于 F 在 N 上的映射的等价,从而可以通过对 N 的研究获得与系统相等价的结论。

事实上,也只有通过对 N 的研究,才能挖掘出流形 M 的分形特性。

Takens 定理:设 f 是一个流形 M 到空间 S 的一个映射,如果 M 在空间 S 的映像 $f(M)$ 是 S 上的一个光滑流形,并且 f 是一个微分拓扑,则称 f 是 M 到空间 S 的一个嵌入,定义 m 为嵌入维数。

该定理表明,任意 m 维流形与欧氏空间 $\mathbf{R}^{2m+1}$ 中的流形是微分同胚的,因此,可以将 m 维流形上的状态点转化为 n 维欧氏空间上的状态点,这也就为时间序列的重构提供了完备的理论依据。

根据 Takens 定理,给定时间序列数据的嵌入维数和时间延迟,即可重构相空间:

$$\boldsymbol{Y}(t_i)=[x(t_i),x(t_i+\tau),x(t_i+2\tau),\cdots,x(t_i+(m-1)\tau)]\quad (i=1,2,3,\cdots,M)$$

式中:$\boldsymbol{Y}(t_i)$ 为 t_i 时刻 $x(t_i)$ 值相空间重构得到的空间向量;$x(t_i)$ 为 t_i 时刻的时间序列值;m 为嵌入维数;τ 为时间延迟;M 为矢量维数,$M=n-(m-1)\tau$,n 为数据点的个数。

已知某时间序列变量 $x(t_0)$, $x(t_0)$,$\cdots$,$x(t_n)$,其时间间隔为 Δ_t,则根据原始时间序列数据,重构一个 m 维的相空间,就可以得到如下分布:

$$\begin{bmatrix} x(t_0) & x(t_1) & \cdots & x(t_i) & \cdots & x[t_n-(m-1)\tau] \\ x(t_0+\tau) & x(t_1+\tau) & \cdots & x(t_i+\tau) & \cdots & x[t_n-(m-2)\tau] \\ x(t_0+2\tau) & x(t_1+2\tau) & \cdots & x(t_i+2\tau) & \cdots & x[t_n-(m-3)\tau] \\ \vdots & \vdots & & \vdots & & \vdots \\ x[t_0+(m-1)\tau] & x[t_1+(m-1)\tau] & \cdots & x[t_i+(m-1)\tau] & \cdots & x(t_n) \end{bmatrix}$$

$$\begin{matrix} \boldsymbol{X}(t_0) & \boldsymbol{X}(t_1) & \cdots & \boldsymbol{X}(t_i) & \cdots & \boldsymbol{X}(t_n) \end{matrix}$$

式中:τ 为延迟时间,$x(t_i)$ 为相点,它有 m 个分量,且对应于上述矩阵中的每列元素 $x(t_i)$,$x(t_i+\tau)$,$\cdots$,$x[t_i+(m-1)\tau]$。按时间增长的顺序用线将各点连起来,即成为描述系统在维相空间中的演化轨线，此时的被称为嵌入维数。它是相空间重构中的一个重要概念。嵌入维数是指能够完全包含状态转移构成的吸引子的最小相空间维数，即吸引子在相空间内没有任何交叠。

对于相空间的重构过程，选取一个合适的时间参数 τ 非常重要。如果 τ 取值太小，则上述各个坐标分量之间的线性独立性不能得到保证，也就是所有坐标差别不明显，轨线在相空间中几乎重合在同一条线上；如果 τ 取值太大，轨线在相空间中会出现间断现象，导致比较简单的几何图线在相空间中看起来非常复杂，造成系统的相图失真。关于 τ 的最优确定，目前还没有严格的数学计算方法，一般可以取为时间序列自相关函数第一个零值所对应的 τ。对于重构后的相空间时间序列，自相关函数表达式为

$$C(\tau)=\frac{1}{n-\tau}\ \frac{\sum_{i=1}^{n-\tau}(x_i-\bar{x})(x_{i+\tau}-\bar{x})}{\sigma^2(x)}$$

$$\sigma^2(x)=\frac{\sum_{i=1}^{n}(x_i-\bar{x})}{n}$$

式中：τ 是时间的移动值；$\bar{x}$ 为时间序列的均值；σ 为时间序列的标准差。

自相关函数表示了下标为 i 和 $i+\tau$ 的时刻，运动的相互关联或者相似程度。一般地，τ 越小，则 x_i 和 $x_{i+\tau}$ 越相似，从而 $C(\tau)$越大；反之，τ 越大，则 x_i 和 $x_{i+\tau}$ 差别可能越大，从而 $C(\tau)$越来越小，最终趋于不相关的某极限常数。

得到延迟参数后，重构过程另一个关键是取得合理的嵌入维数。许多情况下系统的维数是未知的，此时就需要确定一个最小的嵌入维数，以便构造延迟向量。

1983 年 Grassberger 和 Procaccis 根据 Takens 相空间重构方法提出了从实际试验数据中提取系统关联维数的算法，称为 G-P 算法。

实际预测的时间序列经重构后得到 m 维(m 足够大)的相空间，考虑相空间的任意两个相点：

$$\boldsymbol{X}_m(t_i)=[x(t_i)\quad x(t_i+\tau)\quad \cdots\quad x(t_i+(m-1)\tau]$$
$$\boldsymbol{X}_m(t_j)=[x(t_j)\quad x(t_j+\tau)\quad \cdots\quad x(t_j+(m-1)\tau]$$

式中：$|t_i-t_j|>\tau$，记相点之间的距离为 $r_{ij}=\|\boldsymbol{X}(t_i)-\boldsymbol{X}(t_j)\|$，符号 $\|\cdot\|$ 为欧氏模。对于某一延迟 τ 和某一嵌入维数 m，其关联维数为

$$D_2(m)=\lim_{r\to 0}\frac{\ln C_2(r,m)}{\ln r}\quad 或\quad D_2(m)=\left|\frac{\ln C_2(r,m)}{\ln r}\right|$$

式中：$C_2(r,m)=\frac{1}{N^2}\sum_{i,j=1,i\neq j}^{N}H(r-r_{ij})$ 是相空间吸引子上两点间的欧氏距离 r_{ij} 小于 r 的概率，也称为累计距离分布函数；H 是 Heaviside 函数。它刻画了相对于相空间某参数点 $X(t_i)$ 在 r 内的相点聚焦程度，所以 $C(r,m)$称为吸引子的关联函数，$N=n-(m-1)\tau$ 为相空间 $\boldsymbol{R}^m$ 的相点数。

此时的吸引子维数与嵌入维数 m 有关。对于不同嵌入维数 m 和不同充分小的 r，分别求出与其对应的 $\ln C_m(r)$值，然后作 $\ln C_m(r)$ - $\ln r$ 曲线。例如，令 $m=2$，其直线部分的斜率就是 $D_2(r,m)$的值；然后令 $m=3$，同样获得一条准直线的斜率，就是 $D_3(r,m)$的值。这时涉及一个 r 取值的问题，为了便于理解，可以认为 r 代表的是一个理想的欧氏标准距离，若 r 值选的太小，以至距离 $r_{ij}=\|\boldsymbol{X}(t_i)-\boldsymbol{X}(t_j)\|$ 都比 r 大，则 $C_m(r,m)=0$，表示相点分布在 r 范

围之外；若 r 选的太大，一切点对的距离都不会超过它，则 $C_m(r,m)=1$。所以，如果 r 选择不当，将不能如实反映系统的内部性质，也就是说，r 的取法要使得 $0\leqslant C_m(r,m)\leqslant 1$ 才有意义。

由 Takens 定理，如果系统存在显著分形特征，在计算过程中当 m 增大到恰当的维数 m_c 后，D_2 不再随 m 的增大而改变，记为 $D_2=D_2(r,m_c)$。D_2 就是所要求的吸引子的维数。如果采用人工判定法，则根据被研究系统的特点，作出 $\ln C_m(r)-\ln r$ 曲线图，依目测效果确定一段线性关系最好的区间（即无标度区间），用最小二乘法进行线性拟合，求出回归系数，从而求出序列分形维数。

这种人工判定法确定线性关系区间的准确性比较好，而且简单易行，但是精度并不是很高。

8.4 基于分形理论预测法的 MATLAB 实战

例 8.1 赤道东太平洋地区（南纬 0°～10°，西经 180°～90°）是一个反映全球大气和海洋变化的敏感区域，对全球气候有着重大影响的厄尔尼诺现象就发生在这里，因此监测和预报这一地区海温的变化，对气候预测、环境评价乃至全球经济都有重要价值。其中这一地区秋季海温的增暖和下降对监视厄尔尼诺现象尤为重要。表 8.1 为赤道东太平洋地区 1951—1985 年 9—11 月份的平均海温，试利用 R/S 分析法和去趋势波动分析法（DFA）对其进行预测。

表 8.1 赤道东太平洋地区 1951—1985 年 9—11 月份的平均海温

年 份	平均海温/℃	年 份	平均海温/℃	年 份	平均海温/℃
1951	26.60	1963	26.40	1975	24.80
1952	25.70	1964	24.90	1976	26.60
1953	26.20	1965	26.80	1977	25.90
1954	25.20	1966	25.40	1978	25.40
1955	24.70	1967	25.10	1979	25.90
1956	25.40	1968	26.00	1980	25.70
1957	26.60	1969	26.50	1981	25.50
1958	26.00	1970	25.20	1982	26.70
1959	25.70	1971	25.10	1983	26.10
1960	25.90	1972	27.20	1984	25.30
1961	25.50	1973	24.90	1985	25.40
1962	25.40	1974	25.30		

解：①根据 Hurst 指数和 Mann-Kendall 法就可以对时间序列进行预测。据此编写函数 myhurst 进行计算。

```
>> x = [26.6 25.7 26.2 25.2 24.7 25.4 26.6 26 25.7 25.9 25.5 25.4 26.4 24.9 26.8 ...
    25.4 25.1 26 26.5 25.2 25.1 27.2 24.9 25.3 24.8 26.6 25.9 25.4 25.9 25.7 ...
    25.5 26.7 26.1 25.3 25.4];
>> [y,z,table] = myhurst(x);
>> y = 0.6026              % Hurst 指数
```

```
>> z = -0.2982            % Z 值
>> table = 'Hurst'  '相关系数'  'Z'   '趋势'  '强度'  'Z_90'  'Z_95'  'Z_99'
   [0.6026]  [0.9601] [-0.2982] '下降'  '较弱'  '显著'  '显著'  '显著'
```

图 8.3 和图 8.4 分别为 $\ln(R/S)-\ln\tau$ 曲线图和时间序列的原始数据图。

从计算结果可以看出，时间序列后续变化趋势为下降，但趋势的强度较弱，随时可能翻转。

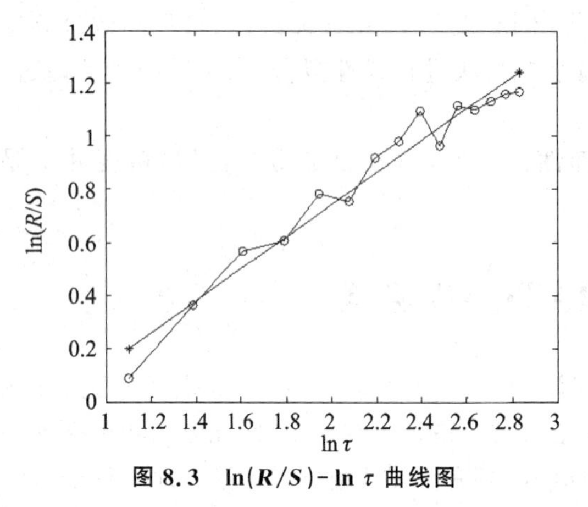

图 8.3 ln(R/S)-ln τ 曲线图

图 8.4 时间序列原始数据图

② 根据去趋势分析法的原理，可编写相应的程序进行计算。此方法的程序包含在函数 myhurst 中，用 method 控制。当此值为 'h' 时，为计算 Hurst 指数，当此值为 'd' 时，则进行去趋势波动分析。

```
>> x = [26.6 25.7 26.2 25.2 24.7 25.4 26.6 26 25.7 25.9 25.5 25.4 26.4 24.9 26.8 ...
        25.4 25.1 26 26.5 25.2 25.1 27.2 24.9 25.3 24.8 26.6 25.9 25.4 25.9 25.7 ...
        25.5 26.7 26.1 25.3 25.4];
>> out = myhurst(x,'d',1)
out = [0.7460]
```

此参数比 Hurst 指数更能反映时间序列的分形特征。

例 8.2 (1)试分别用常维分形预测方法、等长度递补变维分形预测方法分析预测表 8.2 所列的 1990—2004 年全国总货运量。(2)用变维分形预测方法对 2000 年 7 月至 2001 年 7 月全国煤矿企业每月发生事故总起数的时间序列(见表 8.3)进行预测分析。

表 8.2 1990—2004 年全国总货运量

年 份	货运量/万吨	年 份	货运量/万吨
1990	970 602	1998	1 267 427
1991	985 793	1999	1 293 008
1992	1 045 899	2000	1 358 682
1993	1 115 902	2001	1 401 786
1994	1 180 396	2002	1 483 447
1995	1 234 938	2003	1 564 492
1996	1 298 421	2004	1 706 412
1997	1 278 218		

表 8.3 全国煤矿企业每月发生事故总起数

时间序号	事故总起数	时间序号	事故总起数
1	42	8	31
2	144	9	113
3	147	10	66
4	121	11	155
5	64	12	65
6	89	13	20
7	98		

解：根据分形预测方法的原理，编写函数 fractal 进行预测。此函数中用 type 控制采用常维分形预测方法、等长度递补变维分形预测方法及变维分形预测方法。采用第二种方法时默认的长度为 2，3，4。

(1) 第一种与第二种方法。

```
>> x = [970602  985793  1045899  1115902  1180396  1234938  1298421  1278218  1267427  ...
       1293008  1358682  1401786  1483447  1564492  1706412];
>> [y,e] = fractal(x);          % 常维分形预测
>> y = 1.0e + 06 *
[0.9138  1.0570  1.1188  1.1609  1.1932  1.2197  1.2421  1.2616  1.2789  1.2945  1.3087
 1.3218  1.3338  1.3450  1.3555  1.3654];
>> e = 1.0e + 05 *
[-0.5679  0.7123  0.7289  0.4499  0.1285  -0.1527  -0.5632  -0.1659  0.1152;
 -0.0001  0.0001  0.0001  0.0000  0.0000  -0.0000  -0.0000  -0.0000  0.0000;
   0.0153  -0.4995  -0.8003  -1.4963  -2.1946  -3.5087
   0.0000  -0.0000  -0.0001  -0.0001  -0.0001  -0.0002];
```

其中，y 是各点及下一步的预测值；e 的第 1 行和第 2 行分别是预测值的误差和相对误差。

```
>> [y,e] = fractal(x,'b');      % 等长度递补变维分形预测
>> y = 1.0e + 06 *
[0.9706  0.9858  1.0278  1.0920  1.1595  1.2188  1.2797  1.2867  1.2747
 0.9679  0.9848  1.0434  1.0887  1.1560  1.2113  1.2763  1.2727  1.2760
 0.9634  0.9816  1.0436  1.1095  1.1466  1.2154  1.2710  1.2585  1.2679
 1.2854  1.3356  1.3863  1.4576  1.5383
 1.2871  1.3369  1.3765  1.4525  1.5617
 1.2910  1.3309  1.3706  1.4856  1.5323];
```

可以看出，第二种方法的精度明显要高于第一种，而且长度为 2 时，精度最高。

(2) 第三种方法。

在分形分布函数的实际应用中，很多情况下分形维数 D 并不是常数，而是分段变化的。这样就无法单独用一个公式计算了。可以先假设 D 是变量，因为初始值往往离散程度较大，所以用某种变换处理原始数据，使变换后的数据与分形分布拟合良好，也就是说，使得值比较接近。大量文献显示，采用累加和变换处理原始数据就能得到比较好的效果。

在实际应用中取各段分形维数比较接近，也就是与分形分布拟合最好的累加和数列作为预测数列。因为未来的发展趋势与最后一段分形维数的关系最为密切，所以选择这段分形维数作为计算的基础，求出分形预测公式后进行预测分析。

```
>> x = [42 144 147 121 64 89 98 31 113 66 155 65 20];
>> y = fractal(x,'B');          % 变维分形预测
>> y = 82.0036                  % 下一步的预测值，实际值为 90
```

对于此时间序列，如果采用第一种和第二种方法，则预测效果较差。

例 8.3　利用相空间对典型的 Lorenz 混沌系统为对象进行相空间重构，其中 Lorenz 混沌系统参数为 $a=10$、$b=8/3$、$c=30$。

解：首先利用龙格库塔法求解出系统在区间[0，1 000]上的解，然后将解的[14 001～15 000]长度的 x 分量作为输入样本进行相空间的重构。

```
>> [t,y] = ode45(@f_my,[0,1000],[-1;0;-1]);        % 龙格库塔法求微分方程组
>> data = y(14001:15000,1);                           % x 分量
>> out = G_P(data,2,15);                              % 相空间重构函数
>> out = D: 2.0659                                    % 理论关联维数
   M: 8                                               % 嵌入维数
   Y: [923×8 double]                                  % 重构后的数据矩阵
tau: 11                                               % 延迟时间
```

图8.5为计算结果的 $\ln C(m,r)-\ln r$ 曲线。

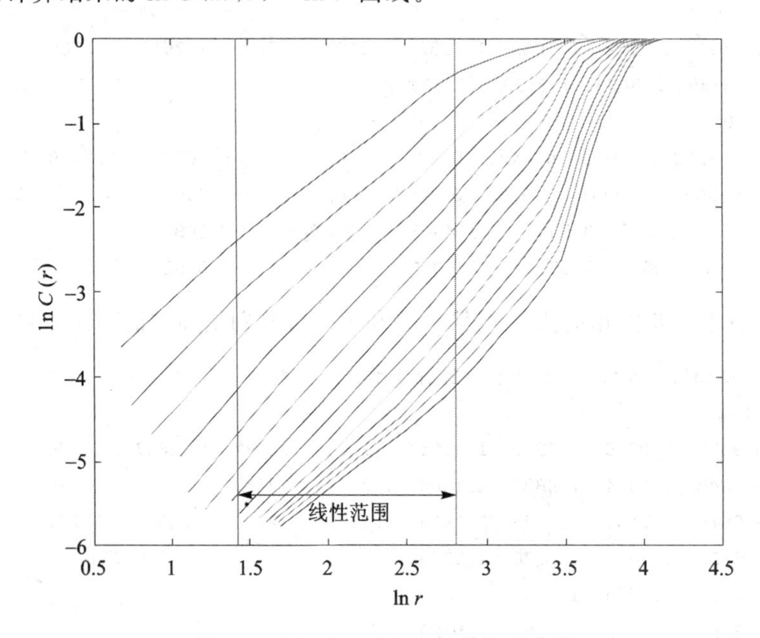

图8.5 $\ln C(m,r)-\ln r$ 的关系曲线

在实际应用中，对时间序列的数据进行相空间重构后，便可以利用神经网络、支持向量机等方法对重构后的矩阵进行预测分析，最终得到对原始时间序列的预测结果。

第 9 章

基于小波分析的预测法

科学技术的迅速发展使得人类进入了信息爆炸时代,人们在各种领域中遇到的诸如语音、音乐、图像、金融数据等信息都会涉及分析、加工、识别、传输和存储等问题。这些信息不仅容量巨大,同时也含有大量的噪声,需要进行有效的编码、压缩、消噪、重建、建模和特征提取。长期以来,傅里叶变换一直是处理这方面问题最重要的工具,并且已经发展成为内容丰富且解决实际问题行之有效的一种方法。但是傅里叶变换方法也存在一定的局限性与弱点,它只提供信号在频率域上的详细信息,却把时间域上的特征完全丢失了。小波变换是 20 世纪 80 年代后期发展起来的新数学分支,它是傅里叶变换的发展与扩充,在一定程度上克服了傅里叶变换的弱点与局限性。

经过多年的研究与发展,小波分析方法不仅作为一种理论在数学、物理学、工学等领域得到迅速发展,而且在图像、声音处理、信号处理、金融和经济学等领域也被视为一种有效的方法。大量研究结果表明,小波分析具有很好的应用效果。

9.1 小波分析的数学基础

信号一般都包含时域和频域两部分的信息,信号分析可以在时域或频域中展开。前者主要是在时域内对信号进行滤波、放大、统计特征计算、相关性分析等处理;通过时域分析方法,可以有效提高信噪比,求取信号波形在不同时刻的相似性和关联性,获得信号表示的特征意义;其典型的应用有齿轮变速控制、起重机的非正常噪声、自动目标锁定等。而后者的着眼点则是区分突发信号和稳定信号以及定量分析其能量,典型应用包括细胞膜的识别、金属表面的擦伤等,它涵盖了物理学、工程技术、生物科学、经济学等众多领域。

由于信号的复杂性,在很多实际情况下只应用分析时域或频域的性质是不够的。例如在电力监测系统中,既要监控稳定信号的成分,又要准确确定故障信号,这就需要引入新的时频分析方法,小波分析正是由于这类需求而发展起来的。

在传统的傅里叶分析中,信号完全是在频域展开的,不包含任何时域的信息,这对于某些应用来说是很恰当的,因为信号的频率的信息对其是非常重要的。但其丢弃的时域信息可能对某些应用同样非常重要,所以人们对傅里叶变换进行了推广,提出了很多能表征时域和频域信息的信号分析方法,如短时傅里叶变换。但短时傅里叶变换只能在一个分辨率上进行,这对很多应用来说不够精确,存在很大缺陷。

小波分析则克服了短时傅里叶变换的缺陷,在时域和频域都有表征信号局部信息的能力,时间窗和频率窗都可以根据信号的具体形态动态调整。一般情况下,在低频部分(信号较平稳)可以采用较低的时间分辨率来提高频率的分辨率;在高频部分(频率变化不大)可以用较低的频率分辨率来换取精确的时间定位。因为这些特点,小波分析可以探测正常信号中的瞬间成分,可以揭示其他信号分析方法所丢失的数据信息,如趋势、断点、高阶导数不连续性、相似性等,被称为数学显微镜,广泛应用于各个时频分析信号。图 9.1 给出了几种信号分析方法的对比图。

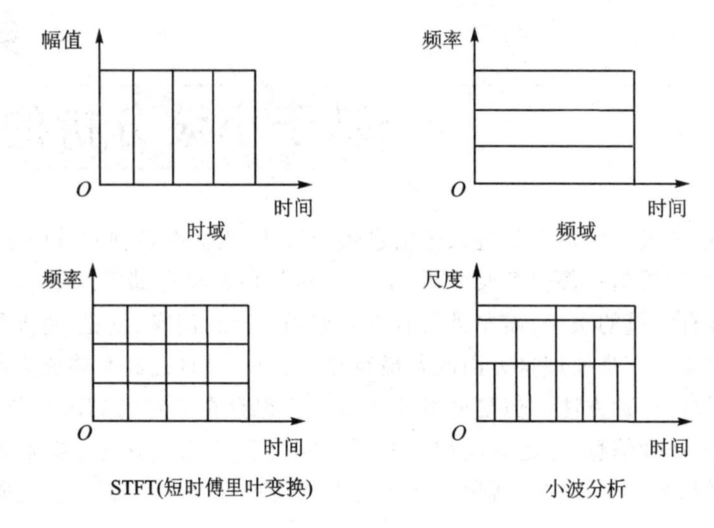

图 9.1　几种分析方法的时域与频域分辨率

9.1.1　小波的定义

小波定义为满足一定条件的函数通过平移和伸缩产生的一个函数集，即

$$\psi_{a,b}(t)=\frac{1}{\sqrt{|a|}}\psi\left(\frac{t-b}{a}\right)\quad(a,b\in\mathbf{R};a\neq 0)$$

式中：a 用于控制伸缩(dilation)，称为尺度参数(scale parameter)；b 用于控制位置(position)，称为平移参数(translation parameter)；$\psi(t)$称为小波基，或小波母函数。它必须满足下列条件：

① 小(small)，迅速趋向于零，或迅速衰减为零，即具有衰减性；

② 波(wave)，$\int_{-\infty}^{+\infty}\frac{|\hat{\psi}(\omega)|^2}{|\omega|}\mathrm{d}\omega<+\infty$ 或$\int_{-\infty}^{+\infty}\psi(t)\mathrm{d}t=0$，即具有波动性。式中 $\hat{\psi}(\omega)$是$\psi(t)$的傅里叶变换。

基小波函数通过膨胀和平移派生出其他小波函数，这些小波之间具有正交关系。用这些小波函数就可以构成一个函数空间，任何函数或信号都可以表示为小波函数族的线性组合(即函数或信号在此空间的投影)，即小波函数可以视为一般函数的“建筑块”。

图 9.2 给出了几种常用的小波基函数。

在前述小波定义式中 a 和 b 为连续值，由此定义的小波称为连续小波，它主要用于理论分析。在实际工作中，经常采用离散小波。考虑基小波的伸缩和平移，把参数 a 和 b 同时作离散化处理，就可以得到离散小波：

$$a=a_0^m\qquad(a_0>1,m\in\mathbf{Z})$$

$$b=nb_0a_0^m\quad(b_0>0,n\in\mathbf{Z})$$

式中：m 和 n 为离散值；a_0、b_0 是常数。当然，为了满足小波函数的正交性和稠密性，还要引入一些附加条件。将上式代入小波函数定义式中，可得到

$$\psi_{m,n}(t)=a_0^{-m/2}\psi(a_0^{-m}t-nb_0)$$

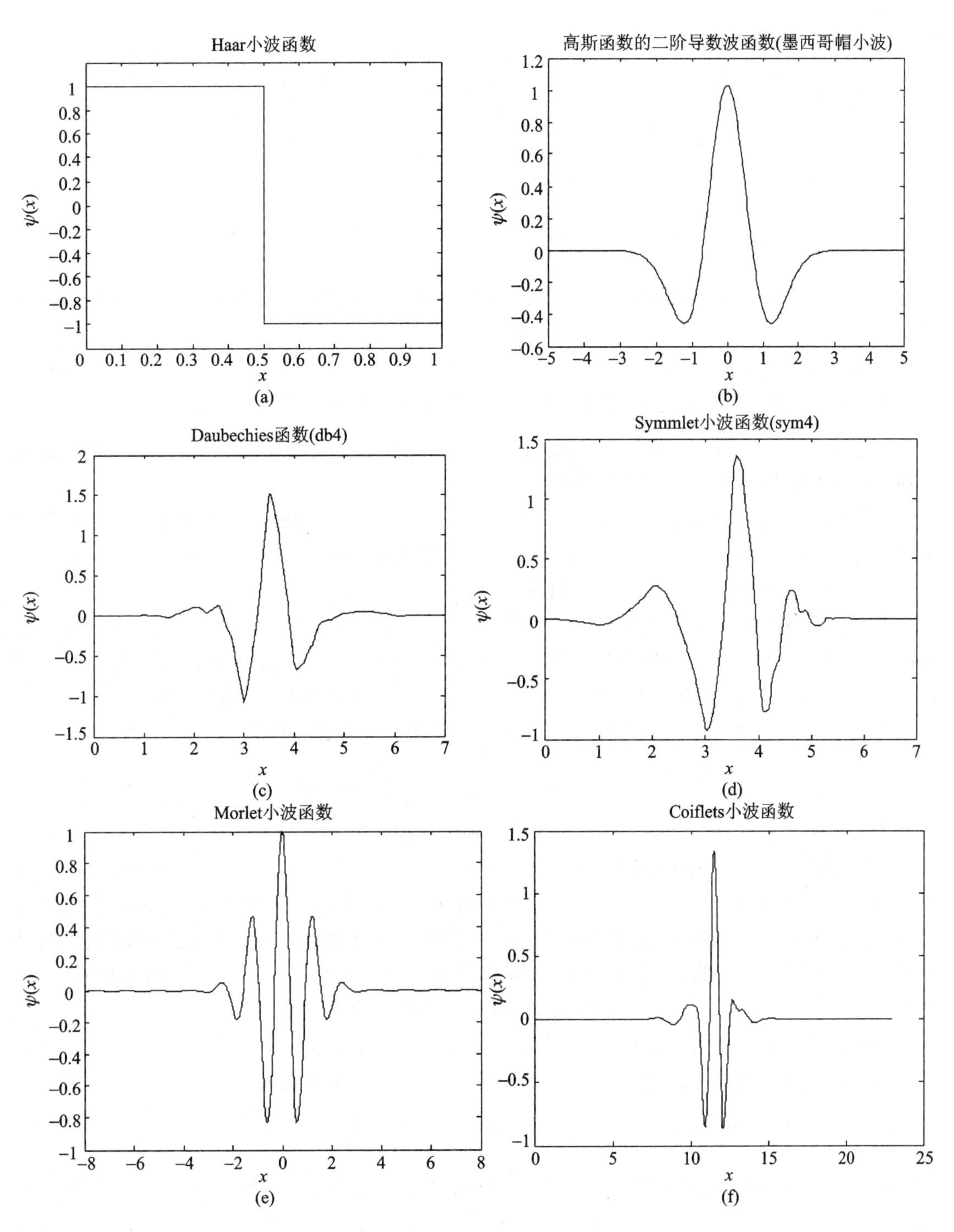

图 9.2 几种常用的小波基函数

当 $a_0=2, b_0=1$ 时

$$\psi_{m,n}(t)=2^{-m/2}\psi(2^{-m}t-n)$$

称为二进制离散小波。

9.1.2 小波变换

对于一给定的信号 $f(t)\in L^2(R)$，其傅里叶变换为

$$\hat{f}(\omega)=\langle f(t),\mathrm{e}^{-i\omega t}\rangle=\int_{-\infty}^{+\infty}f(t)\mathrm{e}^{-i\omega t}\mathrm{d}t$$

对应的逆变换为

$$f(t)=\frac{1}{2\pi}\int_{-\infty}^{+\infty}\hat{f}(\omega)\mathrm{e}^{i\omega t}\mathrm{d}\omega$$

式中：ω 为信号的频率；$f(t)$ 和 $\hat{f}(\omega)$ 分别为时域和频域的信号；$\mathrm{e}^{-i\omega t}$ 和 $\mathrm{e}^{i\omega t}$ 分别为基或基函数。

傅里叶变换的实质是信号 $f(t)$ 在 $\mathrm{e}^{-i\omega t}$ 上的投影，它可以将一个混合频率的信号分解成不同频率信号的线性组合，通过其逆变换还可以由这些分解的频率合成原信号。

由于 $\mathrm{e}^{i\omega t}=\cos(\omega t)+i\sin(\omega t)$，因此，$\hat{f}(\omega)$ 表示信号 $f(t)$ 在整个时域中的频率特性，或者说傅里叶变换在时域中没有局部化性质。

尽管傅里叶变换极大地推动了信号分析进展，但它存在两大缺陷：一是对非稳定信号处理不够理想；二是不能同时将信号的频率和该频率发生的时间或时间段显示出来，而时间、频率同时显示对于非稳定信号分析恰恰是很重要的。

为了弥补傅里叶分析的缺陷，研究人员提出了短时傅里叶分析（Short Time Fourier Analysis，STFA），其核心是将原非稳定信号用一个小时间段（窗口）分割成许多段近似的稳定信号，然后将每一段信号进行傅里叶变换。在这个过程中需要选择一个窗口函数，这个窗口函数的宽度必须等于稳定信号的有效宽度。短时傅里叶变换的表达式为

$$\hat{f}(\omega)=\langle f(t),g'_{\omega,\tau}\rangle=\int_{-\infty}^{+\infty}f(t)g(t-\tau)\mathrm{e}^{-i\omega t}\mathrm{d}t$$

当时间函数取 $g(t)=(\bar{u})^{-1/4}\mathrm{e}^{-\varphi^2/2}$ 时，这种变换称为 Gabor 变换。

但是根据 Heisenberg 的测不准原理（$\Delta t\cdot\Delta\omega\geqslant c$，$c$ 为常数）可知，时间分辨和频率分辨不可能同时达到极限，也就是说，获得一个精确的时间（频率）分辨必须以牺牲频率（时间）分辨为代价。因为 Gabor 变换时所选的窗口函数有一定的支撑宽度，即其窗口为不变窗，缺乏自动调节功能，而对许多信号进行分析时，要求窗口的大小可以根据时间或者频率精确地确定，这样大大限制了其应用范围，而且也不可能获得一个精确的频率分辨。

为了弥补短时傅里叶变换的不足，小波及小波分析应运而生。

如果将傅里叶变换中的基函数换成小波函数，即可得到小波变换：

$$Wf(a,b)=\langle f(t),\psi_{a,b}(t)\rangle=\frac{1}{\sqrt{|a|}}\int_{-\infty}^{+\infty}f(t)\psi_{a,b}\mathrm{d}t$$

经过小波变换后，窗口中心是 $t_{a,b}=at+b$，窗口宽度是 $\Delta t_{a,b}=a\Delta t$；而傅里叶变换后，频域窗口中心是 $\omega_{a,b}=\frac{1}{a}\omega_0$，窗口宽度是 $\Delta\omega_{a,b}=\frac{1}{a}\Delta\omega$，窗口面积是 $\Delta t_{a,b}\cdot\Delta\omega_{a,b}=a\Delta t\cdot\frac{1}{a}\Delta\omega$，即时频窗口中心和宽度总是随着 a 的变化而伸缩，而窗口面积保持不变。很明显，$1/a$ 与频率有对应关系，尺度越小，频率越高；尺度越大，频率越低，而改变参数 b 是改变时间的定位中心，每一个 $\psi_{a,b}(t)$ 是围绕 b 的局部细化。可见，小波变换比窗口傅里叶变换更能灵活地适应剧变信号、去“移近”观察，所以被誉为数学显微镜。

比较傅里叶变换与小波变换可以看出，小波变换的实质是函数 $f(t)$ 在小波空间中的投

影，它与傅里叶变换的根本区别在于基函数的不同。傅里叶变换的基函数是在时间轴上无限延伸的余弦和正弦，因此傅里叶变换在时域不具有局部化性质。而小波变换由于基函数相当于一个窗口，窗口的大小可以通过伸缩参数的改变而改变，使小波函数族中含有一系列大小不同的窗口，对于高频信号可以用小的窗口，而对于低频信号则采用大的窗口，因此小波分析具有“自动变焦功能”。

9.1.3　小波函数的选择

同傅里叶分析不同，小波分析的基(小波函数)不是唯一存在的，所有满足小波条件的函数都可以作为小波函数。在实际中，一般可依据以下几个标准选取小波函数：

① 自相似原则。对于二进小波变换，如果选择的小波对信号有一定的相似性，则变换后的能量就比较集中，可以有效减少计算量。

② 判别函数。针对某类问题，找出一些关键性技术指标，得到一个判别函数，将各种小波函数代入其中，得到一个最优准则。

③ 支集长度。大部分应用选择支集长度在 5～9 之间的小波，这样可避免产生边界总量，也有利于信号能量的集中。

④ 对称性。在图解处理中非常有用。

⑤ 正则性。对于获得好的特征非常有用，如重构信号或图像的平滑等。

事实上，实际信号由于信息含量多，所以找到模式很困难，以上的第一条和第二条标准只有理论上的意义，一般只能从实际中获取。表 9.1 列出了不同小波具有的性质。可以根据不同小波具有的性质特点，选择合适的小波来解决不同的问题。

表 9.1　不同小波具有的性质

小波性质	Haar	dbN	symN	coifN	biorNr. Nd
任意阶正则		√	√	√	√
紧支撑正交	√	√	√	√	
紧支撑双正交					√
对称	√		√	√	√
近于对称			√	√	
任意阶消失矩		√	√	√	√
尺度函数消失矩	√		√	√	
存在尺度函数	√	√	√	√	√
精确重构	√	√	√	√	√
连续变换	√	√	√	√	√
离解变换	√	√	√	√	√
快速算法	√	√	√	√	√
显式表达	√				

注：√表示此小波具有相应的性质。

9.2　多分辨分析

小波基具有冗余度，在大多数使用场景中，一般都希望减小小波基的冗余度，甚至希望小波基是线性无关的。更进一步，由于正交基有着诸多优势，所以小波基最好也是一个正交基。要构造正交小波基就需要使用一定的方法，多分辨分析正是这样一种方法。

1988 年 S. Mallat 提出了多分辨分析(又称为多尺度分析),从理论上给出了构造正交小波基的方法,说明了小波的多分辨特性。

9.2.1 多分辨分析的基本原理

多分辨分析是一种由粗到精对事物进行逐级分析的方法,其思想与照相机焦距与景物的局部和全局关系类似。平移参数 b 相当于改变分析位置,镜头平行移动;尺度参数 a 相当于改变焦距,镜头推近或远离。当尺度参数 a 比较大时,视野宽,对应低频成分,可以观察信号全貌;反之,当 a 比较小时,视野窄,对应高频成分,可以观察信号的细节信息。为了计算机计算方便,分辨率一般以 2 的倍数划分,即采用二进小波,分辨率取值为 2^j。

9.2.2 Mallat 算法

如果已经计算出函数 $f(t)$在某一尺度 2^{-j} 下小波分解后的近似信号,那么在尺度 $2^{-(j+1)}$ 下的近似信号可以由尺度 2^{-j} 下的近似信号低通滤波直接得到。这也正是 Mallat 算法的基本思想。

设信号的近似部分 $A_j f(t)$和细节部分 $D_j f(t)$可以表示为

$$A_j f(t) = \sum_{k=-\infty}^{\infty} C_{j,k}\phi_{j,k}(t)$$

$$D_j f(t) = \sum_{k=-\infty}^{\infty} D_{j,k}\psi_{j,k}(t)$$

式中:$\phi(t)$和 $\psi(t)$分别是 $f(t)$在 2^{-j} 分辨率逼近下的尺度函数和小波函数;$C_{j,k}$ 和 $D_{j,k}$ 分别表示函数在 2^{-j} 分辨下的近似系数和细节系数。这里的尺度函数可以由低通滤波器构造,而小波函数则由高通滤波器实现。这样的滤波器就构成了分解的框架。同时也可以看到,低通滤波器的尺度函数可以作为下一级的小波函数和尺度函数的母函数,换言之,其实尺度函数表征了信号的低频特征,小波函数则是逼近信号高频的基。利用尺度函数可以构造出小波函数,二者通过双尺度方程联系。

同时,$A_j f(t)$可以分解为近似函数 $A_{j+1}f(t)$和细节函数 $D_{j+1}f(t)$之和,即

$$A_j f(t) = A_{j+1} f(t) + D_{j+1} f(t)$$

式中

$$A_{j+1} f(t) = \sum_{m=-\infty}^{\infty} C_{j+1,m}\phi_{j+1,m}(t)$$

$$D_{j+1} f(t) = \sum_{m=-\infty}^{\infty} D_{j+1,m}\psi_{j+1,m}(t)$$

于是

$$\sum_{m=-\infty}^{\infty} C_{j+1,m}\phi_{j+1,m}(t) + \sum_{m=-\infty}^{\infty} D_{j+1,m}\psi_{j+1,m}(t) = \sum_{m=-\infty}^{\infty} C_{j,m}\phi_{j,m}(t)$$

注意到尺度函数和小波基都是标准正交的,因此由尺度函数的双尺度方程可以得到

$$\phi_{j+1,m}(t) = 2^{-\frac{j+1}{2}}\phi(2^{-(j+1)}t - m) = 2^{-\frac{j+1}{2}}\sqrt{2}\sum_{t=-\infty}^{\infty} h(i)\phi(2^{-j}t - 2m - i)$$

令 $k = 2m + i$,代入上式可以得到

$$\phi_{j+1,m}(t) = \sum_{t=-\infty}^{\infty} h(k-2m)2^{-\frac{j}{2}}\phi(2^{-j}t - k) = \sum_{t=-\infty}^{\infty} h(k-2m)\phi_{j,k}(t)$$

上式同乘以 $\phi_{j,l}^{*}(t)$，利用 $\phi_{j,k}(t)$ 的标准正交性，可得

$$\langle \phi_{j,k}, \phi_{j+1,k} \rangle = h^{*}(k-2m)$$

类似地，由小波的双尺度方程得

$$\psi_{j+1,m}(t) = 2^{-\frac{j+1}{2}} \psi(2^{-(j+1)}t - m) = 2^{-\frac{j+1}{2}} \sqrt{2} \sum_{t=-\infty}^{\infty} g(i) \phi(2^{-j}t - 2m - i)$$

$$= \sum_{t=-\infty}^{\infty} g(k-2m) \phi_{j,k}(t)$$

同样可得

$$\langle \phi_{j,k}, \psi_{j+1,k} \rangle = g^{*}(k-2m)$$

据此可得到三个重要的结果：

$$C_{j+1,m} = \sum_{k=-\infty}^{\infty} h^{*}(k-2m) C_{j,k}$$

$$D_{j+1,m} = \sum_{k=-\infty}^{\infty} g^{*}(k-2m) C_{j,k}$$

$$C_{j,k} = \sum_{m=-\infty}^{\infty} h^{*}(k-2m) C_{j+1,m} + \sum_{m=-\infty}^{\infty} g^{*}(k-2m) D_{j+1,m}$$

引入无穷矩阵 $\boldsymbol{H} = H[H_{m,k}]_{m,k=-\infty}^{\infty}$ 和 $\boldsymbol{G} = G[G_{m,k}]_{m,k=-\infty}^{\infty}$，其中 $H_{m,k} = h^{*}(k-2m)$，$G_{m,k} = g^{*}(k-2m)$，则 Mallat 塔式分解算法和重构算法可以表示如下：

$$\begin{cases} C_{j+1} = HC_j \\ D_{j+1} = GC_j \end{cases} \quad (j = 0, 1, 2, 3, \cdots, J)$$

和

$$C_j = H^{*} C_{j+1} + G^{*} D_{j+1}$$

一维 Mallat 算法的具体过程如图 9.3 所示。

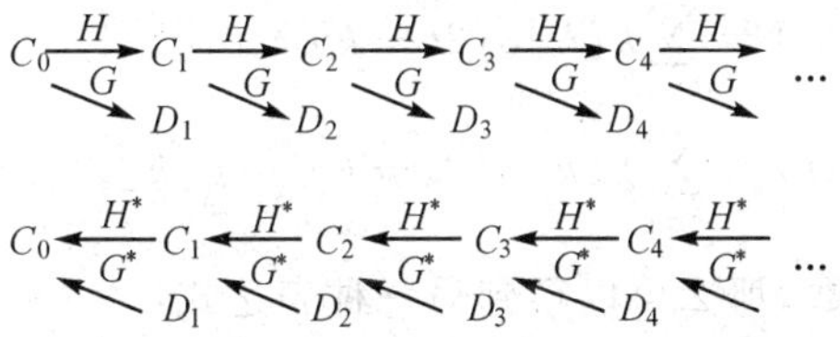

$$C_0 \xrightarrow{H} C_1 \xrightarrow{H} C_2 \xrightarrow{H} C_3 \xrightarrow{H} C_4 \xrightarrow{H} \cdots$$
$$\searrow^{G} D_1 \quad \searrow^{G} D_2 \quad \searrow^{G} D_3 \quad \searrow^{G} D_4 \quad \searrow^{G}$$

$$C_0 \xleftarrow{H^*} C_1 \xleftarrow{H^*} C_2 \xleftarrow{H^*} C_3 \xleftarrow{H^*} C_4 \xleftarrow{H^*} \cdots$$
$$\nwarrow^{G^*} D_1 \quad \nwarrow^{G^*} D_2 \quad \nwarrow^{G^*} D_3 \quad \nwarrow^{G^*} D_4 \quad \nwarrow^{G^*}$$

图 9.3 一维 Mallat 算法

9.3 小波包分析

具有多分辨分析思想的小波分析方法可以对信号进行有效的时频分解，但是它只对低频部分进行下一步分解，在这个过程中，其高频分辨率越来越差。小波包分析是对小波分析的进一步改进，其主要原理是对信号的频带进行多层划分，对小波变换没有细分的高频部分作进一步分解，而且小波包库的小波包基数量较大，在小波包分解过程中可根据待分析信号的特征，选择最优小波包基，使之与原始信号频谱相适应，从而加强信号的时频局部化分析能力，提高时频分辨率。

小波包分析具有等分辨率特性，分解所得的频带具有相同的分辨率。根据被分析信号的特点，小波包分析能够对所需的频带进行分析，因而更有利于提取出信号特征。它既适用于具

有丰富低频成分的信号,也适用于在相对较高频率范围内存在若干明显谱峰的信号。

9.3.1 小波包的定义

小波包分析需要对小波分解中没有进一步分解的高频信号进行分解,实际上就是对小波子空间进一步划分,从而提高频率分辨率。

小波分析把 Hilber 空间分解为所有小波子空间 $W_j(j\in\mathbf{R})$的正交和,在引入尺度函数后,可以将小波子空间 W_j 和尺度子空间 V_j 用一个新的子空间 U_j^n 统一表征。令

$$\begin{cases}U_j^0=V_j\\U_j^1=W_j\end{cases}\quad(j\in\mathbf{Z})$$

则对于 Hilber 空间的正交分解 $V_j=V_{j+1}\oplus W_{j+1}$,可用新的子空间 U_j^n 统一表示,即

$$U_j^0=U_j^0\oplus U_{j+1}^1\quad(j\in\mathbf{Z})$$

假设子空间U_j^{2n} 是函数$u_{2n}(t)$的闭包空间,而子空间U_j^n 是函数$u_n(t)$的闭包空间,而且令$u_n(t)$满足双尺度方程:

$$\begin{cases}u_n(t)=\sqrt{2}\sum\limits_{k\in z}h[k]u_n(2t-k)\\u_{2n+1}(t)=\sqrt{2}\sum\limits_{k\in z}g[k]u_n(2t-k)\end{cases}$$

式中:$g[k]=(-1)^k h(1-k)$,也就是说,系数 $g[k]$和系数 $h[k]$是正交的。当 $n=0$ 时,就可以得到

$$\begin{cases}u_0(t)=\sqrt{2}\sum\limits_{k\in z}h[k]u_0(2t-k)\\u_1(t)=\sqrt{2}\sum\limits_{k\in z}g[k]u_0(2t-k)\end{cases}$$

在多分辨分析中,$\phi(t)$和 $\psi(t)$满足双尺度方程:

$$\begin{cases}\phi(t)=\sum\limits_{k\in z}h[k]\phi(2t-k)\quad\{h[k]\}_{k\in z}\in l^2\\\psi(t)=\sum\limits_{k\in z}g[k]\phi(2t-k)\quad\{g[k]\}_{k\in z}\in l^2\end{cases}$$

如果规定 n 为非负整数,那么可以得到另一种表达式:

$$U_j^n=U_{j+1}^n\oplus U_{j+1}^{2n+1}\quad(j\in\mathbf{Z},n\in\mathbf{Z}_+)$$

由上式构成的序列$\{u_n(t)\}(n\in\mathbf{Z}_+)$称为由基函数 $u_0(t)=\phi(t)$确定的正交小波包,且$\phi(t)$由 $h(k)$唯一确定,称$\{u_n(t)\}(n\in\mathbf{Z}_+)$为关于序列$\{h(k)\}$的正交小波包。

9.3.2 小波包分解与重构算法

下面直接给出小波包的分解和重构算法。

设 $g_j^n\in U_j^n$,则 g_j^n 可表示为

$$g_j^n=\sum_l d_j^{j-n}u_n(2^j-l)$$

小波包分解算法:由$\{d_l^{j+1,n}\}$求$\{d_l^{j,2n}\}$和$\{d_l^{j,2n+1}\}$。表达式如下:

$$\begin{cases}d_l^{j,2n}=\sum\limits_k a_{k-2l}d_k^{j+1,n}\\d_l^{j,2n+1}=\sum\limits_k b_{k-2l}d_k^{j+1,n}\end{cases}$$

小波包重构算法：由 $\{d_l^{j,2n}\}$ 求 $\{d_l^{j,2n+1}\}$ 和 $\{d_l^{j+1,n}\}$。表达式如下：

$$d_l^{j+1,n} = \sum_k h_{l-2k} d_k^{j,2n} + g_{l-2k} d_k^{j,2n+1}$$

小波包分解和小波分解具有不同的分解结构。小波包分解对小波分解中没有进一步分解的高频部分作进一步分解，同时深入分解信号的高频部分和低频部分。与小波分解不同，小波包分解时，频率分辨率保持不变，频带分布均匀。图 9.4 所示的是以 $L=3$ 时 $V_3=U_3^0$ 小波和小波包分解结构示意图。

图 9.4(a)所示为小波分解，其中，子空间 V_6、W_6、W_5、W_4 的值将 V_3 值覆盖，且它们之间不相互重叠。很明显，V_6、W_6、W_5、W_4 中每个空间的基函数放在一起构成了 V_3 的一组规范小波正交基，也就是 Mallat 多分辨分析的小波正交基。它们在图 9.4(b)中对应的相同的空间为 U_6^0、U_6^1、U_5^1、U_4^1。

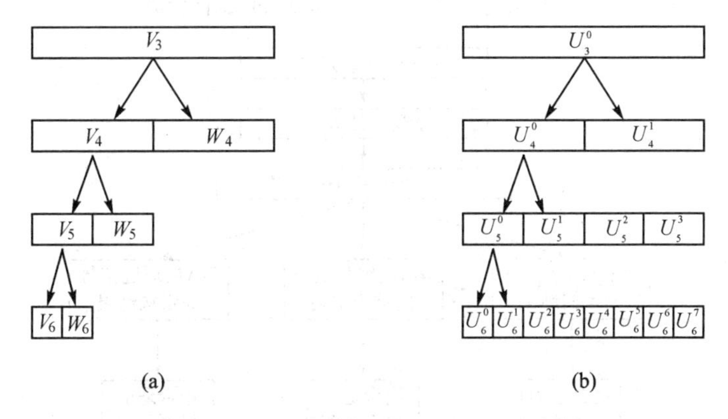

图 9.4　小波分解与小波包分解结构示意图

如图 9.4(b)所示，经过三层小波包分解，信号被分为 8 个不同频带的分量，且每个频带带宽一样。但是这 8 个频带之间的频率关系并不是按一定顺序排列的。

9.4　时间序列的小波预测法

对比传统的傅里叶分析方法，小波分析具有良好的时域和频域的“显微镜”功能，可以对信息成分采取逐渐精细的时域与频域处理，从而对突发与短时的信息分析具有明显的优势。

由小波分析理论可知，信号可以通过小波分解一层一层地分解到不同的频率通道上。由于分解后的信号在频率成分上比原始信号单一，并且小波分解对信号作了平滑，因此分解后信号的平稳性比原始信号好得多，对于信息的分析研究具有明显的优势。

9.4.1　小波预测模型的基本思想

时间序列预测是通过时间序列的历史数据揭示现象随时间变化的规律，将这种规律延伸到未来，从而对该现象的未来做出预测。现实中的时间序列大都是非平稳的，其变化受许多因素的影响，其中有些因素起着长期的、决定性的作用，使时间序列的变化呈现某种趋势和一定的规律性；有些因素则起着短期的、非决定性的作用，使时间序列的变化呈现出某种不规则性。

时间序列的小波预测模型就是把时间序列看成不同频率的序列变化叠加而成的信号，然后再把它分解成不同频率上的序列后进行预测。频率也可视为周期，它把原始数据分解成不同周期成分的时候，其分解与传统意义上的分解是不一样的。传统的时间序列分解方式一般是把时间序列分解成趋势变化，季节因素，循环因素，不规则因素。但是小波变换可以将比较复杂的非平稳时间序列信号分解为代表趋势项的低频分解信号及代表周期性和随机性的高频分解信号，即把时间序列分解为1～2的周期部分，2～4的周期部分，4～8的周期部分，等等。只要序列足够长可以一直分解下去。将信号一层一层分解到不同的频率层次上时，由于分解后的信号在频率成分上比原始信号单一，并且小波分解对信号做了平滑，因此分解后时间序列信号的平稳性比原始信号好得多。在此基础上再用传统方法对每个序列进行预测后，把那些预测值加在一起就能得到最终的预测结果，从而可以实现对某些非平稳时间序列进行更精确的预测。

9.4.2 小波预测法的基本步骤

时间序列的小波预测法一般要经过如图9.5所示的几个步骤。

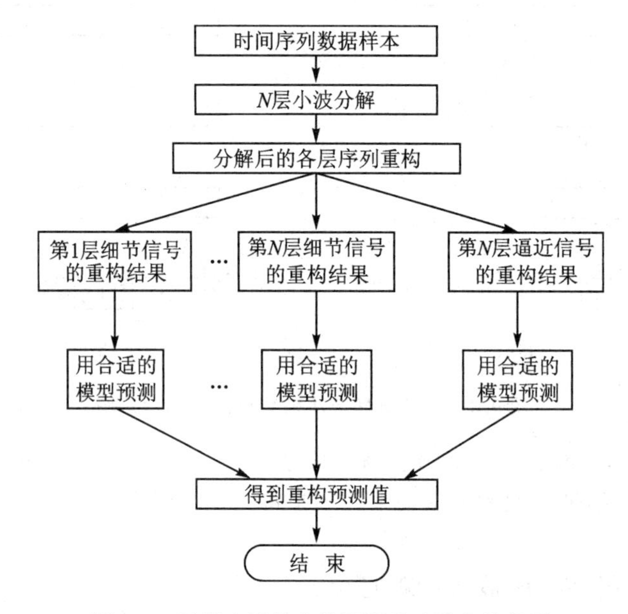

图9.5 时间序列的小波预测法建模和流程图

1. 应用小波变换对原始时间序列 *X* 进行小波分解

小波变换的实质是用一个合适的母小波 $\phi(t)$ 通过时间轴上的位移与放缩以及幅度的变化产生一系列的派生小波，用系列小波对要分析的信号在时间轴上进行平移比较，获得用于表征信号与小波相似程度的小波系数。由于派生小波可以达到任意的规定精度，并可以对有限长的信号进行精确度量，因此可以获得相对于傅里叶分析不能获得的局部时间区间信息。

小波分解可以通过Mallat算法实现，它可以表述为

$$\begin{cases} C_{j+1}=HC_j \\ D_{j+1}=GC_j \end{cases} \quad (j=0,1,2,\cdots,J)$$

式中：H 和 G 分别为低通滤波器和高通滤波器。将 C_0 定义为原始信号 X，于是通过Mallat分解算法可以将 X 分解为 $D_1,D_2,\cdots,D_j$ 和 $C_1,C_2,\cdots,C_j$（j 的最大值 J 是最大分解层数），D_j 和 C_j 分别称为原始信号在分辨率 2^{-j} 下的逼近信号和细节信号，各层细节信号和逼近信号是原始信号 X 在相邻的不同频率段上的成分。

2. 对分解后的各层时间序列按照重构算法进行重构

采用 Mallat 算法进行小波分解，每一次分解后得到的细节信号和逼近信号比分解前的信号点数少一半。点数的减少对预测是不利的，但是经过 Mallat 算法分解后的信号可以采用重构算法进行重构。重构算法为

$$C_j = H'_{Cj+1} + G'D_{j+1} \quad (j = J-1, J-2, \cdots, 0)$$

式中：H'和G'分别是 H 和 G 的对偶算子。采用重构算法对小波分解后的信号进行重构可以增加信号的点数，对 $D_1, D_2, \cdots, D_j$ 和 C_j 分别进行重构，得到第 1 层、第 2 层……第 J 层细节信号的重构结果 $C_1, C_2, \cdots, C_j$ 和第 J 层逼近信号的重构结果 D_j，并且它们和原始信号 X 的点数是一样的。

3. 预　测

通过前面步骤，可以得到

$$\boldsymbol{X} = \boldsymbol{G}_1 + \boldsymbol{G}_2 + \cdots + \boldsymbol{G}_N + \boldsymbol{X}_N$$

式中：$\boldsymbol{G}_1:\{g_{1,1}, g_{1,2}, g_{1,3}, \cdots\}$，$\boldsymbol{G}_2:\{g_{2,1}, g_{2,2}, g_{2,3}, \cdots\}$，$\cdots$，$\boldsymbol{G}_N:\{g_{N,1}, g_{N,2}, g_{N,3}, \cdots\}$分别为第 1 层、第 2 层……第 N 层细节信号的重构结果；$\boldsymbol{X}_N:\{x_{N,1}, x_{N,2}, x_{N,3}, \cdots\}$为第 N 层逼近信号的重构结果，N 为最大分解层数。因此

$$x_i = g_{1,i} + g_{2,i} + \cdots + x_{N,i}$$

现已知$\{t_i \mid t_i \leqslant M\}$时刻的 x_i 值，要预测第 k 步的状态值，即求 x_{M+k}，可根据下式求得

$$x_{M+k} = g_{1,M+k} + g_{2,M+k} + \cdots + x_{N,M+k}$$

分别对 $g_{1,M+k}, g_{2,M+k}, \cdots, g_{N,M+k}$ 和 $x_{N,M+k}$ 进行预测，得到它们的预测值后，再根据上式得到原始时间序列的预测值。

$g_{1,M+k}, g_{2,M+k}, \cdots, g_{N,M+k}$ 和 $x_{N,M+k}$ 的预测的方法可以有多种，例如自回归 AR(n)模型等方法。

设各个分层的细节信号 $g_{1,M+k}, g_{2,M+k}, \cdots, g_{N,M+k}$ 和最大层的逼近信号 $x_{N,M+k}$ 的预测值分别为 $\hat{g}_{1,M+k}, \hat{g}_{2,M+k}, \cdots, \hat{g}_{N,M+k}$ 和 $\hat{x}_{N,M+k}$，则原始时间序列 $\boldsymbol{X}$ 的预测值为

$$\hat{x}_{M+k} = \hat{g}_{1,M+k} + \hat{g}_{2,M+k} + \cdots + \hat{x}_{N,M+k}$$

9.5　基于小波分析预测法的 MATLAB 实战

例 9.1　在时间序列的数据挖掘中，基于小波分析的技术是常用的一种方法。小波分析既可以将时间序列降噪、降维，也可以进行相似性的应用。试对如图 9.6 所示的由 $y(t) = 0.8y(t-1) + \text{rand}(t) - 0.4\text{rand}(t-1)$产生的两个模拟信号进行小波处理。

解： 图 9.6 为两个随机产生的信号图，直观地看，这两者间相似度较小。

对它们进行相似度分析，可得到如下结果：

```
>> epls = randn(1,1000);x(1) = 0;for j = 2:1000;x(j) = 0.8 * x(j - 1) + epls(j) - 0.4 * epls(j - 1)
;end
>> epls = randn(1,1000);y(1) = 0;for j = 2:1000y(j) = 0.8 * y(j - 1) + epls(j) - 0.4 * epls(j - 1);
end
>>subplot(121),plot(x);subplot(122),plot(y);
>> [Seqsim,Sim] = wavesim(x,y,2,3);
>>Sim = 0.5641    % 即为相似度
```

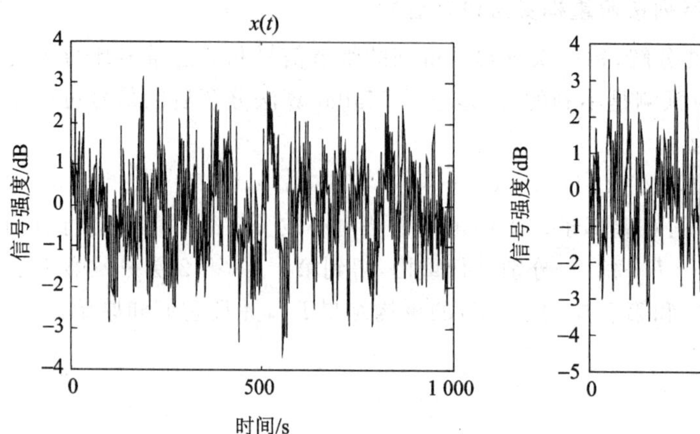

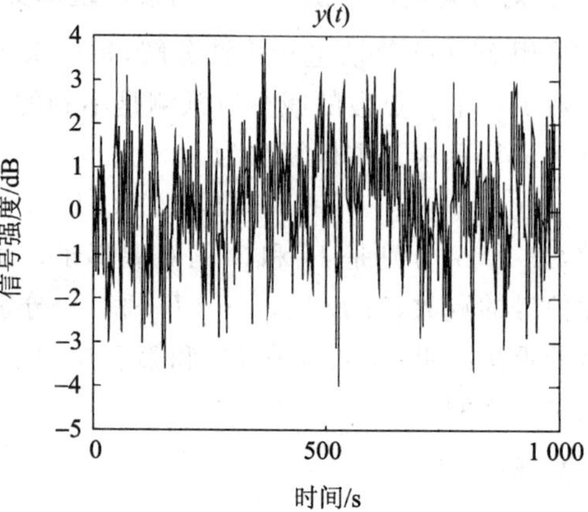

图 9.6 原始信号图

例 9.2 小波分析还可以用于对信号的降噪、降维的处理。

试用此方法对 $y(t)=0.8y(t-1)+\mathrm{rand}(t)-0.4\mathrm{rand}(t-1)$ 产生的模拟信号进行相应的处理。

解: 首先对模拟信号进行小波降噪处理。

```
>>epls = randn(1,1000);x(1) = 0;for j = 2:1000;x(j) = 0.8 * x(j - 1) + epls(j) - 0.4 * epls(j -
1);end
>>wname = 'sym6';lev = 5;[c,l] = wavedec(x,lev,wname);sigma = wnoisest(c,l,1);
>> alpha = 2;thr = wbmpen(c,l,sigma,alpha); keepapp = 1;          % 阈值
>> xd = wdencmp('gbl',c,l,wname,lev,thr,'s',keepapp);             % 降噪后的信号
>> plot(xd)                                                       % 图 9.7
```

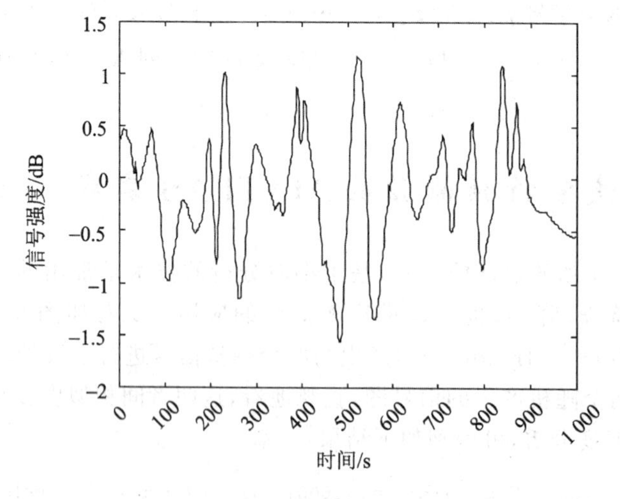

图 9.7 原始信号后降噪后的信号图

以下对原始信号进行小波分解,可得到图 9.8 所示的各细节系数,可以看出,适当层的细节系数可代替原始信号。

```
>> [c,l] = wavedec(x,5,'db3'); d5 = wrcoef('d',c,l,'db3',5); d4 = wrcoef('d',c,l,'db3',4);
d3 = wrcoef('d',c,l,'db3',3);d2 = wrcoef('d',c,l,'db3',2);d1 = wrcoef('d',c,l,'db3',1);
```

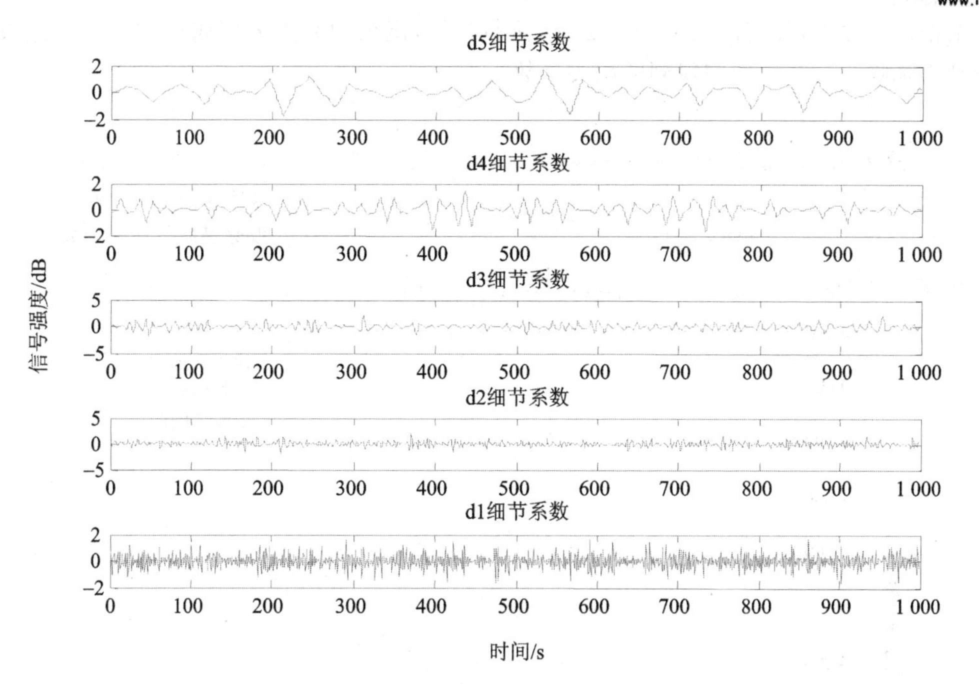

图 9.8 小波分解后的各细节系数图

例 9.3 在对数据直接进行回归分析时，模型容易受到噪声的影响，为了降低噪声的影响，需要对采集或接收到的数据进行除噪处理。除噪的方法有很多，小波分析方法即为其中的一种。试用此方法对表 9.2 的 1990—2010 年我国民用汽车保有量进行回归分析。

表 9.2 1990—2010 年民用汽车保有量与国内生产总值

年 份	原始数据		年 份	原始数据	
	国内生产总值/亿元	民用汽车保有量/万辆		国内生产总值/亿元	民用汽车保有量/万辆
1990	18 667.8	551.36	2001	109 655.2	1 802.04
1991	21 781.5	606.11	2002	120 332.7	2 053.17
1992	26 923.5	691.74	2003	135 822.8	2 382.93
1993	35 333.9	817.58	2004	159 878.3	2 693.71
1994	48 197.9	941.95	2005	183 217.4	3 159.66
1995	60 793.7	1 040.00	2006	211 923.0	3 697.35
1996	71 176.6	1 100.08	2007	257 306.0	4 358.36
1997	78 973.0	1 219.09	2008	300 670.0	5 099.61
1998	84 402.3	1 319.30	2009	335 353.0	6 280.61
1999	89 677.1	1 452 .94	2010	397 983.0	9 086.00
2000	99 214.6	1 802.04			

解：因汽车保有量不单单与国内生产总值有关，所以表中数据有噪声，需除噪后再进行回归分析。

小波分析可以直接对输入信号，也可以对小波分解系数进行降噪，其中阈值的选取可采用全局阈值和分层阈值。全局阈值应用有 SURE 原则，分层阈值应用并通过数据来显示其优势。

根据以上原理，编写函数 waveregress 进行计算，函数中采用分层阈值方法。此函数的输出分别为降噪前后线性回归得到的相关参数。

```
≫load x y
≫ [b,bint,r,rint,stats] = waveregress(x',y','sym4',4);        % 采用 sym4 小波函数作 4 层分解
≫ stats{1}(1)  = 0.9617                                        % 小波除噪前的回归系数
≫ stats{2}(1)  =  0.9942                                       % 小波除噪后的回归系数
```

从回归结果图 9.9 看出，经过小波降噪后结果明显得到改善。

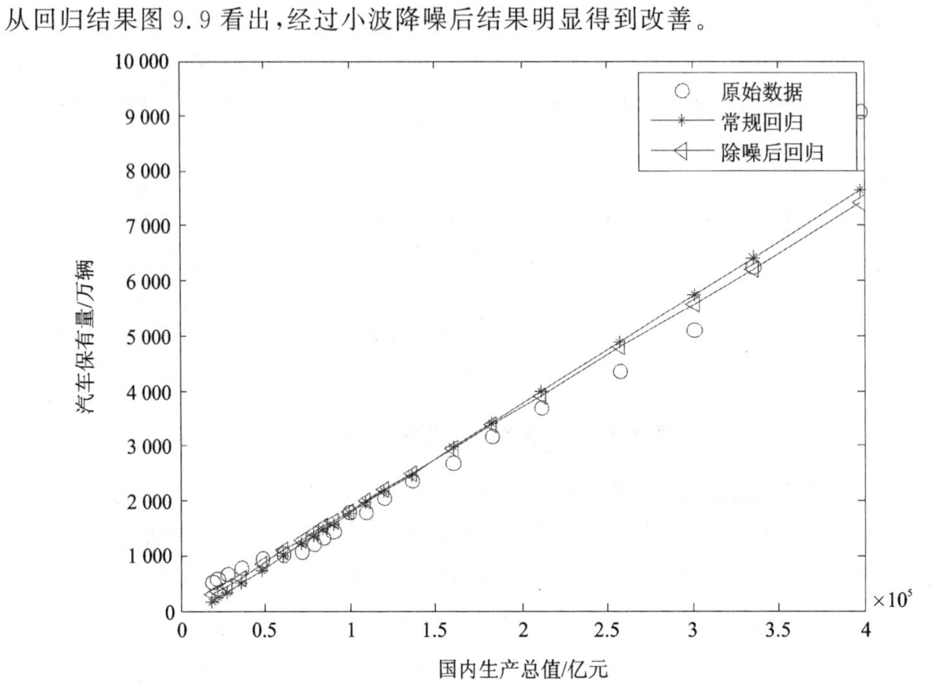

图 9.9　小波处理前后数据的回归结果图

例 9.4　表 9.3 是某地区某时间段内的年降水量时间序列。请用小波分析法对其进行预测分析。

表 9.3　某地区某时间段内的年降水量时间序列

年降水量/mm										
571.3	873.8	558.9	819.2	374.4	516.1	555.1	451.0	425.4	591.8	566.2
475.7	379.5	616.9	497.1	569.0	560.3	468.9	455.9	451.6	431.7	289.6
444.7	367.5	346.6	336.2	527.9	554.5	362.2	347.2	496.9	326.8	395.3
360.3	384.7	461.6	414.5	638.4	733.6	341.7	789.9	482.7	450.3	488.8
588.0	411.5	634.2	681.4	498.9	634.9	457.7	765.8	514.2	509.8	662.5
695.8	926.2	813.3	563.4	568.5	714.7	825.0	747.1	449.5	671.4	1 114.7
646.8	608.2	502.8	693.9	629.5	473.3	713.6	628.2	749.5	575.5	897.4
1 118.6	532.3	618.3	621.0	577.0	884.5	533.2	928.9	847.6	738.4	653.9
437.0	399.0	575.5	672.2	777.5	318.5	634.3	714.4	572.3	468.6	699.1
822.6	452.0	717.2	453.6	439.2	633.4	475.3	441.3	580.9	396.9	501.6
775.6	509.2	414.8	547.6	379.4	525.5	745.0	719.2	710.9	659.1	627.3
811.0	604.5	496.9	796.4	730.4	598.2	570.3	606.9	987.2	334.2	610.3
686.6	465.8	457.1	407.5	462.3	545.5	522.0	543.6	438.2	466.1	361.4

解：图 9.10 是时间序列的图像。

根据小波分析，不同尺度下的近似系数和细节系数代表着原始信号中的不同频率成分。最高频率的成分往往是噪声信号，最低频率的成分往往是基线或背景信号，而频率介于噪声和基线的成分则代表了信号的有用信息。据此利用 Mallat 算法分别对该信号序列进行多尺度分解与重构，得到相应尺度下的概貌分量和细节分量，分别对概貌分量和细节分量建立自回归模型，然后组合，对年降水量进行预测。

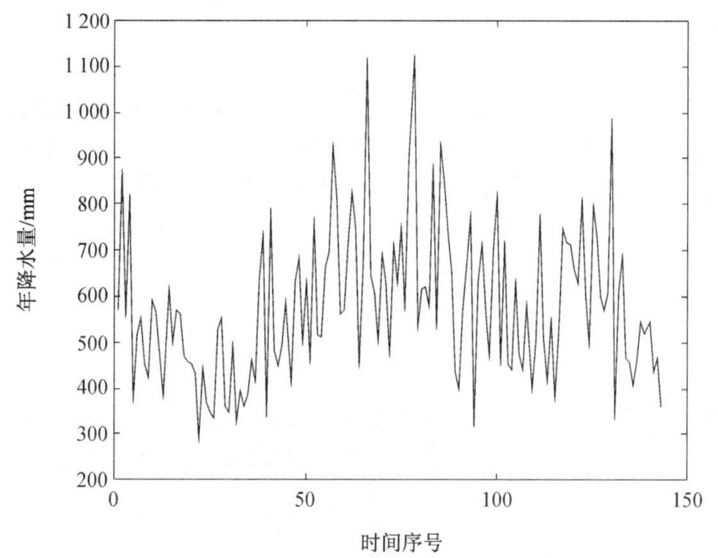

图 9.10 时间序列的图像

采用正交的 db4 小波，利用 Mallat 算法对原始信号序列进行分解与重构，得到低频成分 C3 和高频成分 D3、D2 和 D1。结果如图 9.11 所示，可以看出，小波分析具有非常强大的多尺度分辨功能，能识别出序列各种高低不同的频率成分。

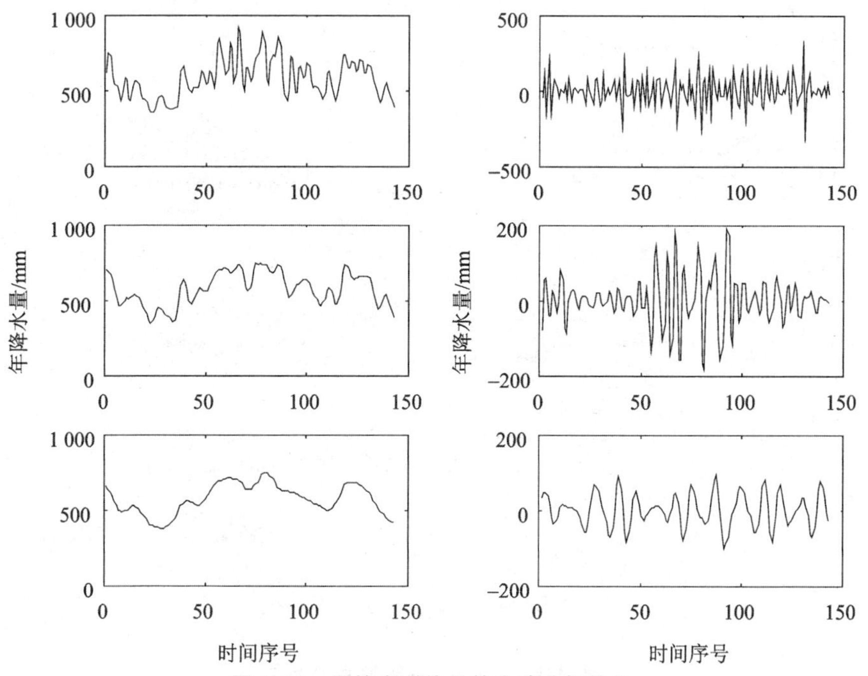

图 9.11 原始序列信号的小波分解信号

其中低频成分与实际年降水量变化趋势一致，是主要成分，而且此序列的相依程度比原序列的更加密切；高频成分可以清晰显示年降水量时间序列的突变特征，具有较大的随机性。

分别采用由小波分解得到的原时间序列的高频成分和低频成分建立预测模型，然后对各方程得到的预测值进行加和，便可得到最终的预测值。

根据以上原理，可编程进行计算，结果令人满意。另外，也可以采用其他方法，如自回归、回归分析等，建立各信号的预测模型。如果能对各个预测结果计算其权重，再进行加和计算，结果可能会更精确。

```
[c,l] = wavedec(x,3,'db4');    % 小波分解
for i = 1:3;A(i,:) = wrcoef('a',c,l,'db4',i);D(i,:) = wrcoef('d',c,l,'db4',i);end    % 小波重构
for j = 1:3;subplot(3,2,2 * j - 1);plot(A(j,:));subplot(3,2,2 * j);plot(D(j,:));end
data = [A(3,:);D];net = narnet(1:4,10);        % 时间序列 - 神经网络
for i = 1:3 + 1
  T = con2seq(data(i,:));[Xs,Xi,Ai,Ts] = preparets(net,{},{},T);net = train(net,Xs,Ts,Xi,Ai);
  Y{i} = net(Xs,Xi);y(i,:) = cell2mat(Y{i});
end
out = sum(y);
```

例 9.5　回归估计是一类在实际中应用非常广泛的问题，小波分析也可以解决此类问题。小波工具箱提供了基于小波变换的回归估计方法。下面用小波分析工具箱的实例加以说明。

解： 在 MATLAB 工作窗口中输入 waveletAnalyzer 就可以打开小波分析工具箱。

```
>> waveletAnalyzer
```

随后弹出如图 9.12 所示的 GUI 界面，单击界面中的 Regression Estimation 1-D 按钮就可以得到如图 9.13 所示的基于小波变换的回归估计。

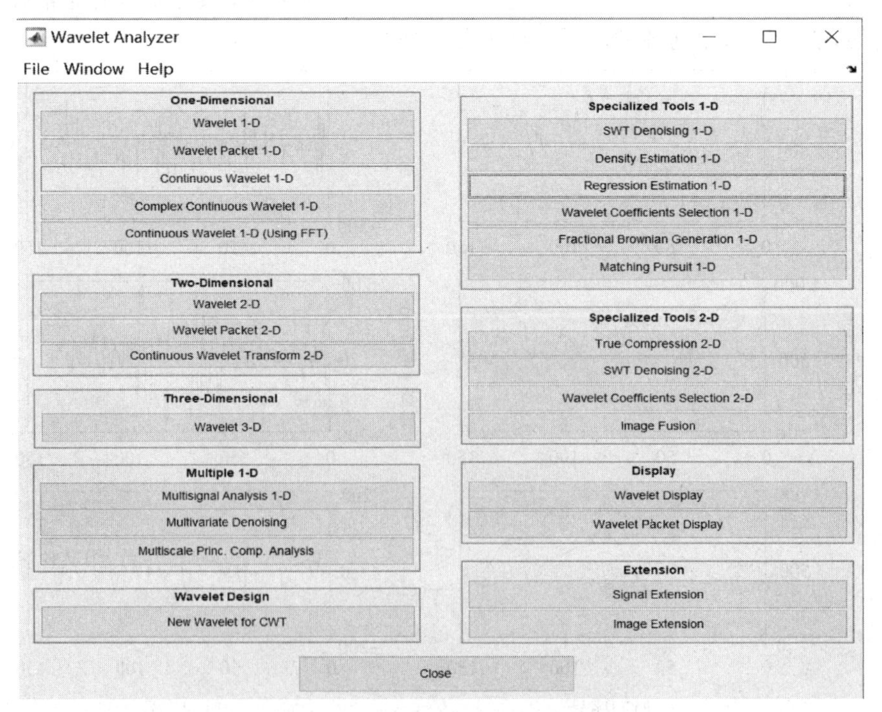

图 9.12　小波工具箱的 GUI 界面

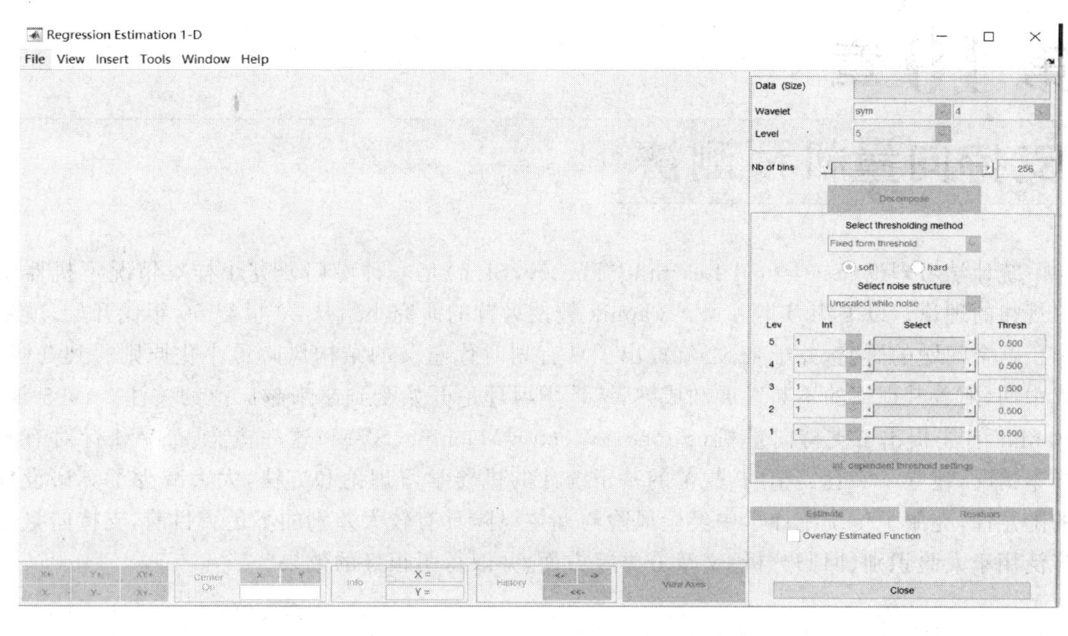

图 9.13 小波回归估计的 GUI 界面

在小波回归估计的 GUI 界面中选择 File→Example Analysis→Stochastic Design-Interval Dependent Noise Variance 就可以将数据文件导入界面中，得到如图 9.14 所示的 GUI 界面。在此界面中就可以对数据进行回归分析，例如，采用不同的小波函数对数据作不同层次的小波分解；用阈值处理原始数据；用鼠标点击曲线得到某个回归值，等等。

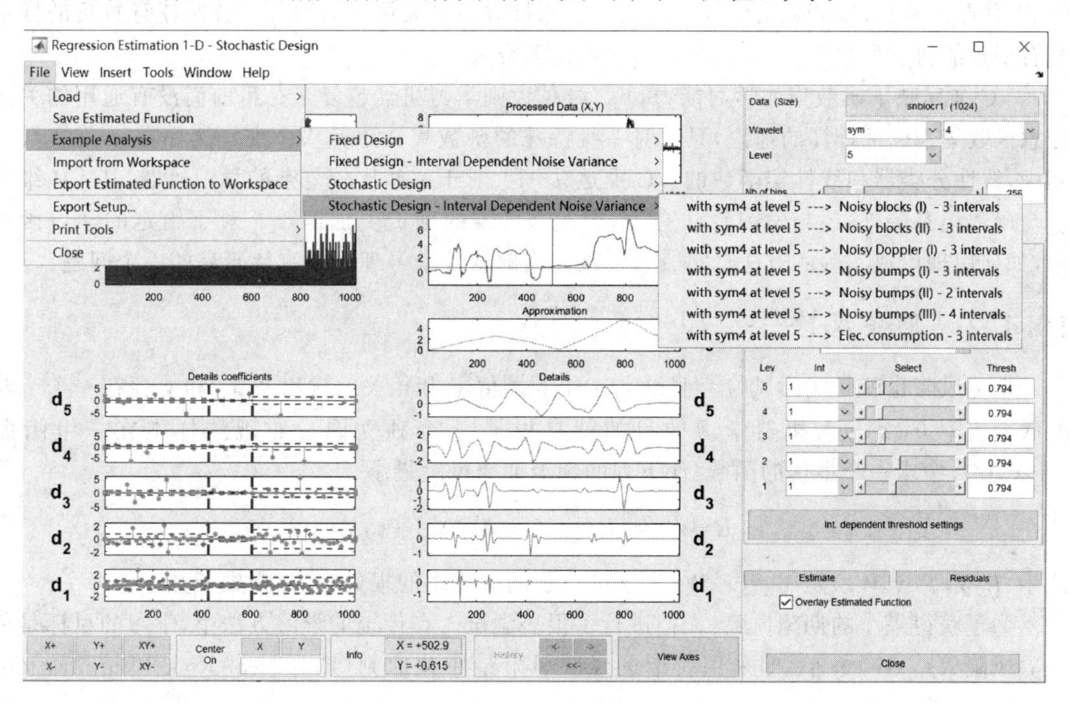

图 9.14 小波回归分析实例的 GUI 界面

第 10 章

支持向量机预测法

统计学习理论(Statistical Learning Theory,SLT)是一种专门研究小样本情况下机器学习规律的理论。以 Bell 实验室 V. Vapnik 教授为首的研究小组从 20 世纪 60 年代开始,就致力于这个问题的研究,并于 1982 年提出了具有划时代意义的结构风险最小化原则。到 90 年代中期,随着其理论的不断发展和成熟,统计学习理论开始受到越来越广泛的关注。1995 年,Vapnik 首先提出了支持向量机(Support Vector Machine,SVM)这一概念。SVM 针对有限样本情况,建立了一套完整的、规范的基于统计的机器学习理论和方法,大大减少了算法设计的随意性,克服了传统统计学中经验风险与期望风险具有较大差别的不足。目前,支持向量机广泛用于人脸识别、回归分析、文章分类等方面,并取得了很好的效果。

10.1 支持向量机理论基础

10.1.1 VC 维

VC 维是指对于一个指示函数集,如果存在 h 个样本能够被函数集中的函数按所有可能的 2^h 种形式分开,则函数集的 VC 维就是它能打散的最大样本数目 h。若对任意数目的样本都有函数能将它们打散,则函数集的 VC 维是无穷大。

VC 维反映了函数集的学习能力,VC 维越大则学习机器越复杂。目前尚没有通用的关于任意函数集 VC 维计算的理论,只是对一些特殊的函数集知道其 VC 维。例如在 n 维实数空间中,线性分类器和线性实函数的 VC 维是 $n+1$。对于一些比较复杂的学习机器,其 VC 维除了与函数集有关外,还与学习算法有关,因此 VC 维的确定更加困难。对于给定的学习函数集,如何用理论或实验的方法计算其 VC 维是当前统计学习理论中有待研究的一个问题。

10.1.2 期望风险

期望风险也就是实际风险。假设有 n 个观测值 $\boldsymbol{x}_i$ 和相关的输出 $\boldsymbol{y}$,$\boldsymbol{x}_i$ 和 $\boldsymbol{y}$ 存在一个未知的联合概率 $F(\boldsymbol{x},\boldsymbol{y})$,机器学习的目的就是根据 n 个独立同分布观测样本在一组函数 $\{f(\boldsymbol{x},\boldsymbol{W})\}$ 中求一个最优的函数,使下列的预测期望风险最小:

$$R(\boldsymbol{W})=\int L(y,f(\boldsymbol{x},\boldsymbol{W}))\mathrm{d}F(\boldsymbol{x},\boldsymbol{y})$$

式中:$L(\boldsymbol{y},f(\boldsymbol{x},\boldsymbol{W}))$是用 $f(\boldsymbol{x},\boldsymbol{W})$对 $\boldsymbol{y}$ 进行预测而产生的损失,称为损失函数。

为了获得最小的期望风险,人们进行了很多尝试。在传统的学习方法中,学习的目标是使经验风险 $R_{\mathrm{emp}}(\boldsymbol{W})$最小,即采用所谓的经验风险最小化原则(Empirical Risk Minimization, ERM):

$$\min R_{\mathrm{emp}}(\boldsymbol{W})=\frac{1}{n}\sum_{i=1}^{n}L(\boldsymbol{y}_i,f(\boldsymbol{x}_i,\boldsymbol{W}))$$

但人们很快就发现,训练误差(即经验风险)过小常常会导致泛化能力下降,即真实风险增加。之所以出现这种过学习现象，一是因为样本不充分；二是学习机器设计不合理。经验风险最小化是定义在训练集上的平均错判率，是对整个样本集的期望风险的估计。但它是建立在样本数目足够多的前提下，即样本数趋于无穷大时具有较好的推广性能。在小样本的情况下，用经验风险最小化准则代替期望风险最小化并没有充分的理论依据，而只是感觉上合理的假设；训练误差小并不总能导致好的预测结果，即不一定具有较好的推广性能。

经验风险和实际风险之间的关系，又被称为推广性的界。对于指示函数集中的所有函数（包括使经验风险最小的函数），经验风险 $R_{\mathrm{emp}}(\boldsymbol{W})$ 和实际风险 $R(\boldsymbol{W})$ 之间以 $1-\eta$ 的概率关系满足如下关系：

$$R(\boldsymbol{W}) \leqslant R_{\mathrm{emp}}(\boldsymbol{W}) + \sqrt{\frac{h[\ln(2n/h)+1]-\ln(\eta/4)}{n}}$$

式中：h 是函数集的 VC 维；n 是训练样本数。

上式表明，实际风险由两部分组成：经验风险和置信范围（也称 VC 信任）。置信范围不仅受置信水平 $1-\eta$ 的影响，而且还是函数集的 VC 维 h 和训练样本数 n 的函数。h 增大或 n 减少都会导致置信范围的值增大。

上式表明，对于一个特定的问题，当样本数目固定时，学习机器的 VC 维越高（复杂性越高），经验风险就越小，但置信范围会越大，导致真实风险与经验风险之间可能的判别越大。这就是出现过学习现象的原因。机器学习过程不但要使经验风险最小，而且还要使 VC 维尽量小以缩小置信范围，才能取得较小的实际风险。

10.1.3　结构风险最小化

根据经验风险和实际风险的关系式可知，当样本有限时需要同时最小化经验风险和置信范围才能使实际风险最小。在传统机器学习方法中，选择学习模型和算法的过程就是调整置信范围的过程，如果模型比较适合现有的训练样本，则可以取得比较好的效果。但因为缺乏理论指导，这种选择只能依赖于先验知识和经验，造成了诸如人工神经网络等方法的效果过分依赖于使用技巧。

统计学习理论提出了一种新的策略，即结构风险最小化（Structural Risk Minimization，SRM），简称 SRM 准则。结构风险最小化原则的主要思想可用图 10.1 表示。把备选函数集

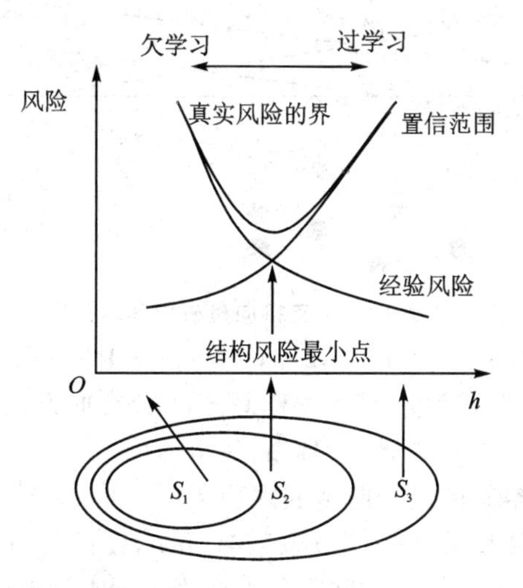

图 10.1　结构风险最小化

划分为一个函数子集的序列，各个子集按照 VC 维的大小依次排列，这样在同一个子集中置信范围就相同；在每个子集中寻找最小经验风险，在各个子集间同时考虑经验风险和置信范围，从而选出使得实际风险最小的函数。统计学习理论还给出了合理的函数子集结构应满足的条件及在 SRM 准则下实际风险收敛的性质。

实现 SRM 准则有两种思路。一种是将一个函数集合组织成一个嵌套的函数结构，在每个子集中求最小经验风险，然后选择使最小风险和置信范围之和最小的子集。显然这种方法比较费时，当子集数目很大甚至是无穷时，比较费时，甚至不可行。第二种是设计函数集的某种结构使得其中的每个函数子集都可以求得最小的经验风险（如使训练误差为零），然后只需在子集中选择适当的子集使置信范围最小，则这个子集中使经验风险最小的函数就是最优函数。支持向量机采用的就是第二种方法。

10.2 支持向量机

支持向量机(SVM)是从线性可分情况下的最优分类面发展而来的。它根据有限的样本信息在模型的复杂性（即对特定训练样本的学习精度）和学习能力（即无错误地识别任意样本的能力）之间寻求最佳折中，以期获得最好的推广能力。

支持向量机在样本空间或者特征空间构造出最优超平面，使得超平面与不同类样本集之间的距离最大，从而达到最大的推广能力。

10.2.1 线性可分情况

对于两类线性可分问题，如图 10.2 所示，分割线 1（平面 1）和分割线 2（平面 2）都能正确地将两类样本分开，即都能保证使经验风险最小（为 0），这样的线（平面）有无限多个，但只有分割线 1 离两类样本的间隔最大，因此称之为最优分类线（平面）。最优分类线（平面）的置信范围最小，这样就符合结构最小化准则。

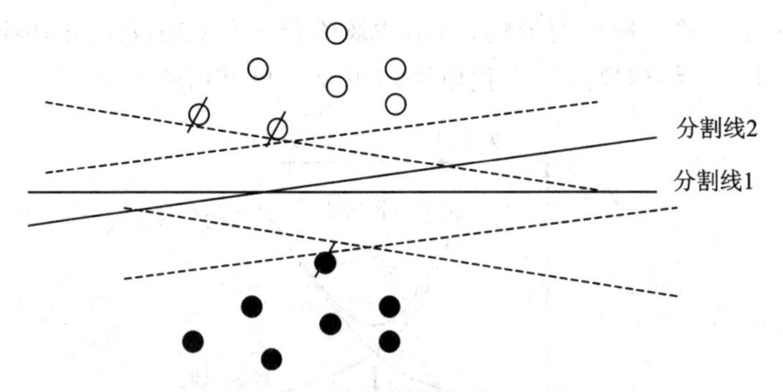

图 10.2 支持向量机原理示意图

设线性可分样本集为$(\boldsymbol{x}_i, y_i)$($i=1,2,3,\cdots,n$; $\boldsymbol{x}\in\mathbf{R}^d$, $y\in\{-1,1\}$是类别标号)，d 维空间中线性判别函数的一般形式为 $g(\boldsymbol{x})=\langle\boldsymbol{W},\boldsymbol{x}\rangle+b$，分类面方程为

$$\langle\boldsymbol{W},\boldsymbol{x}\rangle+b=0$$

式中：$\langle\boldsymbol{W},\boldsymbol{x}\rangle$是 n 维向量空间的两个向量的内积。

将判别函数归一化，然后等比例调节系数 $\boldsymbol{W}$ 和 b，使两类所有样本都能满足 $|g(\boldsymbol{x})|\geqslant 1$，这时分类间隔为 $2/\|\boldsymbol{W}\|$。这样将求间隔最大变为求 $\|\boldsymbol{W}\|$ 最小。

满足 $|g(\boldsymbol{x})|=1$ 的样本点，离分类线（平面）距离最小，它们决定了最优分类线（平面），称之为支持向量(Support Vectors，SV)，图 10.2 中 3 个样本（∅、●）即为 SV。

可见,求最优分类面的问题便转化为下述优化问题:

$$\min \phi(\boldsymbol{W})=\frac{1}{2}\|\boldsymbol{W}\|^2=\frac{1}{2}\langle \boldsymbol{W},\boldsymbol{W}\rangle$$

$$\text{s.t.}\quad y_i[\langle \boldsymbol{W},\boldsymbol{x}_i\rangle+\boldsymbol{b}]-1\geqslant 0\quad (i=1,2,3,\cdots,n)$$

该优化问题可转化为对偶化问题:

$$\min Q(\alpha)=\frac{1}{2}\sum_{i,j=1}^{n}\alpha_i\alpha_j y_i y_j\langle \boldsymbol{x}_i,\boldsymbol{x}_j\rangle-\sum_{i=1}^{n}\alpha_i$$

$$\text{s.t.}\begin{cases}\alpha_i\geqslant 0\quad (i=1,2,3,\cdots,n)\\ \sum_{i=1}^{n}y_i\alpha_i=0\end{cases}$$

为叙述和求解方便,将上式改写成矩阵形式:

$$\min Q(\alpha)=\frac{1}{2}\boldsymbol{\alpha}^{\mathrm{T}}\boldsymbol{A}\boldsymbol{\alpha}-\boldsymbol{b}^{\mathrm{T}}\boldsymbol{\alpha}$$

$$\text{s.t.}\begin{cases}\alpha_i\geqslant 0\quad (i=1,2,3,\cdots,n)\\ \boldsymbol{y}^{\mathrm{T}}\boldsymbol{\alpha}=0\end{cases}$$

式中

$\boldsymbol{\alpha}=[\alpha_1\quad \alpha_2\quad \cdots\quad \alpha_n]^{\mathrm{T}}$, $\boldsymbol{b}=[1\quad 1\quad \cdots\quad 1]^{\mathrm{T}}$, $\boldsymbol{y}=[y_1\quad y_2\quad \cdots\quad y_n]$, $\boldsymbol{A}_{ij}=y_i y_j\langle \boldsymbol{x}_i,\boldsymbol{x}_j\rangle$

由此可得到最优分类函数为

$$f(\boldsymbol{x})=\mathrm{sgn}\left\{\sum_{i=1}^{n}\alpha_i^* y_i\langle \boldsymbol{x}_i,\boldsymbol{x}\rangle+b^*\right\}$$

因为对于非支持向量满足 $\alpha_i=0$,所以最优函数只需对支持向量进行,而 b^* 可根据任何一个支持向量的约束条件求出。

10.2.2　线性不可分情况

对于线性不可分问题,有两种解决途径。一是一般线性化方法,引入松弛变量 ξ,此时的优化问题为

$$\min \phi(\boldsymbol{W})=\frac{1}{2}\|\boldsymbol{W}\|^2=\frac{1}{2}\langle \boldsymbol{W},\boldsymbol{W}\rangle+C\sum_{i=1}^{n}\xi_i$$

$$\text{s.t.}\quad y_i[\langle \boldsymbol{W},\boldsymbol{x}_i\rangle+b]-1+\xi_i\geqslant 0\quad (i=1,2,3,\cdots,n)$$

式中:C 为惩罚因子,为可调参数,表示对错误的惩罚程度,值越大表示惩罚越大。

二是 V. Vapnik 引入的核空间理论:将低维输入空间中的数据通过非线性函数映射到高维属性空间 H(也称为特征空间),将分类问题转化到属性空间进行。可以证明,如果选用适当的映射函数,输入空间线性不可分问题在属性空间将转化成线性可分问题。

将 $\boldsymbol{x}$ 变换为 $\boldsymbol{\Phi}:\mathbf{R}^n\to H$($H$ 为某个高维特征空间)

$$\boldsymbol{x}\to\boldsymbol{\Phi}(\boldsymbol{x})=[\boldsymbol{\Phi}_1(\boldsymbol{x})\quad \boldsymbol{\Phi}_2(\boldsymbol{x})\quad \cdots\quad \boldsymbol{\Phi}_i(\boldsymbol{x})\quad \cdots]^{\mathrm{T}}$$

式中:$\boldsymbol{\Phi}_i(\boldsymbol{x})$是实函数。则可以建立在新空间中的优化超平面:

$$\langle \boldsymbol{W},\boldsymbol{\Phi}(\boldsymbol{x})\rangle+\boldsymbol{b}=\boldsymbol{0}$$

属性空间中向量的点积运算与输入空间的核函数(kenel function)对应。从理论讲,满足 Mercer 条件的对称函数 $K(\boldsymbol{x},\boldsymbol{x}^{\mathrm{T}})$都可以作为核函数。

采用不同的内积核函数将形成不同的算法,目前使用的核函数主要有四种:线性核函数、

p 阶多项式核函数、RBF 核函数和 Sigmoid 核函数。

① 线性核函数：

$$K(\boldsymbol{x},\boldsymbol{x}_i)=\langle \boldsymbol{x},\boldsymbol{x}_i\rangle$$

② p 阶多项式核函数：

$$K(\boldsymbol{x},\boldsymbol{x}_i)=[\langle \boldsymbol{x},\boldsymbol{x}_i\rangle+1]^p$$

③ RBF 核函数

$$K(\boldsymbol{x}_i,\boldsymbol{x}_j)=\exp\left(-\frac{\| x-x_i \|^2}{\sigma^2}\right)$$

④ Sigmoid 核函数：

$$K(\boldsymbol{x}_i,\boldsymbol{x}_j)=\tanh[\nu\langle \boldsymbol{x},\boldsymbol{x}_i\rangle+c]$$

式中：$\nu>0,c<0$。

除以上四种之外，核函数还有指数型径向基函数、傅里叶序列、B 样条核函数、张量积核函数等。在每一种核函数中都有至少一个核参数控制着核函数的复杂性。

各种核函数各有特点，针对具体问题选择合适的核函数是很重要的，有时还需要根据核函数的运算规则构造符合实际问题的核函数。这就要根据每个核函数的特点、应用范围和实际情况选择合适的核函数，达到既能简化运算，又可以有效解决问题的目的。

引入核函数后，以上各式中向量的内积都可用核函数代替：

$$\min Q(\boldsymbol{\alpha})=\frac{1}{2}\sum_{i,j=1}^{n}\alpha_i\alpha_j y_i y_j K(\boldsymbol{x}_i,\boldsymbol{x}_j)-\sum_{i=1}^{n}\alpha_i$$

$$\text{s. t.}\begin{cases}\alpha_i\geqslant 0 \quad (i=1,2,3,\cdots,n)\\ \sum_{i=1}^{n} y_i\alpha_i=0\end{cases}$$

相应的分类函数变为

$$f(\boldsymbol{x})=\text{sgn}\left[\sum_{i=1}^{n}\alpha_i^* y_i K(\boldsymbol{x}_i,\boldsymbol{x})+b^*\right]$$

任选一支持向量，可从下式求出 b^*：

$$y_i\left[\sum_{i=1}^{n}\alpha_i^* y_i K(\boldsymbol{x}_i,\boldsymbol{x})+b^*\right]=1$$

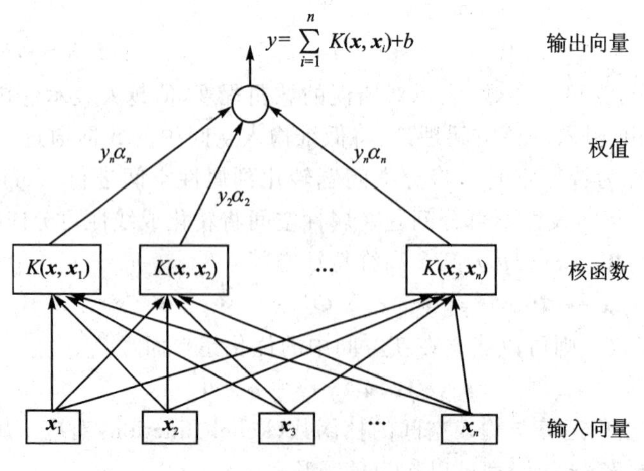

图 10.3 SVM 的结构示意图

图 10.3 为 SVM 的结构示意图。支持向量机利用输入空间的核函数取代了高维特征空间中的内积运算，解决了算法可能导致的“维数灾难”问题。在构造判别函数时，不是先对输入空间的样本做非线性变换，然后在特征空间中求解，而是先在输入空间比较向量，然后对结果再做非线性变换。如此大的工作量将在输入空间而不是在高维特征空间中完成。

10.3 支持向量机回归

如果把 SVM 在估计指示函数（模式识别）中得到的结果推广到估计实函数（回归估计）中，机器学习问题就由模式识别问题变成了函数回归问题。因而模式识别分类问题可以视为函数回归逼近问题的一个特例。

支持向量机回归问题可以归结为求解一个凸二次规划问题，理论上将得到全局最优解。算法的性质能保证回归有较好的推广能力，同时巧妙地解决了维数问题；算法的复杂度与样本维数无关，支持向量机回归算法完全根据部分训练样本构造回归函数，不需要关于问题与样本集或是回归函数结构的先验信息。目前，支持向量机回归已应用于实际、经济、工程预测中，如电力价格的预测、交通流的时间序列分析等。

10.3.1 损失函数

设给定训练集

$$T=\{(\boldsymbol{x}_1,y_1),\cdots,(\boldsymbol{x}_l,y_l)\}\in(\boldsymbol{X},Y)^l$$

式中：$\boldsymbol{x}_i\in\boldsymbol{X}=\mathbf{R}^n$，$y_i\in Y=\mathbf{R}$，$i=1,2,3,\cdots,l$。假定训练集是按 $\boldsymbol{X}\times Y$ 上的某个概率分布 $\boldsymbol{P}(\boldsymbol{x},y)$ 选取的独立同分布的样本点，又设给定损失函数 $L(\boldsymbol{x},\ f(\boldsymbol{x},\alpha))$，回归问题就是要寻找一个函数 $f(\boldsymbol{x})$，使得期望风险

$$R(f)=\int L(\boldsymbol{x},f(\boldsymbol{x},\alpha))\mathrm{d}\boldsymbol{P}(\boldsymbol{x},y)$$

达到最小。其中概率分布是未知的，已知的仅仅是训练集。

从以上的数学描述可以看出，回归分析需要选择适当的损失函数。

为了能定量计算损失函数 L，首先引入不敏感损失系数 ε：如果实际预测值 $f(\boldsymbol{x},\alpha)$ 与实际值 y 之间的判别小于 ε，则认为损失为零（即可忽略不计）；否则，损失不可忽略。

这样就可以定义损失函数，常用的有以下几种：

① 线性不敏感损失函数：

$$L(\boldsymbol{x},f(\boldsymbol{x},\alpha))=|\ y-f(\boldsymbol{x},\alpha)\ |_\varepsilon$$

② 二次不敏感损失函数：

$$L(\boldsymbol{x},f(\boldsymbol{x},\alpha))=|\ y-f(\boldsymbol{x},\alpha)\ |_\varepsilon^2$$

③ Huber 损失函数：

$$L(\boldsymbol{x},f(\boldsymbol{x},\alpha))=\begin{cases}c\ |\ y-f(\boldsymbol{x},\alpha)\ |-\dfrac{c^2}{2} & |\ y-f(\boldsymbol{x},\alpha)\ |>c\\ \dfrac{1}{2}\ |\ y-f(\boldsymbol{x},\alpha)\ |^2 & |\ y-f(\boldsymbol{x},\alpha)\ |\leqslant c\end{cases}$$

此函数在数据分布未知时是鲁棒的。

④ ε -不敏感损失函数：

$$L_\varepsilon(y)=\begin{cases}0 & |\ f(\boldsymbol{x})-y\ |<\varepsilon\\ |\ f(\boldsymbol{x})-y\ |-\varepsilon & \text{其他}\end{cases}$$

10.3.2 线性回归

线性最优回归函数 $f(\boldsymbol{x})=\boldsymbol{W}\cdot\boldsymbol{x}+b$ 由下列最小化函数获得：

$$\phi(\boldsymbol{W},\xi)=\frac{1}{2}\|\boldsymbol{W}\|^2+C\sum_i(\xi_i^-+\xi_i^+)$$

式中：C 是预先给定值(惩罚值)；ξ_i^-、ξ_i^+ 分别是约束系统输出的上界和下界；ξ 是松弛变量。

当采用 ε -不敏感损失函数时，线性回归解可由下式给出：

$$\max_{\alpha,\alpha^*}\boldsymbol{W}(\boldsymbol{\alpha},\boldsymbol{\alpha}^*)=\max_{\alpha,\alpha^*}\left\{-\frac{1}{2}\sum_{i=1}^{l}\sum_{j=1}^{l}(\alpha_i-\alpha_i^*)(\alpha_j-\alpha_j^*)\langle\boldsymbol{x}_i,\boldsymbol{x}_j\rangle+\sum_{i=1}^{l}[\alpha_i(y_i-\varepsilon)-\alpha_i^*(y_i-\varepsilon)]\right\}$$

$$\text{s.t.}\begin{cases}0\leqslant\alpha_i,\alpha_i^*\leqslant C\quad(i=1,2,3,\cdots,l)\\ \sum_{i=1}^{l}(\alpha_i-\alpha_i^*)=0\end{cases}$$

根据上述解即可确定拉格朗日乘子 $\boldsymbol{\alpha}$、$\boldsymbol{\alpha}^*$，而最优权重将是 $\boldsymbol{\alpha}$、$\boldsymbol{\alpha}^*$ 的线性组合。表达式如下：

$$\boldsymbol{W}^*=\sum_{i=1}^{l}(\alpha_i-\alpha_i^*)\boldsymbol{x}_i$$

从而可以得到回归函数式：

$$y=f(\boldsymbol{x})=\langle\boldsymbol{W}^*,\boldsymbol{x}\rangle+b^*=\sum_{i=1}^{l}(\alpha_i-\alpha_i^*)\langle\boldsymbol{x}_i,\boldsymbol{x}\rangle+b^*$$

这就是要寻找的回归函数，其中 α_i、α_i^* 只有一部分为零，它们对应的样本就是支持向量。

10.3.3 非线性回归

非线性回归就是找到一个非线性函数，能够逼近输入和输出之间的关系。采用与非线性分类支持向量机类似的方法，首先将输入通过非线性函数映射到高维特征空间 F，在该特征空间中构造最优分类面，将非线性函数回归问题转化为高维空间的线性回归。

对于非线性问题，把输入样本 $\boldsymbol{x}_i$ 通过 $\boldsymbol{\Psi}:\boldsymbol{x}\rightarrow H$ 映射到高维特征空间 H(可能是无穷维)。当在特征空间中构造最优超平面时，实际上只需进行内积运算，而这种内积运算是可以用原空间中的函数来实现的，没有必要知道 $\boldsymbol{\Psi}$ 的形式。

当采用 ε -不敏感损失函数时，非线性回归解由下式给出：

$$\max_{\alpha,\alpha^*}\boldsymbol{W}(\boldsymbol{\alpha},\boldsymbol{\alpha}^*)=\max_{\alpha,\alpha^*}\left\{-\frac{1}{2}\sum_{i=1}^{l}\sum_{j=1}^{l}(\alpha_i-\alpha_i^*)(\alpha_j-\alpha_j^*)K(\boldsymbol{x}_i,\boldsymbol{x}_j)+\sum_{i=1}^{l}[\alpha_i^*(y_i-\varepsilon)-\alpha_i(y_i+\varepsilon)]\right\}$$

$$\text{s.t.}\begin{cases}0\leqslant\alpha_i,\alpha_i^*\leqslant C\quad(i=1,2,3,\cdots,l)\\ \sum_{i=1}^{l}(\alpha_i-\alpha_i^*)=0\end{cases}$$

从而可得 SV 解的回归函数式：

$$y=f(\boldsymbol{x})=\sum_{SVs}(\bar{\alpha}_i-\alpha_i^*)K(\boldsymbol{x}_i,\boldsymbol{x})+\bar{b}$$

式中

$$\langle \boldsymbol{W},\boldsymbol{x}\rangle = \sum_{i=1}^{l}(\alpha_i - \alpha_i^*)K(\boldsymbol{x}_i,\boldsymbol{x}_j) + \bar{b}$$

$$\bar{b} = -\frac{1}{2}\sum_{i=1}^{l}(\alpha_i - \alpha_i^*)K(\boldsymbol{x}_i,\boldsymbol{x}_r) + K(\boldsymbol{x}_i,\boldsymbol{x}_s)$$

对于其他损失函数，也可以通过替换核函数点积的方法得到最优化准则。

10.3.4　最小二乘支持向量机回归

最小二乘支持向量机（Least Squares Support Vector Macchine，LS－SVM）是基于正则化理论对标准支持向量机的改进，采用最小平方误差作为损失函数，它较好地解决了小样本、非线性、高维数、局部极小点等实际问题。

设给定 n 个训练样本 $D=\{(\boldsymbol{x}_1,y_1),\cdots,(\boldsymbol{x}_k,y_k)\}$，$k=1,2,3,\cdots,n$，$\boldsymbol{x}_k\in\mathbf{R}^n$，$y_k\in\mathbf{R}$，$\boldsymbol{x}_k$ 是维输入数据，y_k 是输出数据。在权矢量 $\boldsymbol{w}$ 空间（原始空间）中的函数估计问题可以描述为求解下面的问题：

$$\min J(\boldsymbol{w},e) = \frac{1}{2}\boldsymbol{w}^{\mathrm{T}}\boldsymbol{w} + \frac{1}{2}\gamma\sum_{k=1}^{n}e_k^2$$

$$\text{s.t.}\quad y_k = \boldsymbol{w}^{\mathrm{T}}\varphi(\boldsymbol{x}_k) + b + e_k \quad (k=1,2,3,\cdots,n)$$

式中：$\varphi(\cdot):\mathbf{R}^n\rightarrow\mathbf{R}^{m_k}$ 是核空间映射函数；权矢量 $\boldsymbol{w}\in\mathbf{R}^{m_k}$（原始空间）；误差变量 $e_k\in\mathbf{R}$；b 是偏差量；损失函数 J 是 SSE 误差和规则化量之和；γ 是可调常数。核函数映射函数的目的是从原始空间中提取特征，将原始空间中的样本映射为高维特征空间中的一个向量，以解决原始空间中线性不可分的问题。

根据优化函数定义拉格朗日函数：

$$L(\boldsymbol{w},b,e,\alpha) = J(w,e) - \sum_{k=1}^{n}\alpha_k\{\boldsymbol{w}^{\mathrm{T}}\varphi(\boldsymbol{x}_k) + b + e_k - y_k\}$$

式中：拉格朗日乘子 $\alpha_k\in\mathbf{R}$。对上式进行优化，使 L 对 w、b、e_k、α_k 的偏导数等于零，消除变量 $\boldsymbol{w}$、e_k 可得到以下矩阵方程：

$$\begin{bmatrix} \mathbf{0} & \mathbf{1}_v^{\mathrm{T}} \\ \mathbf{1}_v & \Omega + \frac{1}{\gamma}\boldsymbol{I} \end{bmatrix}\begin{bmatrix} b \\ \boldsymbol{\alpha} \end{bmatrix} = \begin{bmatrix} 0 \\ \boldsymbol{y} \end{bmatrix}$$

式中：$\boldsymbol{x}=[x_1,x_2,\cdots,x_N]^{\mathrm{T}}$，$\boldsymbol{y}=[y_1,y_2,\cdots,y_N]^{\mathrm{T}}$，$\mathbf{1}_v=[1,1,\cdots,1]^{\mathrm{T}}$，$\boldsymbol{\alpha}=[\alpha_1,\alpha_2,\cdots,\alpha_N]^{\mathrm{T}}$，$\boldsymbol{\Omega}=\psi(\boldsymbol{x}_k,\boldsymbol{x}_l)=\varphi(\boldsymbol{x}_k)^{\mathrm{T}}\varphi(\boldsymbol{x}_l)$（$k,l=1,2,3,\cdots,N$）。根据 Mercer 条件，存在映射函数 φ 和核函数 ψ 使得 $\psi(\boldsymbol{x}_k,\boldsymbol{x}_l)=\varphi(\boldsymbol{x}_k)^{\mathrm{T}}\varphi(\boldsymbol{x}_l)$。

最小二乘支持向量机的核函数估计为

$$y(\boldsymbol{x}) = \sum_{k=1}^{n}\alpha_k\psi(\boldsymbol{x},\boldsymbol{x}_k) + b$$

式中：α、b 由矩阵方程求解，α_k 是 k 处的 α 值；ψ 为核函数。由于特征空间的维数巨大，算法的实质是根据 Mercer 条件，通过核函数和映射函数内积的关系，把在高维特征空间中的函数估计转化到原始空间中。

由以上过程可知，采用等式约束可以将二次规划问题转变为一组线性方程的求解，降低了算法的复杂程度，同时又不会改变原本的核函数映射关系及全局最优等特征；而且最小二乘支持向量机仅有两个参数,减少了算法复杂性。

10.4 支持向量机预测模型

支持向量机可以克服“维数灾难”问题,从而可在训练样本很小的情况下也有很好的推广能力。用支持向量机来预测,首先必须构造准确的支持向量机回归预测模型,并选取合适的核函数以及确定各项参数,然后采用可靠的算法以期在获得较快计算速度的同时得到较高的预测精度。

为了尽量拓宽模型的适用范围,预测模型的建立一般分为 4 个步骤:

① 数据的采集和预处理。

② 模型中核函数的选择。

③ 模型参数和核函数参数的选择算法。

④ 将待预测的数据输入模型,得到预测结果。

图 10.4 即为支持向量机预测建模流程图。

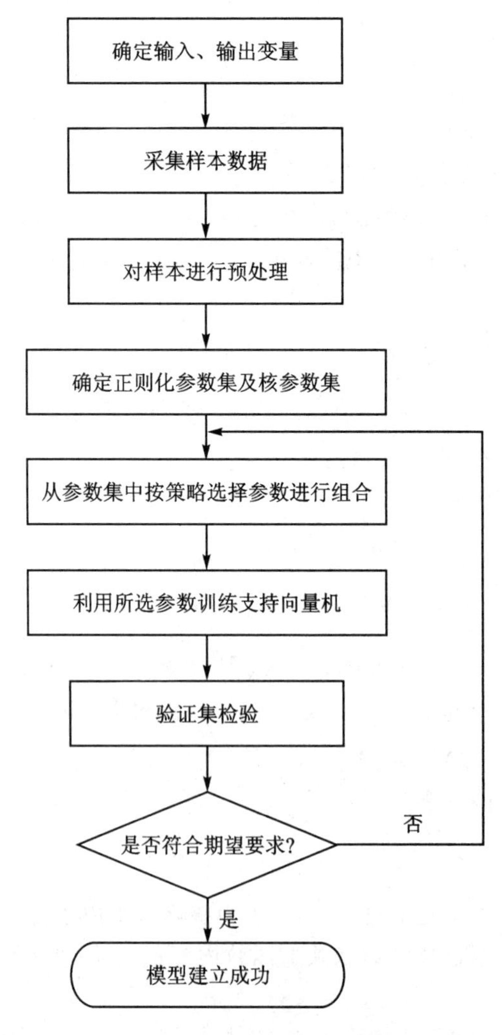

图 10.4 SVM 建模流程图

1. 数据的采集

样本的通用性对模型的学习有极为重要的影响。合适的样本能够为提高预测模型的正确率提供良好的支持。因此选择样本时应从多方面综合考虑，以使样本尽可能全面地反映研究的工作过程和参数特性。

(1) 样本的特征选取

样本集输入向量中的每一个元素称为一个特征。选取预测模型的样本集，就要考虑影响模型可靠性的因素，从而确定选择哪些特征作为输入向量，必要时可以对特征进行筛选。

(2) 去除异常样本

受各种因素影响，原始数据集可能存在噪声，因此需要对数据进行处理，以消除噪声的影响，特别是那些明显不符合样本本身规律的可疑样本要抛弃或修正；否则将会影响预测模型的性能。

(3) 样本修正

在采集数据过程中，可能由于主观或客观的原因而使数据存在异常或缺失的情况，而采集数据时又必须提供缺失的数据，此时就要对样本数据进行修正。

(4) 缩小样本集

建立预测模型时面临选择多少样本作为模型输入数据的问题。一般情况下认为，样本越充分，选取的样本数据越多、致密性高，训练出来的模型越能正确反映输入、输出关系。但选取的样本太多，会使模型分析样本数据的时间变长，而选取的样本数据太少，则样本将不能正确反映数据之间的规律性，影响训练模型的性能。

当样本量比较大时，可以采用主成分分析法来缩小数据集。

(5) 样本数据的归一化

样本数据的归一化就是将数据映射到某一区间，最常用的区间是[−1,1]或[0,1]。

归一化的作用有两个：一是避免各种不同数据之间的数据相差太大以致造成计算误差；二是保证输出数据中数值较小的数据不会被吞食。

在计算归一化时，应注意由于样本数据有限，并不能保证以后的真实数据不会超过现有样本中的最大值和最小值，因此为了模型的准确性，计算时最大样本值会取比当前样本数据最大值再大一些的，而最小值会取比当前样本数据最小值再小一些的，至于具体大多少、小多少，要依据不同的数据集而定。

对模型输入数据进行归一化操作，同时要对模型的输出数据进行反归一操作。反归一操作是归一化的逆过程，作用是还原计算，恢复实际值。

2. 核函数的选择

在基于支持向量机的建模中，核函数的选择直接关系到所建立的模型的性能。核函数的选择本身也是 SVM 中一个尚在继续研究的重要问题。每个核函数都有各自适用的数据分布类型，对于不同的数据集，不同的核函数的表示也不一样。选择合适的函数能够更容易获得比较好的预测效果，在一定程度上克服不平衡样本带来的负面影响。

目前研究最多的核函数主要有三类：多项式核函数、径向基核函数和 Sigmoid 核函数。每个核函数的参数个数并不相同。多项式核函数和 Sigmoid 核函数有两个参数，径向基核函数的参数只有一个 σ，核函数的参数多会使参数优化变得复杂。对多项式核函数来讲，当次数很大时它的内积值可能趋于无穷或者趋于零，而 Sigmoid 核函数只在满足某些稳定条件时函数才满足对称、半正定的核函数条件。

现在的理论还不能给出适合核函数的选择方法，所以只有通过实验的方式来确定核函数。

3. 模型参数选择算法

已有理论表明，相较于核函数类型，核函数的参数和惩罚因子是影响 SVM 性能的更主要因素。因此，参数的选择也是建立预测模型的关键步骤。

目前，模型参数的选择没有统一的理论指导，并且常常与具体应用领域的经验有关。参数的选择算法有留一法、交叉验证法、试凑法、网格搜索法、梯度下降法和免疫算法等。留一法在理论上被证明是关于真实错误率的无偏估计，但计算量很大，在大样本中很难应用。梯度下降法要求核函数必须可导，且在搜索过程中容易陷入局部极小。免疫算法优化参数选择实现起来比较复杂。交叉验证法是留一法的推广，计算精度较高。网格搜索法同时搜索各个参数的值，最终获取的是使模型精度达到最优的参数组合。同时，计算过程中各组参数互不影响，如果有条件可以并行计算，提高运行效率。

(1) 标准支持向量机参数的影响与选择

核函数的参数反映了训练数据的特性，对于系统的泛化能力影响较大。核函数参数的选择目标是使训练得到的 SVM 能够精确预测未知数据，即它更关注模型的泛化能力。

在标准 SVM 中，影响模型性能的参数有容许误差 ε、惩罚因子 C 和 RBF 核函数参数 σ。

参数 ε 表明了系统对估计函数在样本数据上误差的期望，使支持向量机的解具有稀疏性，增强泛化能力。当 ε 为零时，支持向量机的数目等于全部训练样本的数目；当参数 ε 不为零时，支持向量机的数目小于全部训练样本的数目。随着容许误差 ε 逐渐增大，支持向量机的数目随之减少，从而使支持向量机算法的计算复杂度减小，模型的训练误差也在不断增大，而泛化误差却并不是一直增大的。也就是说，容许误差越小并不意味着模型的预测性能越好。

惩罚因子 C 的作用是在确定的数据子空间中调节 SVM 的置信范围和经验风险的比例，使其推广性能达到最好。不同数据子空间中，最优的 C 不同。在确定的数据子空间中，C 的取值小表示对经验误差的惩罚小，SVM 的复杂度和经验风险值较大；反之亦然。前者称为“欠学习”现象，而后者称为“过学习”现象。

C 的取值可在 $[20,10^6]$ 内变化。当误差和核参数确定后，若 C 较小，则预测效果很差。随着 C 的增大，预测精度迅速提高，当 C 超过一定值时，精度不再变化，即在大的范围内，推广能力对 C 的变化不敏感。这说明，当 C 足够大时，SVM 的复杂度达到了数据子空间允许的最大值，推广性能几乎不再变化。

(2) 最小二乘支持向量机(LS-SVM)参数的选择

LS-SVM 采用径向基核函数，它的主要参数有两个：正则化参数 C 和核函数宽度 σ。这两个参数很大程度上决定了模型的学习和泛化能力。

核函数宽度 σ 直接影响模型的性能。若 σ 取值很小，那么 LS-SVM 的支持向量较多，对训练样本的拟合效果就很好，但是对新样本的泛化能力较差，此时会发生严重的“过学习”现象；若 σ 取值很大，那么模型只能得到一个接近于常数的判决函数，就会发生严重的“欠学习”现象，这样一来对样本的拟合和预测精度都不高。

为了使模型有更好的性能，一般需要通过适当的优化方法寻找当 LS-SVM 有最好的预测性能时 C 和 σ 的组合值。

4. 模型评价方法

评价模型预测误差的方法和指标有很多种，最常用的有绝对误差、相对误差、均方误差和平均相对误差等。

为了提高模型的泛化能力，一般采用 k 折交叉验证（k-fold Cross Validation）方法来训练模型。交叉验证方法是采用相互交叉预测取平均值的方法，用对测试集的预测精度来体现模型的预测精度，能够防止过拟合问题的发生，有利于提高模型的泛化能力。

k 折交叉验证法的基本思想是：将全部样本数据分成 k 个大小相等的子集，分别用其中 $k-1$ 个子集作为训练样本，剩下的一个子集作为测试样本，这样得到 k 个训练样本集，k 个对应的测试样本。训练样本用来训练模型，测试样本用来测试训练好的模型的性能。第一次用第一个训练样本训练模型，再用对应的测试样本测试模型的预测效果，得到预测误差。第二次用第二个训练样本训练模型，对应的测试样本测试模型的效果，重复第一次训练过程。这样的循环进行 n 次，直到所有的子集都作为测试样本被预测一次。最后取 k 次测试所得误差的平均值作为最终的预测误差。根据测试的结果来评估模型的性能，并调整模型的相关参数，之后再进行同上的训练与调整过程。当预测误差达到理想值时，得到的模型为目标模型。

10.5　支持向量机预测法的 MATLAB 实战

例 10.1　试用支持向量机对春运客流量进行预测。下列为某市火车站 2003 年春节前后 20 天的旅客数据。

x=[5.342 5　10.567 9　14.675 3　15.328 9　14.287　13.654 1　12.231 3　9.653　11.234 5　9.357 8　8.345 6　7.856 3　6.968 2　6.342 1　5.843 2　6.543 7　9.768 5　14.325 6　15.864 5　14.897 6]

解：MATLAB 自带的支持向量机只能用于分类而不能用于回归预测。中国台湾大学林知仁教授等开发设计的 SVM 模式识别与回归的软件包 libsvm 可以进行预测分析，读者可以自行从相关的网站下载，并按其说明进行安装和使用。

本例为了更好地让读者掌握 SVM 的回归分析方法，自编了 mysvmRegression、mysvmSim 两个函数进行 SVM 的回归分析。

选用前 18 个数据作为训练值，后 2 个数据作为检验。对于时间序列的预测，一般首先要确定时间窗口 m 的值，即利用前 m 个序列值来预测后面的序列值。可以采用求自相关系数来确定 m。在此例中选择 $m=4$。这样就可以确定输入数据矩阵，然后就可以用下列支持向量机回归函数 mysvmRegression 进行预测。

因为支持向量机的参数直接影响计算结果，所以一般要对这些参数进行优化。本例中为了更好地得到预测结果，首先用遗传算法对支持向量机中的相关参数进行优化。编写适应度函数 mypre_f13，利用遗传算法可以得到如下结果：

$$\text{核参数 } \sigma=10.876\,9,\quad \text{惩罚因子 } C=37.864\,6,\quad \varepsilon=1.820\,3$$

利用上述参数进行预测，结果如下：

```
>> x = [10.8769   37.8646   1.8203];ker = struct('type','gauss','width',x(1));C = x(2);nu = x(3);
>> svm = mysvmRegression('svr_nu',x1,y,ker,C,nu);
>> y1 = mysvmSim(svm,[5.8432   6.5437   9.7685   14.3256;6.5437   9.7685   14.3256   16.8645]')
y1  = 15.8633    14.8931
```

预测精度令人满意。

例 10.2　我国煤矿依据瓦斯涌出量分类来统计数据，高瓦斯矿井占 35%，而高瓦斯矿严重威胁着采煤工作面的安全。瓦斯涌出量准确预测对于通风系统的设计、瓦斯防治、安全管理有着重要意义。表 10.1 是某煤矿回采工作面瓦斯涌出量与影响因素统计表，其中煤层深度、煤层厚度、煤层瓦斯含量、煤层间距、日进度、日产量分别用 $x_1 \sim x_6$ 表示，x_0 表示瓦斯涌出量。试利用支持向量机对其进行预测。

表 10.1 煤矿回采工作面瓦斯涌出量与影响因素统计表

序　号	x_1/m	x_2/m	x_3/($m^3 \cdot t^{-1}$)	x_4/m	x_5/($m \cdot d^{-1}$)	x_6/($t \cdot d^{-1}$)	x_0/($m^3 \cdot min^{-1}$)
1	408	2.0	1.92	20	4.42	1 825	3.34
2	411	2.0	2.15	22	4.16	1 527	2.97
3	420	1.8	2.14	19	4.13	1 751	3.56
4	432	2.3	2.58	17	4.67	2 078	3.62
5	456	2.2	2.40	20	4.51	2 104	4.17
6	516	2.8	3.22	12	3.45	2 242	4.60
7	527	2.5	2.80	11	3.28	1 979	4.92
8	531	2.9	3.35	13	3.68	2 288	4.78
9	550	2.9	3.61	14	4.02	2 352	5.23
10	563	3.0	3.68	12	3.53	2 410	5.56
11	590	5.9	4.21	18	2.85	3 139	7.24
12	604	6.2	4.03	16	2.64	3 354	7.80
13	607	6.1	4.34	17	2.77	3 087	7.68
14	634	6.5	4.80	15	2.92	3 620	8.51
15	640	6.3	4.67	15	2.75	3 412	7.95
16	450	2.2	2.43	16	4.32	1 996	4.06
17	544	2.7	3.16	13	3.81	2 207	4.92
18	629	6.4	4.62	19	2.80	3 456	8.040

解：本例利用最小二乘支持向量机 LS－SVM 进行计算。

LS－SVM 是标准 SVM 的一种新扩展，优化指标采用平方项，并用等式约束代替标准支持向量机的不等式约束，即将二次规划问题转化为线性方程组求解，降低了计算复杂度，提高了求解速度和抗干扰能力。

LS－SVM 的求解线性方程组为

$$\begin{bmatrix} 0 & \boldsymbol{\Theta}^{\mathrm{T}} \\ \boldsymbol{\Theta} & \boldsymbol{\Omega} + \gamma^{-1}\boldsymbol{I} \end{bmatrix} \begin{bmatrix} b \\ \boldsymbol{a} \end{bmatrix} = \begin{bmatrix} 0 \\ \boldsymbol{y} \end{bmatrix}$$

式中：

$$\boldsymbol{y} = [y_1, y_2, \cdots, y_n]^{\mathrm{T}}, \quad \boldsymbol{\Theta} = [1, 1, \cdots, 1]^{\mathrm{T}}, \quad \boldsymbol{a} = [a_1, a_2, \cdots, a_n]^{\mathrm{T}}$$

$\boldsymbol{\Omega}$ 为一方阵，其中 $\boldsymbol{\Omega}_{ij} = \varphi(\boldsymbol{x}_i \cdot \boldsymbol{x}_j)$ 为核函数。

利用下载的 LSSVMlab 1.8 进行计算，得到如图 10.5 所示的结果，精度可以满足要求。

```
>>load xx;
>> yp = lssvm(xx(:,1:end-1),xx(:,end),'f');
```

```
>> yp = 3.4383   3.1463   3.3786   3.6618   3.9569   4.7329   4.8457   4.9730   5.2273
        5.4287   7.2855   7.7463   7.4473   8.3683   8.1399   4.0483   4.9536   8.1712
```

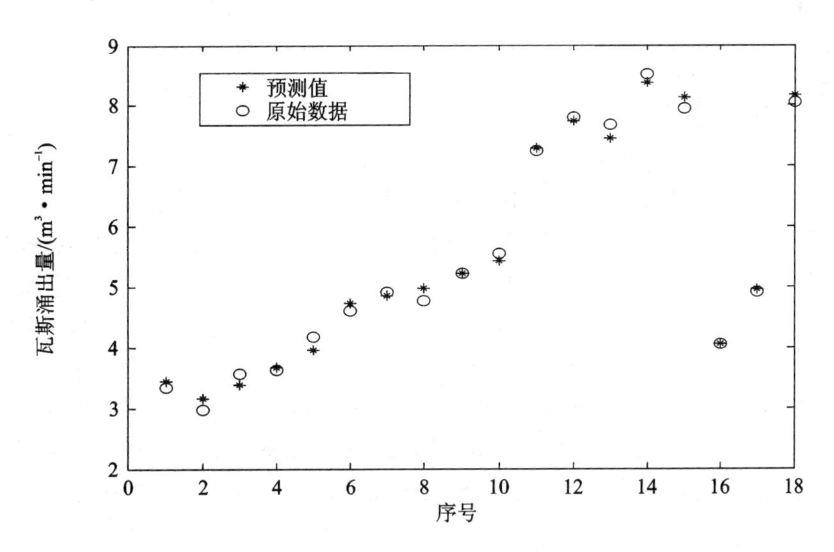

图 10.5　原始数据与预测结果

例 10.3　对下列序列进行支持向量机非线性回归分析：

X=[1.00　3.00　4.00　5.60　7.80　10.20　11.00　11.50　12.00]

Y=[−1.60　−1.80　−1.00　1.20　2.20　6.80　10.00　10.00　10.00]

解：根据支持向量机非线性回归原理，编写函数 svmnr 进行计算。同例 10.1，首先通过优化算法得到优化的支持向量机参数，然后再进行计算。本例中利用遗传算法得到优化参数：$\varepsilon=0.0234$，$C=63.7902$，$\sigma=0.1344$。

利用这三个优化的参数进行预测计算，可得到图 10.6 的结果。

```
y2 = svmnr(X,Y,0.0234,63.7902,3,0.1344,[],X);          % 对所有的原始数据进行预测
>> y2 = -1.4913   -1.6913   -0.8913   1.3087   2.3087   6.7501   9.8325   10.1087   9.8325
```

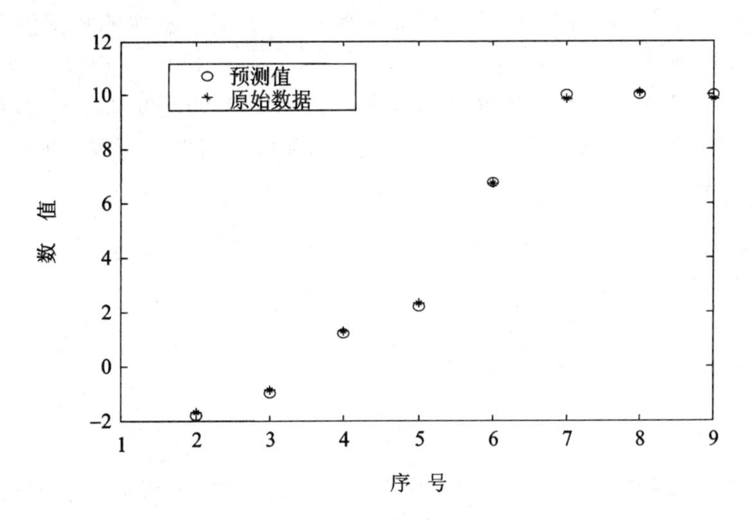

图 10.6　原始数据和预测结果

第 11 章 模糊预测法

在现实世界中存在许多模糊事物和概念，如人的年龄，没有一个明确的年龄界限能划分青年、中年、老年三个阶段。类似这些模糊事物虽然在微小的量变之中已经蕴含着质的差别，然而这种差别绝对不能仅用“是”与“非”等确定的词语来刻画。1965 年，美国控制论专家 L. A. Zadeh 把模糊性和数学统一起来，提出了模糊集合理论与模糊逻辑，它采用精确的方法、公式和模型来度量和处理模糊、信息不完整或不太正确的现象与规律。随着数学界和工程界广泛和深入的研究，模糊集合的理论和应用成果不断出现，由此开创了一门新学科——模糊数学。模糊理论是对一类客观事物和性质更合理和抽象的描述，是传统集合理论的必然推广。经过 40 多年的快速发展，模糊理论在诸多学科与工程技术领域得到了很好的应用。

11.1 模糊系统理论基础

模糊系统是建立在自然语言基础上的。在自然语言中常采用一些模糊概念如“大约”“左右”“温度偏高”等来表示一些量化指标，如何对这些模糊概念进行分析、推理，是模糊集合与模糊逻辑所要解决的问题。

11.1.1 模糊集合

模糊集是一种边界不分明的集合。对于模糊集合，一个元素可以既属于该集合又不属于该集合，亦此亦彼，边界不分明。建立在模糊集基础上的模糊逻辑，任何陈述或命题的真实性只是一定程度的真实性。

如果集合 X 包含了所有的事件 x，A 是其中的一个子集，那么元素 x 与集合 X 的关系可用一个特征函数来描述，这个函数称为隶属度函数 $\mu(x)$。对于经典的数据集合理论，若 x 包含于 A 中，则 $\mu(x)$ 取值 1；若 x 不是 A 的元素，则 $\mu(x)$ 值为 0。对于模糊集合而言，则允许隶属度函数可取[0,1]上的任何值。隶属度越大表示 x 隶属 A 的程度越高。模糊集常被归一化到区间[0,1]上，模糊集的隶属度函数既可离散表示，又可以借助于函数式来表示。

1. 隶属度函数

隶属度函数的表示方法大致有三种：

如果 $\underset{\sim}{A}$ 为模糊集，一般情况下可表示为

$$\underset{\sim}{A}=\{(u,\mu_{\underset{\sim}{A}}(u))\mid u\in U\}$$

如果 U 是有限集或可数集，则 $\underset{\sim}{A}$ 可以表示为

$$\underset{\sim}{A}=\sum_{i}\frac{\mu_{\underset{\sim}{A}}(u_i)}{u_i}$$

此时式子的右端并非代表分式求和，它仅仅是一种符号，分母的位置放的是论域中的元素，分子位置放的是相应元素的隶属度。当某一元素的隶属度为 0 时，那一项可以省略。

另外，还可以表示为向量形式：

$$\underset{\sim}{\mathbf{A}}=[\mu_{\underset{\sim}{A}}(u_1)\quad \mu_{\underset{\sim}{A}}(u_2)\quad \cdots\quad \mu_{\underset{\sim}{A}}(u_n)]$$

但要注意，在此形式中，要求集合中各元素的顺序已确定。

如果 $\boldsymbol{U}$ 是无限集，则可以表示为

$$\underset{\sim}{A}=\int \frac{\mu_{\underset{\sim}{A}}(u)}{u}$$

隶属度函数可以是任意形状的曲线，取什么形状主要取决于使用是否方便、简单、快速和有效，唯一的约束条件是隶属度的值域为[0,1]。当 $\mu_{\underset{\sim}{A}}(u)$ 的值域为{0,1}时，$\mu_{\underset{\sim}{A}}(u)$ 就退化为一个普通子集的特征函数，$\underset{\sim}{A}$ 便退化成一个普通子集。因此普通子集是模糊子集的特殊形态。

模糊系统中常用的隶属度函数有 11 种，下面介绍常见的几种。

① 高斯型隶属度函数。该函数有 σ 和 c 两个特征参数，其函数形式为

$$\mu(x,\sigma,c)=\mathrm{e}^{-\frac{(x-c)^2}{2\sigma^2}}$$

两个高斯型隶属度函数的组合可以形成双侧高斯型隶属度函数。

② 钟形隶属度函数。该函数有 a、b 和 c 三个特征参数，其函数形式为

$$\mu(x,a,b,c)=\frac{1}{1+\left(\frac{x-c}{a}\right)^{2b}}$$

③ Sigmoid 函数型隶属度函数。该函数有 a 和 b 两个特征参数，其函数形式为

$$\mu(x,a,b)=\frac{1}{1+\mathrm{e}^{-a(x-b)}}$$

④ S 型隶属度函数。该函数有 a、b 两个特征参数，其函数形式与 Sigmoid 函数形式相同，只是参数 a 和 b 的取值不同。

⑤ 梯形隶属度函数。该函数有 a、b、c 和 d 四个特征参数，其函数形式为

$$\mu(x,a,b,c,d)=\begin{cases}0 & x\leqslant \mathrm{a}\\ \frac{x-a}{b-a} & a\leqslant x\leqslant b\\ 1 & b\leqslant x\leqslant c\\ \frac{d-x}{d-c} & c\leqslant x\leqslant d\\ 0 & x\geqslant d\end{cases}$$

隶属度函数是模糊集合赖以建立的基石，要确定恰当的隶属度函数并不容易，迄今仍无一个统一的标准。对实际问题建立一个隶属度函数需要充分了解描述的概念，并掌握一定的数学技巧。

在某种场合，隶属度可以模糊统计的方法来确定：

① 确定论域 $\boldsymbol{U}$，如年龄。

② 确定论域中的一个元素 U_0，如年龄为 35 岁的人。

③ 确定论域中边界可变的普通集合 A，如“年青人”，A 联系于一个模糊集及相应的模糊概念。

④ 判断条件，即对普通集合 A 判断的依据条件。它联系着按模糊概念所划分过程的全部主客观因素，它制约着边界的改变。例如，不同的实验者对“年龄为 35 岁的人”的理解，有的认为是年轻人，而有的人则认为不是年轻人。

⑤ 模糊统计实验。其基本要求是在每一次实验下，要对 U_0 是否属于 A 做出一个确切的

判断，做 N 次实验，就可以算出对的隶属频率：

$$隶属频率=\frac{“U_0 \in A”的次数}{N}$$

确定隶属度函数的其他方法还有二元对比排序法、推进法和专家评分法等。

2. 模糊集运算

与经典的集合理论一样，模糊集也可以通过一定的规则进行运算。实际上模糊集的运算源自于经典的集合理论。

(1) 交集(逻辑与)

两模糊集的交集 $\underset{\sim}{A}\cap\underset{\sim}{B}$，为两隶属度 $\mu_{\underset{\sim}{A}}(x)$ 和 $\mu_{\underset{\sim}{B}}(x)$ 的最小者：

$$f_{\underset{\sim}{A}\cap\underset{\sim}{B}}(x)=\mu_{\underset{\sim}{A}}(x)\wedge\mu_{\underset{\sim}{B}}(x)=\min\{\mu_{\underset{\sim}{A}}(x),\mu_{\underset{\sim}{B}}(x)\}$$

(2) 合集(逻辑或)

两模糊集的合集 $\underset{\sim}{A}\cup\underset{\sim}{B}$，为两隶属度 $\mu_{\underset{\sim}{A}}(x)$ 和 $\mu_{\underset{\sim}{B}}(x)$ 的最大者：

$$f_{\underset{\sim}{A}\cup\underset{\sim}{B}}(x)=\mu_{\underset{\sim}{A}}(x)\vee\mu_{\underset{\sim}{B}}(x)=\max\{\mu_{\underset{\sim}{A}}(x),\mu_{\underset{\sim}{B}}(x)\}$$

(3) 逻辑非(余)

$$\mu_{A^C}(x)=1-\mu_{\underset{\sim}{A}}(x)$$

(4) 模糊集的基

模糊集的基为隶属度函数的积分或求和：

$$\text{card } A=\sum_i\mu_{\underset{\sim}{A}}(x)$$

$$\text{card } A=\int_x\mu_{\underset{\sim}{A}}(x)\mathrm{d}x$$

3. λ 截集

截集的概念描述了模糊集合与普通集合之间的转换关系。

定义：设 $\underset{\sim}{A}\in F(\boldsymbol{U})$，对任意 $\lambda\in[0,1]$，集合

$$A_\lambda=\{u\mid u\in\boldsymbol{U},\mu_{\underset{\sim}{A}}(u)\geqslant\lambda\}$$

称为集合 $\underset{\sim}{A}$ 的 λ 截集，λ 称为阈值或置信水平。

由定义可知，$\underset{\sim}{A}$ 为模糊集，A_λ 为普通集，通过阈值实现了模糊集到普通集的转换。

例如，表 11.1 就表示了在不同阈值情况下，模糊集与截集的关系。

表 11.1 模糊集与截集的关系

编　号	年龄/岁	$\underset{\sim}{A}(u)$	$A_{0.6098}(u)$	$A_{0.22}(u)$
S_1	20	1	1	1
S_2	27	0.862 1	1	1
S_3	29	0.609 8	1	1
S_4	35	0.200 0	0	1
S_5	40	0.100 0	0	0

11.1.2 模糊关系

1. 模糊关系的定义和表示

定义：设 $\boldsymbol{X}$、$\boldsymbol{Y}$ 是两个论域，笛卡儿积 $\boldsymbol{X}\times\boldsymbol{Y}$ 上的一个模糊子集 $\underset{\sim}{R}$ 称为从 $\boldsymbol{X}$ 到 $\boldsymbol{Y}$ 的一个模

糊关系，记为 $\boldsymbol{X} \xrightarrow{\underline{R}} \boldsymbol{Y}$。$\underline{R}$ 的隶属关系表示了 $\boldsymbol{X}$ 中元素 x 与 $\boldsymbol{Y}$ 中元素 y 具有关系的程度。

$\boldsymbol{X} \times \boldsymbol{Y}$ 上的全体模糊关系记为 $F(\boldsymbol{X} \times \boldsymbol{Y})$。

当论域 $\boldsymbol{X}=\{x_1, x_2, \cdots, x_n\}$，$\boldsymbol{Y}=\{y_1, y_2, \cdots, y_n\}$ 都是有限离散论域时，模糊关系可用矩阵 $\boldsymbol{R}=(r_{ij})_{m \times n}$ 表示，其中 $r_{ij}=\mu_{\underline{R}}(x_i, x_j)$，$0 \leqslant r_{ij} \leqslant 1 (1 \leqslant i \leqslant m, 1 \leqslant j \leqslant n)$，矩阵 $\boldsymbol{R}$ 称为模糊矩阵。

特别地，当 $r_{ij} \in \{0,1\} (1 \leqslant i, j \leqslant n)$ 时，模糊矩阵转化为布尔矩阵。

2. 模糊关系的合成

若已知 $\boldsymbol{X}$ 到 $\boldsymbol{Y}$ 的模糊关系 $\underline{R}$，$\boldsymbol{Y}$ 到 $\boldsymbol{Z}$ 的模糊关系 $\underline{S}$，欲通过求 $\boldsymbol{X}$ 到 $\boldsymbol{Z}$ 的模糊关系，可以运用关系合成来解决。

设 $\boldsymbol{X}$、$\boldsymbol{Y}$、$\boldsymbol{Z}$ 是三个论域，模糊关系 $\underline{R} \in F(\boldsymbol{X} \times \boldsymbol{Y})$，$\underline{S} \in F(\boldsymbol{Y} \times \boldsymbol{Z})$，则 $\boldsymbol{X}$ 与 $\boldsymbol{Z}$ 形成新的模糊关系 $\underline{R} \circ \underline{S} \in F(\boldsymbol{X} \times \boldsymbol{Z})$，它的隶属度函数为

$$\mu_{\underline{R} \circ \underline{S}}(x, z)=\bigvee_{y \in \boldsymbol{Y}}(\mu_{\underline{R}}(x, y) \wedge \mu_{\underline{S}}(y, z))$$

模糊关系与自身的运算又称为幂运算，即

$$\underline{R}^2=\underline{R} \circ \underline{R}$$

$$\underline{R}^n=\underline{R}^{n-1} \circ \underline{R}$$

如果 $\boldsymbol{X}$、$\boldsymbol{Y}$、$\boldsymbol{Z}$ 均为有限论域时，$\underline{R}$ 和 $\underline{S}$ 对应的模糊矩阵分别为 $\boldsymbol{R}=(r_{ij})_{m \times n}$ 和 $\boldsymbol{S}=(s_{ij})_{n \times l}$，则 $\underline{R}$ 对 $\underline{S}$ 的模糊关系的合成 $\underline{\boldsymbol{Q}}=\underline{R} \circ \underline{S}$，其模糊矩阵 $\boldsymbol{Q}=(q_{ij})_{m \times l}$，其中 $q_{ij}=\bigvee_{k=1}^{n}(r_{ik} \wedge s_{kj})$，即模糊关系的合成对应模糊矩阵的乘积。

模糊矩阵的合成运算不满足交换律，即 $\boldsymbol{R} \circ \boldsymbol{S} \neq \boldsymbol{S} \circ \boldsymbol{R}$。

3. 模糊等价关系和模糊相似关系

如果 $\underline{R}$ 满足以下条件，则称 $\underline{R}$ 为论域 $\boldsymbol{U}$ 上的一个模糊等价关系。

① 自反性，即 $\boldsymbol{R} \subset I$。

② 对称性，即 $\boldsymbol{R}^{\mathrm{T}}=\boldsymbol{R}$。

③ 传递性，即 $\boldsymbol{R} \circ \boldsymbol{R} \subseteq \boldsymbol{R}$。

如果 $\underline{R}$ 满足以下条件，则称 $\underline{R}$ 为论域 $\boldsymbol{U}$ 上的模糊相似关系。

① 自反性，即 $\boldsymbol{R} \subset I$。

② 对称性，即 $\boldsymbol{R}^{\mathrm{T}}=\boldsymbol{R}$。

从以上的定义可以看出，为了从模糊相似关系得到模糊等价关系，可将模糊相似矩阵自乘，即 $\boldsymbol{R} \circ \boldsymbol{R} \underline{\underline{\mathrm{def}}} \boldsymbol{R}^2$，$\boldsymbol{R}^2 \circ \boldsymbol{R}^2 \underline{\underline{\mathrm{def}}} \boldsymbol{R}^4$，直到 $\boldsymbol{R}^{2k}=\boldsymbol{R}^k$。至此，$\boldsymbol{R}^k$ 便是模糊等价矩阵，它所对应的模糊关系便为模糊等价关系。

模糊等价关系的目的是为了将集合划分为若干等价类。

设 R 是论域 $\boldsymbol{U}$ 上的等价关系，λ 从 1 下降到 0，依次截得等价关系 R_λ，它们都将 $\boldsymbol{U}$ 作了分类。由于满足条件

$$\lambda_2 \leqslant \lambda_1 \Rightarrow R_{\lambda_2} \supset R_{\lambda_1}$$

因此，$\forall u, v \in \boldsymbol{U}$，若 u 与 v 相对于 R_{λ_1} 来说是属于同一类，$(u, v) \in R_{\lambda_1}$，则 $(u, v) \in R_{\lambda_2}$，即 u 与 v 相对于 R_{λ_2} 来说也属于同一类。这意味着，由 R_{λ_2} 所得到的分类是由 R_{λ_1} 所得到的分类的加粗。当 λ 从 1 下降到 0 时，分类由细变粗，逐渐归并，形成一个分级聚类树。

11.1.3 模糊集合的度量

1. 模糊度定义

设论域 $\boldsymbol{U}$ 上任一个模糊子集 $\underset{\sim}{A}$,为度量其模糊性大小,定义

$$D:\underset{\sim}{A} \to [0,1]$$

为 $\underset{\sim}{A}$ 的模糊度 $D(\underset{\sim}{A})$。它应满足:

① 当且仅当 $\mu_{\underset{\sim}{A}}(x_i)$ 只取 0 或 1 时,$D(\underset{\sim}{A})=0$。也就是说,当 $\mu_{\underset{\sim}{A}}(x_i)$ 等于 1 或 0 时,模糊子集为普通子集,此时模糊度为 0,没有模糊性。

② 当 $\mu_{\underset{\sim}{A}}(x_i)=0.5$ 时,$D(\underset{\sim}{A})$ 应取最大值,即 $D(\underset{\sim}{A})=1$。也就是说,$\mu_{\underset{\sim}{A}}(x_i)$ 越靠近 1 或 0,模糊性就越小;$\mu_{\underset{\sim}{A}}(x_i)$ 越远离 1 或 0,模糊性就越大,最大模糊性发生在 $\mu_{\underset{\sim}{A}}(x_i)=0.5$ 处。

③ 对任意 $x_i \in \boldsymbol{U}$,设 $\boldsymbol{U}$ 上有两个模糊子集 $\underset{\sim}{A}$ 和 $\underset{\sim}{B}$,若 $\mu_{\underset{\sim}{A}}(x_i) \geqslant \mu_{\underset{\sim}{B}}(x_i) \geqslant 0.5$ 或 $\mu_{\underset{\sim}{A}}(x_i) \leqslant \mu_{\underset{\sim}{B}}(x_i) \leqslant 0.5$,则 $D(\underset{\sim}{B}) \geqslant D(\underset{\sim}{A})$,即越靠近 0.5 就越模糊。

④ $D(\underset{\sim}{A})=D(\underset{\sim}{A}^C)$,其中 $\underset{\sim}{A}^C$ 是 $\underset{\sim}{A}$ 的补集,说明 $\underset{\sim}{A}$ 和它的补集具有同等的模糊性。

2. 模糊度计算

设 $\boldsymbol{U}=\{x_1,x_2,\cdots,x_n\}$,下面为几个模糊度的计算公式。

(1) 距离模糊度

设 $A_{0.5}$ 是 $\underset{\sim}{A}$ 的 $\lambda=0.5$ 截集,有

$$d_p(\underset{\sim}{A})=\frac{2}{n^{1/p}}\left[\sum_{i=1}^{n} \left| \mu_{\underset{\sim}{A}}(x_i)-\mu_{A\,0.5}(x_i) \right|^{1/p}\right]^{1/p}$$

则 $d_p(\underset{\sim}{A})$ 是 $\underset{\sim}{A}$ 的模糊度,又称为明可夫斯基(Minkowski)模糊度。

当 $p=1$ 时,d_1 称为海明(Hamming)模糊度;当 $p=2$ 时,d_2 称欧几里德(Euclidean)模糊度。

(2) 熵模糊度

如果令 $H(\underset{\sim}{A})=-\sum\limits_{i=1}^{n}\mu_{\underset{\sim}{A}}(x_i)\ln \mu_{\underset{\sim}{A}}(x_i)$,则熵模糊度的定义为

$$\begin{aligned} d_E(\underset{\sim}{A}) &= \frac{1}{n\ln 2}[H(\underset{\sim}{A})+H(\underset{\sim}{A}^C)] \\ &= \frac{1}{n\ln 2}\sum_{i=1}^{n}\{-\mu_{\underset{\sim}{A}}(x_i)\ln \mu_{\underset{\sim}{A}}(x_i)-[1-\mu_{\underset{\sim}{A}}(x_i)]\ln[1-\mu_{\underset{\sim}{A}}(x_i)]\} \end{aligned}$$

显然,各元素的隶属度越接近 0.5,则 $d_E(\underset{\sim}{A})$ 越大;如果每个 x_i 的隶属度均为 0.5,则 $d_E(\underset{\sim}{A})$ 为最大值 1。

(3) 贴近度

用距离刻画模糊集的模糊度效果不是很理想,可以用贴近度来衡量两个模糊集之间的相近程度:贴近度越大,表明这两者越接近。

设 $\underset{\sim}{A}$、$\underset{\sim}{B}$、$\underset{\sim}{C}$ 为论域 $\boldsymbol{U}$ 中的模糊集合,若映射

$$N:\boldsymbol{U}\times\boldsymbol{U} \to [0,1]$$

满足条件:

① $N(\underset{\sim}{A},\underset{\sim}{B})=N(\underset{\sim}{B},\underset{\sim}{A})$;

② $N(\underset{\sim}{A},\underset{\sim}{A})=1, N(\boldsymbol{U},\varnothing)=0$;

③ 若 $\underline{A}\subseteq\underline{B}\subseteq\underline{C}$，则 $N(\underline{A},\underline{C})\leqslant N(\underline{A},\underline{B})\wedge N(\underline{B},\underline{C})$；
则称 $N(\underline{A},\underline{B})$为在 $\boldsymbol{U}$ 上的 $\underline{A}$ 与 $\underline{B}$ 的贴近度，N 称为在 $\boldsymbol{U}$ 上的贴近函数。

以上的贴近度定义是个原则性的概念，其具体规则视实际需要而定。下面是几种常见的贴近度计算方法。

若论域 $\boldsymbol{U}$ 为有限集，即 $\boldsymbol{U}=\{u_1,u_2,\cdots,u_n\}$。

① 格贴近度

$$N(\underline{A},\underline{B})=(\underline{A}\cdot\underline{B})\wedge(1-\underline{A}\Theta\underline{B})$$

其中 $\underline{A}\cdot\underline{B}=\bigvee_{i=1}^{n}(\underline{A}(u_i)\wedge\underline{B}(u_i))$为内积，$\underline{A}\Theta\underline{B}=\bigwedge_{i=1}^{n}(\underline{A}(u_i)\vee\underline{B}(u_i))$为外积。

② 海明贴近度

$$N(\underline{A},\underline{B})=1-\frac{1}{n}\sum_{i=1}^{n}|\underline{A}(u_i)-\underline{B}(u_i)|$$

当 $\boldsymbol{U}=[a,b]$时，有

$$N(\underline{A},\underline{B})=1-\frac{1}{b-a}\int_a^b|\underline{A}(u)-\underline{B}(u)|\,\mathrm{d}u$$

③ 欧几里德贴近度

$$N(\underline{A},\underline{B})=1-\frac{1}{\sqrt{n}}\left\{\sum_{i=1}^{n}[\underline{A}(u_i)-\underline{B}(u_i)]^2\right\}^{\frac{1}{2}}$$

当 $\boldsymbol{U}=[a,b]$时，有

$$N(\underline{A},\underline{B})=1-\frac{1}{\sqrt{b-a}}\sqrt{\int_a^b[\underline{A}(u)-\underline{B}(u)]^2\mathrm{d}u}$$

11.1.4　模糊规则和推理

在模糊逻辑中，模糊规则实质上指的是模糊蕴含关系，即在“若 x 是A，则 y 是 B，若 x 是 A'，则 y 是 B'”条件下。其中 A、A'、B、B'均代表模糊语言，并用 $A\rightarrow B$ 表示该提出条件，即 A 与 B 之间的模糊关系。

模糊推理是采用模糊逻辑由给定的输入到输出的映射过程。模糊推理包括五个方面：

(1) 输入变量模糊化

输入变量是输入变量论域内的某一个确定的数，输入变量模糊化后，变换为由隶属度表示的 0 和 1 之间的某个数。此过程可由隶属度函数或查表求得。

(2) 应用模糊算子

输入变量模糊化后，就可以知道每个规则前提中的每个命题被满足的程度。如果前件不是一个，则需用模糊算子获得该规则前提被满足的程度。

(3) 模糊蕴含

模糊蕴含可以看作一种模糊算子，其输入是规则前件满足的程度，输出是一个模糊集。

(4) 模糊合成

模糊合成也是一种模糊算子。该算子的输入是每一个规则输出的模糊集，输出是这些模糊集经合成后得到的一个综合输出模糊集。

(5) 反模糊化

反模糊化把输出的模糊集化为确定数值的输出，常用的反模糊化方法有：

① 中心法　取输出模糊集的隶属度函数曲线与横坐标轴围成区域的中心或对应的论域

元素值为输出值。

② 二分法　取输出模糊集的隶属度函数曲线与横坐标轴围成区域的面积均分点对应的元素值为输出值。

③ 输出模糊集极大值的平均值。

④ 输出模糊集极大值的最大值。

⑤ 输出模糊集极大值的最小值。

11.2　模糊预测模型

模糊预测模型最基本的有以下三种类型：

① 对样本的分类或相似程度作模糊化的预测模型，如模糊聚类预测模型。

② 直接处理数据模糊性的预测模型。这类模型多是将一些传统的数据预测模型结合模糊数学理论进行的改进，如模糊时间序列预测模型、模糊线性回归预测模型、模糊指数平滑预测模型等。

③ 通过建立模糊推理规则进行预测的模型，即模型推理预测模型。

11.2.1　模糊聚类预测模型

模糊聚类预测模型就是用模糊数学的方法对样本进行分类，用聚类分析来实现预测。其基本思想是：把由待预测量和影响待预测量的环境因素的历史值所构成的样本按一定的方法进行分类，形成各类的环境因素特征和待预测量变化模式；这样在待预测时段的环境状态为已知点时，通过该环境与各历史环境特征的比较，判断出待预测量的环境与哪个历史类最为接近，进而找出受环境影响的待预测量也与该历史类所对应的预测变量同变化模式，以达到预测的目的。

1. 基于模糊等价矩阵的聚类分析

基于模糊等价矩阵的聚类分析一般要经过如下步骤：

(1) 数据标准化

在实际应用中，由于所获得的分类对象的数据比较复杂，往往不是[0,1]区间的数，所以需要进行标准化和归一化。

(2) 建立模糊相似关系

为了建立分类对象的模糊等价关系，需要计算各个分类对象之间的相似统计量，建立分类对象集合 X 上的模糊等价关系 $\underset{\sim}{R}_s=[r_{ij}]_{n\times n}$，$0\leqslant r_{ij}\leqslant 1(i,j=1,2,3,\cdots,n)$，$r_{ij}$ 表示分类对象 x_i 与 x_j 的相似程度。计算 r_{ij} 的常用方法有以下几种。

① 数量积法

$$r_{ij}=\begin{cases}1 & i=j\\ \dfrac{1}{M}\sum_{k=1}^{n}x_{ik}x_{jk} & i\neq j\end{cases}$$

式中：M 为一适当的正数，满足

$$M\geqslant\max_{i,j}\left(\sum_{i=1}^{n}x_{ik}x_{jk}\right)$$

② 相关系数法

$$r_{ij}=\frac{\sum_{k=1}^{n}(x_{ik}-\bar{x}_k)\cdot(x_{jk}-\bar{x}_k)}{\sqrt{\sum_{k=1}^{n}(x_{ik}-\bar{x}_i)^2}\cdot\sqrt{\sum_{k=1}^{n}(x_{jk}-\bar{x}_j)^2}}$$

式中

$$\bar{x}_k=\frac{1}{n}\sum_{p=1}^{n}x_{pk}$$

③ 绝对值减数法

$$r_{jk}=1-\alpha\sum_{k=1}^{n}|x_{ik}-x_{jk}|$$

式中：α 为适当选取的常数，使 r_{jk} 在[0,1]中且分散。

④ 夹角余弦法

$$r_{ij}=\frac{\sum_{k=1}^{m}x_{ik}x_{jk}}{\sqrt{\sum_{k=1}^{m}x_{ik}^2\sum_{k=1}^{m}x_{jk}^2}}$$

式中：x_{ik}、x_{jk} 分别表示 x_i、x_j 第 k 维特征，$k=1,2,3,\cdots,m$。

如果 r_{ij} 出现负值，则需要用下式进行调整：

$$r'_{ij}=\frac{r_{ij}+1}{2}$$

⑤ 最大最小法

$$r_{ij}=\frac{\sum_{k=1}^{n}\min(x_{ik},x_{jk})}{\sum_{k=1}^{n}\max(x_{ik},x_{jk})}$$

⑥ 算术平均法

$$r_{ij}=\frac{\sum_{k=1}^{n}\min(x_{ik},x_{jk})}{\frac{1}{2}\sum_{k=1}^{n}(x_{ik}+x_{jk})}$$

如果模糊矩阵 $\boldsymbol{R}$ 只是一个模糊相似矩阵，那么它不一定具有传递性，即 $\boldsymbol{R}$ 不一定是模型等价关系，还需要将其改造成模糊等价矩阵。具体方法是从模糊相似矩阵出发，依次求平方：

$$\boldsymbol{R}\rightarrow\boldsymbol{R}^2\rightarrow\boldsymbol{R}^4\rightarrow\cdots\rightarrow\boldsymbol{R}^{2^i}\rightarrow\cdots$$

当第一次出现 $\boldsymbol{R}^k\circ\boldsymbol{R}^k=\boldsymbol{R}^k$ 时，表明 $\boldsymbol{R}^k$ 具有传递性，即为模糊等价矩阵。

(3) 聚　类

对求得的模糊等价矩阵求 λ－截集，便可以求得一定条件下研究对象的分类情况。

2. 模糊 C 均值聚类算法

模糊 C 均值(Fuzzy C-Means，FCM)聚类算法是由 K 均值聚类算法派生而来的，其算法步骤如下：

1) 已知样本集 $X=\{x_1,x_2,\cdots,x_n\}$，确定类别数 $C(2\leqslant C\leqslant N)$、模糊性加权指数 m(用来

控制聚类结果模糊程度的常数,通常 $0<m\leqslant5$)、矩阵 $\boldsymbol{A}$(对称正定矩阵,可以取单位矩阵)和一个适当小的迭代停止阈值 ε。

2) 设置初始模糊分类矩阵 $\boldsymbol{U}^{(s)}=(\mu_{ij})_{C\times N}$,令迭代次数 $s=0$;其中 μ_{ij} 表示 x_j 属于 ω_i $(i=1,2,3,\cdots,C)$类的程度。

3) 计算 $\boldsymbol{U}^{(s)}$ 时的聚类中心 $v_i^{(s)}$。表达式如下:

$$v_i^{(s)}=\frac{\sum_{j=1}^{N}\mu_{ij}^m x_j}{\sum_{j=1}^{N}\mu_{ij}^m}\quad(i=1,2,3,\cdots,C)$$

4) 按下面方法更新 $\boldsymbol{U}^{(s)}$:

① 计算 I_j 和 $I_j'(j=1,2,3,\cdots,N)$:

$$I_j=\{i\mid 1\leqslant i\leqslant C,d_{ij}=0\}$$

$$I_j'=\{1,2,3,\cdots,C\}-I_j$$

式中:$d_{ij}^2=(x_j-v_i)^{\mathrm{T}}\boldsymbol{A}(x_j-v_i)$,当 $\boldsymbol{A}$ 为单位矩阵时,d_{ij} 即为欧氏距离。

② 计算 x_j 的新隶属度。如果 $I_j=\varnothing$,则

$$\mu_{ij}=\frac{1}{\sum_{k=1}^{C}\left(\frac{d_{ij}}{d_{kj}}\right)^{\frac{2}{m-1}}}$$

否则,若 $I_j\neq\varnothing$,令 $\mu_{ij}=0,\forall i\in I_j'$,并使 $\sum_{i\in I_j}\mu_{ij}=1$。

5) 以一个适当的矩阵范数比较 $\boldsymbol{U}^{(s)}$ 和 $\boldsymbol{U}^{(s+1)}$,如果 $\|\boldsymbol{U}^{(s)}-\boldsymbol{U}^{(s+1)}\|\leqslant\varepsilon$,则停止;否则,返回到第 3)步。

在上述 FCM 算法中,模式类用一点表示,点到模式类的距离采用加权欧氏距离。算法最终得到的最优分类矩阵 $\boldsymbol{U}$ 是模糊矩阵,对应的分类也是模糊分类。要得到样本集 $X=\{x_1,x_2,\cdots,x_N\}$的硬分类,可用如下方法:

① $x_j(j=1,2,3,\cdots,N\}$与哪一个聚类中心最接近,就将它归到哪一类;

② $x_j(j=1,2,3,\cdots,N\}$对哪一类的隶属度最大,就将它归到哪一类。

该算法也有另一种形式,即初始化聚类中心,计算模糊分类矩阵,然后更新聚类中心,直到满足停止准则为止。

11.2.2 模糊时序分析预测模型

在现实世界中,存在着亦此亦彼的不确定现象,其表现的数据是不精确的、含糊不清的。例如形容温度变化的“很冷”“比较冷”“热”“比较热”等,这些观察值由人们根据自己的观点和经验来描述天气情况,这些值即为语言变量或是有模糊含义的模糊序列。与传统的实数值时序相比,模糊时序的历史数据往往不清晰或不完整,而且有些影响因素不能用适当的理论和方法来描述,因此采用传统时序处理方法来预测分析模糊时序会引起较大的误差。

模糊时间序列分析指对包含模糊信息或不完整信息的模糊时序数据值,利用模糊数学等方法对序列中蕴含的发展趋势和特征进行研究。当无法得到较精确的样本数据时,预测模型的输入数据为模糊数据,输出得到的结果为一个区间,而不是一个精确值;但这样的输出结果,更能满足实际问题的需要。

模糊时间序列的应用一般包含两种情况:其一,历史数据是语言变量;其二,历史数据是数

值,但数据信息不精确或不完整,期望获得模糊结果。因此,对于第二种情况需要模糊化历史数据。

1. 模糊时间序列定义

定义 1:设 $\boldsymbol{X}(t)(t=0,1,2,\cdots,n)$是实数集 **R** 上的一个子集,$f_i(t)(i=1,2,3,\cdots,n)$为定义在给定论域 $\boldsymbol{X}(t)$上的模糊集合。如果 $F(t)$是由 $f_i(t)(i=1,2,3,\cdots,n)$组成的集合,则称 $F(t)$为定义在 $\boldsymbol{X}(t)$ $(t=0,1,2,\cdots,n)$上的模糊时间序列。

定义 2:如果存在一个模糊关系 $R(t-1,t)$,使得 $F(t)=F(t-1)\circ R(t-1,t)$,其中"∘"是一个运算符号。可以看到 $F(t)$与 $F(t-1)$关系可表示为 $F(t-1)\rightarrow F(t)$,则称 $F(t)$为一阶模型;同理可得 $F(t)$的 n 阶模型,即 $F(t)$与 $F(t-1),F(t-2),\cdots,F(t-n)$的关系可表示为

$$F(t-n),\cdots,F(t-2),F(t-1)\rightarrow F(t)$$

定义 3:假设 $F(t)$是模糊时间序列,令 $F(t-1)=A_i$,$F(t)=A_j$(A 为模糊集),根据模糊逻辑关系,两个邻近的预测数据 $F(t)$和 $F(t-1)$之间的关系可定义为 $A_i\rightarrow A_j$。在这个关系中,A_i 为模糊逻辑关系的左件,A_j 为模糊逻辑关系的右件。而且,如果有多个逻辑关系其左件相同,而右件不同,则这些逻辑关系可以合写成一个关系,即模糊逻辑关系组:

$$A_i\rightarrow A_{j1},A_{j2},\cdots$$

定义 4:设 $F(t)$是模糊时间序列,如果对于任意的时间 t,$F(t-1)=F(t)$,而且 $F(t)$仅有有限的元素,则 $F(t)$称为非时变模糊时间序列;否则称为时变模糊时间序列。

2. 模糊时间序列模型的建立

图 11.1 为建立模糊时间序列模型的流程图。

(1) *以历史数据为依据,确定论域,并划定模糊数据区间*

设 $\boldsymbol{X}=\{x_1,x_2,\cdots,x_n\}$为某一时间序列,$D_{\min}$、$D_{\max}$ 为数据中的最大值及最小值,则论域 $\boldsymbol{U}$ 为$[D_{\min}-D_1,D_{\max}+D_2]$,其中 D_1、D_2 是为了计算方便,自定义的两个数值。然后以等分论域作为划定区间的方法。第一步划定长度,即区间个数。区间长度无论过大过小,都会影响预测效果。如果过小,则预测结果不具备参考价值;如果过大,则会使得预测准确度降低。

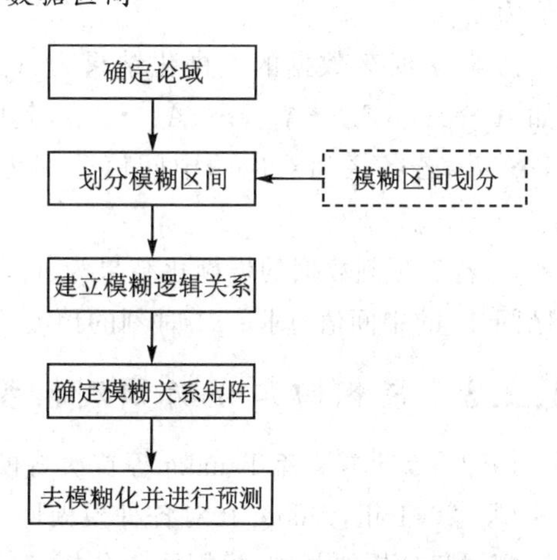

图 11.1　模糊时间序列模型构建流程图

(2) *通过模糊化数据对象,建立模糊逻辑关系*

将该论域等间隔划分成 n 个子论域 $u_1,u_2,u_3,\cdots,u_n$。为了给每个子区间定义适合的语言变量,需要将历史数据的具体情况和具体生活场景结合。例如,研究的事物如果是某商品的销量,则可以把子论域定义为"销量非常差""销量很差""销量差""销量达标""销量好""销量很好""销量非常好"等子论域,其他含义的时间序列也可以定义类似的子域,并将 $A_1,A_2,\cdots,A_7$ 定义为论域的 7 个模糊集(一般模糊集的个数即为论域划分的间隔数)。然后对时间序列数据进行模糊化。模糊集合的隶属函数一般使用三角函数,样本数据的模糊规则:如果 x 是样本数据的一个观察值,且 $x\in u_i$,而 u_i 属于模糊集 A_i 的隶属度最大,则将样本数据的一个观察值 x 模糊为 A_i。

三角形隶属度函数可以表示为

$$\begin{cases} A_1 = \dfrac{a_{11}}{u_1} + \dfrac{a_{12}}{u_2} + \cdots + \dfrac{a_{1n}}{u_n} \\ A_2 = \dfrac{a_{21}}{u_1} + \dfrac{a_{22}}{u_2} + \cdots + \dfrac{a_{2n}}{u_n} \\ \quad\vdots \\ A_k = \dfrac{a_{k1}}{u_1} + \dfrac{a_{k2}}{u_2} + \cdots + \dfrac{a_{kn}}{u_n} \end{cases}$$

式中：$a_{ij} \in [0,1]$，$1 \leqslant i \leqslant k$ 且 $1 \leqslant j \leqslant n$，$a_{ij}$ 为 u_j 在模糊集 A 上的隶属度值。

模糊逻辑关系的表示形式为 $A_j \rightarrow A_k$，表示如果 j 时刻商品销量为 A_j，则 $j+1$ 时刻的商品销量为 A_k。据此，就可以列出已经模糊化的各时间序列值的模糊逻辑关系，删除重复的模糊逻辑关系则可以得到模糊逻辑关系集合。

(3) 确定模糊关系矩阵

根据模糊逻辑关系集合便可以得到模糊关系矩阵 $\boldsymbol{R}$，$\boldsymbol{R}$ 的元素是通过判断模糊逻辑关系 $A_j \rightarrow A_k (j,k=1,2,3,\cdots,n)$ 是否存在得到的。如果存在，则 $R(j,k)=1$；否则 $R(j,k)=0$。

(4) 去模糊化并进行预测

根据所建立的模糊关系就可以进行预测。预测时需要对模糊关系去模糊化。常用去模糊化的方法有两种，一种是平均值法，另一种是加权平均值法。当采用平均值法时，可以根据以下三个原则去模糊化：

① 若 j 时刻数据的模糊化结果为 A_j，那么在模糊关系组中只存在一条对应的模糊规则。例如 $A_j \rightarrow A_k$，其中模糊集 A_k 对应的区间为 u_k，若 m_k 是区间 u_k 的中间值，则 $j+1$ 时刻的预测值为 m_k。

② 若 j 时刻数据的模糊化结果为 A_j，那么在模糊关系组中存在多条对应的模糊关系。例如 $A_j \rightarrow A_{k1}, A_j \rightarrow A_{k2}, \cdots, A_j \rightarrow A_{kp}$，其中模糊集 $A_{k1}, A_{k2}, \cdots, A_{kp}$ 对应的区间分别为 $u_1, u_2, \cdots, u_p$，若各区间对应的中间值分别为 $m_1, m_2, \cdots, m_p$，则 $j+1$ 时刻的预测值为 $(m_1 + m_2 + \cdots + m_p)/p$。

③ 若 j 时刻数据的模糊化结果为 A_j，但不存在任何的模糊关系，A_j 对应的区间为 u_j，m_j 为区间 u_j 的中间值，则 $j+1$ 时刻的预测值为 m_j。

11.2.3 模糊回归分析预测模型

1982 年，日本学者 Tanaka 等首次将模糊数据引入回归模型中，建立了第一个模糊回归分析模型。2001 年，Chang 在对各种模糊回归模型做了相关比较后指出，模糊集理论与概率论是模糊回归分析的基础；模糊回归分析与传统回归分析的主要区别是前者将误差视为模糊变量，而后者将误差视为随机变量。一般认为，在大样本数据情况下，传统回归分析模型的预测效果要优于模糊回归分析；但在小样本数据情况下，或者当变量间存在模糊关系时，模糊回归分析的效果比较好。

在模糊回归模型的研究中，关于模糊线性回归模型的研究是一个重要方向。对于模糊线性回归模型，大致可以分为以下三种情形。

1. 输入和输出均为模糊数，待估参数为实数

假定模糊线性回归模型有如下形式：

$$\underline{Y} = \beta_1 \underline{X}_1 + \beta_2 \underline{X}_2 + \cdots + \beta_p \underline{X}_p$$

式中：$\underline{X}_1,\underline{X}_2,\cdots,\underline{X}_p$ 为模糊解释变量；$\underline{Y}$ 为模糊响应变量；$\beta_1,\beta_2,\cdots,\beta_p$ 为待估实系数。

若$\{\underline{y}_i=(y_i,\theta_{y_i}),\underline{x}_{ij}=(x_{ij},\theta_{x_{ij}}),i=1,2,3,\cdots,n;j=1,2,3,\cdots,p\}$为给定的观察值，这里假设 $\underline{y}_i,\underline{x}_{ij}(i=1,2,3,\cdots,n;j=1,2,3,\cdots,p)$均为高斯模糊数，则线性回归模型有如下形式：

$$\underline{y}_i=\beta_1\underline{x}_{i1}+\beta_2\underline{x}_{i2}+\cdots+\beta_p\underline{x}_{ip}\quad(i=1,2,3,\cdots,p)$$

要确定回归系数，使得一给定的模糊距离下响应变量观测值与响应变量估计值之间的误差最小，即

$$\min\psi(\beta_1,\beta_2,\cdots,\beta_p)=\sum_{i=1}^{n}\left(y_i-\sum_{j=1}^{p}\beta_j x_{ij}\right)^2+\frac{1}{2}\sum_{i=1}^{n}\left(\theta_{y_i}-\sum_{j=1}^{p}\beta_j\theta_{x_{ij}}\right)^2$$

令

$$\boldsymbol{M}_X=(x_{ij})_{n\times p},\quad \boldsymbol{M}_Y=(y_i)_{n\times 1},\quad \boldsymbol{\beta}=(\beta_j)_{p\times 1},\quad \boldsymbol{B}=|\boldsymbol{\beta}|=|(\beta_j)_{p\times 1}|,\quad \boldsymbol{P}=p_{ij}$$
$$\boldsymbol{Q}_X=(\theta_{x_{ij}})_{n\times p},\quad \boldsymbol{Q}_Y=(\theta_{y_i})_{n\times 1}$$

其中 $p_{ij}=\begin{cases}\operatorname{sgn}\beta_j & i=j\\ 0 & i\neq j\end{cases}$，$i=1,2,3,\cdots,n;j=1,2,3,\cdots,p$，则有 $\boldsymbol{\beta}=\boldsymbol{PB}$。

对于此式的参数估计，可转化为求解以下二次规划问题：

$$\min Z=\frac{1}{2}\boldsymbol{BH}^{\mathrm{T}}\boldsymbol{B}+\boldsymbol{C}^{\mathrm{T}}\boldsymbol{B}\quad(\boldsymbol{B}\geqslant 0)$$

式中

$$\boldsymbol{H}=2\boldsymbol{P}^{\mathrm{T}}\boldsymbol{M}_X^{\mathrm{T}}\boldsymbol{M}_X\boldsymbol{P},\quad \boldsymbol{C}=-2(\boldsymbol{P}^{\mathrm{T}}\boldsymbol{M}_X^{\mathrm{T}}\boldsymbol{M}_Y)+\frac{1}{2}(\boldsymbol{Q}_X^{\mathrm{T}}\boldsymbol{Q}_Y)$$

2. 输入为实数，输出和待估参数为模糊数

假定模糊线性回归模型有如下形式：

$$\underline{Y}=\underline{\beta}_1X_1+\underline{\beta}_2X_2+\cdots+\underline{\beta}_pX_p$$

式中：$X_1,X_2,\cdots,X_p$ 为实解释变量；$\underline{Y}$ 为模糊响应变量；$\underline{\beta}_1,\underline{\beta}_2,\cdots,\underline{\beta}_p$ 为待估模糊系数。

若$\{\underline{y}_i=(y_i,\theta_{y_i}),\underline{x}_{ij}=(x_{ij},\theta_{x_{ij}}),i=1,2,3,\cdots,n;j=1,2,3,\cdots,p\}$为给定的观察值，这里假设 $\underline{y}_i,\underline{\beta}_j(a_j,\alpha_j)(i=1,2,3,\cdots,n;j=1,2,3,\cdots,p)$均为高斯模糊数，则线性回归模型有如下形式：

$$\underline{y}_i=\underline{\beta}_1x_{i1}+\underline{\beta}_2x_{i2}+\cdots+\underline{\beta}_px_{ip}\quad(i=1,2,3,\cdots,n)$$

要确定模糊回归系数 $\underline{\beta}_1,\underline{\beta}_2,\cdots,\underline{\beta}_p$，使得模型的模糊度最小，即

$$\min J=\alpha_1+\alpha_2+\cdots+\alpha_p$$

上述参数估计可以转化为求解下列二次规划问题：

$$\min J=\alpha_1+\alpha_2+\cdots+\alpha_p$$
$$\text{s.t.}\begin{cases}\hat{y}_i-(1-H)(\hat{\theta}_{y_i}-\theta_{y_i})\leqslant y_i\\ \hat{y}_i+(1-H)(\hat{\theta}_{y_i}-\theta_{y_i})\geqslant y_i\end{cases}\quad(i=1,2,3,\cdots,n)$$

式中

$$\hat{y}_i=\sum_{j=1}^{p}a_jx_{ij},\quad \hat{\theta}_{y_i}=\sum_{j=1}^{p}\alpha_j\,|\,x_{ij}\,|\quad(i=1,2,3,\cdots,n)$$

3. 输入、输出和待估参数均为模糊数

假定模糊线性回归模型有如下形式：

$$\underline{Y}=\underline{\beta}_1\underline{X}_1+\underline{\beta}_2\underline{X}_2+\cdots+\underline{\beta}_p\underline{X}_p$$

式中：$\underline{X}_1,\underline{X}_2,\cdots,\underline{X}_p$ 为模糊解释变量；$\underline{Y}$ 为模糊响应变量；$\underline{\beta}_1,\underline{\beta}_2,\cdots,\underline{\beta}_p$ 为待估模糊系数。

若$\{\underline{y}_i=(y_i,\theta_{y_i}),\underline{x}_{ij}=(x_{ij},\theta_{x_{ij}}),i=1,2,3,\cdots,n;j=1,2,3,\cdots,p\}$为给定的观察值，这里假设 $\underline{y}_i,\underline{x}_{ij},\underline{\beta}_j(a_j,\alpha_j)$ $(i=1,2,3,\cdots,n;j=1,2,3,\cdots,p)$均为高斯模糊数，则线性回归模型有如下形式：

$$\underline{y}_i=\underline{\beta}_1\underline{x}_{i1}+\underline{\beta}_2\underline{x}_{i2}+\cdots+\underline{\beta}_p\underline{x}_{ip}\quad(i=1,2,3,\cdots,n)$$

要确定回归系数 $\underline{\beta}_1,\underline{\beta}_2,\cdots,\underline{\beta}_p$，使得一给定的模糊距离下响应变量观测值与响应变量估计值之间的误差最小，即

$$\min\psi(\underline{\beta}_1,\underline{\beta}_2,\cdots,\underline{\beta}_p)=\sum_{i=1}^{n}\left(y_i-\sum_{j=1}^{p}a_jx_{ij}\right)^2+\frac{1}{2}\sum_{i=1}^{n}\left(\theta_{y_i}-\sum_{j=1}^{p}\alpha_j\theta_{x_{ij}}\right)^2$$

式中：$\alpha_j\geqslant0,j=1,2,3,\cdots,p$。

求解上述问题等价于求解如下两个子问题：

① 确定 $a_1,a_2,\cdots,a_p$ 使 $\sum_{i=1}^{n}\left(y_i-\sum_{j=1}^{p}a_jx_{ij}\right)^2$ 达到最小；

② 确定 $\alpha_1,\alpha_2,\cdots,\alpha_p$ 使 $\sum_{i=1}^{n}\left(y_i-\sum_{j=1}^{p}\alpha_jx_{ij}\right)^2$ 达到最小。

11.2.4 模糊神经网络预测模型

1. 模糊神经网络

模糊逻辑主要模拟人脑的逻辑思维，具有较强的结构性知识表达能力，善长表达和描述那些模糊的、非量化的知识。但是，模糊逻辑系统没有自学的能力，要实现模糊系统的自适应控制，难度比较大，所建立的模糊规则本质上是在用户按照已有知识和经验对问题模型的特征进行解释的基础上预先获得的。在实际应用中模糊神经网络往往缺乏这些预先已经存在的经验，因此很难达到令人满意的效果；人工神经网络则主要模仿人脑神经元的功能，具有较强的自学习功能和数据直接处理能力。自适应神经网络模糊系统将两者有机地结合起来，既能发挥二者的优点，又可弥补各自的不足，从而使模型系统中的隶属度函数及模糊规则是通过对已知数据的学习得到的，而不是基于经验或者直觉任意给定的。这对于那些特性还不被人们所完全了解或者特性非常复杂的系统尤为重要。

对于一般的神经元模型，具有如下的信息处理能力：

$$\text{net}=\sum_{i=1}^{n}w_ix_i-\theta$$
$$y=f(\text{net})$$

式中：x_i 为该神经元的输入；w_i 为对应输入 x_i 的连接权值；θ 为该神经元的阈值；y 为输出；$f(\cdot)$为转换函数。

现将这一神经元模型推广，使之具有更一般的表示形式：

$$\text{net}=\mathop{\hat{+}}_{i=1}^{n}(w_i\ \hat{\cdot}\ x_i)-\theta$$
$$y=f(\text{net})$$

此式是以算子($\hat{+}$、$\hat{\cdot}$)代替上式中的算子(+、·)。算子($\hat{+}$、$\hat{\cdot}$)即称为模糊神经元算子。

当 $x_i\in[0,1](i=1,2,3,\cdots,n-1)$时，采用模糊神经元算子的神经元模型即为模糊神经元模型。

选用不同的模糊神经元算子即可得到不同的模糊神经元模型。表 11.2 列出了其中的几种。从表中也可以看出,第一种模糊神经元实际上就是普通神经元,即普通神经元可视为模糊神经元的特例。

表 11.2　6 种模糊神经元模型

算子名称	$\hat{+}$	$\hat{\cdot}$
和与积	+	·
取小与积	∧	·
取大与积	∨	·
和与取小	+	∧
取小与取小	∧	∧
取大与取小	∨	∧

由两个或两个以上的模糊神经元相互连接而形成的网络就是模糊神经网络(FNN)。它是模糊逻辑与神经网络相融合而成的。构成模糊神经网络的方式有两种:

① 传统神经网络模糊化。这种 FNN 保留原来的神经网络结构,而将神经元进行模糊化处理,使之具有处理模糊信息的能力。

② 基于模糊逻辑的 FNN。这种 FNN 的结构与一个模糊系统相对应。

如果就具体形式而言,FNN 可以分为五大类:

① NN_1:神经元之间的运算与常规的神经元相同,采用 sigmoid 函数,输入值改为模糊量。

② FNN_2:神经元之间的运算与常规的神经网络相同,采用 sigmoid 函数,连接权值改为模糊量。

③ FNN_3:神经元之间的运算与常规的神经网络相同,采用 sigmoid 函数,输入值与连接权值都改为模糊量。

④ HNN:输入、权值与常规的神经网络相同,但是用与运算、或运算代替 sigmoid 函数。

⑤ HFNN:分别在 FNN_1、FNN_2、FNN_3 的基础上,采用与运算、或运算代替 sigmoid 函数。

2. 模糊 BP 网络

模糊 BP 网络是最常用的自适应模糊神经网络模型,其结构形式如图 11.2 所示。该网络

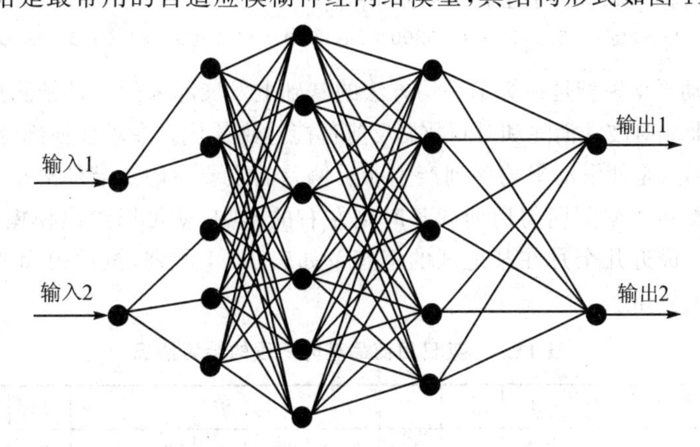

图 11.2　模糊 BP 结构示意图

具有五层。第一层为输入层，它的每一个节点对应一个输入常量，其作用是不加变换地将输入信号传送到下一层；第二层是量化输入层，其作用是将输入变量模糊化；第三层为BP网络的隐含层，其作用是与普通BP网络基本相同，用于实现输入变量模糊值到输入变量模糊值之间的映射；第四层为量化输出层，其输出的是模糊化数值；第五层是加权输出层，实现输出的清晰化。

自适应模糊推理系统的参数学习主要有两种方法：一是梯度下降法，该方法原理简单，但是学习时间较长，而且易于陷入局部最小点；二是混合算法，该方法混合了误差反向传播法与最小二乘法。用误差反向传播法修正前件网络参数，用最小二乘估计算法修正后件网络参数。

研究结果表明，模糊神经网络有较高的预测精度和较短的训练时间，是切实可行的预测方法。

11.3 模糊预测法的MATLAB实战

例11.1 某地1985—1995年10月份的地下水位值如表11.3所列，试对该地的地下水位情况进行预测。

表11.3 某地1985—1995年10月份地下水位值

年 份	1985	1986	1987	1988	1989	1990	1991	1992	1993	1994	1995
水位/m	27.33	26.92	26.40	25.87	25.42	25.12	24.93	24.89	24.73	24.56	24.60

解：对于时间序列预测，希望通过至目前时刻t已知的序列值来预测将来$t+p$时刻的序列值。首先构筑一个输入矩阵，设延迟时间为3，也就是利用时间序列的前3个值来预测第4个值；然后再利用模糊神经网络进行预测。程序如下：

```
>> x = [27.33  26.92  26.40  25.87  25.42  25.12  24.93  24.89  24.73  24.56  24.60];
>> m = 3;n = length(x); for i = m + 1:n;for j = 1:m;x1(i,j) = x(i - (m - j + 1));end;end
>> x1 = x1(m + 1:end,:);y = x(m + 1:end); yy = [x1 y'];     % 输入向量,即训练数据
>> fis1 = genfis1(yy(1:end,:),3);
>> epoch = 150; errorgoal = 0; step = 0.01;trnOpt = [epoch errorgoal step NaN NaN];disOpt = [1 1 1 1];
>> chkData = [];                         % 检验数据
>> [fis2,error,st,fis3,e2] = anfis(yy,fis1,trnOpt,disOpt,chkData);
>> pred = evalfis(yy(:,1:3),fis2); % 对序列预测
ans = 25.8700  25.4200  25.1200  24.9300  24.8900  24.7300  24.5600  24.6000
```

例11.2 移动平均模型是在算术平均方法的基础上发展起来的一种预测技术。在经典滑动平均预测中，无法兼顾对波动消除和对新数据反应都能达到最优。在求任何部分数据均值时，都是仅考虑前期效应的，这是使滑动平均序列产生滞后偏差的主要原因。借助滑动平均的思想，并在求均值过程中考虑到数据前期与后期即某时刻左右的影响，就可以给出模糊滑动预测法。

设某日用商品最近几个月在某地区的销售量如表11.4所列，试用模糊滑动平均预测法预测其下一个月的销售量。

表11.4 某日用商品某时间段的销售情况

时间/月	1	2	3	4	5	6	7	8	9	10	11	12	13	14	15
销售量/台	10	15	8	20	10	16	18	20	22	24	20	26	27	29	29

解: 根据模糊滑动预测法的原理,编写函数 fz_smooth 进行预测。此函数中默认的预测点是下一周期。

```
>> x = [10  15  8  20  10  16  18  20  22  24  20  26  27  29  29];
>> y = fz_smooth(x,[1 2 3]);          % 预测第 16、17、18 个月的销售量
>> y = 29.4320   30.5641   31.6961
```

例 11.3　对于一个时间序列,可以根据其数据散布的几何“重心”来估计其曲线形式。这反映出人为估计曲线过程中有两个主要特征:一是对受随机干扰的数据按几何分布状态进行滤波,二是对于可以利用的数据赋予“色彩”程度。色彩程度表示了数据可以反映曲线特征的主要程度,曲线的特征主要是由色彩度较高的数据决定的。

对于时间序列$\{X(t):x_1,x_2,\cdots,x_n\}$,记 $x_i(0)=\frac{1}{3}(x_{i-1}+x_i+x_{i+1})(i=2,3,\cdots,n-1)$,$x_1(0)=\frac{1}{2}(x_1+x_2)$,$x_n(0)=\frac{1}{2}(x_{n-1}+x_n)$,则称时间序列$\{X_0(t):x_1(0),x_2(0),\cdots,x_n(0)\}$为原时间序列 $X(t)$的重心序列。

用 d_i 表示序列 $X_0(t)$与 $X(t)$中第 i 个数据的距离,即 $d_i=|x_i-x_i(0)|$,其值的大小反映了原始数据 x_i 与重心 $x_i(0)$的偏离,我们可以利用这个偏离的大小来定义原始数据 x_i 的色彩度 ρ_i,其定义为

$$\rho_i=\begin{cases}1 & d_i\leqslant\bar{d}\\ \dfrac{d_i-D}{\bar{d}-D} & \bar{d}<d_i\leqslant D\\ 0 & d_i>D\end{cases}$$

式中:$\bar{d}$ 为 d 的均值;D 是人为设定的一个正数,$D>\bar{d}$。

具有色彩度的数据称为色彩数据,可以用数据的色彩度作为权重来计算 $\boldsymbol{X}(t)$的重心,即对于时间序列 $X_0(t)$,记

$$x_i(1)=\frac{1}{\rho_{i-1}+\rho_i+\rho_{i+1}}(\rho_i x_{i-1}+\rho_i x_i+\rho_i x_{i+1})\quad(i=2,3,\cdots,n-1)$$

$$x_1(1)=\frac{1}{\rho_1+\rho_2}(\rho_1 x_1+\rho_2 x_2)$$

$$x_n(1)=\frac{1}{\rho_n+\rho_{n-1}}(\rho_{n-1}x_{n-1}+\rho_n x_n)$$

则称$\{X_1(t):x_1(1),x_2(1),\cdots,x_n(1)\}$为原时间序列 $X(t)$的色彩重心序列,或称为 $X(t)$的一次色彩滑动平均序列。同理,可计算出 $X(t)$的 N 次色彩滑动平均序列 $X_n(t)$。

经过几次色彩平滑后所得到的滑动平均序列是平滑的,就可以沿用模糊平滑的趋势外推模型进行预测。

利用此方法对下列某一时间段内粮食海运量的时间序列 $X=$[1 3165　11 789　14 198　13 080　12 348　11 602　11 168　11 538　10 651　10 865　10 746　11 306　10 567　9 710　11 142　11 180　12 136　10 932　10 678　11 511　11 991　11 924　10 766　11 807]进行预测。

解: 根据色彩平滑预测法的原理,编写函数 fz_smooth1 进行预测。

```
>> x = [13165 11789 14198 13080 12348 11602 11168 11538 10651 10865 10746 11306...
```

```
    10567 9710 11142 11180 12136 10932 10678 11511 11991 11924 10766 11807];
>> y = fz_smooth1(x)
y = 1.1400e + 04          % 实际值为 11450
```

预测结果的相对误差为 0.44。此方法的预测精度与计算过程中人为设定的参数、判断条件等有关。

例 11.4 对于一个非线性、模糊时间序列的预测，可以采用模糊多项式预测方法。

在此方法的建模过程中，先将原始数据模糊化，再将模型模糊系数转化成线性规划求解。与其他预测模型对比分析，该方法的预测结果不是具体数值而是一个区间，有效地扩大了相关量的适用范围，使预测结果更趋于合理、科学和便于操作。

请用此方法预测表 11.5 所列的某矿井采煤工作面某时间段监测的瓦斯平均浓度数据序列，采样时间间隔为 1 天。

表 11.5 某矿井采煤工作面某时间段监测的瓦斯平均浓度

时间/天	1	2	3	4	5	6	7	8	9	10
浓度/%	0.22	0.24	0.22	0.24	0.24	0.21	0.25	0.27	0.28	0.28

解：根据模糊多项式预测法的原理，编写函数 fz_regress 进行预测。

```
>> x = [0.22  0.24  0.22  0.24  0.24  0.21  0.25  0.27  0.28  0.28];
```

选择 k 值，可以多选，$k=6$。

```
>> out = fz_regress(x);
>> out = [3x11 double]  [6]  [7x1 double]  [7x1 double]
```

fz_regress(x)函数输出的第 1 个值为原始数据的预测值(范围)，第 2 个值为多项式的阶数(当输入为多个阶数时，否则没有此值输出)，第 3、4 个值为模糊参数值。

根据计算结果可得到图 11.3 所示的结果，显示的是一个浓度区间，多项式的阶数为 6。

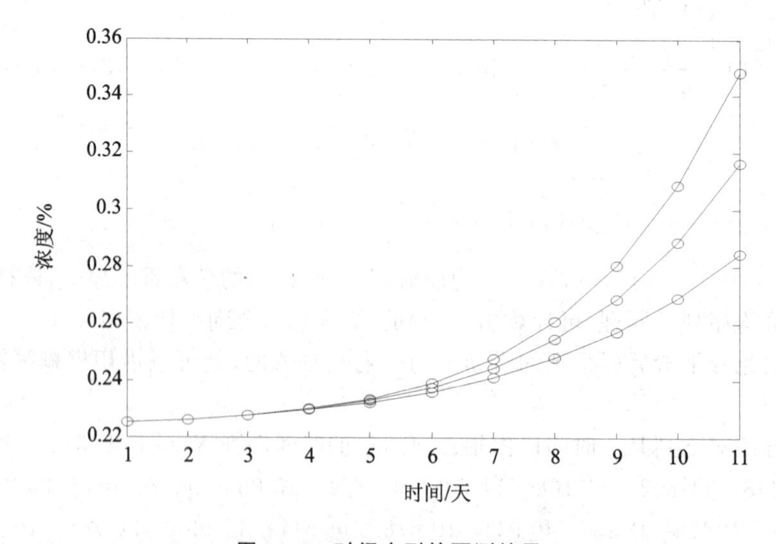

图 11.3 时间序列的预测结果

例 11.5 基于模糊规则的模糊时间序列预测方法的基本步骤是：首先定义论域并对历史数据进行聚类，得出较为合理的聚类数；然后再根据各聚类中心进行区间的划分，定义论域上

的模糊集和相应的模糊语义变量，从而使历史数据模糊化，建立模糊关系；最后通过一定的方法预测并去模糊化。

试用此方法对时间序列[102.1　102.6　102.2　102.2　102.1　102.5　102.0　102.1　102.5　102.6　102.4　102.4　103.0　102.7　102.5　102.3　102.9　102.6]进行预测分析。

解：首先利用 Kmeans 方法对历史数据进行聚类分析，并根据下列指标 θ 确定最佳聚类数及相应的聚类中心：

$$\theta=\frac{\text{TSS}-\text{WTSS}}{\text{TSS}}\times 100\%$$

式中：$\text{WTSS}=\sum_{j}^{c}\sum_{i}^{j_m}\|x_i^j-k_j\|^2$ 为类内距离，c 为类别数，k_j 为 j 类中心；$\text{TSS}=\sum_{j}^{c}\sum_{i}^{j_m}\|x_i^j-\bar{x}\|^2$ 为样本的总体距离，$\bar{x}$ 为样本平均值，x_i^j 表示 j 类的第 i 个样本，j_m 表示 j 类中的样本个数。

然后根据聚类中心进行区间的划分以使历史数据模糊化，最后根据模糊规则进行反模糊化并得到最终的预测数据。

根据以上过程编写函数 fz_pro 进行求解，此函数中用 type 控制两种不同的反模糊化及预计算方法。从本例的计算结果分析，方法 1 的预测精度要高些。

```
>> x = [102.1  102.6  102.2  102.2  102.1  102.5  102.0  102.1  102.5  102.6  102.4  102.4
     103.0  102.7  102.5  102.3  102.9  102.6];
>> y = fz_pro(x,1)    % 方法 1,利用前两个数据预测后一个数据
y = [0 0 102.2000 102.2000 102.0750 102.5000 101.9625 102.1000 102.5000 102.6000  102.4000
    102.4000  102.9625  102.7375  102.4750  102.3000  102.9625  102.6000]
>> y = fz_pro(x,2)    % 方法 2,利用前一个数据预测后一个数据
y = [0   102.5862   102.3011   88.3804   88.3804   102.6000   102.5250   90.4789   102.6000
    102.5833  102.4247  102.4245  102.7103  90.6784  102.6000  102.2042  102.5301
    102.5864]
```

第 2 种方法计算出的预测结果中有几个误差较大。

例 11.6　假定表 11.6 是一组精确输入和模糊输出的预测数据，请对此进行模糊回归分析。

表 11.6　精确输入和模糊输出的预测数据

序　号	输入变量			输出变量
	X_1	X_2	X_3	
1	10.5	8.8	15.6	(5,6,7,8)
2	8.9	8.8	15.6	(7,8,8,10)
3	10.4	8.8	16.7	(5,6,7,8)
4	12.5	13.7	22.2	(4,5,5,6)
5	9.0	8.2	15.6	(1,2,3,4)
6	10.7	8.9	15.9	(4,5,5,6)
7	15.6	10.5	15.6	(3,4,5,6)
8	9.6	7.9	14.9	(1,2,3,4)

续表 11.6

序　号	输入变量			输出变量
	X_1	X_2	X_3	
9	9.6	7.2	13.3	(4,5,5,6)
10	9.5	7.5	12.8	(7,8,10,10)
11	11.0	7.3	14.9	(6,7,8,9)
12	11.3	8.1	13.7	(3,4,5,6)
13	10.8	8.7	15.4	(5,6,7,8)
14	8.5	7.9	14.9	(5,6,7,8)
15	11.3	8.6	15.5	(5,6,7,8)
16	9.7	8.5	15.9	(4,5,5,6)
17	8.5	7.5	14.7	(0,0,2,3)
18	12.0	16.7	12.2	(5,6,7,8)
19	9.2	7.3	13.5	(7,8,10,10)
20	10.1	5.7	11.9	(6,7,8,9)

解：假定$(\tilde{y}_i, x_{ij})(i=1,2,3,\cdots,n;j=1,2,3,\cdots,p)$是一组精确输入和模糊输出的预测数据，其中 $x_{ij}\in\mathbf{R}$，$\tilde{y}_i\in T(\mathbf{R})$，于是模糊线性回归模型就可以表示为

$$\tilde{y}_i=\tilde{A}_0+\tilde{A}_1x_{i1}+\cdots+\tilde{A}_px_{ip}\quad(i=1,2,3,\cdots,n)$$

式中：$\tilde{A}_0,\tilde{A}_1,\cdots,\tilde{A}_p$ 为模糊回归系数。

以上模型回归系数的求解可以参照常规线性回归的最小二乘法。上述模型中输出的四个值实际上就是对应对称梯形隶属度函数中的四个常数。

根据以上原理，编写函数 fzregress 进行计算。

```
>>load x y;
>> beta = fzregress(x,y,'f');                                    % 回归模型
>> beta{1} = 6.7412     0.0212     0.0255     - 0.1887           % 模糊回归系数
             7.3442     0.0613     0.0237     - 0.1924
             10.3585    0.0626   - 0.0041     - 0.3175
             10.6390    0.0439     0.0145     - 0.2709
>> beta{2} = 78.1491                  % 回归误差,各数据点残差的平方和
```

即回归方程为

$$\begin{aligned}\tilde{y}_i=&(6.741\,2,7.344\,2,10.358\,5,10.639\,0)+\\&(0.021\,2,0.061\,3,0.062\,6,0.043\,9)x_1+\\&(0.025\,5,0.023\,7,-0.004\,1,0.014\,5)x_2+\\&(-0.188\,7,-0.192\,4,-0.317\,5,-0.270\,9)x_3\end{aligned}$$

例 11.7　某灌溉试验站测得温度(T)与水稻需水量(E_T)的数据关系见表 11.7，请对此作模糊回归分析。

表 11.7　温度与水稻需水量的数据关系

T/℃	4	3.8	8.5	15	29	30.8	32	29.2	12	13.5
E_T/mm	2.5	1.9	3.0	6.0	8.5	9.2	10.3	7.6	4.5	5.8
$\ln E_T$	0.916 3	0.641 9	1.098 6	1.791 8	2.140 1	2.219 2	2.332 1	2.028 1	1.504 1	1.757 9

解： 本例模糊回归模型是回归系数 1 输出为模糊值，而输入为精确值，即

$$\tilde{y}_i = \tilde{A}_0 + \tilde{A}_1 x_{i1} + \cdots + \tilde{A}_p x_{ip} \quad (i = 1,2,3,\cdots,n)$$

因为本例中给出的自变量与因变量历史数据均为精确值，所以不能采用例 11.6 的方法，而是要通过求解线性规划来求解回归系数。建模过程中采用对称的三角函数作为回归模糊系数 $A_0,\cdots,A_k$ 的隶属度函数，从而各模糊回归系数可表示为 $\tilde{A}_p(a_p,b_p)$，其中 a 表示模糊数的中心点，b 表示幅宽。根据此模型构建方法，可编写函数进行求解。

由于温度与水稻需水量间具有如下形式的关系：

$$y = c\mathrm{e}^{dx}$$

式中：c 和 d 为回归系数。

对上式进行线性转化处理，可得

$$\ln y = \ln a + bx$$

所以回归数据是采用数据表中的第 2 行。

```
>> x = [4   3.8   8.5   15   29   30.8   32   29.2   12   13.5]';
>> y = [0.9163   0.6419   1.0986   1.7918   2.1401   2.2192   2.3321   2.0281   1.5041   1.7579]';
>> out = fzregress(x,y,'j');                    % 用最后一个控制算法
>> out = [2x2 double]     [3x10 double]
>> out{1} = 0.7278     0.0546                 % 回归系数,第 1 行、第 2 行分别为 a、b 值
            0.5866     0.0000
>> out{2} =                 % 各实验点的预测值,各行分别为上限值、中心值、下限值
[1.2394   1.2285   1.4850   1.8398   2.6038   2.7020   2.7675   2.6147   1.6760   1.7579
0.9461   0.9352   1.1917   1.5464   2.3105   2.4087   2.4742   2.3214   1.3827   1.4646
0.6528   0.6419   0.8984   1.2531   2.0172   2.1154   2.1809   2.0281   1.0894   1.1713]
>> beta = regress(y,[ones(10,1),x]);         % 常规线性回归
>> y = beta(1) + beta(2) * x                 % 常规线性回归预测结果
y = [0.9744   0.9647   1.1927   1.5081   2.1874   2.2748   2.3330   2.1971   1.3625   1.4353]
```

从计算的结果来看，无论是模糊回归模型还是常规回归模型，其预测值与实测值均很接近。模糊回归模型与常规回归模型相比，前者的预测值是模糊数，它不仅提供了预测值的上下限和中心点，而且可以据此构造出预测值的隶属度函数，而后者的预测值仅仅是实数。因此，模糊回归模型比常规回归模型提供了更多的信息，更具优越性。

例 11.8　逼近未知的非线性函数有许多方法，如多项式逼近、指数函数逼近、神经网络逼近等。以模糊逻辑系统为基础的模糊模型也可用于非线性动态的建模，并显示出优良的性能。

利用模糊推理系统对非线性函数 $f(x)=2\mathrm{e}^{-x}\sin x$ 进行逼近。

解： 设定输入 x 的范围为[0,10]，并将它模糊分割成五个区，即设定一个隶属度函数，其类型采用广义的钟形函数，则：

```
>>x = [0:0.1:10]';y = 2 * exp( - x). * sin(x);data = [x y];
>>mf_type = 'gbellmf';                    % 训练选项
```

```
>>mf_n = 5;
>>fis1 = genfis1(data,mf_n,mf_type);      % 产生 FIS 结构的初值
>>epoch = 50; errorgoal = 0; step = 0.01;  % 训练参数
>>trnOpt = [epoch errorgoal step NaN NaN];
>>disOpt = [1 1 1 1];
>>chkData = [];
>>[fis2,error,st,fis3,e2] = anfis(data,fis1,trnOpt,disOpt,chkData);
>>xx = data(:,1);
>>yy = evalfis(xx,fis2);                              % 求模拟输出值
>>rmse = norm(yy - data(:,2))/sqrt(size(xx,1));      % 求均方误差
```

图 11.4 表示训练结果。

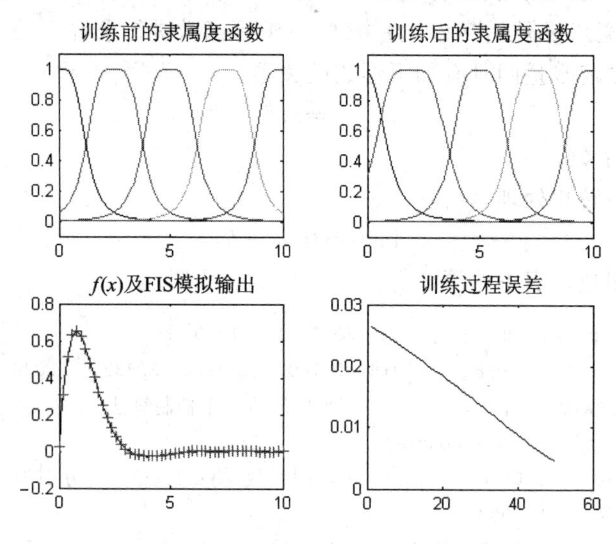

图 11.4　函数逼近的 anfis 训练结果

例 11.9　在利用 genfis1 逼近非线性系统时，随着数据维数的增加，计算量明显增大，此时可利用 genfis2 产生 FIS 初始结构。表 11.8 所列的是某故障系统，请对此系统进行模拟逼近。

表 11.8　某故障系统

故障序号	测试编码	故障编码
1	11111	00000
2	01000	10000
3	10000	01000
4	11000	00100
5	11000	00010
6	11110	00001

解：用前 5 个数据进行训练，最后 1 个数据用于检验：

```
>>x_in = [1 1 1 1 1;0 1 0 0 0;1 0 0 0 0;1 1 0 0 0;1 1 1 0 0];
>>              % anfis 格式只允许 1 列输出，将故障编码转化为十进制
>>x_out = [0;16;8;4;2];data = [x_in x_out];
```

```
≫fismat = genfis2(x_in,x_out,0.5,minmax(data')');
≫epoch = 50; errorgoal = 0; step = 0.01;        % 训练参数
≫trnOpt = [epoch errorgoal step NaN NaN];
≫disOpt = [1 1 1 1];
≫chkData = [];
≫[fis2,error,st,fis3,e2] = anfis(data,fismat,trnOpt,disOpt,chkData);
≫x1 = [1 1 1 1 0];
≫yy = evalfis(x1,fis2)
yy  = 1.0000
≫dec2bin('1')            % 显示四位,前两位为补位
ans  = 110001
```

即故障编码为 00001。

例 11.10 信号检测是影响测量精度的关键。在测量过程中要去除背景、噪声等的影响。此时需要各种各样的滤波技术,模糊滤波技术就是其中的一种。模糊滤波技术是利用 anfis 对非线性动态的建模性质,并利用 anfis 复现噪声,然后从测量信号中消去噪声而得到有用的测量信号。下面举一个的简单例子说明其方法及步骤。

设有用信号为 $S(t)=\sin(2\pi t)$,有色噪声为白噪声作用于下列非线性函数后产生:

$$\beta(t)=f(n(t),n(t-1))=n^2(t)\sin(n(t-1))/[1+n^2(t-1)]$$

解: 根据 MATLAB 中的 anfis 函数进行计算。

```
≫time = (0:0.01:6)';
≫s = sin(2 * pi * . * time);                 % 有用信号
≫n = randn(size(time));                      % 产生白噪声 n(t)、n(t-1)
≫n1 = [0;n(1:length(n) - 1)]
≫n2 = n.^2 * sin(n1)./(1 + n1.^2);          % 有色噪声
≫m = s + n2;                                 % 测量信号
≫data = [n n1 m];mf_n = 3;fis1 = genfis1(data,mf_n);
≫epoch = 150; errorgoal = 0; step = 0.01;   % 训练参数
≫trnOpt = [epoch errorgoal step NaN NaN];
≫disOpt = [1 1 1 1];
≫chkData = [];
≫[fis2,error,st,fis3,e2] = anfis(data,fis1,trnOpt,disOpt,chkData);
≫est_n2 = evalfis(data(:,1:2),fis2);        % 噪声估计
≫est_s = m - est_n2;                         % 信号估计
≫figure
≫subplot 221,plot(time,m);title('测量信号')
≫subplot 222,plot(time,est_n2);title('噪声的模糊逼近')
≫subplot 223,plot(time,s);title('信号');axis([-inf inf -4 4])
≫subplot 224,plot(time,est_s);axis([-inf inf -4 4]);title('信号估计')
```

图 11.5 为运行结果。

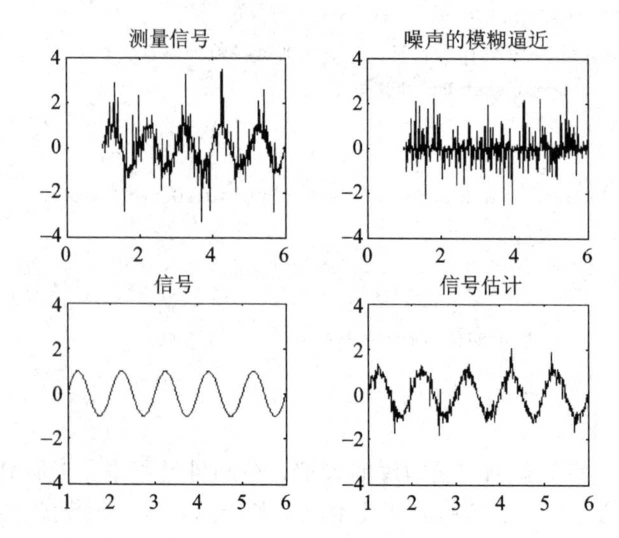

图 11.5 原始信号及其模糊滤波后的信号

第 12 章 组合预测法

组合预测法就是采用适当的方法组合多个单项预测模型，对各种单项预测模型的预测效果进行综合处理，生成一个含有多个预测模型预测信息的总预测模型。

但实际中预测问题往往是比较复杂的，因为预测问题受到众多因素的影响，而且这些因素可能是不确定的。这样就无法从问题发生的机理来确定一个准确的单项预测方法，有时可以通过比较各个单项方法的精度，选择精度最好的一种方法来预测。但是有很多的试验研究表明，单项方法在预测精度及预测结果的稳定性上要劣于组合预测法。

组合预测模型是一种海纳百川、博采众长的方法。它首先视各种单项模型的预测结果承载不同信息的片段，通过信息集成的方法来降低或分散单项预测模型含有的不确定性，采用各种信息与预测技术来克服单项预测模型的局限性，降低系统造成的误差，最大效用地利用各个模型的有效信息，发挥各子模型的优势。

12.1 组合预测法技术

传统的预测方法在其各自的适用领域都表现出了良好的预测性能，但是，现实世界中事物的发展规律本身十分复杂，会受到很多随机因素的影响，且在发展过程中会有各种突发的变化，导致数据发展趋势产生很大的波动性。大多数传统预测模型的预测性能会下降很快，得不到令人满意的预测效果。组合预测模型可以灵活利用不同方法的优点，避免单一模型的缺点，有效提高预测性能。

组合预测方法可以对同一个问题，采用两种以上不同预测方法进行预测。它既可以是几种定量方法的组合，也可以是几种定性方法的组合，但实践中更多的是利用定性方法与定量方法的组合。组合的主要目的是综合利用各种方法所提供的信息，发挥各种预测方法的优点，尽可能地提高预测精度。

总结国内外的文献，组合预测技术包括两类：①模型组合法，即利用建模机制中的优势互补，将两种或多种不同的预测模型或方法结合起来产生一个新的模型或改进模型；组合后的模型具有新的结构，再输入原始数据得到预测结果。②结果组合法，即对几种不同的预测方法得到的预测结果，选取适当的权重进行加权平均，计算出它们的组合结果，以此作为最终的预测结果。这两种组合方法的区别在于一个是对模型内部的组合，一个是对结果的组合，而一般文献中提到的组合预测问题大多是对结果的组合，而模型的组合可以有具体的命名。

组合模型不仅研究相同或不同单独模型之间的组合，还可以将数据的前期处理、模型的结构优化及每个模型的参数选择、预测数据的后期处理技术构建到组合预测模型当中。

每种组合模型都有其适用的范围，比如基于权重的组合方法，对于数据有较强的适应性并具有稳定的预测性能，但是对权重的分配不能保证模型获得最佳的性能，需要额外的运算来优化权重。再比如基于数据预处理的组合方法，通过数据预处理过程可以帮助模型获得更高的预测精度，然而，对新的数据进行分解时，需要完善数学理论作为基础并且会耗费更多的时间；

相对于权重组合模型，基于模型结构与参数优化的组合方法应用比较广泛，通常该类方法的性能可以获得显著提高。但模型结构和参数的优化方法对其最终的预测性能会产生很大影响，且训练模型阶段的时间性能比较低；相应地，基于误差修正技术的组合方法可以降低模型的整体误差，然而，由于该类方法要耗费大量时间进行误差修正，所以相对于其他预测方法，该方法的时间效率没有优势。没有统一的组合方法在所有应用领域的预测度量中都表现出最好的预测性能，为了对特定领域内的数据进行更好地分析，应避免选择不确定性的组合模型，而是根据特定的应用领域研究并建立性能更好的组合模型。

12.2 预测性能评价方法

12.2.1 精度指标

为了比较不同预测方法的精度，需要制定一套可行的评价指标体系来对预测效果进行全方位的综合性评价。

记 $Y_1, Y_2, \cdots, Y_n$ 为实际预测值，$\hat{Y}_1, \hat{Y}_2, \cdots, \hat{Y}_n$ 为预测值，单个预测误差为 $e_t = Y_t - \hat{Y}_t$，衡量整体预测效果的指标有如下几种形式。

① 平均误差(ME)

$$\mathrm{ME} = \frac{1}{n}\sum_{t=1}^{n}(Y_t - \hat{Y}_t)$$

② 平均绝对误差(MAE)

$$\mathrm{MAE} = \frac{1}{n}\sum_{t=1}^{n}|Y_t - \hat{Y}_t|$$

③ 误差平方和(SSE)

$$\mathrm{SSE} = \sum_{t=1}^{n}(Y_t - \hat{Y}_t)^2$$

④ 均方误差(MSE)

$$\mathrm{MSE} = \frac{1}{n}\sum_{t=1}^{n}(Y_t - \hat{Y}_t)^2$$

⑤ 误差的标准差(SDE)

$$\mathrm{SDE} = \sqrt{\frac{1}{n-1}\sum_{t=1}^{n}(Y_t - \hat{Y}_t)^2}$$

⑥ 平均绝对百分比误差(MAPE)

$$\mathrm{MAPE} = \frac{1}{n}\sum_{t=1}^{n}\left|\frac{Y_t - \hat{Y}}{Y_t}\right|$$

⑦ 均方百分比误差(MSPE)

$$\mathrm{MSPE} = \frac{1}{n}\sqrt{\sum_{t=1}^{n}\left(\frac{Y_t - \hat{Y}_t}{Y_t}\right)^2}$$

选择不同的指标可能会对不同的预测结果有不同的评价，较为常用的是 MSE、MAE 和 MAPE。

12.2.2 样本外检验和样本内检验

建模过程中的参数估计一般都是根据某些样本得到的。当对预测模型精度进行检验时，不使用建模时估计参数用的样本，而采用其他样本进行检验的方法，称为样本外检验。而样本内检验则是使用原来估计模型参数的样本进行检验。显然，对于一个预测问题，衡量精度的指标要针对未来的预测值，对过去预测值的检验是没有意义的，而且进行样本内检验时往往会低估预测的误差值。这是因为模型的参数是由原先样本完全确定的，对原先的样本一般都会有很高的拟合精度，但是对其他样本可能并不适用，而且还容易发生过拟合现象。一种解决方法是将过去到现在的观测值作为样本来确定模型，而使用实时更新的观测数据进行样本外的检验。这种方法常被应用于预测理论的研究中。而对一般的预测模型精度的检验，则是预先保留一部分的预测数据作为样本外检验的数据，用其他数据进行模型的估计。

12.2.3 动态时间弯曲距离评价方法

动态时间弯曲距离(Dynamic Time Warping,DTW)是一种更有效的检测方法，可以对时间序列进行更有效的距离度量。采用欧氏距离的传统方法或其他一些变化的方法度量时间序列时，只考虑到相应点的距离，并没有考虑序列之间的相似性影响，得到的度量结果不能准确反映序列之间的变化。DTW 方法将形状匹配思想加入到距离度量当中，可以有效度量在时间轴上异相的序列。这种灵活的特性，使得 DTW 广泛地应用于气象、医学和金融领域，能够有效地解决时间序列匹配、生物信息对比和语音识别问题。

DTW 是一种典型的通过优化问题来评价模型性能的方法，其使用时间规整函数来描述两个时间序列之间的对应关系，将求解得到的规整函数最小的匹配累计距离作为两时间序列的距离度量。算法具体定义如下。

假设有两个样本序列，分别标记为 $\boldsymbol{X}$ 和 $\boldsymbol{Y}$，且 $\boldsymbol{X}=[x_1,x_2,\cdots,x_n]$，$\boldsymbol{Y}=[y_1,y_2,\cdots,y_n]$，为了使找到的子序列部分在所在度量方法中距离最小，序列时间点之间的对应关系可以表示为：$f(k)=(f_x(k),f_y(k))$，其中 $f_x=(1,2,3,\cdots,m)$，$f_y=(1,2,3,\cdots,n)$，$k=1,2,3,\cdots,T$。两个序列的累计距离可以表示为

$$d_f(x,y)=\sum_{k=1}^{T}d(f_x(k),f_y(k))$$

DTW 的核心工作就是要计算出序列 $\boldsymbol{X}$ 中的点与序列 $\boldsymbol{Y}$ 中的点之间的对应关系，并找出对应关系中最相似的部分。由累计距离计算公式可以计算出距离矩阵，同时考虑时间规整和距离度量两方面的因素，采用动态规划技术依次比较两个不同的子序列，求出序列中最小的累计距离即为 DTW。表达式为

$$\mathrm{DTW}(\boldsymbol{X},\boldsymbol{Y})=\arg\min_{f} d_f(\boldsymbol{X},\boldsymbol{Y})$$

计算时距离除采用欧氏距离外，还可以采用对称的 Kullback-Leibler 测度方法。通过 DTW 计算公式可以生成累计距离矩阵，而生成的过程就是一个典型的动态规划的过程，最后两个对比的序列距离就是累计距离矩阵的右下角的值。

12.2.4 二阶预测有效度评价方法

传统的组合模型的建立和评估主要采用最小平均绝对误差、MSE 和 MAPE 等指标，但这些指标只是在时间序列上对应的点之间比较预测的准确性，并不能很好地评估组合模型的有

效性。针对不同序列中量纲不一致的问题，直接对比会损失很多有用的评估信息，二阶预测有效度(Two-Order Forecasting Validity，TOFV)评价方法有效地解决了此问题，它同时考虑了模型预测精度分布的偏度和峰度，是一种更合理的性能评估方法。

假设有真实的时间序列为 $y_t(t=1,2,3,\cdots,N)$，组合模型中有 M 个子模型参与预测，且 $\hat{y}_{it}$ 代表第 $i(i=1,2,3,\cdots,m)$ 个子模型在 t 时刻的预测值，e_{it} 代表第 i 个模型在 t 时刻的预测误差，误差函数定义如下：

$$e_{it}=\begin{cases}-1 & (y_t-\hat{y}_{it})/y_t<-1\\(y_t-\hat{y}_{it})/y_t & 1\leqslant(y_t-\hat{y}_{it})/y_t\leqslant-1\\1 & (y_t-\hat{y}_{it})/y_t>1\end{cases}$$

假设 A_{it} 定义为第 i 个模型在 t 时刻的精度且满足 $A_{it}=1-|e_{it}|$，则 TOFV 定义为

$$\begin{aligned}M&=\mathrm{E}(A)(1-\sigma(A))\\&=\sum_{t=1}^{N}Q_t\left(1-\left|\sum_{i=1}^{m}l_ie_{it}\right|\right)\left\{1-\sum_{t=1}^{N}Q_t\left(1-\left|\sum_{i=1}^{m}l_ie_{it}\right|\right)^2-\right.\\&\left.\left[\sum_{t=1}^{N}Q_t\left(1-\left|\sum_{i=1}^{m}l_ie_{it}\right|\right)\right]^2\right\}^{\frac{1}{2}}\end{aligned}$$

式中：Q_t 为 m 种方法在 t 时刻的离散概率分布；E(A)表示组合模型预测精度的数学期望；$\sigma(A)$表示组合模型预测精度的标准差；l_i 为第 i 种单项预测方法的权重系数；M 为模型的二阶预测有效度，其值越接近于1，组合模型的预测性能越好。

12.2.5 预测模型的准确率

预测模型的准确率不仅和误差度量方法有关，而且和给定的数据划分方法也有密切的关系。评估预测模型准确率常用的方法有保持法、随机子抽样法、自助法和交叉确认法等。

1. 保持法

保持法是评估模型准确率常用的方法。将给定的数据按照数据的特征随机划分为训练集和检验集两部分。一般随机分配2/3作为训练集，其余1/3作为检验集。以训练集对所需的模型进行训练，模型的准确率以检验集进行估计。这种估计是悲观的，因为训练集只是占整体数据的一部分，不能代表所有样本的特性。

2. 随机子抽样法

随机子抽样法是一种变异的保持方法，使用 k 次保持的方法分别对模型进行估计，并取预测模型精度的平均值作为模型的最终准确率。这种方法会消耗更多的计算资源，但可以有效评价模型的准确率。

3. 交叉确认法

交叉确认法通常分为两种方法，分别为 k 折交叉确认法和留一法。k 折交叉确认法：数据被划分为大致相等、互不相交的 k 个子集$\{D_1,D_2,\cdots,D_k\}$，依次使用 D_i 作为检验集，剩下的其他子集作为训练集用于训练并导出模型，以 D_i 进行验证。也就是说，第一次训练集为$\{D_2,D_3,\cdots,D_k\}$，得到第一个模型，检验集为 D_1；第二次迭代训练集为$\{D_1,D_3,\cdots,D_k\}$，检验集为 D_2，如此迭代下去直到每一个子集都用于检验一次。将 k 次迭代平均精度作为模型的准确率。

留一法：是 k 折交叉确认法的一种特殊情况。k 值的大小与原始样本的个数相同，每次第 i 个样本作为检验集，因为是一个样本，所以称为留一。通过 k 次迭代，最终取 k 次精确度的

平均值作为准确率。

4. 自助法

从给定的数据中进行有放回均匀抽样，使每个样本均有等可能的概率被下一次抽中加入到训练集当中。通常采用一种称为 0.632 的自助法，假设数据集中的样本个数为 d，每次数据集中样本被选中的概率为 $1/d$，而未被选中的概率为 $1-1/d$。在 d 次选择中，一样本没有被选中的概率为$(1-1/d)^d$，如果 d 趋向于无穷大，那么未被选中的概率近似为 0.368，而被选中的概率为 0.632。所以模型的总体准确率可用如下公式进行计算：

$$\mathrm{Acc}(M)=\sum_{i=1}^{d}[0.632\cdots\mathrm{Acc}(M_i)_{\mathrm{train\_set}}+0.368\cdots\mathrm{Acc}(M_i)_{\mathrm{test\_set}}]$$

式中：train_set 代表训练集；test_set 代表检验集；$\mathrm{Acc}(M)$ 代表模型的整体准确率。自助法会耗费大量的计算资源，但对于规模小的数据集，可以获得很好的估计效果。

12.3 模型组合法

组合预测的本质就是将各种单项预测模型看作代表不同信息的片段，通过信息的集成，分散单个预测特有的不确定性和减少总体的不确定性，从而提高预测精度。但在实际应用中，预测问题往往是一个动态随机的非线性过程，单纯利用一种特定的预测方法进行预测具有片面性。要提高预测的效果和精度，应将定性和定量预测、线性和非线性预测、静态和动态预测等方法相结合。下面介绍几种模型组合预测法。

12.3.1 灰色马尔可夫预测模型

马尔可夫预测法作为一种概率预测的方法，可以有效地处理含有一定随机因素的问题，但使用马尔可夫预测法的前提是待处理的数据要较为平稳。这在实际中预测对象都具有一定的增长或趋势，并不能满足这一前提。灰色马尔可夫预测模型则可以克服这些问题。它将灰色系统理论与马氏链理论相结合，利用灰色预测曲线来揭示事物发展的总体趋势和规律，利用马氏链预测来体现事物的随机波动性，确定其中的微观波动规律，实现两个预测模型的优势互补。

1. 预测思想

建立灰色马尔可夫预测模型的基本思想是：先建立灰色预测模型，以获得预测对象的变化趋势；然后去除预测对象的变化趋势，便可得到只含有随机因素的数据；再对这些数据建立马氏链预测模型，得到这些随机因素的状态变化规律；最后再加上去掉的趋势变化，还原出真正的预测结果。

2. 预测步骤

先建立灰色预测模型，求出预测曲线 $\hat{x}(k)$，再以平滑的预测曲线 $\hat{x}(k)$ 为基准，划分出若干动态的状态区间。根据落入各状态区间的数据点，计算出马尔可夫转移概率矩阵，按照马氏链的预测方法来预测未来的状态，知道未来的状态即可得出预测的区间值（若需要进行点预测，则可取区间中点），最终就得到更符合实际情况的预测结果。

在应用灰色马尔可夫预测模型时，状态的划分与预测正确与否有很大关系。应根据数据序列的特点，采用不同的划分方法。一般划分越多，结果越精确，但若数据样本较少，则只能划分出较少的状态以保证预测的准确性。

12.3.2 灰色线性回归预测模型

灰色预测主要适用于单一的指数增长的模型，对序列数据出现异常的情况很难加以考虑。而时序线性回归分析法根据事物发展的连续性、事物因果的相关性等原理，把未来看成是当前的继续，在各种条件相对稳定的情况下，对今后发展情况进行预测，短期预测可以取得较好的结果，但长期预测往往效果不佳。因此可以考虑运用灰色灾变预测方法来预测灾变点及其灾变值，而在非灾变点处采用线性回归方法预测，这样就由灰色预测和回归预测组合而成了新的方法，能够较好地克服GM(1,1)模型和线性回归的缺陷，提高预测精度。

1. 预测思想

灰色线性回归预测模型主要是针对含有灾变点的预测对象，其思路是先通过灰色灾变模型预测出灾变点的位置(即灾变发生的日期)，再对这些灾变点上的值建立灰色预测模型，计算出未来灾变点的灾变值；而对非灾变点，可以建立回归模型进行预测。总的来说，灰色线性回归预测模型就是通过灰色预测来处理异常值，用线性回归模型处理非异常值，通过这样的组合方式可以获得更高的预测精度。但应注意，对于非异常值，需要谨慎地选择出合适的回归模型。当非异常值的分布较为平稳时，可以建立统一的整体回归模型；而当非异常值也随相邻的异常值呈线性规律变化时，则可以建立以异常值为分段点的线性回归模型。

2. 预测步骤

先从数据中找出灾变点，一般可以通过绘制数据的折线图，找出数据中跳跃度较高的数值作为灾变值序列，并记录下灾变的日期点。根据所记录的灾变点和灾变值分别建立GM(1,1)模型，预测出下一个或几个时刻的灾变点和灾变值。然后再由灾变值之外的点的具体分布情况，建立合适的线性回归模型。在预测时，如果预测日期点是根据改进灰色模型预测出的灾变日期点，则它的值是通过灾变预测函数计算出的灾变值；如果预测日期点不是根据改进灰色模型预测出的灾变日期点，则它的值是通过线性回归曲线计算出的函数值。

12.3.3 ARIMA神经网络混合预测模型

ARIMA模型与神经网络模型的结合，充分发挥了两种模型各自的独特性和优势，通过对线性部分和非线性部分分别建立ARIMA模型和神经网络模型，再将两种模型组合，提高了预测的精度，并且得到的预测结果也更加符合实际。

1. 预测思想

ARIMA是线性时间序列预测建模中最为经典的方法，对于大多数预测问题都能给出很好的结果。但是当需要处理的问题不是完全的线性关系时，将会出现一定的偏差，这就需要建立非线性的时间序列模型，而ANNs恰好可以弥补这些缺陷；因此可以将ARIMA预测方法和神经网络预测方法组合，以发挥各自的优势，提高非线性时间序列的预测精度。

2. 预测步骤

对于一个时间序列$\{y_t\}$，一般可以认为它是由一个线性自相关部分L_t和一个非线性部分N_t组成，即$y_t=L_t+N_t$，式中L_t和N_t根据时间序列数据进行估计。

① 对数据进行预处理。经过预处理后的数据，能够缩短模型预测的时间，提高预测精度。

用于 ARIMA 预测模型的数据需先经过平稳性处理，即将非平稳性序列变成平稳性序列，再对平稳序列建模；而对于神经网络模型，需要先对数据进行归一化处理，这样可避免训练过程中计算的溢出，并且能够加快训练过程的收敛速度。

② 利用 ARIMA 对线性部分建模，线性模型的残差只包含原序列中的非线性关系。令 e_t 为 t 时刻线性模型的残差，则 $e_t=y_t-\hat{L}_t$，式中 $\hat{L}_t$ 为根据 ARIMA 建模的 t 时刻的预测值。

③ 对残差序列 $\{e_t\}$ 建立人工神经网络模型，可以处理其中的非线性关系。对于 n 个输入节点的人工神经网络模型，残差计算为

$$e_t=f(e_{t-1},e_{t-2},\cdots,e_{t-n})+\varepsilon_t$$

式中 ε_t 为随机误差，非线性函数 f 通过神经网络来逼近，得到的 t 时刻的残差预测结果记为 $\hat{N}_t$。

④ 将两种模型组合，即 $\hat{y}_t=\hat{L}_t+\hat{N}_t$。

综上所述，针对混合系统所提出的方法包括两个步骤：首先，建立 ARIMA 模型来分析问题的线性部分；其次，对 ARIMA 模型的残差建立神经网络模型。由于 ARIMA 模型不能描述数据的非线性结构，因此线性模型的残差将会为非线性，而神经网络模型正好可以用于 ARIMA 模型误差项的预测。将 ARIMA 与神经网络模型组合，充分发挥了两种模型各自的优势，通过对线性部分和非线性部分分别建立模型，再将预测结果组合，可以改进模型的预测精度。

12.4　结果组合法

1969 年，Bates 和 Granger 首先提出将多种预测方法加以组合形成一种新的预测方法。每一种预测方法都具有其独特的信息特征以及不同的假设条件，从不同的角度对预测对象内部结构特征进行刻画。如果简单地将预测误差较大的模型或方法舍弃，可能会失去一些有用的预测信息。实际上，预测往往是要面对众多的复杂因素，所以综合利用各种单项预测模型的组合预测法为复杂问题预测提供了新的思路。组合预测有多种组合技术。最常见的分类是线性组合预测和非线性组合预测。线性组合预测主要有加权算术平均组合预测，非线性组合预测有加权调和平均组合预测、加权几何平均组合预测和神经网络组合预测。

线性组合的基本原理：对于某个预测问题，在某一时期的实际值为 $x_t(t=1,2,3,\cdots,N)$，x_t 为 t 时刻的线性组合预测值，第 i 种单项预测方法的预测值为 $\hat{x}_t^{(i)}$ 且权重系数为 $w_i(i=1,2,3,\cdots,m)$，则线性组合预测模型可以表示为

$$\hat{x}_t=\sum_{i=1}^{m}w_i\hat{x}_t^{(i)}=w_1\hat{x}_t^{(1)}+w_2\hat{x}_t^{(2)}+\cdots+w_m\hat{x}_t^{(m)}$$

线性组合预测的核心问题是如何求出合理的加权平均系数，使得组合后的预测模型具有更高的预测精度。权重系数的计算方法可分为最优化方法和非最优方法。

图 12.1 是基于权重分配的组合预测模型框架。首先，该模型将数据分成三部分，分别为训练数据、验证数据和测试数据。训练数据用于各子模型的训练，将每个子模型的预测值与期望值进行比较。其次，通过不同的方法对各模型的权重进行分配并采用验证数据进行检验，根

据不同的权重计算方法对权重进行计算。最后，将测试数据用于组合模型的测试，最终的预测值为各子模型的预测值与权重的线性组合。

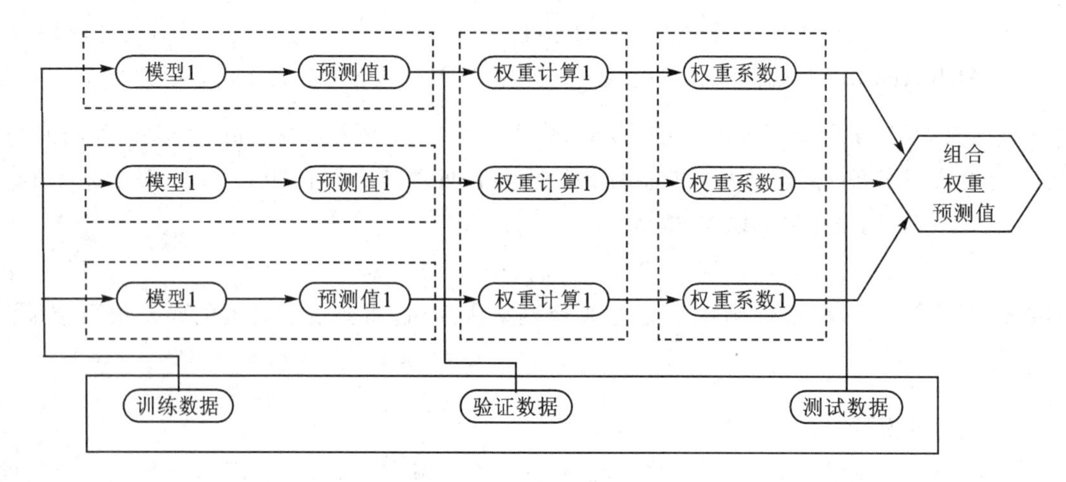

图 12.1 基于权重分配的组合预测模型框架

12.4.1 非最优组合模型预测方法

非最优组合模型预测方法就是根据预测学的基本原理，力求用简便的原则来确定组合预测权重系数，如算术平均法、误差平方和倒数法、简单加权平均法等。这些方法的优点是不存在权重系数为负的现象，而且简单适用；不足之处是这些方法没有利用到各个单项方法所蕴含的有用信息，所计算的目标函数值一般要劣于最优组合方法的目标函数值。

1. 算术平均法

算术平均法也称为等权加和平均法，是一类经常使用的组合预测方法。该方法直接令各权重系数相等：

$$w_i = \frac{1}{m}$$

显然 $\sum_{i=1}^{m} w_i = 1, w_i \geqslant 0, i = 1,2,3,\cdots,m$。

由于算术平均法的 m 种单项预测方法的权重系数完全相等，即把各个单项预测模型同等看待，一般是在事先了解到这些预测值有相接近的误差方法但是尚不清楚各个单项预测模型的具体预测精度的情况下使用。

由于算术平均法的计算简单，且权重系数也满足非负性，所以在预测领域中有着相当广泛的应用。但是当单项预测模型的预测精度已知，要进行组合预测时，就可以对预测精度高的单项预测模型赋予较大的权重。

2. 误差平方和倒数法

误差平方和倒数法也称为方差倒数法，是对等权平均法的改进。预测误差平方和是反映预测精度的一个指标，每种单项预测模型的预测精度通常是不同的，预测误差平方和越大，表明该项预测模型的预测精度就越低，应赋予的权重系数越小；反之，权重系数越大。令

$$w_i = \frac{E_{ii}^{-1}}{\sum_{i=1}^{m} E_{ii}^{-1}}$$

$$\sum_{i=1}^{m} w_i = 1, \quad w_i \geqslant 0 \quad (i = 1,2,3,\cdots,m)$$

E_{ii} 就是第 i 种单项预测模型的预测误差平方和,可表达为

$$E_{ii} = \sum_{i=1}^{N} (e_t^{(i)})^2 = \sum_{i=1}^{N} (x_t - x_t^{(i)})^2$$

式中:$\hat{x}_t^{(i)}$ 为第 i 种单项预测方法在 t 时刻的预测值;x_t 为预测指标在 t 时刻的观测值;$e_t^{(i)} = x_t - \hat{x}_t^{(i)}$ 为第 i 种单项预测方法在 t 时刻的预测误差。

误差平方和倒数法是用单项预测模型的误差平方和来分配权重的,同理也可以用误差的标准差来分配权重。可以得到误差标准差倒数法的权重系数的计算公式:

$$w_i = \frac{E_{ii}^{-1/2}}{\sum_{i=1}^{m} E_{ii}^{-1/2}}$$

$$\sum_{i=1}^{m} w_i = 1, \quad w_i \geqslant 0 \quad (i = 1,2,3,\cdots,m)$$

12.4.2　最优组合模型预测方法

最优组合模型预测方法是先选定一个可以描述预测误差的目标函数,然后使目标函数极小化来确定最优的权重。

设对象的观测序列为$\{x_t, t = 1,2,3,\cdots,N\}$,现在使用 m 种单项无偏的预测方法进行预测。设第 i 种单项预测方法在 t 时刻的预测值为 $\hat{x}_t^{(i)}$,则 $e_t^{(i)} = x_t - \hat{x}_t^{(i)}$ 为第 i 种单项预测方法在 t 时刻的预测误差,令 $w_1, w_2, \cdots, w_m$ 分别为 m 种单项预测方法的权重系数,显然权重系数需要满足:

$$w_1 + w_2 + \cdots + w_m = 1, \quad w_i \geqslant 0 \quad (i = 1,2,3,\cdots,m)$$

设 $\hat{x}_t = w_1\hat{x}_t^{(1)} + w_2\hat{x}_t^{(2)} + \cdots + w_m\hat{x}_t^{(m)}$ 为 x_t 的组合预测值,e_t 为组合预测在 t 时刻的预测误差,有 $e_t = x_t - \hat{x}_t = \sum^{m} w_i e_t^{(i)}$ 。这样就可以选择一个关于预测误差 e_t 的目标函数 Q:

$$\min Q = f(e_1, e_2, \cdots, e_N)$$

$$\text{s.t.} \quad \sum_{i=1}^{m} w_i = 1$$

通过求解上式,可确定最终的权重。

1. 以误差平方和为目标函数的线性组合预测模型

以组合预测误差平方和为目标函数,则

$$Q = \sum_{t=1}^{N} e_t^2 = \sum_{t=1}^{N} \left(\sum_{i=1}^{m} w_i e_t^{(i)} \right)^2 = \sum_{t=1}^{N} \sum_{i=1}^{m} \sum_{j=1}^{m} w_i w_j e_t^{(i)} e_t^{(j)}$$

所确定的优化问题就是

$$\min Q = \sum_{t=1}^{N} \sum_{i=1}^{m} \sum_{j=1}^{m} w_i w_j e_t^{(i)} e_t^{(j)}$$

$$\text{s.t.} \quad \sum_{i=1}^{m} w_i = 1$$

把上式写成矩阵形式,即

$$Q=\sum_{t=1}^{N}[w_1,w_2,\cdots,w_m][e_t^{(1)},e_t^{(2)},\cdots,e_t^{(m)}]^{\mathrm{T}}[e_t^{(1)},e_t^{(2)},\cdots,e_t^{(m)}][w_1,w_2,\cdots,w_m]^{\mathrm{T}}$$
$$=\sum_{t=1}^{N}[w_1,w_2,\cdots,w_m]E_t[w_1,w_2,\cdots,w_m]^{\mathrm{T}}$$
$$=[w_1,w_2,\cdots,w_m]\left(\sum_{t=1}^{N}E_t\right)[w_1,w_2,\cdots,w_m]^{\mathrm{T}}$$
$$=[w_1,w_2,\cdots,w_m]E[w_1,w_2,\cdots,w_m]^{\mathrm{T}}$$
$$=\boldsymbol{w}^{\mathrm{T}}\boldsymbol{E}\boldsymbol{w}$$

式中：$\boldsymbol{w}=[w_1,w_2,\cdots,w_m]^{\mathrm{T}}$ 为权向量组；$\boldsymbol{e}_t=[e_t^{(1)},e_t^{(2)},\cdots,e_t^{(m)}]$表示 t 时刻所有的 m 种单项预测方法的预测误差向量组，有 $\boldsymbol{E}_t=\boldsymbol{e}_t^{\mathrm{T}}\boldsymbol{e}_t$，$\boldsymbol{E}=\sum_{t=1}^{N}\boldsymbol{E}_t$。

$$\boldsymbol{E}=\sum_{t=1}^{N}\boldsymbol{E}_t=\sum_{t=1}^{N}\boldsymbol{e}_t^{\mathrm{T}}\boldsymbol{e}_t$$

$$=\begin{bmatrix}\sum_{t=1}^{N}\boldsymbol{e}_t^{(1)}\boldsymbol{e}_t^{(1)} & \sum_{t=1}^{N}\boldsymbol{e}_t^{(1)}\boldsymbol{e}_t^{(2)} & \cdots & \sum_{t=1}^{N}\boldsymbol{e}_t^{(1)}\boldsymbol{e}_t^{(m)}\\ \sum_{t=1}^{N}\boldsymbol{e}_t^{(2)}\boldsymbol{e}_t^{(1)} & \sum_{t=1}^{N}\boldsymbol{e}_t^{(2)}\boldsymbol{e}_t^{(2)} & \cdots & \sum_{t=1}^{N}\boldsymbol{e}_t^{(2)}\boldsymbol{e}_t^{(m)}\\ \vdots & \vdots & & \vdots\\ \sum_{t=1}^{N}\boldsymbol{e}_t^{(m)}\boldsymbol{e}_t^{(1)} & \sum_{t=1}^{N}\boldsymbol{e}_t^{(m)}\boldsymbol{e}_t^{(2)} & \cdots & \sum_{t=1}^{N}\boldsymbol{e}_t^{(m)}\boldsymbol{e}_t^{(m)}\end{bmatrix}$$

式中：$\boldsymbol{E}$ 表示 $m\times m$ 阶的方阵，称为组合预测误差信息矩阵。

记 $\boldsymbol{e}^{(i)}=[e_1^{(i)},e_2^{(i)},\cdots,e_N^{(i)}]^{\mathrm{T}}$，$i=1,2,3,\cdots,m$，表示第 i 种单项预测方法的预测误差向量组。若向量组 $\boldsymbol{e}^{(1)},\boldsymbol{e}^{(2)},\cdots,\boldsymbol{e}^{(m)}$ 是线性无关的，则可以证明组合预测误差信息矩阵 $\boldsymbol{E}$ 为正定矩阵，也是可逆的。

上式的优化问题可写为

$$\min\ Q=\boldsymbol{w}^{\mathrm{T}}\boldsymbol{E}\boldsymbol{w}$$
$$\text{s.t.}\quad \boldsymbol{1}^{\mathrm{T}}\boldsymbol{w}=1$$

式中：$\boldsymbol{1}=[1,1,\cdots,1]^{\mathrm{T}}$。

若单项预测方法的预测误差向量组 $\boldsymbol{e}^{(1)},\boldsymbol{e}^{(2)},\cdots,\boldsymbol{e}^{(m)}$ 是线性无关的，信息矩阵 $\boldsymbol{E}$ 为正定的，则可由拉格朗日乘子法计算 Q 取极小值的必要条件：

$$\begin{cases}\dfrac{\mathrm{d}}{\mathrm{d}\boldsymbol{w}}[\boldsymbol{w}^{\mathrm{T}}\boldsymbol{E}\boldsymbol{w}-\lambda(\boldsymbol{1}^{\mathrm{T}}\boldsymbol{w}-1)=0\\ \dfrac{\mathrm{d}}{\mathrm{d}\lambda}[\boldsymbol{w}^{\mathrm{T}}\boldsymbol{E}\boldsymbol{w}-\lambda(\boldsymbol{1}^{\mathrm{T}}\boldsymbol{w}-1)=0\end{cases}$$

得到

$$\begin{cases}\lambda=\dfrac{2}{\boldsymbol{1}^{\mathrm{T}}\boldsymbol{E}^{-1}\boldsymbol{1}}\\ \boldsymbol{w}=\dfrac{\boldsymbol{E}^{-1}\boldsymbol{1}}{\boldsymbol{1}^{\mathrm{T}}\boldsymbol{E}^{-1}\boldsymbol{1}}\end{cases}$$

所以目标函数取极小值时，权向量为

$$\boldsymbol{w}^{*}=\frac{\boldsymbol{E}^{-1}\mathbf{1}}{\mathbf{1}^{\mathrm{T}}\boldsymbol{E}^{-1}\mathbf{1}}$$

函数的极小值为 $y_1^{*}=\dfrac{1}{\mathbf{1}^{\mathrm{T}}\boldsymbol{E}^{-1}\mathbf{1}}$。

如果通过以上方法求得的权重系数中含有负数，因对于负的权重系数无法解释其表示的实际意义，所以有必要限定权重系数非负。

在上述目标函数中增加一个非负的约束条件，即

$$\min Q=\boldsymbol{w}^{\mathrm{T}}\boldsymbol{E}\boldsymbol{w}$$

$$\text{s.t.}\quad \begin{cases}\mathbf{1}^{\mathrm{T}}\boldsymbol{w}=1\\ \boldsymbol{w}\geqslant 0\end{cases}$$

此时优化问题为一个二次凸规划问题，可利用 Kuhn-Tucker 条件将其转化为线性方程：

$$\begin{cases}2\boldsymbol{E}\boldsymbol{w}-\lambda\cdot\mathbf{1}-\boldsymbol{u}=0\\ \mathbf{1}^{\mathrm{T}}\boldsymbol{w}=1\\ \boldsymbol{u}^{\mathrm{T}}\boldsymbol{w}=0\\ \boldsymbol{w}\geqslant 0,\boldsymbol{u}\geqslant 0\end{cases}$$

其中 $\boldsymbol{u}=[u_1,u_2,\cdots,u_m]^{\mathrm{T}}$ 是与 $\boldsymbol{w}\geqslant 0$ 相对应的 Kuhn-Tucker 乘子。

若令 $\lambda=\lambda_1-\lambda_2$，其中 $\lambda_1\geqslant 0,\lambda_2\geqslant 0$，则可以引入人工变量 v，使其转化为线性规划的问题，则有

$$\min v$$

$$\text{s.t.}\quad \begin{cases}2\boldsymbol{E}\boldsymbol{w}-(\lambda_1-\lambda_1)\cdot\mathbf{1}-\boldsymbol{u}=0\\ \mathbf{1}^{\mathrm{T}}\boldsymbol{w}+v=1\\ \boldsymbol{w}\geqslant 0,\boldsymbol{u}\geqslant 0\\ \lambda_1,\lambda_1,v\geqslant 0\end{cases}$$

解此线性规划模型即可得到非负组合预测的权重系数。

2. 可变权重的组合预测模型

在组合预测中，每一种预测方法都会表现出“时好时坏”的特点，而不是“一直好”或“一直坏”（如果已知某种方法一直好或一直坏，一种简单的做法就是“完全采用”或“完全舍弃”这种方法，但此时组合预测也就失去了意义）。组合预测时如果一直采用不变权重的方法，预测精度就会发生变化。为了克服模型的这种缺点，可以采用时变权重赋权方法，即假定权重系数是时间的函数，然后像最优组合预测一样根据某种准则得到目标函数，再利用线性规划或非线性规划方法来求解。

可变权重的组合预测模型可以表示为

$$\hat{x}_t=\sum_{i=1}^{m}w_i(t)x_t^{(i)}$$

式中：$w_i(t)$表示 i 个单项预测方法在 t 时刻的可变权重系数，显然还需要满足约束条件 $\sum\limits_{i=1}^{m}w_i(t)=1,w_i(t)\geqslant 0,t=1,2,3,\cdots,N$ 。

如果采用误差平方和达到最小为准则，那么 t 时刻组合预测的误差为

$$e_t=x_t-\hat{x}_t=\sum_{i=1}^{m}w_i(t)e_t^{(i)}$$

设 y 表示非负可变权重组合预测的误差平方和，则有

$$y=\sum_{t=1}^{N}e_t^2=\sum_{t=1}^{N}\left[\sum_{i=1}^{m}w_i(t)e_t^{(i)}\right]^2=\sum_{t=1}^{N}\sum_{i=1}^{m}\sum_{j=1}^{m}w_i(t)w_j(t)e_t^{(i)}e_t^{(j)}$$

令 $\boldsymbol{e}_t^{\mathrm{T}}=[e_t^{(1)},e_t^{(2)},\cdots,e_t^{(m)}]$，$\boldsymbol{w}_t^{\mathrm{T}}=[w_t^{(1)},w_t^{(2)},\cdots,w_t^{(m)}]$分别表示 t 时刻所有的 m 种单项预测方法的预测误差向量组和权向量组，于是误差平方和变为

$$y=\sum_{t=1}^{N}(\boldsymbol{w}_t^{\mathrm{T}}\boldsymbol{e}_t^2)=\sum_{t=1}^{N}\boldsymbol{w}_t^{\mathrm{T}}\boldsymbol{e}_t\boldsymbol{e}_t^{\mathrm{T}}\boldsymbol{w}_t=\sum_{i=1}^{m}\boldsymbol{w}_t^{\mathrm{T}}\boldsymbol{E}_t\boldsymbol{w}_t$$

式中：$\boldsymbol{E}_t=\boldsymbol{e}_t^{\mathrm{T}}\boldsymbol{e}_t$。

若不考虑非负性，则可变权重的组合预测模型可表示为如下的最优化问题：

$$\min y=\sum_{i=1}^{m}\boldsymbol{w}_t^{\mathrm{T}}\boldsymbol{E}_t\boldsymbol{w}_t$$

$$\text{s.t.}\quad \mathbf{1}^{\mathrm{T}}\boldsymbol{w}_t=1\quad(t=1,2,3,\cdots,N)$$

由拉格朗日乘子法可得

$$w_t^*=\frac{\boldsymbol{E}^{-1}\mathbf{1}}{\mathbf{1}^{\mathrm{T}}\boldsymbol{E}^{-1}\mathbf{1}}\quad(t=1,2,3,\cdots,N)$$

需要注意的是，这里得到的权重都是过去的权重，需要对将来值进行预测还需要对权重进行外推。实际上就是要对未来的权重值进行预测。

3. 以绝对(相对)误差和为目标函数的线性组合预测模型

在预测领域中，有很多描述预测精度的指标，其中预测误差平方和是使用最多的。其主要原因是求极小值时，平方和容易进行求导处理。但是以误差平方和作为预测精度的指标，也存在一定的问题。如果数据中存在异常值，则显然在异常点处的误差会较大，而经过平方处理后，该点的误差相对其他点误差反而会增加，这样权重就主要由异常点处的数据而决定，在一定程度上忽略了其他点处的信息。虽然可以凭借经验剔除异常点，但是可能会造成一些有用信息的损失。此时绝对误差和可以作为描述预测精度的指标，因为它对存在异常值问题的处理比误差平方和的效果要好。

以绝对误差和为目标函数：

$$Q=\sum_{t=1}^{N}|e_t|=\sum_{t=1}^{N}\left|\sum_{i=1}^{m}w_ie_t^{(i)}\right|$$

则最优化问题为

$$\min Q=\sum_{t=1}^{N}|e_t|=\sum_{t=1}^{N}\left|\sum_{i=1}^{m}w_ie_t^{(i)}\right|$$

$$\text{s.t.}\quad\begin{cases}\sum_{i=1}^{m}w_i=1\\ w_1,w_2,\cdots,w_m\geqslant 0\end{cases}$$

对上述模型做如下变换：

$$|e_t|=e_t^{+}+e_t^{-},\quad e_t=e_t^{+}-e_t^{-}$$

式中

$$e_t^{+}=\begin{cases}e_t & e_t\geqslant 0\\ 0 & e_t<0\end{cases},\quad e_t^{-}=\begin{cases}0 & e_t\geqslant 0\\ -e_t & e_t<0\end{cases}$$

于是有

$$\min Q=\sum_{t=1}^{N}|e_t|=\sum_{t=1}^{N}(e_t^{+}+e_t^{-})$$

$$\text{s.t.}\begin{cases}\sum_{i=1}^{m}w_ie_t^{(i)}=e_t^{+}-e_t^{-}\quad(t=1,2,3,\cdots,N)\\ \sum_{i=1}^{m}w_i=1\\ w_1,w_2,\cdots,w_m\geqslant 0\\ e_t^{+}\geqslant 0,e_t^{-}\geqslant 0\end{cases}$$

这是一个线性规划问题,很容易求解。

4. 以误差绝对值的最大值为目标函数的线性组合预测模型

以误差绝对值的最大值为目标函数:

$$Q=\max_{1\leqslant t\leqslant N}|e_t|$$

则以最大误差绝对值达到最小的线性组合预测模型表示为下列最优化问题:

$$\min Q=\min\max_{1\leqslant t\leqslant N}|e_t|$$

$$\text{s.t.}\begin{cases}e_t=\sum_{i=1}^{m}w_ie_t^{(i)}\\ \sum_{i=1}^{m}w_i=1\\ w_1,w_2,\cdots,w_m\geqslant 0\end{cases}$$

令 $v=\max\limits_{1\leqslant t\leqslant N}|e_t|$,所以 $|e_t|\leqslant v\ (t=1,2,3,\cdots,N)$,则有

$$-v\leqslant\sum_{i=1}^{m}w_ie_t^{(i)}\leqslant v\quad(t=1,2,3,\cdots,N)$$

则上述的最优化问题可转化为线性规划问题:

$$\min Q=v$$

$$\text{s.t.}\begin{cases}\sum_{i=1}^{m}w_ie_t^{(i)}-v\leqslant 0\quad(t=1,2,3,\cdots,N)\\ \sum_{i=1}^{m}w_ie_t^{(i)}+v\geqslant 0\quad(t=1,2,3,\cdots,N)\\ \sum_{i=1}^{m}w_i=1\\ w_1,w_2,\cdots,w_m\geqslant 0\\ v\geqslant 0\end{cases}$$

5. 加权调和平均组合预测模型

根据加权调和平均数的计算公式,令

$$\hat{x}_t=\frac{\sum_{i=1}^{m}w_i}{\sum_{i=1}^{m}\frac{w_i}{\hat{x}_t^{(i)}}}=\frac{1}{\sum_{i=1}^{m}\frac{w_i}{\hat{x}_t^{(i)}}}$$

式中：$\hat{x}_t$ 为 t 时刻的加权调和平均组合预测值；w_i 为第 i 种方法的组合权重系数，满足约束条件 $\sum_{i=1}^{m}w_i=1, w_i\geqslant 0\ (i=1,2,3,\cdots,m)$。

为了便于计算，对上式作如下变换：

$$\sum_{i=1}^{m}\frac{w_i}{\hat{x}_t^{(i)}}=\frac{1}{\hat{x}_t}\quad(t=1,2,3,\cdots,N)$$

因此可以把预测误差定义为

$$e_t=\frac{1}{\hat{x}_t}-\frac{1}{x_t}=\sum_{i=1}^{m}\frac{w_i}{\hat{x}_t^{(i)}}-\frac{1}{x_t}$$

那么以预测误差平方和为准则的非负权重系数的组合预测模型为下列最优化问题：

$$\min Q=\sum_{t=1}^{N}e_t^2$$

$$\text{s. t.}\begin{cases}e_t=\sum_{i=1}^{m}\frac{w_i}{\hat{x}_t^{(i)}}-\frac{1}{x_t} & (t=1,2,3,\cdots,N)\\ \sum_{i=1}^{m}w_i=1, w_i\geqslant 0 & (i=1,2,3,\cdots,m)\end{cases}$$

6. 加权几何平均组合预测模型

根据加权几何平均数的计算公式，令

$$\hat{x}_t=\prod_{i=1}^{m}(\hat{x}_t^{(i)})^{w_i}$$

式中：w_i 为第 i 种方法的组合权重系数，满足约束条件 $\sum_{i=1}^{m}w_i=1, w_i\geqslant 0(i=1,2,3,\cdots,m)$。

为了方便计算，对上式两边取对数，有

$$\ln\hat{x}_t=\sum_{i=1}^{m}w_i\ln\hat{x}_t^{(i)}\quad(t=1,2,3,\cdots,N)$$

定义预测误差为

$$e_t=\ln x_t-\ln\hat{x}_t=\sum_{i=1}^{m}w_i\ln x_t-\sum_{i=1}^{m}w_i\ln\hat{x}_t^{(i)}=\sum_{i=1}^{m}w_i(\ln x_t-\ln\hat{x}_t^{(i)})$$

那么以预测误差平方和为准则的非负权重系数的几何平均组合预测模型为下列最优化问题：

$$\min Q=\sum_{t=1}^{N}e_t^2$$

$$\text{s. t.}\begin{cases}e_t=\sum_{i=1}^{m}w_i(\ln x_t-\ln\hat{x}_t^{(i)}) & (t=1,2,3,\cdots,N)\\ \sum_{i=1}^{m}w_i=1, w_i\geqslant 0 & (i=1,2,3,\cdots,m)\end{cases}$$

12.5　基于数据预处理的组合预测模型

数据中包含噪声、随机波动等不确定因素，这类组合模型的思想是由不同的模型来处理数据预处理部分和数据预测部分。组合模型中的预测模块主要负责数据拟合预测工作，而预处理模块主要进行辅助工作，如数据分解或数据过滤等。在数据的预处理部分，将非线性时间序列数据分解成相对更加稳定和规则的子序列来实现预测模型的初步处理过程，使得模型可以过滤与预测结果相关性很小或不相关的特征，减少数据的冗余特征。预处理可以提高原始数据的质量，提升预测模型的性能。同时，预处理可以降低时间复杂度、减轻模型的计算负担。基于数据预处理技术的组合模型框架如图 12.2 所示。

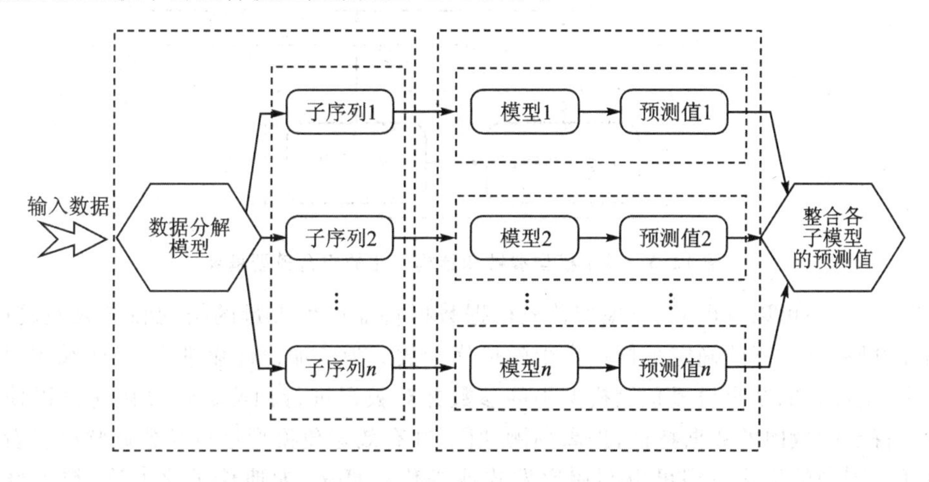

图 12.2　基于数据预处理技术的组合模型框架

在图 12.2 中，数据通过分解模型被拆分为更容易分析的子序列，各子序列分别对应不同的模型，将各子模型的预测值进行整合得到最终预测值。通过数据分解模型得到更稳定的子序列，其所包含更多相似特征的信息量可以提高数据的质量，并避免过多的计算负担，以提高预测性能。在组合模型的数据预处理部分，可采用基于小波分解的处理模型，其利用小波对连续数据的分解能力将数据按频率分解为几个级别，把高频率的子序列与低频率的子序列分解开，并结合统计学习、机器学习模型进行组合，来提高预测性能。也可用基于经验模态分解(Empirical Mode Decompostion, EMD)的方法，将复杂的数据分解为有限个本征模函数(Intrinsic Mode Functions, IMF)，使分解出来的 IMF 分量包含不同的局部特征信号。此外，基于过滤技术的数据预测处理方法还有马氏链方法（Markov Chain, MC)、主成分分析方法(Principal Component Analysis, PCA)和卡尔曼滤波方法等，通过对影响预测精度的信息进行过滤以提高预测性能。

12.6　基于模型参数和结构优化的组合预测模型

模型的结构和模型中的参数在进行预测时都是不确定的，不同参数和结构对预测的结果会产生很大的影响。基于模型参数和结构优化的组合预测模型在大量候选参数和不同结构组合方案中测试模型的预测性能，通过训练数据对所优化或选择的参数和结构进行验证，将最优的参数和结构用于预测，以提高模型的预测性能。根据以上过程，说明优化的结果对预测性能做出了相当大的贡献。此外，在优化阶段通常采用启发式的方法对模型参数和结构的候选集进行选优，并将候选结果作为最终模型的设定标准。基于模型参数和结构优化的组合模型框架如图12.3所示。

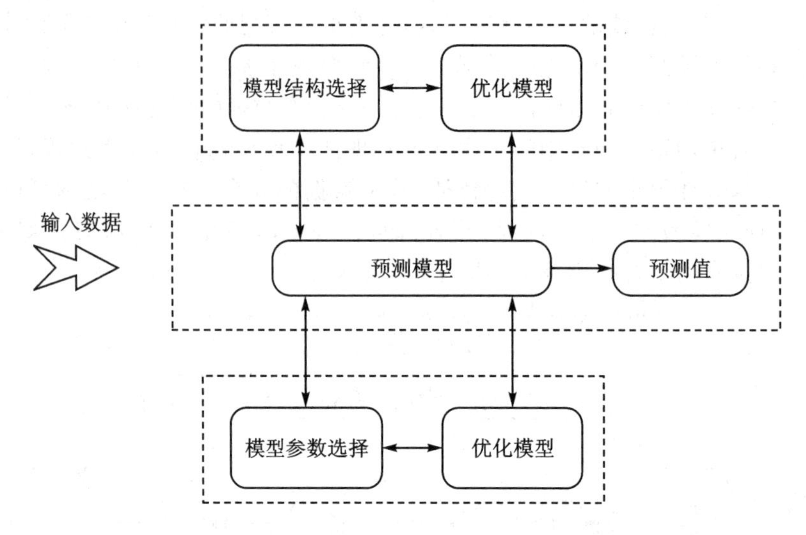

图12.3 基于模型参数和结构优化的组合模型框架

从图12.3中可以看出，预测模型首先根据数据特征产生大量的结构和参数的候选集，在模型训练阶段，优化算法确定了候选集中的最优参数。为了加快优化进程，一般采用启发式搜索的方法，用优化的结果设置预测模型中的参数并对数据进行预测。通过优化可以使模型更好地拟合特定领域内的数据特征，提高预测性能，并有效避免模型进行参数调整所耗费的大量计算时间。图中的优化模型可以利用启发式或进化式算法，如遗传进化方法、粒子群优化方法、差分进化方法和扩展的卡尔曼滤波方法等。这些优化方法通常被用来优化如神经网络的结构和权重、SVM模型的参数、ARIMA模型的参数、脊神经网络(Ridgelet Neural Network, RNN)的结构与参数等。将数据预处理方法和模型参数优化方法结合建立新的组合预测模型，可以更好地适应参数选择，从而提高预测精度。

12.7 基于误差修正技术的组合预测模型

单一模型的预测结果通常是对数据整体发展趋势的估计，在大多数时间内预测值会过高或过低，有可能在某种程度上对预测结果产生负面影响。为了解决上述问题，可以采用基于误差修正技术的组合预测模型。首先，该方法通过对数据特征的分析，选择能够合理表达数据发展趋势的模型对数据进行预测；然后用观测值减去预测值来计算当前模型的预测残差，将预测残差作为分析的对象；之后，通过对残差进行分解、转换等操作得到更容易分析的子序列，并选择相应的模型进行拟合；最后，将修正的预测残差与上一步的预测值进行合并，产生最终的预测值。基于误差修正技术的组合预测模型的目的是，通过残差分析来提高预测的准确性，其框架如图12.4所示。

在图12.4中，首先输入的数据通过预测模型1获得预测值1和残差，将残差序列进行分析转换后作为预测模型2的输入数据对残差进行预测；然后通过预测残差值来修正每一个时间点的预测值1，根据修正值和残差预测值获得最终的预测结果。组合模型的第一阶段，通常利用对线性数据拟合良好的模型和卡尔曼滤波技术，如ARIMA模型、ANN模型、逻辑回归模

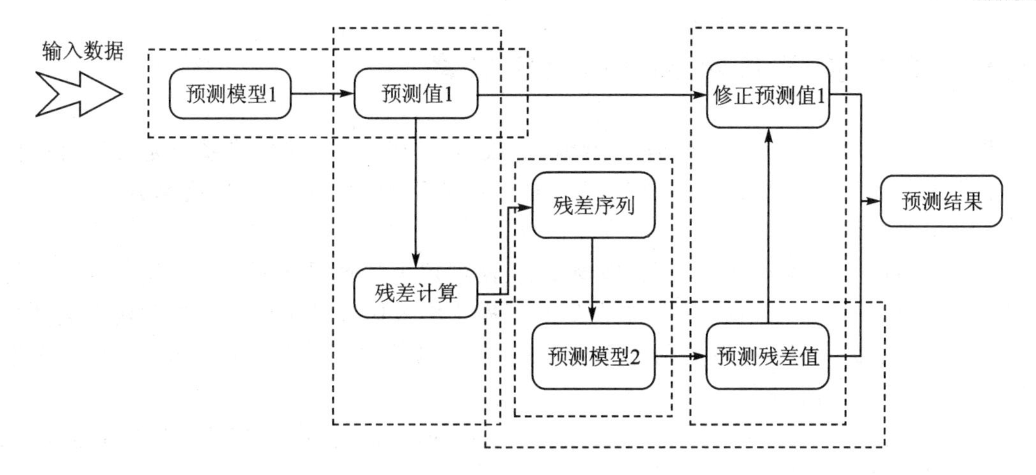

图 12.4　基于误差修正技术的组合预测模型框架

型和灰色模型等。在组合模型的第二个阶段，为了对非线性的数据进行拟合，通常利用机器学习方法，主要包括自适应模糊神经网络、SVM、GARCH 和 ANN 方法等。基于误差修正技术的组合模型相对于单一模型，在预测性能上会有明显的提高，但时间复杂度要高于单一模型。

在预测的各种方法中，每种方法都有其适用的范围、各自的优点和缺点。每个模型通常都是对某个具体应用领域进行研究，为了避免模型选择的不确定性和提高预测性能，表 12.1 列出了几种主要的组合预测方法的特点。从表中可以看出，在现实预测中，没有任何模型在所有方面都能表现出最好的预测性能。根据数据特性和拟合的应用领域选择最佳的组合模型，能有效地利用各个模型的优点，提高组合模型在其应用领域内的预测性能。在数据预处理中，小波变换(Wavelet Tranform，WT)和 EMD 被认为是能够有效改善模型性能的分解处理方法。在误差修正组合模型中，神经网络和 SVM 是有利于促进提高预测质量的。基于权重的组合方法一般在预测周期比较长的预测任务中可以获得合理的结果。此外，基于模型结构和参数优化的组合方法可以获得更高的预测精度。然而与单一预测方法相比，组合方法通常计算时间效率比较低，需要消耗更多的计算资源。

表 12.1　几种主要组合预测方法的特点

组合预测方法	组合策略	优　点	缺　点
基于权重分配的组合方法	根据单个模型的表现分配不同的权重	相对比较容易实现，对新的数据有较强的适应性，预测性能比较稳定	在预测特定领域内，不能保证组合模型获得最佳的性能，需要额外的计算来确定各个模型权重
基于数据预处理的组合方法	通过分解模型可以获得更容易分析和模拟的子序列	相对于所组合的单个模型，能获得更高精度的预测结果	对新的数据，模型的响应周期长，分解模型需要扎实的数学知识为基础
基于模型结构与参数选择的组合方法	对预测模型进行优化，提高预测模型的性能	容易理解的组合方法，大量应用于各个预测领域	是一种计算密集的组合方法，通常情况下预测能与设计优化问题的经验密切相关，且组合难以编码实现，训练阶段时间性能低下
基于误差修正技术的组合方法	将预测的残差作为新的序列进行预测	可以获得更高的预测性能，并有效降低系统的预测误差	误差修正需要消耗大量的时间，效率不高

12.8 组合预测法的 MATLAB 实战

例 12.1 模糊数学是研究事物模糊特征的数学,其中的 T-S 模糊系统是一种自适应能力很强的模糊系统,它不仅能自动更新,而且能不断修正模糊子集的隶属度函数。利用 T-S 模糊系统与神经网络的结合可以进行预测计算。

T-S 模糊神经网络分为输入层、模糊化层、模糊规则计算层和输出层四层。输入层与输入向量连接,节点数与输入向量的维数相同。模糊化层采用某种隶属度函数对输入值进行模糊化得到模糊隶属度值。模糊规则计算层则采用模糊连乘公式计算得到。输出层则根据模糊计算结果计算网络的输出值。

某地 1993—2000 年 1 月份水环境测量值及其相应的标准值如表 12.2、表 12.3 所列,试用模糊神经网络预测法对水质进行预测评价。

表 12.2 水环境各指标测量值

mg/L

年 份	溶解氧	高锰酸钾指数	BOD_5	NH_3-N	挥发酚
1993	10.2	1.8	3.5	1.16	0.0
1994	9.2	1.9	7.1	2.33	0.004
1995	8.0	4.1	7.6	0.23	0.004
1996	10.3	1.6	1.5	0.34	0.0
1997	5.8	8.2	6.6	3.91	0.031
1998	3.2	9.4	12.8	6.88	0.00
1999	7.7	4.0	6.6	0.99	0.006
2000	7.4	4.6	7.1	3.67	0.0

表 12.3 水环境标准指标值

mg/L

指 标	Ⅰ类	Ⅱ类	Ⅲ类	Ⅳ类	Ⅴ类
溶解氧≥	7.5	6	5	3	2
高锰酸钾指数≤	2	4	6	10	15
BOD_5≤	3	3	4	6	10
NH_3-N≤	0.15	0.5	1	1.5	2
挥发酚≤	0.002	0.002	0.005	0.01	0.1

解:模糊神经网络计算的步骤如下:

① 对于 k 维输入量 $\boldsymbol{x}=[x_1,x_2,\cdots,x_k]$,首先根据模糊规则计算各输入变量 x_j 的隶属度。采用高斯型隶属度函数:

$$\mu_{A_j^i}=\exp\left[\frac{-(x_j-c_j^i)^2}{b_j^i}\right] \quad (j=1,2,3,\cdots,k;i=1,2,3,\cdots,n)$$

式中:c_j^i、b_j^i 分别为隶属度函数的中心和宽度;k 为输入参数的维数(即特征向量数);n 为模糊子集数。

② 将各隶属度进行模糊计算,模糊算子采用连乘算子:

$$\omega^i=\mu_{A_j^1}(x_1)*\mu_{A_j^2}(x_2)*\cdots*\mu_{A_j^k}(x_k) \quad (i=1,2,3,\cdots,n)$$

③ 根据模糊计算结果计算模糊模型的输出值：

$$y_i = \frac{\sum_{i=1}^{n} \omega^i (p_0^i + p_1^i x_1 + \cdots + p_k^i x_k)}{\sum_{i=1}^{n} \omega^i}$$

④ 计算误差：

$$e = \frac{1}{2}(y_d - y_c)^2$$

⑤ 系数修正：

$$p_j^i(k) = p_j^i(k-1) - \alpha \frac{\partial e}{\partial p_j^i}, \quad \frac{\partial e}{\partial p_j^i} = \frac{(y_d - y_c)\omega^i}{\sum_{i=1}^{n} \omega^i x_j}$$

⑥ 参数修正：

$$c_j^i(k) = c_j^i(k-1) - \beta \frac{\partial e}{\partial c_j^i}, \quad b_j^i(k) = b_j^i(k-1) - \beta \frac{\partial e}{\partial b_j^i}$$

据此就可编程计算。模糊神经网络结构为 5－10－1，10 个隶属度函数，6 组系数 p_0～p_5。训练数据根据各级水质标准值随机产生。

```
>> load x_train y_train
>>x_test = [10.2  1.8  3.5  1.16  0.0; 9.2  1.9  7.1  2.33  0.004; 8.0  4.1  7.6  0.23
        0.004;10.3  1.6  1.5  0.34  0.0;5.8  8.2  6.6  3.91  0.031;3.2  9.4  12.8
        6.88  0.00;7.7  4.0  6.6  0.99  0.006;7.4  4.6  7.1  3.67  0.0]';
>> out = fuzzynet(x_train,y_train,x_test);
>>out{1} = []                              % 即训练样本中的测试全部正确
>> out{2} = 2  4  3  1  5  5  4  5         % 测试样本的分类结果
```

例 12.2　表 12.4 列出了 1978—2005 年全国煤矿事故的年死亡人数。以 1978—2004 年的数据作为原始数据，利用灰色马尔可夫模型进行预测。2005 年的数据用作模型的对比检验。

表 12.4　1978—2005 年的全国煤矿事故年死亡人数

年　份	1978	1979	1980	1981	1982	1983	1984	1985	1986	1987
死亡人数	5 830	5 429	5 067	5 079	4 805	5 431	5 698	6 659	6 736	6 895
年　份	1988	1989	1990	1991	1992	1993	1994	1995	1996	1997
死亡人数	6 751	7 448	7 185	6 269	5 854	5 152	6 574	6 222	6 496	6 141
年　份	1998	1999	2000	2001	2002	2003	2004	2005		
死亡人数	6 304	6 478	5 798	5 670	6 995	6 702	6 027	5 986		

解：①建立 GM(1,1)灰色模型，求出各预测值。

```
>> [a,y,s,delt] = gm(x);          % 灰色模型
```

从结果的 y 值可以得到各数据点的预测值(见表 12.5)及误差。

表 12.5　灰色模型 GM(1,1)的预测结果

年　份	1978	1979	1980	1981	1982	1983	1984	1985	1986
死亡人数	5 830	5 429	5 067	5 079	4 805	5 431	5 698	6 659	6 736
预测值	5 830	5 757.2	5 787.2	5 817.4	5 847.8	5 878.4	5 909.1	5 939.9	5 970.9
绝对误差	0	−328.2	−720.2	−738.4	−1 042.8	−447.4	−211.1	719.1	765.1
状　态	2	2	1	1	1	1	2	3	3
年　份	1987	1988	1989	1990	1991	1992	1993	1994	1995
死亡人数	6 895	6 751	7 448	7 185	6 269	5 854	5 152	6 574	6 222
预测值	6 002.1	6 033.4	6 065.0	6 096.6	6 128.5	6 160.5	6 192.6	6 225.0	6 257.5
绝对误差	892.9	718.6	1 383.0	1 088.4	140.5	−306.5	−1 040.6	349.0	−35.5
状　态	3	3	3	3	2	2	1	2	2
年　份	1996	1997	1998	1999	2000	2001	2002	2003	2004
死亡人数	6 496	6 141	6 304	6 478	5 798	5 670	6 995	6 702	6 027
预测值	6 290.1	6 323.0	6 356.0	6 389.2	6 422.6	6 456.1	6 489.8	6 523.7	6 557.8
绝对误差	0.205.9	−182.0	−52.0	88.8	−624.6	−786.1	505.2	178.3	−530.8
状　态	2	2	2	2	1	1	3	2	1

② 根据事故实际死亡人数，以及灰色模型预测的误差情况，对死亡数据序列划分状态。

根据区间范围(−∞,−328.09]、(−328.09,505.20]、(505.20,+∞)划分各年度的状态，见表 12.5 和图 12.5。状态空间如下：

状态 1：　$Q_{11}=\hat{x}^{(0)}(k)-1\ 042.76$，　$-Q_{21}=\hat{x}^{(0)}(k)-328.09$

状态 2：　$Q_{12}=\hat{x}^{(0)}(k)-328.09$，　$-Q_{22}=\hat{x}^{(0)}(k)+505.20$

状态 3：　$Q_{13}=\hat{x}^{(0)}(k)+505.20$，　$-Q_{23}=\hat{x}^{(0)}(k)+1\ 383.09$

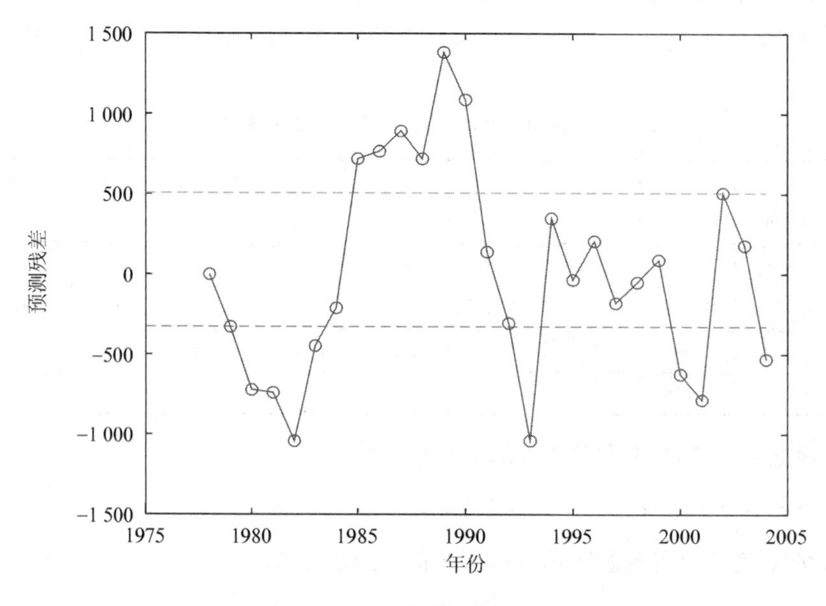

图 12.5　灰色残差的状态划分

③ 构造状态转移矩阵。已知各年度所处状态后，就可以根据马氏链预测理论构造状态转移概念矩阵。

```
alpha = [-1042.82   -328.2; -328.2   505.1;505.1   1383.1];
```

④ 根据状态转移概率矩阵确定预测值。采用加权马氏链预测法进行状态空间的预测。选择距离预测时刻最近的4个时段，分别计算出转移步数为1、2、3、4步的结果，并进行加权叠加以确定预测值。其中权重是考虑了各步长样本的自相关系数而求得。

2005年的残差处于状态1的概率为

$0.167\times0.043+0.167\times0.085+0.455\times0.292+0.571\times0.580=0.4854$

同理可得处于状态2、3的概率分别为0.3411和0.1735，由此预测残差将处于状态1。

从而预测2005年煤矿死亡人数为

$$\tilde{x}^{(0)}(28)=\frac{Q_{11}+Q_{21}}{2}=\hat{x}^{(0)}(28)-\frac{1\,042.76+328.09}{2}$$
$$=5\,906.585$$

式中 $\hat{x}^{(0)}(28)$ 为灰色系统预测的值。

根据以上编写程序计算如下：

```
>> [a,y,s,delt] = gm(x);                  % 求预测的残差值
>> [a,y1,s,delt] = gm(x,1);               % 求灰色系统的一步预测值
>> alpha = [-1042.82   -328.2; -328.2   505.1;505.1   1383.1];        % 确定状态的区间值
```

再根据以下函数求一步预测残差的状态及灰色马尔可夫模型的预测值：

```
>> [y5,idex] = time_p1(y(3,:),alpha,3,y1(5,1));
可得到
>> y5 = 5.9065e+03          % 灰色马尔可夫模型的预测值
>> idex = 1                 % 2005 年残差的状态数
```

对比2005年的实际值5 986，可得灰色马尔可夫预测的相对误差为1.327%。可以看出，与纯使用灰色模型预测精度(10.12%)相比，要准确得多，特别是对于数据波动性较大的数据，灰色马尔可夫模型的优越性更能体现出来。

例12.3 某矿井1994—2006年相对瓦斯涌出量如表12.6所列，利用灰色线性回归模型预测2007—2010年的相对瓦斯涌出量。

表12.6 某矿井1994—2006年相对瓦斯涌出量

年 份	1994	1995	1996	1997	1998	1999	2000
相对瓦斯涌出量/($m^3\cdot t^{-1}$)	1.79	1.80	3.79	1.79	1.84	1.83	3.95
年 份	20001	2002	2003	2004	2005	2006	
相对瓦斯涌出量/($m^3\cdot t^{-1}$)	4.14	1.87	4.52	1.87	4.63	1.88	

解： 根据灰色线性回归预测模型原理，编程计算如下：

```
>> x = [1.79  1.80  3.79  1.79  1.84  1.83  3.95  4.14  1.87  4.52  1.87  4.63  1.88];
>> y = graygress(x,3.5,[1 2]);          % 灰色线性回归函数
>> y = 4.9454     1.9045     1.9127     5.2297
```

即为2007—2010年各年的预测值，如图12.6所示。

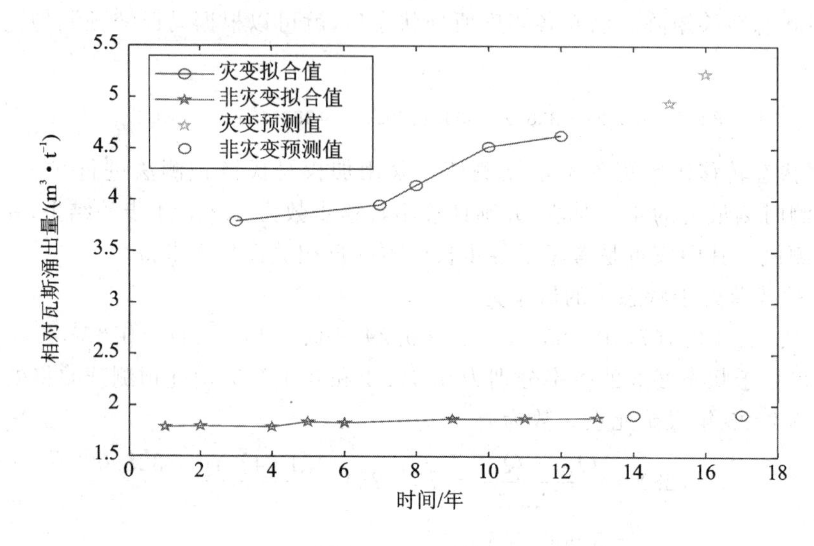

图 12.6 预测结果

例 12.4 已知 1970—1997 年我国交通事故 10 万人口死亡率，如表 12.7 所列，利用 ARIMA 神经网络模型来预测之后 5 年的事故死亡率。

表 12.7 1970—1997 年我国交通事故 10 万人口死亡率

年 份	1970	1971	1972	1973	1974	1975	1976	1977	1978	1979
死亡率	1.16	1.33	1.36	1.48	1.72	1.82	2.07	2.15	1.98	2.24
年 份	1980	1981	1982	1983	1984	1985	1986	1987	1988	1989
死亡率	2.21	2.25	2.81	2.33	2.43	3.89	4.70	4.94	5.00	4.54
年 份	1990	1991	1992	1993	1994	1995	1996	1997		
死亡率	4.31	4.60	5.00	5.36	5.54	5.90	6.02	5.97		

解： ① 为了模型的简洁，根据 ARIMA 模型的建模方法，建立 ARIMA(1,1,0)模型，并以此进行预测，再计算出预测结果的残差。

```
>> Mdl = arima(1,1,0);
>> EstMdl = estimate(Mdl,x');
>> res = infer(EstMdl,x');           %模型残差值
>> pre = x' - res;                   %各点的预测值
```

可得到如图 12.7 所示的结果。

② 残差序列{e}隐含了原序列中的非线性关系。用 ANN 方法对归一化后的残差进行预测。神经网络预测方法的具体实施可以参见本书相关章节。在此为了简洁，选择时间序列神经网络 narnet 函数。

```
>> T = con2seq(res');
>> net = narnet(1:4,4);         %NAR 模型，输入只有一个时间序列，延期 4 个时间周期
>> [Xs,Xi,Ai,Ts] = preparets(net,{},{},T);
>>net = train(net,Xs,Ts,Xi,Ai);
>>Y = net(Xs,Xi);               %预测值
>> perf = perform(net,Ts,Y);
```

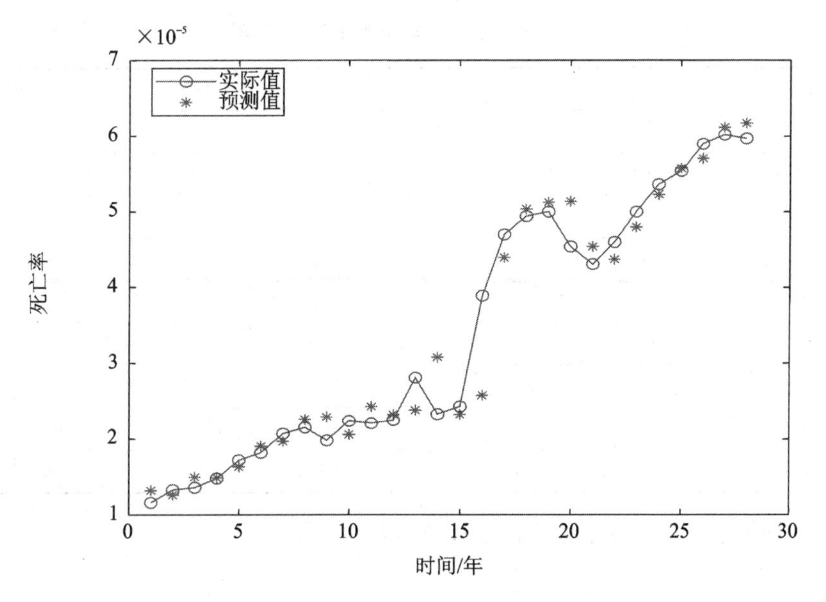

图 12.7　ARIMA 模型的预测结果

③ 对 ARIMA 的预测结果和神经网络的预测结果进行加和，可得到最终的预测结果。

```
>> yy = pre(5:end)' + cell2mat(Y);      % 最终预测值
```

最终预测结果如图 12.8 所示，精度令人满意。

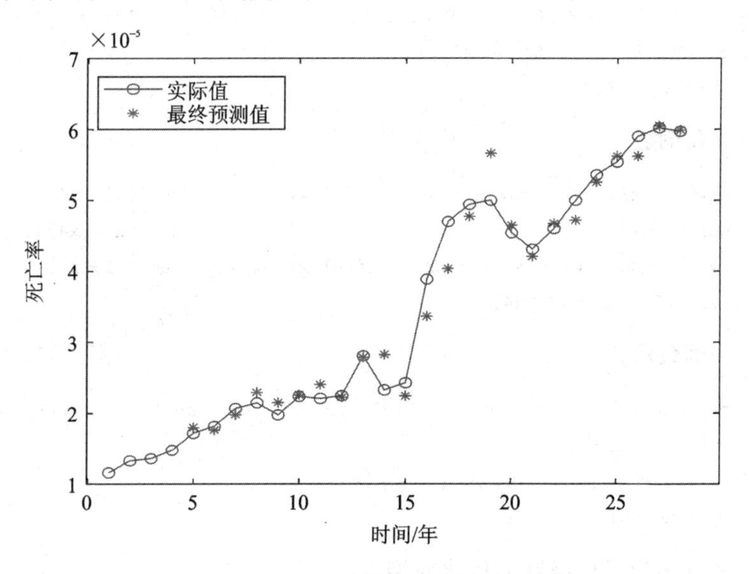

图 12.8　最终预测结果

例 12.5　采用回归分析预测法、系数平滑预测法、灰色预测法三种方法对某单位 1989—2002 年的事故频数进行预测，结果如表 12.8 所列。请用结果组合法对数据进行预测。

表 12.8　三种单项模型的预测结果

年　份	1989	1990	1991	1992	1993	1994	1995
实际值	350	347	437	260	211	215	214
回归分析预测法	466.52	394.03	332.79	281.08	237.40	200.5	169.35
灰色预测法	350	399.4	340.9	290.97	248.35	211.98	180.93
指数平滑预测法	380.2	328.26	283.96	248.16	215.91	187.68	163.65
年　份	1996	1997	1998	1999	2000	2001	2002
实际值	191	109	109	112	63	57	40
回归分析预测法	143.03	120.80	102.03	86.173	72.782	61.471	51.918
灰色预测法	154.43	131.81	112.51	96.029	81.964	69.96	59.713
指数平滑预测法	143.37	126.05	110.16	96.383	84.61	73.776	64.202

解： 采用结果组合法。各方法的权重计算方法如下：

① 算术平均法。

```
>> x1 = [350  347  437  260  211  215  214  191  109  109  112  63  57  40];
>>x2 = [466.52  394.03  332.79  281.08  237.40  200.5  169.35  143.03  120.8  102.03...
     86.173  72.782  61.471  51.918];
>>x3 = [350  399.4  340.9  290.97  248.35  211.98  180.93  154.43  131.81  112.51...
     96.029  81.964  69.96  59.713];
>>x4 = [380.2  328.26  283.96  248.16  215.91  187.68  163.65  143.37  126.05  110.16...
     96.383  84.61  73.776  64.202];
>> x5 = (x2 + x3 + x4)./3;
```

② 误差平方和倒数。

```
>> w1 = (1/sum1(x1 - x2))/(1/sum1(x1 - x2) + 1/sum1(x1 - x3) + 1/sum1(x1 - x4));
>> w2 = (1/sum1(x1 - x3))/(1/sum1(x1 - x2) + 1/sum1(x1 - x3) + 1/sum1(x1 - x4));
>> w3 = (1/sum1(x1 - x4))/(1/sum1(x1 - x2) + 1/sum1(x1 - x3) + 1/sum1(x1 - x4));
>> x5 = w1. * x2 + w2. * x3 + w3 * x4;
```

③ 方平方和倒数法。

```
>> T = (1/sqrt(sum1(x1 - x2)) + 1/sqrt(sum1(x1 - x3)) + 1/sqrt(sum1(x1 - x4)));
>> w1 = (1/sqrt(sum1(x1 - x2)))/T;
>> w2 = (1/sqrt(sum1(x1 - x3)))/T;
>> w3 = (1/sqrt(sum1(x1 - x4)))/T;
```

④ 以误差平方和为目标函数的优化模型。

根据误差平方和为目标函数的优化模型，编写计算权重系数的函数 weight 并计算如下：

```
>> w = weight(x1,x2,x3 ,x4);
w =0  1   0        %即直接利用灰色预测法就可达到最好的预测结果
```

例 12.6　表 12.9 是各种方法对某地区 1998—2005 年电力负荷的预测结果，请用组合方法对该地区电力负荷进行预测。

表 12.9　某地区电力负荷实际值及各种方法的预测值

年　份	1998	1999	2000	2001	2002	2003	2004	2005
实际值	43.785	45.646	50.209	55.758	62.882	72.520	83.301	94.633
线性回归	37.831	45.191	52.551	58.912	66.172	74.632	81.993	89.353
人工神经网络	40.684	45.075	51.032	58.298	65.885	72.541	77.537	85.896
指数平滑	43.785	46.181	49.065	54.487	61.503	71.830	81.674	89.248
灰色系统	43.785	44.221	50.073	56.116	64.201	72.789	82.807	93.749
灰色线性回归	44.015	46.179	50.134	55.380	62.387	72.292	84.821	95.659

解：组合预测法的关键是确定每种方法的权重。

确定权重可以有多种方法，在此利用最小二乘法确定，即根据下式确定每种方法的权重：

$$\min\sum_{t=1}^{n}\left(Y_t-\sum_{i=1}^{k}\omega_{ti}\hat{Y}_{ti}\right)^2$$

式中：Y_t 是 t 时刻的实际值；$\hat{Y}_{ti}$ 是 t 时刻第 i 种方法的预测值。

可以采用不同的优化算法对上述最优化问题进行求解。下面调用蜂群算法求解此最小二乘问题，便可以得到各方法在组合预测中的权重。可以看出，第一种方法与第三种方法的权重可以忽略，即只采用第二、四、五种方法预测就可以得到较好的结果。

```
>> [best_x,fval] = newABC(@optifun54,100,3000,zeros(5,1),ones(5,1),300)
>>best_x = 0.0000   0.0712     0.0000     0.2568     0.6713        % 各方法的权重
>>fval  = 0.7673
```

误差如下：

```
>>e = 0.0971  0.0807  0.0618  0.0200  -0.1762  0.1333  -0.4248  0.2266
```

各年份的预测值如图 12.9 所示，结果令人满意。

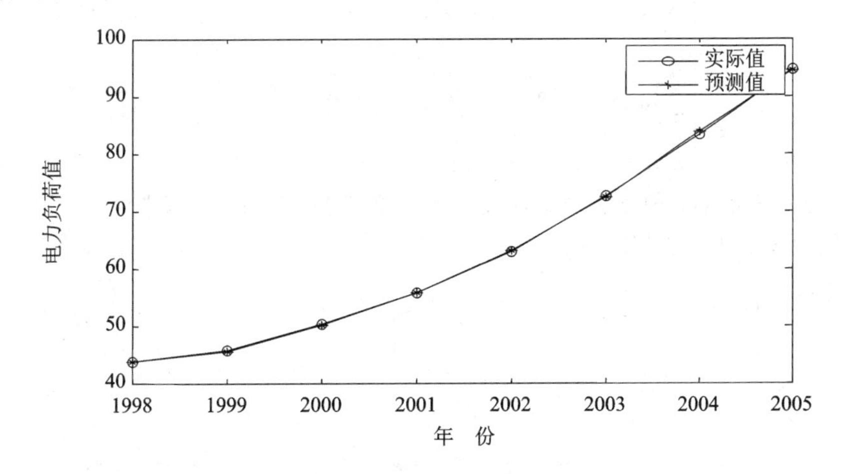

图 12.9　实际值与预测值结果图

例 12.7　在组合预测中，时变权重的方法比不变权重的方法更为科学，因为对每一种预测方法而言，它总是表现出"时好时坏"的特点，而不是"一直好或一直坏"。利用变权重的方法对表 12.10 的数据进行预测。

表 12.10　某商品实际销售值及各种方法的预测销售值

台

实际值	448	842	1 452	1 684	699	1 053	200	1 872	1 456	1 025
高斯支持向量机	465.8	866.2	1 397.5	1 627.0	737.6	1 050.4	265.6	1 823.3	1 426.0	1 030.7
鲁棒支持向量机	461.1	808.8	1 426.3	1 630.8	746.5	1 053.1	274.0	1 833.3	1 476.5	1 010.1
小波支持向量机	460.8	808.7	1 407.1	1 636.9	651.4	1 053.0	274.1	1 833.4	1 431.5	1 008.9

解：时变权重的计算方法是基于以下的优化问题：

$$\hat{x}_t=\sum_{i=1}^{m}w_i(t)x_t^{(i)}$$

$$\text{s.t.}\quad \sum_{i=1}^{m}w_i(t)=1,\quad w_i(t)\geqslant 0\quad (t=1,2,3,\cdots,N)$$

式中：N 为样品数；m 为单项方法数；$w_i(t)$为 t 时刻第 i 个方法的权重系数。

以下是几种计算变时权重的方法：

① 计算公式如下：

$$w_i(t)=\frac{e_{it}^{-2}}{\sum_{i=1}^{m}e_{it}^{-2}},\quad e_{it}=\hat{Y}_i(t)-Y(t)\quad (t=1,2,3,\cdots,N)$$

式中：$Y(t)$为 t 时刻的实际值；$\hat{Y}_i(t)$为 t 时刻第 i 种方法的预测值。

② 计算公式如下：

$$w_t^{*}=\frac{\boldsymbol{E}^{-1}\boldsymbol{1}}{\boldsymbol{1}^{\mathrm{T}}\boldsymbol{E}^{-1}\boldsymbol{1}}\quad (t=1,2,3,\cdots,N)$$

式中：$\boldsymbol{E}_t=\boldsymbol{e}_t^{\mathrm{T}}\boldsymbol{e}_t$。

③ 将权重用模糊数来表示，则上述的优化问题可转化为以下线性规划问题：

$$\min\ (c_1+c_2+\cdots+c_m)$$

$$\text{s.t.}\begin{cases}\sum_{i=1}^{m}a_if_{it}+(1-\lambda)\sum_{i=1}^{m}c_if_{it}\geqslant Y_t\quad (t=1,2,3,\cdots,N)\\ \sum_{i=1}^{m}a_if_{it}-(1-\lambda)\sum_{i=1}^{m}c_if_{it}\leqslant Y_t\\ a_i,c_i\geqslant 0\quad (i=1,2,3,\cdots,m)\end{cases}$$

式中：c_i、a_i 分别表示第 i 种方法模糊权重系数 a_i 的广度和核；λ 是水平值。

④ 转化为以下线性规划问题：

$$\min\sum_{t=1}^{N}[x_1(t)+x_2(t)]$$

$$\text{s.t.}\begin{cases}g_{10}+g_{11}t+\cdots+g_{1p}t^p+g_{20}+g_{21}t+\cdots+g_{2p}t^p+\cdots+\\ g_{m0}+g_{m1}t+\cdots+g_{mp}t^p=1\\ e_1(t)(g_{10}+g_{11}t+\cdots+g_{1p}t^p)+e_2(t)(g_{20}+g_{21}t+\cdots+g_{2p}t^p)+\cdots+\\ e_m(t)(g_{m0}+g_{m1}t+\cdots+g_{mp}t^p)+x_1(t)+x_2(t)=0\\ x_1(t),x_2(t)\geqslant 0\end{cases}$$

式中：$x_1(t)=\dfrac{|e(t)|-e(t)}{2}$，$x_2(t)=\dfrac{|e(t)|+e(t)}{2}$，$p$ 为表示权重的多项式的最高阶数。

⑤ 对最优化问题求解并不能保证解都为最优解，所以一般是求解模型的满意解。求解满

意解分两种情况：

Ⅰ. 在 t 时刻，对于所有的 i，均有 $e_i(t)\geqslant 0$，即所有的单项预测模型预测的误差是同向的。

当 $p\leqslant 1$ 时，假设在 t 时刻第 j 种模型预测的误差的绝对值最小，则满意解为

$$g_i(t)=\begin{cases}1 & i=j\\0 & i=1,2,3,\cdots,m \text{ 且 } i\neq j\end{cases}$$

当 $m\geqslant p>1$ 时，假设在 t 时刻第 j 种模型预测的误差的绝对值最小，则满意解为

$$g_i(t)=\begin{cases}q & i=j\\ \dfrac{1-q}{p-1} & i\in c_{it}\leqslant\theta \text{ 且 } i\neq j\\ 0 & \text{其他}\end{cases}$$

式中：p 为 t 时刻满足 $c_{it}\leqslant\theta$（θ 为一非负常量）的单项模型的个数；c_{it} 为 t 时刻第 i 种方法的预测相对误差率；q 为主导权重系数之和。

Ⅱ. 在 t 时刻，有部分单项预测模型的预测误差 $e_i(t)\geqslant 0$，部分预测误差 $e_i(t)\leqslant 0$，即并非所有的预测误差都是同向的。假设在 t 时刻，对所有预测误差为非负的部分，第 j_1 种预测方法的 $e_{j1}(t)$ 最小；对所有预测误差为负数的部分，第 j_2 种预测方法的 $e_{j2}(t)$ 的绝对值最小。

当 $p\leqslant 1$ 时，满意解为

$$g_i(t)=\begin{cases}\dfrac{|e_{j2}(t)|}{|e_i(t)|+|e_{j2}(t)|} & i=j_1\\ \dfrac{|e_{j1}(t)|}{|e_i(t)|+|e_{j1}(t)|} & i=j_2\\ 0 & i=1,2,3,\cdots,m \text{ 且 } i\neq j_1 \text{ 或 } j_2\end{cases}$$

当 $m\geqslant p>1$，且第 j_1、j_2 种预测方法属于 $c_{it}\leqslant\theta$ 时，满意解为

$$g_i(t)=\begin{cases}\dfrac{|e_{j2}(t)|}{|e_i(t)|+|e_{j2}(t)|}\cdot q & i=j_1\\ \dfrac{|e_{j1}(t)|}{|e_i(t)|+|e_{j1}(t)|}\cdot q & i=j_2\\ \dfrac{1-q}{p-2} & i\in c_{it}\leqslant\theta \text{ 且 } i\neq j_1 \text{ 或 } j_2\\ 0 & \text{其他}\end{cases}$$

当第 j_1、j_2 种预测方法不完全属于 $c_{it}\leqslant\theta$ 时，满意解为

$$g_i(t)=\begin{cases}\dfrac{|e_{j2}(t)|}{|e_i(t)|+|e_{j2}(t)|}\cdot q & i=j_1\\ \dfrac{|e_{j1}(t)|}{|e_i(t)|+|e_{j1}(t)|}\cdot q & i=j_2\\ \dfrac{1-q}{p-1} & i\in c_{it}\leqslant\theta \text{ 且 } i\neq j_1 \text{ 或 } j_2\\ 0 & \text{其他}\end{cases}$$

⑥ 设有 m 种预测方法，各种方法的预测误差为 e_i，则变权重系数 $w_i(t)$ 的计算公式为

$$w_i(t)=\frac{\sum_{i=1}^{m}|e_i|-|e_i|}{(m-1)\sum_{i=1}^{m}|e_i|}$$

⑦ 根据每种方法预测的相对误差率，计算出 t 时刻内的平均相对误差率 R_{it}，据此定义过渡因子：

$$v_{it}=1-\frac{R_{it}}{\sum_{i=1}^{m}R_{it}}$$

则权重按下式计算：

$$w_i(t)=\frac{v_{it}}{\sum_{i=1}^{m}v_{it}}$$

根据以上各种方法的原理，编程进行计算。

首先用最基本的优化方法编程进行计算：

```
>>x1 = [448 842 1452 1684 699 1053 200 1872 1456 1025];
>>x2 = [465.8 866.2 1397.5 1627.0 737.6 1050.4 265.6 1823.3 1426.0 1030.7];
>>x3 = [461.1 808.8 1426.3 1630.8 746.5 1053.1 274.0 1833.3 1476.5 1010.1];
>>x4 = [460.8 808.7 1407.1 1636.9 651.4 1053.0 274.1 1833.4 1431.5 1008.9];
>>n = length(x1);m = 3;Aeq = zeros(n,m);for i = 1:n;Aeq(i,(i-1) * m + 1:i * m) = ones(1,m);end;
>> Beq = ones(n,1);
>> y = ga(@(x)weight_f(x,x1,x2,x3,x4),n * m,[],[],Aeq,Beq,zeros(n * m,1),[]);   %遗传算法
>> w  = inter_sample(y,1:m);
```

下面再用介绍的其中一种方法编程进行计算：

```
>> w = altweight(x,[x1;x2;x3],5);
```

应注意的是，根据历史数据计算的权重只能验证预测历史数据的正确性，如果需要根据历史数据进行预测时，应对权重系数外推。可以采用两种方法外推权重系数。第一种是以历史数据权重的平均值作为外推权重，此方法适用于观测样本量较少，或各方法在时点序列上的权重系数无明显规律的情况。第二种是作每种方法在不同时间的权重与时间的拟合函数，然后计算出预测期的权重。此方法适用于观测样本量较多，且各方法在拟合时点序列上的权重系数具有一定规律的情况。

```
>> w = altweight(x,[x1;x2;x3],5,1);
>> w{2} = 0.3394   0.2094   0.4512        %第一种方法计算的预测期的权重
>> w{3} = 0.4999    0.1421   0.3580       %第二种方法计算的预测期的权重
```

例 12.8 据分析，某地区用电量 y 与工业生产和居民生活用电有关，因此收集了10年来该地区的全部工业生产总值 x_1 和人均GDP指数 x_2，有关数据如表12.11所列。请利用表中数据进行预测。

表 12.11 某地区10年来用电量、工业生产总值和人均GDP指数

y/亿 kW	14.6	16.2	17.4	19.2	19.9	21.7	22.9	23.6	25.5	29.6
x_1/亿元	83.0	103.1	133.1	160.8	168.8	172.8	182.3	196.8	215.5	273.2
x_2	5.8	6.8	7.0	8.1	9.4	10.2	11.1	11.5	12.7	15.1

解： 根据题意可知，利用表12.11中的数据进行预测，实际上就是作 $y-f(x_1,x_2)$ 的回归分析。从理论上讲，自变量的各种形式如 $x_1,x_2,x_1x_2,x_1^2,x_2^2$ 都可以组合成新的自变量。可

以单独选择或进行组合这些新的变量进行回归分析。

```
>> y=[14.6  16.2  17.4   19.2  19.9  21.7   22.9  23.6  25.5  29.6];
>>x1=[83.0  103.1  133.1  160.8  168.8  172.8  182.3  196.8  215.5  273.2];
>>x2=[5.8    6.8    7.0    8.1    9.4    10.2   11.1   11.5   12.7   15.1];
>>x3=x1.*x2;x4=x1.^2;x5=x2.^2;
>>beta1=regress(y',[ones(length(y),1) x1' x2']);
>> beta1=6.1852  0.0261  1.0707
>> beta2=regress(y',[ones(length(y),1) x1' x2' x3'])
>>beta2=6.9175  0.0227  0.9748  0.0004
>> beta3=regress(y',[ones(length(y),1) x1' x4' x2' x3' x5'])
>>beta3=9.5850  0.1123  0.0010  -1.2038  -0.0448  0.5214
```

从而得到三种方法的预测值:

```
>> f1=beta1(1)+beta1(2:end)'*[x1;x2];
>> f2=beta2(1)+beta2(2:end)'*[x1;x2;x3];
>> f3=beta3(1)+beta3(2:end)'*[x1;x4;x2;x3;x5];
```

再将这三种方法的预测值进行组合,就可以得到预测结果。

例 12.9　利用神经网络组合法对表 12.8 中的数据进行组合预测。

解:神经网络组合法是把多种方法的预测结果作为神经网络的输入,以实际值作为期望的目标输出而进行的一种预测方法。

```
>>load x x1 x2 x3;
>> p=[x1;x2;x3];t=x; [p1,ps]=mapminmax(p);[t1,ts]=mapminmax(t);
>> [trainsample,valsample,testsample]=mydivider(p1,t1);     %分配训练、测试及验证样本
>>net=newff(trainsample.p,trainsample.t,3);                 %BP 网络
>>net.trainparam.epochs=10000;net.trainparam.goal=1e-10;net.trainparam.lr=0.01;
>>net.trainparam.mc=0.9;net.trainparam.show=25;
>> [net,tr]=train(net,trainsample.p,trainsample.t);
>>pnew=mapminmax('apply',p,ps); tnew=sim(net,pnew);        %预测数据归一化及预测
>>tnew=mapminmax('reverse',tnew,ts);errors=t-tnew;y1=errors./t;perf=perform(net,t,y1);
```

可得到如图 12.10 所示的结果,可以看出越到后期预测结果就越精确。

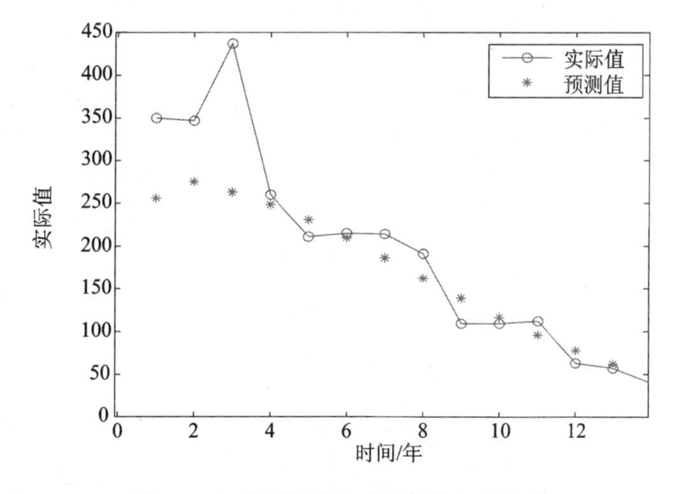

图 12.10　神经网络组合预测值与实际值

参考文献

[1] 郭秀英.预测决策的理论与方法[M].北京:化学工业出版社,2012.
[2] 郑小平,高金吉,刘梦婷.事故预测理论与方法[M].北京:清华大学出版社,2009.
[3] 于俊年.计量经济学[M].北京:对外经济贸易大学出版社,2014.
[4] 张建林.MATLAB & Excel 定量预测与决策——运作案例精编[M].北京:电子工业出版社,2012.